Zerspantechnik

Eberhard Paucksch

Zerspantechnik

10., verbesserte Auflage

Mit 387 Bildern und 35 Tabellen

Springer Fachmedien Wiesbaden GmbH

Die Deutsche Bibliothek - CIP-Einheitsaufnahme

Paucksch, Eberhard:
Zerspantechnik: mit 35 Tabellen / Eberhard Paucksch. -
10., verb. Aufl. - Braunschweig; Wiesbaden: Vieweg,
1993

Das Buch hat die Approbation für die Höheren technischen und gewerblichen Lehranstalten in der Republik Österreich (Az. ZL 40.840/1-14a/84).

1. Auflage 1965
2., verbesserte Auflage 1970
3., verbesserte Auflage 1972
Nachdruck 1976
4., überarbeitete Auflage 1977
5., überarbeitete Auflage 1982
6., überarbeitete und erweiterte Auflage 1985
7., überarbeitete Auflage 1987
8., verbesserte Auflage 1988
9., überarbeitete Auflage 1992
10., verbesserte Auflage 1993

Ursprünglich erschienen bei Friedr. Vieweg & Sohn Verlagsgesellschaft mbH, Braunschweig/
Wiesbaden, 1993
Softcover reprint of the hardcover 10th edition 1993
Der Verlag Vieweg ist ein Unternehmen der Verlagsgruppe Bertelsmann International.

Umschlaggestaltung: Hanswerner Klein, Leverkusen
Satz: Vieweg, Braunschweig

Gedruckt auf säurefreiem Papier

ISBN 978-3-528-84040-2 **ISBN 978-3-322-83684-7 (eBook)**

DOI 10.1007/978-3-322-83684-7

Vorwort zur 1. Auflage

In dem vorliegenden Band werden die wesentlichen Grundlagen und Zusammenhänge dargelegt, ohne die eine eingehendere Beschäftigung mit den Problemen, die beim Zerspanen hinsichtlich der Werkzeuge, der erzeugten Werkstückflächen, der Werkzeugmaschinen und nicht zuletzt der Kosten auftreten, kaum erfolgreich sein wird.

Bei der Vielzahl der während des Zerspanens auftretenden Einflußgrößen, bei der ständig wachsenden Anzahl von Werk- und Schneidstoffen sowie bei den sehr unterschiedlichen Forderungen an die hergestellten Werkstückflächen erscheint es wichtig, Abhängigkeiten herauszuarbeiten, um den günstigsten Weg für die Lösung der einzelnen, oft sehr verschieden gelagerten Zerspanprobleme zu finden. Daher wurde auch bewußt von der Aufnahme ausführlicher Tabellen für Richtwerte abgesehen, da nur auf wenigen Gebieten der Zerspantechnik allgemeingültige Werte vorliegen. Bei der gleichen Werkstoffsorte können sich erhebliche Abweichungen zwischen verschiedenen Erzeugungsarten oder Chargen ergeben. Außer den Unterschieden im Werkzeugstoff und im Werkstückstoff sind noch die unterschiedlichen betrieblichen Verhältnisse, Höhe des Lohnes oder der Fertigungsgemeinkosten u.a. von Bedeutung.

So soll versucht werden, das wirkliche Verstehen der Zerspanvorgänge zu fördern.

Wesentliche Teile des Buches stützen sich auf Forschungsergebnisse von *Hucks, Kienzle, Kronenberg, Opitz, Pahlitzsch, Saljé, Schallbroch, Victor* und anderen Wissenschaftlern.

Ziegelhausen bei Heidelberg, im August 1964

Prof. Dipl.-Ing. *Karl-Theodor Preger*
Oberbaurat an der
Staatl. Ingenieurschule Karlsruhe

Vorwort zur 9. Auflage

In diesem Buch werden die Grundlagen und Zusammenhänge der wichtigsten Zerspanungsverfahren dargestellt. Sprache und Bilder sind klar und einfach gewählt, um den Inhalt gut verständlich zu machen. Trotzdem wurde der Stoff gründlich durchgearbeitet. Alle DIN-Normen und deren Änderungen bis 1991 wurden berücksichtigt. Technische Entwicklungen und neuste Forschungsergebnisse wurden so weit wie möglich verarbeitet, um dem Leser den heutigen Kenntnisstand zu vermitteln. So liegt hier ein höchst aktuelles Buch von hohem Niveau vor, das sich für den Unterricht in Fachhochschulen und Hochschulen hervorragend eignet, das aber auch von Diplom-Ingenieuren in der Praxis zur Ergänzung ihres Fachwissen hinzugezogen wird.

Die 9. Auflage enthält die Neubearbeitung der Kapitel Drehen, Bohren, Senken, Reiben, Gewindebohren, Fräsen und Läppen. Nachdem in der 8. Auflage bereits das Schleifen und das Honen neu verfaßt worden war, liegt nun wieder ein fast neues Buch vor. Bekanntes noch gültiges Wissen wurde selbstverständlich wieder aufgenommen.

Für den Leser ist es wichtig, immer die neuste Auflage des Lehrbuchs zu Rate zu ziehen. Der technische Fortschritt bringt bei den spanenden Bearbeitungsverfahren besonders viele Neuerungen. Neue Werkstoffe, bessere Schneidstoffe, Maßnahmen zur Rationalisierung und Automatisierung der Fertigungsabläufe und der starke Trend zur Fein- und Feinstbearbeitung sind Antriebsquellen für die Entwicklung immer neuer Verfahrensvarianten und Werkzeuge. In einem aktuellen Lehrbuch dürfen sie nicht vergessen werden.

Aktuelle Neuauflagen enthalten daher solche Veränderungen, die zum Teil aus dem Leserkreis an mich herangetragen wurden. Gerne werde ich auch in Zukunft solche Hinweise in die Bearbeitung neuer Auflagen einbeziehen und erwarte die Zuschrift des kundigen Benutzers.

August 1991

Eberhard Paucksch
Reiherweg 15
3500 Kassel

Inhaltsverzeichnis

Einleitung

In vielen Bearbeitungsfällen ist man aus Wirtschaftlichkeitsüberlegungen von einer *spanenden Formgebung* auf eine *spanlose Formgebung* übergegangen. Das besagt aber keineswegs, daß die Bedeutung der spanenden Formgebung geringer geworden ist. Häufig hat sich eine Verlagerung des Schwerpunkts für die spanende Formgebung etwa in der Weise ergeben, daß der Anteil des Grobzerspanens (Schruppens) geringer geworden ist, weil viele Werkstücke spanlos schon sehr nahe an die endgültige Form gebracht werden. Jedoch hat sich der Anteil des *Feinzerspanens* (Schlichtens) entsprechend erhöht. In immer größerem Umfang werden hochwertige Oberflächen mit engen Toleranzen benötigt, die spanlos nicht in der Qualität herstellbar sind, daß sie den geforderten Beanspruchungen durch Kräfte oder Bewegungen genügen. Dazu kommt noch, daß die Verarbeitung vieler hochfester Werkstoffe vorerst nur durch Zerspanen wirtschaftlich möglich ist.

In DIN 8580 und DIN 8589 sind die spangebenden Bearbeitungsverfahren der Hauptgruppe *„Trennen"* zugeordnet. Sie sind in den Gruppen *„Spanen mit geometrisch bestimmten Schneiden"* und *„Spanen mit geometrisch unbestimmten Schneiden"* zu finden. Bild 1 zeigt die Unterteilung in diesen beiden Gruppen.

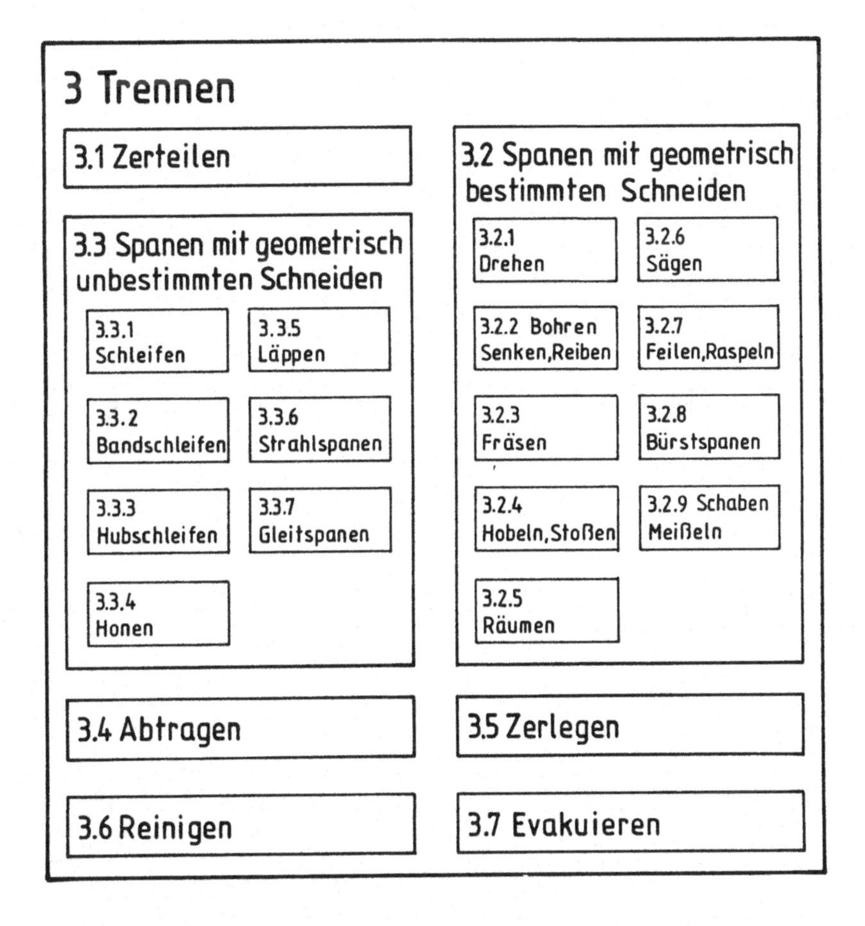

Beim *„Spanen mit geometrisch bestimmten Schneiden"* finden wir *Drehen, Bohren, Senken, Reiben, Fräsen, Hobeln, Stoßen, Räumen, Sägen* und andere Verfahren. Die Werkzeuge dafür haben eine oder mehrere Schneiden mit Flächen, Kanten, Ecken und Winkeln, die genau bekannt sind. Die Herstellung dieser *bestimmten* Schneidengeometrie unterliegt besonderer Sorgfalt. Von ihr hängen Arbeitsergebnis, Standzeit und Leistungsbedarf in hohem Maße ab. In den entsprechenden Kapiteln dieses Buches wird darauf sowie auf die Zusammenhänge und Berechnungsmöglichkeiten eingegangen. Wichtige Zusammenhänge, die alle Verfahren gleichermaßen betreffen, sind im Kapitel *Drehen* ausführlich beschrieben.
Das *„Spanen mit geometrisch unbestimmten Schneiden"* enthält *Schleif-, Hon-* und *Läppverfahren.* Ihre „Schneiden" sind die Flächen, Kanten und Ecken des Schleif- oder Läppkorns. Lage und Winkel sind nicht vorherbestimmt, sondern *zufällig.* Beim Läppen verändern sie sich auch noch dauernd, weil das Korn *nicht gebunden* ist und sich bei der Bearbeitung bewegt. Diese Verfahren galten früher als Feinbearbeitungsverfahren. Heute verwischen sich die Anwendungsgebiete. Bei geeigneten Maßnahmen, die in den entsprechenden Kapiteln beschrieben sind, werden sie zu Hochleistungsverfahren mit großem Werkstoffabtrag. Das Kapitel *Schleifen* ist hier am ausführlichsten behandelt, weil es Grundlagen enthält, die für alle Verfahren mit geometrisch unbestimmten Schneiden gelten.

A Drehen

Drehen ist Spanen mit *geschlossener meist kreisförmiger Schnittbewegung* und *beliebiger* quer zur Schnittrichtung liegender *Vorschubbewegung.* Meistens wird die Schnittbewegung durch Drehen des Werkstücks und die Vorschubbewegung durch das Werkzeug längs oder quer zur Werkstückdrehachse ausgeführt.

1 Drehwerkzeuge

Wie an jedem Zerspanwerkzeug können folgende Teile unterschieden werden (Bild A-1)

1. *Schneidenteil,* der das Zerspanen des Werkstoffs durchführt,
2. *Werkzeugkörper,* der Einspannteil und Schneidenteil verbindet und die Aufgabe hat, die Befestigungselemente für die Schneiden aufzunehmen,
3. *Einspannteil,* der zur Verbindung des Werkzeugs mit dem Werkzeugträger dient.

Am *Schneidenteil* befinden sich Schneidkanten, die die Zerspanung an der Wirkstelle zwischen Werkzeug und Werkstück herbeiführen. Sie sind durch Temperatur, Reibung und Zerspankräfte stark belastet. Man stellt den Schneidenteil daher aus einem besonderen Stoff her, dem *Schneidstoff,* der den auftretenden Belastungen am besten standhält.

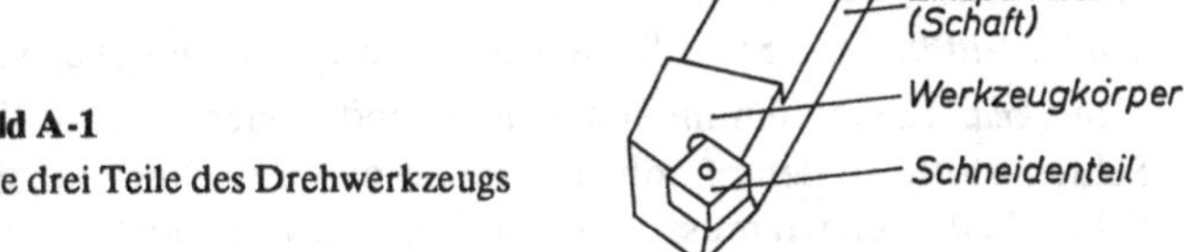

Bild A-1
Die drei Teile des Drehwerkzeugs

1.1 Schneidstoffe

Die stürmische Entwicklung der Schneidstoffe für das Drehen und andere Zerspanungsverfahren führte zu einer gewaltigen Vergrößerung der Schnittgeschwindigkeiten und ist damit die wichtigste Ursache für die Weiterentwicklung der Werkzeugmaschinen. Die *unlegierten Werkzeugstähle,* mit denen man noch sehr gemütlich an handbedienten Drehmaschinen arbeiten konnte, wurden um die Jahrhundertwende durch hochlegierte *Schnellarbeitsstähle* abgelöst. Die Drehzahlen der Maschinen wurden beträchtlich vergrößert. Um 1930 stiegen sie noch einmal mit der Einführung der *Hartmetalle* auf das 5- bis 6-fache der mit Schnellarbeitsstahl erreichten Werte. Wieder 30 Jahre später gab es den nächsten Sprung beim Einsatz *keramischer Schneidstoffe.* Heute überlegen wir, wie die hochharten polykristallinen *Diamant-* und *Bornitridschneiden,* die noch größere Schnittgeschwindigkeiten erlauben, wirtschaftlich ausgenutzt werden können. Aus einfachen offenen handbedienten Drehbänken mit Transmissionsantrieb sind bei dieser Entwicklung vollautomatisch arbeitende vollgekapselte Fertigungssysteme mit leistungsstarken Antriebsmotoren geworden. Bild A-2 zeigt, wie sich heute beim Drehen die verschiedenen Schneidstoffe verteilen.

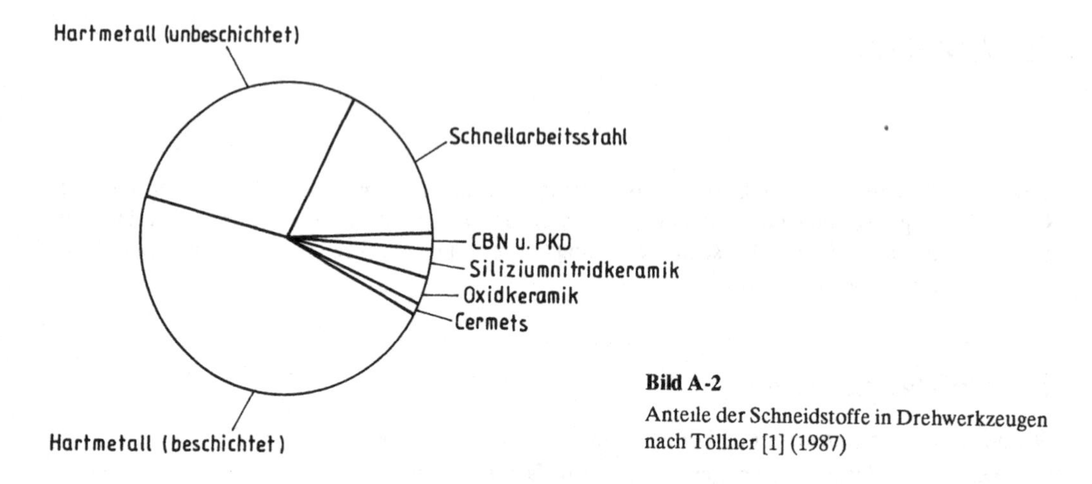

Bild A-2
Anteile der Schneidstoffe in Drehwerkzeugen nach Töllner [1] (1987)

Bei der Entwicklung der Schneidstoffe wurden folgende Eigenschaften besonders beachtet:

1. *Schneidfähigkeit.* Sie entsteht aus der Härte des Schneidstoffs, die deutlich über der Härte des Werkstoffs liegen muß. Mit zunehmender Schneidstoffhärte können immer härtere Werkstoffe bearbeitet werden.
2. *Warmhärte* und *Wärmebeständigkeit.* Sie ist für die anwendbare Schnittgeschwindigkeit verantwortlich, denn mit zunehmender Schnittgeschwindigkeit steigt die Temperatur besonders an der Schneide. Die Schneide muß auch dann noch mechanisch und chemisch beständig und härter als der kalte Werkstoff sein.
3. *Verschleißfestigkeit* ist der Widerstand gegen das Abtragen von Schneidstoffteilchen beim Werkzeugeingriff. Sie folgt hauptsächlich aus Schneidfähigkeit und Warmhärte, hängt aber auch mit der Struktur des Schneidstoffs und mit der Neigung zum Preßschweißverschleiß durch Aufbauschneiden zusammen.
4. *Wärmeleitfähigkeit.* Sie soll klein sein, damit das Werkzeug selbst nicht allzu warm wird.
5. *Zähigkeit.* Leider nimmt mit zunehmender Härte die Zähigkeit ab. Dadurch werden die Schneidstoffe stoßempfindlich. Eine besondere Schneidengestaltung und Vorsicht bei groben Schnittbedingungen müssen den Nachteil ausgleichen.
6. *Thermoschockbeständigkeit.* Der Einsatz von Kühlschmiermitteln darf nicht zum Zerspringen der Schneiden führen.

1.1.1 Unlegierter und niedriglegierter Werkzeugstahl

Unlegierter Werkzeugstahl ist ein Stahl mit einem Kohlenstoffgehalt von etwa 0,8 bis 1,5 %, der in Wasser oder teilweise auch in Öl gehärtet wird. Höherer Kohlenstoffgehalt ergibt eine größere Härte, dafür aber eine geringere Zähigkeit. Da die Warmhärte schon bei Temperaturen von etwa 250...300 °C unter ein tragbares Maß sinkt, wird dieser Schneidstoff für das Zerspanen von Metall nicht mehr verwendet.

1.1.2 Schnellarbeitsstahl

Trotz der Entwicklung leistungsfähigerer Schneidstoffe hat sich der Schnellarbeitsstahl als Schneidstoff behauptet. Ausschlaggebend dafür waren neben Kostenüberlegungen besonders seine große Zähigkeit und geringe Empfindlichkeit gegen schwankende Kräfte sowie seine Nachschleifbarkeit. Schnellarbeitsstähle sind hochlegierte Stähle mit einem Kohlenstoffgehalt von etwa 1 %. Hauptlegierungsbestandteil ist meist Wolfram in der Größe von etwa 10 bis 20 %.

Als weitere Legierungsbestandteile werden Kobalt, Molybdän, Chrom, Vanadium u.a. gewählt. Für die Bearbeitung hochlegierter und hochfester Stähle haben sich z.B. Schnellarbeitsstähle mit einer größeren Anzahl von Legierungskomponenten (z.B. ca. 4 % Cr, 6 % W, 5 % Mo, 2 % V, 5 % Co), aber auch solche auf der Molybdän-Kobalt-Basis (ca. 10 % Mo, 8,5 % Co, u.a.) bewährt. Für das Härten solcher Stähle sind hohe Temperaturen erforderlich, damit die schwer schmelzbaren Karbide (Verbindungen des Kohlenstoffs mit Metallen) in Lösung gehen können (Härtungs-Ausgangsgefüge). Ferner ist eine genaue Einhaltung der vorgeschriebenen Behandlungstemperaturen und -zeiten notwendig.

In Tabelle A-1 sind die für das Drehen wichtigsten Schnellarbeitsstähle aufgeführt. *Sondergüten* werden mit vergrößertem Kohlenstoff- oder Schwefelgehalt oder durch Umschmelzen oder Pulversintern hergestellt. Diese besitzen dann bessere Anlaßbeständigkeit oder Bearbeitbarkeit oder sind im Gefüge gleichmäßiger und feiner, wodurch sich Zähigkeit und Standzeit verbessern. Aus Wirtschaftlichkeitsgründen wird Schnellarbeitsstahl in vielen Fällen nur für den eigentlichen *Schneidenteil* des Werkzeugs in Verbindung mit einem Tragkörper aus weniger wertvollem Stahl verwendet; die Verbindung erfolgt dabei durch Schweißen, Löten oder Klemmen.

1.1.3 Hartmetall

Hartmetalle sind Schneidstoffe, deren Schneidfähigkeit, Warmhärte und Anlaßbeständigkeit noch bedeutend besser sind als die von Schnellarbeitsstahl. Ihre Zähigkeit ist geringer. Sie bestehen aus Karbiden der Metalle Wolfram, Titan, Tantal, Molybdän, Vanadium und aus dem Bindemittel Kobalt oder Nickel. *Eisen* ist *nicht* enthalten.
Hartmetall wird durch *Sintern* hergestellt. Während des Sinterns bei 1600 bis 1900 K entsteht eine flüssige Co-W-C-Legierung, die die Karbide dicht umschließt und zu einer durchgehenden Skelettbildung führt. Dabei erhält das Hartmetall seine endgültige Dichte und Festigkeit.
Durch Verändern des prozentualen Anteils des Bindemittels Kobalt können Härte und Zähigkeit, die sich gegenläufig verändern, gesteuert werden. Bild A-3 zeigt die Veränderung der

Tabelle A-1: Die für das Drehen wichtigsten Schnellarbeitsstähle nach Berkenkamp [2]

Werkstoff Nr.	Kurzbenennung[1)]	Chemische Zusammensetzung Richtwerte in %					
		C	Cr	Mo	V	W	Co
1.3202	S 12-1-4-5	1,35	4,0	0,8	3,8	12,0	4,8
1.3207	S 10-4-3-10	1,23	4,0	3,8	3,3	10,0	10,5
1.3247	S 2-10-1-8	1,08	4,0	9,5	1,2	1,5	8,0
1.3255	S 18-1-2-5	0,80	4,0	0,7	1,6	18,0	4,8

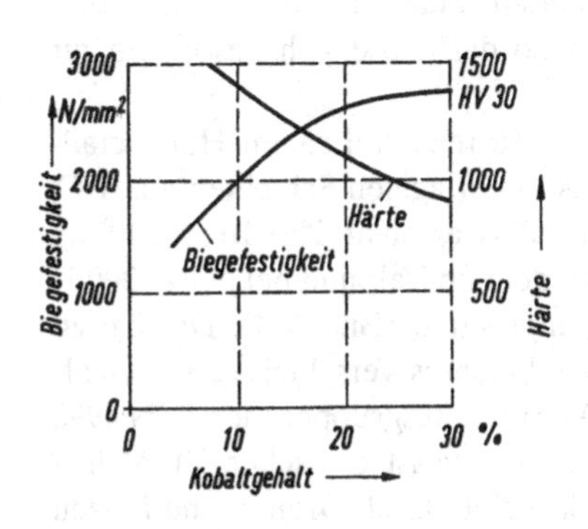

Bild A-3
Biegefestigkeit und Härte eines gesinterten Hartmetalls in Abhängigkeit vom Kobaltgehalt [2]

1) Die Ziffern der Kurzbezeichnung geben in der Reihenfolge den Gehalt an W, Mo, V und Co an

Tabelle A-2: Einteilung der Zerspanungsgruppen nach DIN 4990, Ausg. Juli 1972

<table>
<tr><th colspan="3">Zerspanungs-Hauptgruppen</th><th rowspan="2">Bezeichnung der Zerspanungs-Anwendungsgruppen</th><th colspan="2" rowspan="2">Verschleißfestigkeit und Zähigkeit</th></tr>
<tr><th>Kennbuchstabe</th><th>Werkstückstoffe</th><th>Kennfarbe</th></tr>
<tr><td>P</td><td>Stahl, Stahlguß
langspanender Temperguß</td><td>blau</td><td>P 01
P 10
P 20
P 30
P 40
P 50</td><td rowspan="3">In jeder Hauptgruppe: Zunehmende Verschleißfestigkeit ↑
↑ Erhöhung der Schnittgeschwindigkeit möglich ↑</td><td rowspan="3">In jeder Hauptgruppe: Zunehmende Zähigkeit ↓
↓ Erhöhung des Vorschubs möglich ↓</td></tr>
<tr><td>M</td><td>Stahl, Manganhartstahl, austenitische Stähle, Automatenstahl, Stahlguß, Grauguß, legierter Grauguß, sphärolithischer Grauguß, Temperguß, Nichteisenmetalle</td><td>gelb</td><td>M 10
M 20
M 30
M 40</td></tr>
<tr><td>K</td><td>Grauguß, kurzspanender Temperguß, Kokillenhartguß, Nichteisenmetalle, Stahl niedriger Festigkeit, gehärteter Stahl, Kunststoffe, Holz, Nichtmetalle</td><td>rot</td><td>K 01
K 10
K 20
K 30
K 40</td></tr>
</table>

Biegefestigkeit als Merkmal der Zähigkeit in Abhängigkeit vom Kobaltgehalt, der etwa in den Grenzen von 5 bis 30 % variiert.

Grundlage der Normung in DIN 4990 bildet die Festlegung von drei *Zerspanungshauptgruppen* mit den Kennbuchstaben und Kennfarben: P (blau), M (gelb) und K (rot). Die Hauptgruppen sind jeweils in Anwendungsgruppen unterteilt, die durch Kennummern bezeichnet werden (Tabelle A-2). Diesen Gruppen kann der Hersteller seine Hartmetallsorten, die eigene Firmenbezeichnungen haben, zuordnen.

Dem Vorteil der gesinterten Hartmetalle, der sich aus der großen Verschleißfestigkeit ergibt, steht als Nachteil die gegenüber Schnellarbeitsstahl vergrößerte *Empfindlichkeit* gegen *Schlag* und *Stoß*, vor allem aber gegen *schroffe Temperaturschwankungen* gegenüber. Außerdem ist die Bearbeitung durch Schleifen schwieriger. In neu entwickelten Feinkornhartmetallen sind Zähigkeit und Kantenfestigkeit jedoch wesentlich verbessert, so daß diese sich besonders zur Feinbearbeitung eignen.

Ein wesentlicher Fortschritt wurde durch das *Beschichten* von ausreichend zähen Hartmetallsorten mit besonders verschleißfesten wenige µm dicken, meist mehrlagigen Schichten aus TiC, Ti (CN), TiN, (Ti, Al) N, HfC, HfN, TaC, Al_2O_3, Al-O-N und ZrN erreicht. Zur Beschichtung wird das CVD-Verfahren (Chemical Vapor Deposition) [4], bei dem im Vakuum bei etwa 1300 K diese Hartstoffe aus der Dampfphase abgeschieden werden, angewandt (Bild A-4). Das hat zu neuen Schneidstoffsorten geführt, die bei brauchbarer Zähigkeit besseres Verschleißverhalten als die einfachen Hartmetalle zeigen. Damit werden mehrere Anwendungsgruppen der DIN 4990 von jeweils einer Liefersorte zugleich versorgt [5]. Die Lagerhaltung ist einfacher. Zusätzlich haben sich die Standzeiten bei der Bearbeitung von Eisenwerkstoffen durch Drehen und Fräsen wesentlich verlängert. Beschichtete Schneidplatten lassen sich jedoch nicht schleifen. Sie müssen

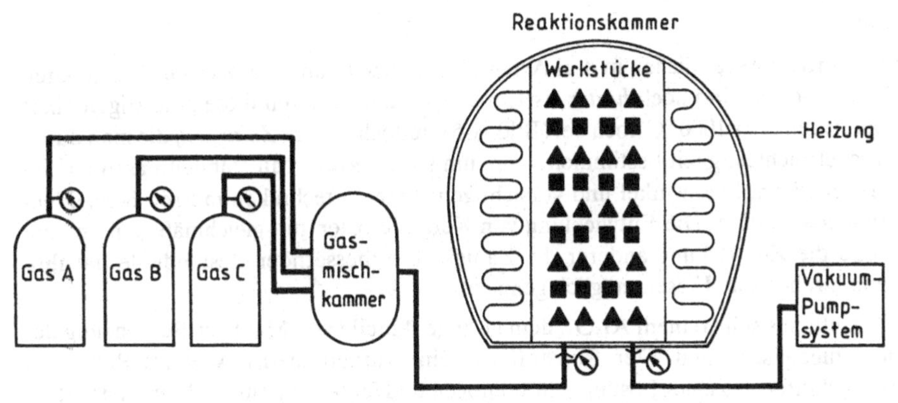

Bild A-4 Prinzipdarstellung des CVD-Verfahrens. Das Schichtmaterial wird durch chemische Reaktion verschiedener Gase gebildet

also mit Fasen, Kantenrundungen und Spanmulden vorher versehen sein. Geringfügige Kantenabrundungen sind dadurch nicht zu vermeiden.

1.1.4 Cermet

Cermets gehören ihrem Aufbau nach zu den *Hartmetallen.* Sie bestehen aus Hartstoffen, die in einem Bindemetall eingebettet sind. Als wichtigste Hartstoffe werden *Titankarbid* und *Titannitrid* genommen. Wolframkarbid ist nur geringfügig oder gar nicht enthalten. Cermets sind deshalb auch wesentlich leichter als Wolfram-Hartmetalle.
Von Nachteil ist die *geringere Zähigkeit.* Durch Entwicklung geeigneter Metallbindungen aus Nickel, Molybdän und Kobalt und unter Verwendung gleichmäßig feiner Hartstoffkörnung sowie durch Anwendung des *Drucksinterns* mit Drücken bis über 1000 N/mm^2 und Temperaturen von 1350 bis 1500 °C gelang es, die Zähigkeit so zu verbessern, daß Cermets mit den Hartmetallsorten P 1, P 10, P 20 und mit TiN-beschichteten Hartmetallen erfolgreich konkurrieren konnten. Besonders in Japan wurden die Vorzüge der Cermets erkannt und genutzt.
Anwendungsgebiet war anfangs nur die *Feinbearbeitung* durch Drehen. Dabei konnte der Vorteil, daß beim Sintern feine Konturen und scharfe Kanten herstellbar sind, genutzt werden. Mit etwas zäheren Cermet-Sorten können nun auch mittlere Bearbeitungen von Stahlwerkstoffen und Fräsen ausgeführt werden. Für die grobe Bearbeitung mit wechselnden Schnittiefen sind sie nicht geeignet.
Die *längere Standzeit* der Cermets beruht auf einer geringeren Eisendiffusion, mit der der Kolkverschleiß in Verbindung zu bringen ist. Hierin zeigt sich ein Vorteil der kompakten TiC-Körper gegenüber dünnen TiC-Beschichtungen auf WC-Hartmetallen. Anstatt die Standzeit zu verlängern, kann auch die Schnittgeschwindigkeit vergrößert werden. Der anwendbare Schnittgeschwindigkeitsbereich beim Drehen von Stahl reicht von 80 m/min bis 500 m/min bei einem Vorschub von 0,03 bis 0,5 mm/U und einer Schnittiefe von 0,05 bis 3 mm [6, 7]. Gußwerkstoffe lassen sich ebenfalls mit Cermets bearbeiten. Jedoch eignet sich dafür noch besser Oxidkeramik. Nicht geeignet sind sie für die Bearbeitung von Aluminium und Kupfer wegen starker Aufbauschneidenbildung und bei Nickellegierungen, die mit dem Bindemetall des Schneidstoffs zu Preßschweißverschleiß neigen.
Cermets gibt es inzwischen auch *mit Beschichtungen.* Diese sehr dünnen Schichten verbessern die Verschleißeigenschaften. Sie verringern die Aufbauschneidenbildung und erlauben größere Schnittgeschwindigkeiten.

1.1.5 Keramik

Schneidkeramik wird im wesentlichen in drei Arten, *Oxid-*, *Misch-* und *Nitridkeramik* angeboten (Tabelle A-3). Alle Sorten sind noch *härter* als Hartmetall und behalten diese gute Eigenschaft auch bei Temperaturen über 1000 °C noch bei (Bild A-5). Jedoch ist ihre *Zähigkeit*, die man durch Messung der Biegebruchfestigkeit bestimmen kann, um so *schlechter.* Mit stabilen Fasen an den Schneidkanten, negativem Spanwinkel und vorsichtigen Anschnittechniken müssen Schneidenausbrüche vermieden werden. Die Entwicklung von Keramiksorten mit gleichmäßigem, feinem Grundgefüge und die Zumischung anderer die Zähigkeit verbessernder Bestandteile hat ihre Anwendung zum Drehen und Fräsen möglich gemacht.

Oxidkeramik besteht aus sehr reinem Al_2O_3, dem geringe Anteile von MgO zur Begrenzung des Kornwachstums zugemischt sind. Der Rohstoff ist rein synthetisch. Er wird als Pulver im Reaktionssprühverfahren aus einer Lösung sehr homogen und feinkörnig (unter 3 μm) hergestellt [8]. Mit organischen Zusätzen kann er in die Form von Wendeschneidplatten gepreßt werden.

Tabelle A-3: Keramische Schneidstoffe

	Oxidkeramik	Mischkeramik	Nitridkeramik
Farbe	weiß	schwarz	grau
chemische Zusammensetzung	Al_2O_3	60 bis 95 Al_2O_3 40 bis 5 TiC	Si_3N_4 SiO_2, Y_2O_3
Anwendungsgebiete	Zerspanen von Einsatz und Vergütungsstahl, Schruppen und Schlichten von Grauguß beim Drehen und Fräsen	Schlicht- und Feindrehen von Stahl und Grauguß, Feinstfräsen von gehärtetem Stahl	Schruppen von Stahl und Guß beim Drehen und Fräsen

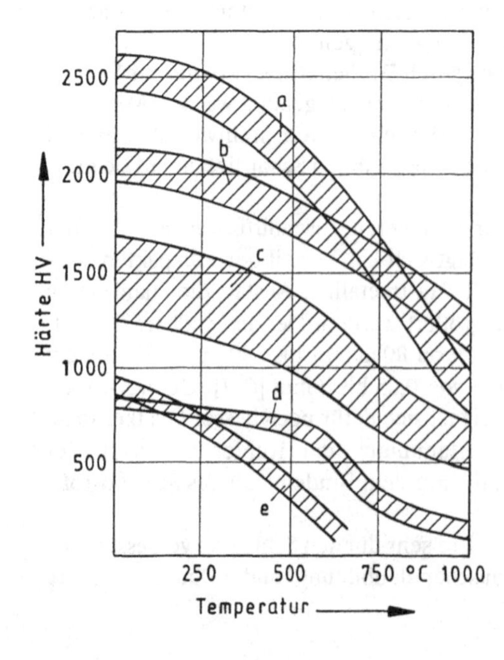

Bild A-5
Härteabhängigkeit verschiedener Schneidstoffe von der Temperatur
a Mischkeramik
b Oxidkeramik
c Hartmetall
d Schnellarbeitsstahl
e Werkzeugstahl

Diese Teile haben noch nicht die endgültige Härte und können noch durch Bohren, Stanzen, Fräsen und Schleifen bearbeitet werden (Grünbearbeitung). Danach wird das organische Lösungsmittel ausgetrieben, und der Sintervorgang bei 1200 bis 1800 °C kann vorgenommen werden. Dabei muß das Porenvolumen, das noch 40 % ausmacht, verkleinert werden.
Deshalb wird das *Heißpressen* (HP) oder das *Heißisostatischpressen* (HIP) mit gleichmäßiger Druckverteilung angewandt. Das Zusammenwachsen der Kristalle ist eine Festkörperreaktion ohne Verflüssigung einzelner Bestandteile. Das Schwinden der Hohlräume führt zu einer starken Volumenverminderung, die in den Abmessungen der Form vorher zu berücksichtigen ist. Die Farbe der Oxid-Keramik ist *weiß*. Neben ihrer großen Härte von 92 bis 96 HRC zeichnet sie ihre gute chemische und thermische Beständigkeit aus. Nachteilig ist ihre *Sprödigkeit* und *Thermoschockempfindlichkeit*. Sie kann daher nur bei gleichmäßigen Schnittbedingungen beim Drehen ohne Kühlung eingesetzt werden. Das Anwendungsgebiet ist vor allem Grauguß mit einer Schnittgeschwindigkeit bis zu 1000 m/min.
Die Einlagerung von (3–15 %) feinverteilten *Zirkondioxid-Teilchen* in das Al_2O_3-Grundgefüge erzeugt inhomogene Spannungsfelder, die das Wachsen von Anrissen behindern. Damit wird die Biegebruchfestigkeit verbessert [9]. Mit dieser verbesserten weißen Keramik ist ein unterbrochener Schnitt beim Drehen und die Bearbeitung von unlegierten Einsatz- und Vergütungsstählen möglich.
Durch Zumischen von *Siliziumkarbid-Whiskern*, das sind faserartige Einkristalle großer Festigkeit, zur Oxidkeramik entsteht ein Schneidstoff mit verbesserter Zähigkeit und der Warmhärte der Keramik. Er eignet sich zum groben und feineren Drehen von „schwer zerspanbaren" Nickel-Legierungen (v_c = 200 m/min), hochfesten Stählen und Grauguß mit größerer Festigkeit. Infolge der verbesserten Zähigkeit nimmt die Standzeit bei der Graugrußbearbeitung merklich zu, und es wird auch möglich, einen unterbrochenen Schnitt durchzuführen, ohne daß die Gefahr des Kantenausbruchs wie bei Reinkeramik besteht. Bei diesem Schneidstoff kann auch Kühlmittel benutzt werden, denn die Whisker sind wärmeleitend und vermindern Thermospannungen an der hochbelasteten Schneidkante [10].

Mischkeramik (schwarze Keramik) enthält neben Al_2O_3 noch 5 bis 40 % nichtoxidische Bestandteile großer Härte wie TiC, TiN oder WC oder Kombinationen davon sowie bis zu 10 % ZrO_2. Die Hartstoffe sind im Grundgefüge fein verteilt. Sie behindern das Kornwachstum beim Drucksinterprozeß, der bei Temperaturen von 1600 °C bis 2000 °C stattfindet. Die Wirkung ist in dreifacher Sicht günstig:

1.) Die *Verschleißfestigkeit* wird durch die Härte der zugemischten Stoffe verbessert;
2.) Die *Biegebruchfestigkeit* wird besser durch das feinkörnige Gefüge und Mikrospannungen, die das Rißwachstum hemmen;
3.) Durch vergrößerte *Wärmeleitfähigkeit* wird die Thermoschockempfindlichkeit verkleinert, so daß auch bei guter Flüssigkeitskühlung gedreht und gefräst werden kann.

Mit Mischkeramik kann neben Grauguß auch gehärteter Stahl bis 65 HRC und Hartguß bearbeitet werden. In begrenztem Maße kann auch Feinbearbeitung an Grauguß, zu der scharfkantige standfeste Schneiden erforderlich sind, durchgeführt werden.

Siliziumnitridkeramik besteht hauptsächlich aus Si_3N_4. Zur vollständigen Verdichtung sind Sinterzusätze wie Yttriumoxid (Y_2O_3) oder Magnesiumoxid (MgO) erforderlich. Sie füllen die zwischen den länglichen Siliziumnitridkristallen bleibenden Hohlräume aus. Bei der Herstellung wird das Granulat unter Druck in eine Form gepreßt und anschließend bei 1600 °C bis 1800 °C gesintert. Das Verfahren gleicht der Herstellung von Hartmetall. Es lassen sich die verschiedensten Formen von Wendeschneidplatten, auch mit Loch, herstellen. Die Härte von 1300 bis 1600 HV und Biegefestigkeit von 0.6 bis 1.0 GPa geben ihr ein günstiges Verschleißverhalten und Widerstandsfähigkeit gegen mechanische Schlagbeanspruchung. Darüber hinaus ist sie durch ihre thermodynamische Stabilität für den Einsatz mit Kühlschmiermittel geeignet. Sie verträgt große

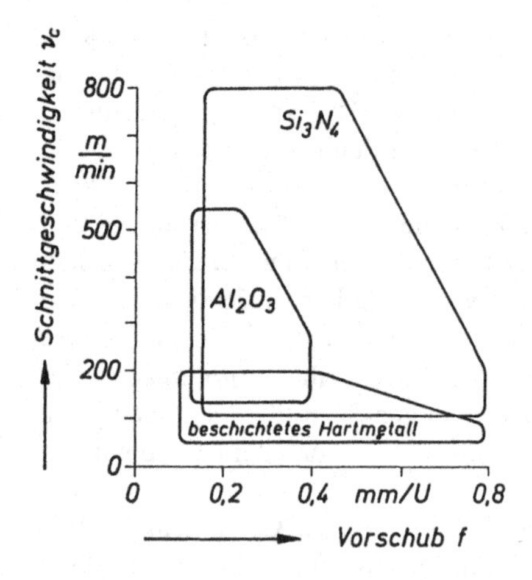

Bild A-6
Anwendungsbereiche für beschichtetes Hartmetall, Aluminiumoxid-Keramik und Siliziumnitrid-Keramik [65]

Schnittgeschwindigkeiten und Vorschübe (Bild A-6) und eignet sich besonders für die *grobe Bearbeitung* von *Grauguß* durch Drehen und Fräsen.

Die Weiterentwicklung der Siliziumnitrid-Keramik durch Zumischen von bis zu 17 % Al_2O_3 führt zu einem Schneidstoff größerer Verschleißfestigkeit (Si-Al-O-N), mit dem neben Grauguß auch schwer zu bearbeitende Nickel-Legierungen bearbeitet werden können. Zur weiteren Verbesserung von Verschleißfestigkeit und Zähigkeit dienen Zugaben von ZrO_2 (bis zu 10 %), TiN (bis zu 30 %) oder SiC-Whiskern. Die den Verschleiß begünstigende Silizium-Diffusion bei höheren Temperaturen in Anwesenheit von Eisen läßt sich durch eine dünne ca. 1 μm dicke Beschichtung mit Al_2O_3 aufhalten. Alle Entwicklungen dienen dem Zweck, die günstigen Eigenschaften der Siliziumnitrid-Keramik auch bei der Bearbeitung anderer Stahlwerkstoffe nutzbar zu machen [9].

Da das Befestigen von keramischen Schneidplatten auf dem Werkzeugkörper durch Löten oder Kleben Schwierigkeiten bereitet, wird diese Befestigungsart nur in Sonderfällen, wie bei räumlicher Beengung, angewandt. Für die Befestigung durch Löten müssen die Schneidplatten besonders matallisiert werden. Zu beachten ist, daß die Wärmedehnung der keramischen Schneidstoffe nur etwa halb so groß ist wie die der gesinterten Hartmetalle. In den meisten Fällen werden die Schneidplatten durch *Klemmen* auf dem Werkzeug befestigt.

1.1.6 Diamant

Diamant ist eine durch seinen *kristallinen* Aufbau ausgezeichnete Form des *Kohlenstoffs*. Diamanten können je nach der Reinheit und der Vollkommenheit der Kristallausbildung unterschiedliche Härten haben, die aber erheblich über denjenigen von Hartmetall und Schneidkeramik liegen. Da Diamant sehr *stoßempfindlich* ist, müssen die Vorsichtsmaßnahmen, wie sie bei den Hartmetallen angegeben wurden, genauso sorgfältig beachtet werden. Bei Diamant handelt es sich ebenso wie bei Schneidkeramik um einen gegenüber metallischen Werkstoffen artfremden Schneidstoff; daher ist auch bei Diamant nicht mit der Bildung von Aufbauschneiden zu rechnen.

Mit einer nach bestimmten Winkeln angeschliffenen Schneide wird *Naturdiamant* ausschließlich zum *Feinzerspanen* mit geringen Vorschüben, etwa 0,01...0,05 mm/U, und mit großen Schnittgeschwindigkeiten von über 100 m/min bis zu 3000 m/min für die Einhaltung sehr enger Toleranzen angewandt. Wegen seiner Sprödigkeit ist eine sorgfältig ausgeführte spannungsfreie Fassung, die durch Klemmen oder Verstemmen erfolgen kann, sehr wichtig.

Diamant eignet sich gut für das Feinzerspanen von Legierungen des Aluminiums, Magnesiums, Kupfers und Zinks sowie von Grauguß, stark verschleißend wirkenden Kunststoffen, Hartgummi,

Kohle, vorgesintertem Hartmetall, Glas und Keramik. Zum Zerspanen von normalem Stahl ist Diamant ungeeignet, da er bei den entstehenden Schnittemperaturen dazu neigt, Kohlenstoffatome an das Eisen abzugeben und selber stark zu verschleißen.

1.1.7 Polykristalline Schneidstoffe

Durch polykristallines Versintern von Diamantpulver zu festen Schneidplatten entsteht ein Schneidstoff, der die Vorzüge des Naturdiamanten (große Härte und lange Standzeit) ohne seinen Nachteil der Schlagempfindlichkeit verwirklicht. Er ist dadurch sowohl für die Grob- als auch für die Feinbearbeitung durch Drehen und Fräsen geeignet.
Die Diamantschicht besteht aus einer sehr reinen, gleichmäßig feinen synthetischen Körnung. Sie wird bei 1700 K und einem Druck von 6000 N/mm^2 auf einen Hartmetallträger mit einer dünnen metallischen Zwischenschicht oder auch ohne Trägerhartmetall gesintert (Bild A-7). Dabei wachsen die Körner so zusammen, daß sie eine durchgehende polykristalline Schicht bilden. Sie läßt sich durch Schleifen mit kunstharzgebundenen Diamantscheiben noch bearbeiten [12, 13, 14].
Die *Anwendungsgebiete* sind wie beim Naturdiamanten Nichteisenmetalle und Nichtmetalle wie glasfaserverstärkte Kunststoffe. Dabei sind besonders gute Erfahrungen in der Bearbeitung von Werkstücken aus Aluminiumlegierungen für die Automobilindustrie gemacht worden. Stahl kann auch mit diesen Diamantschneiden kaum bearbeitet werden.

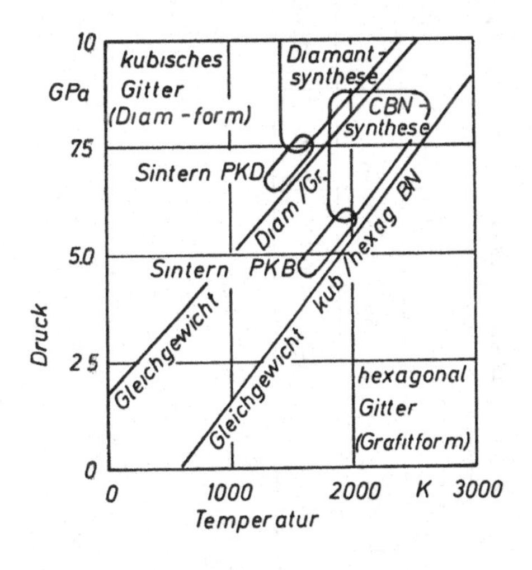

Bild A-7
Druck-Temperatur-Gleichgewicht bei der Synthese von Diamant und kubischem Bornitrid

Für die Bearbeitung von Stahl und besonders auch von gehärtetem Stahl, Hartguß und Sonderlegierungen eignet sich ein ähnlicher polykristalliner Sinterstoff aus *kubischem Bornitrid*, PKB. Er entsteht ebenfalls durch Hochdruck-Hochtemperatur-Synthese in Anwesenheit eines metallischen Katalysators. Seine Härte liegt zwischen Keramik und Diamant [15, 16, 17] (s. Tabelle A-4). Die Wärmebeständigkeit geht bis 1200 °C, wo der Gitteraufbau zerfällt. Vorteilhaft ist, daß PKB nicht wie Diamant dem Diffusionsverschleiß unterliegt. Deshalb kann es an allen *Eisenwerkstoffen* auch ohne Kühlung eingesetzt werden. Die Schnittgeschwindigkeit kann bei gehärtetem Stahl (bis 70 HRC) 120 m/min, bei Grauguß 600 bis 800 m/min betragen. Wendeschneidplatten haben Eckenradien, Fasen und negative Spanwinkel bei groben Bearbeitungsaufgaben mit Vorschüben bis 0,4 mm/Umdr und scharfe Kanten bei feinerer Bearbeitung mit einem Vorschub von etwa 0,1 mm/Umdr.

Tabelle A-4: Physikalische Eigenschaften der Schneidstoffe

	HSS	Hartmetall		Keramik					PKB		PKD
		WC-haltig	Cermet	Si_3N_4	Al_2O_3	$Al_2O_3 + ZrO_2$	Al_2O_3 + TiC	Al_2O_3 + SiC-Wh.	CBN	WBN	
Dichte [g/cm³]	8–9	10–15	6–7	3,2–3,6	3,9–4,5	4,0–4,2	4,0–4,3	3,9	3,1–3,4		3,8–4,3
Vickers-Härte	700 – 900	1200 – 1700	1500 – 1800	1300 – 1600	1400 – 2400	1700 – 1800	1500 – 2600	1800 – 2200	2700 – 4200	3200 – 3500	5000
E-Modul [kN/mm²]	260 – 300	450 – 650	450 – 500	280 – 320	300 – 400	380 – 410	370 – 420	390	680		750 – 840
Druckfestigkeit [kN/mm²]	2,8–3,8	3,5–6	4,5–6	2,5–5,5	3,5–5,5	4,5–5	4,3–4,8	4–5	2,7		7,6
Biegebruchfestigkeit [kN/mm²]	2,5–4	1,3–3,2	1,5–2,5	0,6–1	0,35–0,5	0,6–0,8	0,35–0,65	0,6–1	0,5–1,0		0,6–1,0
Bruchzähigkeit [MN/m$^{3/2}$]		8–17	6–11	6–7,5	2,3–4,5	3,5–5,8	3,5–5,4	6–8	6,3–9	15	6,8–8,9
Wärmedehnung 10^{-6} [K^{-1}]	9–12	5–8	7,2–9,5	3–3,5	6–8	7–8	7–8	8	2,8	3,2	1,2
Wärmeleitfähigkeit [W/m · K]	15–48	30–100	10–20	20–35	10–30	15–25	15–35	16–35	40–120	60	100

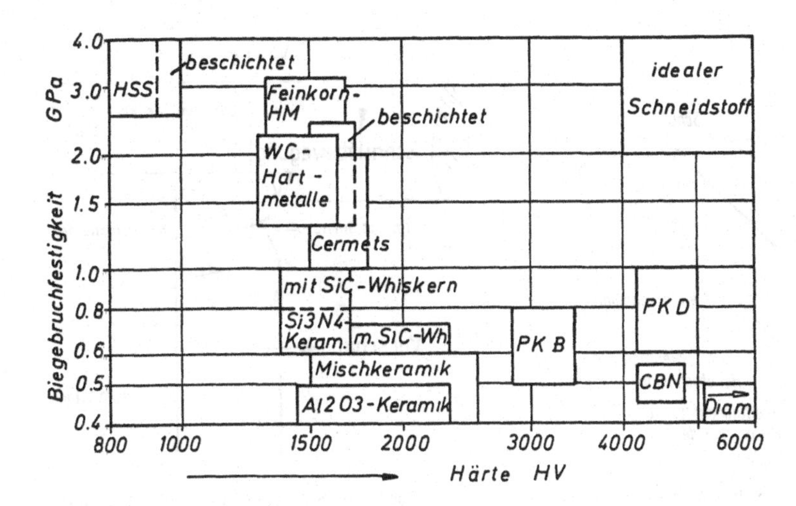

Bild A-8
Einordnung der Schneidstoffe nach Härte und Zähigkeit ohne Berücksichtigung der chemischen und thermischen Eigenschaften und der daraus folgenden Anwendungsgebiete

Speziell für die Feinbearbeitung wurde ein polykristallines Bornitrid mit *karbidischer* Zwischenphase entwickelt. Gegenüber dem PKB mit keramischer Zwischenphase ist es feinkörniger, zäher (0,7 GPa) und besitzt eine geringe Wärmeleitfähigkeit (40 W/m K).
Durch eine thermische Schockumwandlung entsteht aus hexagonalem Bornitrid *Wurtzit*-Bornitrid, das ähnlich wie CBN eine große Härte besitzt. Mit diesem „WBN“ kann das Anwendungsgebiet polykristalliner Bornitrid-Schneidplatten auf extrem schwierige Bearbeitungen ausgedehnt werden. So ließ sich z.B. die einsatzgehärtete Randschicht eines Werkstücks (62 HRC) bei Schnittunterbrechungen mit 150 m/min, 0,1 mm Vorschub und 0,8 mm Schnittiefe abdrehen.
Eine übersichtliche, wenn auch stark vereinfachende Einordnung der bekannten *Schneidstoffe* für das *Drehen* zeigt Bild A-8. Deutlich geht daraus hervor, daß die härteren Schneidstoffe meist eine geringere Zähigkeit besitzen. Beim Einsatz unter groben Schnittbedingungen müssen deshalb die Schneiden durch negative Spanwinkel, Eckenabrundungen und Fasen unempfindlich gemacht werden. Für Aufgaben der Feinbearbeitung bemüht sich die Industrie, weniger spröde Sorten der bekannten Schneidstoffe zu entwickeln, die glatte und scharfe Schneidkanten zulassen. Hierfür wird gefordert, daß der Grundwerkstoff sehr feinkörnig ist.

1.2 Schneidenform

1.2.1 Bezeichnungen

Die Bezeichnungen für die Flächen, Kanten und Winkel an den Schneiden sind in DIN 6581 festgelegt.

Schneidenflächen (Bild A-9)

Spanfläche: Fläche des Schneidenkeils, über die der Span abläuft. Falls eine Abwinkelung der Spanfläche an der Schneide (etwa parallel zu dieser) vorgenommen wird, so heißt der Teil der Spanfläche, der an der Schneide liegt, Spanflächenfase. Ihre Breite hat die Bezeichnung $b_{f\gamma}$

Freiflächen: Flächen, die den Schnittflächen am Werkstück zugekehrt sind. Es gibt die Hauptfreifläche und die Nebenfreifläche. Auch bei diesen Flächen können Abwinkelungen vorgenommen werden. Sie werden als Freiflächenfasen mit der Breite $b_{f\alpha}$ und $b_{f\alpha n}$ bezeichnet.

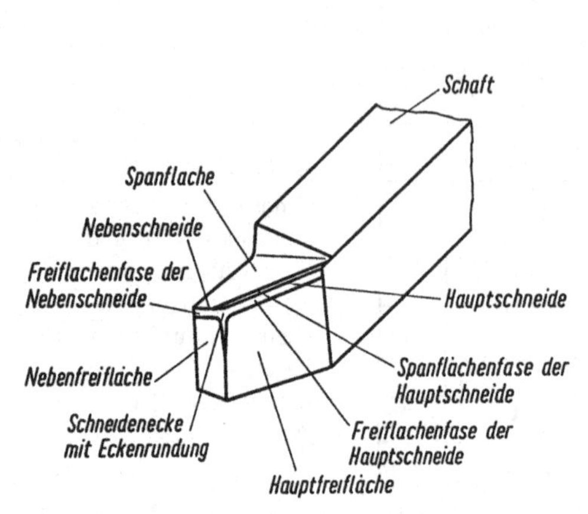

Bild A-9 Flächen, Schneiden und Schneidenecken am Dreh- oder Hobelmeißel nach DIN 6581

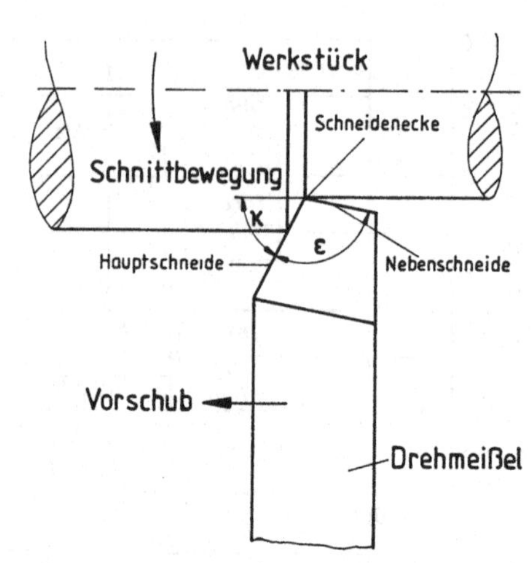

Bild A-10 Schneiden am Drehwerkzeug
κ Einstellwinkel ε Eckenwinkel

Schneiden (Bild A-10)

Hauptschneide: Schneide, deren Schneidkeil in Vorschubrichtung weist.

Nebenschneide: Schneide, die dem Werkstück zugewandt ist.

Schneidenecke: Stelle, an der Hauptschneide und Nebenschneide zusammentreffen. Die Schneidenecke kann spitz, mit einer Eckenrundung (Radius r) oder mit einer Eckenfase (Fasenbreite $b_{f\varepsilon}$) versehen sein.

Winkel (Bild A-11)

In der Bezugsebene sind zwei Winkel zu erkennen:

Der *Einstellwinkel* κ verbindet die Hauptschneide mit der Vorschubrichtung.

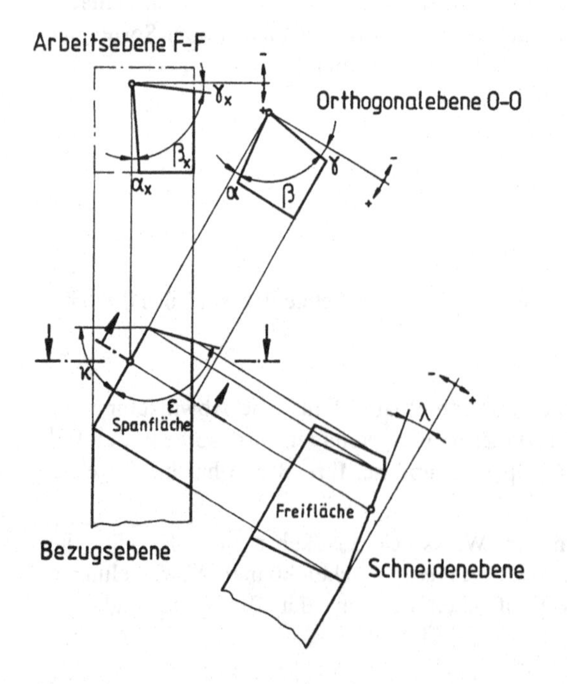

Bild A-11
Drehwerkzeug in verschiedenen Schnittebenen
α Freiwinkel
β Keilwinkel
γ Spanwinkel
λ Neigungswinkel
x Index der Arbeitsebene

Der *Eckenwinkel* ε liegt zwischen Haupt- und Nebenschneide. Das Bild zeigt den Drehmeißel noch in weiteren Ebenen. Bei einem senkrecht zur Hauptschneide laufenden Schnitt entsteht die Orthogonalebene 0–0. Sie zeigt die drei Winkel des Schneidkeils.

Der *Freiwinkel* α muß nicht sehr groß sein. Er soll dafür sorgen, daß zwischen der Freifläche des Werkzeugs und dem Werkstück ein Zwischenraum bleibt und keine Reibung entsteht.

Der *Keilwinkel* β ist der Winkel zwischen Freifläche und Spanfläche. Er kennzeichnet die mechanische und thermische Stabilität der Hauptschneide. Je größer dieser Winkel ist, desto höher ist die Schneide durch Kräfte und Wärmefluß belastbar.

Der *Spanwinkel* γ kann positiv oder negativ sein. Er beeinflußt die Spanbildung auf der Spanfläche und die Größe der Schnittkraft. Die drei genannten Winkel $\alpha + \beta + \gamma$ ergeben zusammen 90 °.

Die Arbeitsebene F–F wird in Vorschub- und Schnittrichtung aufgespannt. Sie zeigt ebenfalls einen Querschnitt durch den Drehmeißel. Die hier wiedergegebenen *Wirkwinkel* α_x, β_x und γ_x sind gegenüber α, β und γ etwas verzerrt. Sie geben die wirksamen Eingriffsverhältnisse der Schneiden bei der Arbeit an.

Die *Nebenschneide* hat auch Frei-, Keil- und Spanwinkel. Zur Unterscheidung erhalten sie den Index N: α_N, β_N und γ_N. In Bild A-11 sind sie nicht dargestellt.

Der *Neigungswinkel* λ gibt die Neigung der Hauptschneide in der Schneidenebene an. Er kann ebenfalls positiv oder negativ sein und übt einen Einfluß auf die Spanform und dessen Ablaufrichtung aus.

1.2.2 Negative Spanwinkel

Negative Spanwinkel haben für das Zerspanen mit Schneiden aus Hartmetall oder Schneidkeramik und bei unterbrochenen Schnitten Bedeutung. Der Vorteil negativer Spanwinkel liegt in der Richtungsänderung der Zerspankraft. Dadurch wandelt sich die Beanspruchung an der Spanfläche von Zug in Druck. *Druckbeanspruchung* kann von stoßempfindlichen Schneidstoffen wesentlich besser aufgenommen werden als Zugbeanspruchung. In Bild A-12 ist der Kräfteangriff bei positivem und negativem Spanwinkel dargestellt.

Je härter und fester ein Werkstoff und je spröder der Schneidstoff ist, desto stärker negativ wird der Spanwinkel ausgeführt, mitunter bis zu −25°. Bei entsprechend großen Schnittgeschwindigkeiten ergibt sich am Werkstück eine saubere Schnittfläche.

Ein negativer Spanwinkel erfordert bei gleichen Zerspanbedingungen *größere Kräfte* und *Leistungen* als ein positiver Spanwinkel. Um diesen erhöhten Leistungsbedarf jedoch möglichst klein zu halten und um einen guten Spanabfluß zu gewährleisten, wird häufig nur ein negativer

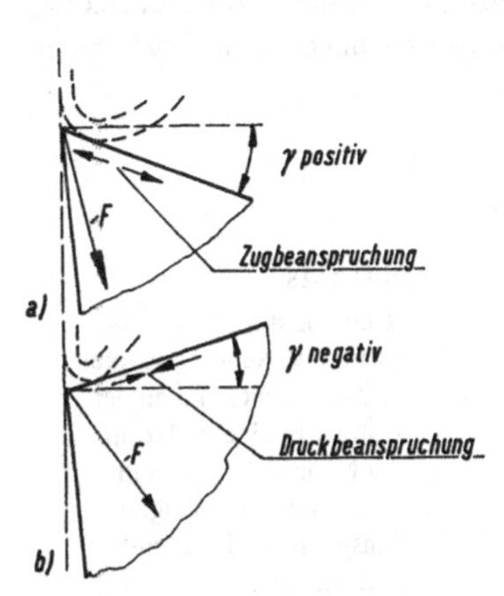

Bild A-12

Unterschiedliche Beanspruchung an der Spanfläche, je nachdem, ob der Spanwinkel γ a) positiv oder b) negativ ist. F = Zerspankraft

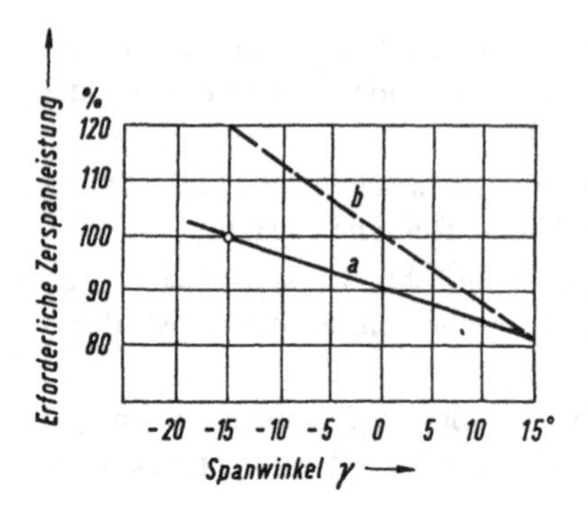

Bild A-13 Veränderung der Zerspanleistung in Abhängigkeit vom Spanwinkel γ
a) mit Werkzeug-Fasenspanwinkel
b) ohne Werkzeug-Fasenspanwinkel

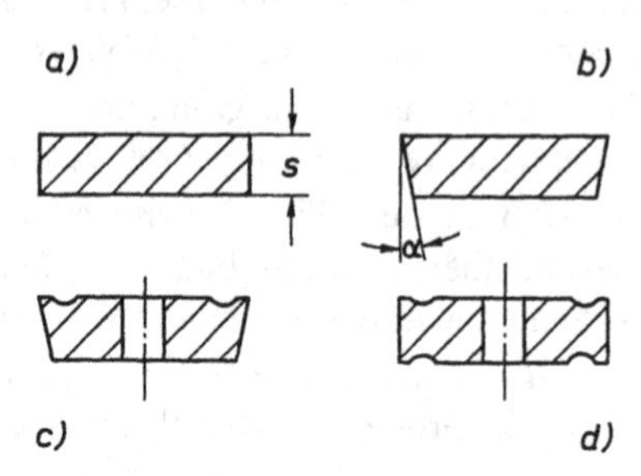

Bild A-14 Querschnitt durch Wendeschneidplatten.
a) ohne Freiwinkel, ohne Befestigungsbohrung
b) mit Freiwinkel α, ohne Befestigungsbohrung
c) mit Befestigungsbohrung, einseitig Spanformnuten
d) Spanformnuten beidseitig

Fasenspanwinkel γ_f angebracht, während der Haupt-Spanwinkel γ einen positiven Wert behält. Die Breite der Spanflächenfase $b_{f\gamma}$ wird etwa $(0{,}5...1) \cdot f$ (f = Vorschub je Umdrehung) gewählt. Den Einfluß einer solchen Maßnahme auf den Leistungsbedarf einer Werkzeugmaschine zeigt Bild A-13.

1.2.3 Wendeschneidplatten

Die wirtschaftlich günstige Ausnutzung der teuren Schneidstoffe gelang durch Einführung von Wendeschneidplatten. Sie werden auf dem Werkzeugkörper nur festgeklemmt und können nach dem Abnutzen einer Kante *gewendet* werden. So kommen nacheinander alle geeigneten Kanten als Schneiden zum Einsatz. Die vollständig gebrauchten Platten werden im allgemeinen nicht mehr nachgearbeitet.

Die *Grundformen* sind vielartig. Es gibt quadratische, dreieckige, runde, rechteckige, rhombische, rhomboidische und vieleckige Wendeschneidplatten (Tabelle A-5).

Im *Querschnitt* haben sie schräge oder senkrecht zur Grundlfäche verlaufende Seitenflächen (Bild A-14). Damit erhält man Schneidplatten mit verschiedenen Freiwinkeln α von 0° bis 30°. Bei senkrecht verlaufenden Seiten ist der Freiwinkel 0°. Diese Schneidplatten müssen im Werkzeughalter schräg eingespannt werden, damit positive Freiwinkel an Haupt- und Nebenschneide entstehen (Bild A-15). Ohne die ließe sich kein Vorschub erzielen, weil die Freifläche auf das Werkstück drücken würde. Bei richtiger Werkzeuggestaltung erhält man dann gleichzeitig negative Spanwinkel γ, negative Neigungswinkel λ und die doppelte Anzahl von Schneiden an der Wendeplatte, die jetzt beidseitig benutzt werden kann.

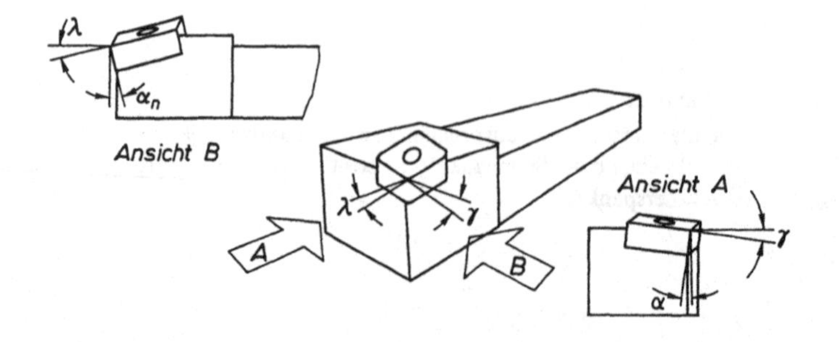

Bild A-15
Klemmhalter für negative Span- und Neigungswinkel (γ, λ). Freiwinkel α an der Hauptschneide und α_n an der Nebenschneide sind positiv infolge geneigter Einspannung der Wendeschneidplatte.

Tabelle A-5: Grundformen von Wendeschneidplatten nach DIN 4987

Kennbuchstabe	Grundform	Eckenwinkel
H	sechseckig	120°
O	achteckig	135°
P	fünfeckig	108°
S	quadratisch	90°
T	dreieckig	60°
C	rhombisch	80°
D		55°
E		75°
M		86°
V		35°
W	dreieckig mit vergrößertem Eckenwinkel	80°
L	rechteckig	90°
A	rhomboidisch	85°
B		82°
K		55°
R	rund	

Die *Genauigkeit* der Wendeschneidplatten ist verschieden. Die Schrumpfung beim Sintern verursacht Abweichungen in den Abmessungen von ± 0,02 bis ± 0,3 mm. Durch Schleifen mit Diamantscheiben läßt sich die Genauigkeit auf ± 0,005 mm verbessern. In DIN 4987 werden in Toleranzklassen von A bis U das Prüfmaß m, die Plattendicke s und der eingeschriebene Kreisdurchmesser d (Bild A-16) begrenzt.

Besonderheiten der Wendeschneidplattengestaltung sind Bohrungen für die *Befestigung* und *Spanformnuten* unterschiedlicher Form (Bild A-14). DIN 4981 legt alle Merkmale und Abmessungen von Wendeschneidplatten fest. Danach besteht eine Bezeichnung aus der Kombination von einigen Buchstaben und Zahlen. Tabelle A-6 gibt ein Beispiel an.

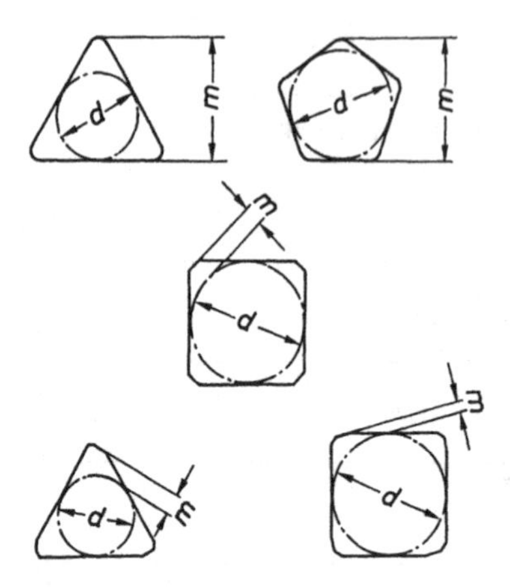

Bild A-16
Prüfmaß m und eingeschriebener Kreisdurchmesser d sind in DIN 4987 durch Toleranzen begrenzt.

Tabelle A-6: Bezeichnungssystem für Wendeschneidplatten nach DIN 4987

Platz Nr.	1	2	3	4	5	6	7	8	9	10
Bedeutung	Form	Freiwinkel	Toleranzklasse	Spanformnut und Befestigungsloch	Kantenlänge	Dicke	Schneidenecke	Schneidkante	Schneidrichtung	Schneidstoff
Schneidplatte DIN 4968	T	P	G	N	16	04	08	E	N	- P 20
Beispiel	Dreieck	11°	$m \pm 0{,}025$, $s \pm 0{,}13$ $d \pm 0{,}025$	ohne	16 mm	4 mm	$r = 0{,}8$ mm	gerundet	neutral	Hartmetall P 20

1.2.4 Oberflächengüte der Schneidenflächen

Die Güte der Flächen an der Schneide, vor allem die der Spanfläche, hat einen erheblichen Einfluß auf die zum Zerspanen notwendige Kraft und auf die Standzeit der Schneide. Bei einer sehr glatten Spanfläche sind die Verschleißvorgänge weniger intensiv.

Daher ist ein *Feinschleifen, Abziehen, Wetzen* oder *Läppen* der betreffenden Fläche in jedem Fall wirtschaftlich. Die Mehrkosten für eine derartige Nachbehandlung des Werkzeugs liegen niedriger als die Einsparungen an Schneidstoffen und Werkzeugwechselkosten durch die verlängerte Standzeit. Diese einfache Möglichkeit zur Erhöhung der Wirtschaftlichkeit wird oft nicht genug beachtet. Besondere Behandlungen der Werkzeugflächen, wie Hartverchromen, Nitrieren u.a. sind mit unterschiedlichem Erfolg durchgeführt worden. An Wendeschneidplatten sind zusätzliche Feinarbeiten nicht nötig.

Tabelle A-7: Formen von Drehwerkzeugen und die zugehörigen DIN-Normen

Form	Bezeichnung	Schneidenausführung	
		Schnellarbeitsstahl	Hartmetall
	gerade Drehmeißel	4951	4971
	gebogene Drehmeißel	4952	4972
	Eckdrehmeißel	4965	4978
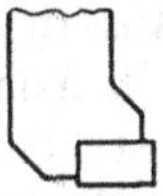	abgesetzte Stirndrehmeißel		4977
	abgesetzte Seitendrehmeißel	4960	4980
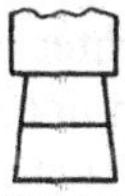	breite Drehmeißel	4956	4976
	spitze Drehmeißel	4955	4975
	Stechdrehmeißel	4961	4981
	Innen-Drehmeißel	4953	4973
	Innen-Eckdrehmeißel	4954	4974
	Innen-Stechmeißel	4963	

1.3 Werkzeugform

Für die vielseitigen Aufgaben beim Drehen sind sehr unterschiedliche Werkzeugarten entwickelt worden: Drehmeißel aus Schnellarbeitsstahl werden durch Werkzeuge mit aufgelöteten Hartmetallschneiden und besonders durch Klemmhalter für Wendeschneidplatten ersetzt. Weiterhin müssen Sonderwerkzeuge für die automatische Produktion und Formdrehmeißel aufgezählt werden.

1.3.1 Drehmeißel aus Schnellarbeitsstahl

Drehmeißel aus Schnellarbeitsstahl bestehen aus einem einzigen Stück. Man kann *Schaft, Werkzeugkörper* und *Schneidenteil* unterscheiden. Der Schaft dient zum Einspannen im Werkzeughalter. Er ist quadratisch oder rechteckig für Außenbearbeitungen und rund oder vieleckig für Innenbearbeitungen.
Der *Werkzeugkörper* bildet den Übergang zur Schneide. Nach seiner Form unterscheidet man gerade, gebogene und abgesetzte Drehmeißel. Die Ausbildung des Schneidenteils richtet sich nach der Verwendung zum Längsdrehen, Querplandrehen, Eckenausdrehen, Anstirnen, Gewindeschneiden, Abstechen oder Innendrehen. Tabelle A-7 zeigt als Skizzen die Formen und Bezeichnungen, die in DIN-Normen festgelegt sind. Der Schneidenteil ist vergütet. Er ist oft am Schaft aus billigerem Stahl angeschweißt oder als Schneidplatte im Werkzeugkörper eingelötet.

1.3.2 Drehmeißel mit Hartmetallschneiden

Ganz ähnliche Formen wie die Drehmeißel aus Schnellarbeitsstahl haben die Drehwerkzeuge mit aufgelöteten Hartmetallschneiden nach DIN 4982. Ihr Schaft ist auch quadratisch, rechteckig oder rund. Am Übergang zur Schneide können *gerade, gebogene* und *abgesetzte* Formen unterschieden werden. In Tabelle A-7 sind in der zweiten Spalte Normen für die verschiedenen Formen und Einsatzgebiete von Hartmetallwerkzeugen aufgeführt. Die Schneiden lassen sich nachschleifen. Dazu werden Scheiben mit spezieller Diamantkörnung in Kunstharzbindung verwendet.

1.3.3 Klemmhalter

Für die Verwendung von *Wendeschneidplatten* aus Hartmetall oder Keramik sind Drehwerkzeuge mit Klemmeinrichtungen für die Schneide im Gebrauch. Sie unterscheiden sich von den einteiligen Werkzeugen im wesentlichen durch die Gestaltung des Werkzeugkörpers, der die Klemmkonstruktion enthalten muß. Ihre Einteilung in DIN 4984 richtet sich nach der Grundform der Schneidplatte (Dreieck, Quadrat, Rhombus, usw. und ihrer geometrischen Anordnung und damit nach der möglichen Schnittrichtung (Tabelle A-8). Neben den normalen *Klemmhaltern* werden auch *Kurzklemmhalter* nach DIN 4985 verwendet. Sie haben kleinere Abmessungen, lassen sich raumsparend anordnen und können mit Stellschrauben längs und quer ausgerichtet werden (Bild A-17). Die Bezeichnungen von Klemmhaltern beider Art ist in DIN 4983 festgelegt.

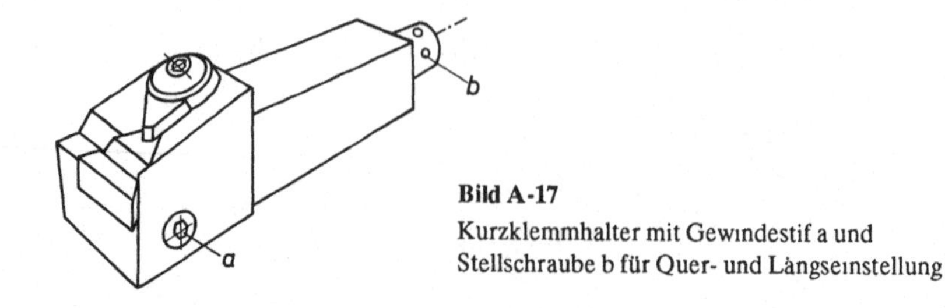

Bild A-17
Kurzklemmhalter mit Gewindestif a und Stellschraube b für Quer- und Längseinstellung

Tabelle A-8: Formen von Klemmhaltern nach DIN 4984

Form	Bild	Schnittrichtung
A	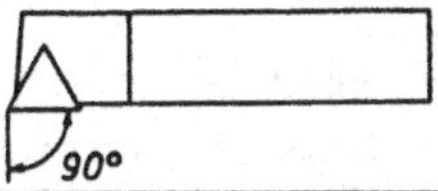 90°	längs
B	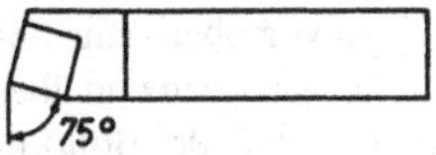 75°	längs
D	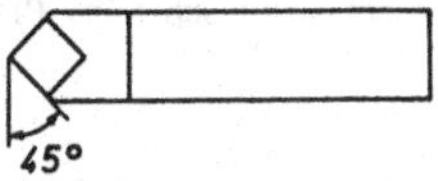 45°	längs (beidseitig)
F	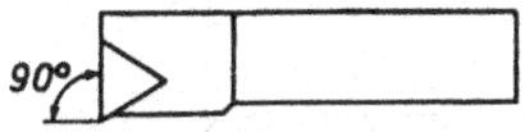 90°	quer
G	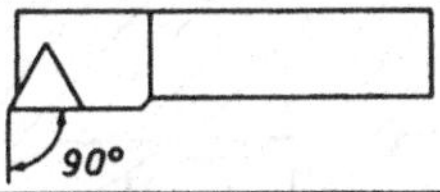 90°	längs
J	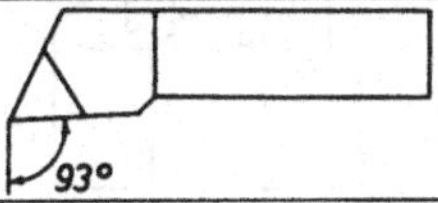 93°	längs
	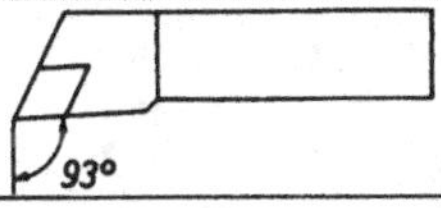 93°	längs
K	 75°	quer
L	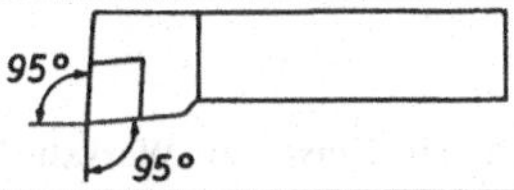 95°, 95°	längs und quer
N	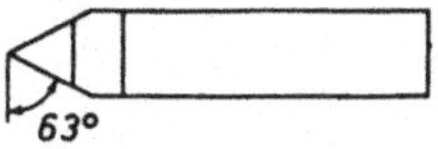 63°	längs
	 63°	längs
R	 75°	längs
S	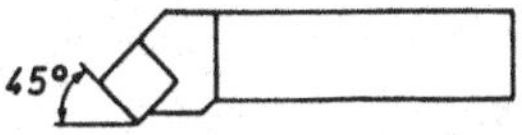 45°	längs und quer
T	 60°	längs

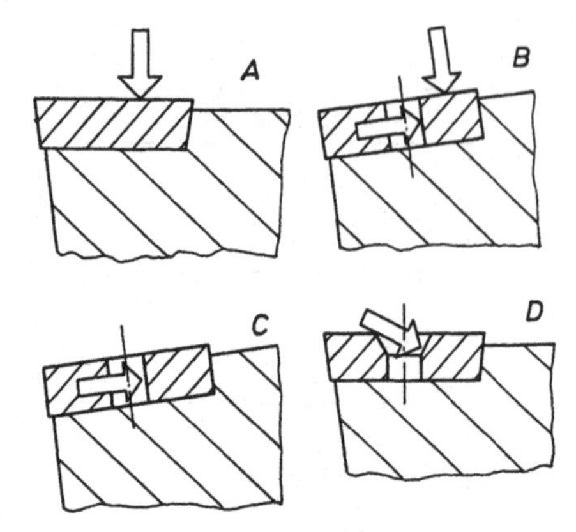

Bild A-18

Befestigungsarten von Wendeschneidplatten in Klemmhaltern nach DIN 4983

A von oben ohne besondere Bohrung
B von oben und über eine Bohrung
C nur in der Bohrung geklemmt
D festgeschraubt, Platte enthält eine Senkung

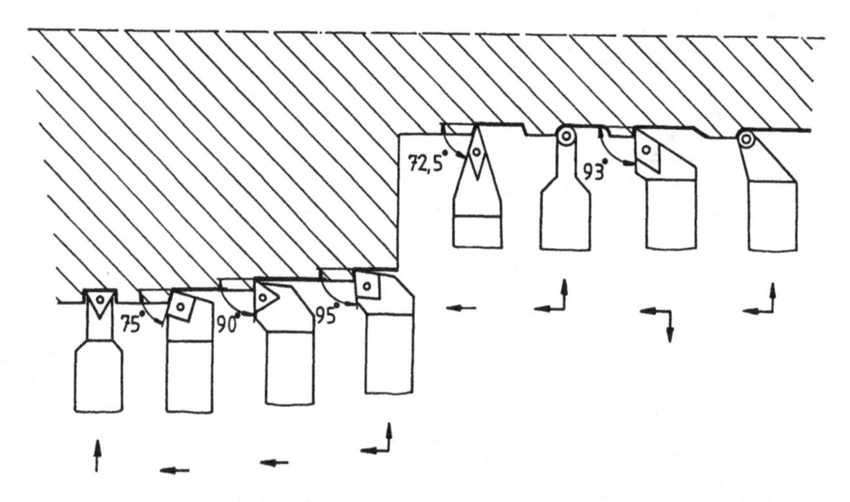

Bild A-19 Längsdrehwerkzeuge mit Wendeschneidplatten im Einsatz am Werkstück

Sie enthält

1. Die Art der *Schneidenbefestigung* (s. Bild A-18),
2. die *Grundform* der *Wendeschneidplatte,*
3. die *Form* des *Halters* und Lage der *Hauptschneide* (Einstellwinkel κ),
4. den *Freiwinkel* der Wendeschneidplatte,
5. die Ausführung als *rechter* oder *linker* Halter,
6. die *Abmessungen* und besonderen *Toleranzen.*

Bild A-19 zeigt verschiedene Längsdrehwerkzeuge im Einsatz am Werkstück. Es handelt sich hierbei um *rechte* Werkzeuge, deren Hauptschneiden rechts liegen, wenn die Wendeschneidplatte zum Körper des Betrachters hin zeigt. Sie können im dargestellten Bild Vorschubbewegungen von rechts nach links und einige auch quer oder an Konturen entlang ausführen.
Bild A-20 zeigt Werkzeuge für das *Querplandrehen.* Bei ihnen ist die bevorzugte Vorschubrichtung von außen nach innen. Dabei kommen die Hauptschneiden unter einem günstigen *Eingriffswinkel* von 45° oder 75° zum Einsatz.

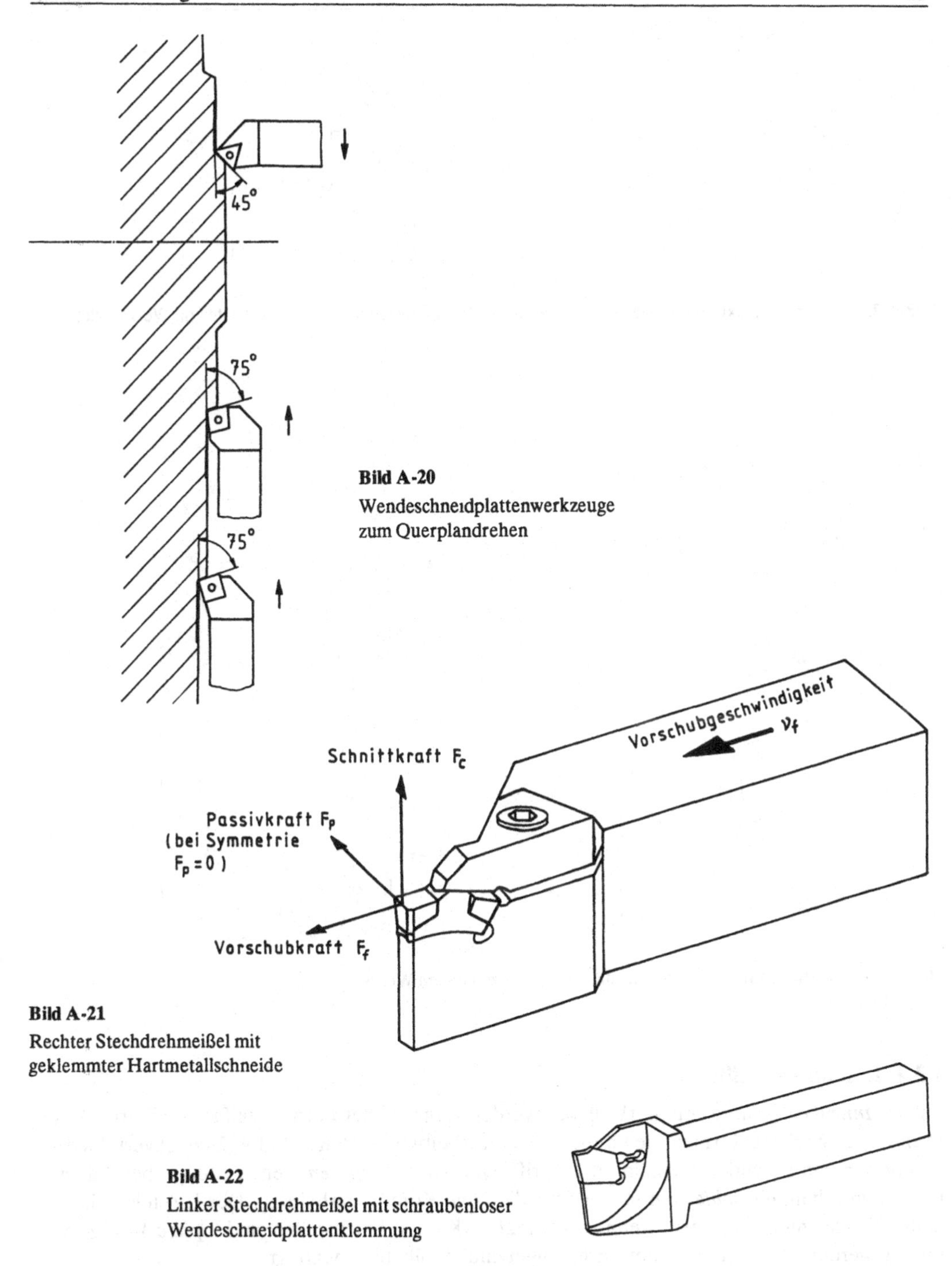

Bild A-20
Wendeschneidplattenwerkzeuge zum Querplandrehen

Bild A-21
Rechter Stechdrehmeißel mit geklemmter Hartmetallschneide

Bild A-22
Linker Stechdrehmeißel mit schraubenloser Wendeschneidplattenklemmung

Zum *radialen Einstechen* von Nuten oder Abstechen von an der Stange hergestellten Werkstücken gibt es rechte oder linke Stechdrehmeißel (Bilder A-21 und 22). Da der Platz für die Befestigung der Wendeschneidplatten klein ist, sind besondere Klemmkonstruktionen erforderlich. Sonderkonstruktionen sind für das *stirnseitige Einstechen* und *Ausdrehen* von *Taschen* nötig (Bild A-23). Dabei muß die Schneidenunterstützung im Bogen der Werkstückdrehung folgen.

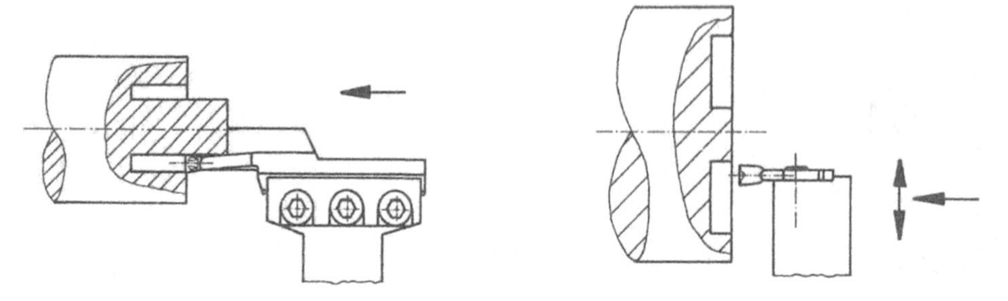

Bild A-23 Sonderkonstruktion von Stechdrehmeißeln zum Längseinstechen an der Stirnseite von Werkstücken

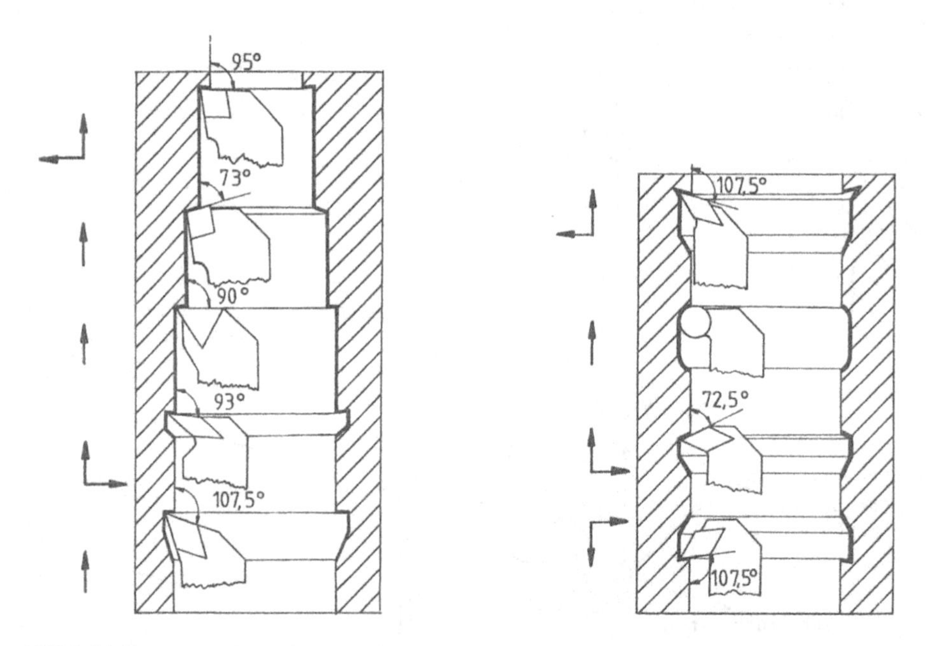

Bild A-24 Formen von Innendrehwerkzeugen im Einsatz in einem Werkstück

1.3.4 Innendrehmeißel

Für die *Innenbearbeitung* von Werkstücken werden aufgrund der Formenvielfalt der Werkstücke ebensoviele Werkzeugformen wie für die Außenbearbeitung benötigt. Bild A-24 zeigt verschiedene Formen von Innendrehmeißeln im Eingriff. Die *stabilen Formen* dienen zum groben Längs- und Querdrehen, die *schlanken Formen* für die feine Konturbearbeitung. Der Einstellwinkel κ muß 90° oder mehr betragen, wenn rechtwinklige Kanten herzustellen sind. *Spitze Werkzeugformen* werden für Einstiche, Hinterdrehungen und Hohlkehlen benötigt.
Der Schaft des Innendrehwerkzeugs muß oft *lang* und *schlank* sein, damit die schwer zugänglichen Bearbeitungsstellen erreicht werden können. Je schlanker und länger das Werkzeug eingespannt wird, desto kleiner wird seine Eigenfrequenz. Sie kommt in einen Bereich, in dem *Ratterschwingungen* durch den Drehvorgang selbst angeregt werden. Ratterschwingungen sind unerwünscht. Sie führen zur starken Verkürzung der Standzeit durch ausbrechende Schneidkanten und zu schlechten Oberflächen am Werkstück.

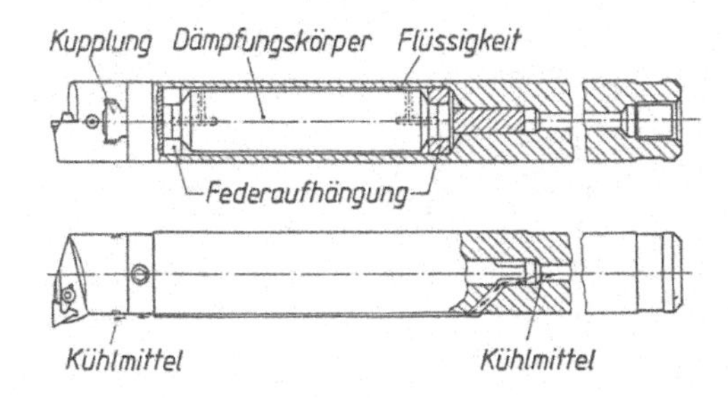

Bild A-25
Sonderkonstruktion eines Innendrehwerkzeugs mit Schwingungsdämpfung (Quelle: Coromant)

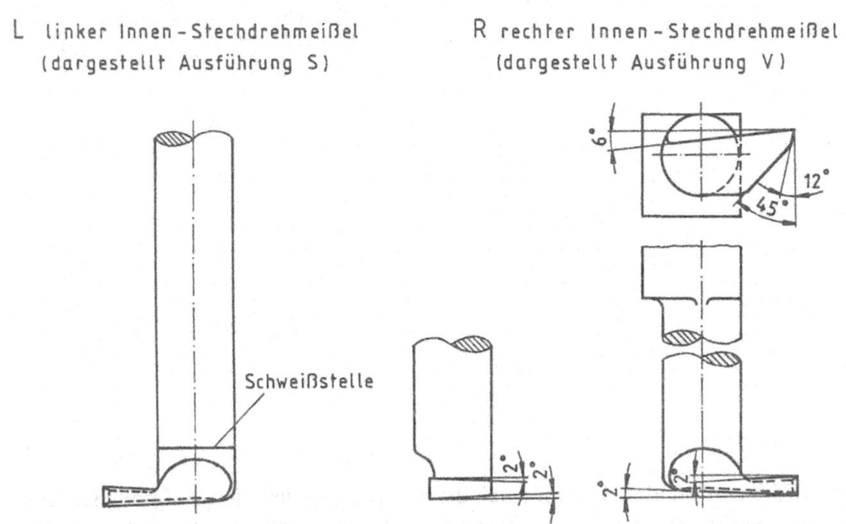

Bild A-26 Innenstechdrehmeißel aus Schnellarbeitsstahl

Die Anregung von Ratterschwingungen kann durch Verkleinerung der Schnittkraft (Vorschub und Schnittiefe) verringert werden. Das verlängert zum Nachteil der Wirtschaftlichkeit die Arbeitszeit.

Mit konstruktiven Maßnahmen an den Innendrehwerkzeugen versucht man die Nachteile zu beheben. Durch *Massenverkleinerung* und Wahl eines Werkstoffs mit *größerem E-Modul* läßt sich die Eigenfrequenz günstig beeinflussen. Einfacher ist der Einbau von *Dämpfern* in den Schaft, die die Schwingungen durch Reibung abbauen. Bild A-25 zeigt die Konstruktion eines Innendrehmeißels mit Dämpfungskörper, Reibungsflüssigkeit und Kühlung.

Eine besonders schwingungsanfällige Gruppe von Werkzeugen sind *Innen-Stechdrehmeißel* (Bild A-26). Der Kraftangriffspunkt liegt stark außerhalb des Zentrums und bietet für die Torsion einen größeren Hebelarm. Der Schaft ist noch dazu besonders schlank, weil er durch die radiale Vorschubbewegung weniger Raum beanspruchen kann.

1.3.5 Formdrehmeißel

Für Drehaufgaben in der Massenproduktion bei schwierigen oder feingliedrigen Konturen werden Formmeißel verwendet.

Sie können als *gerade* (prismenförmige) oder als *runde* Formmeißel (Formscheiben) ausgeführt werden. Bild A-27 zeigt die beiden Meißelarten in ihrer grundsätzlichen Ausführung.

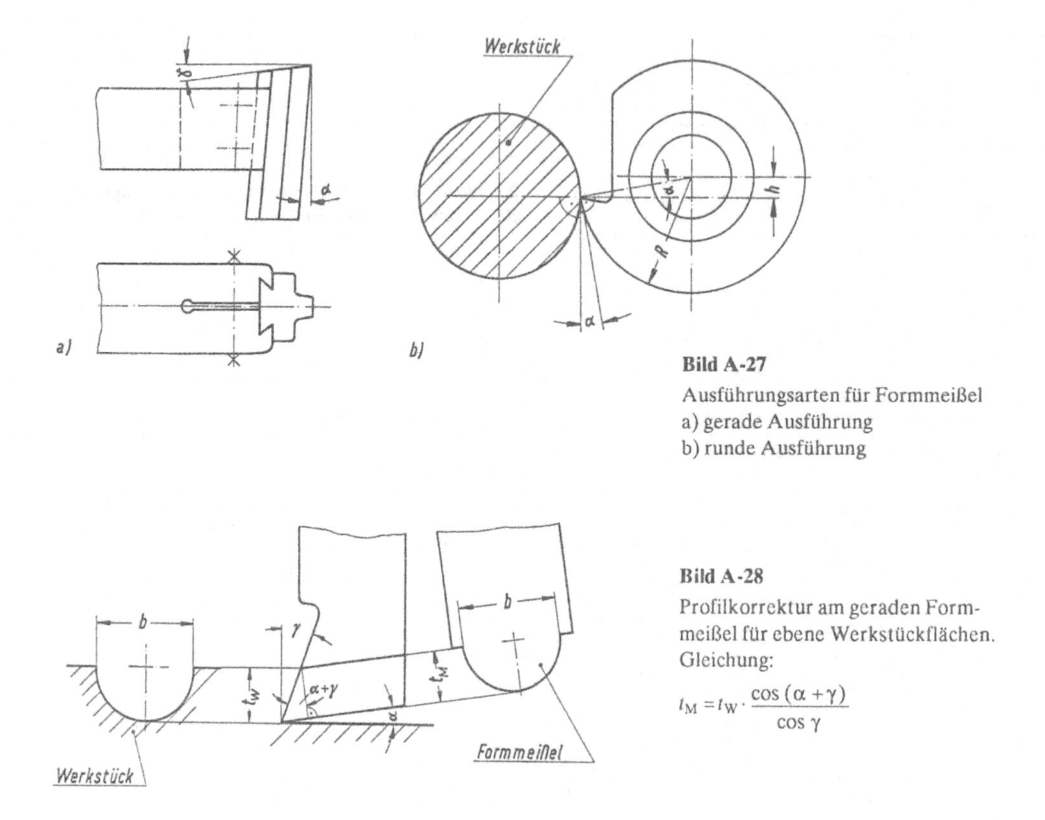

Bild A-27
Ausführungsarten für Formmeißel
a) gerade Ausführung
b) runde Ausführung

Bild A-28
Profilkorrektur am geraden Formmeißel für ebene Werkstückflächen.
Gleichung:

$$t_M = t_W \cdot \frac{\cos(\alpha + \gamma)}{\cos \gamma}$$

Der Freiwinkel α wird beim runden Formmeißel durch Höherstellen der Formmeißelmitte gegenüber der Werkstückmitte eingestellt. Der Höhenwert h ergibt sich aus dem gewünschten Freiwinkel α zu $h = R \cdot \sin \alpha$.

Zur *Herstellung* der Formmeißel ist das Profil in einem Schnitt senkrecht zur Freifläche (bei geraden Formmeißeln) oder in einem Radialschnitt (bei runden Formmeißeln) anzugeben. Das Formmeißelprofil ergibt sich aus dem Werkstückprofil dadurch, daß sich die Tiefenmaße entsprechend den anderen geometrischen Verhältnissen am Formmeißel verändern, während die Breitenmaße an der betreffenden Stelle unverändert bleiben.

Die *veränderten Tiefenmaße* können aus den geometrischen Zusammenhängen heraus errechnet oder gezeichnet werden. Da es sich meist um verhältnismäßig kleine Änderungen handelt, ist es empfehlenswert, bei den zeichnerischen Darstellungen einen möglichst stark vergrößernden Maßstab, etwa 10 : 1, zu wählen.

Für die verschiedenen Kombinationen: gerader oder runder Formmeißel mit gerader oder runder Werkstückfläche sind die Ermittlungen der Profiltiefenveränderung teils rechnerisch, teils zeichnerisch in den Bildern A-28 bis A-30 dargestellt.

Der *Freiwinkel* α verändert sich an den verschiedenen Stellen des Profils. Auch an den ungünstigsten Stellen soll er nicht zu klein (nicht unter 4° bis 5°) werden. Andernfalls besteht an dieser Stelle die Gefahr des Zwängens und Drückens.

Je komplizierter das Profil ist, desto mehr Profilpunkte in verschiedenen Profiltiefen müssen rechnerisch oder zeichnerisch ermittelt werden. Dabei ist zu beachten, daß *Verzerrungen* am Formmeißelprofil auftreten. Diese entstehen dadurch, daß sich die Tiefenmaße nicht an allen Stellen im gleichen Verhältnis verkürzen. Gerade Profillinien am Werkstück werden zu schwach gekrümmten Linien am Formmeißel (Bild A-31).

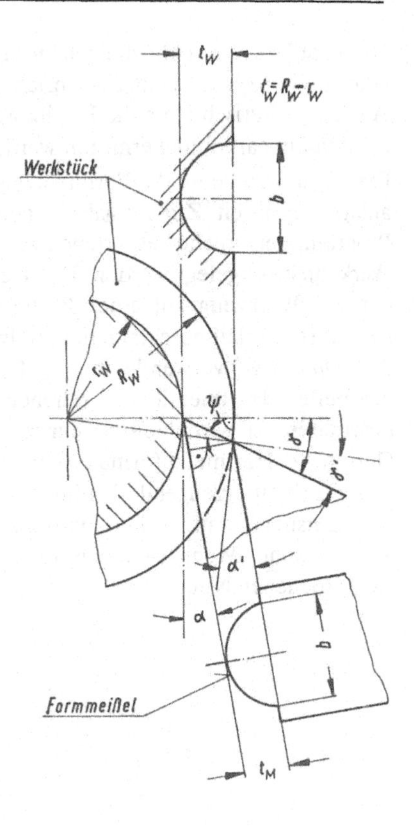

Bild A-29
Profilkorrektur am geraden Formmeißel für das Drehen
Gleichungen:

1. $\sin\psi = \frac{r_W}{R_W} \cdot \sin\gamma$

2. $t_M = R_W \cdot \frac{\sin(\gamma - \psi) \cdot \cos(\alpha + \gamma)}{\sin\gamma}$

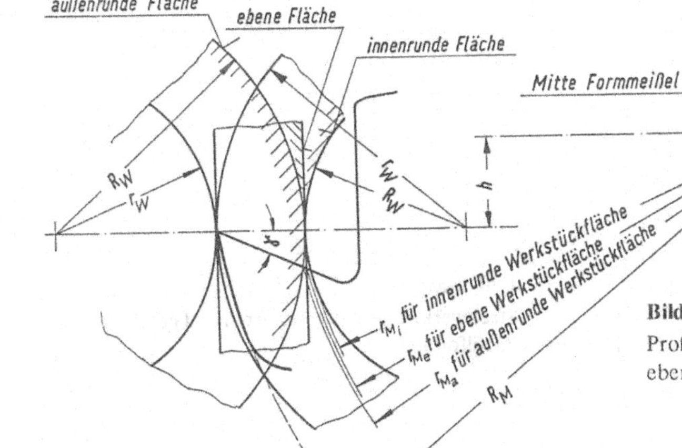

Bild A-30
Profilkorrektur am runden Formmeißel für ebene oder runde Werkstückfläche (zeichnerisch)

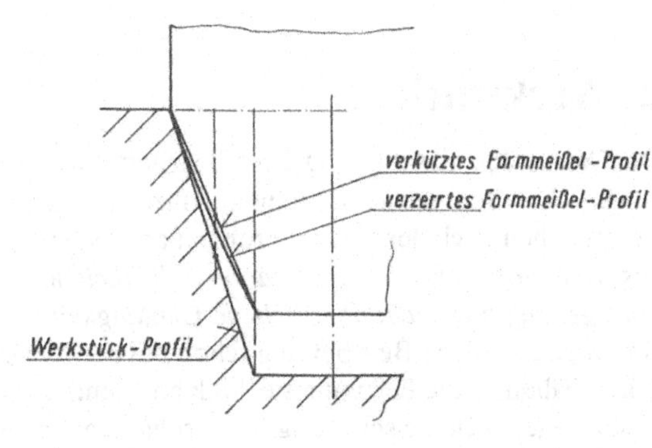

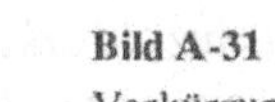

Bild A-31
Verkürzung und Verzerrung am Formmeißel: Werkzeug- und Werkstückprofile sind in eine Ebene gedreht

Die Profilkorrektur für die *Innenbearbeitung* mit einem Formmeißel wird mit denselben Gleichungen berechnet. Dabei entspricht R_w dem kleinsten und r_w dem größten Innendurchmesser. Auch zeichnerisch kann die Profilkorrektur für die Innenbearbeitung in ähnlicher Weise wie für die Außenbearbeitung ermittelt werden.

Praktisch wird heute die Formmeißelgeometrie mit *Rechenprogrammen* in Datenverarbeitungsanlagen ermittelt. Zur Eingabe in den Rechner muß die *Werkstückgeometrie* in einer einfachen Programmiersprache beschrieben werden und die Größe und Stellung des *Formdrehmeißels* zum Werkstück festgelegt werden. Der Rechner erzeugt dann eine maßstabgenaue Zeichnung, nach der das Werkzeug auf einer Profilschleifmaschine gearbeitet wird oder er speist numerisch gesteuerte Schleifmaschinen unmittelbar.

Als *Schneidstoff* verwendet man für Formmeißel überwiegend Schnellarbeitsstahl. Er läßt sich gut bearbeiten. Hartmetall wird seltener genommen. Es läßt sich nur mit Diamantschleifscheiben bearbeiten und wird dadurch teurer.

Gesinterte Hartmetallformen sind auch von *Stechdrehmeißeln* bekannt (Bild A-32). Die am Werkstück zu erzeugende Profilform ist eingeschliffen. Mit ihnen kann man genormte Formen von Einstichen an Wellen wirtschaftlich bearbeiten. Das Profil der Spanfläche dient der Spanformung. Wenn sich der Span damit zusammenfalten läßt, verklemmt er nicht in der eingestochenen Nut.

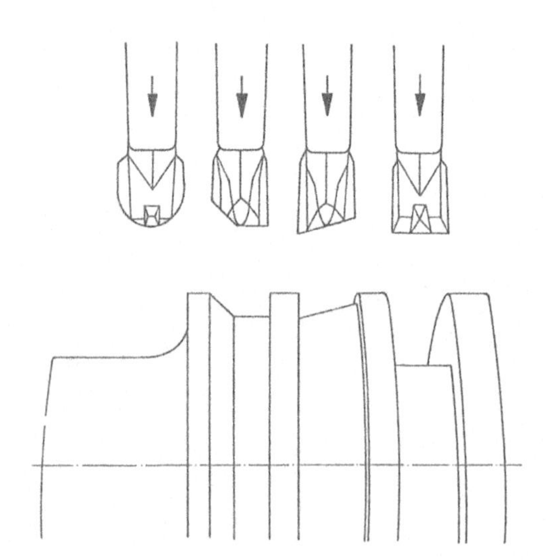

Bild A-32

Stechwerkzeuge mit gesinterten und geschliffenen Profilformen

2 Werkstück

Das Werkstück, das durch Drehen bearbeitet werden soll, läßt sich durch seinen Werkstoff, seine gewünschte Geometrie und seinen Rohzustand kennzeichnen. Der Konstrukteur bestimmt es im wesentlichen nach den Anforderungen an das fertige Werkstück. Wenn dabei die *Bearbeitbarkeit* des *Werkstoffs* und die *Aufspannmöglichkeit* auf der Maschine beachtet wird, eine *einfache Formgebung* und *nicht übertriebene Genauigkeit* gewählt wird, können die Voraussetzungen für eine wirtschaftliche Bearbeitung schon bei der Konstruktion getroffen werden. In außergewöhnlichen Fällen ist die Fertigungstechnik aufgrund der vorzüglichen modernen Schneidstoffe jedoch in der Lage, auch die schwierigsten Drehaufgaben zu bewältigen.

2.1 Werkstoff

Die *Zerspanbarkeit* eines *Werkstoffs* wird mit folgenden Kriterien beurteilt:

1.) *Größe der Zerspanungskräfte,*

2.) *Verschleiß am Werkzeug,*

3.) *Oberflächenbeschaffenheit des bearbeiteten Werkstücks,*

4.) *Spanform.*

Da die *Härte* den Widerstand eines Stoffes gegen das Eindringen eines fremden Körpers bezeichnet und die spangebende Bearbeitung durch das Eindringen der Werkzeugschneide in das Werkstück durchgeführt werden muß, ist sie die wichtigste mechanische Größe. Grundbedingung ist also, daß die Werkstoffhärte immer kleiner ist als die Schneidenhärte im betriebswarmen Zustand.

Da bei der Spanbildung Werkstoffdehnung, Abscheren und Stauchung zusammenarbeiten, sind *Zugfestigkeit, Scherfestigkeit* und *Zähigkeit* für die Form der Spanbildung und den Widerstand gegen die Spanabtrennung verantwortlich. Die Werkstoffzähigkeit im besonderen kann sich sehr unangenehm bemerkbar machen. So gelten zähe nickelhaltige Stahlsorten und Sondermetalle auf Nickelbasis als schwer bearbeitbar. Die eingesetzten Schneiden verschleißen besonders schnell, und es entstehen lange Bandspäne. Daß die Kerbschlagzähigkeit von der Temperatur und Belastungsgeschwindigkeit abhängig sein kann, zeigt Bild A-33.

Die *spezifische Schnittkraft* gibt an, wie groß die Kraft wird, die auf die Schneide bei der Spanbildung einwirkt. In erster Näherung ist sie von der Werkstoffestigkeit (4 bis 6 mal R_m) abhängig. Eine genauere Berechnung folgt im Kapitel A-4 Kräfte an der Schneide.

Die *verschleißende Wirkung* des Werkstoffs beruht hauptsächlich auf Reibung unter Druck und erhöhter Temperatur. Durch die Wahl des Schneidstoffs, zum Beispiel Hartmetall an Stelle von Schnellarbeitsstahl bei der Bearbeitung von legierten Stählen, kann das Reibungsverhalten verbessert werden. Sehr reibungsstark wirken Füllstoffe und Fasern in Kunstharzen, harte Karbideinschlüsse im Stahl und Siliziumverbindungen in Aluminium (Silumin).

Eine besondere Verschleißart entsteht durch Klebe- und Schweißvorgänge bei der Bildung von Aufbauschneiden und Ablagerungen auf der Spanfläche, dem sogenannten Preßschweißverschleiß. Er läßt sich ebenfalls durch richtige Wahl des Schneidstoffs und durch Verändern der Schnittgeschwindigkeit günstig beeinflussen.

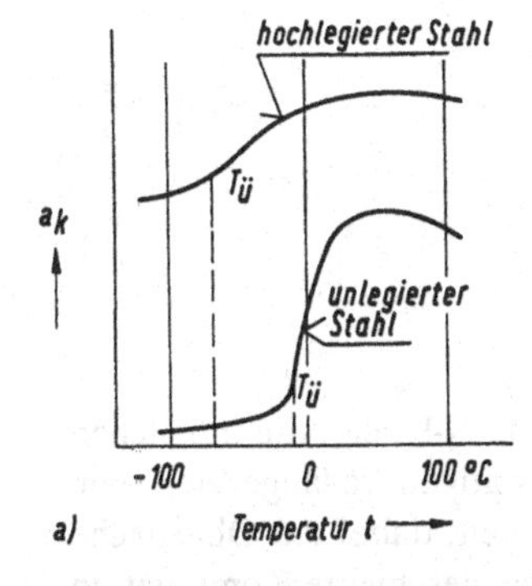

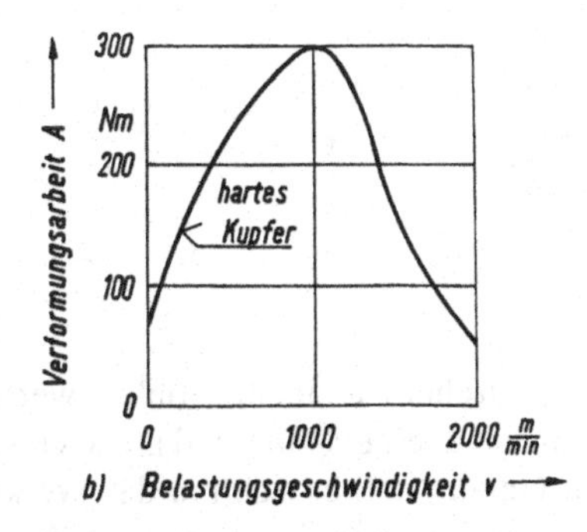

Bild A-33 a) Kerbschlagzähigkeit a_k abhängig von der Temperatur, für zwei Stahlsorten. T_u = Übergangstemperatur.
b) Verformungsarbeit A, abhängig von der Belastungsgeschwindigkeit v für hartes Kupfer (nach *Hoppmann*)

Tabelle A9: Spanformen beim Drehen

Bandspäne	lang 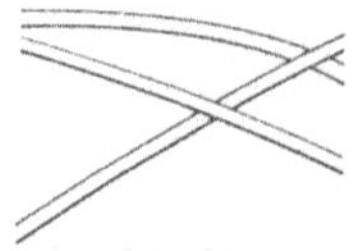	kurz 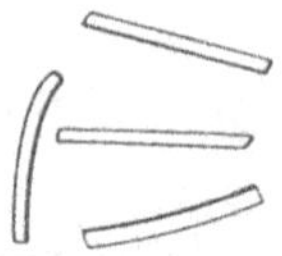	wirr 
Wendelspäne	lang 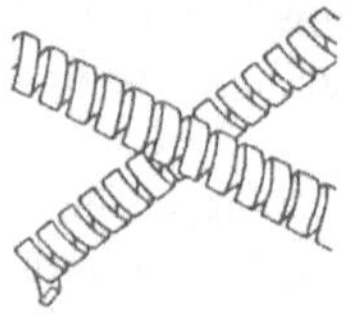	kurz 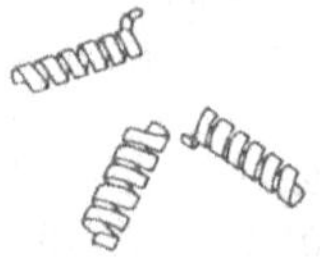	wirr 
konische Wendelspäne	lang 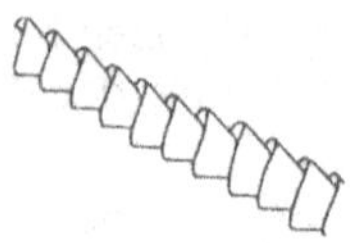	kurz 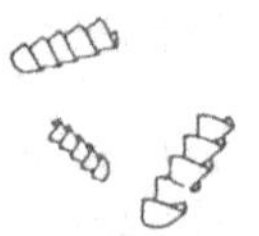	wirr 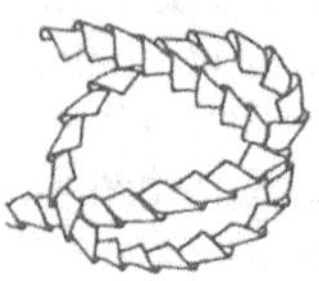
Schraubenspäne	lang 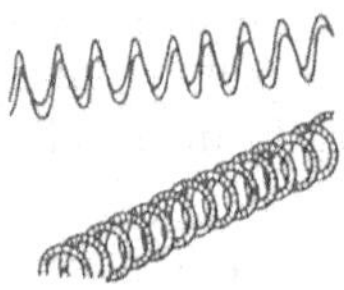	kurz 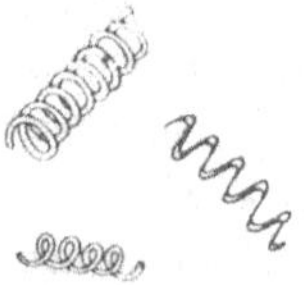	wirr 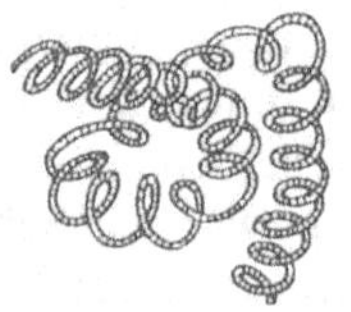
Spiralspäne	flach 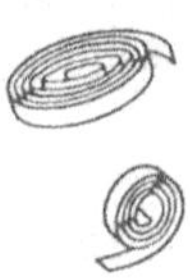	konisch 	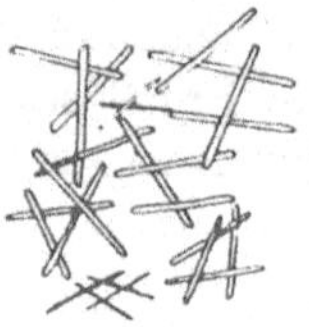 Nadelspäne
Reißspäne	zusammenhängend 	gebrochen 	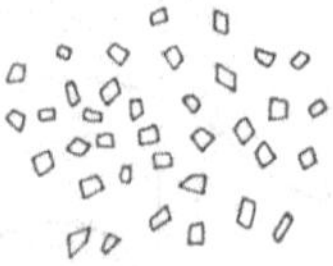 Bruchspäne

Die *Spanform* kann für das Drehen zu einem Problem werden. Tabelle A-9 zeigt die möglichen Spanformen. Kurze aber nicht zu feine Späne sind am leichtsten zu beseitigen. Je länger der Span wird, desto größer ist die Gefahr, daß er sich um das Werkstück wickelt, dabei die Oberfläche zerkratzt, den Schneidvorgang stört und den Arbeiter gefährdet. Durch geschickte Kombination von Einstellwinkel, Spanwinkel und Neigungswinkel lassen sich bestimmte Spanformen erzeugen. Ihre Länge wird von aufsetzbaren Spanbrechern oder eingesinterten Spanformnuten beeinflußt. Aber es gibt Werkstoffe, die aufgrund ihrer großen Zähigkeit immer zu langen Spanformen neigen, insbesondere bei großer Schnittgeschwindigkeit.

Die Zerspanbarkeit des Werkstoffs muß auch in Zusammenhang mit den Schneidstoffen und den *anwendbaren Schnittdaten* wie Schnittgeschwindigkeit, Vorschub und Schnittiefe gesehen werden. Es gibt dafür Richtwerte in Tabellenform von großem Umfang. Durch die Weiterentwicklung der Schneidstoffe, zum Beispiel die Beschichtungstechnik der Hartmetalle, veralten die angegebenen Werte schnell. Zuverlässige neuere Daten werden praktisch nur von den Schneidstofflieferanten verbreitet, die mit ihren neuentwickelten Sorten ausgedehnte Schnittversuche unternommen und in Tabellenform dokumentiert haben [18].

2.2 Werkstückeinspannung

2.2.1 Radiale Lagebestimmung

Dreharbeiten werden meistens an zylindrischen Werkstücken durchgeführt, die zentrisch einzuspannen sind. Die Mittelachse des Werkstücks soll mit der Rotationsachse der Drehmaschinenspindel fluchten. Durch Anbringen von *Zentrierbohrungen* (Bild A-34) an beiden Werkstückenden kann die Mittelachse so markiert werden, daß die Zentrierspitzen der Drehmaschine eingreifen können. Am Außendurchmesser des Werkstücks oder am Innendurchmesser bei Hohlkörpern kann die radiale Lagebestimmung auch durch zentrisch spannende Dreibacken-Futter oder Spannzangen erreicht werden.

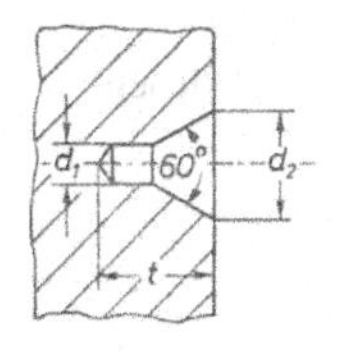

Form A
mit geraden Laufflächen,
ohne Schutzsenkung
d_1: 0,5 ... 50 mm
d_2: 1,06 ... 106 mm

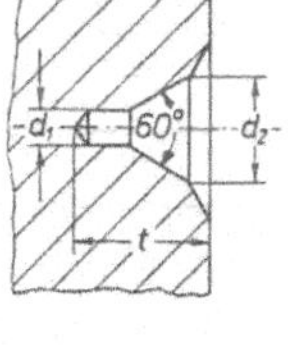

Form C
mit geraden Laufflächen,
mit kegelstumpfförmiger
Schutzsenkung
d_1: 1 ... 50 mm
d_2: 2,12 ... 106 mm

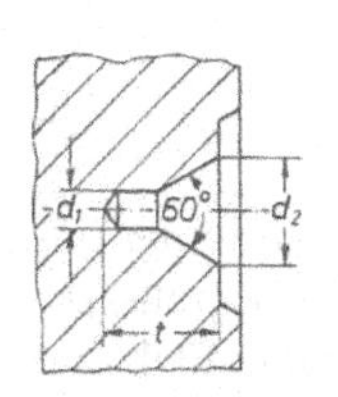

Form B
mit geraden Laufflächen,
mit kegelförmiger
Schutzsenkung
d_1: 1 ... 50 mm
d_2: 2,12 ... 106 mm

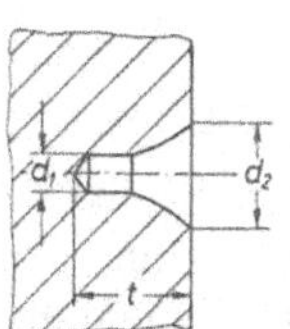

Form R
mit gewölbten Laufflächen,
ohne Schutzsenkung
d_1: 0,5 ... 12,5 mm
d_2: 1,06 ... 26,5 mm

Bild A-34 Zentrierbohrungen nach DIN 332 Blatt 1
Angabe in der Zeichnung: Zentrierbohrung Form.. $d_1 \cdot d_2$ DIN 332

Nicht zylindrische besondere Formen müssen meist sorgfältig ausgerichtet werden und mit einzeln verstellbaren Spannbacken oder mit universellen Spannelementen auf einer Planscheibe befestigt werden.
Die radiale Lage muß auch unter Berücksichtigung der angreifenden Zerspankräfte und der *Werkstückelastizität* erhalten bleiben. Man kann unter dieser Betrachtungsweise stabile, halbstabile und unstabile Werkstücke unterscheiden. Tabelle A-10 gibt Anhaltswerte für die Abmessungen der drei Werkstückkategorien.
Zur Verbesserung der Stabilität werden an schlanken Werkstücken Lünetten verwendet, die zusätzliche Stützstellen erzeugen. Bei futtergespannten Werkstücken kann mit einer Reitstockspitze am freien Ende die Starrheit vergrößert werden.

Tabelle A-10: Richtwerte für Stabilitätskategorien von Werkstücken beim Drehen

Werkstückeinspannung	stabil	halbstabil	unstabil
zwischen Spitzen	$L \leq 6 \cdot d$ und $d > 60$ mm	$L = (6...12) \cdot d$ oder $d < 60$ mm	$L \geq 12 \cdot d$
im Spannfutter	$L \leq d$	$L = (1...2) \cdot d$	$L > 2 \cdot d$

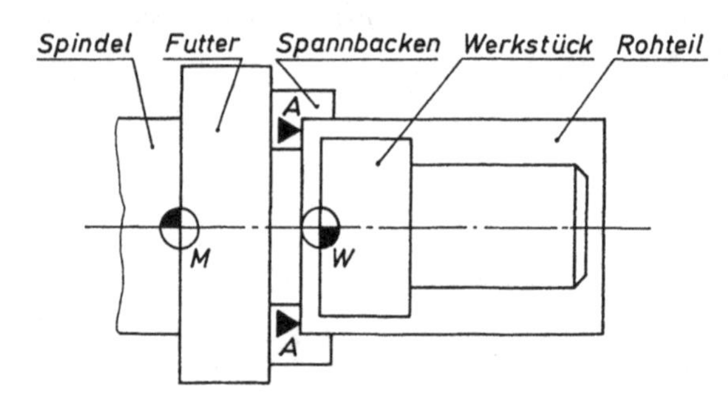

Bild A-35
Axiale Lagebestimmung an einem im Futter gespannten Werkstück
M Nullpunkt des maschinengebundenen Koordinatensystems
A Anschlagpunkte
W Werkstückbezugspunkt

2.2.2 Axiale Lagebestimmung

Die axiale Lagebestimmung ist nötig, um der Werkstückbezugskante eine *wiederholbare Lage* im *Koordinatensystem* der Drehmaschine zuzuordnen (Bild A-35). Zu diesem Zweck müssen Anschlagpunkte an den Spannelementen vorhanden sein. Das sind im einfachsten Fall die Stirnseiten der Spannbacken, gegen die das Werkstück gelegt wird. Es können aber auch besondere Anschlagelemente verwendet werden, die in der Hohlspindel des Antriebs oder auf dem Werkzeugträger angeordnet sind.

2.2.3 Übertragung der Drehmomente und Kräfte

Die Werkstückeinspannung wird mit Kräften und Momenten verschiedener Größe belastet:

1.) der *Gewichtskraft* des Werkstücks,

2.) dem *Beschleunigungsmoment* beim Einschalten der Spindel,

3.) dem *Schnittmoment*, das von der Schnittkraft verursacht wird,

4.) der *Vorschub-* und der *Passivkraft*,

5.) der *Reitstockkraft* und

6.) *Wechselkräften* die von *Schwingungen* herrühren.

Die unveränderliche Lage des Werkstücks muß dabei von der Einspannung gewährleistet werden. Diese kann kraftschlüssig durch Reibung, formschlüssig oder beidartig wirksam sein.

In jedem Fall muß das *Haltemoment* größer als die belastenden Drehmomente sein. Berechnungen sind oft unzuverlässig, weil der Reibungsbeiwert nur geschätzt werden kann und absichtlich oder zufällig herbeigeführte örtliche Werkstückverformungen die Wirksamkeit der Einspannung unabschätzbar vergrößern können.
Tabellenwerte der Spannmittelhersteller, in die der Spanndurchmesser und die Spannkraft besonders eingehen, sind zuverlässigere Unterlagen. Als Belastung wird häufig einfach nur das Schnittmoment berechnet.

2.3 Werkstückgestalt

Bei Betrachtungen der Werkstückform müssen *Grobgestalt, Feingestalt* und der *Gefügeaufbau* unterschieden werden. Die Gestalt des Rohteils macht sich auf den Bearbeitungsablauf beim Drehen bemerkbar. Die Gestalt des fertigen Werkstücks wirkt sich in seinen Gebrauchseigenschaften aus.

2.3.1 Grobgestalt

Für die Bestimmung der *Grobgestalt* sind Formenordnungen aufgestellt worden, die Drehteile nach den Gesichtspunkten der Schlankheit, der Größe, der Wandstärke bei Hohlkörpern und der räumlichen Zusammensetzung komplexer Formen unterscheiden.
Die *Formenordnungen* haben den Zweck, gleichartige Werkstücke zu Formengruppen zusammenzufassen, die auf gleiche Art gefördert, sortiert, ausgerichtet, gespannt und möglichst auch bearbeitet werden können. Die Schwierigkeit besteht darin, daß eine sehr feine Gliederung notwendig ist. Diese wiederum vermehrt den organisatorischen Aufwand. Die Grobgestalt der Rohteile weicht oft stark von der Form der Fertigteile ab. Bei ihrer Herstellung durch Schmieden und Gießen können auch starke Unterschiede von Teil zu Teil entstehen. Sie machen sich bei der Drehbearbeitung in unterschiedlichen Schnittkräften und unterschiedlichen elastischen Verformungen des Werkstücks und des Werkzeugs bemerkbar. Deshalb soll die *Bearbeitung in mehreren Stufen*, etwa *Schruppen* und *Schlichten*, bei besonders großen Genauigkeitsforderungen zusätzlich durch *Feindrehen* erfolgen.
Die Genauigkeitseigenschaften von Werkstücken werden als *Form-* und *Lagetoleranzen* in DIN 7184 und [19] beschrieben. Im einzelnen lassen sich *Geradheit, Ebenheit, Rundheit* und *Zylinderform* feststellen (s. Tabelle A-11). Bei mehreren Bearbeitungsstellen kommen *Parallelität, Rechtwinkligkeit, Konzentrizität, Planlauf* und *Rundlauf* hinzu. Abweichungen von der genauen Form werden als Gestaltabweichung 1. und 2. Ordnung nach DIN 4760 mit *Formabweichung* und *Welligkeit* bezeichnet.

2.3.2 Feingestalt

Die Oberfläche gedrehter Werkstücke ist von den Spuren der Werkzeugschneiden gezeichnet. Man kann die *Rillen*, die von der Meißelform und der Vorschubbewegung erzeugt werden, und die *Riefen*, die ihre Ursache hauptsächlich in Verschleißspuren der Schneide haben, unterscheiden (Bild A-36). Beide tragen nach DIN 4760 als Gestaltabweichungen 3. und 4. Ordnung zur *Rauheit* des Werkstücks bei.

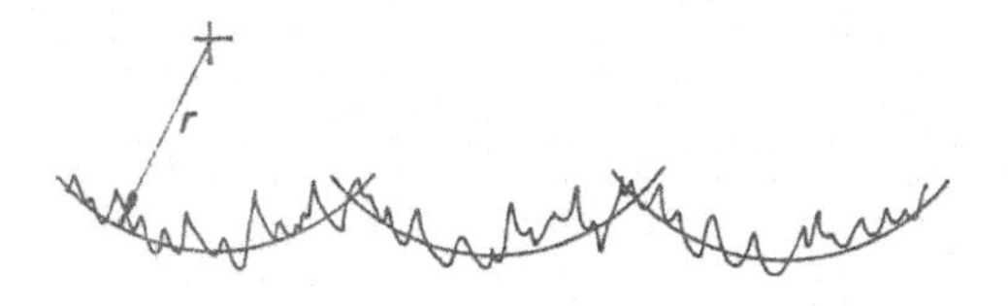

Bild A-36
Oberflächenprofil an einem gedrehten Werkstück. Rillen als Abbildung der Schneidenecke mit dem Radius *r* und Riefen infolge Schneidenverschleißes und unterschiedlicher Werkstoffverfestigungen

Tabelle A-11: Form-, Lage- und Lauftoleranzen an Drehteilen nach DIN 7184

	Toleranzzone	Zeichnungsangabe
Geradheit	 ⌀t	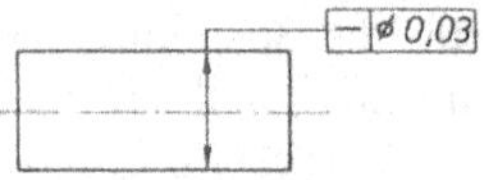 — ⌀ 0,03
Ebenheit	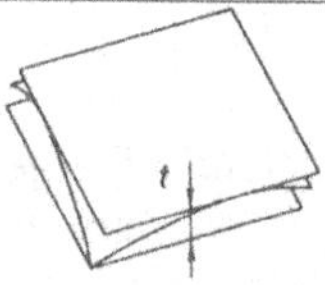 t	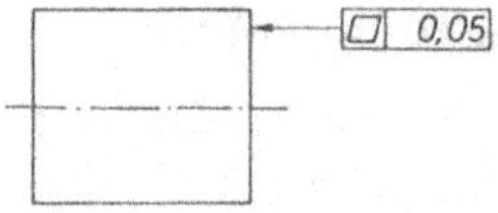 ⏥ 0,05
Rundheit	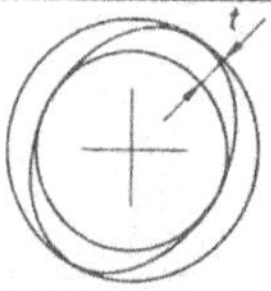 t	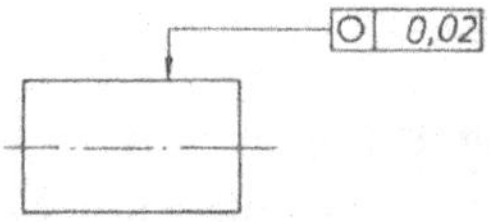 ○ 0,02
Zylinderform	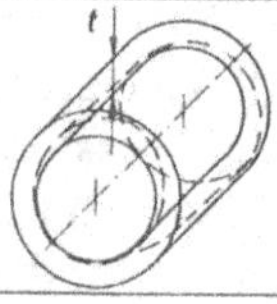 t	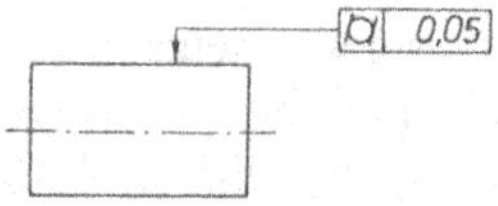 ⌭ 0,05
Parallelität	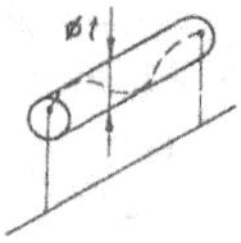 ⌀t	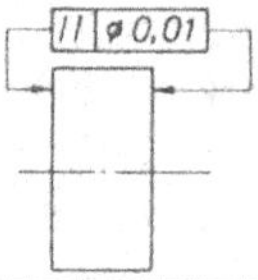 // ⌀ 0,01
Rechtwinkligkeit	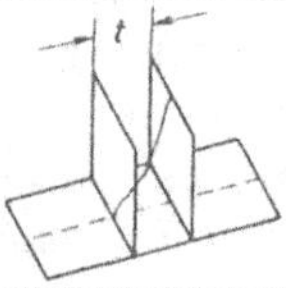 t	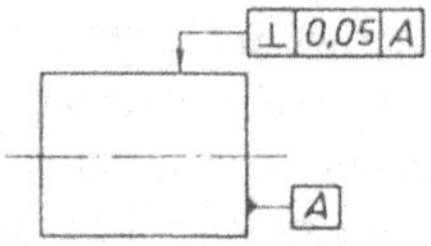 ⊥ 0,05 A A
Konzentrizität	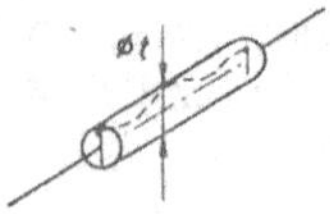 ⌀t	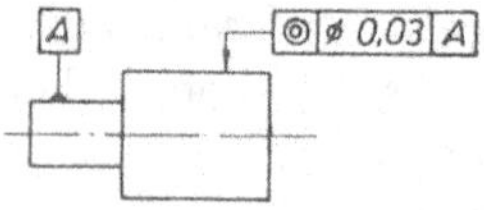 A ◎ ⌀ 0,03 A
Planlauf	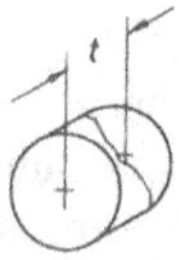 t	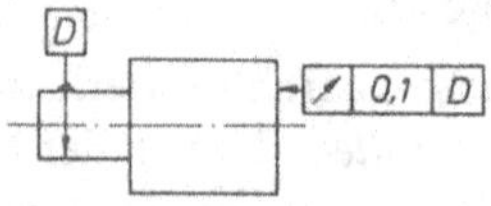 D ↗ 0,1 D
Rundlauf	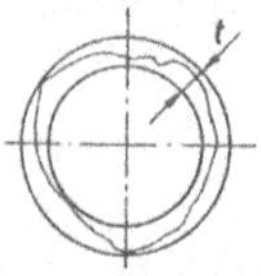 t	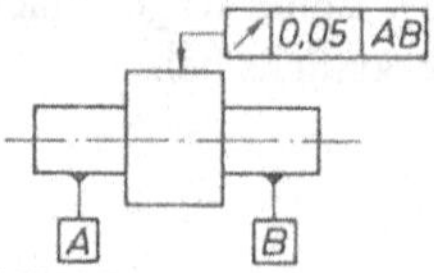 ↗ 0,05 AB A B

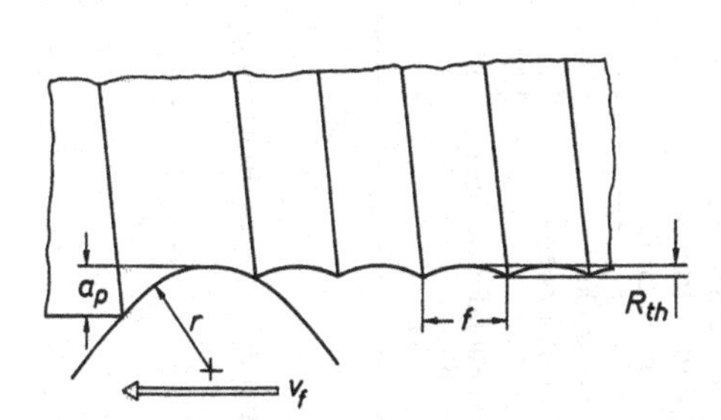

Bild A-37 Abbildung der Werkzeugform auf der Werkstückoberfläche

a_p Schnittiefe
r Schneideneckenradius
f Vorschub
v_f Vorschubgeschwindigkeit
R_{th} theoretisch erzeugte Rauhtiefe

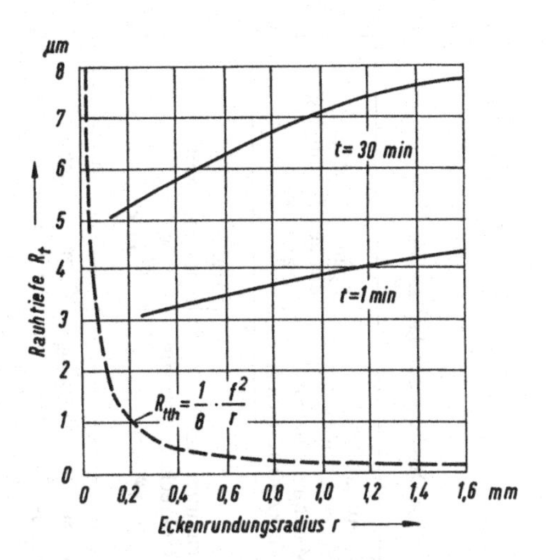

Bild A-38 Feindrehen von Stahl mit Schneidkeramik
$A = a_p \cdot f = 0{,}3 \cdot 0{,}04\ \text{mm}^2$
Wirkliche Rauhtiefe R_t nach Drehzeiten von 1 und 30 min in Abhängigkeit vom Eckenradius r (nach *Pahlitzsch*)

Die *Rauhtiefe*, die die Schneidenform im Zusammenhang mit dem Vorschub erzeugt, läßt sich berechnen. Bild A-37 zeigt den Eingriff einer Schneide mit der Eckenrundung r, der Schnittiefe a_p und dem Vorschub f pro Werkstückumdrehung. Die theoretisch erzeugte Rauhtiefe R_{th} ist

$$R_{th} = r - \sqrt{r^2 - \frac{f^2}{4}}$$

Durch Vereinfachung des Ausdrucks über eine Reihenentwicklung nach Taylor erhält man

$$\boxed{R_{th} \approx \frac{f^2}{8r}} \qquad \text{(A-1)}$$

Das bedeutet, daß die Rauhtiefe quadratisch mit dem Vorschub zunimmt und linear mit einer Vergrößerung der Schneidenrundung kleiner wird. Für das Feindrehen empfiehlt sich deshalb vor allem ein kleiner Vorschub bis herab zu 0,1 oder gar 0,05 mm je Werkstückumdrehung. Die Vergrößerung der Schneidenrundung ist auch eine günstige Maßnahme. Sie muß jedoch vorsichtig angewandt werden, weil flache Schneiden bei beginnendem Verschleiß zum Rattern neigen.

Die vorstehenden Ausführungen gelten nur, wenn die wirkliche Rauhtiefe etwa der theoretischen Rauhtiefe entspricht. Daß dies wahrscheinlich in vielen Fällen, besonders bei kleinen Schnittvorschüben, nicht so ist, zeigten Versuche an der Technischen Hochschule Braunschweig (*Pahlitzsch*) beim Feindrehen von Stahl mit Schneidkeramik, deren wichtigstes Ergebnis in Bild A-38 schematisch dargestellt ist.

Der der theoretisch erwarteten Rauhtiefe gerade entgegengesetzte Verlauf der wirklich entstandenen Rauhtiefe wird auf die ungleichmäßige Schneidenbeanspruchung, die unterschiedliche Spanungsdicke und durch Verschleiß hervorgerufene Riefen zurückgeführt. Auch die

Tabelle A-12: Zusammenstellung der wichtigsten Begriffe und Bezeichnungen für Bewegungen und Zerspangroßen nach DIN 6580 für das Drehen

Begriffe oder Größen / Art der Bewegung	Richtung, jeweilige momentane Richtung	Wege des Werkzeugs gegenüber dem Werkstück	Geschwindigkeit, jeweilige momentane Geschwindigkeit eines Schneidenpunktes	Schnittgrößen (einzustellen an der Maschine bzw. im Werkzeug festgelegt)	Spanungsgrößen, aus den Schnittgrößen abgeleitet
1. Unmittelbar an der Spanentstehung beteiligt					
a) Schnittbewegung	Schnittrichtung	Schnittweg l_c (Weg, den ein Schneidenpunkt auf dem Werkstuck schneidend zurucklegt)	Schnittgeschwindigkeit v_c (Geschwindigkeit in Schnittrichtung)	Schnittiefe a_p (senkrecht zur Arbeitsebene gemessen)	Spanungsbreite $b = \frac{a_p}{\sin \kappa}$
b) Vorschubbewegung	Vorschubrichtung mit dem Winkel $\varphi = 90°$ gegenuber der Schnittrichtung	Vorschubweg l_f (Weg des Werkzeugs in Vorschubrichtung)	Vorschubgeschwindigkeit v_f(Geschwindigkeit in Vorschubrichtung)	Vorschub f (Vorschubweg je Umdrehung) Schnittvorschub f_c (Abstand zweier unmittelbar nacheinander entstehender Schnittflachen senkrecht zur Schnittrichtung) $f_c = f$ beim Drehen	Spanungsdicke $h = f_c \cdot \sin \kappa$,
c) Wirkbewegung (resultierende Bewegung aus a) und b))	Wirkrichtung mit dem Winkel η gegenuber der Schnittrichtung	Wirkweg l_e (Weg, den ein Schneidenpunkt in der Wirkrichtung schneidend zurucklegt)	Wirkgeschwindigkeit v_e (Geschwindigkeit in Wirkrichtung). Oft ist $v_e \approx v_c$	Wirkvorschub f_e (Abstand zweier unmittelbar nacheinander entstehender Schnittflächen senkrecht zur Wirkrichtung)	Spanungsquerschnitt A $A = a_p \cdot f_c = b \cdot h$ Wirkspanungsquerschnitt $A_e = a_p \cdot f_e$
2. Nicht unmittelbar an der Spanentstehung beteiligt					
a) Anstellbewegung	Bewegung, mit der das Werkzeug vor dem Zerspanen an das Werkstück herangeführt wird				
b) Zustellbewegung	Bewegung, durch die die Dicke der jeweils abzunehmenden Schicht im voraus bestimmt wird (also Einstellung der Schnittiefe a_p)				
c) Nachstellbewegung	Bewegung, die den Werkzeugverschleiß ausgleichen soll				

Bearbeitungsspuren, die bei der Vorbearbeitung entstanden sind, spielen eine Rolle. Folgende Werte für das Feindrehen von Stahl mit Schneidkeramik werden daher empfohlen:

Eckenradius $r = 0{,}2 \ldots 0{,}6$ mm, Einstellwinkel $\kappa = 60 \ldots 90°$
Schnittiefe $a_p \geq 0{,}3$ mm, Schnittvorschub $f \approx 0{,}05$ mm/U.

2.3.3 Mikrogestalt

Die Spanbildung beim Drehen erfolgt unter *Werkstoffverformungen* wie Dehnen, Stauchen und Scheren.
Nicht nur am Span können die dabei hervorgerufenen Gefügeveränderungen festgestellt werden, sondern auch an der Werkstückoberfläche. Das Gefüge ist parallel zur Oberfläche gestreckt. Ursprünglich vorhandene Poren sind zugeschmiert. Die Härte hat zugenommen. Das ursprüngliche Gefüge mit Körnern, Korngrenzen und Einschlüssen hat sich verändert und prägt die Mikrogestalt der Oberfläche in seiner veränderten Form.
Aber nicht nur an der Oberfläche, sondern bis zu einer Tiefe von einigen Zehntel Millimetern kann sich das Gefüge verändern. Gefügeaufnahmen des Schnittes durch eine gedrehte Oberfläche können zeigen, wie die Streckung der Struktur in Schnittrichtung erst in der Tiefe abnimmt. Mit der Streckung sind *Festigkeits-* und *Härteveränderungen* verbunden. Nicht immer sind Verfestigungen wünschenswert. Zum Beispiel bei einer nachfolgenden Feinbearbeitung können sie sich erschwerend auswirken.

3 Bewegungen

Erst durch das Zusammenwirken von Werkzeug und Werkstück in der Werkzeugmaschine ergeben sich die technologischen Probleme beim Zerspanvorgang. Diese sind immer auf die Auswirkungen der Geschwindigkeiten, der Temperaturen und der Kräfte beim Zerspanen zurückzuführen.
Nach DIN 6580 werden *Begriffe* und *Bezeichnungen* geordnet und festgelegt. Dabei ist zu beachten, daß die Normfestlegung auf sämtliche spanenden Verfahren angewandt werden kann und daß bestehende Begriffe, wenn irgend möglich, unverändert bleiben.
Die Bewegungen, die unmittelbar an der Spanentstehung beteiligt sind, nennt man auch Hauptbewegungen. Es sind die *Schnittbewegung* und die *Vorschubbewegung.* Nicht unmittelbar an der Spanentstehung beteiligt sind die Nebenbewegungen *Anstellen, Zustellen* und *Nachstellen.*
In Tabelle A-12 sind nach DIN 6580 die beim Drehen vorkommenden Bewegungen, ihre Richtungen, die Bezeichnung der zurückgelegten Wege, die entstehenden Geschwindigkeiten und die zugehörigen Schnitt- und Spanungsgrößen zusammengestellt.

3.1 Bewegungsrichtung

Bei der Festlegung der Bewegungsrichtung wird gedanklich davon ausgegangen, daß das *Werkstück ruht* und das *Werkzeug allein* die *Bewegung ausführt.* Bild A-39 zeigt die so entstehenden Bewegungen.

3.2 Aus der Vorschubrichtung abgeleitete Drehverfahren

Aus der Vorschubrichtung und unterschiedlicher Werkzeugstellung zum Werkstück lassen sich verschiedene Drehverfahren ableiten. Bei einer Vorschubbewegung *parallel* zur Drehachse des Werkstücks spricht man von *Längsdrehen.* Liegt der Vorschub *senkrecht* dazu, heißt es *Querdrehen.* Entsteht am Werkstück eine ebene Fläche, dann ist es *Plandrehen.* Bei einer runden (zylindrischen oder kegligen) Fläche nennt man es *Runddrehen*, wobei noch zwischen *Innenrunddrehen* und *Außenrunddrehen* unterschieden werden muß.

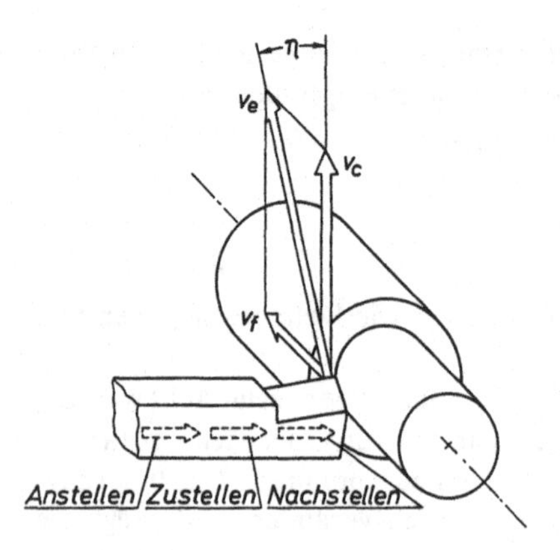

Bild A-39 Geschwindigkeit der Hauptbewegungen
v_c Schnittgeschwindigkeit
v_f Vorschubgeschwindigkeit
v_e Wirkgeschwindigkeit
η Wirkrichtungswinkel
und Nebenbewegungen beim Längsdrehen

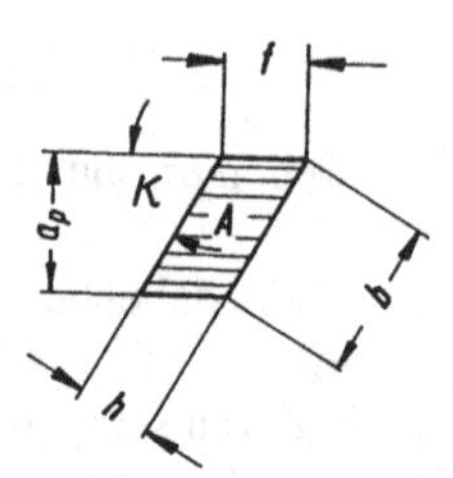

Bild A-40 Schnittgrößen und Spanungsgrößen bei Werkzeugen mit gerader Schneide ohne Eckenrundung

In Tabelle A-13 sind neben diesen Drehverfahren auch noch das *Schraubdrehen* zur Herstellung von Gewinden, das *Profildrehen* mit Formdrehmeißeln, das *Nachformdrehen* und das *Unrunddrehen* dargestellt.

3.3 Schnitt- und Zerspanungsgrößen

Die *Schnittgeschwindigkeit* v_c wird durch die Werkstückdrehung mit der Drehzahl n erzeugt. An einem Werkstückpunkt mit dem Abstand $d/2$ von der Drehachse herrscht die Schnittgeschwindigkeit

$$v_c = \pi \cdot d \cdot n \tag{A-2}$$

Sie ist nicht über das ganze Werkstück gleich. Zur Mitte hin wird sie mit dem Durchmesser d sehr klein. Soll sie konstant gehalten werden, muß die Drehzahl entsprechend verändert werden.
Die *Vorschubgeschwindigkeit* v_f hat mit dem Vorschub f folgenden Zusammenhang

$$v_f = f \cdot n \tag{A-3}$$

In Bild A-40 ist der *Spanungsquerschnitt A* gezeigt. Er stellt den Werkstoffquerschnitt dar, der mit einem Schnitt abgespant wird, und setzt sich aus der Schnittiefe a_p und dem Vorschub f zusammen

$$A = a_p \cdot f = b \cdot h \tag{A-4}$$

Aus dem Bild lassen sich mit dem Einstellwinkel κ auch folgende Spanungsgrößen ableiten

$$\textit{Spanungsdicke } h = f \cdot \sin \kappa \tag{A-5}$$

$$\textit{Spanungsbreite } b = a_p / \sin \kappa \tag{A-5a}$$

Tabelle A-13: Einige Drehverfahren nach DIN 8589, Teil 1

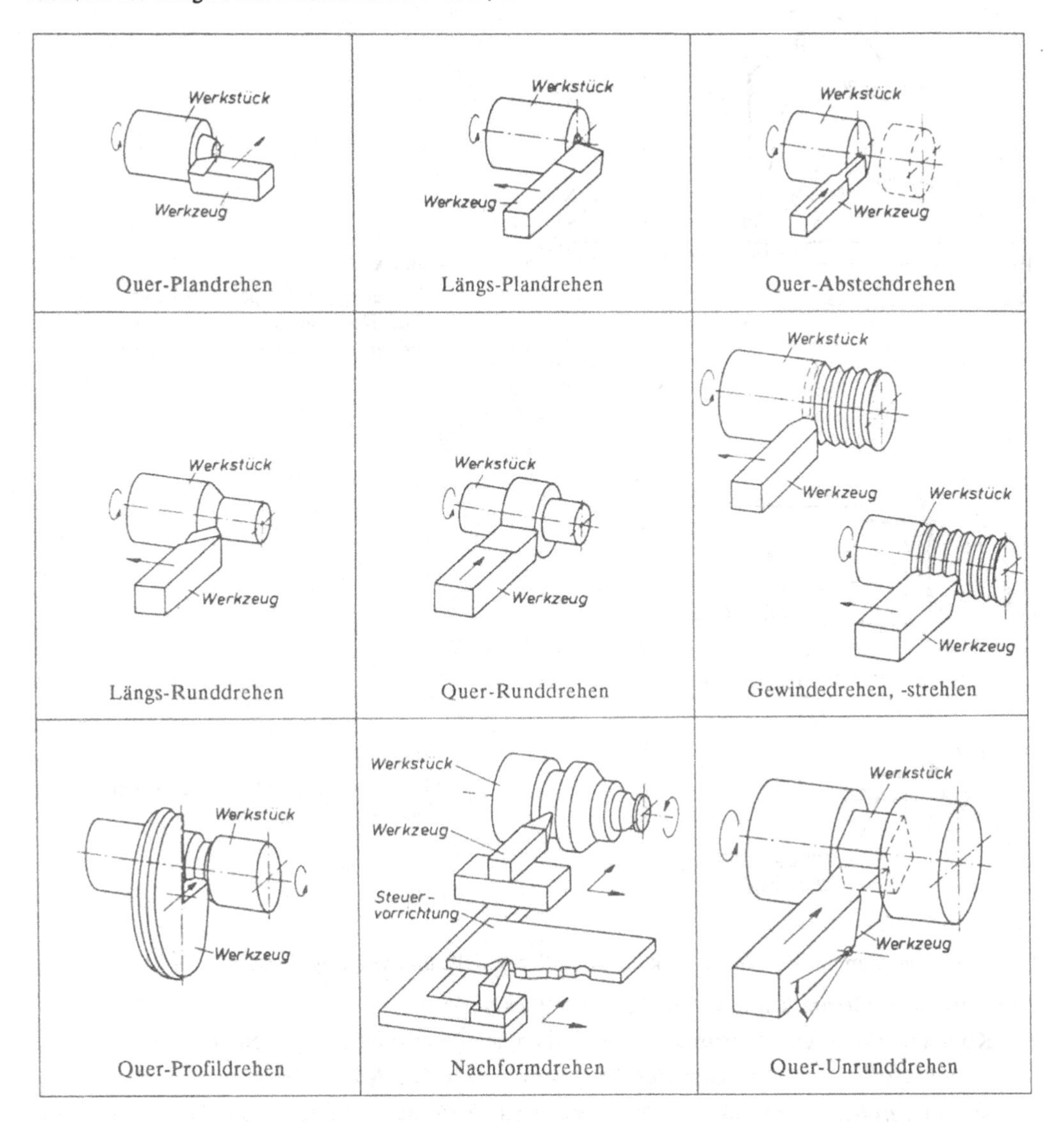

Als *Schnittflächen* werden die am Werkstück von den Schneiden augenblicklich erzeugten Flächen bezeichnet. Sie werden teilweise vom nächsten Schnitt wieder beseitigt. Die verbleibenden Flächenteile ergeben die *gefertigte Fläche* des bearbeiteten Werkstücks.

4 Kräfte an der Schneide

4.1 Zerspankraftzerlegung

Bild A-41 zeigt die räumliche Lage der Zerspankraft und deren Zerlegung in verschiedene Komponenten, die in zwei senkrecht aufeinanderstehenden Flächen, der Arbeitsebene und der Bezugsebene, verlaufen.

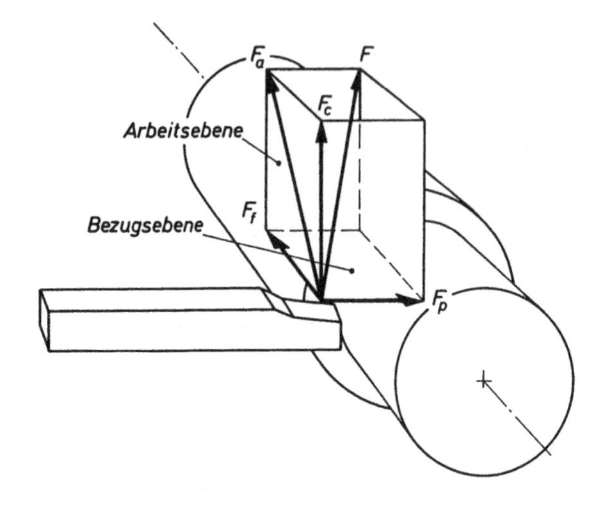

Bild A-41
Zerlegung der Zerspankraft F nach DIN 6584 in die Komponenten F_c, F_f, F_p und F_a, die zusammen auf das Werkstück einwirken.

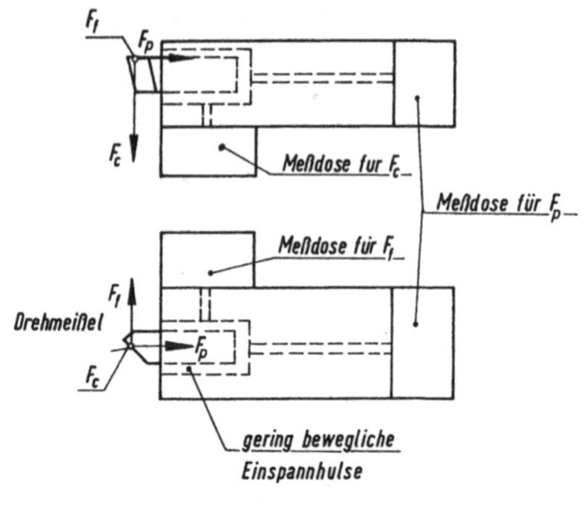

Bild A-42
Dreikomponenten-Meßmeißelhalter (nach *Opitz*)

Die Kräfte werden auf das Werkstück wirkend dargestellt und wie folgt benannt:

Zerspankraft F: Gesamtkraft, die auf das Werkstück wirkt.

1.) Komponenten in der *Arbeitsebene*. Sie sind an der Zerspanleistung beteiligt.

Aktivkraft F_a: Projektion der Zerspankraft F auf die Arbeitsebene.

Schnittkraft F_c: Projektion der Zerspankraft F auf die Schnittrichtung. Die Schnittkraft ist die wichtigste Komponente, da der Leistungsbedarf für das Zerspanen fast ausschließlich von ihr abhängt. Auch für die Schneidenbeanspruchung ist sie ausschlaggebend. Viele Untersuchungen beziehen sich nur auf die Schnittkraft F_c.

Vorschubkraft F_f: Projektion der Zerspankraft F auf die Vorschubrichtung.

Wirkkraft F_e: Projektion der Zerspankraft F auf die Wirkrichtung (nicht eingezeichnet).

2.) Komponente in der *Bezugsebene*.

Passivkraft F_p: Projektion der Zerspankraft F auf eine Senkrechte zur Arbeitsebene. Sie ist an der Zerspanleistung unbeteiligt.

Das *Messen* der Zerspankraftkomponenten wird mit unterschiedlich aufgebauten Meßgeräten vorgenommen. Bild A-42 zeigt die schematische Anordnung eines Drei-Komponenten-Meßmeißelhalters, mit dem die drei Kräfte F_c, F_f und F_p gleichzeitig bestimmt werden können. Diese

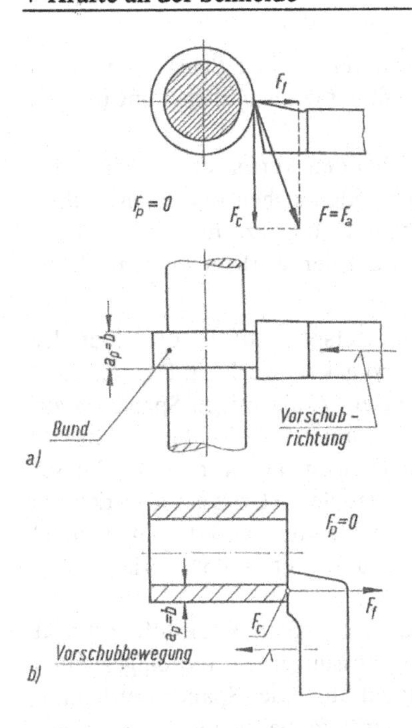

Bild A-43 Beispiele für die praktische Durchführung von Orthogonalprozessen ($F_p = 0$, $a_p = b$, da $\kappa = 90°$)
a) Abdrehen eines Bundes
b) seitliches Abdrehen eines Rohres

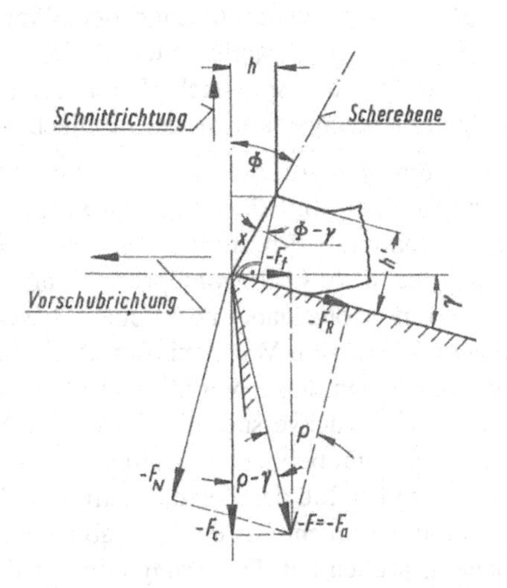

Bild A-44 Die geometrischen Zusammenhänge im Orthogonalprozeß

$$\tan \rho = \frac{F_R}{F_N} = \mu_{sp}$$

werden über die Einspannhülse des Drehmeißels auf die jeweilige Meßdosenfläche übertragen. Dort rufen sie entsprechende elastische Verformungen hervor. Die Verformungen, die ein Maß für die Größe der betreffenden Komponente sind, werden mit Hilfe elektrischer Übertragung vergrößert sichtbar gemacht. Auch Dehnungsmeßstreifen oder piezoelektrisch wirkende Kristalle können zum Messen von Zerspankraftkomponenten angewandt werden.
Um die Betrachtung des Zerspanvorgangs zu vereinfachen, werden oft Versuche und Darstellungen gewählt, bei denen die Zerspankraft F in die Arbeitsebene fällt. Dann wird die Aktivkraft $F_a = F$ und die Passivkraft $F_p = 0$. Ein derartiger Zerspanvorgang ergibt sich z.B. beim Abdrehen eines Bundes oder beim seitlichen Abdrehen eines Rohres (Bild A-43). Ein so vereinfachter Zerspanvorgang wird *Orthogonalprozeß* genannt, da die Schneide orthogonal, d.h. rechtwinklig, zur Arbeitsebene verläuft. Die folgenden Erläuterungen der Abhängigkeiten der Zerspankraftkomponenten, besonders der Schnittkraft F_c, beziehen sich auf einen Orthogonalprozeß. *Dabei ist vorausgesetzt, daß der Span als Fließspan entsteht*, d.h. daß das Abheben des Spanes in sehr feinen Gleitvorgängen erfolgt. Der abgehobene Werkstoff läuft also als zusammenhängender Span über die Spanfläche der Schneide.

4.2 Entstehung der Zerspankraft und Spangeometrie

In Bild A-44 sind die Kräfte punktförmig angreifend angenommen. In Wirklichkeit liegt eine ungleichmäßige Spannungsverteilung vor. Für die üblichen praktischen Betrachtungen genügt jedoch die Annahme eines punktförmigen Angriffs der Kräfte. Die auf das *Werkstück* wirkende Zerspankraft F hat die Aufgaben:

1.) Überwinden des *Scherwiderstands* des Werkstoffs entsprechend seiner Scherfestigkeit τ_B längs der Scherebene; sie ist unter dem Scherwinkel Φ gegenüber der Schnittrichtung (genau: Wirkrichtung) geneigt.

2.) Überwinden der verschiedenen *Reibungswiderstände*, die bei den Verformungen im Werkstoff selbst sowie zwischen dem Werkstoff und den Schneidenflächen entstehen. Solche Reibungswiderstände treten in der Scherebene beim Scheren des abzutrennenden Werkstoffs, auf der Spanfläche beim Ablaufen des Spanes und auf der Werkstück-Schnittfläche beim Entlanggleiten an der Freifläche auf.

Die *Größe des Scherwinkels* Φ hängt von der Richtung der Zerspankraft F gegenüber der Schnittrichtung ab. Diese Richtung wird durch den Winkel $(\rho - \gamma)$ gekennzeichnet. Die Richtung der Zerspankraft F bestimmt die Hauptspannungsrichtung in dem zweiachsigen Spannungszustand, der dem Orthogonalprozeß zugrunde gelegt werden kann. Die Gleitung, d.h. das Abscheren erfolgt dabei unter einem bestimmten Winkel zur Hauptspannungsrichtung. Dieser Gleitwinkel ist vom Verhältnis der Quetschgrenze zur Streckgrenze des betreffenden Werkstoffs abhängig. Wenn dieses Verhältnis 1 : 1 ist wie bei den meisten Stahlsorten, wird der Gleitwinkel $\pm 45°$. Bei Druckversuchen an Stahlproben können solche unter etwa 45° verlaufenden Gleitflächen gut beobachtet werden.

Unter dem Einfluß der Zerspankraft wird der von der Schneide abgehobene Werkstoff verformt und zwar gestaucht, so daß der ablaufende Span andere Abmessungen als die eingestellten Spanungsgrößen hat. Die *Spangrößen* an der jeweils betrachteten Stelle des Spanes werden mit den gleichen Buchstaben wie die entsprechenden Spanungsgrößen bezeichnet. Als Unterscheidungsmerkmal wird ein ′ (Strich oben) benützt; also: Spanbreite b', Spandicke h', Spanquerschnitt A', Spanlänge l'_c und Spanvolumen V'.

Unter Spanstauchung wird das Verhältnis einer Spangröße zu der ihr entsprechenden Spanungsgröße verstanden. Je nach der gewählten Vergleichsgröße wird unterschieden nach:

Spanbreitenstauchung $\lambda_b = \frac{b'}{b}$

Spandickenstauchung $\lambda_h = \frac{h'}{h}$

Spanquerschnittsstauchung $\lambda_A = \frac{A'}{A} = \frac{b' \cdot h'}{b \cdot h} = \lambda_b \cdot \lambda_h$

Spanlängenstauchung $\lambda_l = \frac{l'_c}{l_c} = \frac{1}{\lambda_A}$

Vielfach ist die Spanbreitenstauchung λ_b gering, also $b' \approx b$; dann können Spandickenstauchung λ_h und Spanquerschnittsstauchung λ_A etwa gleichgesetzt werden.

Die Beziehungen zwischen λ_h, γ und Φ ergeben sich aus Bild A-44 wie folgt:

$$\frac{h'}{X} = \cos(\Phi - \gamma), \quad X = \frac{h}{\sin\Phi}, \quad \frac{h'}{h} = \lambda_h = \frac{\cos(\Phi - \gamma)}{\sin\Phi}$$

X Höhe der Scherfläche (siehe Bild A-44).

Durch Umformen vorstehender Gleichung erhält man die grundlegende Beziehung:

$$\boxed{\tan\Phi = \frac{\cos\gamma}{\lambda_h - \sin\gamma}} \qquad \text{(A-6)}$$

Wie aus dieser Gleichung ersichtlich, ist der für das Zerspanen wichtige Scherwinkel Φ vom Spanwinkel γ abhängig und steht mit der Spandickenstauchung λ_h in Beziehung. Während der Spanwinkel γ in der Werkzeugkonstruktion festliegt, wird die Spandickenstauchung λ_h im wesentlichen durch den Spanflächenreibwert $\mu_{sp} = F_R/F_N = \tan\rho$ bestimmt. Der *Spanflächenreibwert* μ_{sp} ist eine Richtungsgröße und gibt die Richtung der Zerspankraft bezogen auf eine Normale zur Spanfläche an. Er kann graphisch ermittelt werden, wenn die Zerspankraft F aus den mit Kraftmeßgeräten gemessenen Werten für die Schnittkraft F_c und die Vorschubkraft F_f in Bild A-44 eingezeichnet wird.

Der Spanflächenreibwert μ_{sp} wird durch viele Einflüsse bestimmt, z.B. durch den zerspanten Werkstoff, die Art des Schneidstoffs, die Oberflächengüte der Spanfläche, die Schmierung u.a. Zwei wichtige unmittelbare Einflüsse, die ihrerseits weitgehend von den Zerspanbedingungen abhängen, sind:

1.) Der Druck des Spanes auf die Spanfläche also die *Flächenpressung* oder Spanpressung p_{sp} in N/mm^2 und

2.) Die Gleitgeschwindigkeit des ablaufenden Spanes auf der Spanfläche, die *Spangeschwindigkeit* v_{sp} in m/min.

Die Reibungsverhältnisse beim Zerspanen ergeben, daß der Spanflächenreibwert μ_{sp} mit zunehmender Flächenpressung p_{sp} und zunehmender Spangeschwindigkeit v_{sp} abnimmt. Die Zusammenhänge, aus denen sich diese Beziehungen ergeben, zeigt Bild A-45. Die Grenzwerte für den Spanflächenreibwert μ_{sp} dürfen etwa bei 0,1 als niedrigstem und etwa bei 1,3 als höchstem Wert liegen. Das zeigt, daß es sich nicht um einen reinen Reibungsbeiwert handelt. Vielmehr enthält die Tangentialkraft auch Kräfte, die vom Werkstoffdruck auf die Freifläche und der Spanabscherung herrühren.

Der Scherwinkel Φ ist – neben den Festigkeitswerten des zu zerspanenden Werkstoffs – bestimmend:

1.) für die Größe der sich ergebenden *Scherkraft*, da die Lage der Scherebene vom Scherwinkel Φ abhängt. Je größer der Scherwinkel Φ ist, desto kleiner wird bei sonst gleichen Spanungsgrößen die Höhe X (s. Bild A-44) und damit die Scherfläche, und eine desto geringere Scherkraft ist zum Abtrennen des Spanes notwendig.

2.) für die *Spanart*, da sich mit zunehmendem Scherwinkel Φ die Spandickenstauchung λ_h verringert und es leichter zu einem fließenden Spanablauf kommt (s. auch Tabelle A-9).

Der Scherwinkel Φ kann bei Zerspanversuchen nach Gleichung (A-6) berechnet werden, wenn gleichzeitig die Spandickenstauchung λ_h ermittelt wurde. Dies kann unter der Annahme, daß $b' \approx b$, in verschiedener Weise geschehen:

1.) durch Messen der Spandicke h'; denn $\lambda_h = \dfrac{h'}{h}$

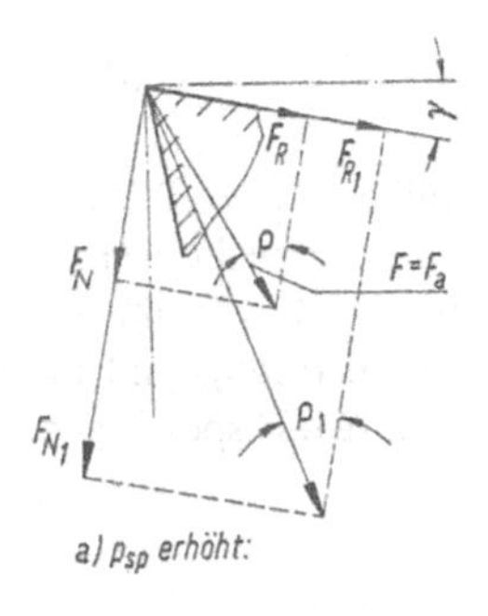

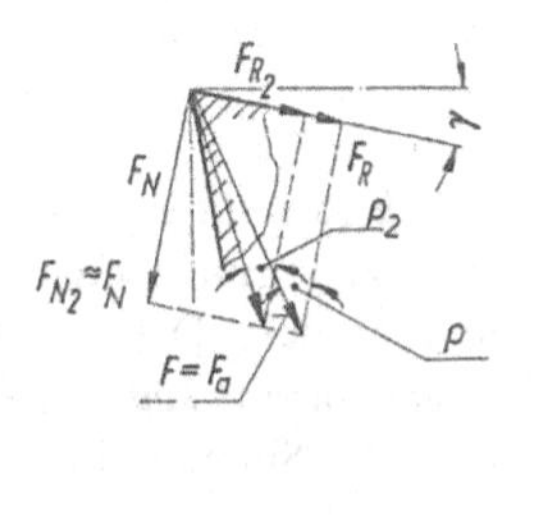

Bild A-45

Veränderung des Spanflächenreibwerts $\mu_{sp} = \tan\rho$

a) bei erhöhter Pressung p_{sp} (F_R erhöht sich wohl mit zunehmender Flächenpressung p_{sp}, aber in wesentlich geringerem Maße als F_N)

b) bei erhöhter Spangeschwindigkeit v_{sp} (F_R verringert sich bei zunehmender Spangeschwindigkeit v_{sp}, während F_N etwa unverändert bleibt)

2.) durch Messen der Spanlänge l'; denn $\lambda_h = \frac{l_c}{l'_c}$

l Länge des Schnittweges, z.B. $\pi \cdot d$ für eine Umdrehung

l' Länge des gestauchten Spanes, meßbar z.B. durch vorherige Markierung am Werkstück

3.) durch Messen der Spangeschwindigkeit v_{sp}; denn $\lambda_h = \frac{v_c}{v_{sp}}$

Der Spanflächenreibwert kann auch unmittelbar durch Messen der Reibungs- und der Normalkraft bestimmt werden. Nach Bild A-44 ist $\mu_{sp} = \tan \rho = F_R/F_N$ der Spanflächenreibwert. Im Falle, daß $\gamma = 0°$ wird, was häufig annähernd der Fall ist, kann $F_R = F_f$ und $F_N = F_c$ gesetzt werden. Damit läßt sich das Problem auf die Messung der Vorschub- und der Schnittkraft zurückführen.
Nach Kronenberg (1957) [20] kann mit dem Spanflächenreibwert der Scherwinkel nach der empirischen Formel

$$\Phi = \text{arc cot} \left[\frac{e^{\mu_{sp} (\pi/2 - \gamma)}}{\cos \gamma} - \tan \gamma \right] \tag{A-7}$$

berechnet werden. Bei $\gamma = 0$ gilt

$$\tan \Phi = e^{-\mu_{sp} \frac{\pi}{2}} \tag{A-7a}$$

Messungen des Scherwinkels haben eine durchschnittliche Streuung von nur 6 % bei Anwendung dieser Formel ergeben [21].

4.3 Berechnung der Schnittkraft

Die drei Komponenten der Zerspankraft sind Schnittkraft, Vorschubkraft und Passivkraft. Die Annahme, die früher häufig gemacht wurde, daß diese sich beim Drehen in ihren Größen verhalten wie 4 : 2 : 1, ist oberflächlich und kann zu falschen Vorstellungen führen. Die Verhältnisse sind vielmehr sehr unterschiedlich und hängen von den Bedingungen des Zerspanvorgangs ab.

4.3.1 Spanungsquerschnitt und spezifische Schnittkraft

Mit der Darstellung des *Spanungsquerschnitts A* nach Bild A-40

$$A = b \cdot h = a_p \cdot f$$

kann für die senkrecht auf dieser Fläche wirkende Schnittkraft F_c in Anlehnung an Kienzle [22] angesetzt werden:

$$F_c = A \cdot k_c \tag{A-8}$$

k_c in N/mm² ist in Gleichung (A-8) die *spezifische Schnittkraft*. Sie ist vorstellbar als der Teil der Schnittkraft, der auf die Fläche von 1 mm² des Spanungsquerschnitts wirkt. Sie ist keine konstante Größe, sondern wird von vielen Einflüssen verändert. Das sind besonders der *Werkstoff*, die *Spanungsdicke h*, der *Spanwinkel* γ, die *Schnittgeschwindigkeit* v_c, die Art des *Schneidstoffs* und die *Form der Hauptschnittfläche* des Werkstücks. Die Spanungsbreite b verändert die spezifische Schnittkraft kaum.

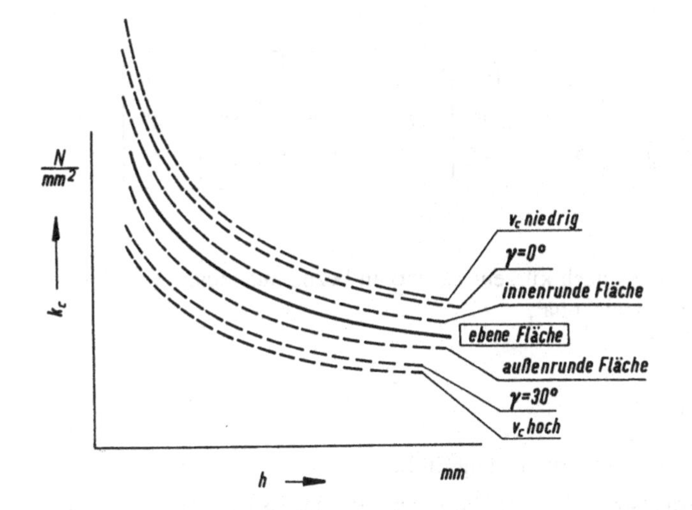

Bild A-46
Verlauf der spezifischen Schnittkraft k_c, abhängig von der Spanungsdicke h unter Berücksichtigung der ungefähren maximalen Abweichungsmöglichkeiten infolge anderer Einflüsse wie Werkstückflächenform, Spanwinkel γ und Schnittgeschwindigkeit v_c (Einfluß des Schneidstoffs vernachlässigt)

Bild A-46 zeigt, wie die bestimmenden Einflüsse k_c verändern. Für den gleichen Werkstoff bei gleicher Spanungsdicke h sind Schwankungen bis zu etwa ± 30 bis 40 % um einen mittleren Wert der spezifischen Schnittkraft möglich, je nach der Form der Werkstückfläche, dem Spanwinkel γ und der Schnittgeschwindigkeit v_c.

Die *Bestimmung* der *spezifischen Schnittkraft* kann auf verschiedene Arten erfolgen:

1.) *Versuche* mit dem zu zerspanenden Werkstoff unter wirklichkeitsnahen Bedingungen können die genauesten Werte liefern. Sehr häufig ist es jedoch nicht möglich oder nicht sinnvoll, einen so großen Aufwand zu treiben. Eine rechnerische Bestimmung der spezifischen Schnittkraft wird dann vorgezogen, wobei gewisse Ungenauigkeiten in Kauf genommen werden.

2.) *Tabellen* von k_c-Werten sind an verschiedenen Technischen Hochschulen erarbeitet worden und zum Beispiel in AWF 158[1]) veröffentlicht. Diese Tabellen waren vielfach in Gebrauch, bevor die als 5.) genannte Methode bekannt geworden ist. Sie sind jedoch lückenhaft geblieben und können als überholt angesehen werden.
   Eine umfangreiche Zusammenfassung von k_c-Werten findet man bei *W. König* und *K. Essel* als Veröffentlichung des VDEh von 1973 [23]. Sie ist die beste bekannte Arbeitsunterlage.

3.) Für grobe Überschlagsrechnungen kann man bei Stahl als *Näherungsgleichung* verwenden:

$$k_c \approx (4 \text{ bis } 6) \cdot R_m$$

   Faktor 4 bei $h = 0{,}8$ mm,
   Faktor 6 bei $h = 0{,}2$ mm,
   R_m = Zugfestigkeit in N/mm².

4.) Eine weitere *empirische* Formel ist mit der Spandickenstauchung λ_h verknüpft

$$k_c \approx 2 \cdot R_m \cdot \lambda_h$$

5.) Von *Kienzle* und *Victor* stammen Untersuchungen, die zu allgemeingültigen Werten der spezifischen Schnittkraft auch über das Zerspanungsverfahren Drehen hinaus führten. Sie wurden unter folgenden festgelegten Bedingungen vorgenommen:

---

[1]) AWF = Ausschuß für wirtschaftliche Fertigung

Schneidstoff: Hartmetall

Werkzeugwinkel:	α_0	β_0	γ_0	ε_0	κ_0	λ_0
für Stahlbearbeitung	5°	79°	6°	90°	45°	4°
für Guß- und Hartgußbearbeitung	5°	83°	2°	90°	45°	4°

Schneideneckenrundung: $r_s = 1$ mm,
Werkzeugschärfe: arbeitsscharf, wie es nach kurzem Einsatz in bezug auf seinen Verschleiß einen gewissen Beharrungszustand erreicht hat,
Schnittgeschwindigkeit: 90 bis 125 m/min,
Spanungsverhältnis $b/h \geq 4$,
Spanungsdickenbereich: 0,1 bis 1,4 mm,
Extrapolation möglich 0,05 bis 2,5 mm.
Untersuchtes Zerspanungsverfahren: Außenrund-Längsdrehen

Es entstand eine Tabelle von *Grundwerten* $k_{c1\cdot1}$, bezogen auf den Spanungsquerschnitt $b \cdot h = 1 \cdot 1$ [mm²], die zunächst 16 Werkstoffe umfaßte [24] und später auf 64 Werkstoffe erweitert wurde [25].
Für Abweichungen von den einheitlichen Ausgangsbedingungen sind Korrekturen durchzuführen. Einfach ist es, sich dafür *Korrekturfaktoren* vorzustellen. Dann erhält man als Formel für die k_c-Berechnung:

$$k_c = k_{c1\cdot1} \cdot f_h \cdot f_\gamma \cdot f_\lambda \cdot f_s \cdot f_v \cdot f_f \cdot f_{st} \tag{A-9}$$

f_h Spanungsdickenfaktor
f_γ Spanwinkelfaktor
f_λ Neigungswinkelfaktor
f_s Schneidstoffaktor
f_v Geschwindigkeitsfaktor
f_f Formfaktor
f_{st} Stumpfungsfaktor

Victor hat auch Angaben über diese Einflüsse gemacht. Mit denen ist es möglich, die Korrekturfaktoren zu bestimmen. Das soll in den folgenden Kapiteln behandelt werden.
In Tabell A-14 sind für einige Werkstoffe *spezifische Grundwerte* der Zerspankraftkomponenten, unter anderem die spezifische Schnittkraft $k_{c1\ 1}$, aufgestellt. Sie sind aus verschiedenen Schrifttumsstellen zusammengesucht und beruhen daher teilweise auf unterschiedlichen Meßbedingungen. Wichtige Ergänzungen zur Werkstoffangabe sind die Wärmebehandlung (N = normalgeglüht, V = vergütet, G = weichgeglüht), die Zugfestigkeit R_m und die Härte des untersuchten Werkstoffs. Nennenswerte Abweichungen von den Grundwerten können von einem Abguß zum anderen, ja sogar von einer Stange zur anderen desselben Abgusses auftreten. Sorgfältige Messungen haben nicht selten Abweichungen von mehr als 10 % ergeben [23].

4.3.2 Einfluß des Werkstoffs

Die bestimmende Festigkeitseigenschaft für die Größe der sich ergebenden Schnittkraft ist die *Scherfestigkeit* des Werkstoffs, die für viele Werkstoffe der *Zugfestigkeit* etwa gleichgesetzt werden kann. Auch der atomare Aufbau des Werkstoffs, die Größe und Form des Kristallkorns und die Art und Menge der Verunreinigungen sind von Bedeutung.
Für manche Werkstoffe, beispielsweise für Grauguß und Kupfer, wird auch als Beziehungsgrundlage die Härte gewählt.

Tabelle A-14: *Grundwerte* der *spezifischen Zerspankraftkomponenten* einiger Werkstoffe. Meßbedingungen nach Kienzle und Victor [24]: $\alpha_0 = 5°$, $\gamma_0 = 6°$ (bei Guß 2°), $\kappa_0 = 45°$, $\lambda_0 = 4°$, $r_\varepsilon = 1$ mm, $v_{c\infty} = 100$ m/min, Hartmetall. Ergänzt durch Messungen von König und Essel [11] mit leicht veränderten Meßbedingungen $h_0 = b_0 = 1$ mm.

Werkstoff	Nr.	R_m N/mm²	HV10	$k_{c1\,1}$ N/mm²	z	$k_{f1\,1}$ N/mm²	x	$k_{p1\,1}$ N/mm²	y	
C15G	1.0401	373	108	1481	0,28	333	1,0	266	0,8	1
C22	1.0402	500		1800	0,16					
C35N	1.0501	550	160	1516	0,27	321	0,80	259	0,54	1
Ck45N	1.1191	628	185	1573	0,19	332	0,71	272	0,41	1
Ck45V	1.1191	765	225	1584	0,25	364	0,73	282	0,43	1
Ck60N	1.1221	775	221	1686	0,22	285	0,72	259	0,41	1
St 50-2	1.0532	557	168	1500	0,29	351	0,70	274	0,50	1
St 60	1.0543	620		2110	0,17					
St 70-2	1.0632	824	239	1595	0,32	228	1,07	152	0,90	1
37 Mn Si 5 G	1.5122	676	196	1581	0,25	317	0,69	259	0,41	1
37 Mn Si 5 V	1.5122	892	268	1656	0,21	239	0,70	249	0,33	1
42 Cr Mo 4 G	1.7225	568	170	1563	0,26	374	0,77	271	0,48	1
55 Ni Cr Mo V 6	1.2713	1141	340	1595	0,21	269	0,79	198	0,66	1
100 Cr 6 G	1.3505	624	202	1726	0,28	318	0,86	362	0,53	1
18 Cr Ni 8 G	1.5920	578	181	1446	0,27	351	0,66	257	0,47	1
16 Mn Cr 5 N	1.7131	500	150	1411	0,30	406	0,63	312	0,50	1
X 6CrNiMoNb 18 10	1.4580	600		1270	0,27					
X10CrNiMoNb 18 10	1.4580	588		1397	0,24	181	0,74	173	0,59	2
GGL-14	0.6014		HB200	950	0,21					
GGL-18	0.6018	124		750	0,13					
GG-26	0.6026		HB200	1160	0,26					
GG-30	0.6030		HB206	899	0,41	170	0,91	164	0,70	1
Mehanite A		360		1270	0,26					
GTW, GTS		>400		1200	0,21					
GS 45	1.0443	~400		1600	0,17					
GS 52	1.0551	~600		1800	0,16					
G-Al Mg 4 Si Mn		260	HB 90	487	0,20	20	1,08	32	0,75	2
G-Al Si 10 Mg		250		440	0,27					
G-Al Si 6 Cu 4		170		460	0,27					
GK-Mg Al 9		130		240	0,34					
X8NiCrMoTi55 20 20	2.4969	1275		1900	0,26	332	0,67	726	0,43	3
Ni Cr 20 Ti Al	2.4952	1217	368	2211	0,22	341	0,71	561	0,41	3
Messing DFB kaltg.				430	0,38					
Rg A				820	0,25					
Polyamid 6-6 Wassergeh. 0,1–0,5 %				160	0,15					

[1] abweichende Meßbedingungen: $\lambda_0 = 0°$, $\kappa_0 = 70°$, $r_\varepsilon = 0{,}8$ mm, Hartmetall P10
[2] abweichende Meßbedingungen: $\gamma_0 = 15°$, $\lambda_0 = 0°$, $\kappa_0 = 70°$, $r_\varepsilon = 0{,}8$ mm, K10
[3] abweichende Meßbedingungen: $\gamma_0 = 15°$, $\lambda_0 = 12°$, $\kappa_0 = 70°$, $r_\varepsilon = 0{,}8$ mm, K10, $v_{c\infty} = 40$ m/min

Bei Annahme vergleichbarer Zusammensetzung, z.B. bei unlegierten Stählen verschiedener Festigkeit, nimmt die spezifische Schnittkraft k_c unter sonst gleichen Zerspanbedingungen nicht in gleichem Umfang wie die Scherfestigkeit zu. Die Vergrößerung der spezifischen Schnittkraft ist geringer als die der Scherfestigkeit. Dies ist erklärlich, weil sich bei größerer Scherfestigkeit die Spanpressung p_{sp} erhöht und dadurch der Spanflächenreibwert μ_{sp} kleiner wird. Das bedeutet, daß sich der Scherwinkel Φ vergrößert. Ein Teil der durch die größere Scherfestigkeit bedingten Schnittkraftsteigerung wird also durch die sich gleichzeitig infolge des größeren Scherwinkels ergebende Scherflächenverringerung wieder aufgehoben. Bild A-47 zeigt den unterschiedlichen, in keinem Fall proportionalen Verlauf der spezifischen Schnittkraft k_c für verschiedene Werkstoffarten in Abhängigkeit von den Zugfestigkeitswerten.

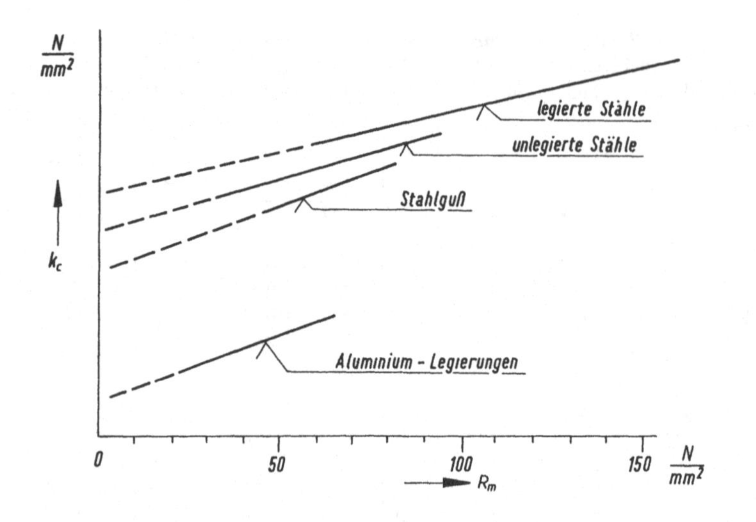

Bild A-47

Abhängigkeit der spezifischen Schnittkraft k_c von der Art des zerspanten Werkstoffs und von seiner Zugfestigkeit R_m

Eine allgemeingültige Gesetzmnäßigkeit für alle Werkstoffarten läßt sich aus diesen Erkenntnissen nicht ableiten. Deshalb mußte die spezifische Schnittkraft $k_{c1\ 1}$ für *jeden Werkstoff* im *Versuch* ermittelt werden. Die Zerspanungsversuche sollten möglichst alle mit dem selben Verfahren, dem Außendrehen, durchgeführt worden sein, um sie vergleichbar zu machen. Diese Voraussetzung ist jedoch nicht erfüllt, da sich verschiedene Forscher mit den Messungen beschäftigt und neben dem Drehen auch Bohren, Fräsen und Räumen angewandt haben. Aus diesem Grunde können bei einer Nachprüfung Abweichungen entstehen, die trotz weitgehender Vergleichbarkeit unvermeidlich sind.

4.3.3 Einfluß der Spanungsdicke

Die spezifische Schnittkraft k_c wird bei zunehmender Spanungsdicke h kleiner. Die Erklärung für dieses Verhalten findet man in der vergrößerten Spanpressung p_{sp} bei zunehmender Spanungsdicke. Die größere Spanpressung führt zu einem kleineren Spanflächenreibwert μ_{sp} und zu einem größeren Scherwinkel Φ (Bilder A-44 und A-45).

Damit verkleinert sich die Scherfläche und die Scherkraft. Also wird als Auswirkung dieser Zusammenhänge die spezifische Schnittkraft k_c kleiner.

In doppellogarithmischer Darstellung ergibt die Abhängigkeit k_c von h eine Gerade mit der Neigung z (Bild A-48).

Sie berücksichtigt jedoch nicht die weiteren Einflüsse auf die spezifische Schnittkraft, die im folgenden beschrieben werden.

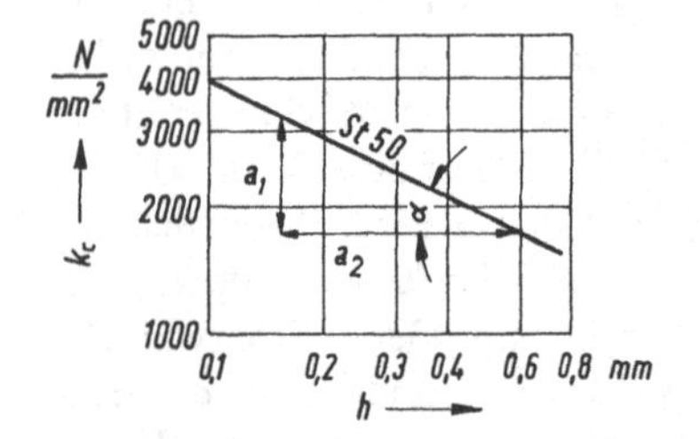

Bild A-48

Abhängigkeit des k_c-Wertes von der Spanungsdicke h, dargestellt unter Verwendung doppeltlogarithmischer Koordinaten. Eingetragenes Beispiel: St. 50, entsprechend AWF 158

4.3.4 Einfluß der Schneidengeometrie

Eine Vergrößerung des *Spanwinkels* γ um $\Delta\gamma$ bedeutet eine Drehung der für den Spanflächenreibwert μ_{sp} festgelegten Bezugsfläche, der Spanfläche. Wenn die sonstigen Verhältnisse unverändert blieben, würde die Richtung der Zerspankraft F um $\Delta\gamma$ steiler und damit der Scherwinkel Φ um $\Delta\gamma$ größer werden (siehe Bild A-44). Da aber bei Vergrößerung des Spanwinkels die Flächenpressung p_{sp} infolge des flacheren Auftreffens des Spanes auf die Spanfläche geringer wird, erhöht sich der Spanflächenreibwert. Dadurch wird die Richtung der Zerspankraft F um einen bestimmten Winkel $\Delta\rho$ gewissermaßen wieder zurückgedreht.
Insgesamt ist deshalb mit einer *Abnahme der spezifischen Schnittkraft k_c bei Zunahme des Spanwinkels* γ um 1,5 % je Grad und mit einer Zunahme der spezifischen Schnittkraft um 2 % je Grad Abnahme des Spanwinkels γ zu rechnen [25] (Bild A-49). Dieser Zusammenhang hat nur im Bereich von ± 10° um den Ausgangswert γ_0 Gültigkeit.

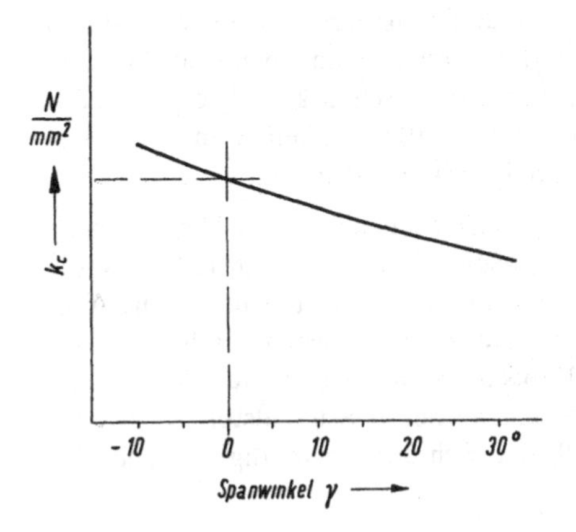

Bild A-49
Abhängigkeit der spezifischen Schnittkraft k_c vom Spanwinkel γ

Der Neigungswert z der Geraden kann folgendermaßen erfaßt werden:

$$\tan\alpha = \frac{a_1}{a_2} = z$$

Er ist für jeden Werkstoff anders und wurde in den Zerspanungsversuchen mit bestimmt. Tabell A-14 enthält diese Neigungswerte z in der sechsten Spalte. Man erhält als Spanungsdickenfaktor f_h für Gleichung (A-9):

$$\boxed{f_h = \left(\frac{h_0}{h}\right)^z} \quad \text{mit } h_0 = 1\text{ mm} \qquad \text{(A-10)}$$

Wird Gleichung (A-10) in (A-9) und (A-8) eingesetzt, entsteht mit $h_0^z = 1$ die vielfach angewandte *Schnittkraftformel*

$$\boxed{F_c = k_{c1\,1} \cdot b \cdot h^{1-z}} \qquad \text{(A-11)}$$

Als Spanwinkel-Korrekturfaktor f_γ läßt sich aufstellen:

$$\boxed{f_\gamma = 1 - m_\gamma\,(\gamma - \gamma_0)} \qquad \text{(A-12)}$$

mit $m_\gamma = 0{,}015$ bis $0{,}02$ grad^{-1}
bei Stahl: $\gamma_0 = 6°$; $\gamma = -5°$ bis $+20°$
bei Guß: $\gamma_0 = 2°$; $\gamma = -10°$ bis $+15°$

Als *Neigungswinkel*-Korrekturfaktor gilt in ähnlicher Weise:

$$f_\lambda = 1 - m_\lambda (\lambda - \lambda_0)$$

mit $m_1 \approx 0{,}015 \text{ grad}^{-1}$

λ_0 ist als Meßbedingung aus den Anmerkungen zu Tabelle A-14 zu entnehmen. Bei großen Abweichungen des Winkels λ von den Meßbedingungen gilt die Formel nicht.
Der Einfluß des *Freiwinkels* α ist noch geringer. Im Bereich üblicher Größen $3° < \alpha < 12°$ braucht keine Korrektur durchgeführt zu werden. Bei größeren Freiwinkeln kann 1 % Schnittkraftverringerung je Grad Freiwinkelvergrößerung erwartet werden.

4.3.5 Einfluß des Schneidstoffs

Der Einfluß des Schneidstoffs auf die Größe der spezifischen Schnittkraft ist im allgemeinen gering. Ein anderer Schneidstoff bei sonst gleichen Zerspanbedingungen wird dann zu kleineren Zerspankräften führen, wenn sein Spanflächenreibwert μ_{sp} kleiner ist. Dadurch wird sich über die Vergrößerung des Scherwinkels Φ eine Verringerung der spezifischen Schnittkraft k_c ergeben. Bei Versuchen zeigte sich, daß die Werte der Schnittkraft um etwa 10 % sinken, wenn bei sonst gleichen Bedingungen der Schneidstoff-Hartmetall durch *Schneidkeramik* ersetzt wird.

Bei der Zerspanung von Stahl mit *Schnellarbeitsstahl* ergibt sich umgekehrt eine Vergrößerung der spezifischen Schnittkraft, da der Reibwiderstand auf der Spanfläche größer ist. Jedoch ist die einheitliche Schnittgeschwindigkeit von $v_c = 100$ m/min, die den $k_{c1\ 1}$-Werten in Tabelle A-14 zugrunde liegt, bei Schnellarbeitsstahl nicht anwendbar. Wählt man als Bezugsgeschwindigkeit $v_c = 20$ m/min, kann man mit einer Vergrößerung von 10 bis 30 % der spezifischen Schnittkraft gegenüber den Tabellenwerten rechnen. Das ergäbe einen mittleren Schneidstoff-Korrekturfaktor von $f_s = 1{,}2$. Er enthält zugleich den Einfluß der Schnittgeschwindigkeit und des Schneidstoffs.

4.3.6 Einfluß der Schnittgeschwindigkeit

Eine Veränderung der Schnittgeschwindigkeit v_c bedingt eine entsprechende Änderung der Spangeschwindigkeit v_{sp}. Wenn die Schnittgeschwindigkeit v_c bei sonst unveränderten Zerspanbedingungen vergrößert wird, ergibt sich mit der entsprechenden Vergrößerung der Spangeschwindigkeit v_{sp} eine Verringerung des Spanflächenreibwertes μ_{sp} (Bild A-45b). Diese Verringerung ist gleichbedeutend mit einer Richtungsänderung der Zerspankraft F in der Weise, daß F steiler verläuft. Damit vergrößert sich der Scherwinkel Φ und verkleinert sich die Scherfläche. Die Zerspankraft F und damit auch ihre Komponente F_c wird kleiner. Die Tendenz der Schnittkraftveränderung, abhängig von der Schnittgeschwindigkeit v_c, zeigt Bild A-50. Diese Schnittkraftänderung muß in der spezifischen Schnittkraft k_c und darin eigens im Schnittgeschwindigkeitsfaktor f_v ihren Ausdruck finden.

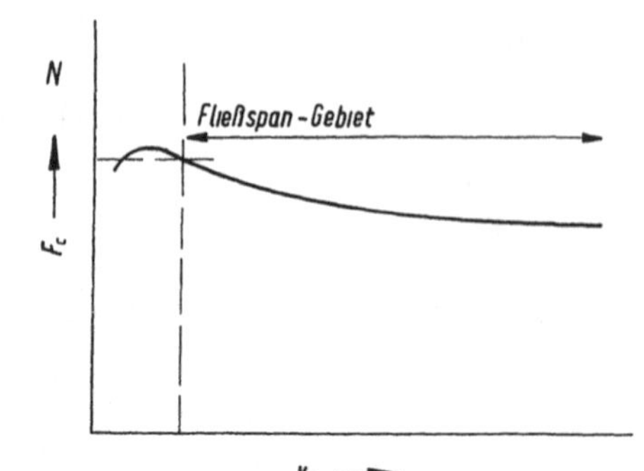

Bild A-50

Abhängigkeit der Schnittkraft F_c von der Schnittgeschwindigkeit v_c

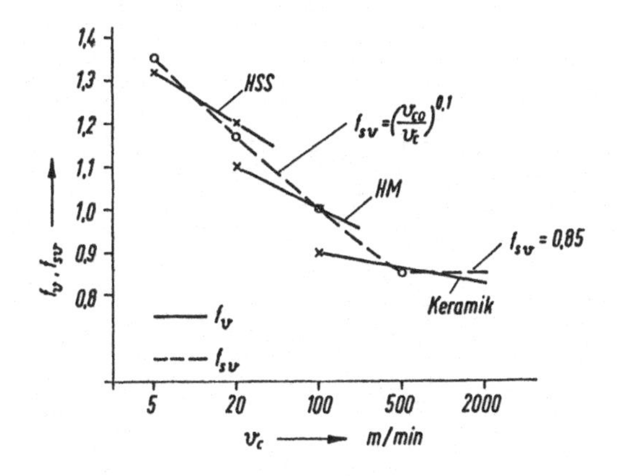

Bild A-51
Korekturfaktoren für die spezifische Schnittkraft k_c
f_v: Geschwindigkeitsfaktor für Schnellarbeitsstahl, Hartmetall und Schneidkeramik getrennt
f_{sv}: Zusammenfassender Korrekturfaktor für die Einflüsse von Schnittgeschwindigkeit und Schneidstoff

In Bild A-51 sind in einem Diagramm *Schnittgeschwindigkeitsfaktoren* f_v für die Schneidstoffe *Schnellarbeitsstahl, Hartmetall* und *Keramik* dargestellt. Sie berücksichtigen gleichzeitig den Einfluß des Schneidstoffs (Abschn. A 4.3.5).
Da auch diese drei Kurven nur Mittelwerte eines mit Streuung behafteten Einflusses sind, muß mit Abweichungen von diesem Verlauf gerechnet werden. Man macht deshalb auch keinen sehr viel größeren Fehler, wenn man die drei Kurven durch eine *gemeinsame Linie* ersetzt, die alle drei Bereiche sinnvoll verbindet. Diese gemeinsame Linie ist in Bild A-51 gestrichelt eingezeichnet. Sie folgt der Gleichung:

$$f_{sv} = \left(\frac{v_{c0}}{v_c}\right)^{0,1} \qquad \text{(A-13)}$$

v_c ist darin die Schnittgeschwindigkeit, die zur Ausgangsschnittgeschwindigkeit $v_{c0} = 100$ m/min für die Tabellenwerte $k_{c1 \cdot 1}$ ins Verhältnis gesetzt wird. Der Faktor f_{sv} ersetzt f_s und f_v.

$$f_{sv} = f_s \cdot f_v \, (\geq 0{,}85)$$

Er muß nach unten begrenzt werden und bleibt deshalb bei Schnittgeschwindigkeiten $v_c \geq 500$ m/min $f_{sv} = 0{,}85$, da bei Anwendung von Schneidkeramik mit größerer Schnittgeschwindigkeit kaum eine Verringerung der spezifischen Schnittkraft gefunden wurde [21].

4.3.7 Einfluß der Werkstückform

Auch die Form der Fläche, die zerspant werden soll, beeinflußt die Größe der notwendigen Schnittkraft. Bei sonst gleichen Bedingungen wird die Scherfläche größer (Bild A-52), wenn die Hauptschnittfläche von der *außenrunden Form* (z.B. Außendrehen) über die *ebene Form* (z.B. Hobeln) zur *innenrunden Form* (z.B. Innendrehen) übergeht. Dabei wird allerdings ein Teil der Scherflächenzunahme wieder aufgehoben, weil sich infolge der erhöhten Spanpressung der Scherwinkel Φ etwas vergrößert. Die Größenunterschiede für die Schnittkraft F_c liegen beim Übergang von der außenrunden zur ebenen und von der ebenen zur innenrunden Form bei + 10 bis 15 % (siehe auch Bild A-53).
Diese Änderung der Schnittkraft muß sich in einem Korrekturfaktor für die spezifische Schnittkraft, dem *Formfaktor* f_f niederschlagen. Welche Zahlenwerte dafür einzusetzen sind, ist in Tabelle A-15 angegeben.

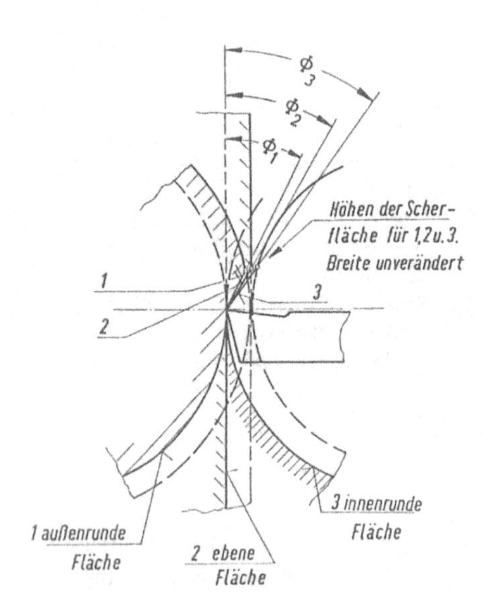

Bild A-52 Veränderung der Scherflächengröße (Breite × Höhe) und des Scherwinkels Φ, in Abhängigkeit von der Form der Hauptschnittfläche

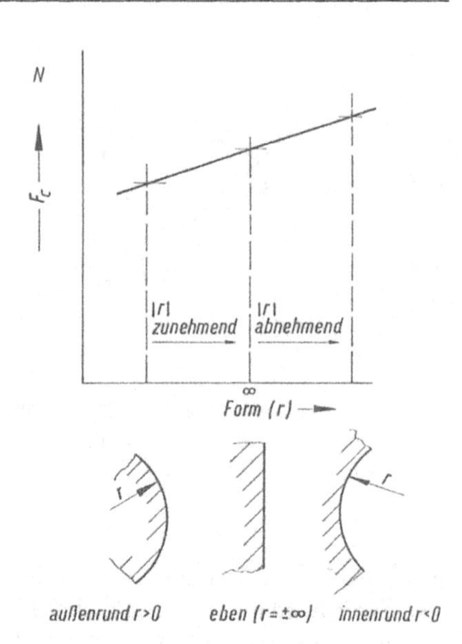

Bild A-53 Abhängigkeit der Schnittkraft F_c von der Form der Hauptschnittfläche

Tabelle A-15: Berichtigungsfaktor für die spezifische Schnittkraft aufgrund des Einflusses der Form der Hauptschnittfläche

Bearbeitungsverfahren	Formfaktor f_f
Außendrehen, Plandrehen	1,0
Hobeln, Stoßen, Räumen	1,05
Innendrehen, Bohren, Senken, Reiben, Fräsen	$1{,}05 + \frac{d_0}{d}$

d_0 = 1 mm
d = Durchmesser der Innenform des bearbeiteten Werkstücks oder Werkzeugdurchmesser

4.3.8 Einfluß der Werkzeugstumpfung

Die Grundwerte der spezifischen Schnittkraft sind für *arbeitsscharfe* Werkzeuge aufgestellt worden. Im Gebrauch erleiden die Werkzeuge Verschleiß, wobei ihre Schneiden stumpf werden. Die Schnittkanten erhalten Abrundungen, Span- und Freifläche werden rauh. Dadurch ist eine Vergrößerung der Schnittkraft um 30 bis 50 % bis zum Standzeitende zu erwarten [24]. Von König und Essel [23] werden verschiedene Untersuchungsergebnisse zusammenfassend auf die Verschleißmarke an der Freifläche bezogen und mit rund 10 % je 0,1 mm Verschleißmarkenbreite *VB* angegeben. Danach kann ein *Stumpfungsfaktor* zur Korrektur der spezifischen Schnittkraft folgendermaßen aufgestellt werden:

$$f_{st} = 1 + \frac{VB}{VB_0} \qquad \text{(A-14)}$$

$VB_0 = 1$ mm

Soll jedoch sehr viel einfacher 50 % Schnittkraftzuwachs vorsorglich berücksichtigt werden, ist $f_{st} = 1{,}5$ zu wählen.

4.3.9 Weitere Einflüsse

In den vorangegangenen Abschnitten nicht besprochen wurde eine ganze Reihe von weiteren Einflüssen auf die spezifische Schnittkraft, die manchmal Bedeutung erlangen können. Es sind das *Zerspanungsverfahren*, die Änderung der Werkstoffeigenschaften z.B. durch *Kaltverfestigung, Erwärmung*, die Verwendung von *Kühlschmiermitteln*, die *Schneidengeometrie*, die *Oberflächengüte der Schneiden*, die *Zahl* der gleichzeitig im Eingriff befindlichen *Schneiden*.
Korrekturfaktoren dafür müssen bei Bedarf selbst gefunden werden. Eigene Versuche ergeben die sichersten Werte. Sonst muß der Einfluß aufgrund seiner Einwirkung auf die Spanbildung abgeschätzt werden.
Unter Berücksichtigung aller erfaßbaren Einflüsse kann dann die spezifische Schnittkraft nach Gleichung (A-9), die sich wie folgt geändert hat, berechnet werden:

$$k_c = k_{c1\cdot 1} \cdot \left(\frac{h_0}{h}\right)^z \cdot f_\gamma \cdot f_\lambda \cdot f_{sv} \cdot f_f \cdot f_{st} \qquad \text{(A-15)}$$

Mit k_c ist die Schnittkraft $F_c = b \cdot h \cdot k_c$ bestimmbar.

4.4 Schneidkantenbelastung

Bezieht man die Schnittkraft auf die Länge b der Hauptschneide, die im Eingriff ist, (s. Bild A-40) erhält man einen neuen Kennwert, die *bezogene Schnittkraft* k_b

$$k_b = \frac{F_c}{b} = k_c \cdot h \qquad \text{(A-16)}$$

Sie läßt besonders deutlich die *Belastung der Schneidkante* erkennen und wird als Vergleichswert bei Verschleißbetrachtungen herangezogen.

4.5 Berechnung der Vorschubkraft

Zur Berechnung der Vorschubkraft F_f läßt sich wie für die Schnittkraft ein Zusammenhang mit dem Spanungsquerschnitt A herstellen

$$F_f = A \cdot k_f \qquad \text{(A-17)}$$

Die darin enthaltene *spezifische Vorschubkraft* k_f in N/mm^2 kann ebenso wie die spezifische Schnittkraft als Grundwert $k_{f1\cdot 1}$ mit verschiedenen Korrekturfaktoren aufgefaßt werden:

$$k_f = k_{f1\cdot 1} \cdot g_h \cdot g_\gamma \cdot g_\lambda \cdot g_\kappa \cdot g_s \cdot g_v \cdot g_{st} \qquad \text{(A-18)}$$

Tabelle A-14 enthält für eine Anzahl von Werkstoffen auch die Grundwerte $k_{f1\cdot 1}$, die ebenfalls auf den Spanungsquerschnitt $A = b_0 \cdot h_0 = 1 \cdot 1$ mm^2 bezogen sind. Sie betragen durchschnittlich nur 1/5 der k_c-Werte. Trotz sorgfältiger Messungen ist eine größere Streuung der Meßwerte festgestellt worden als bei den k_c-Werten. Deshalb ist die Berechnung der Vorschubkraft nur als Näherungslösung anzusehen.

4.5.1 Einfluß der Spanungsdicke

Mit zunehmender Spanungsdicke wird die spezifische Vorschubkraft kleiner. Der Einfluß folgt einem exponentiellen Gesetz und kann durch den Korrekturfaktor

$$g_h = \left(\frac{h_0}{h}\right)^x \qquad \text{(A-19)}$$

dargestellt werden. In Tabelle A-14 können die x-Werte rechts neben den k_f-Werten abgelesen werden. Leider sind sie besonders starken Streuungen unterworfen und verändern sich sehr mit der Schnittgeschwindigkeit v_c.

Durch Einsetzen von Formel (A-19) in (A-18) und (A-17) erhält man die häufig gebrauchte Vorschubkraftformel

$$F_f = k_{f1 \cdot 1} b \cdot h^{1-x} \qquad \text{(A-20)}$$

Hierin sind keine weiteren Einflüsse berücksichtigt, von der die spezifische Vorschubkraft auch noch abhängt. Dafür müssen die folgenden Korrekturfaktoren angewendet werden.

4.5.2 Einfluß der Schneidengeometrie

Die Vorschubkraft wird durchschnittlich um 5 % je Grad *Spanwinkel*verkleinerung und um 1,5 % je Grad *Neigungswinkel*verkleinerung größer. Daraus können folgende Korrekturfaktoren abgeleitet werden:

$$g_\gamma = 1 - m_\gamma (\gamma - \gamma_0), \quad g_\lambda = 1 - m_\lambda (\lambda - \lambda_0)$$

mit $m_\gamma = 0{,}05$ und $m_\lambda = 0{,}015$

Der *Freiwinkel* hat im üblichen Bereich $3° < \alpha < 12°$ keinen Einfluß auf die Zerspankraftkomponenten. Victor [25] hält bei größeren Freiwinkeländerungen eine Korrektur von 1 % je Grad Freiwinkeländerung für angemessen. Das entspricht einem Korrekturfaktor von

$$g_\alpha = 1 - 0{,}01\,(\alpha - \alpha_0)$$

Mit dem *Einstellwinkel* κ vergrößert sich die Vorschubkraft. In erster Näherung kann ein Zusammenhang mit dem Sinus des Winkels angenommen werden. Es kann daraus der Korrekturfaktor für die spezifische Vorschubkraft

$$g_\kappa = \frac{\sin\kappa}{\sin\kappa_0}$$

aufgestellt werden. Die Gültigkeit sollte jedoch auf den Bereich von ± 10° um die Meßgrundlage von κ_0 eingeschränkt bleiben.

4.5.3 Einfluß des Schneidstoffs

Der Schneidstoff beeinflußt die Vorschubkraft durch seinen Reibungsbeiwert, den er im Zusammenwirken mit dem Werkstoff erhält. Stahl auf Stahl erzeugt größere Reibungskräfte als Stahl auf Hartmetall oder auf Keramik. Sie können jedoch sehr unterschiedlich sein, abhängig vom Härteunterschied, von der chemischen Zusammensetzung und der Gefügeausbildung. So haben auch vergleichende Messungen bei Bearbeitung von Stahl mit Schnellarbeitsstahl stark wechselnde Ergebnisse gegenüber der Bearbeitung mit Hartmetall gezeigt, nämlich die ein- bis zweifache Vorschubkraft. Also müßte der Korrekturfaktor für den Einfluß von *Schnellarbeitsstahl*

$$g_s = 1{,}0 \text{ bis } 2{,}0$$

gesetzt werden.

Keramik verringert die Vorschubkraft gegenüber Hartmetall um 15 bis 20 %. Der entsprechende Korrekturwert ist also

$$g_s = 0{,}8 \text{ bis } 0{,}85.$$

Auch die *Beschichtung* von Hartmetallen mit TiC, TiN oder Al_2O_3 verringert die Reibung. Entsprechende Korrekturwerte können gewählt werden.

4.5.4 Einfluß der Schnittgeschwindigkeit

Im Anwendungsbereich des Hartmetalls von 50 bis 200 m/min bei der Bearbeitung *nicht gehärteten Stahls* nimmt die Vorschubkraft um über 50 % ab. Das kann in einem Korrekturwert folgender Form vereinfacht angegeben werden:

$$g_v = \left(\frac{v_{co}}{v_c}\right)^{0,35}$$

Hierin ist v_c die Schnittgeschwindigkeit und $v_{co} = 100$ m/min die Meßbedingung, auf die die meisten Meßwerte in Tabelle A-14 bezogen sind.
Gehärteter Werkstoff verhält sich ganz anders. Mit zunehmender Schnittgeschwindigkeit kann die Vorschubkraft auf mehr als ihren doppelten Wert ansteigen.
Die Exponenten x, die für die Spanungsdickenkorrektur benutzt werden, verändern sich auch nicht unbeträchtlich. Leider wird dadurch der Einfluß der Schnittgeschwindigkeit auf die Vorschubkraft sehr unübersichtlich. Eine allgemeingültige Regel kann nicht aufgestellt werden.

4.5.5 Stumpfung und weitere Einflüsse

Erheblicher Einfluß wird von der Werkzeugabstumpfung auf die spezifische Vorschubkraft ausgeübt. Der k_f-Wert vergrößert sich um rund 25 % je 0,1 mm Verschleißmarkenbreite bei Hartmetallschneiden. Das entspricht einem Stumpfungsfaktor von

$$g_{st} = 1 + 2{,}5 \cdot \frac{VB}{VB_0} \qquad \text{mit } VB_0 = 1 \text{ mm}$$

Die weiteren Einflüsse auf die spezifische Vorschubkraft:

Temperatur des Werkstücks,
Werkstückform,
Werkstoffverfestigung,
Schmierung und
Kühlung

können nur aufgezählt werden. Die Aufstellung von Korrekturfaktoren ist nicht möglich, da ihre Gesetzmäßigkeiten unbekannt oder zu unregelmäßig sind.

4.6 Berechnung der Passivkraft

Die Passivkraft beim Drehen wird nur selten berechnet. Sie verursacht keine Arbeit, die von einem Antrieb aufgebracht werden müßte, weil in ihrer Richtung keine der Hauptbewegungen läuft. Sie ist durchschnittlich nur 1/6 so groß wie die Schnittkraft. Wissenschaftliche Grundlagen zu ihrer Berechnung sind besonders lückenhaft und die Ergebnisse sind mit den größten Unsicherheiten verbunden. Bezieht man auch sie auf den Spanungsquerschnitt A, kann der Zusammenhang mit der spezifischen Passivkraft k_p hergestellt werden:

$$\boxed{F_p = A \cdot k_p} \qquad \text{(A-21)}$$

Die *spezifische Passivkraft* berechnet man wieder aus einem Grundwert $k_{p1 \cdot 1}$ in N/mm² aus Tabelle A-14, der auf den Spanungsquerschnitt $A = b_0 \cdot h_0 = 1 \cdot 1$ mm² bezogen ist, und aus Korrekturfaktoren

$$k_p = k_{p1 \cdot 1} \cdot h_h \cdot h_\gamma \cdot h_\lambda \cdot h_\kappa \cdot h_{st} \cdot h_\alpha \qquad \text{(A-22)}$$

Der Einfluß der *Spanungsdicke h* folgt dem exponentiellen Gesetz

$$h_h = \left(\frac{h_0}{h}\right)^y \qquad \text{(A-23)}$$

mit $h_o = 1$ mm.

Die Exponenten y liegen zwischen 0,3 und 1,0. Sie sind in Tabelle A-13 hinter den $k_{p1 \cdot 1}$-Werten für jeden Werkstoff angegeben. Damit kann die Gleichung (A-21) auch in folgender Form geschrieben werden:

$$F_p = k_{p1\ 1} \cdot b \cdot h^{1-y} \qquad \text{(A-24)}$$

Außer h_h sind hierin jedoch noch keine Korrekturfaktoren berücksichtigt worden.

4.6.1 Einfluß der Schneidengeometrie

Die Passivkraft wird vom *Spanwinkel* γ durchschnittlich um 4 %, vom *Neigungswinkel* λ um 10 % und vom *Freiwinkel* α etwa um 1 % je Grad Winkeländerung beeinflußt. Daraus können die Korrekturfaktoren

$$h_\gamma = 1 - 0{,}04\,(\gamma - \gamma_0)$$
$$h_\lambda = 1 - 0{,}1\,(\lambda - \lambda_0) \qquad \text{und}$$
$$h_\alpha = 1 - 0{,}01\,(\alpha - \alpha_0)$$

aufgestellt werden. Der Einfluß des *Einstellwinkels* κ ist in grober Näherung durch ein Cosinusgesetz darstellbar:

$$h_\kappa = \frac{\cos \kappa}{\cos \kappa_0}$$

Ein Gültigkeitsbereich für die Gleichungen kann nicht angegeben werden. Ihre Genauigkeit ist nicht sehr groß.

4.6.2 Stumpfung und weitere Einflüsse

Auf die Passivkraft wirkt sich die Stumpfung des Werkzeugs am stärksten aus. Sie vergrößert sich um 30 % je 0,1 mm Verschleißmarkenbreite. Das bedeutet, daß sie bei einer Verschleißmarke von $VB = 0{,}4$ mm mehr als doppelt so groß werden kann.

$$h_{st} = 1 + 3 \cdot \frac{VB}{VB_0} \qquad \text{mit } VB_0 = 1 \text{ mm}$$

Die weiteren Einflüsse auf die spezifische Passivkraft werden vom Schneidstoff, der Schnittgeschwindigkeit, der Temperatur, der Werkstückform, der Werkstoffverfestigung, der Schmierung und der Kühlung ausgeübt. Entsprechende Korrekturfaktoren sind denkbar, können hier aber nicht angegeben werden, da zuverlässige Zusammenhänge nicht bekannt sind.

5 Temperatur an der Schneide

Die Temperatur an der Schneide, die sich nach Beginn des Zerspanens als Gleichgewichtszustand zwischen der beim Zerspanen entstehenden und der abgeführten Wärme einstellt, hat eine große Bedeutung für die Abstumpfung der Schneide. Die gleichen Kräfte und Geschwindigkeiten führen erheblich schneller zur Zerstörung der Schneide, wenn sie bei höherer Temperatur auf diese einwirken, als wenn dies bei geringerer Temperatur geschieht. Immer wird fast die gesamte Zerspanenergie in Wärme umgesetzt. Wie Bild A-54 zeigt, wird die Wärme bei folgenden Vorgängen frei:

1.) durch Scheren in der Scherebene und Stauchen des entstehenden Spanes,
2.) Trennen des Werkstoffs unter Zugspannung über der Schneidkante,
3.) Reibung zwischen Span und Spanfläche unter großer Flächenpressung,
4.) Reibung an der Freifläche in einer kurzen Reibungszone, die etwa so groß wie die Verschleißmarke ist,
5.) Reibung im Span bei seiner endgültigen Formung.

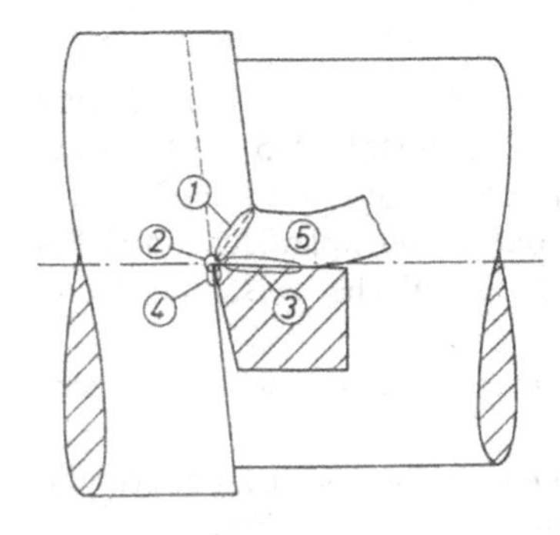

Bild A-54 Wärmequellen beim Zerspanen
1 Scheren und Stauchen des Spanes
2 Werkstofftrennung
3 Reibung auf der Spanfläche
4 Reibung an der Freifläche
5 weitere Verformung des Spanes

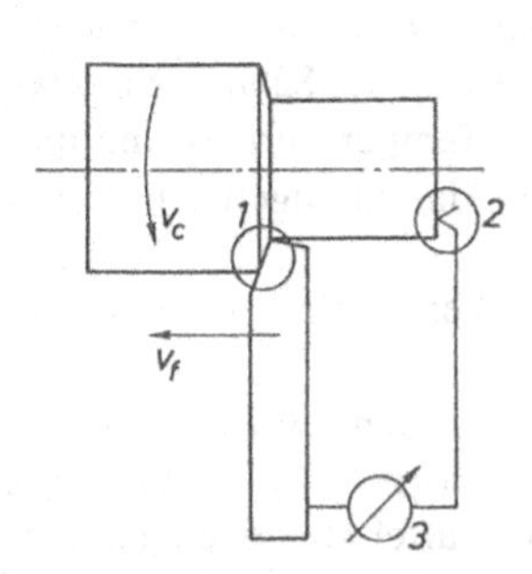

Bild A-55 Einmeißelmethode nach Gottwein zur Temperaturmessung in der Schnittzone
1 warme Berührungsstelle
2 kalte Berührungsstelle
3 Thermospannungsanzeige als Folge der Temperaturdifferenz

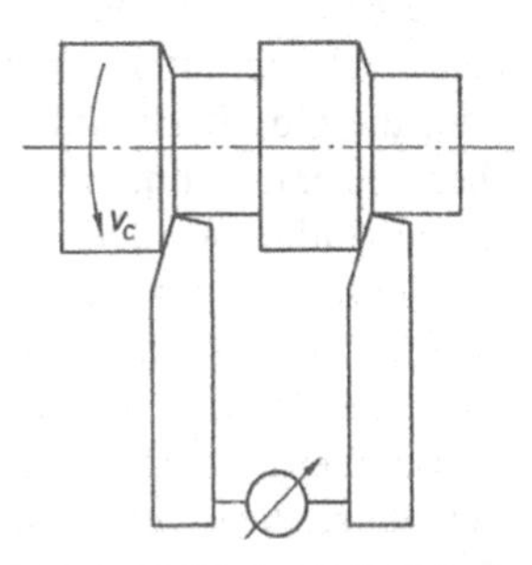

Bild A-56 Zweimeißelmethode zur Temperaturmessung nach Gottwein-Reichel

5.1 Messen der Temperatur

Für das Messen der Temperatur sind verschiedene Verfahren entwickelt worden, die aber alle gewisse Schwierigkeiten und Fehlermöglichkeiten haben.

Einmeißelverfahren nach Gottwein: Werkzeug und Werkstück werden als Thermopaar benutzt (Bild A-55). Das Meßinstrument zeigt die Thermospannung an, die der Temperaturdifferenz zwischen der kalten und warmen Berührungsstelle entspricht. Das Ergebnis ist ein Mittelwert des ganzen Temperaturfeldes der Berührungsstelle zwischen Werkzeug und Werkstück.

Zweimeißelverfahren nach Gottwein-Reichel: Zwei Werkzeuge aus verschiedenen Schneidstoffen kommen gleichzeitig zum Eingriff (Bild A-56). Unter der Annahme, daß an beiden Werkzeugen das gleiche Temperaturfeld entsteht, erzeugen die Schneidstoffe verschiedene Thermospannungen, deren Differenz ein Maß für die mittlere Temperatur ist und angezeigt wird.

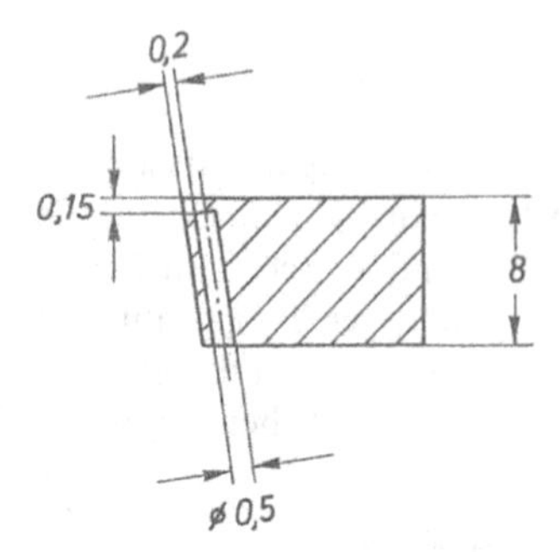

Bild A-57 Bohrung für Miniaturthermoelement in einer Hartmetallschneide nach Dawihl, Altmeyer, Sutter [26]

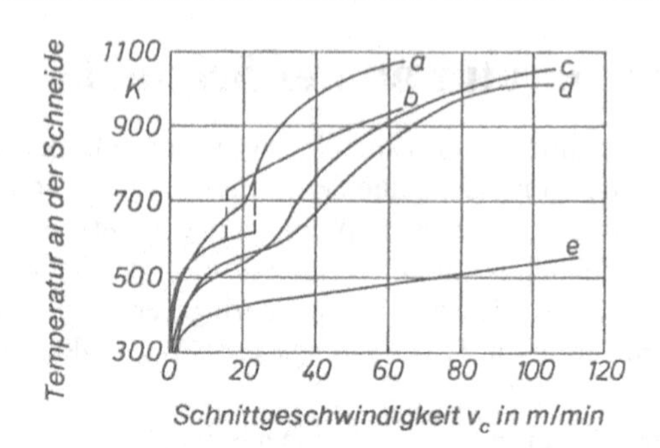

Bild A-58 Temperaturverlauf an der Schneide, abhängig von der Schnittgeschwindigkeit bei a: C 100, b: C 10, c: Ck 35, d: GGL-26, e: Ms58 nach Dawihl, Altmeyer und Sutter [26]. Gemessen wurde gemaß Bild A-55 an einer Schneide ausHartmetall K 10 unter folgenden Bedingungen: $f = 0{,}19$ mm/U, $a_p = 2$ mm, $\gamma = 0°$, $\alpha = 6°$, $\varepsilon = 90°$, $\kappa = 45°$

Für das *thermoelektrische Verfahren mit Klein-Thermoelementen* müssen in die Schneidplatte kleine Bohrungen von etwa 0,5 mm Durchmesser eingearbeitet werden (Bild A-57). Man kann dann die Temperatur an einem Punkt in der Schneide messen. Die Bohrungen lassen sich bis dicht unter die Oberfläche führen. Zur Temperaturmessung unmittelbar an der Spanfläche muß das Thermoelement durch die Schneide durchgeführt und an der Oberfläche verschweißt und plangeschliffen werden.
Das *Farbumschlagverfahren* unter Verwendung temperaturanzeigender Farbanstriche eignet sich nicht für fortlaufende Messungen.
Von den Verfahren der *Temperaturmessung durch Wärmestrahlung* ist besonders die Fernsehthermometrie bekannt geworden [27]. Man erhält Bilder von der Oberfläche des Werkzeugs, die sichtbar ist, in abgestufter Helligkeit, die man in Isothermenlinien umsetzen kann. Messungen im Innern des Werkzeugs läßt das Verfahren nicht zu.

5.2 Temperaturverlauf

Die Temperatur an der Schneide hängt von vielen Einflüssen ab. Man kann sie in drei Einflußgruppen zusammenfassen.

1.) *Werkstück*
Werkstoffeigenschaften
Werkstücktemperatur
Werkstückform
Spanform

2.) *Werkzeug*
Schneidstoff
Schneidengeometrie
Verschleißzustand
Spanflächenrauheit

3.) *Schnittbedingungen*
Schnittgeschwindigkeit
Kühlung
Schmierung
Schnittiefe
Vorschub

Hier soll nur ein Diagramm nach Dawihl [26] die Abhängigkeit von der Schnittgeschwindigkeit v_c bei einigen Werkstoffen zeigen. In Bild A-58 sind die Meßergebnisse, die mit dem Einmeißelverfahren ermittelt wurden, wiedergegeben. Die Schneidentemperatur nimmt bei allen Werkstoffen mit der Schnittgeschwindigkeit parabelförmig zu. Gemessen wurden Betriebstemperaturen zwischen 200 °C und 800 °C. In einem mittleren (kritischen) Schnittgeschwindigkeitsbereich haben die Kurven einen unstetigen Verlauf. Er hängt wahrscheinlich mit der Bildung von Aufbauschneiden zusammen und trennt zwei unterschiedliche stabile Bereiche voneinander.

5.3 Temperaturfeld und Wärmebilanz

In Bild A-54 wurden an der Skizze einer Spanwurzel die wichtigsten Wärmequellen angegeben. Die entstehende Wärme wird über den Span, das Werkzeug und das Werkstück abgeführt. Bei Verwendung von Kühlmitteln wird ein Teil der Wärme auch über diese abgeleitet. Lössl [28] gibt an, daß etwa 60 % der entstehenden Wärme in den Spänen bleibt, 38 % auf das Werkstück und nur 2 % in das Werkzeug übergeht. Er zeigt gleichzeitig, daß diese Verhältnisse von der Temperatur abhängig sind, sich also auch mit der Schnittgeschwindigkeit ändern.
Trotz des geringen Wärmeanteils, der in das Werkzeug geleitet wird, entstehen hier die höchsten Temperaturen. Bild A-59 zeigt die Temperaturverteilung an der Schnittstelle beim Zerspanen von Stahl. Der Punkt höchster Temperatur ist auf der Spanfläche zu finden. Das Temperaturniveau im Werkzeug nimmt insgesamt ab, wenn die Wärmeeindringfähigkeit kleiner ist [28]. Da diese von der Wärmeleitfähigkeit und der Wärmekapazität abhängt, sind kleine Wärmeleitfähigkeit und kleine Wärmekapazität günstige Eigenschaften für den Schneidstoff.

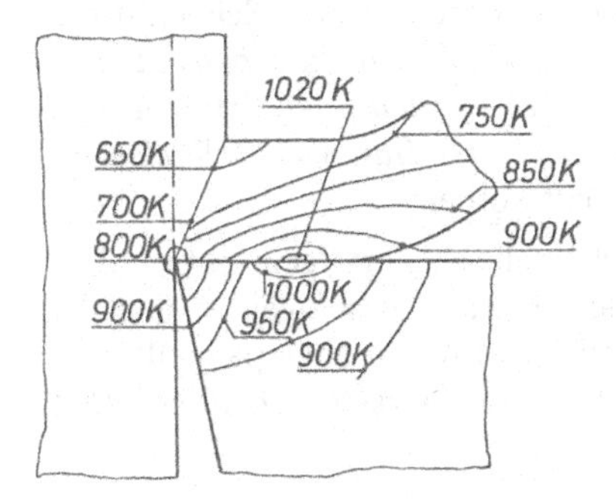

Bild A-59
Temperaturverteilung an Werkzeug und Span beim Drehen von Stahl mit einer Hartmetallschneide

5.4 Kühlschmierstoffe

Kühlschmierstoffe haben in der Zerspantechnik drei Aufgaben:

1.) die durch Reibung und Verformung entstehende *Wärme abzuführen*,
2.) Reibung durch *Schmierung* zu vermindern,
3.) den *Transport* der *Späne* zu unterstützen. Beim Drehen sind allein Kühlung und Schmierung wichtig, während beim Bohren und Fräsen auch der Spänetransport eine Rolle spielt.

Kühlschmierflüssigkeiten sollen *ungiftig, geruchfrei, hautverträglich, alterungsbeständig, druckfest* und problemlos *zu entsorgen* sein.

In DIN 51 385 werden im wesentlichen zwei Gruppen von Kühlschmierstoffen unterschieden, *nicht wassermischbare* und *wassermischbare.*

Nicht wassermischbare Kühlschmierstoffe sind meistens *Mineralöle* mit Zusätzen (Additiven), die die Druckfestigkeit verbessern sollen. Je schlechter sich der Werkstoff zerspanen läßt, desto größer muß der Anteil an Zusätzen sein.

Wassermischbare Kühlschmierstoffe werden zu *Öl in Wasser*-Emulsion, *Wasser in Öl*-Emulsion oder zu einer *Lösung* mit Wasser gemischt. Die besonders verbreitete „Bohrmilch" ist eine Emulsion von 2 bis 5 % Öl in Wasser. Bei besonderen Anforderungen an Korrosionsschutz und Schmierwirkung kann die Konzentration auch 10 % oder mehr betragen. Im Gebrauch verringert sich der Ölgehalt, da an den Werkstücken mehr Öl als Wasser haften bleibt. Die weiße Farbe entsteht durch Lichtreflexion an den 1 bis 10 µm großen Öltröpfchen. Je feiner die Verteilung ist, desto durchsichtiger wird die Mischung. *Additive* haben die Aufgabe, Schaumbildung, Alterung durch Oxidation, Faulprozesse und bakterielle Zersetzung zu verhindern.

Die Wirkung der Kühlschmierstoffe dient hauptsächlich der *Standzeitverlängerung*. Durch Verringerung der Schneidentemperatur verringert sich auch der Verschleiß. Die Neigung zur Aufbauschneidenbildung bei zähen Werkstoffen wird durch Schmierung verkleinert. Selbst an die unzugänglich erscheinenden Stellen zwischen Span und Spanfläche gelangen durch Kapillarwirkung schmierfähige Moleküle der Flüssigkeit. Die Temperaturverringerung kann auch zur *Leistungssteigerung* genutzt werden. Vorschub oder Schnittgeschwindigkeit können dann vergrößert werden.

Neben der Standzeitverlängerung ist die *Verbesserung* der *Oberflächengüte* eine willkommene Wirkung der Kühlschmiermittel. Sie ist hauptsächlich auf die Schmierwirkung zurückzuführen. Die verringerte Reibung zwischen Nebenfreifläche und fertiger Werkstückoberfläche vermindert die Deformation des Werkstoffgefüges.

Die *Zerspankräfte* werden ebenfalls kleiner. Durch Reibungsverringerung an Span- und Freifläche verkleinern sich die Reibungskraftanteile in den Zerspankräften. Der Leistungsbedarf wird kleiner.

Flüssige Kühlschmierstoffe dürfen jedoch nicht immer angewendet werden. Einige Schneidstoffe vertragen keine schroffe Abkühlung im arbeitsheißen Zustand. Die *Thermoschockbeständigkeit* beschreibt diese Empfindlichkeit. In ihr spielen *Wärmedehnung, Wärmeleitung* und Ertragbarkeit von *Zugspannungen* eine Rolle. *Oxidkeramik* darf *nicht* gekühlt werden. *Hartmetall* soll *reichlich* und *gleichmäßig* gekühlt werden. *Schnellarbeitsstahl muß* gekühlt werden.

Von der Art des bearbeiteten *Werkstoffs* muß die Kühlung ebenfalls abhängig gemacht werden. *Grauguß* bildet mit Flüssigkeiten eine schmierige Paste, die schwer zu beseitigen ist und die Führungsbahnen schädigen kann. Grauguß wird deshalb meistens trocken abgespant. *Wasserverträglichkeit, Korrosionsneigung, Quellung* und *Entzündbarkeit* des Werkstoffs muß beachtet werden.

6 Verschleiß und Standzeit

Temperatur und Zerspankraft rufen in Verbindung mit Verschleißvorgängen eine Abstumpfung der Schneide hervor, die dazu führt, daß diese nicht mehr arbeitsfähig ist und nachgeschliffen oder ausgewechselt werden muß. Verschleiß hat *verschiedene Ursachen*, die oft zusammen einwirken, und führt zu vielseitigen Abnutzungserscheinungen an der Schneide, den *Verschleißformen*.

6.1 Verschleißursachen

6.1.1 Reibungsverschleiß

Reibungsverschleiß ist die Folge der Berührung unter Druck und gleitender Bewegung. Diese ungünstigen Bedingungen stellen sich an zwei Stellen der Schneide ein, auf der Spanfläche, wo der Span unter der Normalkraft F_N abläuft und an der Freifläche unterhalb der Schneidkante (Bild A-60). Hier wirken Vorschubkraft F_f und die Werkstückgeschwindigkeit v_c zusammen. Verschleißfördernd wirkt die erhöhte Temperatur an diesen Stellen (Bild A-59), die den Verschleißwiderstand des Schneidstoffs herabsetzt.

Der zeitliche Verlauf der Verschleißzunahme ist in Bild A-61 dargestellt. Nach einer Einlaufphase, in der Grate, Spitzen und Rauheiten an der Schneide schnell abgerundet werden, kommt ein stabiler Bereich kleinerer Verschleißzunahme, der weitgehend ausgenutzt werden soll. Er geht schließlich in den Steilanstieg über, wobei das Ende der Standzeit erreicht ist. Die Einlaufphase kann bei reinen Hartmetallen dadurch abgeschnitten werden, daß mit einer feinen

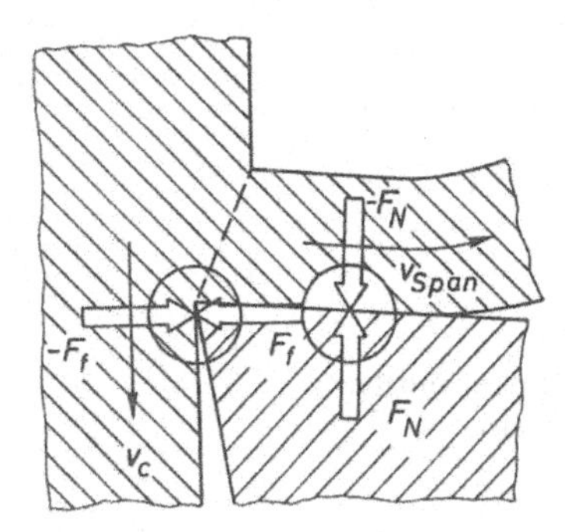

Bild A-60 Stellen mit Reibung an der Schneide
F_f Vorschubkraft
F_N Normalkraft
v_c Schnittgeschwindigkeit
v_{Span} Spangeschwindigkeit

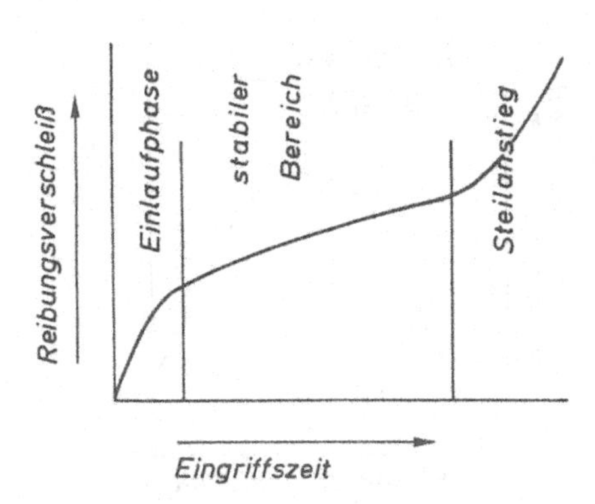

Bild A-61 Zunahme des Reibungsverschleißes mit der Zeitdauer des Eingriffs

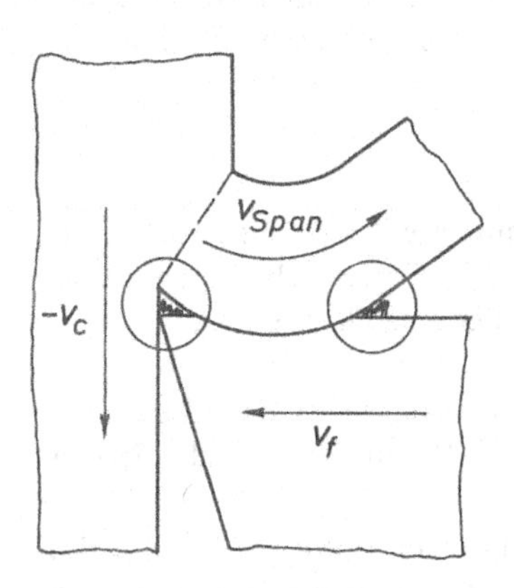

Bild A-62
Preßschweißverschleiß auf der Spanfläche

Diamantfeile die Schneidkante gerundet oder angefast wird. Reibungsverschleiß läßt sich verringern durch kleine Schnittgeschwindigkeit, niedrigere Temperatur, glatte Schneidenoberflächen, Schmierstoffe, die einen Film zwischen den Gleitpartnern bilden, und kleinere Zerspanungskräfte.

6.1.2 Preßschweißverschleiß

Durch gleichzeitiges Einwirken von Druck und Temperatur im Erweichungsbereich des Werkstoffs lagern sich Werkstoffteilchen fest auf der Spanfläche an (Bild A-62). Der abfließende Span reißt diese Aufschweißungen wieder ab. Dabei werden Teile des Schneidstoffs mitgenommen. Die verschlissene Schneidenoberfläche ist rauh aber ohne Riefen. Aufschweißungen auf der Schneidkante werden *Aufbauschneiden* genannt.

Bestimmte Werkstoffpaarungen begünstigen den Preßschweißverschleiß, andere sind nicht gefährdet. Beim Drehen von Stahl mit Schneiden aus Schnellarbeitsstahl ist eine starke Neigung zur Bildung von Aufbauschneiden zu beobachten. Bei der Bearbeitung von Stahl mit Hartmetall ist die Gefahr geringer, und an Keramik sind gar keine Aufbauschneiden zu finden.

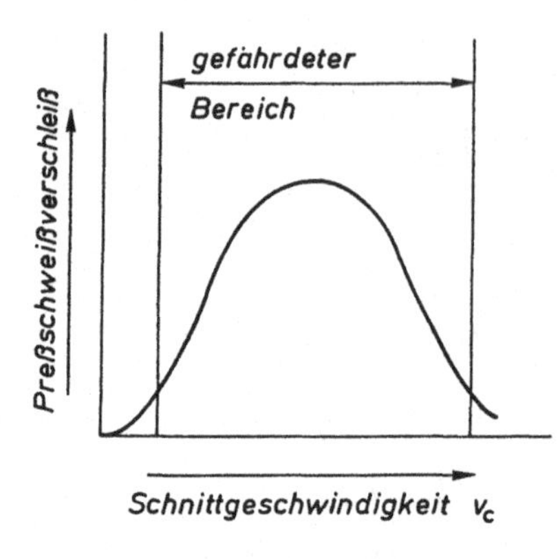

Bild A-63
Vom Preßschweißverschleiß gefährdeter Schnittgeschwindigkeitsbereich

Neben der Haftfähigkeit der Stoffe aufeinander spielen auch die Schnittgeschwindigkeit und die dabei erzielte Temperatur eine Rolle. Bei kleiner Schnittgeschwindigkeit ist die Temperatur noch so niedrig, daß der Werkstoff nicht erweicht. Bei großer Schnittgeschwindigkeit ist das Temperaturniveau so hoch, daß der aufgeschweißte Werkstoff infolge seiner geringen Festigkeit leicht vom Span mitgenommen werden kann, ohne den Schneidstoff anzugreifen. Nur in einem abgegrenzten Schnittgeschwindigkeitsbereich dazwischen kann also Preßschweißverschleiß auftreten (Bild A-63), meistens unterhalb $v_c = 30$ m/min.

6.1.3 Diffusionsverschleiß

Bei hohen Temperaturen können Atome bestimmter Elemente ihre festen Gitterplätze im Werkstoff oder Schneidstoff verlassen. Sie beginnen zu wandern. An Schnellarbeitsstahl ist die Diffusion als Verschleiß uninteressant, da die Erweichung viel früher eine Grenze setzt.
Bei Hartmetall sind drei Arten von Diffusion zu beobachten:

1.) Die *Kobalt-Diffusion*. Kobalt wandert aus der Schneidenoberfläche in den Stahl. Die Karbide im Hartmetall werden freigelegt und dem verstärkten Reibungsangriff des Spanes ausgesetzt.
2.) Bei kleineren Spangeschwindigkeiten kann der Werkstoff Stahl derart auf die *Karbide* des Hartmetalls (besonders TiC) einwirken, daß diese sich auflösen und vom Span mitgenommen werden.
3.) Bei der Bearbeitung von Gußeisen mit großer Schnittgeschwindigkeit beginnt eine *Eisen-* und *Kohlenstoffdiffusion* vom Werkstoff in das Hartmetall. Auch dabei werden die Karbide (besonders wieder TiC) aufgelöst.

Typisch für Diffusionsverschleiß an Hartmetallen ist die *Auskolkung* auf der Spanfläche, wo die höchsten Temperaturen sind.

Auf Diffusion wird ebenfalls die Zersetzung von *Diamantschneiden* bei der Bearbeitung von Eisenwerkstoffen zurückgeführt. Der Kohlenstoff löst sich dabei aus den festen Gitterplätzen im Diamant, wandert in den Werkstoff und hinterläßt an der Schneide Fehlstellen (Verschleiß).

6.1.4 Verformung der Schneidkante

Die mechanische Beanspruchung der Schneidkante durch den Werkstoff unter Druck führt besonders bei frisch geschliffenen Werkzeugen fast sofort zu einer *Abrundung*. Der Schneidstoff wird dabei verformt. Anfällig für diese Verschleißart sind Schnellarbeitsstahl und Hartmetall mit großem Titankarbid-Anteil, also die P-Sorten.

6.2 Verschleißformen

6.2.1 Freiflächenverschleiß

Der Freiflächenverschleiß wird hauptsächlich durch Reibung an der Kante der Haupt- und Nebenschneide verursacht. Er hinterläßt eine sichtbare Marke der Breite *VB* mit senkrechten Verschleißriefen (Bild A-64). Diese ***Verschleißmarkenbreite*** läßt sich mit einer Meßlupe an der Werkzeugschneide ausmessen. Einige Richtwerte für zulässige Verschleißmarken sind in Tabelle A-16 aufgeführt. Der ***Schneidenversatz SV*** ist der Betrag, um den ein Werkzeug nachgestellt werden muß, wenn es mit Verschleiß das gleiche Maß erreichen soll wie vorher mit unbenutzer Schneide. Der Schneidenversatz kann folgendermaßen berechnet werden:

$$SV = \frac{VB \cdot \tan\alpha}{1 - \tan\alpha \cdot \tan\gamma} \qquad \text{(A-25)}$$

6.2.2 Kolkverschleiß

Der Kolkverschleiß zeigt sich in einer muldenförmigen Aushöhlung der Spanfläche (Bild A-65). Er wird durch das Zusammenwirken von Reibung und Diffusion verursacht. Er verändert die Spanablaufrichtung wie eine Änderung des Spanwinkels γ. Zur Beurteilung der Verschleißgröße wird das *Kolkverhältnis*

$$K = \frac{KT}{KM}$$

herangezogen. Bereits kleine Kolkverhältnisse K können die Stabilität der Schneide beträchtlich verringern. Als zulässige Grenze sollte der Wert $K = 0{,}4$ nicht überschritten werden.

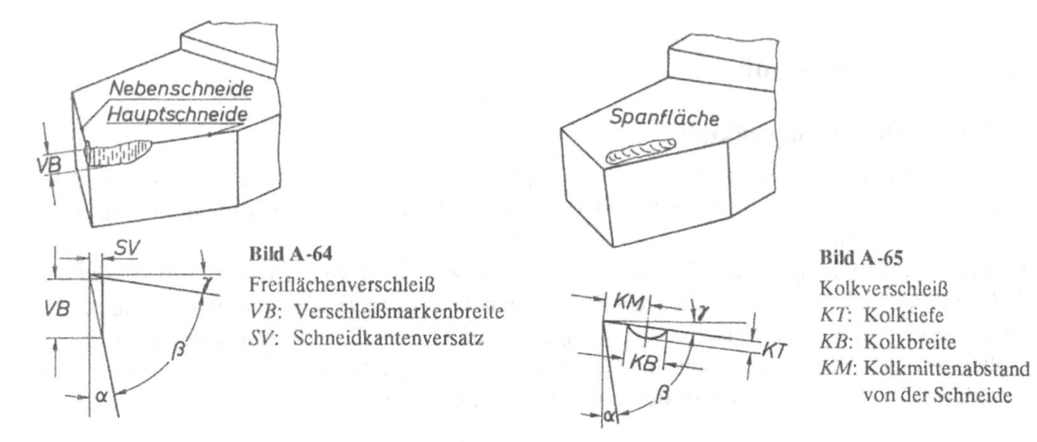

Bild A-64
Freiflächenverschleiß
VB: Verschleißmarkenbreite
SV: Schneidkantenversatz

Bild A-65
Kolkverschleiß
KT: Kolktiefe
KB: Kolkbreite
KM: Kolkmittenabstand von der Schneide

Tabelle A-16: Grobe Richtwerte für zulässige Verschleißmarkenbreiten

Bearbeitungsweise	Zulässige Verschleißmarkenbreite *VB* mm
Schruppdrehen großer Werkstücke	1,0...1,5
Schruppdrehen kleiner Werkstücke	0,8...1,0
übliches Kopierdrehen	0,8
Feinbearbeitung	0,1...0,2
Schlichtdrehen	0,2...0,3

6.2.3 Weitere Verschleißformen

Gleichmäßiger *Spanflächenverschleiß* beginnt an der Schneidkante und erzeugt eine ähnliche Verschleißmarke wie der Freiflächenverschleiß (Bild A-66).
Wenn bei langsam arbeitenden Schneiden Spanflächen- und Freiflächenverschleiß gleichzeitig einsetzen, kommt es auch zu verstärkter *Kantenabrundung*.
Eckenverschleiß ist die Abnutzung der Schneidenecke dadurch, daß sich der Freiflächenverschleiß von Haupt- und Nebenschneide überlagern und verstärken.
Beim Drehen seltener zu beobachten sind *Kammrisse*, die als Thermospannungsrisse bei unterbrochenem Schnitt entstehen können. Sie gehen von der Schneidkante aus und erstrecken sich in das Innere des Schneidkeils. Zahl und Länge der Risse sind auch ein Standzeitkriterium.

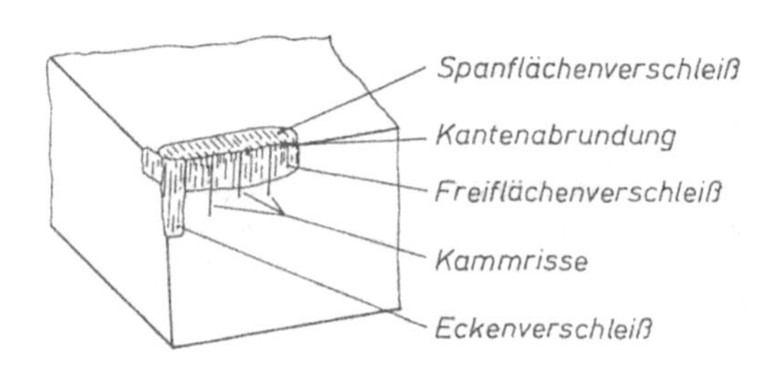

Bild A-66 Verschiedene Verschleißformen an einer Drehmeißelschneide

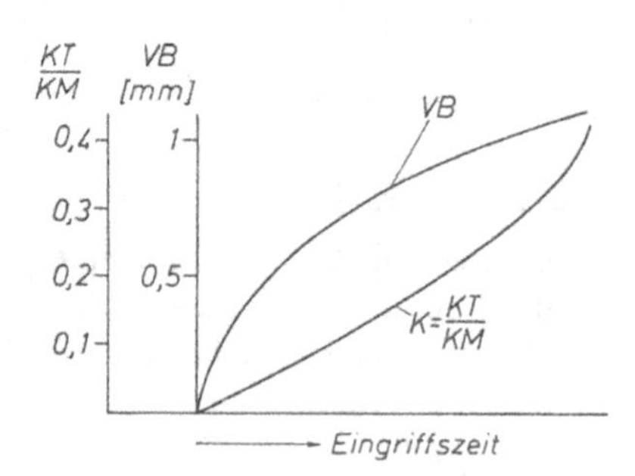

Bild A-67 Verlauf von Kolkverhältnis und Verschleißmarkenbreite beim Drehen von unlegiertem Stahl mit Hartmetall

6.3 Verschleißverlauf

6.3.1 Einfluß der Eingriffszeit

Mit der Eingriffszeit der Schneide nimmt der begonnene Verschleiß weiter zu. Verfolgt man die *Verschleißmarkenbreite*, kann nach Bild A-61 nach der Einlaufphase ein *geringeres Wachstum* beobachtet werden.
Bei der Kolkentstehung ist der Verlauf anders. Zuerst gibt es ein *gleichmäßiges Anwachsen* des *Kolkverhältnisses* bis zu einem kritischen Punkt, bei dem es dann verstärkt zunimmt (Bild A-67).
Nicht immer treten beide Verschleißarten zugleich auf. Dann fällt die Entscheidung für das zu wählende Standzeitkriterium leicht. Im anderen Fall muß diejenige Verschleißform als Kriterium gewählt werden, die das Werkzeug am schnellsten zum Erliegen bringt.

6.3.2 Einfluß der Schnittgeschwindigkeit

Die Schnittgeschwindigkeit bestimmt das *Temperaturbild* an der Schneide und hat dadurch einen Einfluß auf die *Verschleißursachen*, die wirksam werden. Wie diese Verschleißquellen sich auf bestimmte Schnittgeschwindigkeitsbereiche verteilen, kann Bild A-68 entnommen werden. Deutlich zu erkennen ist, daß der Gesamtverschleiß mit der Schnittgeschwindigkeit verstärkt zunimmt.

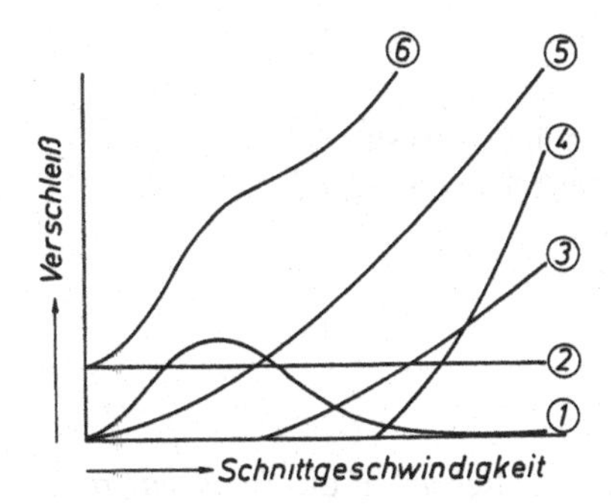

Bild A-68
Beeinflussung der Verschleißursachen durch die Schnittgeschwindigkeit
1 Preßschweißverschleiß
2 Verformung der Schneidkante
3 Verzunderungsverschleiß
4 Diffusionsverschleiß
5 Reibungsverschleiß
6 Überlagerung aller Verschleißarten

6.4 Standzeit

6.4.1 Definitionen

Standzeit ist die Schnittzeit, die ein Werkzeug in Eingriff bleiben kann, bis es nachgeschliffen oder seine Schneide gewechselt werden muß. Das Standzeitende ist am Standzeitkriterium, z.B. der Verschleißmarkenbreite oder dem Kolkverhältnis, das eine festgelegte Größe nicht überschreiten darf, zu erkennen.

Standweg L_f ist der gesamte Vorschubweg l_f, den eine Schneide oder bei mehrschneidigen Werkzeugen alle Schneiden zusammen während der Standzeit T zurücklegen. Er hängt mit der Standzeit und der Vorschubgeschwindigkeit v_f zusammen.

$$L_f = T \cdot v_f \tag{A-26}$$

$$L_f = T \cdot n \cdot f_z \cdot z \tag{A-27}$$

v_f Vorschubgeschwindigkeit
n Drehzahl
f_z Vorschub je Schneide und Werkstückumdrehung
z Zahl der Schneiden

Standmenge ist die Anzahl der Werkstücke N, die in einer Standzeit bearbeitet werden kann.

$$N = T/t_h \tag{A-28}$$

Hier ist t_h die Zeit, die die Schneide bei einem Werkstück in Eingriff ist, die Hauptschnittzeit.
Standvolumen ist das Werkstoffvolumen V_T, das von der Schneide während der Standzeit T zerspant wird.

$$V_T = A \cdot v_c \cdot T \tag{A-29}$$

A ist darin der Spanungsquerschnitt (Bild A-40)

Alle aufgezählten Definitionen sind unmittelbar mit der Standzeit T verknüpft. Diese ist die Hauptkenngröße, die beim Drehen am häufigsten dargestellt wird. Sie hängt von vielen Faktoren ab:

Art und Festigkeit des zerspanten Werkstoffs,
Form, Einspannung und erforderliche Oberflächengüte des Werkstücks,
Art des Schneidstoffs,

Form und Schliffgüte der Schneide,
Einspannung des Werkzeugs,
Schwingungsverhalten von Werkzeugmaschine, Werkzeug und Werkstück,
Größe und Form des Spanungsquerschnitts, besonders der Spanungsdicke h,
Art, Menge und Zuführung des Schneidmittels,
Auswahl des Standzeitkriteriums,
Schnittgeschwindigkeit.

6.4.2 Einfluß der Schnittgeschwindigkeit

Wie Bild A-68 schon andeutet, ist der Einfluß der *Schnittgeschwindigkeit* auf die *Standzeit* groß. Bild A-69 zeigt, daß mit zunehmender Schnittgeschwindigkeit die Standzeit schnell kleiner wird. Ausgenommen von der Betrachtung ist der Bereich kleiner Schnittgeschwindigkeiten, in dem der Verlauf infolge Aufbauschneidenbildung unregelmäßig ist. Bei der Anwendung logarithmisch geteilter Koordinaten wird die T-v-Kurve mit ausreichender Genauigkeit als *Gerade* erscheinen (Bild A-70), deren *Steigung* $\tan \alpha = -\tan \alpha' = -a_1\,(\text{mm})/a_2\,(\text{mm}) = c_2$ als wichtiges Kennzeichen für die „Anfälligkeit" des betreffenden Schneidstoffs gegen Veränderung der Schnittgeschwindigkeit v_c anzusehen ist.
Wenn für einen Zerspanvorgang ein Wertepaar, z.B. T_1 und v_{c1} bekannt ist[1], kann mit Hilfe der Steigung der T-v-Geraden für eine beliebige Schnittgeschwindigkeit v_c innerhalb des geradlinigen Bereichs die dazugehörige Standzeit T errechnet werden. Die Beziehungen ergeben sich entsprechend Bild A-70 wie folgt:

$$\frac{\log T - \log T_1}{\log v_{c1} - \log v_c} = \tan \alpha' = -c_2$$

$$\log T - \log T_1 = -c_2 (\log v_{c1} - \log v_c)$$

$$\frac{T}{T_1} = \left(\frac{v_{c1}}{v_c}\right)^{-c_2}$$

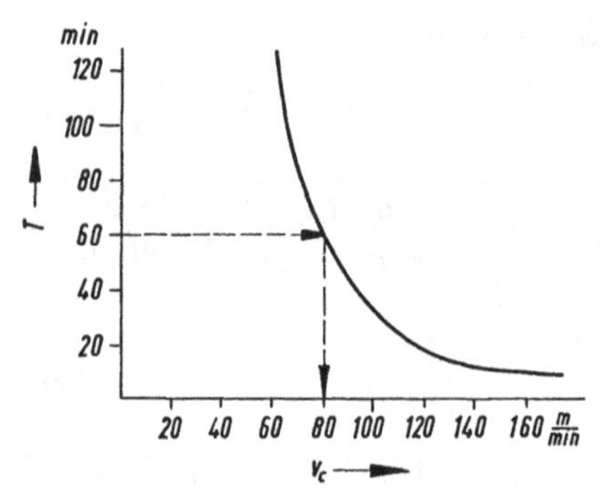

Bild A-69 Standzeit-Schnittgeschwindigkeits-Beziehung (T-v-Kurve) in arithmetischer Teilung

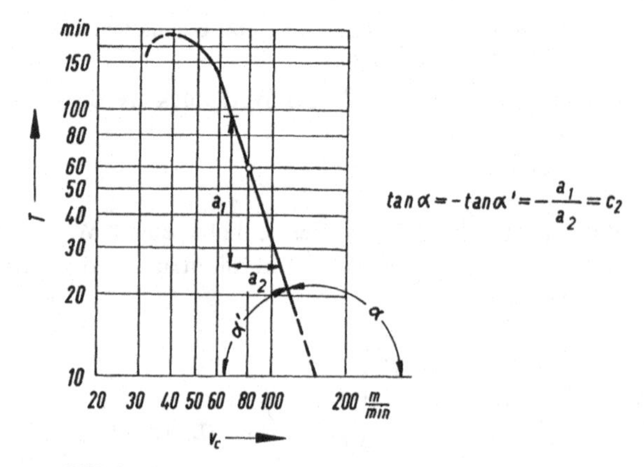

Bild A-70 T-v-Gerade in doppeltlogarithmischer Darstellung (Taylorsche Gerade)

[1] v_{c1} wird dann auch als v_{cT1} (z.B. $T_1 = 15$ min: $v_{c1} = v_{cT15}$) bezeichnet.

Tabelle A-17: Grobe Richtwerte für die Steigungsgröße $c_2 = \tan \alpha = -\frac{a_1}{a_2}$

Werkstoff	Schneidstoff	Steigungsgröße c_2	
		Bereich	Gesamtrichtwert
Stahl und Stahlguß	Schneidkeramik Hartmetall Schnellarbeitsstahl	−4 ... −3 −5 ... −2,5 −9 ... −5	−3 −3 −7
Gußeisen	Hartmetall	−3,5	−3,5
Legierung auf Cu-Basis	Hartmetall	−3,5 ... −3	−3
Leichtmetall-Legierungen	Hartmetall	−2,5	−2,5

$$T = T_1 \left(\frac{v_{c1}}{v_c} \right)^{-c_2} \quad \text{(A-30)}$$

$$T = T_1 \cdot v_{c1}^{-c_2} \cdot v_c^{c_2} = c_1 \cdot v_c^{c_2} \quad \text{(Gesetz von Taylor, 1907)} \quad \text{(A-30a)}$$

$c_1 = T_1 \cdot v_{c1}^{-c_2}$ (Konstante)

Beachte:

$c_2 = -\frac{a_1}{a_2}$, also ein negativer Wert!

Die Steigung der T-v-Geraden, im doppellogarithmischen System wird in der Hauptsache durch die Paarung Schneidstoff-Werkstoff bestimmt. Einige Richtwerte für den Steigungswert c_2 sind in Tabelle A-17 angegeben.
Jede Veränderung der Standbedingungen, die eine Änderung der Spanpressung, der Spangeschwindigkeit oder des Reibverhaltens zur Folge hat, z.B. anderer Werkstoff, anderer Schneidstoff, andere Schneidenform, andere Spanungsdicke u.a., zieht eine Änderung der T-v-Geraden (Verschiebung oder Drehung) nach sich.
Die T-v-Gerade im doppeltlogarithmischen System kann durch Versuche ermittelt werden; bei verschleißbeanspruchten Werkzeugen (Hartmetall oder Schneidkeramik) dadurch, daß die Verschleißmarkenbreite VB jeweils bei verschiedenen Schnittgeschwindigkeiten v in verschiedenen Zeitintervallen gemessen und in Abhängigkeit von der reinen Schnittzeit aufgetragen wird (Bild A-71 links). Durch Festlegen der zulässigen Verschleißmarkenbreite VB_{zul} ist dann für die jeweilige Schnittgeschwindigkeit die dazugehörige Standzeit abzulesen. Aus den zusammengehörigen Werten für Schnittgeschwindigkeit v_c und Standzeit T kann so die T-v-Gerade aufgezeichnet werden (Bild A-71 rechts).

6.4.3 Weitere Einflüsse

Nach *Gilbert* können in die Taylorsche Gleichung (A-30a) als *weitere Einflüsse* die *Spanungsdicke* h und die *Spanungsbreite* b durch Zusätze mit neuen Exponenten aufgenommen werden.

$$T = c_1 \cdot v_c^{c_2} \cdot h^{c_3} \cdot b^{c_4} \quad \text{(A-31)}$$

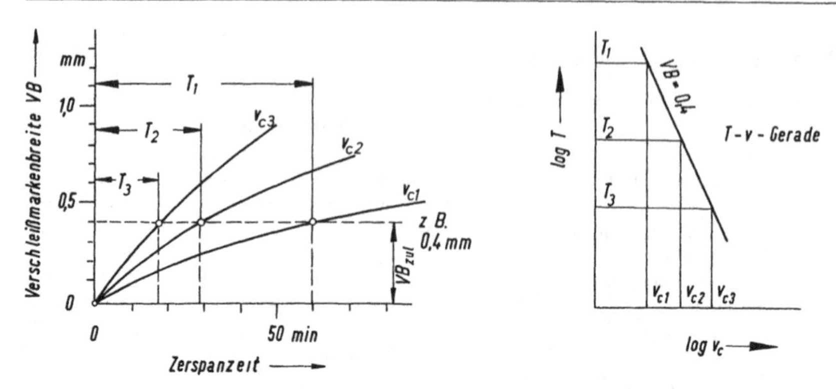

Bild A-71 Aufzeichnen der T-v-Geraden im doppeltlogarithmischen System aus Messungen der Verschleißmarkenbreite VB. (log T bzw. log v_c bedeuten: T bzw. v_c sind auf logarithmischen Koordinaten aufgetragen, wie in Bild A-70)

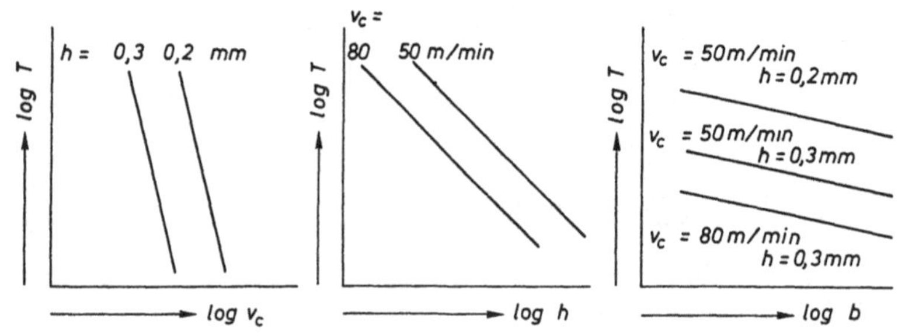

Bild A-72 Darstellung des Einflusses von Schnittgeschwindigkeit v_c, Spanungsdicke h und Spanungsbreite b auf die Standzeit T in logarithmischer Auftragung

Die durch Messungen gefundenen Gesetzmäßigkeiten, daß die Standzeit

1.) mit zunehmender *Spanungsdicke h* kürzer wird,

2.) mit zunehmender *Spanungsbreite b* auch noch geringfügig abnimmt,

führen ebenfalls zu negativen, wenn auch im Betrag kleineren Neigungswerten c_3 und c_4. Die zeichnerische Darstellung aller Einflüsse ist in einem Bild nicht mehr möglich. Hilfsweise ist sie in Bild A-72 auf drei Diagramme verteilt. Für viele betriebliche Untersuchungen genügt das Feststellen der Standmenge N, der Einfluß der Spanungsbreite wird gern vernachlässigt, da er sehr klein ist (c_4 gegen Null), statt der Spanungsdicke wird auch der *Vorschub f* gewählt, der mit h unmittelbar zusammenhängt, und die Darstellung der Untersuchungsergebnisse erscheint auch in der Form von *Schnittgeschwindigkeits-Vorschub-Feldern* (Bild A-73). Wenn logarithmisch geteilte Koordinaten verwendet werden, sind wieder geradlinige Zusammenhänge zu erwarten. Die

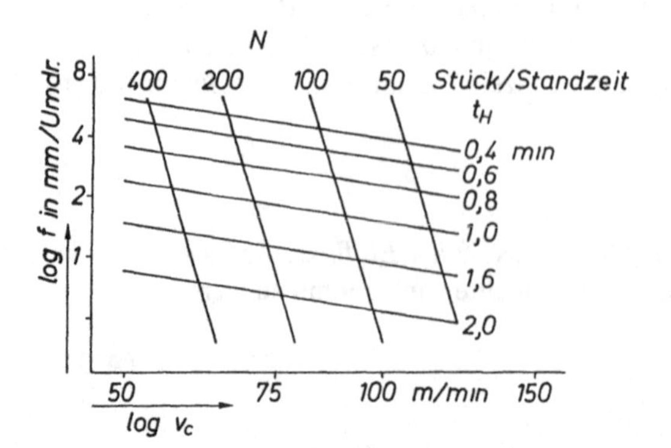

Bild A-73

Beispiel eines v-f-Diagrammes in doppelt-logarithmischer Darstellung

Linien gleicher Standmenge erscheinen als Geraden. Überlagert werden können Kurven gleicher Hauptschnittzeit t_H. Diese Diagramme sind für Optimierungsaufgaben gut zu verwenden, da zu jeder Schnittwerteinstellung Standzahl und Hauptschnittzeit abgelesen werden können.

7 Leistung und Spanungsvolumen

7.1 Leistungsberechnung

Die Leistung errechnet sich nach mechanischen Grundgesetzen aus der *Geschwindigkeit* der Bewegung und der in gleicher Richtung wirkenden *Kraft*. Man kann sie in jeder Raumrichtung getrennt angeben. So erhält man in Schnittrichtung die *Schnittleistung* P_c, in Vorschubrichtung die *Vorschubleistung* P_f und in Wirkrichtung die *Wirkleistung* P_e (Bild A-41)

Schnittleistung
$$P_c = F_c \cdot v_c \quad \text{(A-32)}$$

Vorschubleistung
$$P_f = F_f \cdot v_f \quad \text{(A-33)}$$

Wirkleistung
$$P_e = F_e \cdot v_e = F_c \cdot v_c + F_f \cdot v_f \quad \text{(A-34)}$$

Da die Vorschubgeschwindigkeit v_f meist viel kleiner als die Schnittgeschwindigkeit v_c ist, kann die Vorschubleistung P_f in vielen Fällen vernachlässigt werden, so daß als Grundlage für die Bestimmung der notwendigen Leistung für das Betriebsmittel die Schnittleistung $P_c = F_c \cdot v_c$ benutzt werden kann. Die insgesamt vorzusehende Leistung des Betriebsmittels errechnet sich dann wie folgt:

$$P = P_c \cdot \frac{1}{\eta} = F_c \cdot v_c \cdot \frac{1}{\eta} \quad \text{(A-35)}$$

Für die Schnittkraft F_c und die Schnittgeschwindigkeit v_c sind die höchsten auftretenden Werte einzusetzen. η ist der *mechanische Wirkungsgrad* des gesamten Betriebsmittels, dessen Größe von der Belastung des Betriebsmittels abhängt.

7.2 Spanungsvolumen

Das *Spanungsvolumen V* ist das vom Werkstück abzuspanende Werkstoffvolumen. Es kann auf einen Schnitt (Hub oder Umdrehung), einen Arbeitsschritt, einen Arbeitsgang, auf die Zeiteinheit, auf die Schnittleistung oder auf das Werkstück bezogen werden.

7.2.1 Zeitspanungsvolumen

Das *Zeitspanungsvolumen Q* ist das pro *Zeiteinheit* (min oder s) abzuspanende Werkstoffvolumen. Es läßt sich aus dem Spanungsquerschnitt $A = f \cdot a_p$ und der mittleren Schnittgeschwindigkeit v_{cm} berechnen.

$$Q = A \cdot v_{cm} \quad \text{(A-36)}$$

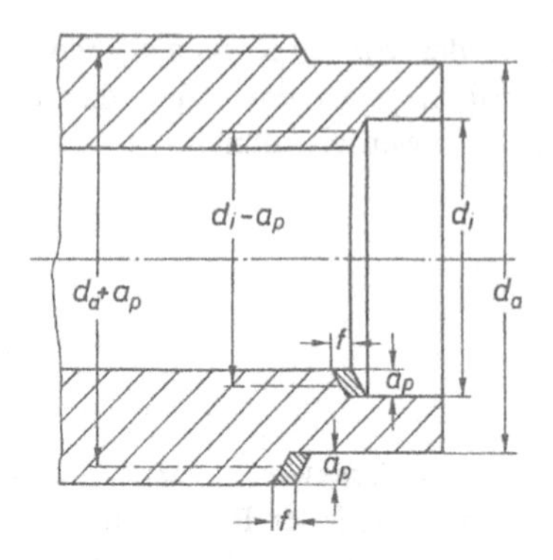

Bild A-74

Spanungsquerschnitt und Durchmesserangaben für die Berechnung des Zeitspanungsvolumens beim Innen- und Außendrehen

Nach Bild A-74 gilt für das Außendrehen

$$v_{cma} = \pi\,(d_a + a_p) \cdot n$$

$$Q_a = A \cdot v_{cma} = f \cdot a_p \cdot \pi\,(d_a + a_p) \cdot n$$

und für das Innendrehen

$$v_{cmi} = \pi\,(d_i - a_p) \cdot n$$

$$Q_i = A \cdot v_{cmi} = f \cdot a_p \cdot \pi\,(d_i - a_p) \cdot n$$

Wird statt d_i und d_a der Durchmesser des fertig bearbeiteten Werkstücks d eingesetzt, entsteht die allgemeingültige Gleichung

$$Q = a_p \cdot f \cdot \pi \cdot (d \pm a_p) \cdot n \qquad \text{(A-37)}$$

+ für das Außendrehen
– fur das Innendrehen

7.2.2 Leistungsbezogenes Zeitspanungsvolumen

Das leistungsbezogene Zeitspanungsvolumen Q_p wird auch als spezifisches Zerspanvolumen bezeichnet. Es steht in fester Beziehung zur *spezifischen Schnittkraft* k_c, wie sich aus folgender Ableitung ergibt:

$$Q_p = \frac{Q}{P_c} = \frac{A \cdot v_c}{P_c} \qquad \text{(A-38)}$$

Mit Gleichung (A-32) $P_c = F_c \cdot v_c$ wird

$$Q_p = \frac{A \cdot v_c}{F_c \cdot v_c} = \frac{A \cdot v_c}{k_c \cdot A \cdot v_c} = \frac{1}{k_c}$$

Damit läßt sich die Größe des leistungsbezogenen Zeitspanungsvolumens Q_p aus der spezifischen Schnittkraft berechnen und umgekehrt. Das leistungsbezogene Zeitspanungsvolumen (bezogen auf die an der Schneide verfügbare Leistung) ist also nicht von der Güte der Werkzeugmaschine abhängig, sondern lediglich von der für den vorliegenden Zerspanvorgang zutreffenden spezifischen Schnittkraft k_c.

7.2.3 Spanungsvolumen je Werkstück

Das Spanungsvolumen je Werkstück ist die Werkstoffmenge, die von einem Werkstück bei der Bearbeitung abgetragen wird. Sie hängt von den *geometrischen Abmessungen* und dem *Aufmaß* ab. Nach Bild A-75 gilt für das Längsdrehen

$$V_W \approx \pi \cdot d \cdot a_p \cdot l_f \qquad \text{(A-39)}$$

und für das Querdrehen

$$V_W = \pi/4\,(d_a^2 - d_i^2)\,a_p \qquad \text{(A-40)}$$

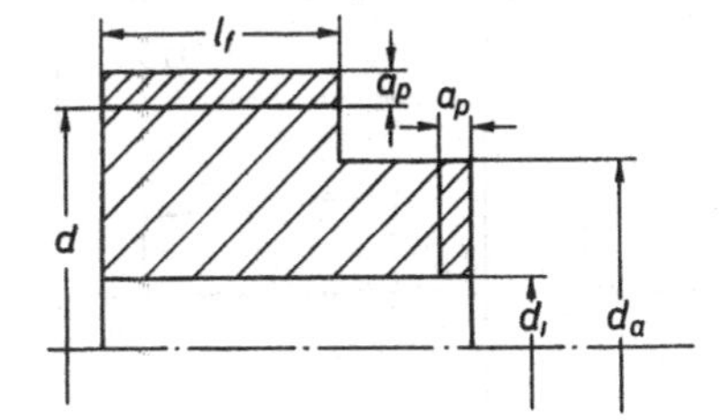

Bild A-75
Spanungsvolumen je Werkstück
a_p Aufmaß
l_f Werkstücklänge
d, d_i, d_a Werkstückdurchmesser

8 Wahl wirtschaftlicher Schnittgrößen

Für die praktische Durchführung von Zerspanvorgängen müssen neben dem geeigneten Schneidstoff und den zweckmäßigen Werkzeugwinkeln die Werte der innerhalb gewisser Grenzen veränderlichen Schnittgrößen a_p, f und v_c festgelegt werden. Die Entscheidung wird dabei hauptsächlich von *Wirtschaftlichkeits-*, d.h. *Kostenüberlegungen*, bestimmt.

8.1 Einfluß der Schnittgrößen auf Kräfte, Verschleiß und Leistungsbedarf

Um wirtschaftlich günstige Einstellungen zu finden, können alle Möglichkeiten untersucht werden, die zu einem größeren Zeitspanungsvolumen führen. Nach Gleichung (A-36) gilt vereinfacht

$$Q = A \cdot v_c$$

und mit

$$A = a_p \cdot f$$

$$Q = a_p \cdot f \cdot v_c \qquad \text{(A-41)}$$

Danach wird ein größeres Zeitspanungsvolumen durch Vergrößerung der einzelnen Faktoren a_p, f oder v_c erzielt. Tabelle A-18 zeigt, wie sich jeweils durch Verdoppelung dieser drei Faktoren Schnittkraft, Temperatur an der Schneide, Verschleiß, spezifische Schnittkraft und Leistung verändern.

Bei Vergrößerung der *Schnittiefe* fällt die Zunahme von Schnittkraft und Leistung besonders auf. Werkzeug und Maschine werden stärker belastet oder geraten an ihre Belastungsgrenze. Wenn auf stärkere Maschinen verlagert werden muß, nehmen die Maschinenkosten sprunghaft zu.

Bei Vergrößerung des *Vorschubs* ist der Belastungsanstieg weniger stark. Dafür nimmt der Verschleiß zu. Bei der Vergrößerung der *Schnittgeschwindigkeit* ist der unverhältnismäßig große

Tabelle A-18: Veränderungstendenzen der wichtigsten Beanspruchungseinflüsse bei unterschiedlicher Erhöhungsweise des Zeitspanungsvolumens Q

Vergrößerung des Zeitspanungsvolumens durch: / Beanspruchungs-Einflüsse:	Vergrößerung der Schnittiefe a_p b, b f = const v_c = const	Vergrößerung des Vorschubs f h, h a_p = const v_c = const	Vergrößerung der Schnittgeschwindigkeit v_c $2 x v_c$ f = const a_p = const
1. Schnittkraft F_c	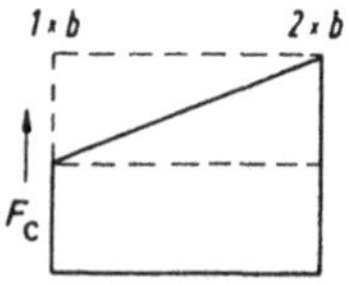 $1 \times b$ $2 \times b$ F_c	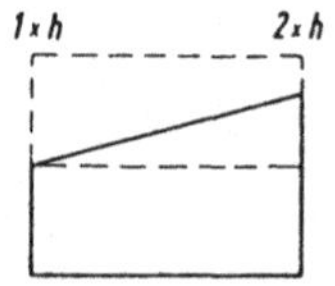 $1 \times h$ $2 \times h$	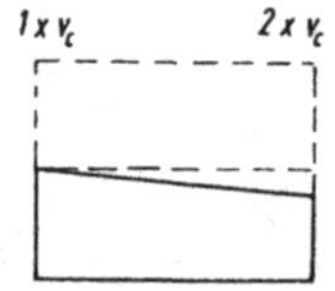 $1 x v_c$ $2 x v_c$
2. Temperatur ϑ an der Schneide	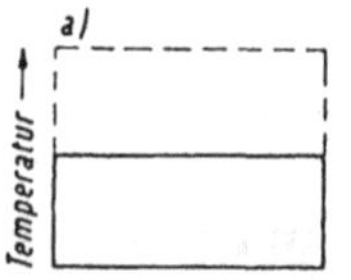 a) Temperatur	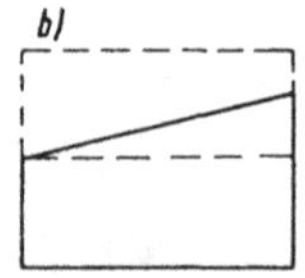 b)	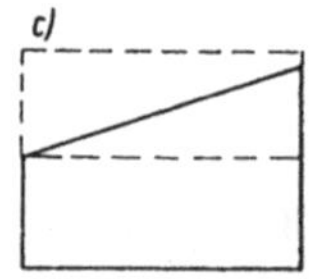 c)
3. Spezifischer Verschleiß z.B. je mm Schneidenlänge	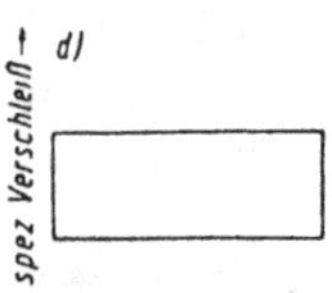 d) spez Verschleiß	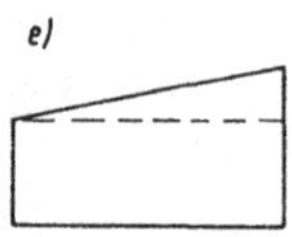 e)	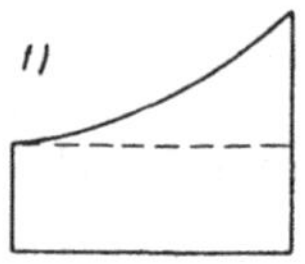 f)
4. Spezifische Schnittkraft k_c $k_c = \frac{F_c}{A}$	 k_c	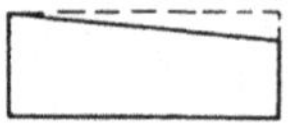	
5. Schnittleistung $P_c = F_c \cdot v_c$	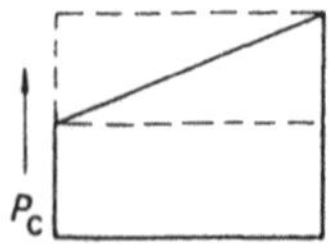 P_c	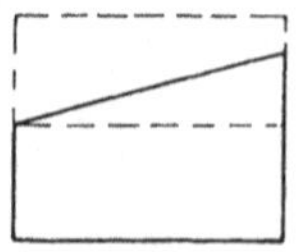	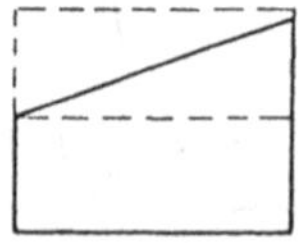

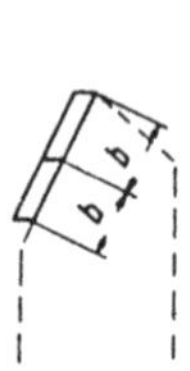

Erläuterungen zu den Darstellungen a) bis f) der Tabelle A-18:

a) Der entstehenden doppelten Wärmemenge steht eine doppelte Berührungslänge für die Wärmeableitung gegenüber;
b) Wärmemenge weniger als proportional vergrößert bei unveränderter Berührungslänge;
c) Wärmemenge etwa proportional vergrößert bei unveränderter Berührungslänge;
d) Pressung und Spangeschwindigkeit unverändert;
e) Pressung weniger als proportional vergrößert bei gleicher Spangeschwindigkeit;
f) Pressung etwa unverändert, jedoch etwa doppelte Spangeschwindigkeit bei erhöhter Temperatur an der Schneide.

Verschleißanstieg besonders auffallend. Das muß auch einen Anstieg der Werkzeugkosten nach sich ziehen. Die Leistungszunahme wird allein von der Drehzahlvergrößerung gefordert. Hier stoßen ältere Maschinen am häufigsten an ihre Grenzen.
Wie sich die Maßnahmen zur Vergrößerung des Zeitspanungsvolumens endgültig auswirken und ob sie sich lohnen, zeigt nur eine Berechnung der Fertigungskosten.

8.2 Berechnung der Fertigungskosten

Die Fertigungskosten eines gedrehten Werkstücks setzen sich aus den *Maschinenkosten*, den *Lohnkosten* und den *Werkzeugkosten* zusammen.

$$K_F = K_M + K_L + K_W \tag{A-42}$$

8.2.1 Maschinenkosten

Zu den Maschinenkosten zählen *Beschaffungskosten, Wartungs-* und *Reparaturkosten, kalkulatorische Zinsen*, Kosten für *Energie* und *Kühlschmiermittel* sowie die anteiligen *Raumkosten*.

$$K_M = K_{bB} + K_{bW} + K_{bZ} + K_{bE} + K_{bR} \tag{A-43}$$

Die *Beschaffungskosten* enthalten Kaufpreis, Transport und Aufstellung ohne Mehrwertsteuer. Sie werden in einer vorgegebenen *Amortisationszeit* abgeschrieben. Die Amortisationszeit t_L ist kürzer als die wirkliche Lebensdauer. Sie deckt nur einen Zeitraum ab, in dem das Betriebsmittel wirtschaftlich genutzt werden kann.
Kosten für *Reparatur* und *Wartung* müssen geschätzt werden. Im ersten Jahr nach der Anschaffung kann mit Garantieleistungen gerechnet werden. Danach nehmen sie mit dem Abnutzungsgrad der Maschine zu. Ein Prozentansatz zu den Beschaffungskosten vereinfacht die Kalkulation: $K_{BW} = p$ % von K_{bB}.
Kalkulatorische Zinsen sind auf den momentanen Wert des Betriebsmittels, also auf den noch nicht abgeschriebenen Teil anzusetzen. Eine rechnerische Mittelwertbildung berücksichtigt den halben Beschaffungswert mit dem vollen Zinssatz q

$$K_{bZ} = 0{,}5 \cdot K_{bB} \cdot q/100$$

Die *Betriebskosten* umfassen den Aufwand für Antriebsenergie, Licht und Kühlsohmierstoff.
Anteilige *Raumkosten* für Aufstellfläche, Lagerfläche, Bedienfläche und Verkehrsfläche sind mit dem relativ hohen Mietsatz für Industrieräume zu berechnen. Bezieht man alle maschinengebundenen Kosten auf eine Stunde, entsteht der *kalulatorische Maschinenstundensatz* in DM/h

$$k_M = \frac{K_{bB}}{t_L} + k_{bW} + k_{bZ} + k_{bE} + k_{bR} \tag{A-44}$$

8.2.2 Lohnkosten

Lohnkosten berücksichtigen Löhne für den *Einrichter*, der die Maschine rüstet und Wendeschneidplatten wechselt, den *Maschinenbediener*, der die Werkstücke einlegt und herausnimmt, und *Restgemeinkosten r*

$$k_L = L_m \cdot \frac{t_{rB} + t_a}{t_{bB}} \cdot (1 + r) \tag{A-45}$$

Für den Stundenlohn L_m kann aus Lohntabellen ein Mittelwert genommen werden. Die *Rüstzeit*

$$t_{rB} = t_{rBM} + t_{rBW} + t_{rBV} \tag{A-46}$$

setzt sich aus der *Vorbereitungszeit* für die Maschine und den *Werkzeugwechselzeiten*

$$t_{rBW} = t_w \cdot m \cdot \frac{t_h}{T} \tag{A-47}$$

sowie einer *Rüstverteilzeit* für eine Serienfertigung mit der Stückzahl m zusammen. In die *Werkzeugwechselzeiten* gehen Einzelwechselzeit t_w und Anzahl der Werkzeugwechsel $m \cdot t_h/T$ mit der Standzeit T eines Werkzeugs ein.
Die *Arbeitszeit* t_a eines Maschinenbedieners kann bei Mehrmaschinenbedienung oder bei automatisierten Maschinen anteilig verkleinert werden.
Die *Restgemeinkosten* r enthalten alle Lohnnebenkosten, die zur Zeit in Deutschland 80 % der Lohnkosten ausmachen, und Kostenanteile für das überwachende, leitende und planende Personal.
Die Gleichung (A-45) ist auf die Betriebsmittelbelegungszeit für einen *vollständigen Serienauftrag* mit der Stückzahl m bezogen

$$t_{bB} = m \cdot (t_h + t_n + b_b + t_{vB}) + t_{rB} \tag{A-48}$$

Die *Hauptzeit* t_h geht aus dem *Arbeitsplan* hervor. Sie gibt an, wie lange Werkzeuge an jedem Werkstück im Eingriff sind. Die *Nebenzeit* t_n beschreibt die restlichen Zeiten für Eilgänge und Schaltvorgänge pro Werkstück. *Brachzeit* t_b und *Betriebsmittelverteilzeit* t_{vB} beschreiben, wie lange die Maschine aus organisatorischen Gründen oder wegen Reparaturen stillsteht. Für die Vorkalkulation kann diese Zeit geschätzt werden, z.B.

$$t_b + t_{vB} = 0{,}3 \cdot (t_h + t_n) \tag{A-49}$$

Die *Rüstzeit* t_{rB} in Gleichung (A-48) muß nicht mit der Stückzahl m multipliziert werden, da sie nur *einmal* für die *ganze Serie* anfällt.
Aus dem Maschinenstundensatz k_M (Gleichung A-44) und Lohnstundensatz (A-45) wird häufig ein gemeinsamer *Maschinen- und Lohnstundensatz* zusammengefaßt:

$$k_{ML} = k_M + k_L \tag{A-50}$$

8.2.3 Werkzeugkosten

Die Werkzeugkosten K_W müssen getrennt betrachtet werden. Sie berücksichtigen die *Anschaffungskosten* für *Werkzeuge, Wendeschneidplatten, Ersatzteile* ohne Mehrwertsteuer oder manchmal auch die *Nachschleifkosten*. Sehr *teure Werkzeuge* werden wie Maschinen über einen längeren Zeitraum abgeschrieben und kalkuliert. Kleine Werkzeuge, Spezialwerkzeuge, Ersatzteile und Wendeschneidplatten werden mit ihrem vollen Wert in *einem Auftrag abgerechnet.*

8.2.4 Zusammenfassung der Fertigungskosten

Unter Berücksichtigung aller drei Kostenarten können jetzt die *Fertigungskosten* pro *Werkstück* (Gleichung A-42) folgendermaßen angegeben werden:

$$K_F = \frac{1}{m}(t_{bB} \cdot k_{ML} + K_W) \tag{A-51}$$

Durch Einsetzen erhält man:

$$K_F = \underbrace{t_h \cdot k_{ML}}_{K_1} + \underbrace{\left[t_n + t_b + t_{vB} + \frac{1}{m} \cdot (t_{rBM} + t_{rBV})\right] \cdot k_{ML}}_{K_2} + \underbrace{t_W \cdot \frac{t_h}{T} \cdot k_{ML} + \frac{1}{m} \cdot K_W}_{K_3} \tag{A-52}$$

K_1	K_2	K_3
Kosten für Bearbeitungszeit	Kosten für Rüst- und Nebenzeiten	Werkzeug- und Werkzeugwechselkosten

In dieser Gleichung kann man K_1 als Kosten für die *Bearbeitung* in der *Hauptnutzungszeit*

$$K_1 = t_h \cdot k_{ML} \tag{A-53}$$

K_2 als Kosten für *Neben-*, *Brach-*, *Verteil-* und *Rüstzeiten*

$$K_2 = \left[t_n + t_b + t_{vB} + \frac{1}{m} \cdot (t_{rBM} + t_{rBV})\right] \cdot k_{ML} \tag{A-54}$$

und K_3 als Werkzeug- und Werkzeugwechselkosten

$$K_3 = t_W \cdot \frac{t_h}{T} \cdot k_{ML} + \frac{1}{m} \cdot K_W \tag{A-55}$$

voneinander trennen und vereinfacht schreiben

$$K_F = K_1 + K_2 + K_3 \tag{A-56}$$

8.3 Einfluß der Bearbeitungszeitverkürzung auf die Fertigungskosten (Kostenminimierung)

In Abschnitt 8.1 wurden die Einflüsse der Schnittiefe a_p, des Vorschubs F und der Schnittgeschwindigkeit v_c auf Verschleiß und Leistungsbedarf bei Vergrößerung des Zeitspanungsvolumens Q diskutiert. Tabelle A-18 hat die Ergebnisse anschaulich festgehalten. Mit den jetzt zur Verfügung stehenden Gleichungen (A-53) bis (A-56) können die Einflüsse auf die Fertigungskosten erkannt und kostenoptimale Einstellungen gefunden werden.

Jede *Verkürzung* der *Hauptnutzungszeit* durch Vergrößerung des Zeitspanungsvolumens Q ist bedingt durch den allgemeinen Zusammenhang mit dem Spanungsvolumen je Werkstück

$$t_h = \frac{V_W}{Q} = \frac{l_c}{v_c} \tag{A-57}$$

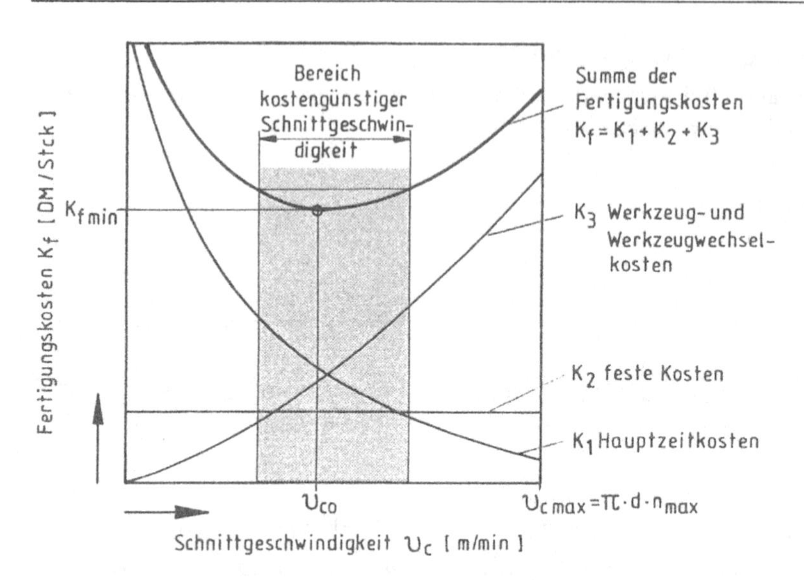

Bild A-76 Minimierung der Fertigungskosten durch Anpassung der Schnittgeschwindigkeit

Entsprechend müssen bei jeder Art der Vergrößerung des Zeitspanungsvolumens Q die Kosten K_1 *kleiner* werden, solange der Maschinen- und Lohnstundensatz k_{ML} nicht zu verändern ist.
Die Kostengruppe K_2 mit Neben-, Brach-, Verteil- und Maschinenrüstkosten kann als *unabhängig* angesehen werden. Sie verändert sich nicht oder nur wenig bei anderen Schnittwerteinstellungen.
In der Kostengruppe K_3 sind die Kosten zusammengefaßt, die sich mit zunehmendem Verschleiß vergrößern. Es sind Werkzeug- und Werkzeugwechselkosten. Besonders bei Schnittgeschwindigkeitsvergrößerung nimmt der Verschleiß überproportional zu. Das heißt, daß die Standzahl, die je Standzeit herstellbare Zahl von Werkstücken, weniger wird. Damit *nehmen* diese Kosten auch pro Werkstück *zu*. Bild A-76 zeigt diese Zusammenhänge.
Im Bild ist auch zu erkennen, daß nach Addition der drei Kostengruppen eine Fertigungskostenkurve entsteht, die ein Minimum besitzt. Dieses Minimum zeigt die *kostengünstigste Schnittgeschwindigkeit* v_{co} und das zugehörige *Fertigungskostenminimum* K_{Fmin}. Ziel der Kostenoptimierung ist es, diesen Punkt der Schnittwerteinstellung zu finden. In der Praxis wird das meistens in Versuchen ausprobiert. Zur Orientierung bei der ersten Einstellung einer Maschine dienen Richtwerte für die Schnittdaten, die in Abhängigkeit von Werkstoff und Schneidstoff aus Tabellen entnommen werden können. Tabelle A-19 enthält solche *Richtwerte* für das Drehen verschiedener Werkstoffe mit unbeschichteten Hartmetallschneiden.
Der *kostengünstigste Betriebspunkt* läßt sich auch rechnerisch bestimmen. Dazu wird Gleichung (A-52) so verändert, daß der Einfluß der Schnittgeschwindigkeit v_c direkt erkennbar ist. Es wird eingesetzt:

$t_h = l_c / v_c$ nach Gleichung (A-57)

$T = c_1 \cdot v_c^{c_2}$ nach Gleichung (A-30a)

Die Werkzeugkosten werden aufgeteilt in die von v_c unabhängigen *Grundwerkzeugkosten* für *Werkzeughalter* u.ä. K_{WH} und die *Schneidplattenkosten*

$$K_{WP} = m \cdot \frac{t_h}{T} \cdot W_T \qquad \text{(A-58)}$$

Tabelle A-19: Richtwerte für das Drehen einiger Werkstoffe mit Hartmetallschneiden

Werkstoff	R_m in N/mm²	a_p in mm	f in mm/U	v_c in m/min	Schneidstoff
unleg. Baustahl	bis 500	0,5 4–10	0,1 0,6	230–320 100–130	P01 P20
unleg. und leg. Stähle	bis 900	0,5 4–10	0,1 0,6	140–200 50–70	P01 P25
Stahlguß	bis 500	0,5 4–10	0,1 0,6	230–320 100–130	P01 P25
Stahlguß	bis 1100	0,5 4–10	0,1 0,6	125–180 50–70	P10 P25
Grauguß	bis HB = 220	0,5 4–10	0,1 0,6	200–400 100–300	K01 K05
Al-Legierungen	bis HB = 100	0,5 4–10	0,1 0,6	500–700 300–500	K10 K10

Anmerkung: Die Werte gelten für durchgehenden Schnitt bei gleichmäßigem Werkstoff und einer erwarteten Standzeit von etwa 30 min.

Darin ist W_T der Kostenfaktor für eine Standzeit. Anschaulich ist das der Preis für eine der z_s nutzbaren Schneidkanten einer Wendeschneidplatte

$$W_T = \frac{K_{WSP}}{z_s} \tag{A-59}$$

Gleichung (A-52) erscheint danach in der Form

$$K_F = l_c \cdot k_{ML} \cdot v_c^{-1} + K_2 + \frac{1}{c_1} \cdot t_W \cdot l_c \cdot k_{ML} \cdot v_c^{-c_2-1} + \frac{K_{WH}}{m} + \frac{1}{c_1} \cdot l_c \cdot W_T \cdot v_c^{-c_2-1} \tag{A-60}$$

Daraus wird der *Differentialquotient* gebildet und gleich Null gesetzt, um das Fertigungskostenminimum zu finden

$$\frac{dK_F}{dv_c} = -l_c \cdot k_{ML} \cdot v_c^{-2} + \frac{l_c}{c_1}(-c_2-1)(t_W \cdot k_{ML} + W_T) \cdot v_c^{-c_2-2} = 0$$

Damit kann die *kostenoptimale Schnittgeschwindigkeit* bestimmt werden:

$$v_{co} = \left[\frac{-c_2-1}{c_1} \cdot \left(t_W + \frac{W_T}{k_{ML}}\right)\right]^{\frac{1}{c_2}} \tag{A-61}$$

Sie hängt vom Verlauf der *Standzeitkurve* (c_1, c_2), der *Werkzeugwechselzeit* t_W, den Kosten pro *Schneidkante* W_T und dem *Maschinen-Lohnstundensatz* k_{ML} ab. Mit Gleichung (A-30a) kann die *kostenoptimale Standzeit* T_o berechnet werden:

$$T_o = (-c_2-1) \cdot \left(t_W + \frac{W_T}{k_{ML}}\right) \tag{A-62}$$

Aus der Betrachtung der Einflußgrößen findet man folgende *Optimierungsregeln:*

1.) *Je steiler die Standzeit gerade ist, je größer der Betrag der negativen Konstanten c_2 ist, desto größer ist die kostengünstigste Standzeit und desto kleiner die zugehörige optimale Schnittgeschwindigkeit.*
2.) *Je größer die Kosten pro Schneidkante und je länger die Werkzeugwechselzeit pro Schneide sind, desto größer ist die kostengünstigste Standzeit und desto kleiner die zugehörige optimale Schnittgeschwindigkeit.*
3.) *Je größer Maschinen- und Lohnstundensatz werden, desto kleiner wird die kostengünstigste Standzeit und desto größer muß die Schnittgeschwindigkeit gewählt werden.*

In der Praxis wird man bei der Wahl der anzuwendenden Schnittgeschwindigkeit häufig *über* die kostengünstigste Schnittgeschwindigkeit v_{co} hinausgehen, da sich bei einer Überschreitung dieser Schnittgeschwindigkeit oft kostenmäßige Vorteile auf anderen Gebieten ergeben. Es sind dies: Erhöhung der Ausbringung und damit größerer Gewinn in einem bestimmten Zeitraum oder Vermeidung der Neuanschaffung einer Werkzeugmaschine u.ä. Diese Vorteile können größer sein als die Kostenvermehrung, die aus dem Ansteigen der Kosten je Einheit infolge einer Schnittgeschwindigkeitsvergrößerung entsteht. Die Zusammenhänge zeigt Bild A-77.
Als Grobrichtwerte für das wirtschaftliche Maß der Schnittgeschwindigkeitssteigerung über die kostengünstigste Schnittgeschwindigkeit v_{co} hinaus sind in Tabelle A-20 einige Zahlen in Abhängigkeit von dem kalkulatorischen Gewinnzuschlag angegeben.

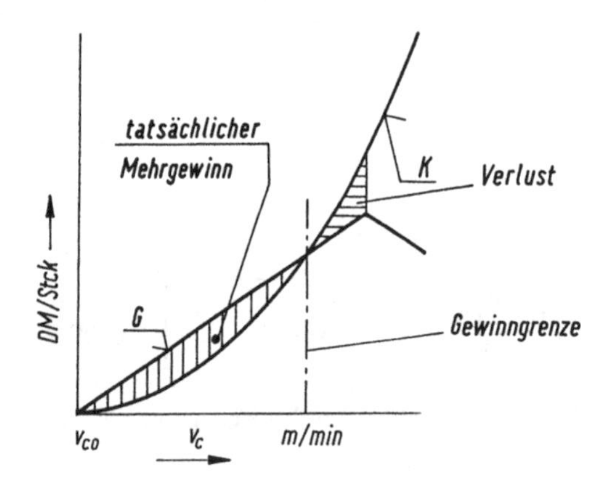

Bild A-77
Kosten- und Gewinnsteigerung abhängig von der Schnittgeschwindigkeit v_c bzw. dem Ausstoß
A Abstand zwischen v_0 und v_{t0}
K Mehrkostenkurve für die von der Schnittgeschwindigkeit v_c abhängigen Kostenteile
G Gewinnsteigerungskurve

Tabelle A-20: Vergrößerungsfaktoren für die kostengünstigste Schnittgeschwindigkeit v_{co}

Kalkulatorischer Gewinnzuschlag %	Vergrößerungsfaktor für v_{co}
5	1,25
10	1,35
20	1,45

9 Berechnungsbeispiele

9.1 Scherwinkel

Drehen von Stahl. Der Spanwinkel γ am Drehmeißel ist 15°; es wird mit einem Einstellwinkel $\kappa = 45°$ mit einem Schnittvorschub $f = 0{,}25$ mm/U gedreht. An dem entstehenden Fließspan wird mittels eines Mikrometers eine Spandicke h' von 0,31 mm gemessen. Die Größe des Scherwinkels Φ bei diesem Zerspanvorgang soll errechnet werden.

Lösung: Nach Gleichung (A-6) ist

$$\tan \Phi = \frac{\cos \gamma}{\lambda_h - \sin \gamma}.$$

Um $\lambda_h = \frac{h'}{h}$ errechnen zu können, muß h unter Beachtung des Einstellwinkels κ aus f errechnet werden (Gleichung A-5):

$$h = f \cdot \sin \kappa = 0{,}25 \text{ mm} \cdot \sin 45° = 0{,}1768 \text{ mm}.$$

Also

$$\lambda_h = \frac{0{,}31 \text{ mm}}{0{,}1768 \text{ mm}} = 1{,}754,$$

$\lambda_h = 1{,}754$ und $\gamma = 15°$ in Gleichung (A-6) eingesetzt ergibt:

$$\tan \Phi = \frac{\cos 15°}{1{,}754 - \sin 15°} = 0{,}646,$$

$$\Phi \approx 33°$$

Ergebnis: Der Scherwinkel Φ ist für diesen Zerspanfall 33°.

9.2 Längs-Runddrehen

Längs-Runddrehen von Stahl St 70. Spanwinkel $\gamma = 0°$; Einstellwinkel $\kappa = 90°$ (Seitenmeißel); Neigungswinkel $\lambda = 4°$; Schnittgeschwindigkeit $v_c = 140$ m/min; Drehzahl $n = 450$ U/min; Durchmesser $d = 100$ mm; Schnittiefe $a_p = 3{,}5$ mm; Vorschub $f = 0{,}25$ mm.

Zu berechnen sind:

a) die spezifische Schnittkraft k_c,

b) die Schnittkraft F_c,

c) die vom Motor der Drehmaschine abzugebende Leistung P, bei einem mechanischen Wirkungsgrad $\eta = 0{,}7$ und einer Schneidenabstumpfung, die 30 % Schnittkraftzuwachs verursacht,

d) das Zeitspanungsvolumen Q,

e) die Hauptschnittzeit t_h bei einer Werkstücklänge von 50 mm und einem Vor- und Überlauf der Schneide von je 1 mm.

Lösung: a) Nach Gleichung (A-15) ist

$$k_c = k_{c1 \cdot 1} \cdot (h_0/h)^z \cdot f_\gamma \cdot f_\lambda \cdot f_{sv} \cdot f_f \cdot f_{st}.$$

Aus Tabelle A-14 geht hervor: $k_{c1 \cdot 1} = 1595$ N/mm², $z = 0{,}32$;

$\gamma_0 = 6°$; $\lambda_0 = 4°$; $v_{co} = 100$ m/min; $h_0 = 1$ mm.

Gleichung (A-5): $h = f \cdot \sin \kappa = 0{,}25 \cdot \sin 90° = 0{,}25$ mm.

Gleichung (A-12): $f_\gamma = 1 - m_\gamma (\gamma - \gamma_0) = 1 - 0{,}015\,(0 - 6) = 1{,}09$,

entsprechend $f_\lambda = 1 - m_\lambda (\lambda - \lambda_0) = 1 - 0{,}015\,(4 - 4) = 1{,}0$.

Gleichung (A-13): $f_{sv} = \left(\frac{v_{co}}{v_c}\right)^{0,1} = \left(\frac{100}{140}\right)^{0,1} = 0{,}97$; $f_f = 1{,}0$ nach Tabelle A-15, $f_{st} = 1{,}3$.

Durch Einsetzen erhält man

$k_c = 1595 \cdot (1/0{,}25)^{0{,}32} \cdot 1{,}09 \cdot 1{,}0 \cdot 0{,}97 \cdot 1{,}0 \cdot 1{,}3 = 3416\ \text{N/mm}^2$,

b) Nach Gleichung (A-8) und (A-4) ist

$F_c = A \cdot k_c = a_p \cdot f \cdot k_c = 3{,}5 \cdot 0{,}25 \cdot 3416 = 2990\ \text{N}$.

c) Nach Gleichung (A-35) ist $P = F_c \cdot v_c \cdot \frac{1}{\eta}$,

$$P = 2990\ \text{N} \cdot 140 \frac{\text{m}}{\text{min}} \cdot \frac{1}{60} \frac{\text{min}}{\text{s}} \cdot \frac{1}{0{,}7} = 9960 \frac{\text{Nm}}{\text{s}} \approx 10{,}0\ \text{kW}.$$

d) Nach Gleichung (A-37) ist

$$Q = a_p \cdot f \cdot \pi \cdot (d + a_p) \cdot n = 3{,}5 \cdot 0{,}25 \cdot \pi \cdot (100 + 3{,}5) \cdot 450 \cdot \frac{1\ \text{cm}^3}{1000\ \text{mm}^3} = 128 \frac{\text{cm}^3}{\text{min}}.$$

e) Die Hauptschnittzeit ist Vorschubweg l_f/Vorschubgeschwindigkeit ($v_f = f \cdot n$)

$$t_h = \frac{50 + 1 + 1}{0{,}25 \cdot 450} = 0{,}46\ \text{min}.$$

Ergebnis: a) $k_c = 3416\ \text{N/mm}^2$, b) $F_c = 2990\ \text{N}$, c) $P = 10{,}0\ \text{kW}$, d) $Q = 128\ \text{cm}^3/\text{min}$, e) $t_h = 0{,}46\ \text{min}$.

9.3 Standzeitberechnung

Bei einem Zerspanvorgang mit HM mit bestimmtem h werden bei einer Schnittgeschwindigkeit von 120 m/min 18 Werkstücke bis zur Abstumpfung des Werkzeugs bearbeitet. Die Hauptschnittzeit je Werkstück t_{h1} beträgt dabei 12 min. Bei Erhöhung der Schnittgeschwindigkeit auf 180 m/min ist das Werkzeug schon nach der Bearbeitung von 10 Werkstücken abgestumpft. Wenn die Schnittgeschwindigkeit auf 240 m/min erhöht wird, können nur noch 6 Werkstücke bis zur Abstumpfung des Werkzeugs bearbeitet werden.

Standkriterium: Verschleißmarkenbreite VB.

Aufgabe a): Zeichne die T-v-Gerade für diesen Zerspanvorgang im doppeltlogarithmischen Koordinatensystem!

Aufgabe b): Welcher Steigungswert c_2 ergibt sich für die gezeichnete t-v-Gerade?

Losung: Für die drei Schnittgeschwindigkeiten $v_{c1} = 120$ m/min, $v_{c2} = 180$ m/min und $v_{c3} = 240$ m/min können die Standzeiten T bis zur Abstumpfung des Werkzeugs wie folgt errechnet werden:

Für $v_{c1} = 120$ m/min: $T_1 = t_{h1} \cdot N_1 = 12$ min/Einheit · 18 Einheiten = 216 min.

Fur $v_{c2} = 180$ m/min: $T_2 = t_{h2} \cdot N_2$.

$$t_{h2} = t_{h1} \cdot \frac{v_{c1}}{v_{c2}} = 12\ \text{min/Einheit} \cdot \frac{120\ \text{m/min}}{180\ \text{m/min}} = 8\ \text{min/Einheit}.$$

$T_2 = 8$ min/Einheit · 10 Einheiten = 80 min.

Fur $v_{c3} = 240$ min: $T_3 = t_{h3} \cdot N$,

$$t_{h3} = t_{h1} \cdot \frac{v_{c1}}{v_{c3}} = 12\ \text{min/Einheit} \cdot \frac{120\ \text{m/min}}{240\ \text{m/min}} = 6\ \text{min/Einheit}.$$

$T_3 = 6$ min/Einheit · 6 Einheiten = 36 min.

Aus den drei Wertepaaren: $v_{c1} = 120$ m/min und $T_1 = 216$ min,
$v_{c2} = 180$ m/min und $T_2 = 80$ min,
$v_{c3} = 240$ m/min und $T_3 = 36$ min,

kann die T-v-Gerade gezeichnet werden.

Ergebnis: Bild A-78.

Lösung b): Aus der Darstellung nach Bild A-78 können zwei zusammengehörige Längen a_1 und a_2 in Millimitern ausgemessen werden. Mit Hilfe dieser Längen errechnet sich der Steigungswert

$$c_2 = -\frac{a_1\,\text{mm}}{a_2\,\text{mm}}, \text{ z.B.}$$

$a_1 = 18$ mm, dazu gemessen $a_2 = 7$ mm,

$$c_2 = -\frac{18\,\text{mm}}{7\,\text{mm}} = -2{,}57 \approx -2{,}6.$$

Ergebnis: $c_2 \approx -2{,}6.$

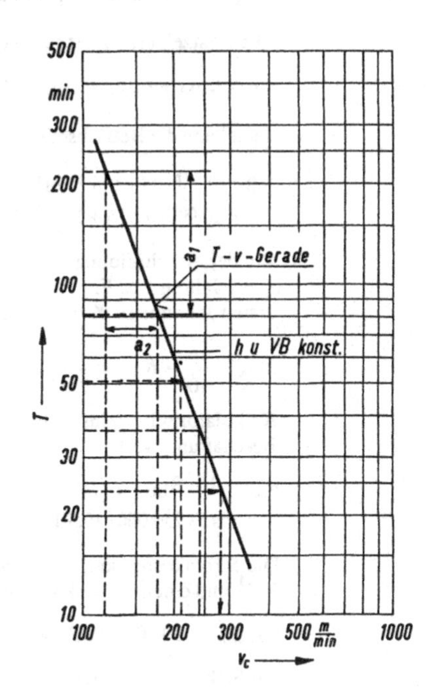

Bild A-78
Standzeitgerade im doppeltlogarithmischen Feld nach Taylor. Ergebnis des Berechnungsbeispiels 9.2

9.4 Fertigungskosten

Das Drehen von 10 000 gleichen Teilen wird mit drei verschiedenen Werkzeugen auf einem CNC-Drehautomaten durchgeführt. Aus dem Arbeitsplan geht $t_h = 2{,}45$ min und $t_n = 3{,}30$ min hervor. Das Rüsten der Maschine dauert $t_{rBM} = 30$ min. Die Standzeit beträgt $T = 10$ min. An jeder Wendeschneidplatte sind vier nutzbare Schneiden. Eine WSP kostet 8,50 DM, ein Werkzeughalter 40 DM, die Maschinenbeschaffungskosten betragen 250.000 DM bis zum betriebsbereiten Zustand.

Aufgabe: Zu berechnen sind:

a) die Belegungszeit des Drehautomaten t_{bB} bei zweischichtigem Betrieb,
b) der Maschinen- und Lohnstundensatz k_{ML},
c) die Werkzeugkosten K_W,
d) die Fertigungskosten K_F pro Werkstück.

Lösung: a) Haupt- und Nebenzeit werden im Arbeitsplan ausgewiesen mit zusammen

$$t_h + t_n = 2{,}45 + 3{,}50 = 5{,}75 \text{ min.}$$

Brach- und Verteilzeit werden nach Gleichung (A-49) mit 30 % davon berechnet:

$$t_b + t_{vB} = 0{,}3 \cdot 5{,}75 = 1{,}725 \text{ min.}$$

Daraus bestimmt sich die Zeit je Einheit

$$t_{eB} = t_h + t_n + t_b + t_{vB} = 5{,}75 + 1{,}725 = 7{,}475 \text{ min/Stck.}$$

Die Werkzeugwechselzeit für das Wenden der Schneidplatten wird mit $t_W = 0{,}5$ min nach Gleichung (A-47) berechnet:

$$t_{rBW} = t_W \cdot m \cdot t_h/T = 0{,}5 \cdot 10\,000 \cdot 2{,}45/10 = 1225 \text{ min.}$$

Es ist nicht zu erwarten, daß jede Schneide über die volle Standzeit von 10 min ausgenutzt werden kann. Ein Zuschlag von 20 % trägt dem Rechnung:

$t'_{rBW} = 1{,}2 \cdot 1225 \text{ min} = 1470 \text{ min}.$

Die Rüstzeit errechnet sich dann mit 30 % Rüstverteilzeit nach Gleichung (A-46):

$t_{rB} = t_{rBM} + t'_{rBW} + t_{rBV} = 30 + 1470 + 0{,}3 \cdot 1500 = 1950 \text{ min}.$

Jetzt kann die Betriebsmittelbelegungszeit ausgerechnet werden (Gleichung (A-48)):

$$t_{bB} = m \cdot (t_h + t_n + t_b + t_{vB}) + t_{rB}$$
$$= 10\,000 \cdot 7{,}475 + 1950 = 76\,700 \text{ min} = 1278{,}33 \text{ h}.$$

b) Bei der Abschreibung der Maschine gehen wir von einem wirtschaftlich nutzbaren Zeitraum von $t_L = 2$ Jahren aus. Für Reparatur und Wartung setzen wir mit Berücksichtigung von Garantien im ersten Jahr nur 10 % der Beschaffungskosten an:

$$k_{bW} = \frac{p}{100} \cdot K_{bB} = \frac{10}{100} \cdot 250\,000 = 25\,000 \text{ DM/a}.$$

Kalkulatorische Zinsen bei einem Zinssatz von 10,5 % p.a. berechnen sich für den halben Beschaffungswert

$$k_{bZ} = 0{,}5 \cdot K_{bB} \cdot q/100$$
$$= 0{,}5 \cdot 250\,000 \cdot 10{,}5/100 = 13\,125 \text{ DM/a}.$$

Die Stromkosten kann man mit der installierten Leistung von 50 kW, einer Einschaltdauer von 30 % und einem Stromkostenvorzugspreis von 0,125 DM/kWh bestimmen:

$k_{bE\,Strom} = 50 \cdot 0{,}3 \cdot 0{,}125 = 1{,}875 \text{ DM/h}.$

Für Kühlschmiermittel werden die gleichen Kosten geschätzt. Das ergibt zusammen:

$k_{bE} = 1{,}875 + 1{,}875 = 3{,}75 \text{ DM/h}.$

Für die Berechnung der Raumkosten müssen Schätzungen für den Flächenbedarf vorgenommen werden:

Aufstellfläche der Maschine 8 m^2,
Lagerfläche für Werkstücke 5 m^2,
Bedienfläche 5 m^2,
anteilige Verkehrsflache 20 m^2.

Bei einem Mietzins von DM 30,00 je m^2 und Monat lassen sich die Raumkosten berechnen:

$$k_{bR} = 38 \text{ m}^2 \cdot 30 \frac{\text{DM}}{\text{m}^2 \text{Mo}} \cdot 12 \frac{\text{Mo}}{\text{a}} = 13\,680 \frac{\text{DM}}{\text{a}}.$$

Die jährliche Nutzungszeit bei Zweischichtbetrieb wird benotigt, um alle Kosten auf die Zeiteinheit 1 h zu beziehen.

$$\text{JAS (Jahresarbeitsstunden)} = 38 \frac{\text{h}}{\text{W}_0} \cdot 40 \frac{\text{W}_0}{\text{a}} \; 1{,}8 = 2736 \frac{\text{h}}{\text{a}}.$$

Die zweite Schicht wurde nur zu 80 % angesetzt. Nach Gleichung (A-44) errechnet sich der Maschinenstundensatz

$$k_M = \frac{K_{bB}}{t_L} + k_{bW} + k_{bZ} + k_{bE} + k_{bR},$$
$$= \frac{250\,000}{2 \cdot 2736} + \frac{25\,000}{2\,736} + \frac{13\,125}{2\,736} + 3{,}75 + \frac{13\,680}{2\,736},$$
$$= 68{,}37 \text{ DM/h}.$$

Für die Berechnung des Lohnstundensatzes wird ein mittlerer Bruttostundenlohn von 17,50 DM/h aus Lohntabellen entnommen. In der Bedienerzeit t_a ist Mehrmaschinenbedienung von drei Automaten zu berücksichtigen.

$t_a = t_{eB} \cdot m/3 = 7{,}475 \cdot 10\,000/3 = 24\,917$ min.

Als Restgemeinkostenwert wird $r = 3{,}5$ eingesetzt. Der Lohnstundensatz wird nach Gleichung (A-45) berechnet:

$$k_L = L_m \cdot \frac{t_{rB} + t_a}{t_{bB}} \cdot (1 + r)$$

$$= 17{,}50 \frac{1950 + 24\,917}{76\,700} \cdot (1 + 3{,}5) = 37{,}58 \frac{\mathrm{DM}}{\mathrm{h}}.$$

Der zusammengefaßte Maschinen- und Lohnkostensatz nach Gleichung (A-50) ist dann

$k_{ML} = 68{,}37 + 37{,}58 = 95{,}95$ DM/h,
aufgerundet 96,00 DM/h.

c) Die Kosten der Werkzeuge werden sofort abgeschrieben. Sie setzen sich zusammen aus den Kosten für drei Werkzeughalter:

$k_{WH} = 3 \cdot 40{,}00 = 120{,}00$ DM,

den Kosten für Wendeschneidplatten:

$$k_{WP} = \frac{m \cdot t_h}{T \cdot 0{,}8 \cdot z_s} \cdot \text{Preis} = \frac{10\,000 \cdot 2{,}45}{10 \cdot 0{,}8 \cdot 4} \cdot 8{,}50$$

$$= 766 \cdot 8{,}50 = 6511 \text{ DM}$$

und den Kosten für Ersatzteile (20 % der übrigen Werkzeugkosten):

$0{,}2 \cdot (120{,}00 + 6511) = 1326{,}20$ DM.

Zusammen sind das:

$K_W = 120 + 6511 + 1326{,}20 = 7957{,}20$ DM.

d) Die Fertigungskosten pro Werkstück setzen sich nach Gleichung (A-51) folgendermaßen zusammen:

$$K_F = \frac{1}{m}(t_{bB} \cdot k_{ML} + K_W)$$

$$= \frac{1}{10\,000}(1278{,}33 \cdot 96 + 7957{,}20)$$

$$= 13{,}07 \text{ DM pro Werkstück.}$$

Ergebnisse:
a) Die Belegungszeit des Drehautomaten bei zweischichtigem Betrieb ist 1278,33 h = 18,7 Wochen,
b) Der Maschinen- und Lohnstundensatz ist 96 DM/h,
c) Die Werkzeugkosten betragen 7957,20 DM,
d) Die Fertigungskosten betragen 13,07 DM pro Werkstück.

9.5 Optimierung der Schnittgeschwindigkeit v_c

Für die Drehbearbeitung aus Rechenbeispiel 9.4 soll eine Optimierung von Schnittgeschwindigkeit und Standzeit zur Überprüfung der Fertigungskosten führen, da sie nur mit angenommenen Richtwerten durchgeführt wurde. Aus Standzeitmessungen liegen jetzt die Konstanten der Taylorschen Standzeitgleichung (A-30a) vor:

$c_1 = 750 \cdot 10^6\ \mathrm{m}^{3,6}/\mathrm{min}^{2,6}$,

$c_2 = -3{,}6$.

Zusätzlich soll die Wirkung einer Arbeitszeitverkürzung auf die Ergebnisse untersucht werden.

Aufgabe: a) Die kostengünstigste Schnittgeschwindigkeit v_{co} und die dazugehörige Standzeit T_0 sind zu berechnen.

b) Die Berechnung der Werkzeugkosten ist mit der optimalen Standzeit zu überprüfen. Die Fertigungskosten sind zu korrigieren.

c) Die Einflüsse einer Arbeitszeitverkürzung von 38 auf 34 Stunden pro Woche bei vollem Lohnausgleich auf die Fertigungskosten und auf die optimale Schnittgeschwindigkeitseinstellung sind darzulegen.

Lösung: a) Die Kosten für eine Schneidkante lassen sich nach Gleichung (A-59) bestimmen. Jede Wendeschneidplatte hat vier nutzbare Schneiden, von denen aber nur 80 % im Durchschnitt zum Einsatz kommen.

$W_T = K_{WSP}/z_s = 8{,}50\ \text{DM}/0{,}8 \cdot 4 = 2{,}65\ \text{DM}.$

Mit Gleichung (A-61) wird die günstigste Schnittgeschwindigkeit berechnet:

$$v_{co} = \left[\frac{-c_2 - 1}{c_1} \cdot \left(t_W + \frac{W_T}{k_{ML}}\right)\right]^{1/c_2}$$
$$= \left[\frac{(3{,}6-1)\,\text{min}^{2,6}}{750 \cdot 10^6 \cdot \text{m}^{3,6}} \cdot \left(0{,}5\ \text{min} + \frac{2{,}65\ \text{DM} \cdot 60\ \text{min/h}}{96\ \text{DM/h}}\right)\right]^{1/-3,6}$$
$$= 180{,}8\ \text{m/min}.$$

Die dazugehörige optimale Standzeit T_0 kann nach Gleichung (A-62) oder noch einfacher nach Gleichung (A-30a) berechnet werden.

$$T_0 = c_1 \cdot v_{co}^{c_2}$$
$$= 750 \cdot 10^6 \frac{\text{m}^{3,6}}{\text{min}^{2,6}} \cdot 180{,}8^{-3,6} \frac{\text{min}^{3,6}}{\text{m}^{3,6}}$$
$$= 5{,}61\ \text{min}.$$

b) Mit der so bestimmten optimalen Standzeit ist eine Korrektur der berechneten Werkzeugkosten erforderlich:

$$K_{WP} = \frac{m \cdot t_h}{T \cdot 0{,}8 \cdot z_s} \cdot \text{Preis} = \frac{10\,000 \cdot 2{,}45}{5{,}61 \cdot 0{,}8 \cdot 4} \cdot 8{,}50 = 11\,600\ \text{DM}.$$

Die gesamten Werkzeugkosten sind dann:

$K_W = (120 + 11\,600) \cdot 1{,}20 = 14\,064\ \text{DM}.$

Entsprechend verlängert sich jetzt auch die Rustzeit:

$$t_{rBW} = 0{,}5 \cdot 10\,000 \frac{2{,}45}{5{,}61} \cdot 1{,}2 = 2620\ \text{min},$$
$$t_{rB} = (30 + 2620) \cdot 1{,}3 = 3445\ \text{min}$$

und die Betriebsmittelbelegungszeit:

$t_{bB} = 10\,000 \cdot 7{,}475 + 3445 = 78\,195\ \text{min} \mathrel{\widehat{=}} 1303\ \text{h}.$

Die Fertigungskostenberechnung muß ebenfalls korrigiert werden:

$$K_F = \frac{1}{10\,000} \cdot (1303 \cdot 96 + 14\,064) = 13{,}92\ \text{DM}$$

für jedes Werkstück.

c) Der Lohnausgleich für die Arbeitszeitverkürzung führt zur Erhöhung des mittleren Stundenlohns um ca. 12 % auf

$$L'_m = 17{,}50 \cdot \frac{38}{34} = 19{,}56\ \text{DM}.$$

Das führt zur Vergrößerung des Lohnstundensatzes:

$$k'_L = k_L \frac{19{,}56}{17{,}50}$$

$$= 37{,}58 \cdot \frac{19{,}56}{17{,}50} = 42{,}00 \text{ DM.}$$

Die Zahl der Jahresarbeitsstunden JAS wird kleiner:

$\text{JAS}' = 34 \cdot 40 \cdot 1{,}8 = 2448 \text{ h.}$

Dadurch vergrößert sich der Maschinenstundensatz:

$$k'_M = \frac{250\,000}{2 \cdot 2448} + \frac{25\,000}{2\,448} + \frac{13\,125}{2\,448} + 3{,}75 + \frac{13\,680}{2\,448}$$

$$= 75{,}97 \text{ DM/h.}$$

Der gemeinsame Maschinen- und Lohnstundensatz wird dann:

$$k'_{LM} = k'_L + k'_M = 42{,}00 + 75{,}97 = 118 \text{ DM/h.}$$

Die Fertigungskosten nach Gleichung (A-51) können neu berechnet werden:

$$k'_F = \frac{1}{10\,000}(1303 \cdot 118 + 14\,064) = 16{,}78 \text{ DM/Stück.}$$

Sie haben sich um

$$\frac{16{,}78 - 13{,}92}{13{,}92} \cdot 100 = 20{,}6\ \%$$

erhöht.

Die optimale Schnittgeschwindigkeitseinstellung wird nach Gleichung (A-61) neu berechnet:

$$v'_{co} = \left[\frac{3{,}6 - 1}{750 \cdot 10^6} \cdot \left(0{,}5 + \frac{2{,}65 \cdot 60}{118}\right)\right]^{\frac{1}{-3{,}6}} = 189 \frac{\text{m}}{\text{min}}.$$

Es zeigt sich, daß eine geringfügig höhere Schnittgeschwindigkeit jetzt angebracht wäre, um das verschobene Fertigungskostenminimum zu nutzen. Die zugehörige Standzeit ist:

$$T'_0 = 750 \cdot 10^6 \cdot 189^{-3{,}6} = 4{,}78 \text{ min.}$$

Ergebnisse: a) Die kostengünstigste Schnittgeschwindigkeit ist:

$v_{co} = 180{,}8$ m/min.

Die dazugehörige Standzeit der Werkzeugschneiden:

$T_0 = 5{,}61$ min.

b) Die Werkzeugkosten vergrößern sich durch die kürzere Standzeit erheblich auf $K_W = 14\,064$ DM. Auch die Fertigungskosten werden größer als vorher angenommen:

$K_F = 13{,}92$ DM pro Werkstück.

c) Die Verkürzung der Arbeitszeit bei vollem Lohnausgleich führt zu einer Steigerung der Fertigungskosten um 20,6 % auf

$K'_F = 16{,}75$ DM pro Werkstück .

Die kostengünstigste Schnittgeschwindigkeit liegt dann bei

$v'_{co} = 189$ m/min

und die optimale Standzeit verringert sich etwas auf

$T'_0 = 4{,}78$ min.

B Hobeln und Stoßen

Hobeln und Stoßen ist Spanen mit gerader Schnittbewegung und schrittweiser Vorschubbewegung quer dazu. Beim Hobeln wird die Schnittbewegung vom Werkstück ausgeführt. Dieses ist dazu auf einem langhubigen Tisch aufgespannt, der sich unter dem Werkzeug hindurch bewegt.
Beim Stoßen führt das Werkzeug die Schnittbewegung aus. Sie kann waagerecht laufen, wie auf den sogenannten Kurzhobelmaschinen oder senkrecht wie beispielsweise in Nuten- oder Zahnradstoßmaschinen.

1 Werkzeuge

1.1 Werkzeugform

Die Form und Benennung von Hobelmeißeln entspricht der von Drehmeißeln. Der Schaft hat rechteckigen Querschnitt. Er muß der stoßartigen Belastung beim Anschnitt und den großen Schnittkräften infolge größerer Spanungsquerschnitte durch entsprechend großen Querschnitt Rechnung tragen.
Der Hobelmeißel wird *kurz* eingespannt, damit er nicht nachfedert und dabei tiefer in das Werkstück eindringt. Wo eine kurze Einspannung nicht möglich ist, werden *gekröpfte Hobelmeißel* verwendet (Bild B-1). Bei ihnen ist der Federweg der Schneide parallel zur Schnittrichtung. Es entsteht am Werkstück keine größere Formabweichung.
Beim *Stoßen* werden oft Innenbearbeitungen an Werkstücken durchgeführt, z.B. die Herstellung von Paßfedernuten oder Innenverzahnungen.
Dabei ist der vorhandene Raum für die Werkzeuge gering. Sie werden daher in Längsrichtung benutzt. Das heißt, die Schnittrichtung liegt parallel zur Schaftrichtung (Bild B-2) und die Spanfläche ist an der Stirnseite des Stoßmeißels.
Für die Herstellung von Verzahnungen werden Formwerkzeuge verwendet, die selbst zahnradartig aussehen und am Umfang viele Schneiden haben. Nach DIN 1825, 1826, 1828 unterscheidet man *Schneidräder* in Scheibenform (Bild B-3), Glockenform und mit Schaft für die Einspannung in der Stoßmaschine.

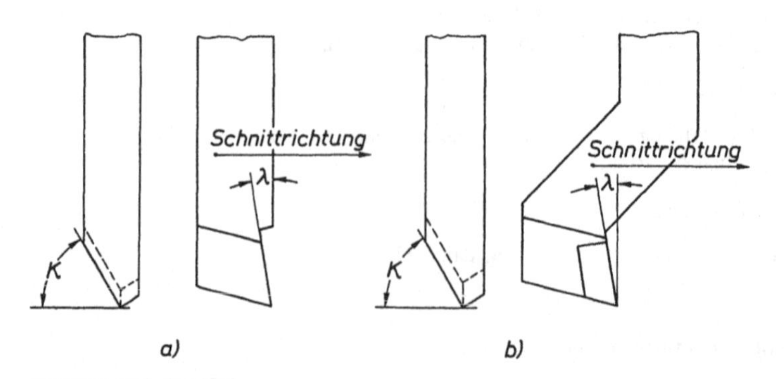

Bild B-1 Hobelmeißel
a) gerader Hobelmeißel aus Schnellarbeitsstahl
b) gekröpfter Hobelmeißel mit Hartmetallschneide

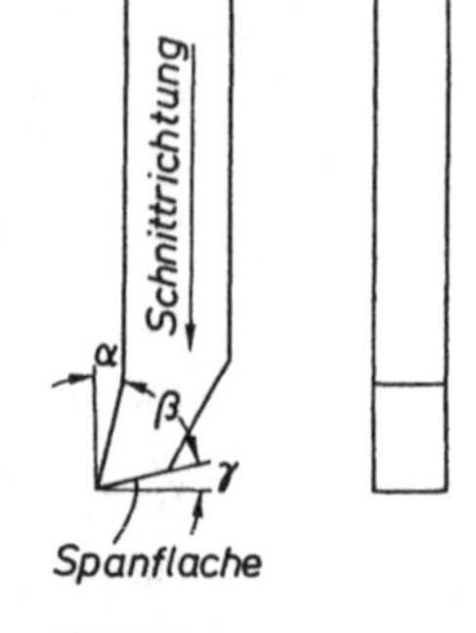

Bild B-2
Nutenstoßwerkzeug aus Schnellarbeitsstahl

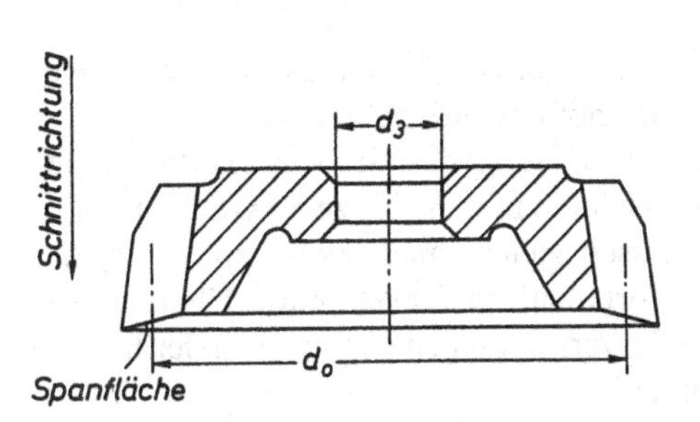

Bild B-3 Scheibenschneidrad aus Schnellarbeitsstahl nach DIN 1825 für das Stoßen von Zahnrädern

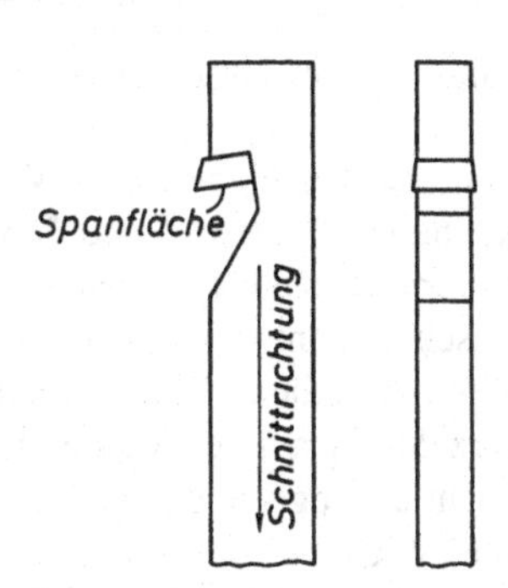

Bild B-4 Nutenziehwerkzeug mit Hartmetallschneide

Vom *Nutenziehen* spricht man, wenn das Werkzeug so gestaltet ist, daß beim Schnitt im Schaft überwiegend eine Zugbelastung entsteht. Die Werkzeuge dafür sind mit einem längeren Schaft vor der Schneide ausgestattet, mit dem sie am Werkzeugträger der Nutenziehmaschine befestigt werden (Bild B-4). Nach DIN 8589 gehört aber auch diese Bearbeitungsart zum Stoßen.

1.2 Schneidstoffe

Die Werkzeugschneide wird bei jedem Anschnitt stoßartig belastet und beim Austritt aus dem Werkstück wieder entlastet. Solche sprungartigen Belastungsänderungen vertragen nur Schnellarbeitsstahl und zähe Hartmetallsorten wie P40, P50, K30, K40. Schneidkeramik und Diamant sind zu spröde und können daher nicht verwendet werden.
Die beim Hobeln und Stoßen auftretenden kleinen Schnittgeschwindigkeiten und der unterbrochene Schnitt begünstigen auch vom Standzeitverhalten her den Einsatz von Schnellarbeitsstahl. Besonders pulvermetallurgisch gesinterter Schnellarbeitsstahl wird oft wegen seiner größeren Zähigkeit und gleichmäßigen Verschleißeigenschaften trotz größerer Kosten bevorzugt. Versuche, die Werkzeuge durch besondere Nitrierbehandlung oder andere Beschichtung noch widerstandsfähiger zu machen, haben schon zu größeren Standmengen geführt.

1.3 Schneidengeometrie

Die Formgebung der Schneiden muß auf die stoßartige Belastung und die verwendeten Schneidstoffe abgestimmt sein. Große Spanwinkel γ (10° bis 20°) verringern die Schnittkraft und sichern einen gleichmäßigen Spanablauf. Negative Neigungswinkel λ (– 10° bis – 15°) entlasten die Schneidenspitze und flachen den Kraftanstieg beim Anschnitt ab. Hartmetallschneiden erhalten gestufte Spanflächenfasen, unter – 45° und – 3° bis – 5°. Sie sollen das ausbrechen der empfindlichen Schneidkanten verhindern. Auch Schneidräder für das Zahnradstoßen erhalten größere Spanwinkel und Neigungswinkel.

2 Werkstücke

2.1 Werkstückformen

Zum *Hobeln* eignen sich Werkstücke mit langer schmaler Form wie Maschinenbetten und Führungen.
Je länger der Arbeitshub ist, desto wirtschaftlicher wird die Bearbeitung durch Hobeln. Die Maschinen dafür haben deshalb Hublängen von 2 m bis 10 m. Auch große Flächen werden

mitunter noch auf Langhobelmaschinen hergestellt, obwohl dafür das Stirnfräsen wirtschaftlicher ist.

Zum *Stoßen* eignen sich Werkstücke mit Innenbearbeitungen von nicht runder Form wie Keilnaben, Innenvielecke, Innenverzahnungen und Naben mit Paßfedernuten.

Zahnräder sind ein weiteres Arbeitsgebiet für die Anwendung des Stoßens. Hierfür sind Maschinen entwickelt worden mit sehr kurzem aber schnellem Hub, die bis zu 5000 Schnitte pro Minute machen können. Schneidrad und Werkrad müssen gleichschnell umlaufen, damit die Verzahnung auf dem ganzen Umfang ausgebildet wird. Vorteilhaft ist der sehr kurze Überlauf. Er macht es möglich, daß auf einer Welle verschieden große Verzahnungen eng beieinander liegen. In PkW-Getrieben werden solche Anordnungen bevorzugt.

2.2 Werkstoffe

Da nur Werkzeuge aus Schnellarbeitsstahl und zähen Hartmetallsorten benutzt werden können, ist die Bearbeitung der Werkstoffe nach ihrer Härte eingeschränkt. Leichtmetall, Buntmetall und Gußeisen bieten keine Schwierigkeiten. Stahlguß und Stahl läßt sich nur in ungehärtetem Zustand bearbeiten. Er kann gegebenenfalls nachträglich vergütet werden. Schwierigkeiten bereitet die Bearbeitung von zähen Stahlsorten und Nickellegierungen.

3 Bewegungen

3.1 Bewegungen in Schnittrichtung

Bild B-5 zeigt, daß sich der Gesamtweg l_c in Schnittrichtung aus dem Anlaufweg l_a, der Werkstücklänge L und dem Überlaufweg l_u zusammensetzt. Die Zeit, die dafür bei der Schnittgeschwindigkeit v_c benötigt wird, errechnet sich folgendermaßen:

$$t_c = l_c / v_c$$

Für den Rücklauf wird bei der Rücklaufgeschwindigkeit v_r

$t_r = l_c / v_r$ benötigt

Setzt man als Umsteuerzeit für die Maschinen t_u ein, erhält man die Gesamtzeit für einen Doppelhub:

$$\boxed{t = t_c + t_r + t_u} \qquad \text{(B-1)}$$

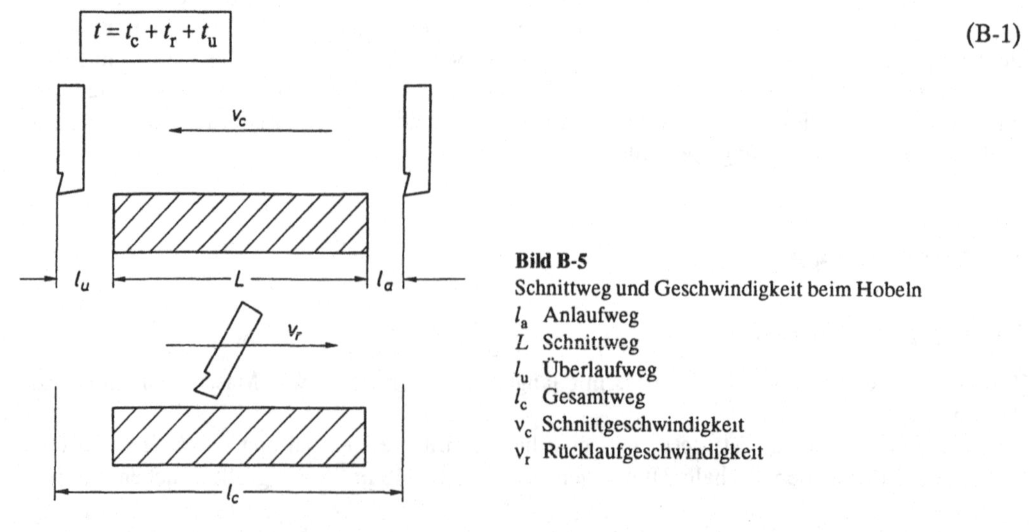

Bild B-5
Schnittweg und Geschwindigkeit beim Hobeln
l_a Anlaufweg
L Schnittweg
l_u Überlaufweg
l_c Gesamtweg
v_c Schnittgeschwindigkeit
v_r Rücklaufgeschwindigkeit

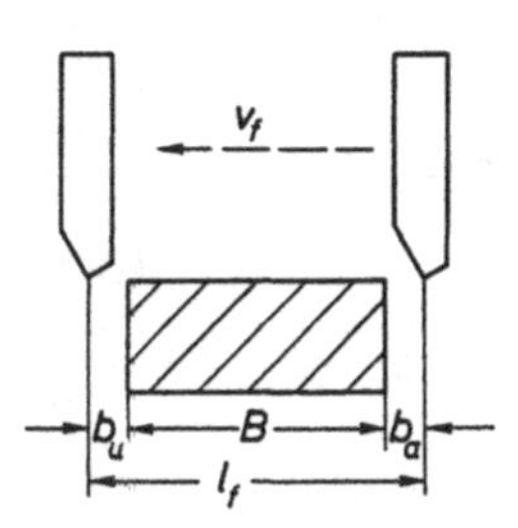

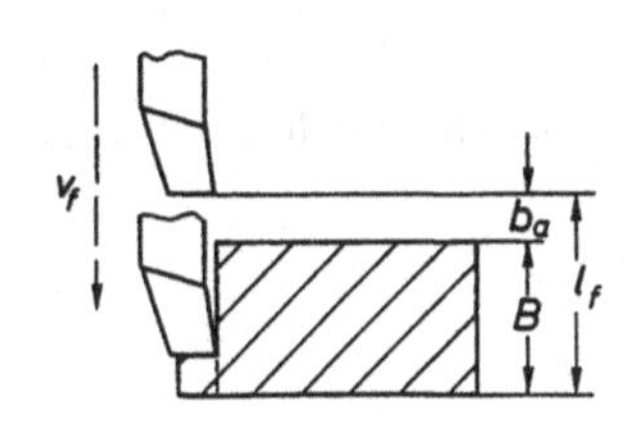

Bild B-6
Bewegungen in Vorschubrichtung beim Hobeln
B Werkstückbreite
b_a Anlaufbreite
b_u Überlaufbreite
l_f Gesamtvorschubweg
v_f Vorschubgeschwindigkeit (unterbrochen)

Daraus findet man die Zahl der Doppelhübe pro Minute

$$n_L = \frac{1}{t}$$

$$\boxed{n_L = \frac{1}{t_c + t_r + t_u}} \tag{B-2}$$

3.2 Bewegungen in Vorschubrichtung

In Vorschubrichtung sind die Werkzeugbewegungen meist unterbrochen (Bild B-6). Es wird nach jedem Doppelhub um einen festen Betrag f verstellt. Damit werden für den Gesamtvorschubweg l_f/f Doppelhübe benötigt. Die Bearbeitungszeit für ein Werkstück bei i Durchläufen der Schnittiefe a_p läßt sich folgendermaßen berechnen:

$$\boxed{t_H = \frac{l_f \cdot i}{f \cdot n_L}} \tag{B-3}$$

4 Kräfte und Leistung

Bild B-7 zeigt, daß die am Werkzeug angreifende Zerspankraft F in die drei Teilkräfte

F_c Schnittkraft,
F_f Vorschubkraft und
F_p Passivkraft

zerlegt werden kann. Sie stehen senkrecht aufeinander. Für ihre Berechnung kann man die beim Drehen abgeleiteten Gesetzmäßigkeiten anwenden.

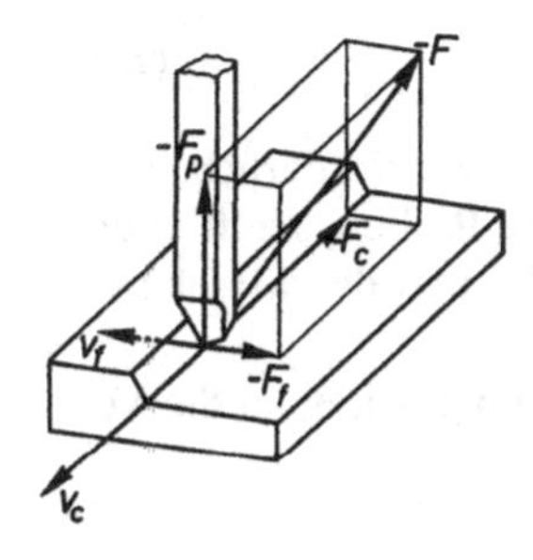

Bild B-7
Bewegungen und Kräfte beim Hobeln
v_c Schnittgeschwindigkeit
v_f Vorschubgeschwindigkeit (unterbrochen)
F Zerspankraft
F_c Schnittkraft
F_f Vorschubkraft
F_p Passivkraft

4.1 Berechnung der Schnittkraft

Der Spanungsquerschnitt A, der bei jedem Schnitt abgehohen wird, ist nach Bild B-8

$$\boxed{A = a_p \cdot f} \qquad \text{(B-4)}$$

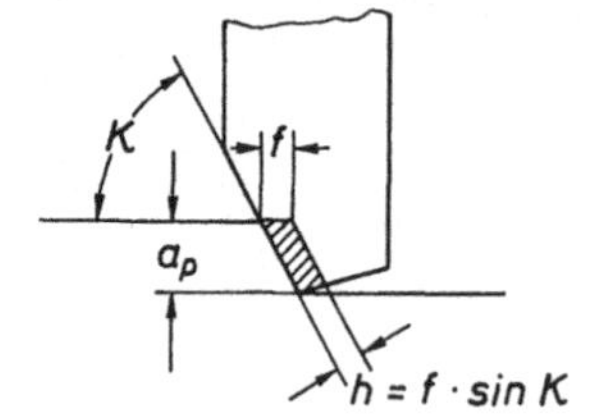

Bild B-8
Spanungsquerschnitt beim Hobeln
a_p Schnittiefe
f Vorschub pro Doppelhub
h Spanungsdicke

Mit der spezifischen Schnittkraft (A-15)

$$k_c = k_{c1\ 1} \cdot \left(\frac{h_0}{h}\right)^z \cdot f_\gamma \cdot f_\lambda \cdot f_{SV} \cdot f_f \cdot f_{st}$$

findet man die Schnittkraft

$$\boxed{F_c = A \cdot k_c} \qquad \text{(B-5)}$$

Gegenüber der Berechnungsformel (A-8) hat sich also nichts geändert. Die Konstanten $k_{c1 \cdot 1}$ und z sind in Tabelle A-14 zu finden. Sie sind werkstoffabhängig. Die Korrekturfaktoren werden auch in der gleichen Weise, wie im Kapitel A Drehen beschrieben wurde, berechnet. Als Besonderheit ist nur der Formfaktor f_f zu beachten. Er beträgt für ebene Werkstücke

$$f_f = 1{,}05$$

Hierin zeigt sich, daß die zu erwartende Schnittkraft etwa 5 % größer ist als unter vergleichbaren Bedingungen beim Drehen.
Für die Berechnung der Vorschub- und der Passivkraft kann angenähert das Verfahren aus dem Kapitel A Drehen genommen werden.

4.2 Berechnung der Schnittleistung

Die Schnittleistung beim Hobeln kann aus der Schnittkraft F_c und der Schnittgeschwindigkeit v_c bestimmt werden.

$$\boxed{P_c = F_c \cdot v_c} \qquad \text{(B-6)}$$

Zur Berechnung der für das Hobeln notwendigen Antriebsleistung ist es erforderlich, noch weitere neben der Schnittkraft auftretende Kräfte zu berücksichtigen: Die Reibungskraft in den Führungen und die Beschleunigungskraft für die Masse des Werkstücks und des Maschinenschlittens. Sie sind beim Arbeitshub und beim Rückhub wirksam.
In Vorschubrichtung trägt die Vorschubkraft F_f nicht zur Leistungserhöhung bei, denn die Verstellung erfolgt, wenn das Werkzeug nicht in Eingriff ist.

5 Zeitspanungsvolumen

Nach Bild B-5 und B-8 wird bei jedem Hub das Werkstoffvolumen $A \cdot L = a_p \cdot f \cdot L$ zerspant. Mit n_L, der Zahl der Doppelhübe pro Minute, erhält man

$$\boxed{Q = a_p \cdot f \cdot L \cdot n_L} \tag{B-7}$$

das Zeitspanungsvolumen.
Es ist als Kennwert für die Leistungsfähigkeit der spanenden Bearbeitung zu nehmen. Beim Hobeln fällt es im Vergleich zum Drehen oder Fräsen niedrig aus, da der ungenutzte Rückhub und die kleine Schnittgeschwindigkeit keine großen Werte zulassen.

6 Berechnungsbeispiel

Von einem Werkstück aus 42CrMo4 mit der Länge $L = 250$ mm und der Breite $B = 100$ mm soll eine Schicht der Dicke $a_p = 3$ mm mit einem Vorschub $f = 0{,}2$ mm auf einer Hobelmaschine in einem Arbeitsschritt abgespant werden. Die Schnittgeschwindigkeit ist $v_c = 12$ m/min, die Rücklaufgeschwindigkeit $v_r = 20$ m/min.

Aufgabe: Zu berechnen sind:

a) Hubzahl n_L,
b) Hauptschnittzeit t_h,
c) Schnittkraft F_c und
d) Zeitspanungsvolumen Q.

Lösung:

a) Nach Gleichung (B-1) ist die Zeit für einen Doppelhub $t = t_c + t_r + t_u$ und die Hubzahl $n_L = 1/t$. Nach Bild B-5 wird mit $l_c = L + l_a + l_u = 250 + 10 + 10 = 270$ mm $= 0{,}27$ m,
$t_c = 0{,}27/12 = 0{,}0225$ min und $t_r = 0{,}27/20 = 0{,}0135$ min und $t = 0{,}0225 + 0{,}0135 + 0 = 0{,}036$ min,
$n_L = 1/t = 0{,}036^{-1} = 27{,}8$ DH/min.

b) Nach Bild B-6 ist der Vorschubweg $l_f = B + b_a + b_u = 100 + 2 + 2 = 104$ mm. Mit $i = 1$ wird nach Gleichung (B-3):

$$t_h = \frac{l_f \cdot i}{f \cdot n_L} = \frac{104 \cdot 1}{0{,}2 \cdot 27{,}8} = 18{,}7 \text{ min.}$$

c) Nach Gleichung (B-5) ist $F_c = A \cdot k_c$.
Nach Gleichung (B-4) ist $A = a_p \cdot f = 3 \cdot 0{,}2 = 0{,}6$ mm^2.
Nach Gleichung (A-15) ist $k_c = k_{c1\ 1} \cdot (h_0/h)^z \cdot f_\gamma \cdot f_\lambda \cdot f_{SV} \cdot f_f \cdot f_{st}$.
In Tabelle A-14 findet man: $k_{c1\ 1} = 1563$ N/mm^2; $z = 0{,}26$; $h_0 = 1$ mm; $\gamma_0 = 6°$; $\lambda_0 = 4°$; $v_{co} = 100$ m/min.
Mit der Annahme, daß $\kappa = 70°$, $\gamma = 12°$, $\lambda = 8°$ und $f_{st} = 1{,}5$ ist, läßt sich berechnen $h = f \cdot \sin\kappa = 0{,}2 \cdot \sin 70° = 0{,}155$ mm und

$$k_c = 1563 \cdot (1/0{,}155)^{0{,}26} \; [1 - 0{,}015\,(12 - 6)]\,[1 - 0{,}015\,(8 - 4)]\left(\frac{100}{12}\right)^{0{,}1} \cdot 1{,}05 \cdot 1{,}3 = 3665 \text{N/mm}^2.$$

Damit wird $F_c = 0{,}6 \cdot 3665 = 2199$ N $\approx 2{,}2$ kN.

d) Nach Gleichung (B-7) ist $Q = a_p \cdot f \cdot L \cdot n_L$

$$Q = 3 \cdot 0{,}2 \cdot 250 \cdot 27{,}8 = 4170 \frac{\text{mm}^3}{\text{min}} \approx 4{,}2 \frac{\text{cm}^3}{\text{min}}.$$

Ergebnis:

a) Hubzahl $n_L = 22{,}8$ DH/min,
b) Hauptschnittzeit $t_h = 18{,}7$ min,
c) Schnittkraft $F_c = 2{,}2$ kN,
d) Zeitspanungsvolumen $Q = 4{,}2$ cm^3/min.

C Bohrverfahren

1 Abgrenzung

Bohren ist *Spanen* mit *kreisförmiger Schnittbewegung*, wobei die *Vorschubbewegung* nur *in Richtung der Drehachse* erfolgt. Die Drehachse ist werkzeug- und werkstückgebunden. Das heißt, sie verändert ihre Lage während der Bearbeitung nicht. Die Drehung wird vom Werkzeug oder Werkstück oder von beiden ausgeführt, meistens jedoch vom Werkzeug allein.
Nach DIN 8589 Teil 2 unterscheidet man:
Bohren ins Volle, Aufbohren, Profilbohren, Gewindebohren, Kernbohren, Unrundbohren, Planansenken, Planeinsenken, Profilsenken, Rundreiben (= Reiben), Profilreiben.

Bohren ins Volle dient zur Erzeugung einer ersten zylindrischen Bohrung. Die Werkzeuge können Spiralbohrer (Wendelbohrer) oder Spitzbohrer mit symmetrischen Schneiden, einschneidige Bohrer mit besonderen Führungsleisten, Einlippenbohrer oder Bohrköpfe auf Rohrsystemen zur Kühlmittelführung für das Tiefbohren sein.

Aufbohren ist Erweitern einer vorgearbeiteten Bohrung.

Profilbohren ist Bohren mit Profilwerkzeugen wie Zentrierbohrern oder Stufenbohrern.

Gewindebohren ist Schraubbohren zur Erzeugung eines Innengewindes.

Kernbohren ist Bohren, bei dem das Werkzeug den Werkstoff ringförmig zerspant. Der Kern der Bohrung bleibt dabei stehen.

Unrundbohren ist Bohren von unrunden Löchern mit besonderer Bewegungskinematik des Werkzeugs.

Planansenken ist Plansenken zur Erzeugung einer am Werkstück hervorstehenden ebenen Fläche.

Planeinsenken ist Plansenken einer am Werkstück vertieft liegenden ebenen Fläche. Dabei entsteht gleichzeitig eine kreiszylindrische Innenfläche. Es kann mit oder ohne Führungszapfen gesenkt werden.

Profilsenken ist Aufbohren mit Profilsenkern (z.B. Kegelsenkern).

Rundreiben (Reiben) ist aufbohren mit kleiner Schnittiefe zur Verbesserung der Formgenauigkeit und Oberflächengüte.

Profilreiben ist Aufreiben von kegeligen Bohrungen mit geringer Spanabnahme.

Einige dieser Verfahren werden in Bild C-1 symbolisch dargestellt.

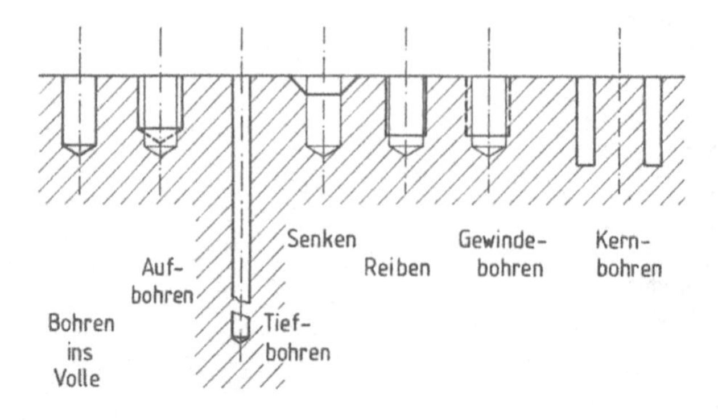

Bild C-1
Einige Bohrverfahren nach DIN 8589 Teil 2

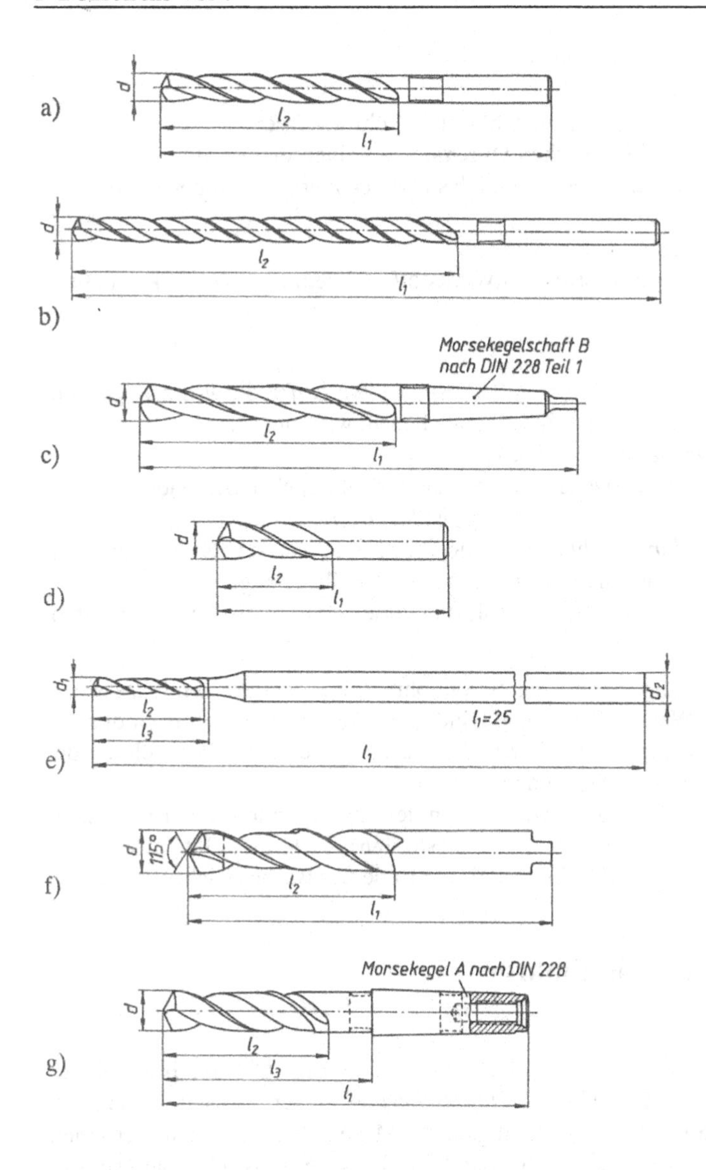

Bild C-2
Einige gebräuchliche Spiralbohrerformen
a) kurzer Spiralbohrer mit Zylinderschaft nach DIN 338
b) langer Spiralbohrer mit Zylinderschaft nach DIN 340
c) Spiralbohrer mit Morsekegelschaft nach DIN 345
d) extra kurzer Spiralbohrer mit Zylinderschaft nach DIN 1897
e Kleinstbohrer nach DIN 1899 (vergrößert gezeichnet)
f) Spiralbohrer mit Zylinderschaft und Schneidplatte aus Hartmetall nach DIN 8037
g) Spiralbohrer für Bearbeitungszentren nach DIN 1861

2 Bohren ins Volle

2.1 Der Spiralbohrer

Das bekannteste und am meisten gebrauchte Bohrwerkzeug ist der *Spiralbohrer.* Wegen seiner wendelförmigen Spannuten sollte er besser *Wendelbohrer* genannt werden. Er hat einen zylindrischen oder kegeligen *Schaft*, mit dem er im Spannfutter oder Konus der Maschinenspindel aufgenommen werden kann. Der *Werkzeugkörper* mündet im *Schneidenteil* mit zwei Hauptschneiden. Der Bohrer ist meistens ganz aus *Schnellarbeitsstahl.* Er kann aber auch aus einfachem Werkzeugstahl bestehen und eingesetzte Hartmetallschneiden haben oder aus verschiedenen Stahlsorten zusammengeschweißt sein. Dabei wird wertvoller Schneidstoff eingespart, der nur für die Schneiden nötig ist. Moderne Bohrwerkzeuge sind oft auch ganz aus *Hartmetall.* Besonders bei kleinen Bohrern fallen die Werkstoffkosten weniger ins Gewicht.

Wendelbohrer haben folgende *gute Eigenschaften*:

- Man kann mit ihnen *ins Volle* bohren.
- Sie *führen sich selbst* in der Bohrung mit den geschliffenen Führungsfasen.
- Sie können bis zu einer *Tiefe* des 5- bis 10fachen Durchmessers eingesetzt werden.
- Durch die *Spannuten* werden die *Späne hinaus-* und das *Kühlschmiermittel hineingeführt.*
- Sie lassen sich oft *nachschleifen.*
- Der *Durchmesser* bleibt beim Nachschleifen erhalten.
- Durch *verschiedene Anschliffe* lassen sie sich dem Werkstoff und dem Einsatzzweck anpassen.
- Sie sind *nicht teuer.*

Als *Nachteile* sind zu erwähnen:

- Beim Anschneiden auf unebenen oder schrägen Werkstücken *verlaufen* die Werkzeuge (biegen sich elastisch nach einer Seite), weil die Führung noch nicht wirksam ist.
- Die Querschneide verursacht *große Vorschubkräfte.*
- Die *Schnittgeschwindigkeit* ist *begrenzt* wegen der verschleißempfindlichen Schneidenecken.
- Die *Bohrungsqualität* (Genauigkeit, Oberflächengüte) ist *begrenzt.*
- In größeren Tiefen gibt es *Kühlungsprobleme* für die Schneiden, weil das Kühlmittel nicht mehr gegen den Spänefluß in ausreichender Menge zur Schnittstelle gelangt.
- Die *Reibung* der *Führungsfasen* in der fertigen Bohrung verursacht ein größeres Schnittmoment.

Es gibt eine Vielzahl von Ausführungsformen des Spiralbohrers, die dem Anwendungszweck, besonders dem zu bearbeitenden Werkstoff angepaßt sind. Sie unterscheiden sich nach der Art des Schneidstoffs, der Form des Schaftes, der Länge des Schneidenteils, der Wendelung, der Spannutenform, der Seelenstärke und der Schneidengeometrie.
Bild C-2 zeigt einige gebräuchliche Spiralbohrerformen. In den DIN-Normen findet man unter folgenden Nummern Spiralbohrer: 338, 339, 340, 341, 345, 346, 1861, 1869, 1870, 1897, 1898, 1899 und 8037. Einzelheiten darüber sind im DIN-Verzeichnis am Ende des Buches nachzulesen.

2.2 Schneidengeometrie am Spiralbohrer

2.2.1 Kegelmantelanschliff

Die Schneidengeometrie des Spiralbohrers nach DIN 6581 ist in Bild C-3 am Beispiel des einfachen *Kegelmantelanschliffs* gezeigt. Die beiden *Hauptschneiden* an der Stirnseite laufen von der äußersten *Schneidenecke* nach innen, wo sie nicht ganz die Mitte erreichen. Die hinter ihnen liegenden *Freiflächen* bilden jede für sich eine Kegelmantelfläche. Ihre Achsrichtungen sind so zur Symmetrieachse geneigt, daß sich an den Hauptschneiden die gewünschten *Freiwinkel* bilden. Dabei entsteht zwangsläufig die *Querschneide* als Verbindungslinie zwischen den Hauptschneiden durch die Bohrermitte. Bei einem orthogonalen Schnitt durch eine Hauptschneide werden *Freiwinkel* α, *Keilwinkel* β und *Spanwinkel* γ sichtbar. Wichtig zu wissen ist, daß der Spanwinkel zur Mitte des Bohrers hin kleiner wird, wie auf einer Wendeltreppe in der Mitte die Stufen kürzer werden.

Die *Nebenschneiden* laufen an der zylindrischen Mantelfläche des Bohrers wendelförmig von der Schneidenecke aus zum Schaft nach oben. Sie begrenzen auf der einen Seite die *Spannuten* und setzen sich auf ihrer Rückseite in einer *Führungsfase* fort. Diese dient der Führung des sonst elastischen und dadurch labilen Werkzeugs in der fertigen Bohrung.

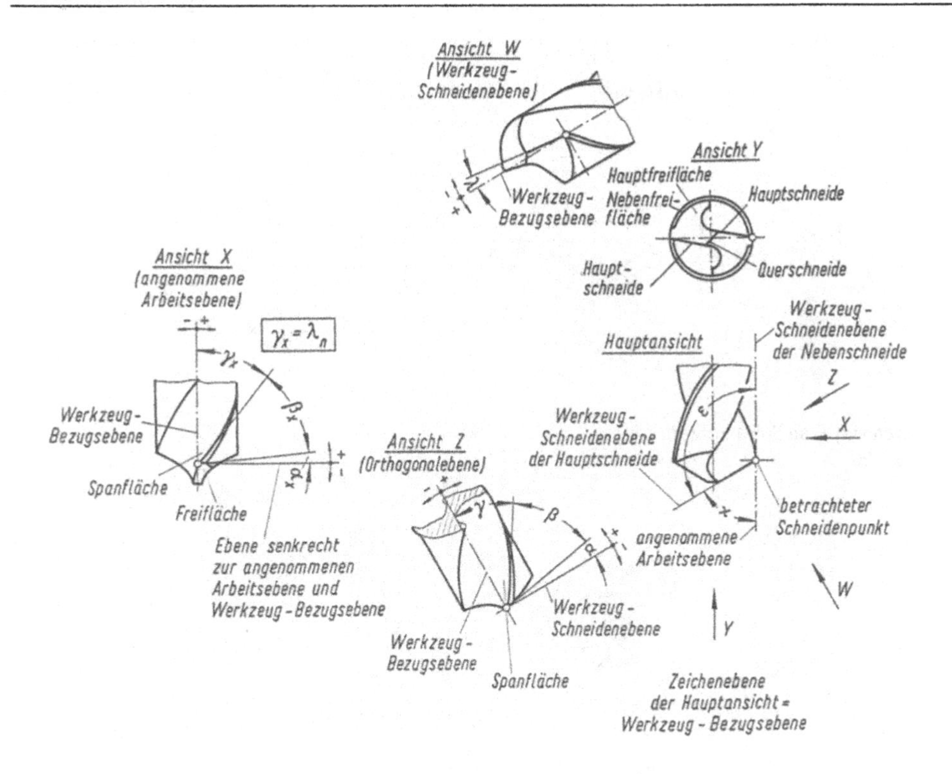

Bild C-3 Schneidengeometrie des Spiralbohrers mit Kegelmantelanschliff nach DIN 6581

Die *Neigung* der Nebenschneiden durch die Wendelung des Bohrers ist mit dem Spanwinkel verknüpft. In der Seitenansicht *X*, die die Arbeitsebene der Schneidenecke wiedergibt, wird $\gamma_x = \lambda_n$. Die *Neigung* der *Hauptschneiden* ist durch den *Spitzenwinkel* σ und die Dicke der *Bohrerseele* bestimmt (siehe Ansicht *W*). Der vom Drehen her bekannte *Einstellwinkel* κ ergibt sich aus dem *halben Spitzenwinkel*

$$\kappa = \sigma/2$$

2.2.2 Besondere Anschliffformen

Der normale *Spitzenwinkel* des Kegelmantelanschliffs beträgt 118°. Er kann werkstoffabhängig kleiner oder größer gewählt werden (s. Bild C-4) [29]. Ein kleinerer Spitzenwinkel (z.B. 90°) führt zu einer besser zentrierenden Spitze, zu größeren Schneidenlängen *b*, auf die sich der Spanungsquerschnitt mit kleinerer Spanungsdicke *h* verteilen kann. Die Belastung eines Stückes der Schneidkante ist also kleiner, obwohl die Schnittkraft etwas größer wird. Anwendung findet der kleine Spitzenwinkel bei Grauguß, um die Belastung der Schneidenecken zu verkleinern, bei hartem Kunststoff, um am Austritt der Schneide aus dem Werkstück Ausbrüche zu vermeiden und bei unebener Werkstückoberfläche, um den Bohrer besser zu zentrieren.
Ein größerer Spitzenwinkel (z.B. 130°) verursacht ein kleineres Drehmoment, führt zu einem besseren Spanabfluß in die Spannut und zentriert weniger, was zu erweiterten Bohrungen führt.

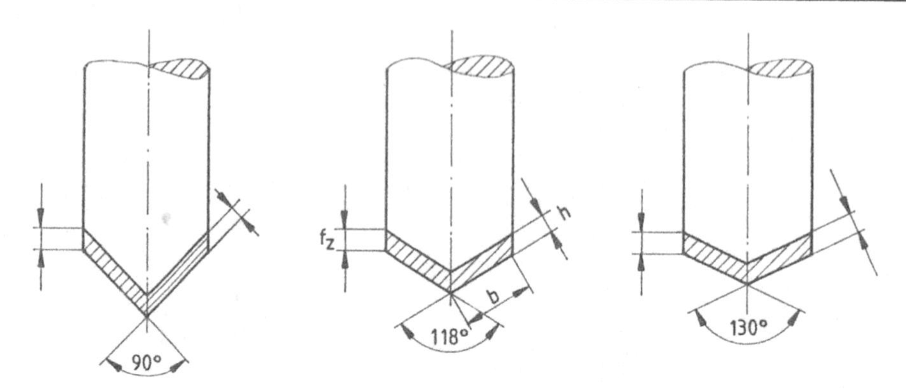

Bild C-4 Spitzenwinkel an Spiralbohrern

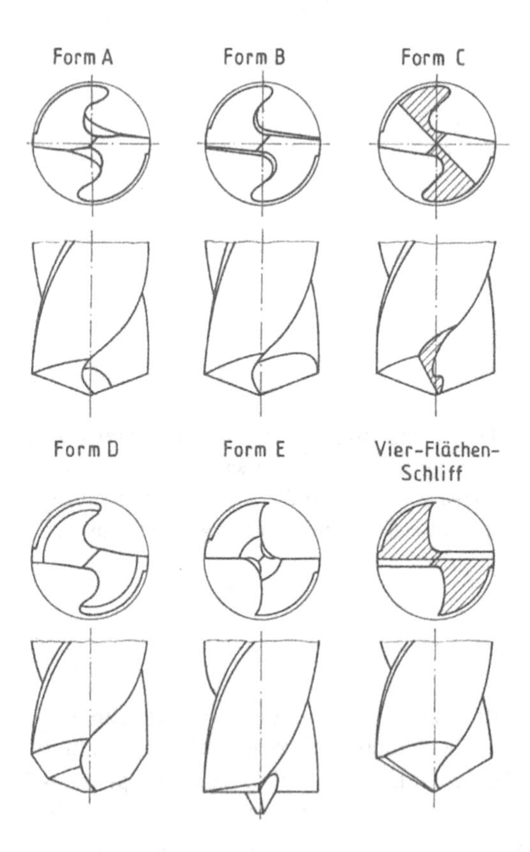

Bild C-5

Zusätzliche Schleifvorgänge und Sonderanschliffe am Spiralbohrer nach DIN 1412

A ausgespitzte Querschneide

B korrigierte Hauptschneide mit gleichbleibendem Spanwinkel

C Kreuzanschliff

D abgestufter Spitzenwinkel für die Graugußbearbeitung

E Sonderanschliff mit Zentrumspitze

F nicht genormter Vierflächenschliff

Er wird angewendet bei hochlegierten Stählen, die entweder eine große Festigkeit haben, oder aufgrund ihrer Zähigkeit zum Einklemmen des Bohrers oder zu Aufschweißungen neigen. Bei Leichtmetallen nimmt man gerne einen noch größeren Spitzenwinkel (140°), um den besonders starken Späneanfall besser zu lenken.

Bild C-5 zeigt, welche *zusätzlichen Schleifvorgänge* am Kegelmantelanschliff vorgenommen werden können, um gewisse Nachteile zu vermeiden.

Beim *Ausspitzen* (Form A) wird die ungünstig eingreifende *Querschneide verkürzt*, während die Hauptschneide zur Mitte abknickend verlängert wird. Ein Teil der Querschneide, etwa 8 bis 10 % des Bohrerdurchmessers bleibt erhalten, um die Spitze zu verstärken. Dieser Zusatzanschliff ist leicht auszuführen. Er ist unempfindlich und hält größere Beanspruchungen aus. Man wendet ihn an, wenn die Zentrierwirkung verbessert werden soll und vor allem, um die Axialkraft bei Bohrern mit großem Durchmesser oder besonders dicker Seele für hochfeste Werkstoffe zu verringern. Die Axialkraft kann sich dadurch bis auf die Hälfte verkleinern.
Ein zusätzliches *Nachschleifen* des *Spanwinkels* (Form B) soll der Hauptschneide auf ihrer ganzen Länge einen gleichbleibenden Spanwinkel (z.B. 10°) und größere Stabilität geben. Sehr harte Werkstoffe wie Manganhartstahl erfordern diese Maßnahme, um die Schneide, die besonders großen Kräften und Erwärmungen ausgesetzt ist, zu festigen. Für das Bohren von Blechen ist der normale Spanwinkel, der außen an der Schneidenecke bis zu 30° beträgt, ungünstig. Er führt zum Anheben und Aufwölben einzelner Bleche. Ein kleiner oder sogar 0°-Spanwinkel kann das verhindern. Die restliche Spankammer bleibt mit ihrer normalen Steigung für den Spänetransport erhalten.
Der *Kreuzanschliff* (Form C) erhält durch ein Abschrägen des hinteren Teiles der Freiflächen an den Querschneiden zwei neue kleine Spanflächen und scharfe Schneidkanten. Dadurch braucht die Querschneide nicht mehr zu quetschen und zu drücken, sondern sie kann unter günstigen Schnittbedingungen eingreifen. Stark verkleinerte Vorschubkräfte und gute Zentrierung beim Anbohren sind die Vorteile. Empfindlich sind allerdings die *neu entstandenen Ecken* an den Übergängen zu den Hauptschneiden. Bei zu großem Vorschub oder Stößen können sie ausbrechen. Der Kreuzanschliff ist bei schwer zerspanbarem Cr-Ni-Stahl angebracht.
Für Grauguß besonders empfohlen wird ein *Verkleinern* des *Spitzenwinkels* im Bereich der Schneidenecken (Form D). Das kann auch mehrfach gestuft oder abgerundet geschliffen werden. Beim Druchstoßen der Gußhaut sind die Schneidenecken besonders durch Ausbrüche gefährdet. Die Verkleinerung des Spitzenwinkels verteilt die Schnittbelastung auf eine größere Kantenlänge und verkleinert sie dadurch. Für langspanende Werkstoffe empfiehlt sich dieser Anschliff nicht, weil mehrere Späne entstehen, die sich in der Ablaufrichtung kreuzen und behindern.
Der *Sonderanschliff mit Zentrumspitze* (Form E) ist für das Bohren von dünnwandigen Werkstücken beziehungsweise Blechen gedacht (Bild C-6). die kleine Spitze mit besonders kurzer Querschneide ($0{,}06 \cdot D$) zentriert den Bohrer gut aufgrund der Ausspitzung und des 90°-Spitzenwinkels. Die Hauptschneiden setzen gleichzeitig auf ihrer vollen Länge auf. Die Schneidenecken mit ihren Führungsfasen an den Nebenschneiden übernehmen dann sofort die Führung im dünnen Werkstück. Beim Austritt des Bohrers wird ein ringförmiges Plättchen herausgeschnitten. Es entsteht an der Kante kaum ein Grat. Von Nachteil ist die Empfindlichkeit der besonders spitzen Schneidenecken, die leicht stumpf werden.
Der *Vier-Flächen-Schliff* ersetzt den Kegelmantel an den Freiflächen durch jeweils zwei ebene Flächen. Dieser Anschliff ist bei sehr kleinen Bohrern (unter 2 mm Durchmesser) leichter anzubringen. Er ist nicht nach DIN genormt.
Hartmetallbohrer brauchen *besondere Anschlifformen*. Die Sprödheit des Materials läßt kein Verlaufen zu. Deshalb sind die Spitzen so ausgebildet, daß sie sehr genau ohne größeren Druck

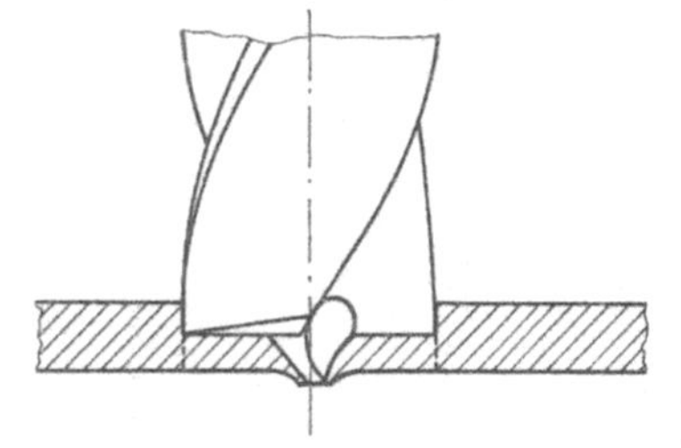

Bild C-6
Wirkungsweise des Spiralbohrers mit Zentrumspitze beim Bohren von Blechen

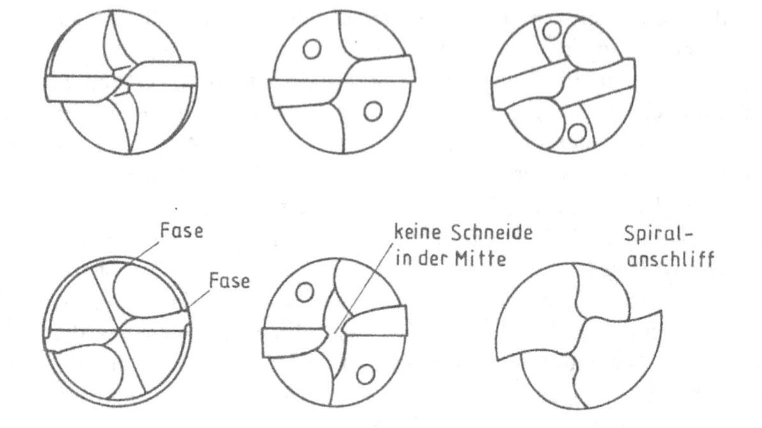

Bild C-7
Spitzenformen an Spiralbohrern aus Hartmetall. Die Kühlmittelbohrungen folgen der Wendel des Bohrers

anbohren. Die Hauptschneiden müssen eine Fase mit negativem Spanwinkel haben, um Schneidenausbrüchen vorzubeugen. Für eine sorgfältige Kühlung der Schneiden wird das Kühlschmiermittel meistens durch zwei Bohrungen in den Wendeln zur Spitze geführt. Bild C-7 zeigt einige Spitzenformen von Hartmetall-Spiralbohrern.

2.2.3 Anschliffgüte von Spiralbohrern

Eine nicht zu unterschätzende Bedeutung für die Standzeit bzw. Standlänge der Bohrwerkzeuge hat der Anschliff. Außer auf die Forderungen nach Einhaltung der geeigneten Werkzeugwinkel und Anstreben einer möglichst geringen Rauheit an den Schneidenflächen durch die Wahl zweckmäßiger Schleifscheiben ist bei Bohrwerkzeugen, in erhöhtem Maße bei Spiralbohrern, auf einen möglichst genau symmetrischen Anschliff zu achten. Nur so kann bei den mehrschneidigen Bohrwerkzeugen die Belastung der einzelnen Schneiden so gleichmäßig wie möglich gehalten werden. Andernfalls wird die höher belastete Schneide stärker und schneller abstumpfen und so das Ende der Standzeit des gesamten Bohrwerkzeugs bestimmen. Die Folge davon ist ein unnötig großer Werkzeugverschleiß. Auch die Maßabweichungen nehmen zu.
Häufige Fälle der Unsymmetrie beim Anschleifen von Spiralbohrern sind:

1.) außermittige Lage der Querschneide derart, daß zwar die Länge der beiden Hauptschneiden l_H gleich, jedoch die Einstellwinkel κ ungleich sind (Bild C-8a);
2.) außermittige Lage der Querschneide derart, daß wohl die beiden Einstellwinkel κ gleich, jedoch die Hauptschneidenlängen l_H ungleich sind (Bild C-8b);
3.) die Querschneide liegt wohl mittig, jedoch sind weder die Hauptschneidenlängen l_H noch die Einstellwinkel κ gleich groß (Bild C-8c).

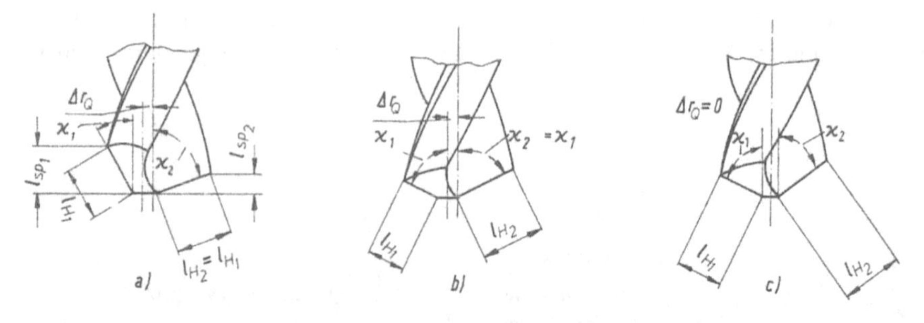

Bild C-8 Die wichtigsten Unsymmetrie-Möglichkeiten am Spiralbohreranschliff

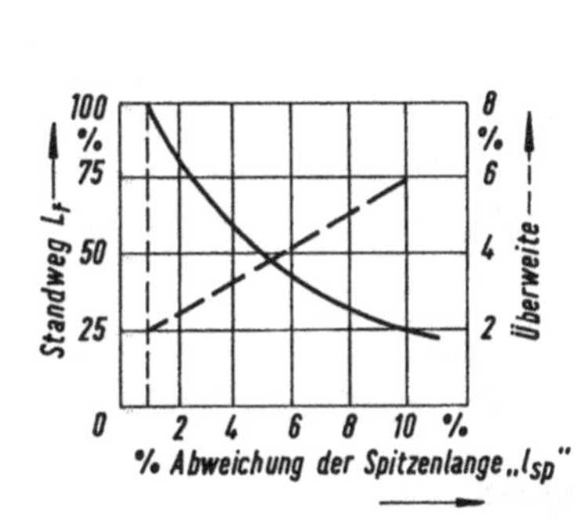

Bild C-9 Auswirkung eines unsymmetrischen Spiralbohrer-Anschliffs auf die Standlänge L_F des Bohrers und auf die Überweite des gebohrten Loches

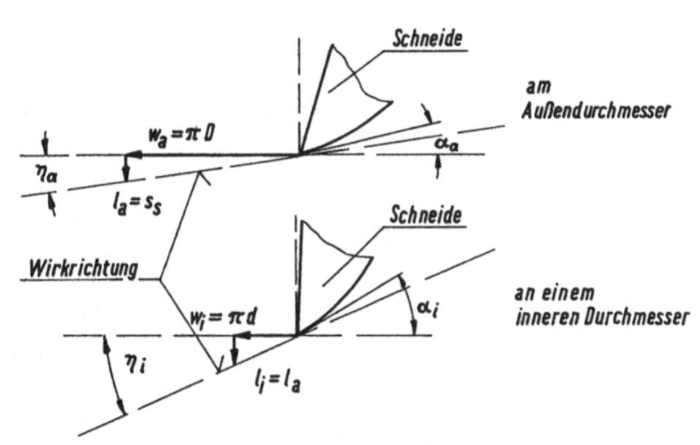

Bild C-10 Wirkrichtungswinkel η und Freiwinkel α am Außendurchmesser D und an einem inneren Durchmesser d < D eines Spiralbohrers. $\eta_i > \eta_a$; deshalb muß $\alpha_i > \alpha_a$ ausgefuhrt werden

Zur Prüfung des symmetrischen Anschliffs eines Spiralbohrers können folgende Größen gewählt werden:

Hauptschneidenlängen l_{H1} und l_{H2},

Einstellwinkel κ_1 und κ_2,

Außermittigkeit der Querschneide Δr_Q.

Wenn für zwei dieser Größen einwandfreie Übereinstimmung der Maße 1 und 2 festgestellt wird, so ist der Anschliff symmetrisch.

Aus Bild C-9 ist zu ersehen, wie stark sich unsymmetrische Anschliffe auf die Arbeitsgenauigkeit und auf die Standlängen je nach dem Grad der Unsymmetrie auswirken. Als Richtwerte für zulässige Abweichungen gibt *Pahlitzsch* für Spiralbohrerdurchmesser von 10 ... 20 mm folgende Zahlen:

Differenz der Hauptschneidenlänge $\leq$ 0,1 mm,

Differenz der Einstellwinkel $\leq$ 0,33°.

Das Scharfschleifen der Spiralbohrer sollte daher nur auf maschinellen Schleifeinrichtungen durchgeführt werden, bei denen auch das Nachmessen der geschliffenen Flächen möglich ist. Das maschinelle Nachschleifen der Spiralbohrer erfolgt als „Kegelmantelschliff" am Hüllkegel der Spitze derart, daß sich ein genügend großer Freiwinkel α ergibt. Dieser beträgt am Außendurchmesser etwa 6°, und nimmt nach innen entsprechend dem mit kleiner werdenden Durchmesser wachsenden Wirkrichtungswinkel η zu (Bild C-10).

2.3 Bohrer mit Wendeschneidplatten

2.3.1 Konstruktiver Aufbau

Bild C-11 zeigt Bohrer mit Wendeschneidplatten. Es gibt sie mit 6 mm bis 60 mm Durchmesser. Die Zahl der Schneidplatten richtet sich nach der Bohrergröße. Meistens sind es zwei Schneidplatten. Diese teilen sich die Schnittiefe (Hälfte des Durchmessers) auf. Deshalb sind sie unsymmetrisch angeordnet. Aufgrund dieser Unsymmetrie sind die Radialkräfte nicht wie beim Wendelbohrer ausgeglichen. Die kurze *gedrungene Bauweise* muß den Radialkräften standhalten. Außerdem muß die Werkzeugmaschine eine stabile Aufnahme und eine spielfreie Spindel besitzen. Die Schneidplatten sind oft dachförmig. Dadurch werden die Radialkräfte wenigstens teilweise ausgeglichen, was der Zentrierung des Bohrers beim Anschnitt zugute kommt. Die äußere Schneide hat zum Schaft einen seitlichen Überstand (Bild C-12). Es gibt keine

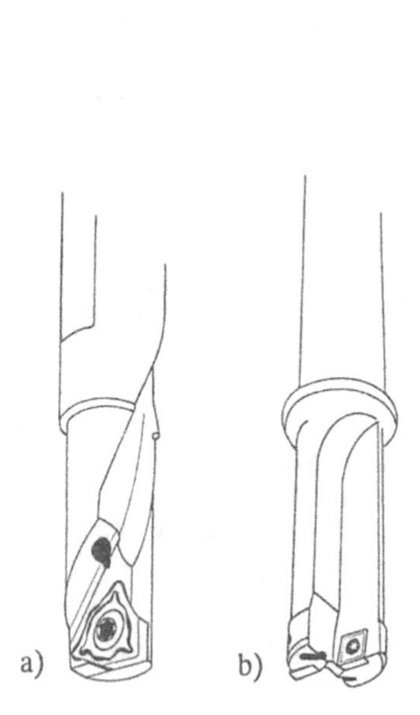

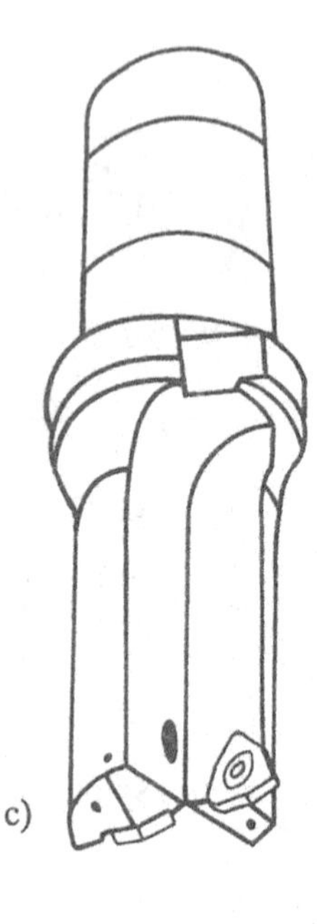

Bild C-11
Bohrer mit Wendeschneidplatten
a) kleinere Bohrer mit einer Wendeschneidplatte
b) Bohrer mit zwei quadratischen Wendeschneidplatten
c) größerer Bohrer mit dachförmigen Schneiden

Führungsflächen wie beim Wendelbohrer, die an der Bohrungswand gleiten. Die innere Schneide erfaßt die Bohrungsmitte. Mitunter wird ein kleiner Werkstoffzapfen nicht erfaßt. Dieser wird durch Biegung und Bruch in die Spannut geführt. Querschneiden gibt es nicht.
Wendeplattenbohrer haben Kühlmittelkanäle für beide Schneiden. Die entstehenden Wendelspäne werden so durch die Spannuten hinausgespült.

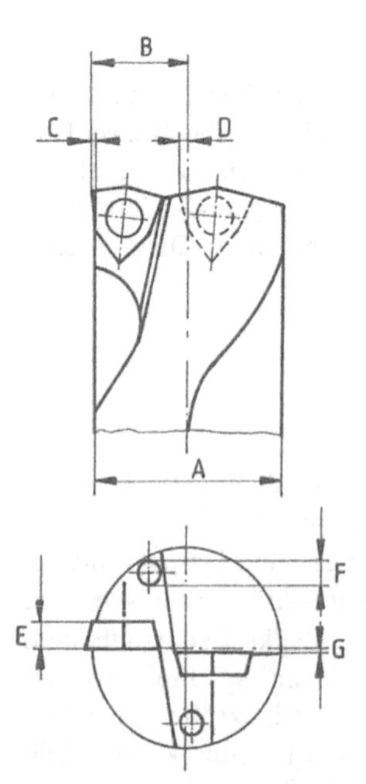

Bild C-12
Wendeschneidplattenanordnung an einem Bohrer
A Schaftdurchmesser
B d/2 Abstand der Schneidenecke von der Bohrermitte
C Uberstand der Schneidenecke uber den Schaft
D Überstand der zweiten Schneidplatte über die Mitte
E Schneidplattendicke
F Größe des Kühlmittelkanals
G Unterschnitt in der Mitte

2.3.2 Eigenschaften und Einsatzgebiete

Wendeplattenbohrer lassen Bohrungstiefen bis zum Zweifachen des Durchmessers zu. Die notwendige *Stabilität* gegen *Radialkräfte* verlangt eine kurze Bauweise. Die anwendbaren Schnittgeschwindigkeiten sind abhängig von der Schneidstoff-Werkstoffpaarung. Wie beim Drehen mit Hartmetall können sie das Zehnfache von Schnellarbeitsstahl-Bearbeitungen sein. Auch hier ist zu beachten, daß zur Mitte der Bohrung hin kleinere Umlaufgeschwindigkeiten $v_c = 2 \cdot \pi \cdot r \cdot n$ entstehen, für die andere Hartmetallsorten oder -Beschichtungen oder Schneidengeometrien besser sind. *Größere Schnittgeschwindigkeiten* machen über größere Drehzahlen auch *größere Vorschubgeschwindigkeiten* $v_f = f \cdot n$ möglich. Damit wird das Zeitspanungsvolumen $Q = \pi \cdot d \cdot v_f$ wesentlich größer und die Hauptschnittzeit $t_h = l_f/v_f$ wesentlich kürzer als bei einer Bearbeitung mit Wendelbohrern aus Schnellarbeitsstahl.
Wendelplattenbohrer können in begrenzter Weise *exzentrisch* eingesetzt werden. Dabei erzeugen sie größere Bohrungen, deren Durchmesser über die Exzentrizität einstellbar sind. Eine Genauigkeitsbearbeitung läßt sich auch dadurch erzielen, daß nach einem zentrischen Einbohren ins Volle der Rückhub leicht exzentrisch mit Vorschubgeschwindigkeit ausgeführt wird. Dabei schneidet die äußere Schneide mit ihrem seitlichen Überstand die Bohrung nach. So kann die Rauhtiefe R_Z, die beim Einbohren 20 bis 30 µm erreicht, auf 15 µm verkleinert werden [30].

2.4 Schneidstoffe für Bohrwerkzeuge

2.4.1 Schnellarbeitsstahl

Schnellarbeitsstahl ist als Schneidstoff bei allen Bohrwerkzeugarten sehr verbreitet. Er läßt sich im ungehärteten Zustand durch Drehen, Fräsen, Bohren, Schleifen und Kaltformen in jede gewünschte Form bringen. Nach dem Vergüten kann man ihn durch Schleifen immer noch gut bearbeiten und dem Werkzeug seine präzise Endform geben. Von Nachteil ist die begrenzte Warmfestigkeit. Zwischen 500 °C und 600 °C verliert er seine Härte, weil Veränderungen des Vergütungsgefüges eintreten. Die gute Zähigkeit empfiehlt sich für Bearbeitungen mit großen Schnittkräften, bei Schwingungen und alten unstabilen Maschinen.
Eine Reihe bevorzugter Qualitäten ist in Tabelle C-1 aufgezählt. S 6-5-2 wird allgemein als HSS bezeichnet. S 6-5-2-5 hat auch die Bezeichnung HSCO. Die höher legierten Schnellarbeitsstähle laufen auch unter der verschleiernden Bezeichnung HSS-E.
Qualitätsverbesserungen lassen sich durch *pulvermetallurgische* Herstellungsstufen erzielen. Dabei wird der flüssige Stahl durch Düsen zerstäubt und anschließend die Rohlingsform gepreßt. Es entsteht ein sehr gleichmäßiges feinkörniges Gefüge mit sehr guten mechanischen Eigenschaften, die das Verschleißverhalten deutlich verbessern.
Tabelle C-2 enthält einige pulvermetallurgisch hergestellte Schnellarbeitsstähle mit schwedischen und amerikanischen Firmenbezeichnungen.

Tabelle C-1: Schnellarbeitsstähle für Werkzeuge zur Innenbearbeitung wie Bohrer, Senker, Reibahlen, Gewindebohrer [31]

Werkst.-Nr.	Kurzname	Zusammensetzung					
		C	Cr	Mo	V	W	Co
1.3343	S 6-5-2	0,90	4,1	5,0	1,9	6,4	-
1.3243	S 6-5-2-5	0,92	4,1	5,0	1,9	6,4	4,8
1.3247	S 2-10-1-8	1,08	4,1	9,5	1,2	1,5	8,0
1.3344	S 6-5-3	1,22	4,1	5,0	2,9	6,4	-
1.3348	S 2-9-2	1,00	3,8	8,5	2,0	1,8	-

Tabelle C-2: Pulvermetallurgisch hergestellte Schnellarbeitstahle

Bezeichnung	Zusammensetzung					
	C	Cr	Mo	V	W	Co
ASP 23	1,28	4,2	5,0	3,1	6,4	–
ASP 30	1,28	4,2	5,0	3,1	6,4	8,5
ASP 60	2,30	4,0	7,0	6,5	6,5	10,5
CPM Rex M 42	1,10	3,7	9,5	–	1,5	8,0
CPM Rex T 15	1,15	4,0	–	–	12,3	5,0

2.4.2 Schnellarbeitsstahl mit Hartstoffschichten

Zur Verbesserung der Verschleißfestigkeit von Bohrwerkzeugen aus Schnellarbeitsstahl werden vielfach *harte Schichten* auf Span- und Freifläche aufgebracht. Diese Schichten sind nur wenige Mikrometer dick. Sie müssen auf dem Grundstoff gut haften. Sie bestehen aus *Titankarbid, Titannitrid, Titancarbonitrid, Titan-Aluminiumnitrid* oder anderen verschleißfesten Schichten. Neuerdings wird auch mit *Diamant*beschichtung experimentiert. Ihre Wirkung beruht auf verschiedenen Eigenschaften. Gegenüber dem Reibungsverschleiß sind sie durch ihre große Härte, die auch bei höheren Temperaturen erhalten bleibt, widerstandsfähig. Die Aufbauschneidenbildung verringert sich, da die Neigung zum Verkleben zwischen Stahl und Titanverbindungen geringer ist als zwischen Stahl und Schnellarbeitsstahl. Zusätzlich führen größere Schnittgeschwindigkeiten bei beschichteten Schneiden aus dem Temperaturbereich der Aufbauschneiden heraus. Schließlich läßt sich der Oxydationsverschleiß durch Wahl geeigneter Beschichtungsstoffe zu höheren Temperaturen verschieben. So kann zum Beispiel mit Aluminiumanteilen, die eine sehr widerstandsfähige dichte Oxidschicht erzeugen, die Oxydationstemperatur von 400 °C bei Titankarbid oder 600 °C bei Titannitrid auf 800 °C hinaufgedrückt werden [32]. Das bedeutet für die praktische Anwendung bei Werkstoffen wie Stahl und Grauguß höhere Schnittgeschwindigkeiten oder längere Standzeit (Bild C-13). Auch hochlegierter Stahl läßt sich dann bearbeiten. Aber die verwendete Schicht muß auf den zu bearbeitenden Werkstoff abgestimmt sein.

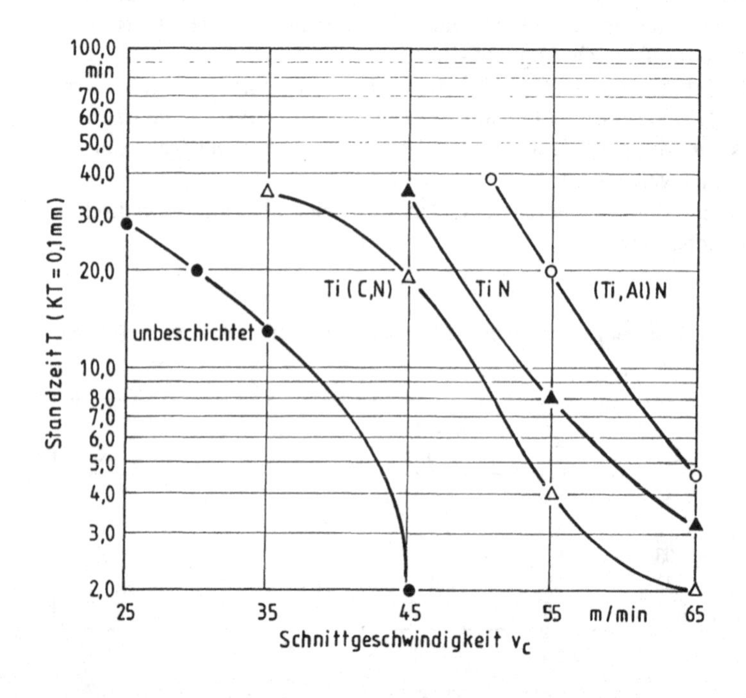

Bild C-13
Die Beschichtung von Bohrwerkzeugen aus Schnellarbeitsstahl mit Karbid- oder Nitridschichten verlangert die Standzeiten oder laßt großere Schnittgeschwindigkeiten zu [33]

Die Hartstoffschichten werden durch die Span- und Werkstoffreibung allmählich *abgetragen.* Aber auch, wenn sie den darunterliegenden Grundstoff schon freigeben, stützen die Kanten der Schicht den Werkstoff noch ab und bremsen Kolkbildung oder Freiflächenverschleiß. Beim *Nachschleifen* der Werkzeuge geht die Schicht auf der nachgeschliffenen Fläche verloren. Beim Spiralbohrer ist das die Freifläche. Die Spanfläche jedoch und die ganze Spannut bleiben beschichtet. Praktische Erfahrungen zeigen, daß auch nachgeschliffene Bohrer noch größere Standlängen bringen als unbeschichtete.

Als Beschichtungsverfahren für Schnellarbeitsstahl-Werkzeuge hat sich das *ionenunterstützte Aufdampfen* bewährt. Es ist eine besondere Art des PVD-Beschichtens (Physical Vapor Deposition, Bild C-14). Die Werkzeugtemperatur läßt sich damit sicher unter der für Schnellarbeitsstahl kritischen Anlaßtemperatur von 550 °C halten. Das verdampfte Beschichtungsmaterial (Ti) wird in der Glimmentladung eines Trägergases (z.B. N_2) teilweise ionisiert und durch eine negative Spannung beschleunigt. Nach Reaktion mit dem Trägergas trifft es mit hoher kinetischer Energie (100–300 eV) auf den Werkzeugen auf und bildet eine gleichmäßige glatte fest haftende dünne Schicht [34].

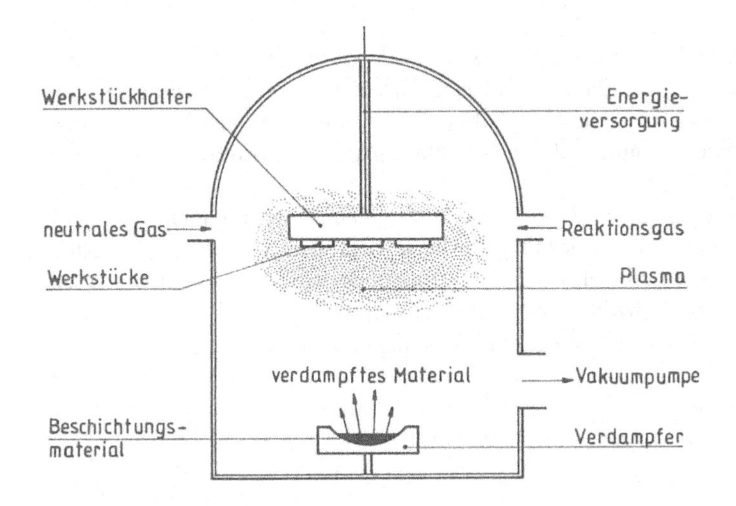

Bild C-14
Prinzipdarstellung des ionenunterstützten Aufdampfens nach dem PVD-Verfahren. Die Werkstücke werden dabei einem Ionenbeschuß ausgesetzt [34]

2.4.3 Hartmetalle

Bohrwerkzeuge können entweder *ganz aus Hartmetall* bestehen, oder sie sind aus Werkzeugstahl und haben *eingesetzte* oder *eingelötete Hartmetallkronen.* Es werden verschiedene Hartmetallsorten verwendet, die den besonderen Beanspruchungen beim Bohren gewachsen sind. In Tabelle C-3 sind sie aufgezählt. Sie bestehen zu 70 bis 94 % aus Wolframkarbid, ergänzt durch andere Karbide, besonders Titankarbid, und haben 6 bis 15 % Kobalt als Bindemetall, das ihnen die erforderliche Zähigkeit verleiht.

Feinbearbeitungswerkzeuge müssen *scharfkantig* und *verschleißfest* sein. Hierfür eignen sich die Sorten K 01 bis K 10. Werkzeuge für grobe Bearbeitungen müssen große und wechselnde Kräfte ertragen, ohne auszubrechen. Hartmetallsorten mit größerem Kobalt-Gehalt eignen sich dafür.

Neu entwickelte *Feinkorn*-Hartmetallsorten mit Korngrößen unter 1 µm haben bezüglich Härte und Zähigkeit noch bessere Eigenschaftswerte als die üblichen Hartmetalle mit etwa 2 bis 3 µm Korngröße. Ihre Herstellung ist jedoch aufwendiger.

Die *geometrische Gestaltung* der Werkzeugschneiden muß den Eigenschaften des Hartmetalls, besonders der geringeren Zähigkeit gegenüber Schnellarbeitsstahl, Rechnung tragen. Positive

Tabelle C-3: Hartmetallsorten für Bohrwerkzeuge [31]

Anwendungsgruppe nach DIN 4990	Anwendung	Art der Werkzeuge
K 01 + K 05	Grauguß großer Härte, faserverstärkte und abrasive Werkstoffe	Einlippentieflochbohrer, Reibahlen, Sonderbohrer
K 10 + K 20	Grauguß, übereut. AlSi-Leg., NE-Metalle, Kunststoffe	Spiralbohrer, Bohrmesser, Gewindebohrer, Senker, Reibahlen
K 40	Holz, NE-Metalle	Sonderwerkzeuge
P 20 + P 25	legierter Stahl, hochlegierter Stahl, Stahlguß	Spiralbohrer (mit Kantenverrundung), Gewindebohrer
P 40	legierter Stahl, hochlegierter Stahl, Stahlgruß	verschiedene Bohrwerkzeuge, Bohrmesser, Senker

Spanwinkel sollen die Kräfte reduzieren, größere Kerndicke verringert die Elastizität und dadurch bedingte Torsionsschwingungen, *besondere Spitzenanschliffe* (Bild C-7) verbessern die Zentrierung beim Anbohren, verkleinern die Vorschubkraft und geben dem Span eine günstige Ablaufrichtung, *Kühlkanäle* sorgen für gute Kühlmittelzuführung und Beschichtungen reduzieren Kolkverschleiß und Spanreibungskräfte.
Bei groben Bohrbearbeitungen schützen *große Keilwinkel* und *Fasen* die empfindlichen Schneidkanten vor Ausbrüchen. Es empfiehlt sich leistungsstarke mit stabilen Spindeln ausgerüstete Maschinen zu verwenden. Sie sollen weder elastisch nachgeben noch Schwingungen unterstützen.
Der Einsatz von Hartmetallbohrern bewirkt unter geeigneten Bedingungen

- eine *Verbesserung* der *Genauigkeit* von IT 10 auf IT 9 bei eingelöteten Schneiden und auf IT 8 bei Ganzhartmetall,
- eine *Verlängerung* der *Standzeit* und
- eine *Vergrößerung* der anwendbaren *Schnittgeschwindigkeit.*

2.5 Spanungsgrößen

Der *Spanungsquerschnitt A* bestimmt wesentlich die Größe der Zerspankraft. Er wird für jede Schneide getrennt angegeben. Bild C-15 zeigt, daß er sich aus dem Vorschubanteil $f_z = f/z$ und der Schnittiefe a_p errechnen läßt:

$$\boxed{A = f_z \cdot a_p} \tag{C-1}$$

Seine Form ähnelt der eines Parallelogramms mit der Dicke h und der Breite b. Deshalb gilt auch

$$\boxed{A = b \cdot h} \tag{C-2}$$

Den Zusammenhang liefert der *Einstellwinkel* $\kappa = \sigma/2$:

$b = a_p/\sin\kappa$ und

$h = f_z \cdot \sin\kappa$

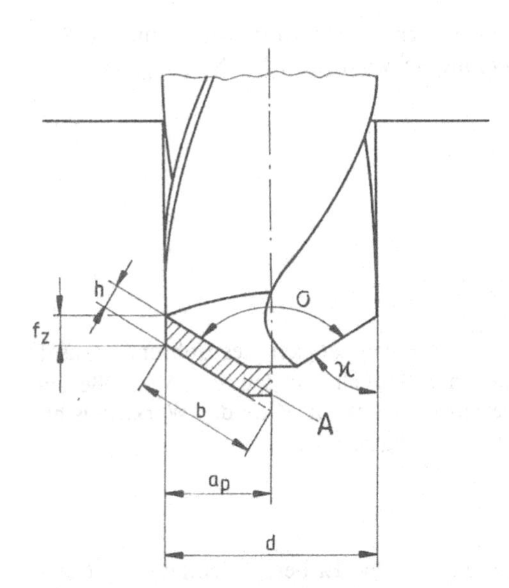

Bild C-15 Der Spanungsquerschnitt A, dargestellt am Spiralbohrer.
h = Spanungsdicke, b = Spanungsbreite,
a_p = d/2 Schnittiefe, κ = σ/2 Einstellwinkel

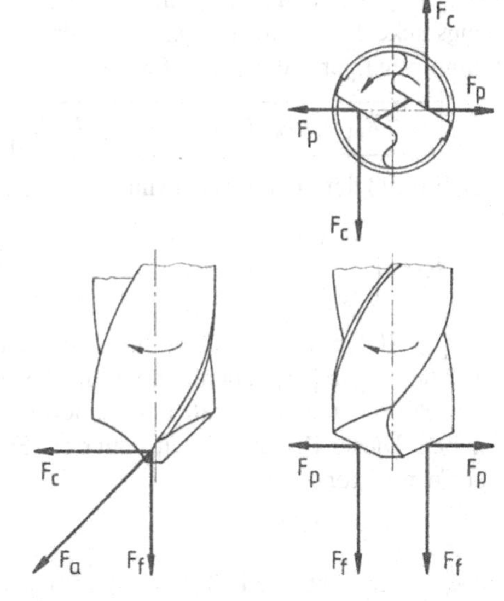

Bild C-16 Zerspankraftkomponenten eines Spiralbohrers
F_c = Schnittkraft, F_f = Vorschubkraft,
F_p = Passivkraft, F_a = Aktivkraft

Für einen Spiralbohrer mit $z = 2$ Schneiden gilt demnach

$$f_z = f/2$$

$$\boxed{h = \frac{f}{2} \cdot \sin \frac{\sigma}{2}} \quad \text{und} \qquad \text{(C-3)}$$

$$\boxed{A = \frac{d \cdot f}{4} \cdot \sin \frac{\sigma}{2}} \qquad \text{(C-4)}$$

Bei Wendeplattenbohrern ist meistens mit $z = 1$ zu rechnen, weil mehrere Wendeschneidplatten sich nur die Spanungsbreite b teilen, aber den vollen Vorschub verarbeiten:

$$h = f \cdot \kappa$$

$$A = \frac{d \cdot f}{2} \cdot \sin \kappa$$

Der Einstellwinkel kann bei Wendeplattenbohrern für jede Schneidplatte anders sein.

2.6 Kräfte, Schnittmoment, Leistungsbedarf

2.6.1 Schnittkraftberechnung

Bild C-16 zeigt, welche Kraftkomponenten der Zerspankraft auf das Werkstück einwirken. Die *Schnittkraft* einer Schneide F_c kann unter Verwendung der beim Drehen ermittelten k_c-Werte (siehe Tabelle A-14) mit guter Annäherung errechnet werden

$$\boxed{F_c = k_c \cdot A} \qquad \text{(C-5)}$$

Die *spezifische Schnittkraft* unterliegt auch hier den verschiedenen Korrekturen für die Spanungsdicke f_h, Spanwinkel f_γ, Schneidstoff und Schnittgeschwindigkeit f_{SV}, Neigungswinkel f_λ, Stumpfung f_{st} und Werkstückform f_f

$$\boxed{k_c = k_{c1\cdot 1} \cdot f_h \cdot f_\gamma \cdot f_{SV} \cdot f_\lambda \cdot f_{st} \cdot f_f \cdot f_R} \qquad \text{(C-6)}$$

Der Einfluß der Schnittgeschwindigkeit wird in

$$f_{SV} = \left(\frac{v_{co}}{v_c}\right)^{0,1} \cdot 1,1$$

mit v_{co} = 100 m/min berücksichtigt. Für v_c ist die Umfangsgeschwindigkeit des Bohrers einzusetzen. Messungen [35] haben in dem für Hartmetall üblichen Bereich eine deutliche Vergrößerung der spezifischen Schnittkraft bei kleinerer Schnittgeschwindigkeit zur Mitte des Werkzeugs hin ergeben. Dieser Erkenntnis wird mit dem Faktor 1,1 Rechnung getragen.
Der Formfaktor

$$f_f = 1,05 + d_o/d$$

mit d_o = 1 mm ist, wie in Tabelle A-15 angegeben, zu handhaben. Er berücksichtigt die größere Spanverformung der Innenbearbeitung gegenüber einer Außenbearbeitung beim Drehen mit freiem umgebenden Raum.
Bei Spiralbohrern gibt es zusätzliche Einflüsse, die vom Werkzeug erzeugt werden (Bild C-17). Die Querschneide in der Mitte hat stark negative Spanwinkel (ca. – 60°). Das erzeugt auf diesem Teil der Schneide besonders große Kräfte. Die Führungsfase am Bohrerumfang, die das Werkzeug in der Bohrung führt, erzeugt eine zusätzliche Reibungskraft. Späne, die in der Spannut aus der Bohrung geführt werden, reiben sehr intensiv. Sie zerkratzen dabei oft die Bohrungswand. Diese Einflüsse müssen durch den zusätzlichen Korrekturfaktor f_R berücksichtigt werden und in die spezifische Schnittkraft eingehen. Aus Erfahrung setzt man

$$f_R = 1,15$$

Bei Wendeplattenbohrern ist kein Zusatzfaktor erforderlich. Sie haben diese Nachteile des Spiralbohrers nicht.

2.6.2 Schnittmoment und Schnittleistung

Das *Schnittmoment* entsteht aus der Schnittkraft F_c, ihrem Hebelarm und der Zahl der beteiligten Schneiden z

$$\boxed{M_c = F_c \cdot H \cdot z} \qquad \text{(C-7)}$$

Für einen Spiralbohrer kann man aus Bild C-17 erkennen, daß entlang der Schneide unterschiedliche Zerspanungsverhältnisse herrschen. Von innen nach außen nimmt die Schnittgeschwindigkeit zu, und der Spanwinkel wird größer. Die Fasen- und Spanreibungskraft R greift nach außen am größten Hebelarm an. Deshalb wird der *Angriffspunkt der Schnittkraft* nicht genau in der Mitte der Schneide zu finden sein.
Verschiedene Forscher haben H-Werte von $0,3 \cdot r$ bis $0,64 \cdot r$ gemessen. Für grobe Rechnungen kann aber als Mittelwert $H = 0,5 \cdot r$, also $d/4$ eingesetzt werden.
Die *Schneidenzahl* ist beim Spiralbohrer meistens $z = 2$ und bei Wendeplattenbohrern $z = 1$.
Im *Versuch* kann mit einfachen Meßgeräten das *Drehmoment* bestimmt werden. Mit Hilfe der Gleichung (C-7) kann daraus die *Schnittkraft* F_c und mit Gleichung (C-5) die *spezifische Schnittkraft* k_c bestimmt werden.

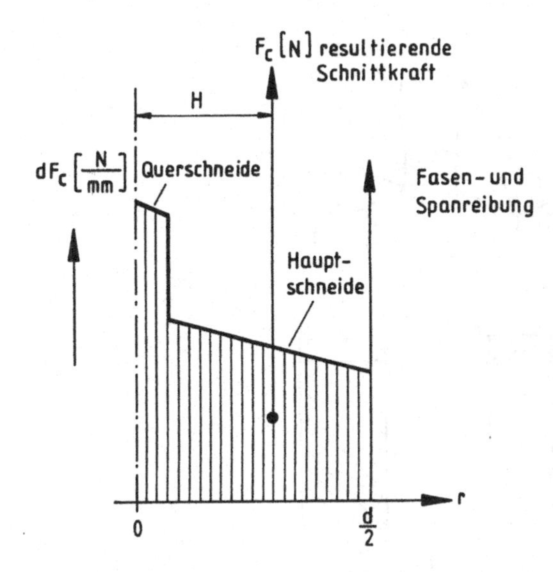

Bild C-17
Zusammensetzung der Schnittkraft F_c einer Schneide am Spiralbohrer aus Querschneidenanteil, Hauptschneidenanteil, Fasen- und Spanreibungsanteil über dem Radius r von der Mitte (r = 0) bis zur Schneidenecke (r = d/2), H = Hebelarm

Die *Schnittleistung* P_c ist aus dem Schnittmoment bestimmbar mit dem Grundgesetz der Mechanik

$$P = M \cdot \omega$$

Die Winkelfrequenz $\omega = 2 \cdot \pi \cdot n$ läßt sich aus der Drehzahl berechnen

$$\boxed{P_c = 2 \cdot \pi \cdot M_c \cdot n} \qquad \text{(C-8)}$$

Für den Leistungsbedarf zum Antrieb einer Bohrmaschine ist zusätzlich der Leistungsverlust in Getriebe und Lagerungen über einen mechanischen Wirkungsgrad η_m zu berücksichtigen:

$$\boxed{P = P_c / \eta_m} \qquad \text{(C-9)}$$

2.6.3 Weitere Zerspankraftkomponenten

Die *Passivkraft* (s. Bild C-16) ist radial nach außen gerichtet. Sie wird von Querschneide, Hauptschneide, Schneidenecke und Führungsfase erzeugt. Spanungsquerschnitt, Einstellwinkel κ und Schneidenstumpfung bestimmen hauptsächlich ihre Größe. Theoretische Berechnungsmethoden sind nicht zuverlässig.

Im Normalfall eines symmetrisch schneidenden Bohrers mit mehreren Schneiden *heben sich alle Passivkräfte auf* und üben weder auf das Werkzeug noch auf das Werkstück eine erkennbare Wirkung aus.

Eine Ausnahme davon bilden Wendeplattenbohrer. Deren Schneide ist auf mehrere unsymmetrisch angeordnete Wendeschneidplatten aufgeteilt, die oft auch unterschiedliche Einstellwinkel besitzen. Die Passivkraft ist hier nur *durch Messung* zu ermitteln.

Weitere *Ausnahmen* findet man bei *unsymmetrisch angeschliffenen Spiralbohrern* und beim Anbohren unebner Werkstücke. Die hierbei auftretenden Fehler werden weiter unten beschrieben.

Vorschubkräfte in axialer Richtung des Bohrers (s. Bild C-16) summieren sich von allen Schneiden zu einer größeren *Axialkraft* F_A. Sie entstehen an Haupt- und Querschneide und werden besonders von der Werkstoffestigkeit, dem Spanungsquerschnitt, dem Spanwinkel und der Schneidkantenschärfe beeinflußt.

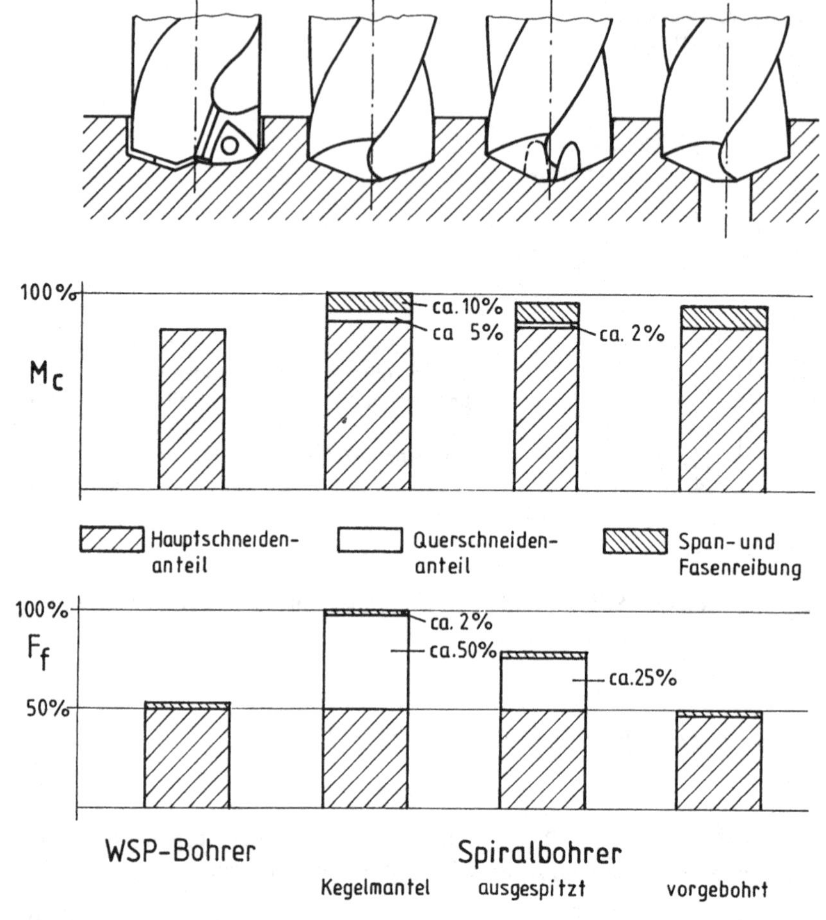

Bild C-18 Anteile der Hauptschneiden, der Querschneide und der Span- und Fasenreibung am Drehmoment und der Vorschubkraft beim Einbohren unter verschiedenen Bedingungen mit etwa 20 bis 30 mm Durchmesser und einem mittelgroßen Vorschub

Theoretische Berechnungen sind nicht genau genug. Messungen haben gezeigt, daß

$F_f = (0{,}6 \text{ bis } 0{,}7) \cdot F_c$ bei Wendeplattenbohrern und

$F_f \approx F_c$ bei Spiralbohrern mit Kegelmantelschliff ist.

Darin befindet sich ein erheblicher Anteil der Querschneide. Er kann bis zu 60 % ausmachen (s. Bild C-18). Dieser Querschneidenanteil kann durch Sonderanschliffe wie Ausspitzen, Kreuzanschliff, usw. stark verkleinert werden. Andere Maßnahmen, wie z.B. Vorbohren mit einem kleineren Bohrer beseitigen den ungünstigen Querschneideneinfluß vollständig. Diese vorteilhafte Maßnahme wird im Abschnitt „Aufbohren" beschrieben.

2.7 Verschleiß und Standweg

2.7.1 Verschleiß an Spiralbohrern

Spiralbohrer unterliegen wie alle Schneidwerkzeuge einer normalen Abnutzung. Sie entsteht durch Reibung, Wärme und Druck zwischen den Bohrerschneiden und dem Werkstück. Je nach

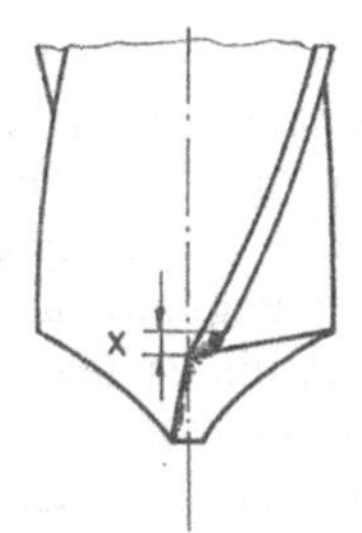

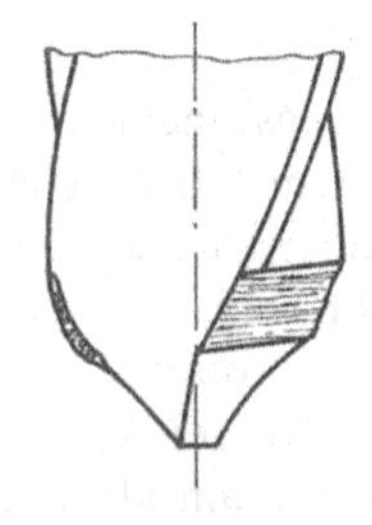

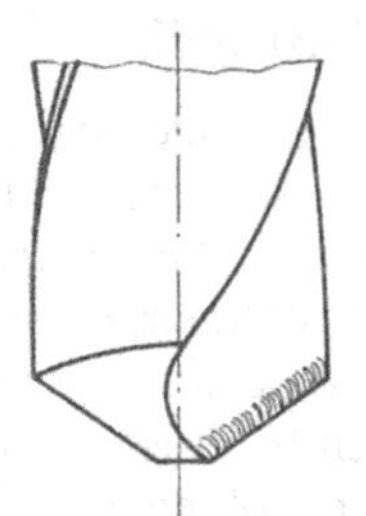

Bild C-19 Verschleißformen an Spiralbohrern

Art des Werkstoffs (Legierung, Härte, Zähigkeit, Homogenität), Zusammensetzung des Schneidstoffs, geometrischer Form der Bohrerspitze, Schnittgeschwindigkeit, Vorschub, Qualität der Werkzeugmaschine und Kühlung kann die Abnutzung verschiedene Formen annehmen. Bild C-19 zeigt einige übliche Verschleißformen an der Spiralbohrerspitze.

Verschleißfasen an den Freiflächen reichen von der Querschneide bis zur Schneidenecke. Bei zu großer Schnittgeschwindigkeit nimmt die Abnutzung in Richtung Schneidenecke zu. Umgekehrt verstärkt sich die Abnutzung der Bohrermitte bei zu großem Vorschub.

Eckenverschleiß und *Abnutzung* der *Führungsfasen* ist viel ungünstiger, weil sie die Qualität der Bohrung wesentlich verschlechtern und beim Schärfen die nachzuschleifende Länge vergrößern. Die Verschleißmarke X sollte auf keinen Fall 8 % des Bohrerdurchmessers und 2,5 mm überschreiten [29]. Die Gefahr besteht sonst, daß der Verschleiß überproportional schnell zunimmt und Verschleißformen wie in Bild C-19 Mitte entstehen. Welchen Nachteil das fürs Nachschleifen bringt, ist offensichtlich. Außerdem wird die Bohrung im Werkstück geometrisch ungenau und noch stärker verfestigt, als das beim Bohren mit Spiralbohrern ohnehin schon der Fall ist. Probleme bei nachfolgenden Arbeiten durch Aufbohren, Reiben oder Gewindebohren sind die Folge.

Bei längerem Bohrereinsatz entsteht auf den Spanflächen *Kolkverschleiß* (Bild C-19 rechts). In der Praxis ist er ein Zeichen dafür, daß die Schnittbedingungen gut gewählt wurden und dadurch das Werkzeug lange im Einsatz bleiben konnte. Wenn er zu riefigen Bohrungsoberflächen führt, muß der Bohrer nachgeschliffen werden.

Schneidenausbrüche können unterschiedliche Ursachen haben: zu große Freiwinkel, falsch ausgespitzte Querschneiden, zu hohe Härte des Bohrers oder Spiel im Spindelvorschub. Ausbrüche können so klein sein, daß sie vom Freiflächenverschleiß überdeckt werden oder so stark, daß ein Weiterbohren sofort unmöglich wird. Vor dem Nachschleifen ist der ursächliche Fehler zu finden.

Aufschweißungen an den Führungsfasen sind eigentlich keine Abnutzungserscheinungen. Sie wirken sich aber auch auf den Werkzeugverbrauch aus und verstärken sich bei stumpf werdenden Nebenschneiden. Sie entstehen durch Druck, Reibung und Erwärmung, wenn feine Späne zwischen Führungsfasen und Bohrungswand gelangen. Als Ursachen kommen in Frage: weicher, schmierender Werkstoff, fehlende Kühlung, falsche Schnittgeschwindigkeit, zu weiche oder zu breite Führungsfasen, Anschliffehler. Folgen der Aufschweißungen sind Riefen in der Bohrungswand, Verfestigungen und Überweiten. Die Beseitigung der Aufschweißungen ist fast immer sehr schwierig und kann das Werkzeug unbrauchbar machen. Vermeiden lassen sie sich durch Beschichtungen verschiedener Art und durch Beseitigung der Ursachen, die zu ihrer Entstehung geführt haben.

2.7.2 Wirkung von Verschleiß

Die verschleißbedingten Veränderungen der Werkzeugschneiden lassen zunächst die *Zerspankraftkomponenten größer* werden. Sie können im Laufe der Lebensdauer auf das Doppelte ansteigen. Ursache dafür ist der größere Verformungsgrad des Werkstoffs, den die stumpfe Schneide bei der Werkstoffabtrennung verursacht und die vermehrte Reibung zwischen Werkzeugflächen und Werkstoff. Bei Messungen der Vorschubkraft kann man die Zunahme durch Verschleiß deutlich beobachten. Bild C-20 zeigt diesen Vorgang. Bei der ersten Bohrung eines frisch geschliffenen Bohrers ist die Vorschubkraft am kleinsten (A). Mit zunehmendem Verschleiß wächst die Vorschubkraft (B). Deutlich ist auch die Zunahme des *dynamischen Kraftanteils d* zu sehen, den man als *Geräuschentwicklung* wahrnehmen kann. Bei Schneidenausbrüchen entstehen plötzliche unkontrollierbare Kraftüberhöhungen (C). Diese können dann den *Bohrerbruch* auslösen (D).

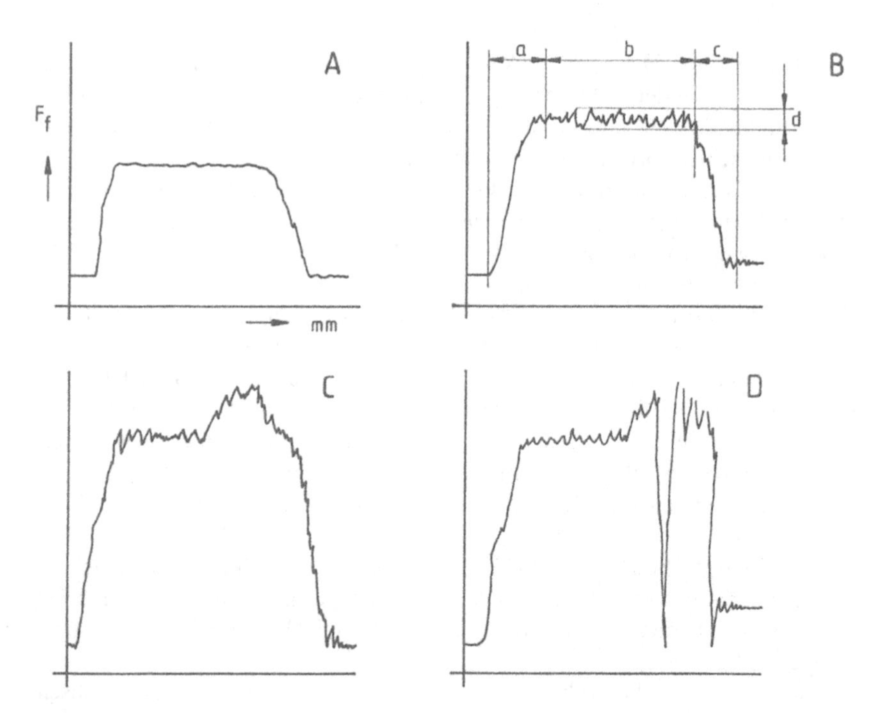

Bild C-20 Vorschubkraftmessungen beim Bohren mit Spiralbohrern in verschiedenen Verschleißzuständen
A mit einem scharfen Werkzeug
B mit zunehmendem Verschleiß
C mit Schneidenausbrüchen
D bei Bohrerbruch

Für die Praxis zeigt das, daß die Abnutzung der Schneiden mit Hilfe von einfachen *Drehmoment-* oder *Vorschubkraftmessungen* kontrollierbar ist. Damit läßt sich vermeiden, daß ein Bohrwerkzeug zu lange im Einsatz ist und bricht oder bei zu großem Verschleiß nicht mehr wirtschaftlich geschärft werden kann. Ebenso läßt sich ein zu früher Werkzeugwechsel, der ebenso unwirtschaftlich ist, vermeiden. Ferner geht daraus hervor, daß die Geräuschentwicklung (dynamischer Zerspankraftanteil) als Warnsignal verstanden werden muß.
In gleicher Weise wie die *Vorschubkraft* ändern sich auch *Schnitt-* und *Passivkräfte*. Das *Schnittmoment* nimmt ebenso zu wie die *Schnittleistung*. Im Werkstück finden größere Energieumsetzungen statt mit entsprechender *Wärmeentwicklung*, die den Werkstoff schädigen können. Durch

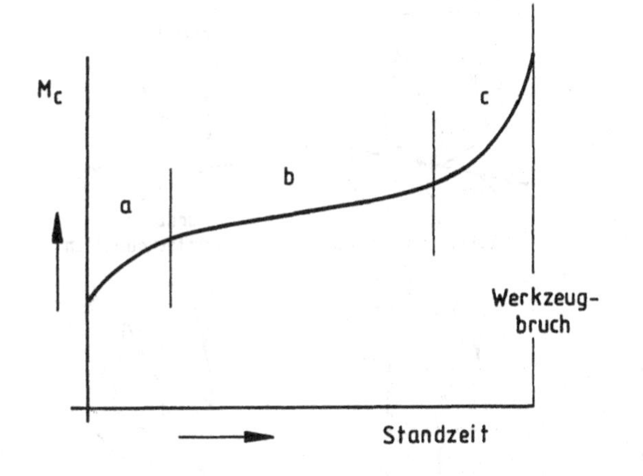

Bild C-21
Schnittmomentanstieg beim Bohren mit zunehmendem Verschleiß
a Anfangsphase mit frisch geschliffenem Werkzeug
b stabile Phase mit langsam zunehmendem Verschleiß
c Steilanstieg bei eskalierendem Verschleiß

die stärkere Erwärmung der Werkzeugschneide eskaliert schließlich der Verschleißvorgang (Bild C-21).
Am Werkstück wirkt sich der Verschleiß durch *Maßveränderungen* mit *Toleranzüberschreitungen, Rauheitsanstieg* und *Vergrößerung der* verformten *verfestigten Oberflächenschicht* aus. Nachfolgende Bearbeitung wie Aufbohren, Reiben oder Gewindeschneiden können davon spürbar beeinträchtigt werden.

2.7.3 Standweg und Standzeit

Als Standgröße wird beim Bohrwerkzeug meist nicht die Standzeit sondern der *Standweg* L_f gewählt, d.h. die Summe aller hergestellten Bohrungslängen zwischen zwei Nachschliffen. Die Schnittgeschwindigkeit, die einen bestimmten Standweg erreichen läßt, wird mit v_{cLx} (x in mm) bezeichnet, z.B. v_{cL1000} = 25 m/min. Als wichtige Einflußgröße kommt beim Bohren noch die Tiefe der einzelnen Bohrungen hinzu. Bei sonst gleichen Verhältnissen verringert sich der Standweg mit zunehmender Tiefe der Einzellöcher, bei kleineren Bohrerdurchmessern stärker als bei größeren.
Die Zusammenhänge zwischen der *Standzeit* T, dem Standweg L_f und der Schnittgeschwindigkeit v_c ergeben sich wie folgt:

$$T = \frac{L_f}{n \cdot f}, \quad L_f = T \cdot n \cdot f$$

Setzt man in die letzte Gleichung für n

$$n = \frac{v_c}{\pi \cdot d}$$

so erhält man

$$\boxed{L_f = \frac{T \cdot v_c \cdot f}{\pi \cdot d}} \qquad \text{(C-10)}$$

Für einen bestimmten Bohrdurchmesser d und den Vorschub f ergibt sich:

$$L_f = T \cdot v_c \cdot \text{const.}$$

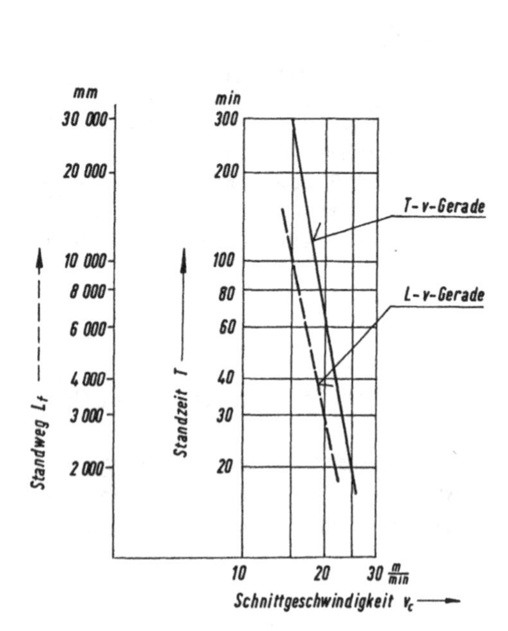

Bild C-22 Standzeit- und Standweg-Gerade in doppeltlogarithmischer Darstellung (zur Umrechnung von T in L_f benutzte Werte: d = 25 mm, f = 0,2 mm/U)

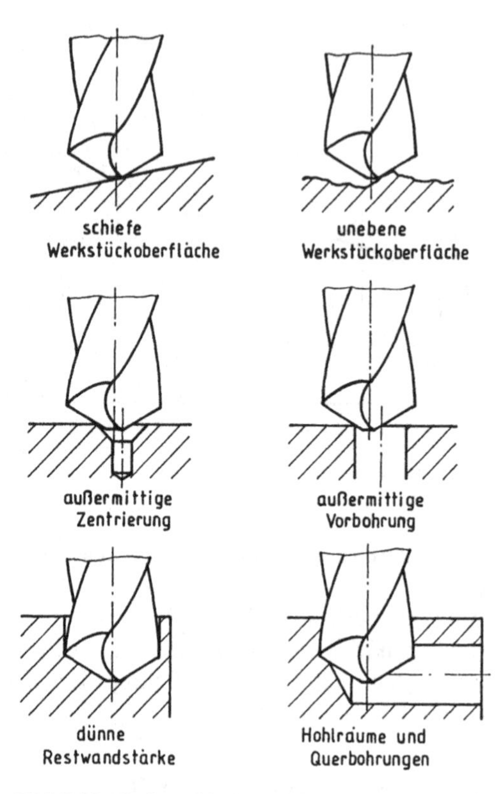

Bild C-23 Werkstückbedingte Ursachen von Bohrfehlern

In Bild C-22 sind zum Vergleich für einen bestimmten Fall die Standzeitgerade und die Standweggerade eingezeichnet.

Auch für Bohrwerkzeuge kann die wirtschaftliche Standzeit T_0 ermittelt werden, aus der sich dann der wirtschaftliche Standweg L_0 errechnen läßt. Es lohnt sich, für die jeweiligen betrieblichen Verhältnisse anhand einiger typischer Beispiele solche Nachrechnungen durchzuführen. Man gewinnt so Anhaltswerte für die auf den betreffenden Betrieb zutreffenden wirtschaftlichen Standwege. Die oft als wirtschaftlich bezeichnete Schnittgeschwindigkeit v_{cL2000} dürfte in vielen Fällen unzutreffend sein.

2.8 Werkstückfehler, Bohrfehler

2.8.1 Vom Werkstück verursachte Fehler

Für eine gute Bohrung wird ein gut zentrierter Bohrer gebraucht. Sowohl beim Anschnitt als auch beim Weiterbohren im Werkstück muß der Bohrer symmetrisch geführt werden. Die quer zur Bohrrichtung wirkenden Passivkräfte sollen gleich groß sein, auf derselben radialen Wirkungslinie liegen und sich dadurch gegenseitig das Gleichgewicht halten. Jede Mittenabweichung des Werkzeugs soll durch zunehmende Gegenkräfte selbsttätig reduziert werden. Diese Voraussetzung erfüllen Werkstücke nicht immer. Bild C-23 zeigt *Werkstück*unsymmetrien, die Bohrfehler verursachen können.

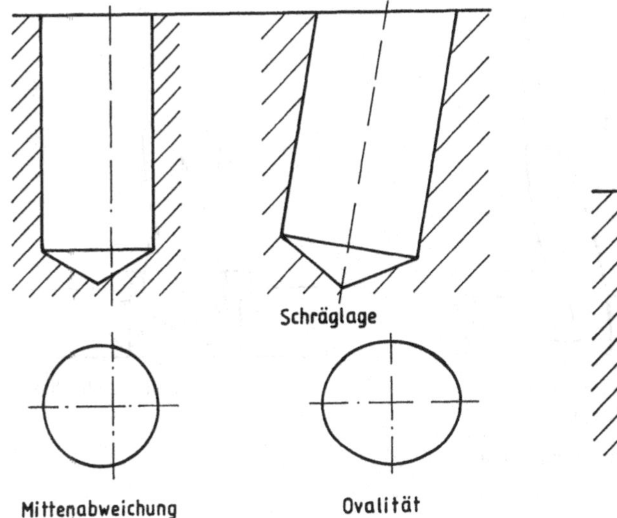

Bild C-24 Bohrfehler, die an unvollkommenen Werkstücken durch Verlaufen des Bohrers entstehen

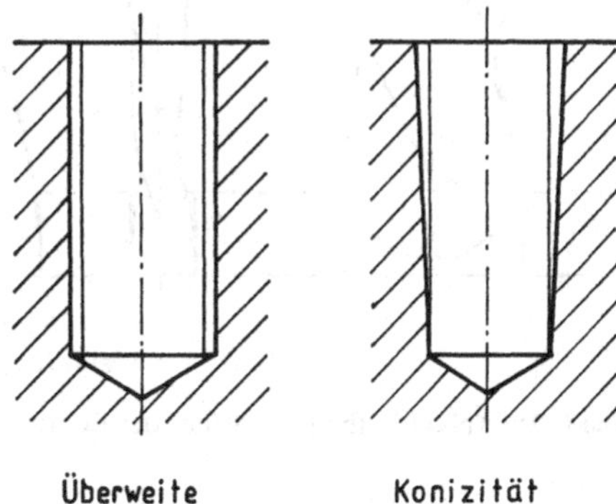

Bild C-25 Bohrfehler, die beim Bohren mit unsymmetrischen Werkzeugen entstehen können

Schräge und *unebene* Oberflächen, *falsch plazierte Zentrierungen* und *Vorbohrungen, schräge Vorbohrungen, dünne Restwandstärken, Hohlräume, Querbohrungen, Lunker* und *Einschlüsse* können am Werkstück vorgefunden werden.

Diese Unsymmetrien erzeugen einseitige Kräfte auf das Werkzeug, das zur Seite ausweichen wird und sich dabei elastisch verbiegt. Dieses elastische Ausweichen des Bohrers nennt man *Verlaufen.* Am Werkstück entstehen dabei typische Fehler: *Mittenabweichung, schräge Bohrung* und *Unrundheit.* Bild C-24 zeigt diese Fehler in Übertreibung.

2.8.2 Vom Werkzeug verursachte Fehler

Unsymmetrien können genausogut am Werkzeug vorkommen. Der Anschliff von Spiralbohrern ist selten perfekt. Bild C-8 zeigt *Anschliffehler* wie *Hauptschneidenlängenunterschiede, Einstellwinkeldifferenzen, Spitzenlängenabweichungen* und *Außermittigkeit* der Querschneide.

Konstruktiv bedingte Unsymmetrien sind bei einschneidigen Werkzeugen zu finden. Zum Beispiel haben Bohrer mit Wendeschneidplatten oft nur eine Schneide, die unsymmetrisch auf 2 Seiten aufgeteilt wurde. Bei einer solchen Konstruktion ist es schwierig, einerseits die Drehmomente, andererseits die radial wirkenden Passivkräfte im Gleichgewicht zu halten. Größe und Richtung der Kräfte hängen von Vorschub, Schnittgeschwindigkeit und Werkstoff ab und können sich unterschiedlich ändern.

Werkzeugbedingte Unsymmetrien verhalten sich anders als werkstückbedingte. Die überschüssige Radialkraft *läuft mit dem Bohrer um.* Die dabei entstehenden typischen Bohrfehler sind in Bild C-25 dargestellt. Am häufigsten ist die *Überweite.* Aus Untersuchungen von Pahlitzsch (Bild C-9) geht hervor, daß eine Spitzenlängenabweichung von 10 % eine Überweite von 6 % erzeugen kann. In Zahlen bedeutet das, daß bei einem Bohrer von 20 mm Durchmesser mit einer Spitzenlängendifferenz von 0,7 mm die Bohrung nicht 20 mm, sondern 21,2 mm groß wird.

2.8.3 Maßnahmen zur Vermeidung von Bohrfehlern

Gegen das Verlaufen von Bohrern beim Anbohren helfen stabile *Führungen* verschiedenster Art. *Schablonen, Bohrbrillen, Führungsplatten* oder *Führungsbuchsen* aus Bronze, gehärtetem Stahl

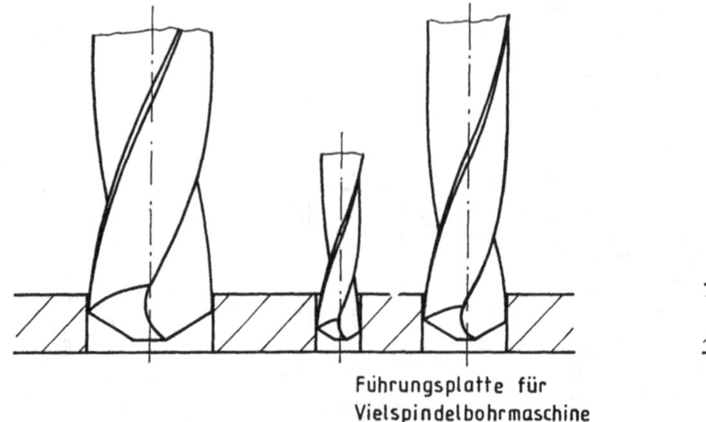

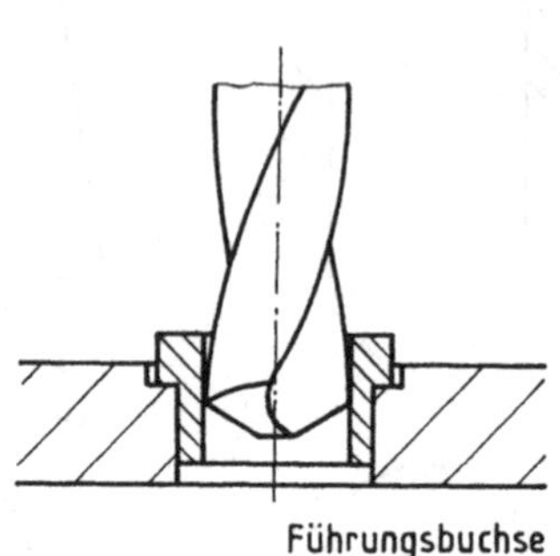

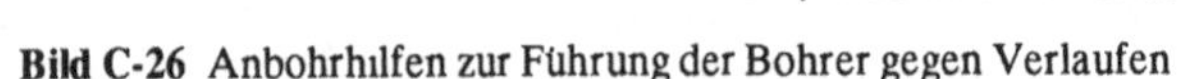

Bild C-26 Anbohrhilfen zur Führung der Bohrer gegen Verlaufen

oder Hartmetall. Oft werden sie wie ein Niederhalter gegen das Werkstück gepreßt, bevor der Anbohrvorgang beginnt. Die Fasen an den Nebenschneiden finden so eine stabile Gleitfläche, bevor sie in das Werkstück eintauchen können (Bild C-26).

Zentrierungen und *Vorbohrungen* helfen, die kegelstumpfartige Werkzeugspitze an einer Stelle zu halten. Vorbohrung und Spindelachse müssen dabei genau fluchten.

Die Werkzeugstücke können durch *Fräsen* oder *Ansenken* für das Bohren geebnet werden.

Präzise auf guten Bohrerschleifmaschinen ausgeführte *Anschliffe* gewährleisten lange Lebensdauer der Bohrer und kleine Fehlerquoten. Handgeschliffene Bohrer taugen nicht für eine gute Produktion.

Sonderanschliffe und *Zusatzanschliffe* wie das Ausspitzen oder der Kreuzanschliff führen zur Verkleinerung der Querschneiden und der beim Anbohren entstehenden Kräfte, die den Bohrer aus seiner Lage bringen könnten. Damit wird die Gefahr des Verlaufens ebenfalls verringert.

Bei der Auswahl der Bohrwerkzeuge kann auf die *Starrheit* geachtet werden. Der Bohrer soll nicht unnötig lang sein und eine zum Schaft hin zunehmende Seele haben. Die Wendelung soll nicht stärker als nötig sein. Hartmetall ist weniger elastisch als Stahl. Bei Werkzeugen mit Wendeschneidplatten spielt der Querschnitt des Werkzeugkörpers eine Rolle.

3 Aufbohren

Aufbohren ist ein spangebendes Bearbeitungsverfahren, bei dem eine *vorhandene Bohrung vergrößert* wird (Bild C-27). Die auftretenden Kräfte sind kleiner als beim Bohren ins Volle. Es kann eine größere Genauigkeit erzielt werden. Bei Verwendung von Spiralbohrern ist die Zentrierung stärker. Die Querschneide mit ihren Problemzonen ist nicht im Eingriff.

3.1 Werkzeuge zum Aufbohren

Als Werkzeuge zum Aufbohren kann man alle normalen Bohrwerkzeuge mit zwei oder mehr Schneiden verwenden. Bild C-2 zeigt eine Auswahl davon. Da das Zentrum des Bohrers nicht in den Werkstoff eindringt, ist der Anschliff der Spitze ohne Bedeutung. Nur der äußere Teil der Hauptschneiden und die Schneidenecken nehmen am Zerspanungsprozeß teil.

Besondere *Aufbohrwerkzeuge* sind an ihrer *Spitzengestaltung* und am Kern erkennbar. Die Spitzen sind stumpf und tragen keine Schneiden. Der Kern ist so dick, wie es die Vorbohrung zuläßt.

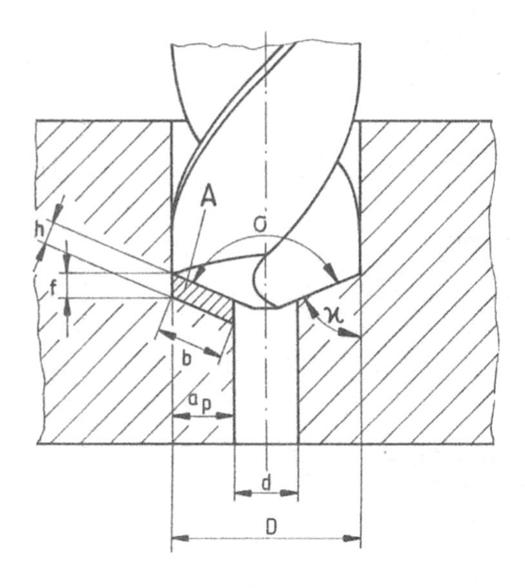

Bild C-27
Spanungsgrößen beim Aufbohren mit einem Spiralbohrer

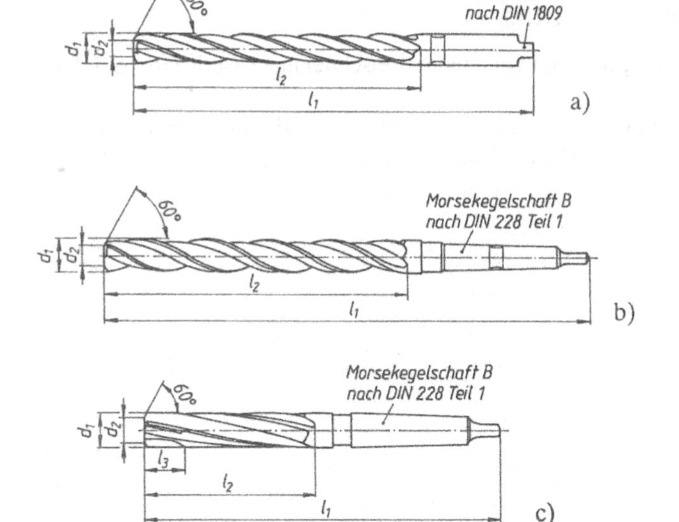

Bild C-28
Besondere Aufbohrwerkzeuge
a) Aufbohrer mit Zylinderschaft für kleinere Durchmesser nach DIN 344
b) Aufbohrer mit Morsekegelschaft nach DIN 343 für mittlere Durchmesser
c) Aufbohrer mit Schneiden aus Hartmetall nach DIN 8043 für größere Durchmesser

Die *Zahl der Schneiden* ist oft größer als 2. Bild C-28 zeigt eine Auswahl genormter Aufbohrer mit Zylinderschaft und Morsekegelschaft aus Schnellarbeitsstahl und mit Hartmetallschneiden. Die *Zentrierung* beim Aufbohren wird von der Vorbohrung an den mit einem Einstellwinkel von $\kappa = 60°$ angeschrägten Schneiden bewirkt. Der Aufbohrer kann von der durch die Vorbohrung vorgegebenen Mittellinie nicht abweichen. Die größere Schneidenzahl ist die Ursache für eine bessere Rundheit als beim Bohren ins Volle mit nur zwei Schneiden. Ein stärkerer Kern und eine steilere Wendelung geben dem Werkzeug eine *größere Stabilität*. Die *Genauigkeit* wird beim Aufbohren besser.

3.2 Spanungsgrößen

Die *Schnittiefe* (Bild C-27)

$$a_p = \frac{1}{2} \cdot (D - d) \tag{C-11}$$

wird allein von der Hauptschneide mit der *Spanungsbreite*

$$b = a_p / \sin \kappa \tag{C-12}$$

abgetragen. Die *Spanungsdicke*

$$h = f_z \cdot \sin \kappa \tag{C-13}$$

bestimmt sich aus dem *Vorschub* pro Schneide f_z und dem Einstellwinkel κ

$$f_z = f/z \tag{C-14}$$

Damit errechnet sich der *Spanungsquerschnitt*

$$A = b \cdot h = a_p \cdot f_z = \frac{1}{2} \cdot (D - d) \cdot \frac{f}{z} \tag{C-15}$$

3.3 Kräfte, Schnittmoment und Leistung

Bild C-29 zeigt, welche Zerspankraftkomponenten von einem dreischneidigen Aufbohrer auf das Werkstück ausgeübt werden.

Die *Passivkräfte* F_{p1} bis F_{pz} sollen möglichst gleich groß sein, damit sie sich innerhalb des Werkstücks das Gleichgewicht halten und die Reaktionskräfte am Bohrer sich aufheben.

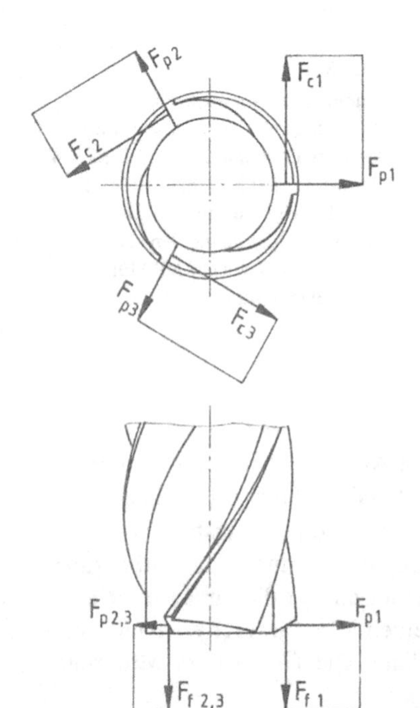

Bild C-29

Zerspankraftkomponenten beim Aufbohren mit einem dreischneidigen Aufbohrer

Die *Schnittkräfte* F_{c1} bis F_{cz} sind bei symmetrischem Anschliff gleich groß und erzeugen das Schnittmoment am Hebelarm H. Nach dem Ansatz von Kienzle lassen sie sich mit Hilfe der *spezifischen Schnittkraft* k_c bestimmen:

$$F_c = A \cdot k_c$$

Auf k_c wirken alle Einflüsse, die den Grundwert der spezifischen Schnittkraft $k_{c1\cdot1}$ nach Tabelle A-14 verändern:

$$\boxed{k_c = k_{c1\cdot1} \cdot f_h \cdot f_\gamma \cdot f_{SV} \cdot f_{st} \cdot f_\lambda \cdot f_f \cdot f_R} \tag{C-16}$$

Diese Einflüsse sind aus den vorangegangenen Kapiteln bekannt. Nur f_R nimmt eine verfahrensbedingte Sonderrolle ein. Dieser Faktor hat die Reibung der Späne in der Spannut des Aufbohrers und an der Bohrungswand sowie die Reibung der Führungsfasen in der Bohrung zu berücksichtigen. Ohne auf Einzelheiten einzugehen, kann $f_R = 1{,}1$ als mittlerer Erfahrungswert eingesetzt werden. Die Querschneide hat keine Wirkung.
Aus allen Schnittkräften F_{c1} bis F_{cz} setzt sich mit dem Hebelarm H das *Schnittmoment* zusammen. Mit einem mittleren Erfahrungswert

$$\boxed{H = \frac{1}{4}(D + d)} \tag{C-17}$$

erhält man

$$\boxed{M_c = z \cdot H \cdot F_c} \tag{C-18}$$

Für einen Aufbohrer mit $z = 3$ Schneiden errechnet sich

$$M_c = \frac{3}{4}(D + d) \cdot F_c \tag{C-19}$$

Die *Schnittleistung* ist die im gesamten Berührungsraum zwischen Werkzeug und Werkstück umgesetzte Leistung

$$\boxed{P_c = M_c \cdot \omega = 2 \cdot \pi \cdot M_c \cdot n} \tag{C-20}$$

Sie muß von der Maschinenspindel aufgebracht werden. Da sie als Wärme im Werkstück, am Werkzeug und in den Spänen weiterlebt, sind ihre schädlichen Wirkungen (Verschleiß und Werkstückbeeinflussung) zu beobachten und einzuschränken.
Die *Vorschubkräfte* F_{f1} bis F_{fz} summieren sich zur *Axialkraft*. Sie beanspruchen das Werkzeug auf Knickung und erzeugen ein Aufbäumen der Bohrmaschine. Beim Aufbohren ist die Axialkraft wesentlich kleiner als beim Bohren ins Volle, weil der Spanungsquerschnitt A kleiner ist und vor allem, weil die Bohrerspitze mit ihren ungünstigen Schnittbedingungen nicht im Eingriff ist. Auf Berechnungsmöglichkeiten wird verzichtet, weil die bekannten Methoden nicht zuverlässig sind. Praktische Erfahrungen zeigen, daß $F_f \approx 0{,}5 \cdot F_c$ ist.

4 Senken

Senken ist eine zusätzliche Bearbeitung von Bohrungen. Es dient einfach zum *Entgraten* oder zur Erzeugung von *ebenen* oder *kegelförmigen Flächen*. Nach DIN 8589 Teil 2 wird unterschieden zwischen *Planansenken, Planeinsenken* und *Profilsenken* (Bild C-30). Beim *Planansenken* wird eine vor der Bohrung liegende ebene Fläche erzeugt. Beim *Planeinsenken* liegt die ebene Fläche tiefer im Werkstück. Gleichzeitig entsteht eine zylindrische Fläche wie beim Aufbohren. Das

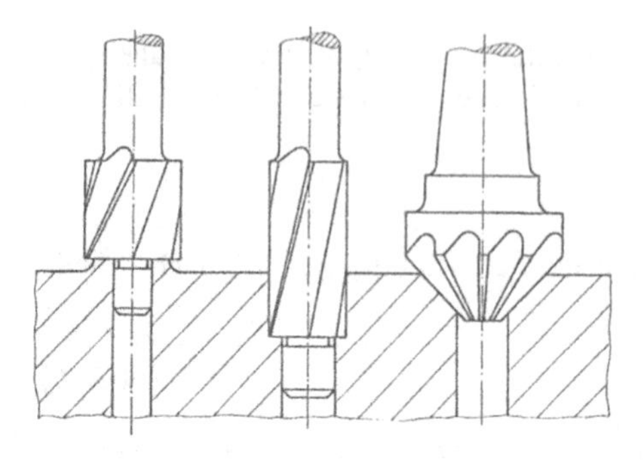

Bild C-30 Planansenken, Planeinsenken und Profilsenken

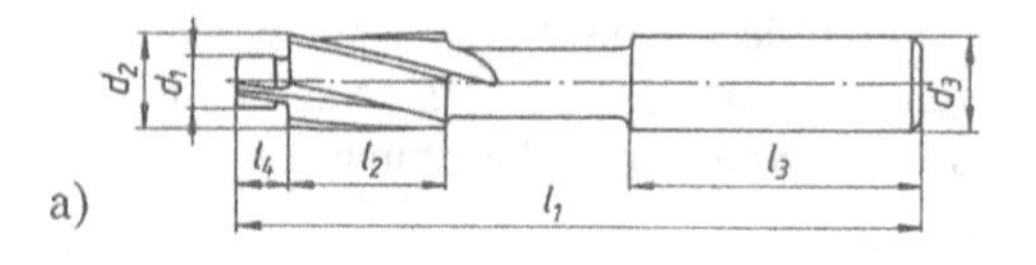

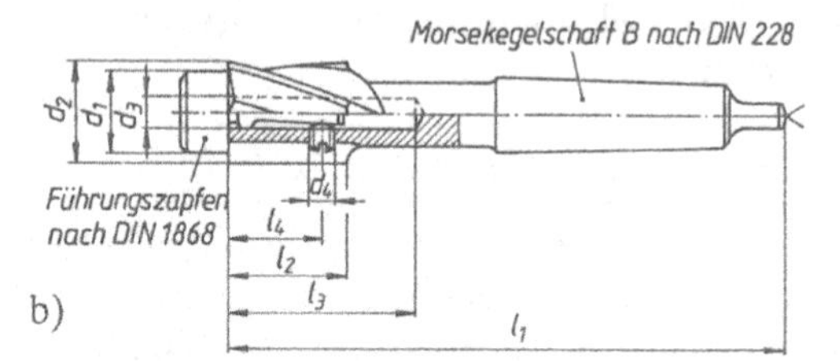

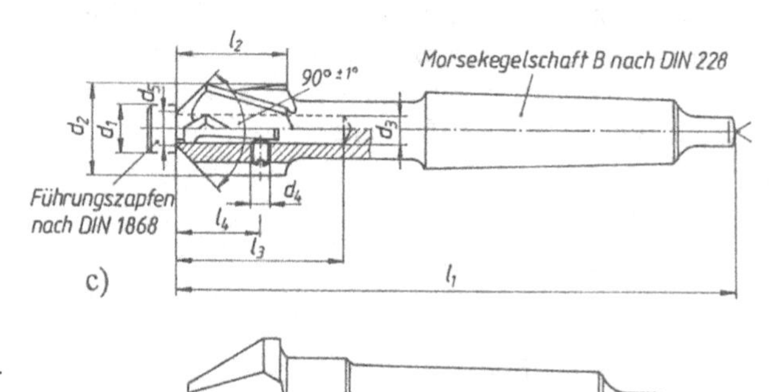

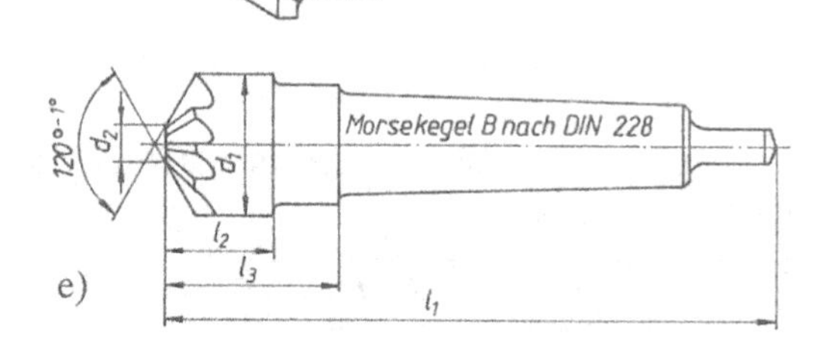

Bild C-31 Senkwerkzeuge
a) Flachsenker mit Zylinderschaft und festem Führungszapfen nach DIN 373
b) Vierschneidiger Flachsenker mit Morsekegelschaft und auswechselbarem Führungszapfen nach DIN 375
c) 90°-Kegelsenker mit Morsekegelschaft und auswechselbarem Führungszapfen nach DIN 1867
d) Dreischneidiger 60°-Kegelsenker mit Morsekegelschaft ohne Führungszapfen nach DIN 334
e) 120°-Kegelsenker mit Morsekegelschaft ohne Führungszapfen nach DIN 347

Profilsenken dient zur Herstellung kegeliger Vertiefungen an einem Bohrungseintritt. Die üblichen Kegelformen sind 60°, 90° oder 120°. Immer übertragen die Hauptschneiden der Senkwerkzeuge ihr Profil auf das Werkstück.

4.1 Senkwerkzeuge

Die Werkzeuge unterscheiden sich in der Art des Schaftes, ihrer Schneidenform und durch Führungszapfen. Bild C-31 zeigt einige Beispiele von Senkwerkzeugen. Der *Schaft* ist *zylindrisch* oder als *Morsekegel* ausgebildet. Er stellt die Verbindung zur Bohrmaschine her und muß das Drehmoment übertragen. Die Verbindung muß leicht lösbar sein.
Die *Schneidenform* ist durch die Bearbeitungsaufgabe vorgegeben, flache oder kegelförmige Hauptschneiden. Senker haben mindestens drei, oft mehr Schneiden. Sie sind meistens aus Schnellarbeitsstahl und können nachgeschliffen werden.
Führungszapfen dienen zur zentrischen Führung des Senkers in der Bohrung. Sie können fest oder auswechselbar sein. Bei groben Toleranzen oder beim einfachen Entgraten von Bohrungen ist keine Führung erforderlich.

4.2 Spanungsgrößen und Schnittkraftberechnung

In Bild C-32 sind die Spanungsgrößen am Beispiel des Kegelsenkens dargestellt. Die *Spanungsdicke h* ist vom Vorschub und vom Einstellwinkel κ abhängig

$$h = f_z \cdot \sin \kappa \tag{C-21}$$

Der *Vorschub pro Schneide* f_z bestimmt mit der Zahl der Schneiden z und der Drehzahl n die *Vorschubgeschwindigkeit*

$$v_f = f_z \cdot z \cdot n \tag{C-22}$$

Die *Schnittiefe* a_p ist beim Kegelsenken anfangs klein und vergrößert sich dann bis zu seinem Maximum

$$a_{pmax} = \frac{1}{2} \cdot (d_{1max} - d_2) \tag{C-23}$$

Entsprechend hat der *Spanungsquerschnitt A* am Ende der Bearbeitung sein Maximum

$$A = a_p \cdot f_z = b \cdot h \tag{C-24}$$

$$b = a_p / \sin \kappa \tag{C-25}$$

Die *Schnittkraft* pro Schneide läßt sich mit Hilfe der spezifischen Schnittkraft k_c bestimmen

$$F_c = A \cdot k_c \tag{C-26}$$

Sie ist auch anfangs klein und hat am Ende der Bearbeitung ihren Größtwert. Die *spezifische Schnittkraft* ist von den bekannten Einflußgrößen abhängig

$$k_c = k_{c1\,.\,1} \cdot f_h \cdot f_\gamma \cdot f_{VS} \cdot f_{St} \cdot f_f \tag{C-27}$$

Den Grundwert $k_{c1\,.\,1}$ findet man in Tabelle A-14. Die Faktoren f_h bis f_{St} werden wie beim Bohren bestimmt. Den Formfaktor

$$f_f = 1{,}05 + d_o/d$$

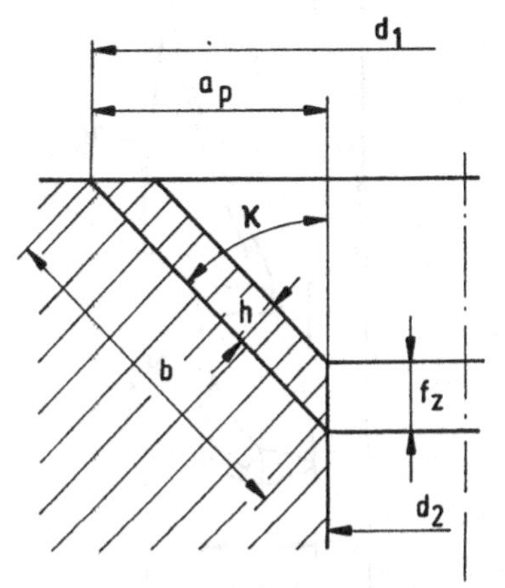

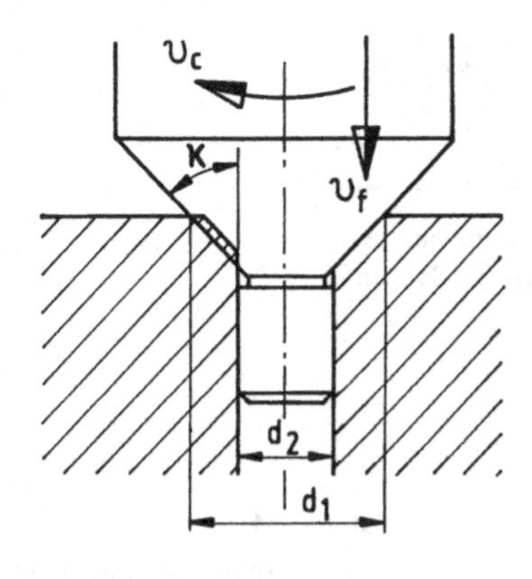

Bild C-32 Spanungsgrößen beim Kegelsenken
$h = f_z \cdot \sin \kappa$, $a_p = 1/2\,(d_1 - d_2)$, $A = a_p \cdot f_z = b \cdot h$

kann man mit $d = d_{1max}$ bestimmen. Beim Plansenken bleibt $f_f = 1{,}05$. Ein Reibungsfaktor f_R wird nur beim Planeinsenken hinzugefügt. Nur da ist mit Span- und Führungsreibung am Außendurchmesser zu rechnen.
Das *Schnittmoment* wird mit allen Schnittkräften bestimmt

$$\boxed{M_c = z \cdot H \cdot F_c} \qquad \text{(C-28)}$$

Der *Hebelarm H*, an dem die Schnittkräfte angreifen, nimmt bei einer Kegelbearbeitung zu:

$$\boxed{H = \frac{1}{2}(d_1 + d_2)} \qquad \text{(C-29)}$$

Für das *Momentenmaximum* gilt

$$\boxed{M_{cmax} = z \cdot H_{max} \cdot F_{cmax}} \qquad \text{(C-30)}$$

4.3 Stufenbohren

In der Produktion kommen häufig Bearbeitungen vor, die *mehrstufig* sind (Bild C-33). Entweder sind es hintereinanderliegende Bohrungen verschiedener Durchmesser, häufig Bohrungen mit Ansenkungen oder Kombinationen von verschiedenen Bohrungen und Ansenkungen. Um Maschinenzeiten zu sparen, können sie in einem Arbeitsschritt mit *Kombinationswerkzeugen* hergestellt werden. Diese Werkzeuge sind *Stufenbohrer, Bohrsenker* oder *Stufensenker.* Im einfachsten Fall können sie aus einem Spiralbohrer durch Umschleifen hergestellt werden (Bild C-34). Dabei muß der kleine Durchmesser (*Bohrerteil*) im Durchmesser reduziert werden, was bis zum halben Großdurchmesser möglich ist, die Nebenfreifläche muß so hinterschliffen werden, daß eine Führungsfase stehen bleibt, die Spitze muß einen Kegelmantelanschliff mit Ausspitzung der hier besonders langen Querschneide erhalten und der *Senkerteil* muß den vorgeschriebenen Spitzenwinkel ebenfalls als Kegelmantelanschliff erhalten. Beim Umschleifen von Spiralbohrern gibt es mehrere Probleme:

1.) Die *Seele* des kleinsten Bohrerteils ist verhältnismäßig zu dick und schränkt die Spannutentiefe ein. Deshalb können nicht beliebig kleine Bohrerdurchmesser erzeugt werden. Der kleinste ist halber Ausgangsdurchmesser.

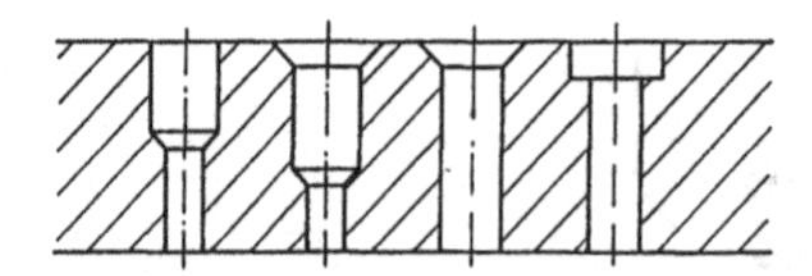

Bild C-33 Mehrstufige oder kombinierte Bearbeitungen durch Bohren und Senken

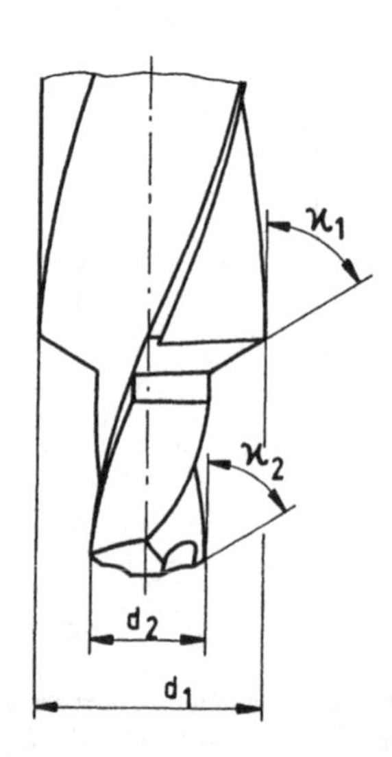

Bild C-34
Stufenbohrer, hergestellt aus einem Spiralbohrer durch Umschleifen

2.) Beim *Nachschleifen* des Senker- oder größeren Bohrerteils wird die Führungsfase des kleinen Bohrteils teilweise mit weggeschliffen. Dadurch verkürzt sich die brauchbare Führungslänge. So ist die Zahl der Nachschliffe begrenzt.

3.) *Vorschub* und *Schnittgeschwindigkeit* sind in den verschiedenen Teilen voneinander abhängig.

Vorteile bieten *Mehrfasenbohrer*. Sie haben für jeden zu bearbeitenden Durchmesser eine eigene Führungsfase (Bild C-35). Auch der kleine Durchmesser, der sogenannte „Bohrerdurchmesser" hat eine Führungsfase, die bis zum Ende der Spannuten reicht. Dadurch besitzt auch jede Schneide eine eigene Spannut, die dem Späneanfall entsprechend bemessen ist. Vorteilhaft ist die fast unbegrenzte Nachschleifmöglichkeit beider Arbeitsstufen.

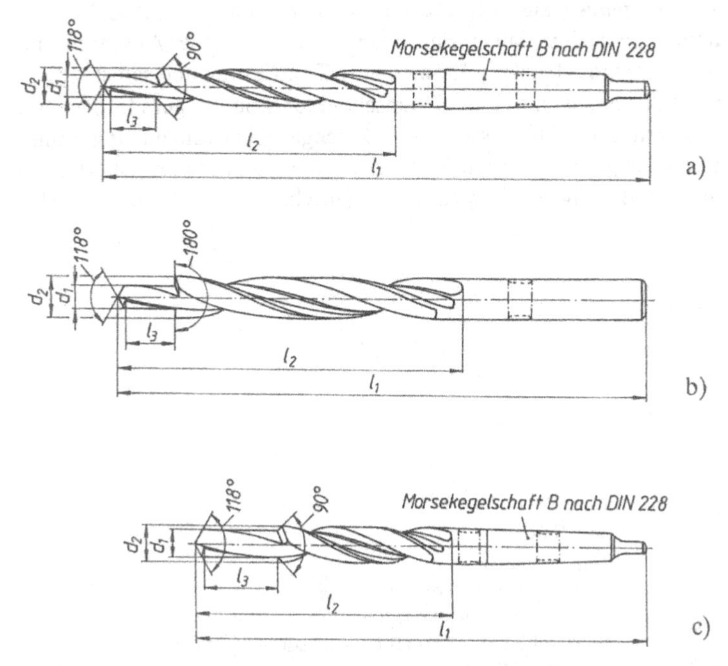

Bild C-35 Mehrfasen-Stufenbohrer

a) Mehrfasen-Stufenbohrer mit Morsekegel für Durchgangsbohrungen mit 90°-Senkungen nach DIN 8375

b) Mehrfasen-Stufenbohrer mit Zylinderschaft für Durchgangsbohrungen mit Senkungen für Zylinderschrauben nach DIN 8376

c) Mehrfasen-Stufenbohrer mit Morsekegelschaft für Gewindekernlochbohrungen mit Freisenkungen nach DIN 8379

5 Reiben

Reiben ist ein *Feinbearbeitungsverfahren*, bei dem eine vorhandene Bohrung aufgebohrt wird. Die Durchmesservergrößerung ist geringfügig. Es findet eine *Qualitätsverbesserung* statt. Toleranzklassen IT 7 bis IT 6 sind erreichbar. Unrundheiten und mittlere Rauhtiefen unter 5 µm sind typisch für das Reiben.

Kennzeichnend ist, daß sich die Reibahle selbst in der Bohrung führt und auch ohne Anbohrhilfe anschneidet [36].

Die Bezeichnung *Reiben* trifft nicht den wahren Sachverhalt. Es findet eine echte *Spanabnahme* in geometrisch bestimmbarer Form durch scharfe Schneiden statt. Zwar reiben die Führungsfasen auch an der Bohrungswand und glätten ein wenig die Oberfläche, aber das ist oft gar nicht nötig oder beabsichtigt und keinesfalls der wichtigste Vorgang beim „Reiben“.

5.1 Reibwerkzeuge

5.1.1 Handreibahlen

Mehrschneidenreibahlen haben an der Stirnseite einen *konischen Anschnitt*, an dem sich die *Hauptschneiden* befinden. Am Umfang liegen die *Nebenschneiden* mit rund geschliffenen *Führungsfasen*. Mit Hilfe dieser Fasen führen sich die Reibahlen in der fertigen Bohrung selbst.
Zu einer genauen Bearbeitung ist keine teure Werkzeugmaschine erforderlich. So ist es auch möglich, Bohrungen mit *Handwerkzeugen* aus Schnellarbeitsstahl zu reiben. Bild C-36 zeigt einige Handreibahlen. Sie haben besonders lange Führungen. Der konische Anschnitt mit positiven Spanwinkeln an den Hauptschneiden sorgt für eine gute Zentrierung und selbständiges Eindringen in den Werkstoff bei Arbeitsbeginn. Die Nebenschneiden können gerade oder mit einem leichten Linksdrall versehen sein. Drall kann bei Durchgangsbohrungen angewandt werden, wenn die Späne nach unten abgeführt werden. Er erzeugt eine etwas bessere Oberfläche. Die Zahl der Schneiden ist meist geradzahlig von 4 bis 12 je nach Durchmesser, der von 0,8 mm bis zu 50 mm reicht.

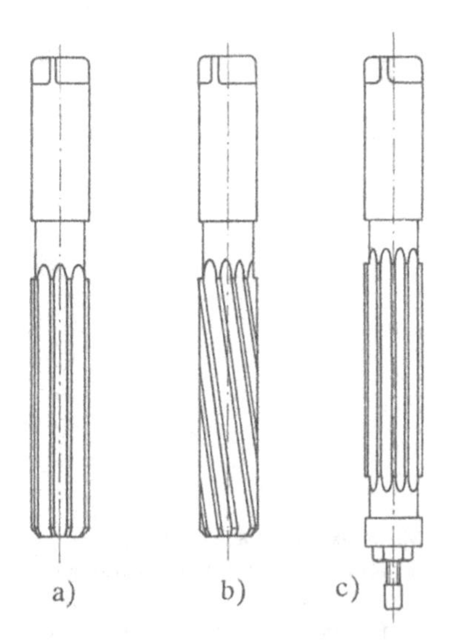

Bild C-36
Handreibahlen
a) Handreibahle Form A mit geraden Schneiden nach DIN 206
b) Handreibahle Form B mit Linksdrall nach DIN 206
c) nachstellbare Handreibahle nach DIN 859

Der *Durchmesser* ist sehr genau für das gewünschte Bohrmaß angefertigt. Bei variablen Toleranzfeldern können *nachstellbare* Handreibahlen nach DIN 859 eingesetzt werden. Die mögliche Spreizung ist auf 1 % des Durchmessers begrenzt, da sie die elastische Nachgiebigkeit des Werkzeugs ausnutzt.

5.1.2 Maschinenreibahlen

Maschinenreibahlen nach DIN 208, 212, 8050 und 8051 haben einen *kürzeren Schneidenteil* als Handreibahlen, aber auch sie führen sich selbst durch die *rundgeschliffenen Nebenschneiden* (Führungsfasen) in der fertigen Bohrung. Die Schneiden sind aus Schnellarbeitsstahl oder Hartmetall. Beschichtungen sind nicht üblich, da diese durch Schwankungen der Schichtdicke und Rundung der Schneidkanten die Präzision der Schneidengeometrie verringern würden.

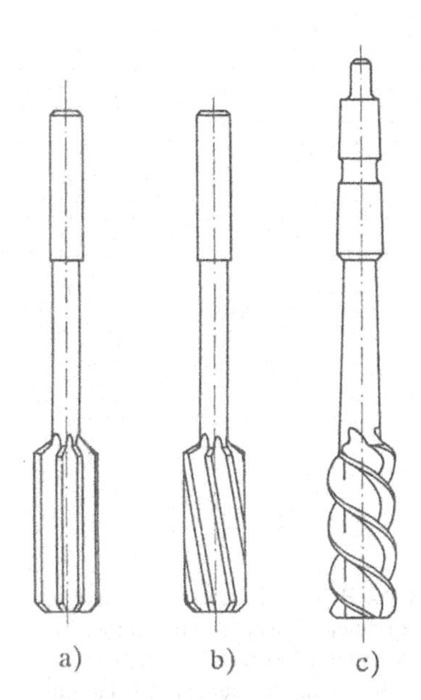

Bild C-37 Maschinenreibahlen
a) Reibahle Form A mit geraden Schneiden und zylindrischem Schaft nach DIN 212
b) Reibahle Form B mit Linksdrall nach DIN 212
c) Reibahle Form C mit Schäldrall und Morsekegelschaft nach DIN 208

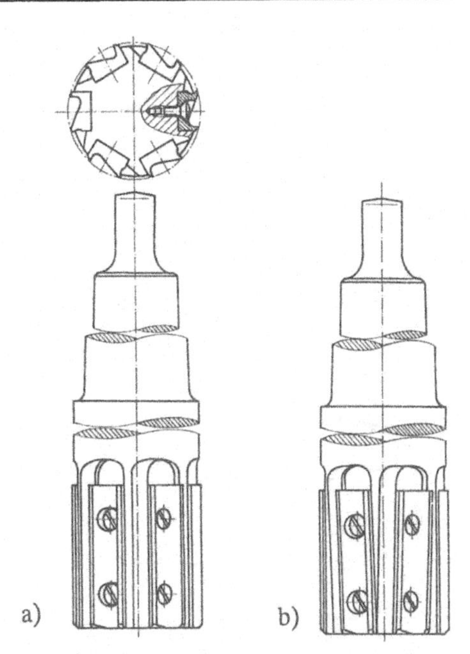

Bild C-38 Maschinenreibahlen mit eingesetzten Hartmetallschneiden nach DIN 8050 und 8051
a) mit geraden Schneiden
b) mit wechselseitig geneigten Schneiden

Die Richtung der Schneiden kann *gerade* sein, leichten *Linksdrall* oder starken *Schräldrall* haben (Bild C-37). Gerade Schneiden sind universell einsetzbar. Linksdrall erzeugt eine bessere Oberflächengüte, erfordert aber einen freien Späneabfluß nach unten und ist deshalb nur begrenzt für Grundbohrungen einsetzbar. Schäldrall eignet sich für großen Vorschub, besonders in weichen Werkstoffen. Da Schälreibahlen meistens auch einen längeren Anschnitt haben, führen sie sich erst später in der eigenen Bohrung als die normalen Ausführungen. Die Zahl der Schneiden $z = 4$ bis 12 ist meist geradzahlig und dem Werkzeugdurchmesser angepaßt.
Maschinenreibahlen können auch *auswechselbare Hartmetallschneiden* haben. Bild C-38 zeigt solche Werkzeuge mit jeweils 6 Einsätzen und insgesamt 12 Schneiden. Diese Konstruktion ist nur bei größeren Durchmessern möglich.
Die *Teilung* $t = \pi \cdot d/z$ wird meistens *gleichmäßig* gewählt. Bei einer *ungleichmäßigen* Teilung, die auch möglich ist, stehen sich die Schneiden aber paarweise symmetrisch gegenüber, um einfache Durchmesserüberprüfungen durchführen zu können. die Ungleichteilung soll verhindern, daß die Reibahlen exzentrisch rotieren und unrunde zu große Bohrungen erzeugen. Diesen Vorgang, der von Haidt [37] beobachtet wurde, zeigt Bild C-39. Die Ursachen dafür liegen darin, daß die einzelnen Schneiden nicht genau auf einem Kreis liegen und ungleich belastet werden. Nach Hermann [38] ist die Zahl der entstehenden „Ecken“

$$X = n \cdot z \pm 1$$

mit z der Schneidenzahl, n einer ganzzahligen Zahl, + bei Gleichläufigkeit, – bei Gegenläufigkeit der überlagerten Bewegung. *Schneidendrall* verbessert ebenfalls den Rundlauf des Werkzeugs.
Die *Schaftausführung* ist durchmesserbedingt von der Werkzeugaufnahme an der Maschine abhängig. *Zylindrische* Schäfte gibt es für Durchmesser von 1 bis 20 mm, *Morsekegel* von 5 bis 40 mm.

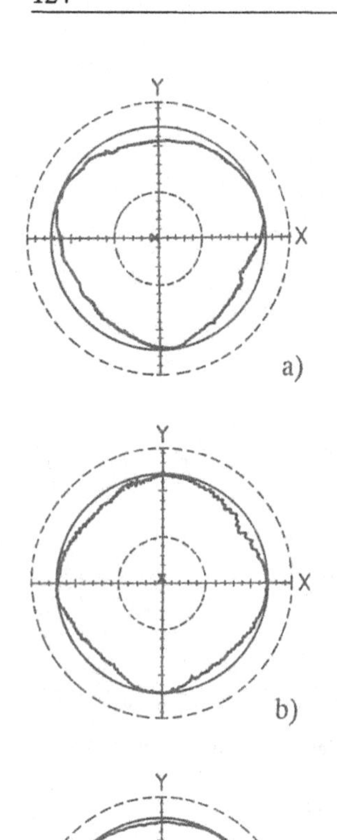

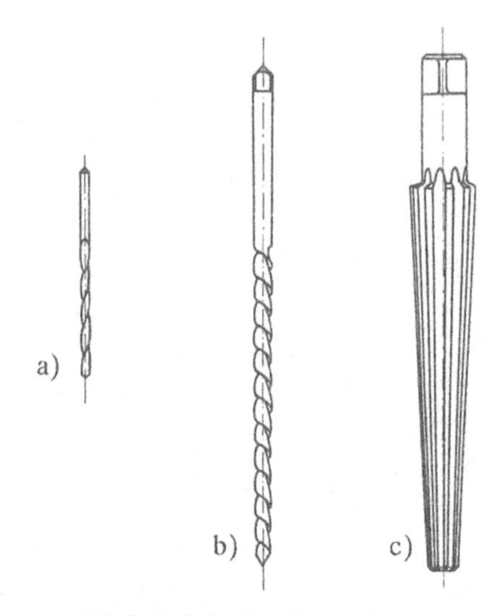

Bild C-40 Reibahlen für kegelige Bohrung
a) dreischneidige Reibahle für Kerbstiftbohrungen 1:100 nach DIN 2179
b) zweischneidige Reibahle mit Schäldrall nach DIN 2179 Kegel 1:50
c) Kegelreibahle mit geraden Schneiden nach DIN 1896 Kegel 1:10

Bild C-39

Kreisformfehlermessungen beim Bohren, Aufbohren und Reiben
a) Bohren mit Spiralbohrer ∅ 10 mm, z = 2 Schneiden
b) Bohren mit Spiralbohrer ∅ 9,0 mm und Aufbohren mit Aufbohrer ∅ 9,8 mm, z = 3 Schneiden
c) Bohren ∅ 9,0 mm, Aufbohren ∅ 9,8 mm und Reiben mit einer Maschinenreibahle ∅ 10,0 mm, z = 4 Schneiden

Auch bei Maschinenreibahlen gibt es *nachstellbare* Werkzeuge nach DIN 209 und nicht genormte Ausführungen mit Hartmetallschneiden. Die Nachstellbarkeit ist auf 1 % des Durchmessers begrenzt. Diese Werkzeuge sind aufgrund ihrer größeren Elastizität weniger stark beanspruchbar und erzeugen eine etwas schlechtere Bohrungsqualität als normale Maschinenreibahlen.

5.1.3 Kegelreibahlen

Kegelreibahlen gibt es für viele verschiedene Aufgaben in allen Größen. Die kleinsten mit Durchmessern von 0,09 mm bis 4 mm und einem Kegel 1 : 100 dienen zum Aufreiben von *Kerbstiftbohrungen* (Bild C-40a). Die größeren für *Morsekonus-Bohrungen* nach DIN 1895 oder *kegelförmige* Bohrungen in Maschinenteilen mit anderen Kegelsteigungen und Durchmessern bis 50 mm (Bild C-40c). Sie sind überwiegend aus Schnellarbeitsstahl, da die schwierige Formgebung im Hartmetall teuer ist.

Bei Kegelreibahlen erstrecken sich die *Hauptschneiden* über die *ganze* Kegelmantelfläche. Nebenschneiden im ursprünglichen Sinn sind nicht vorhanden. Eine rund (kegelig) geschliffene Führungsfase an den Schneiden darf nur sehr schmal sein, da bei dem Freiwinkel $\alpha = 0°$ das Werkzeug „drückt". Die Schneiden können *gerade* oder *gedrallt* sein. Zum Herstellen der groben Form aus zylindrischen Bohrungen eignen sich Schälreibahlen. Um den Spänen den Abfluß durch die enger werdende Bohrung zu ermöglichen, soll die Reibahle dabei öfter zurückgezogen werden. Für die Endbearbeitung ist eine geradegenutete Reibahle besser geeignet.

5.1.4 Schneidengeometrie an Mehrschneidenreibahlen

Bild C-41 zeigt die Lage von Haupt- und Nebenschneiden an einer Mehrschneidenreibahle. Die *Hauptschneiden* befinden sich an der Stirnseite im Anschnitteil. Der Einstellwinkel κ beträgt im allgemeinen 15 bis 60°. Ein kleiner Einstellwinkel verlängert den Anschnitteil und erleichtert das Einführen der Reibahle in das Werkstück. Ein größerer Einstellwinkel verkürzt den Anschnitteil und erzeugt eine frühere Führung der Reibahle und damit genauere Bohrungen. Bei Schälreibahlen wählt man den Anschnittwinkel extrem klein (1°30′). Das erlaubt größere Schnittiefen und Vorschübe bei einer weniger genauen Bearbeitung. Dabei muß der Anschnitteil jedoch zweistufig geschliffen sein (Bild C-42). Die Hauptschneiden selbst sind durch Span- und Freiwinkel so gestaltet, daß sich eine sehr scharfe Kante mit einer Rundung von weniger als 5 µm ergibt. sie ist erforderlich für gutes Eindringen und kleine Kräfte.

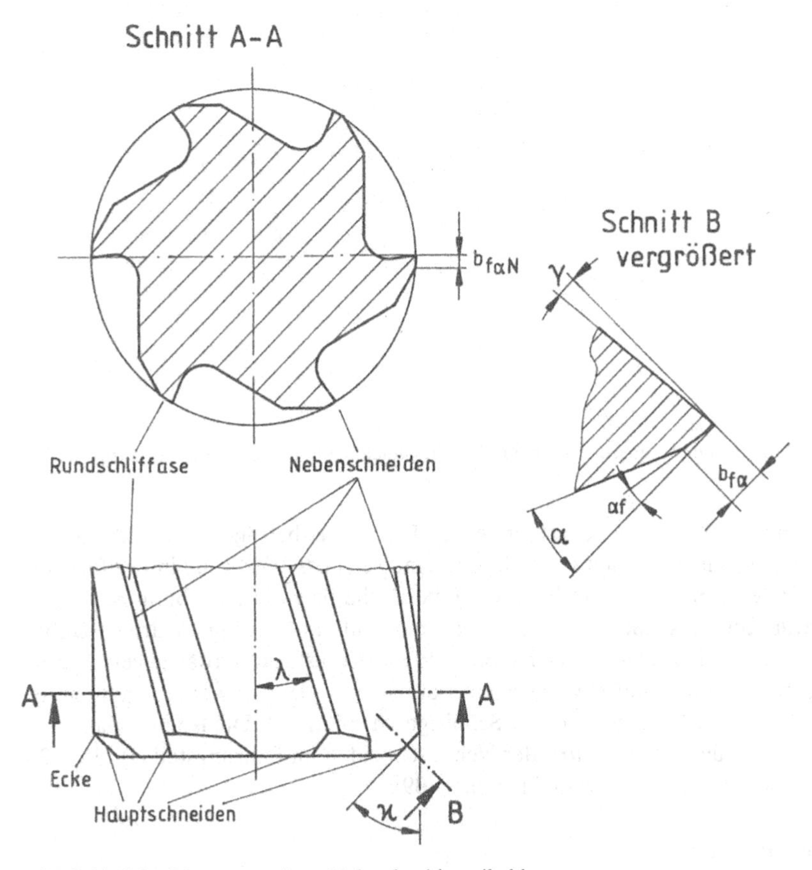

Bild C-41 Schneidengeometrie an Mehrschneidenreibahlen

α	Freiwinkel
α_f	Fasenfreiwinkel
γ	Spanwinkel
κ	Einstellwinkel (Anschnitt)
λ	Neigungswinkel (Drall)
$b_{f\alpha}$	Hauptschneidenfreiflächenfase
$b_{f\alpha N}$	Nebenschneidenfreiflächenfase

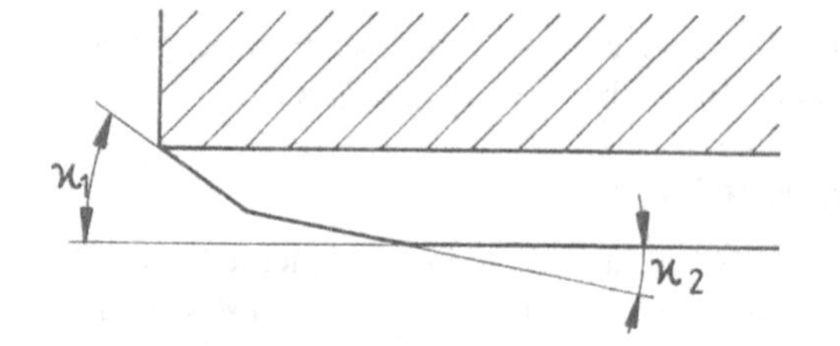

Bild C-42
Mehrstufiger Anschnitt mit unterschiedlichen Eingriffswinkeln κ_1 und κ_2

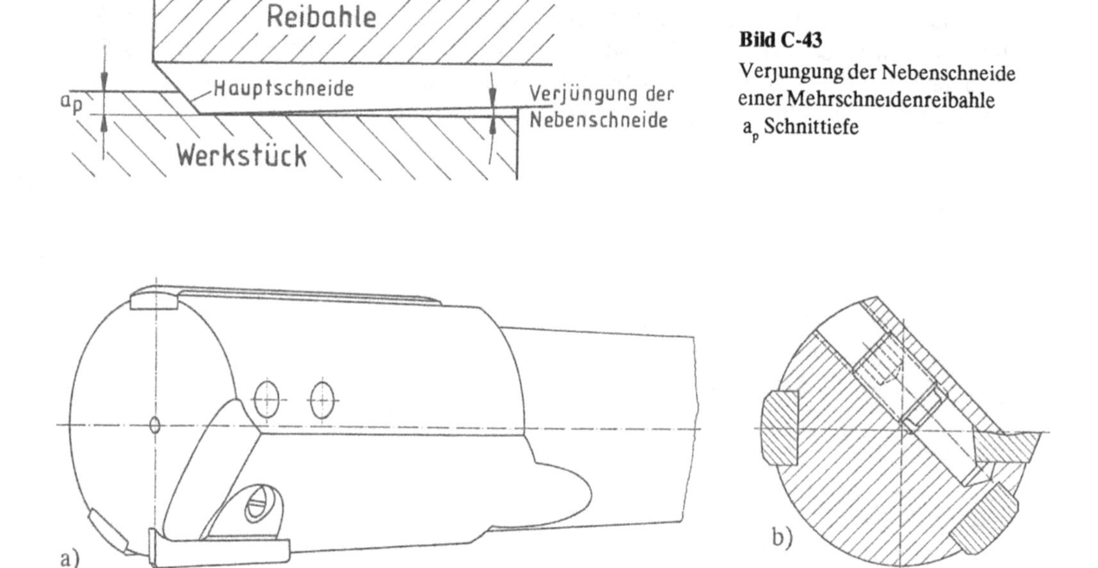

Bild C-43
Verjüngung der Nebenschneide einer Mehrschneidenreibahle
a_p Schnittiefe

Bild C-44 Einschneidenreibahle mit einstellbarer Hartmetall-Wendeschneidplatte und besonderen Führungen

Die *Nebenschneiden* sind ebenfalls sehr scharfkantig. Ihr Freiwinkel beträgt jedoch infolge des Rundschliffs $\alpha_N = 0°$. Die so entstandenen Fasen führen einerseits das Werkzeug in der fertigen Bohrung und glätten andererseits durch Reibung die Oberfläche nach. Die Reibung ist jedoch von Nachteil. Sie vergrößert das aufzubringende Drehmoment und erzeugt Wärme. Dabei können die Nebenschneiden sich erhitzen, verschleißen und die Werkstückoberfläche verschlechtern. Besonders gefürchtet sind Aufschweißungen bei zähen oder schwer zerspanbarem Werkstoff. Diese Gefahr begrenzt die anwendbare Schnittgeschwindigkeit. Die Reibung läßt sich verringern durch eine geringfügige *Verjüngung* der Nebenschneiden im Führungsteil (Bild C-43) von etwa 0,015 bis 0,025 mm auf 100 mm Schneidenlänge [39].

5.1.5 Einschneidenreibahlen

Bild C-44 zeigt den konstruktiven Aufbau von *Einschneidenreibahlen*. Sie haben folgende besonderen Merkmale:

- Eine *einzige Schneide* aus Hartmetall K 10 übernimmt die Zerspanungsarbeit.
- Sie kann als *Wendeschneide* mit zwei Schneidkanten ausgebildet sein.
- Die Nebenschneide hat *keine Rundschliffase*, sondern einen für die Spanabnahme günstigen Freiwinkel von 7°.

- Die Hauptschneide an der Stirnseite kann mit *unterschiedlichen Einstellwinkeln* ausgeführt sein. Große Einstellwinkel (30°, 45°) erzeugen etwas größere Rauhtiefen. Kleine Einstellwinkel (3°) neigen zum Rattern. Doppelanschnitt (3°/45°) ist ein erprobter Kompromiß.
- Die Schneiden sind nachstellbar. Größerer Anfangsverschleiß kann ausgeglichen werden. Die *Verjüngung* (1 : 1000) kann eingestellt werden.
- Zwei getrennte Führungsleisten aus Hartmetall übernehmen die Führung in der Bohrung.
- Sie haben *Einlauffasen*, die die Bildung eines Schmierfilms begünstigen.
- *Breitere Fasen* verschlechtern nicht die Oberflächengüte wie bei Mehrschneidenreibahlen, verbessern aber die Dämpfung und verringern damit die Gefahr des Ratterns.
- Der *Durchmesser* der Führungsflächen ist um 0,6 bis 0,8 mm größer als der Werkzeugkörper und 0,02 bis 0,04 mm kleiner als der Schneidendurchmesser.
- Eine *direkte Kühlschmierstoffzuführung* zu den Schneiden verbessert die Führung und die Späneabfuhr.
- Handelsübliche Größen gibt es für 5 bis 80 mm Bohrungsdurchmesser. Die kleineren haben jedoch keine Innenspülung.

Während der Bohrungsbearbeitung drücken Schnitt- und Passivkraft das Werkzeug in eine etwas exzentrische Lage. Dabei weicht der Werkzeugmittelpunkt sowohl in x- als auch in y-Richtung vom Bohrungsmittelpunkt ab. Bei rotierendem Werkzeug dreht sich dann der Werkzeugmittelpunkt wie das Werkzeug um den Bohrungsmittelpunkt [40].

Bei der Anwendung von Einschneidenreibahlen ist eine Maschine mit Vorschubsteuerung und eine Schmiermittelversorgung durch die Spindel Voraussetzung. Handarbeit oder trockenes Reiben sind ausgeschlossen.

5.2 Spanungsgrößen

Die *Schnittgeschwindigkeit* ist beim Reiben mit Mehrschneidenreibahlen nur sehr klein (Tabelle C-4). Auch bei Verwendung von Hartmetall als Schneidstoff kann nicht die von anderen

Tabelle C-4: Schnittgeschwindigkeit und Vorschübe für Einschneiden- und Mehrschneidenreibahlen [36, 39, 40]

Werkstoff		Mehrschneidenreibahlen			Einschneidenreibahlen	
		v_c [m/min]	(HM)	f [mm/U]	v_c [m/min]	f [mm/U]
Stahl	Rm < 500 N/mm²	8 – 12	(18)	0,2 – 1,0	25 – 90	0,1 – 0,35
	bis 800 N/mm²	6 – 10	(12)	0,1 – 1,0	25 – 90	0,1 – 0,35
	> 800 N/mm²	4 – 10	(10)	0,1 – 0,8	15 – 70	0,1 – 0,35
Stahlguß		3 – 12		0,1 – 0,5		
Grauguß	< 200 HB	10 – 12	(30)	0,3 – 1,2	20 – 80	0,1 – 0,5
	> 200 HB	6 – 8	(20)	0,2 – 1,1	20 – 70	0,1 – 0,5
CuZn-Legierungen		10 – 20	(30)	0,3 – 1,2	30 – 80	0,1 – 0,3
CuSn-Legierungen		6 – 12	(20)	0,2 – 1,0	30 – 80	0,06 – 0,4
Kupfer		12 – 18	(40)	0,3 – 1,2	20 – 70	0,08 – 0,4
Al-Legierungen, weich		12 – 20		0,1 – 1,2	40 – 110	0,1 – 0,25
Al-Legierungen, hart		5 – 12	(20)	0,1 – 1,2	30 – 150	0,06 – 0,2
Mg-Legierungen		12 – 20		0,2 – 1,0		

Zerspanungsverfahren her bekannte größere Schnittgeschwindigkeit angewandt werden. Die Reibung an den Führungsfasen verursacht dann eine Erhitzung der Schneiden, die zum Verschleiß, zu ansteigenden Rauhigkeitswerten und zum vorzeitigen Ende der Standzeit führt. Bedauerlicherweise liegt die anwendbare Schnittgeschwindigkeit in einem Bereich, in dem die Aufbauschneidenbildung begünstigt wird.
Besser ist es bei Einschneidenreibahlen, die Schnittgeschwindigkeiten bis 90 m/min vertragen. Die günstige Schneidengestaltung und bessere Lösung des Führungsproblems hat weniger Reibung zur Folge.
Der *Vorschub f* verteilt sich bei Mehrschneidenreibahlen auf alle Schneiden $f_z = f/z$. Bei Einschneidenreibahlen ist er ganz von der einzigen Schneide zu übernehmen. Der Vorschub kann in einem größeren Bereich eingestellt werden. Bis zu 1 mm bei Mehrschneidenreibahlen. Mit seiner Vergrößerung wächst aber auch die Schnittkraft und die Rauheit an der Bohrungswand. Es empfiehlt sich, den Vorschub so groß zu wählen, wie es die Oberflächengüte zuläßt.
Aus Vorschub und Anschnittwinkel ergibt sich die *Spanungsdicke h* (Bild C-45)

$$h = f_z \cdot \sin \kappa$$

Besonders kleine Spanungsdicken entstehen danach dann, wenn der Vorschub pro Schneide sehr klein gewählt wird oder der Einstell-(Anschnitt-)Winkel klein ist. Das ist zum Beispiel bei Schälreibahlen (κ = 1° bis 2°) der Fall. Hier kann es Schwierigkeiten mit der Spanabnahme geben. Nach Sokolowski [41] muß eine Mindestschnittiefe eingehalten werden, die von der Schneidkantenrundung und der Schnittgeschwindigkeit abhängt. Bei Unterschreitung dieser Mindestschnittiefe dringt die Schneide nicht in den Werkstoff ein, sondern sie verformt ihn elastisch und plastisch so, daß er sich wegdrückt. Dabei entsteht an der Schneide selbst durch Druck und Reibung erhöhter Verschleiß. Man kann daraus ableiten, daß auch die Spanungsdicke *h* eine Mindestgröße haben muß [42]. Im Bereich der kleinen Schnittgeschwindigkeiten für das Reiben

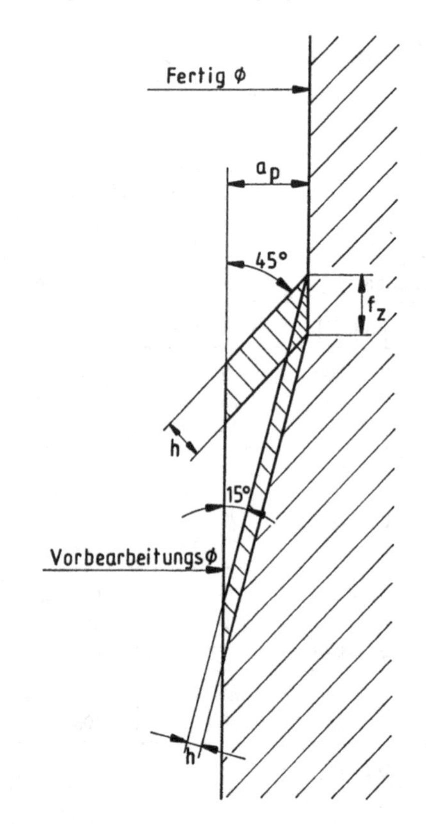

Bild C-45
Veränderungen der Spanungsdicke h bei unterschiedlichen Einstellwinkeln

ist sie bei h_{min} = (0,5 bis 1,0) · ρ, der Schneidkantenrundung zu suchen. Etwas verbessert wird das Eindringen der Schneide durch den ziehenden Schnitt der Schälreibahlen, der von einem großen negativen Neigungswinkel erzeugt wird.

5.3 Arbeitsergebnisse

Eine große *Bohrungsgenauigkeit* mit kleinen Toleranzen wird durch viele Nebenschneiden mit ihren Führungsfasen und durch eine leichte negative Wendelung erreicht. Bild C-46 zeigt die erreichbaren ISO-Toleranzen bei Anwendung von Spiralbohrern, dreischneidigen Bohrsenkern, Aufbohrern und Mehrschneidenreibahlen. Spiralbohrer mit nur zwei Schneiden führen sich nur mangelhaft selbst. Kleine Unsymmetrien an den Schneiden oder im Werkstück führen zu ungleichmäßigen Übermaßen und Formfehlern der Bohrung. Die erreichbare Bohrungsgenauigkeit liegt in den ISO-Toleranzen bei IT 11 bis IT 13. Werkzeuge mit drei Schneiden wie Bohrsenker und Aufbohrer haben bereits eine gleichmäßigere Führung in der fertigen Bohrung. Die erzielten Arbeitsergebnisse können eine Toleranzgruppe besser sein, nämlich IT 10. Bild C-39 zeigt typische Kreisformfehler der vergleichbaren Werkzeuge. Die Zahl der „Ecken" ist hier um 1 größer als die Zahl der Schneiden.
Eine wesentliche Verbesserung von Form und Genauigkeit ist bei Mehrschneidenreibahlen der *größeren Schneidenzahl* zu verdanken und der Anwendung *kleinster Schnittiefen.* Damit wird die Führung stark verbessert und die Kräfte, die das Werkzeug aus seiner Mittellage drängen, werden klein. Die ISO-Toleranzklassen IT 6 bis IT 9 können erreicht werden.
Die *Oberflächengüte,* die mit Reibwerkzeugen erreicht werden kann, ist von vielen Einflüssen abhängig. Die Werkzeuge selbst mit ihrer Bauart und Qualität bestimmen sie durch *Anschnittwinkel, Neigungswinkel, Fasenbreite, Schneidenzahl, Schärfe* der Schneidkante und Abstumpfung und die Einsatzbedingungen durch *Werkstoff, Härte, Vorbearbeitung, Kühlschmiermittel, Durchmesser, Schnittgeschwindigkeit, Vorschub* und Qualität der *Werkzeugmaschine.*
So kommt es zu einem breiten Band der Rauhtiefe von 2 bis 15 µm. Bild C-47 zeigt das Oberflächenergebnis wieder im Vergleich zu den Arbeitsverfahren Bohren, Senken und Aufbohren, die natürlich rauhere Bohrungsoberflächen liefern.

ISO-Toleranz / Werkzeugart	IT 5	IT6	IT7	IT8	IT9	IT10	IT11	IT12	IT13	IT14
Spiralbohrer										
Bohrsenker										
Aufbohrer										
Reibahlen										

Bild C-46
Erreichbare Bohrungstoleranzen mit verschiedenen Werkzeugen

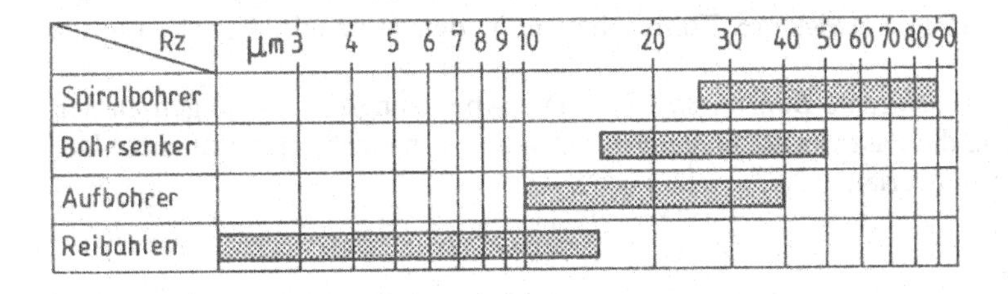

Bild C-47
Erreichbare Oberflächengüte mit verschiedenen Werkzeugen

Die *Vorbearbeitung* der Bohrung vor dem Reiben kann sehr unterschiedlich sein. Sie kann gebohrt, aufgebohrt, gesenkt oder vorgerieben sein. Sie kann aber auch schlechter gewesen sein durch Stanzen, Gießen oder Schmieden ohne weitere Vorbereitung. Grundsätzlich gilt: Je besser die Qualität der Vorbohrung ist, desto besser wird das Ergebnis beim Reiben. Für das Reiben sollte durch die Vorbereitung garantiert werden:

die *richtige Lage,*

die *genaue Richtung,*

Rundheit,

keine zu tiefen *Riefen* und

eine *gleichmäßige,* nicht zu große *Schnittiefe beim Reiben.*

Richtung und *Lage* lassen sich durch Reiben nicht verbessern, da die Reibahle von der Vorbohrung zentriert wird.
Die Schnittiefe wird durchmesser- und werkzeugabhängig gewählt als *Bohrungsuntermaß.* Zum Beispiel ist beim Vorbohren einer 20 mm-Bohrung ein Untermaß von 0,35 mm zu wählen, was einer Schnittiefe von 0,175 mm entspricht. Bei der Vorarbeit mit einem Aufbohrer genügen 0,19 mm und beim Vorreiben 0,07 mm als Untermaß. Diese Schnittiefe muß Rauheit und einen restlichen festen Abtrag enthalten, der die Mindestspanungsdicke gewährleistet.

6 Tiefbohrverfahren

Zur Herstellung von besonders tiefen Bohrungen in metallische oder nicht-metallische Werkstoffe gibt es eine Reihe spanender Bohrverfahren, die sich durch Werkzeugform und Art der Kühlschmierstoffzuführung voneinander unterscheiden. Die vier wichtigsten Verfahren sind

- das Bohren mit *Spiralbohrern,*
- das Einlippen-Tiefbohrverfahren,
- das *BTA-Tiefbohrverfahren,*
- und das aus dem BTA-Verfahren entwickelte *Ejektor-Tiefbohrverfahren.*

6.1 Tiefbohren mit Spiralbohrern

Das heute am weitesten verbreitete Bohrverfahren ist das Bohren mit Spiralbohrern. Ein wesentlicher Vorteil dieses Verfahrens sind niedrige Investitionskosten, weil Spiralbohrer auf einfachen und preiswerten Werkzeugmaschinen eingesetzt werden können. Mit Spiralbohrern lassen sich Bohrungen im Durchmesserbereich von 0,05 bis 63 mm, in Sonderfällen bis 100 mm herstellen.
Die *Späneentfernung* ist beim Bohren tieferer Bohrungen mit Spiralbohrern nur unzureichend, da die wendelförmige Nut nur eine begrenzte Förderwirkung besitzt. Erschwerend kommt hinzu, daß die Kühlschmierstoff-Zuführung entgegengesetzt zum Spänetransport erfolgt. Aufgrund der geringen Förderwirkung der beiden Nuten muß der Bohrer bei Bohrtiefen, die den 2- bis 3fachen Wert des Bohrdurchmessers übersteigen, zur Späneentfernung immer wieder aus der Bohrung herausgefahren werden. Die maximale Bohrtiefe stößt spätestens bei $20 \times d$ an ihre Grenzen. Besonders für das Tiefbohren entwickelte Bohrer haben in den Wendeln Kanäle für die Kühlmittelzuführung.
Ein weiterer Nachteil ist die *schlechte Bohrungsqualität.* Die Abnutzungserscheinungen an den Schneiden führen dazu, daß die Passivkräfte ungleich werden und sich nicht mehr aufheben. Der Bohrer neigt dann zum Mittenverlauf.

6.2 Tiefbohren mit Einlippen-Tiefbohrwerkzeugen

6.2.1 Einlippen-Tiefbohrwerkzeuge

Einlippen-Tiefbohrwerkzeuge zum *Vollbohren* werden für Bohrungen bis maximal 40 mm Durchmesser eingesetzt. Der kleinste beim derzeitigen Stand der Technik herstellbare Bohrungsdurchmesser beträgt, bedingt durch die Bruchfestigkeit des Bohrkopfes und die erschwerte Späneentfernung bei kleinen Durchmessern, etwa 1 mm. Die übliche Bohrtiefe bei den Durchmessern 1 mm bis 40 mm beträgt bei Standard-Einlippenbohrern 200 mm bis 2800 mm. In Einzelfällen sind Bohrtiefen von 100 × *d* und mehr möglich.
Standard-Einlippenbohrer bestehen aus *Bohrkopf, Bohrerschaft* und *Spannhülse* (s. Bild C-48). Beim Bohrkopf unterscheidet man zwischen Leistenkopf und Vollhartmetallkopf (Bild C-49). Der *Leistenkopf* besteht aus einem Stahlkörper mit eingelöteten Schneidplatten und Führungsleisten. Einlippenbohrer mit Leistenkopf werden ab 6 mm Ø hergestellt. Der Fertigungsaufwand ist relativ groß. Der Vorteil gegenüber dem Vollhartmetallkopf ist die hohe Zähigkeit des Stahlgrundkörpers. Bohrerbrüche sind daher verhältnismäßig selten. Weiterhin ist die Hartmetallqualität der Schneidplatte und der Führungsleisten unabhängig voneinander. Daraus folgt eine der jeweiligen Aufgabe angepaßte Hartmetallauswahl und eine Optimierung der Bohrereigenschaften. Der *Vollhartmetallkopf* ist der am häufigsten verwendete Bohrkopf. Dieser wird ab einem durchmesser von 1,85 mm eingesetzt. Die Führungsleisten lassen sich der jeweiligen Bohrsituation anpassen. Sie werden eingeschliffen.
Ein Vorteil gegenüber Spiralbohrern ist der größere *Durchflußquerschnitt* für den *Kühlschmierstoff*, der durch den hohlen Schaft zugeführt wird. Varianten sind Köpfe mit 2 Bohrungen und Köpfe mit nierenförmigen Kanälen. Der *Bohrerschaft* besteht aus einem vergüteten Profilrohr. Die Bestrebungen bei der Entwicklung des Schaftes gehen dahin, maximale Torsionssteifigkeit mit größtmöglichem Durchflußquerschnitt zu verknüpfen. Das Verhältnis der Wanddicke zum Außendurchmesser des Schaftes ist die charakteristische Kenngröße.

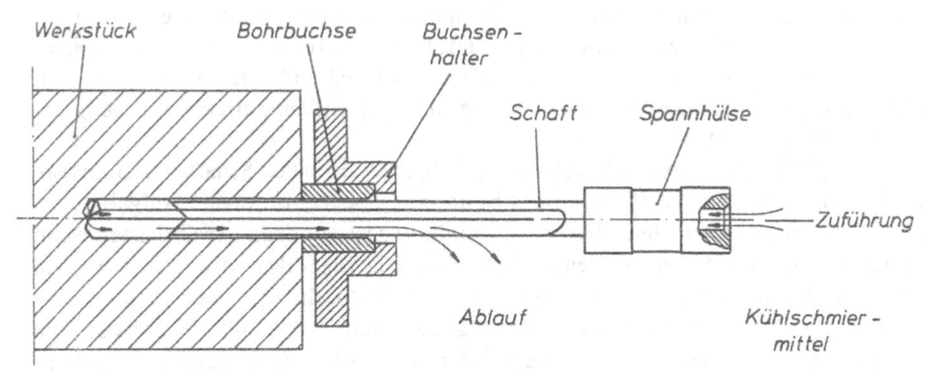

Bild C-48 Tiefbohren mit Einlippen-Tiefbohrwerkzeugen

Bild C-49
Zwei Ausführungsformen von Bohrköpfen im Querschnitt gesehen

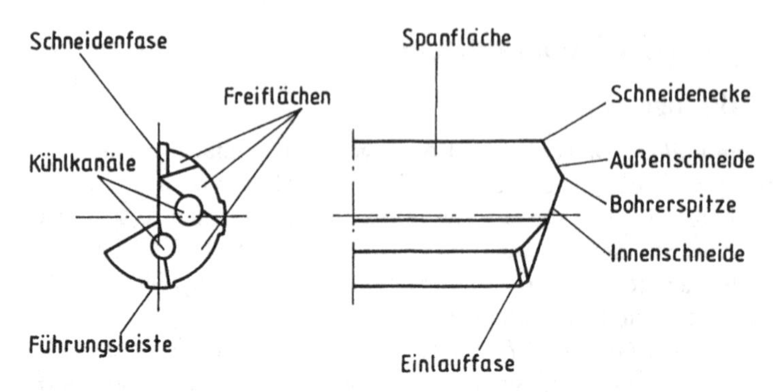

Bild C-50 Bohrkopf eines Einlippen-Tiefbohrers

Die *Einspannhülse* ist mit dem Bohrerschaft verlötet. Ihre Aufgabe ist es, das von der Maschine erzeugte Drehmoment auf den Schaft und damit auf den Bohrer zu übertragen. Ihre Rundlaufgenauigkeit zum Schaft soll möglichst gut sein, um Schwingungen zu vermeiden.

Einlippen-Tiefbohrwerkzeuge besitzen üblicherweise nur *eine Schneide* (Bild C-50). Die Hauptschneide ist außermittig an der Stirnseite. Die Werkzeuge zentrieren sich nicht selbst. Deshalb muß während des Anbohrvorgangs entweder durch eine Bohrbuchse oder durch eine Führungsbohrung zentriert werden. Mit zunehmender Bohrtiefe führt sich der Einlippenbohrer in der von ihm erzeugten Bohrung mit Hilfe der Führungsleisten selbst.

Die *Hauptschneide* ist abgewinkelt. Ihre Spitze trennt *innere* und *äußere Hauptschneide.* Sie ist fester Bestandteil des Kopfes und kann in beliebiger Form geschliffen werden. Einlippen-Tiefbohrwerkzeuge werden bei Verschleiß ausschließlich an ihren Stirnseiten nachgeschliffen. Die Hartmetallsorte kann entsprechend dem Werkstoff gewählt werden. Vollhartmetallköpfe können mit einer TiN-Schicht versehen werden. Weiterhin können in Sonderfällen für höchste Beanspruchungen Vollhartmetallköpfe mit CBN- oder PKD-Schneiden bestückt werden.

Die *Führungsleisten* haben einen glättenden Effekt auf die Bohrungsoberfläche. Durch die Schnittkräfte werden sie so stark gegen die Bohrungswand gepreßt, daß einzelne Rauhigkeitsspitzen eingeebnet werden. So sind Oberflächengüten zwischen $R_z = 0{,}002$ und 0,02 mm möglich. Voraussetzung für ein solches optimales Ergebnis ist eine intensive Kühlung und Schmierung der Schneide und der Führungsleisten.

Der *Kühlschmierstoff* wird unter hohem Druck durch die Spannhüle in den Schaft zum Bohrkopf geführt. Der Austritt erfolgt an der Stirnseite des Bohrkopfes. Seine vorrangige Aufgabe beim Tiefbohren ist der *Spänetransport.* Die sichere Späneabführung ist nur dann gewährleistet, wenn der Kühlschmierstoff in ausreichender Menge dem Werkzeug zugeführt wird. Diese wird in Abhängigkeit vom Bohrdurchmesser aus Diagrammen bestimmt. In der Praxis erfolgt eine Kontrolle über den Kühlschmierstoffdruck. Er beträgt zwischen 20 bar und 100 bar vor dem Werkzeug. Aus der Span-Nut werden die Späne mit der fast drucklos abfließenden Flüssigkeit herausgespült.

6.2.2 Schnittbedingungen bei Einlippen-Tiefbohrwerkzeugen

Die *Spanbildung* beim Bohren mit Einlippen-Tiefbohrwerkzeugen kann für den jeweiligen Werkstoff durch die Wahl der Schnittgeschwindigkeit und des Vorschubs und durch die Gestaltung des Schneidenanschliffs gezielt gesteuert werden. Der Spanwinkel ist konstruktiv bedingt mit $\gamma = 0°$ eine konstante Größe, die nicht zur Spanformung verändert werden kann. Angestrebt werden kurze massive Wendelspäne, die ohne Schwierigkeiten durch den Spanraumquerschnitt abgeführt werden können.

Die *Schnittgeschwindigkeit* erreicht bei Aluminiumlegierungen Werte zwischen 80 und 300 m/min. Einsatzstähle mit einer Festigkeit von mehr als 700 N/mm^2 sind mit 50 bis 80 m/min zu bearbeiten. Große Bohrtiefen erfordern kleine *Vorschubwerte,* um Ratterschwingungen durch hohe Zerspankräfte zu vermeiden.
Die *Oberflächenqualität* ist aufgrund der radialen Zerspanungskräfte, die über die Stützleisten auf die Bohrungswand übertragen werden, sehr gut. Dieser Effekt der Oberflächen-*Preßglättung* wird durch die konstruktive Ausbildung der Stützleisten beeinflußt. Unter günstigen Bedingungen werden Mittenrauhigkeitswerte von 4 µm erreicht.
Die *Durchmessertoleranz* ist werkstoffabhängig, so wird z.B. bei Aluminium die Toleranzklasse IT 6 und bei Einsatzstählen IT 7 erreicht.
Der *Bohrungsverlauf* wird trotz des biegeweichen Bohrwerkzeugs, bedingt durch die Zwangsführung des Bohrkopfes im Werkstück, in sehr engen Grenzen gehalten. Die besten Ergebnisse werden mit drehendem Werkzeug bei gleichzeitig gegenläufiger Werkstückdrehung erzielt. Bei der häufigsten Anwendung, Drehen des Werkzeugs bei stehendem Werkstück, tritt ein etwas größerer Bohrungsverlauf ein.

6.2.3 Kräfte am Bohrkopf

Beim Bohren werden Tiefbohrwerkzeuge durch *Zerspan-* und *Massenkräfte* beansprucht. Die *Zerspankraft F* setzt sich bei einschneidigen Tiefbohrwerkzeugen aus der *Schnittkraft* F_c, der *Vorschubkraft* F_f und der aus 2 Komponenten von äußerer und innerer Hauptschneide herrührenden *Passivkräfte* F_p zusammen.
Schnittkraft und Passivkraft werden durch die Führungsleisten aufgenommen, hierbei entstehen an den Führungsleisten die *Reibkräfte* F_{R1} und F_{R2} (Bild C-51).
Das am Bohrkopf angreifende *Bohrmoment* M_B setzt sich aus dem *Schnittmoment* $M_c = F_c \cdot H$ und einem *Reibmoment* M_R, das hauptsächlich von den an den führungsleisten angreifenden Reibkräften verursacht wird, zusammen.
Daraus folgt für das *Bohrmoment*:

$$\boxed{M_B = M_c + M_R} \qquad \text{(C-31)}$$

Das *Reibmoment* ergibt sich aus

$$M_R = F_{R\,ges} \cdot d/2$$

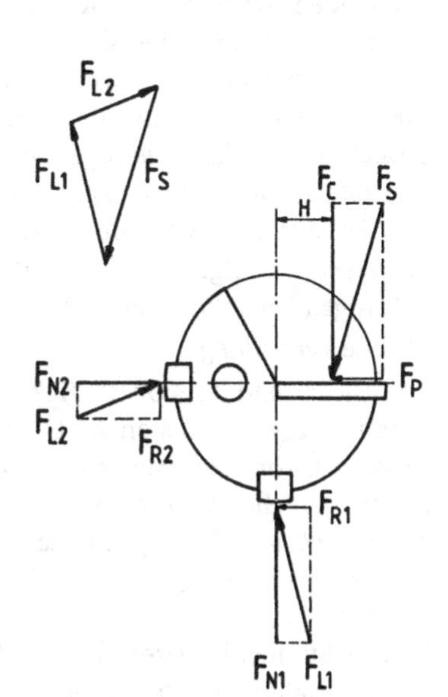

Bild C-51
Kräftegleichgewicht am Bohrkopf eines Einlippen-Tiefbohrwerkzeugs
F_c Schnittkraft
F_s Schneidenkraft
F_p Passivkraft
F_L Leistenkraft
F_N Normalkraft
F_R Reibungskraft

mit

$$F_{R\,ges} = (F_{N1} + F_{N2})\,\mu \tag{C-32}$$

somit

$$M_R = (F_{N1} + F_{N2}) \cdot \mu \cdot d/2 \tag{C-33}$$

Aus Bild C-51 gehen für F_{N1} und F_{N2} folgende Beziehungen hervor:

$$F_{N1} = F_c - \mu \cdot F_{N2} \tag{C-34}$$

$$F_{N2} = F_P + \mu \cdot F_{N1} \tag{C-35}$$

Das Verhältnis F_P/F_c ist unabhängig von der Schneidengeometrie des Tiefbohrwerks und kann nur im Versuch bestimmt werden. Die einzelnen Kraftkomponenten F_p und F_c sind nur schwer zu ermitteln. Es kann lediglich eine Gesamtkraft gemessen werden. Messungen von Greuner ergaben für das Verhältnis F_P/F_c einen Streubereich von 0,2 bis 0,5 und für den Reibwert μ zwischen den Führungsleisten und der Bohrungswand 0,2 bis 0,3. Bei einem mittlerem Reibwert $\mu = 0{,}25$ und einem mittleren Verhältnis $F_P/F_c = 0{,}2$ ergibt sich

$F_{N1}/F_{N2} = 2{,}1$ und

$M_R \approx 0{,}3 \cdot M_c$

Der *Bohrerschaft* wird infolge von dynamischen Beanspruchungen besonders belastet. Die Bohrkräfte werden mit langschäftigen Werkzeugen, ausgehend von einer Werkzeugmaschine mit größtmöglicher statischer und dynamischer Steifigkeit über den Bohrerschaft zum Bohrgrund auf das Werkstück übertragen. Daraus ergeben sich zwei den Bohrerschaft betreffende Belastungen:

1.) Die *Durchbiegung*

Sie resultiert bei drehendem Werkzeug aus *Zentrifugalkraft* und *Eigengewicht.* Der Flächenschwerpunkt des Bohrschaftes bei Einlippen-Bohrern liegt wegen der Spannut exzentrisch. Bei drehendem Werkzeug greifen deshalb am Bohrerschaft Zentrifugalkräfte an, die seine Durchbiegung bewirken, solange sich dieser außerhalb der Bohrung befindet. Um die Genauigkeit und Gleichförmigkeit der Bohrbewegung sicherzustellen, muß die Durchbiegung durch eine ausreichende Abstützung des Bohrerschaftes auf ein zulässiges Maß begrenzt werden. Zu diesem Zweck müssen langschäftige Bohrwerkzeuge durch Lünetten abgestützt werden. Das Maß für den zulässigen Maximalabstand der Lünetten ist aus Tabellen zu entnehmen. Als Faustformel gilt ein Verhältnis $1/d = 50$. Bei diesem Verhältnis und einer entsprechenden Drehzahl legt sich der Bohrschaft infolge der Fliehkraft an die Bohrungswand an. Daraus folgt eine Erhöhung der zulässigen Knickkraft und der Biegesteifigkeit von drehenden Einlippen-Bohrern.

2.) Die *Verdrillung*

Die Biege- und Torsionssteifigkeit der meist sehr langen und schlanken Tiefbohrwerkzeuge ist sehr gering, so daß neben der Durchbiegung die Verdrillung zwischen Schneide und Einspannhülse auftritt. *Torsionsschwingungen*, die durch Selbsterregung entstehen, können große Beschleunigungen auf die Werkzeugschneide übertragen, daß eine *ungleichförmige Schneidenwinkel-Geschwindigkeit* auftritt (Ratterschwingungen). Die vom Werkzeug ausgeführten Schwingungen verkürzen die Standzeit der Werkzeugschneide und führen zu Maß- und Formfehlern der Bohrung.

Neuere Studien befassen sich mit der Entwicklung von *Dämpfungsmaßnahmen,* um das Schwingungsverhalten in ausreichendem Maße zu beherrschen.

6.3 Tiefbohren mit BTA-Werkzeugen

6.3.1 BTA-Tiefbohrwerkzeuge

Beim *BTA-Tiefbohrverfahren* wird der Kühlschmierstoff ebenfalls mit hohem Druck, jedoch im *Ringraum* zwischen Bohrungswand und Bohrerschaft zugeführt (Bild C-52). Die *Späne* werden mit dem Kühlschmierstoffstrom *innerhalb* des Bohrerschaftes abgeführt und kommen daher nicht mit der fertigen Bohrung in Berührung. Zur Abstützung der Zerspanungskräfte trägt der Bohrkopf ebenfalls Führungsleisten aus Hartmetall. Für den Anbohrvorgang wird auch bei diesem Verfahren eine Bohrbuchse benötigt.
Grundsätzlich werden die drei nachfolgenden Anwendungen unterschieden:

- *Vollbohren*
- *Aufbohren*
- *Kernbohren*

Beim *Vollbohren* wird der gesamte Bohrquerschnitt zerspant. Beim *Kernbohren* zerspant der BTA-Kernbohrer einen im Verhältnis zum entstehenden Gesamt-Bohrungsquerschnitt wesentlich kleineren Ringquerschnitt. Aufgrund des unzerspanten Bohrkerns ergibt sich eine kleinere Zerspanungsarbeit. Der Vorteil ist die Einsparung an benötigter Maschinenleistung und Arbeitszeit. Die verbleibenden Kerne lassen sich weiterverwenden. In der Praxis werden Vollbohrer bis 165 mm Durchmesser eingesetzt. Die untere Grenze des Bohrdurchmesserbereichs liegt infolge der mit kleiner werdendem Durchmesser zunehmenden Gefahr eines Spanrückstaus bei 6 mm. Bohrungen über 70 mm werden vorteilhaft mit BTA-Aufbohr- oder BTA-Kernbohrwerkzeugen hergestellt. Die obere Grenze des Bohrbereiches liegt bei diesen Werkzeugen bei 300 mm bzw. 400 mm (in Sonderfällen bis zu 1000 mm). Die mögliche Bohrtiefe beträgt im allgemeinen $100 \times d$.
Der BTA-Bohrer ist eine meist mehrteilige Einheit aus *Bohrkopf* und *Bohrrohr*. Der *Bohrkopf* ist ein mit Hartmetall-Schneiden und Führungsleisten bestückter Stahlkörper. Ab einem Bohrdurchmesser von 20 mm Durchmesser sind die Schneidplatten und Führungsleisten geschraubt, d.h. auswechselbar. Bei einschneidigen BTA-Werkzeugen ist der Bohrungsdurchmesser bei geschraubten Schneidplatten in gewissen Grenzen einstellbar. Unterhalb 20 mm Bohrdurchmes-

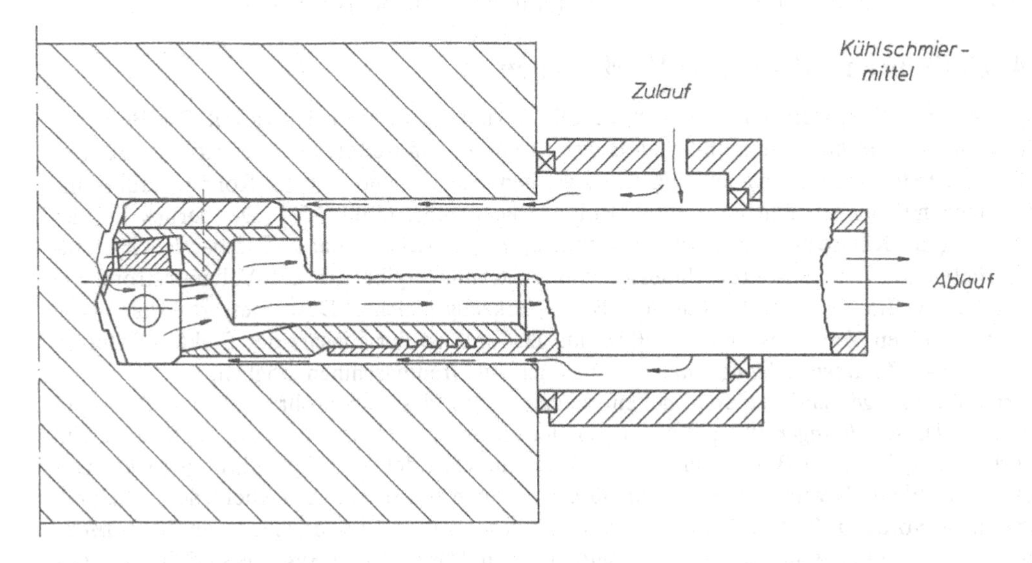

Bild C-52 BTA-Tiefbohrverfahren

ser sind die Bohrwerkzeuge generell einschneidig, die Schneide sowie die Führungsleisten sind in den Stahlkörper eingelötet. Da eine Auswechselung der Schneide nicht möglich ist, wird der Schneidenkörper, um die Wirtschaftlichkeit zu erhalten, bis zu achtmal nachgeschliffen.
Das Hauptmerkmal von BTA-Vollbohr- und Aufbohrköpfen ist das an der Stirnseite befindliche *Spanmaul.* Das Spanmaul wird nach unten durch die Spanfläche der Schneide begrenzt. Der Kernbohrer besitzt ebenfalls ein Spanmaul, das jedoch durch den bleibenden Kern bei zunehmender Bohrtiefe teilweise versperrt wird.
Der Bohrkopf wird bei allen drei Varianten auf ein *Bohrrohr* aufgeschraubt. Das Bohrrohr ist ein Präzisions-Stahlrohr mit sehr guten Rundlaufeigenschaften. Diese Rohre werden in den jeweils benötigten Längen hergestellt. Ein Zusammensetzen von zwei oder mehreren Bohrrohren ermöglicht die Beherrschung größerer Bohrtiefen.
Bei größeren Bohrköpfen wird die *Schneide* in *mehrere kleine Schneiden* aufgeteilt. Sie werden versetzt an der Stirnseite des Bohrkopfes angeordnet. Das können genormte Wendeschneidplatten oder besonders große Schneiden mit Spanunterbrechung sein. Als *Schneidstoff* wird grundsätzlich *Hartmetall* genommen, dessen Zusammensetzung passend zu der jeweiligen Anwendung ausgewählt wird. Einschneidige Bohrköpfe erfordern wegen des begrenzten Spanmaulquerschnitts Schneidplatten mit *Spanbrecher-* und *Spanleitstufen,* um eine sichere Abfuhr der daraus entstehenden kleinen gedrungenen Späne zu gewährleisten.
Aufwendig ist bei diesem Verfahren die Zuführung des Kühlschmierstoffs über den *Kühlschmierstoff-Zuführapparat.* Problematisch ist seine Abdichtung bei rotierendem Werkstück und stehendem Werkzeug. Bei Kühlwasserdrücken bis zu 60 bar werden Leckagen an den Dichtungsstellen in Kauf genommen. Der Zuführapparat, auch „Boza“ genannt, beinhaltet eine stillstehende oder mitlaufende Bohrbuchse, die für den Anbohrvorgang benötigt wird. Als Kühlschmiermittel werden vorwiegend Bohröle verwendet, die nicht wassermischbar sind.

6.3.2 Schnittgeschwindigkeit und Vorschub beim BTA-Tiefbohren

BTA-Tiefbohrwerkzeuge arbeiten mit *großer Schnittgeschwindigkeit.* Durch den ringförmigen Querschnitt des Bohrrohres und der sich daraus ergebenden höheren Widerstands- bzw. Torsionsmomente gegen Durchbiegung und Verdrillung können im allgemeinen *größere Vorschübe,* also größere Zerspanleistungen bewältigt werden. Alle anderen verfahrenstechnischen Eigenschaften wie Oberflächenqualität, Durchmessertoleranz, Bohrungsverlauf sowie die Kräfteverteilung am Bohrkopf verhalten sich wie beim Einlippen-Tiefbohrverfahren.

6.4 Tiefbohren mit Ejektor-Werkzeugen

Das *Ejektor*-Tiefbohrwerkzeug wurde aus dem BTA-Tiefbohrwerkzeug entwickelt. Das Bohrrohr wird zum *Doppelrohr.* Zu dem üblichen Bohrrohr kommt ein weiteres inneres Rohr hinzu. Der Kühlschmierstoff wird hierbei im Ringraum zwischen äußerem und innerem Rohr zugeführt und zusammen mit den Spänen im inneren Rohr zurückgeführt (Bild C-53). Der Druck bei der Zuführung des Kühlschmierstoffs zur Wirkstelle beträgt zwischen 5 bar und 15 bar. Bei Ejektor-Bohrköpfen mit einem Bohrdurchmesser von $d = 63$ mm ergibt sich ein Volumenstrom von $Q = 120$ *l*/min. Im Vergleich benötigt ein BTA-Werkzeug gleichen Durchmessers Drücke von 40 bar und einen Volumenstrom $Q = 400$ *l*/min. Dadurch ist der Einsatz des Ejektor-Tiefbohrverfahrens als *Zusatzeinrichtung* einfacher und auch auf Drehmaschinen möglich.
Ejektor-Werkzeuge sind dadurch gekennzeichnet, daß das Innenrohr und der Bohrkopf *besondere Düsenöffnungen* aufweisen. Ein Teil der Flüssigkeit gelangt durch die ringförmigen im Bohrkopf angebrachten Bohrungen an die Werkzeugschneiden und die Führungsleisten. Der Rest des Kühlmittels wird durch die Ringdüsen im Innenrohr direkt zurückbefördert. Dadurch entsteht im vorderen Teil des Innenrohres entsprechend dem Ejektorprinzip ein *Unterdruck,* durch den Späne und Kühlflüssigkeit *abgesaugt* werden. Vorteil dieses Systems sind die *geringen*

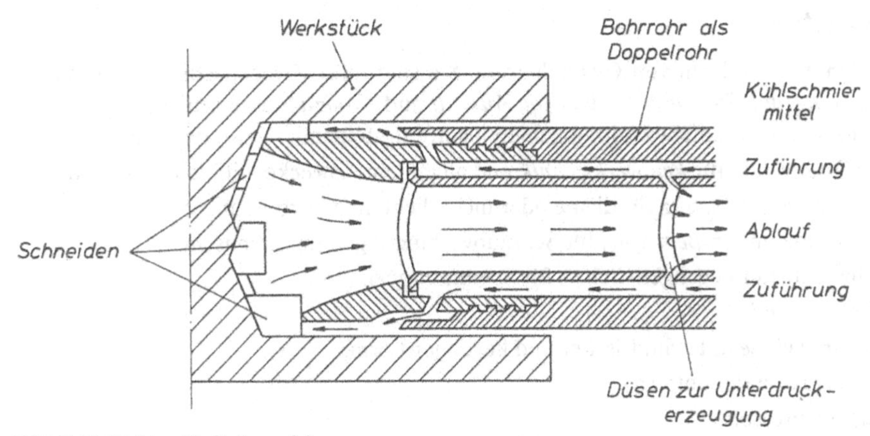

Bild C-53 Ejektor-Tiefbohrverfahren

Abdichtungsprobleme, da der Bohrölzuführapparat nicht benötigt wird. Dieses Verfahren wurde speziell für einfache Maschinen, wie z.B. Drehbänke oder Bohrwerke entwickelt. Voraussetzung ist lediglich eine innere Kühlmittelzuführung.
Ejektor-Tiefbohrwerkzeuge gibt es von $d = 25$ mm bis $d = 63$ mm. Die maximale Bohrtiefe beträgt nach Hersteller-Angaben 1000 mm. Ejektor-Werkzeuge erreichen im Vergleich zum BTA-Verfahren keine so hohen Schnittleistungen, wobei der größere Vorschub kleinere Schnittgeschwindigkeiten erfordert.
Die Bohrungsqualität (Maß- und Formgenauigkeit) sinkt aufgrund der geringeren Schnittgeschwindigkeit und geringen Rundlaufeigenschaften des Doppelrohres auf IT 9 bis IT 11 ab.

7 Gewindebohren

Gewindebohren ist eine Art von Aufbohren zur Herstellung eines Innengewindes. In der DIN 8589 Teil 2 vom August 1982 wird es als *Schraubbohren* bezeichnet. Dieser Begriff erinnert daran, daß der Vorschub in seiner Größe durch die Gewindesteigung vorgegeben ist (s. Bild C-54).

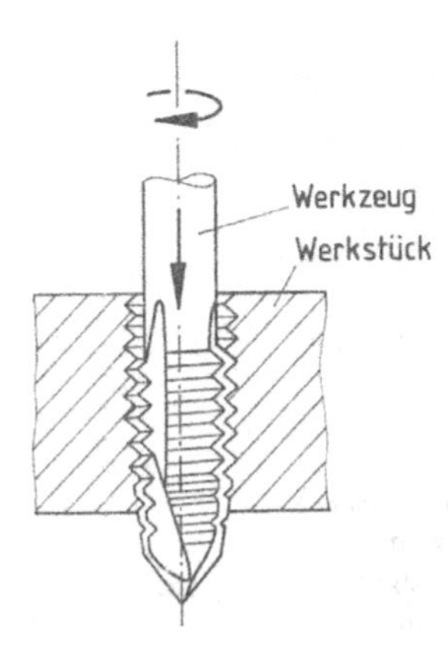

Bild C-54
Gewindebohren ist Aufbohren
zur Herstellung eines Innengewindes

7.1 Gewindearten

Wir unterscheiden eine Vielzahl von Gewindearten. Sie sind ihrer Zweckbestimmung entsprechend in *Profil, Gangzahl, Steigung, Maßsystem, Auslauf* und *Konizität* unterschiedlich gestaltet. DIN 202 nennt nach den Hauptanwendungsgebieten getrennt folgende Gewindearten:

- metrisches ISO-Gewinde für *Feinwerktechnik* und allgemeine Zwecke mit kleiner Steigung,
- metrisches Gewinde mit *Festsitz* für dichte oder nicht dichtende Verbindungen,
- metrisches Gewinde mit *großem Spiel* für Schraubverbindungen mit Dehnschaft,
- metrisches Gewinde mit kegeligem Schaft für *Schmiernippel,*
- metrisches *Rohrgewinde,*
- *Whitworth-Rohrgewinde* mit zylindrischer und kegeliger Form,
- *Trapezgewinde* für Spindelmuttern,
- *Sägengewinde* für Pressen,
- *Rundgewinde* allgemein und aus Blech,
- Elektrogewinde für *Sicherungen* und *Lampensockel,*
- *Panzerrohrgewinde* für die Elektroindustrie,
- *Blechschrauben*gewinde, *Holzschrauben*gewinde, *Fahrrad*gewinde, *Ventil*gewinde für Fahrzeugbereifungen,
- kegeliges und zylindrisches Whitworthgewinde für Gasflaschen.

In den folgenden Kapiteln wird überwiegend auf das *metrische ISO-Gewinde* nach DIN 13 Teil 1 Bezug genommen. Bild C-55 erklärt die wichtigsten Begriffe, deren Abmessungen und Toleranzen bei der Herstellung beachtet werden müssen. Für die Werkzeuggestaltung ist darüber hinaus der *Bohrungsauslauf* von Bedeutung. Nach ihm richtet sich vor allem die Förderrichtung der Späne (s. Bild C-56).

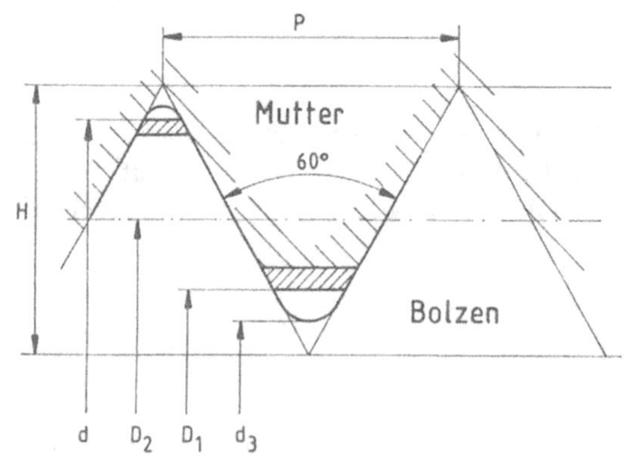

Bild C-55
Die wichtigsten Maße am metrischen ISO-Gewinde nach DIN 13T1
D_1 Kerndurchmesser
D_2 Flankendurchmesser
d Außendurchmesser des Bolzens
d_3 Kerndurchmesser des Bolzens
H Ganghöhe
P Steigung

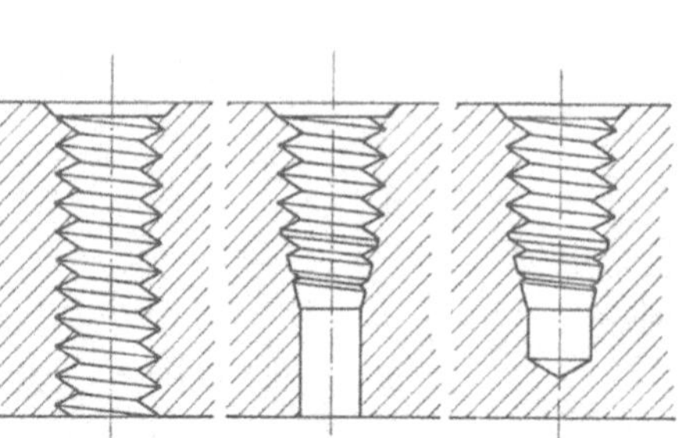

Bild C-56
Formen des Gewindeauslaufs
a) Durchgangsgewinde
b) Gewinde mit Auslauf im Durchgang
c) Grundlochgewinde

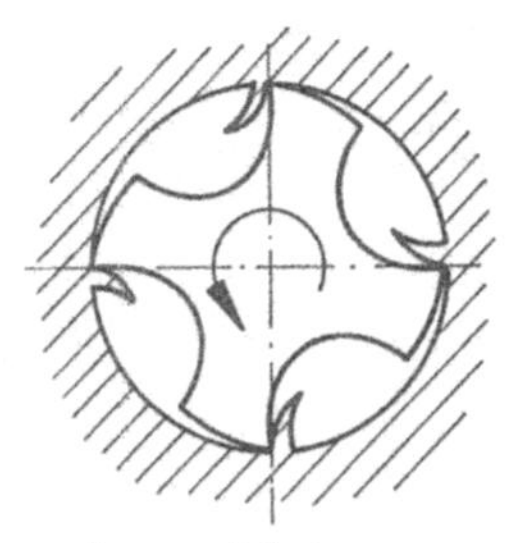

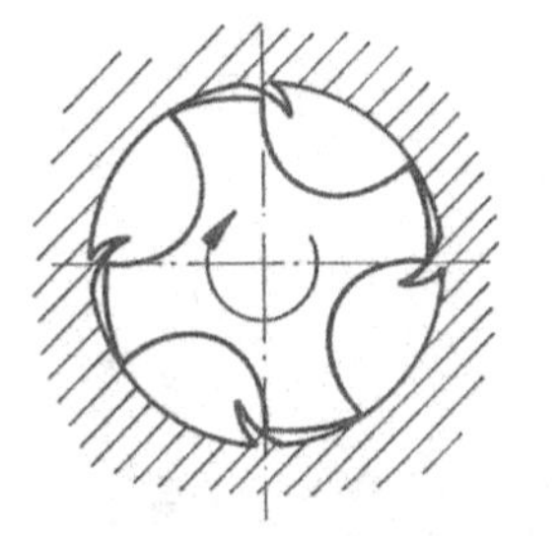

Bild C-57
Abscheren der Spanwurzeln bei Drehrichtungsumkehr durch die Rückseite der Stollen

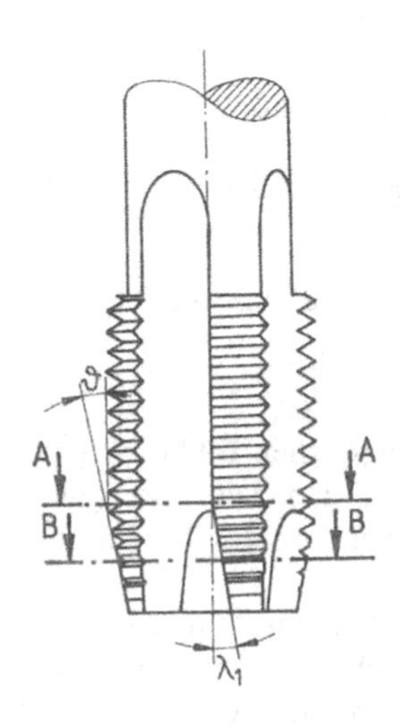

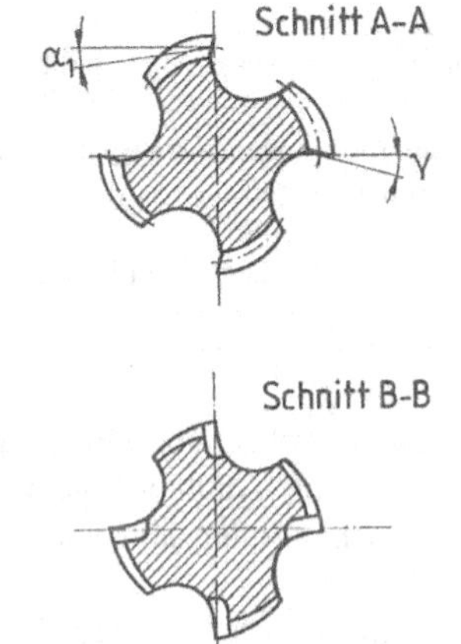

Bild C-58
Gerade genuteter vierschneidiger Gewindebohrer für Durchgangslöcher
A–A Querschnitt im Führungsteil
B–B Querschnitt im Anschnitteil

α_1 = Flankenfreiwinkel
γ = Spanwinkel
ϑ = Ausschnittwinkel
λ_1 = Schalanschnittwinkel

Am wenigsten problematisch ist das *Durchgangsgewinde.* Es ermöglicht die Anwendung von Werkzeugen mit langem Anschnitt und entsprechend geringer Spanungsdicke. Die Späne können in Bohrrichtung gefördert werden. Es gibt keine Bruchgefahr des Werkzeugs bei der Drehrichtungsumkehr. Das Kühlmittel kann ungehindert durch die Spannuten an die Schneiden geführt werden und die Späne nach vorn wegspülen.
Beim Durchgangsgewinde mit *Auslauf* ist dagegen bei Drehrichtungsumkehr mit einer Drehmomentenspitze für das Abscheren der angeschnittenen Spanwurzeln zu rechnen (Bild C-57). Die Gewindebohrer müssen für diese Aufgabe ausgelegt sein.
Sacklochgewinde bieten weitere Schwierigkeiten, weil die Späne nicht mehr nach vorn weg können, sondern in der Spannut zurückgeführt werden müssen. Dabei behindern sie noch zusätzlich den Kühlmittelfluß.

7.2 Formen von Gewindebohrern

Der konstruktive Aufbau von Gewindebohrern ist im wesentlichen gekennzeichnet durch die *Zahl* der *Schneidkanten* und *Spannuten,* den *Drall* der Nuten, durch *Span-* und *Freiwinkel* im Führungs- und Anschnitteil und durch den *Anschnittwinkel.* Bild C-58 zeigt diese Merkmale an

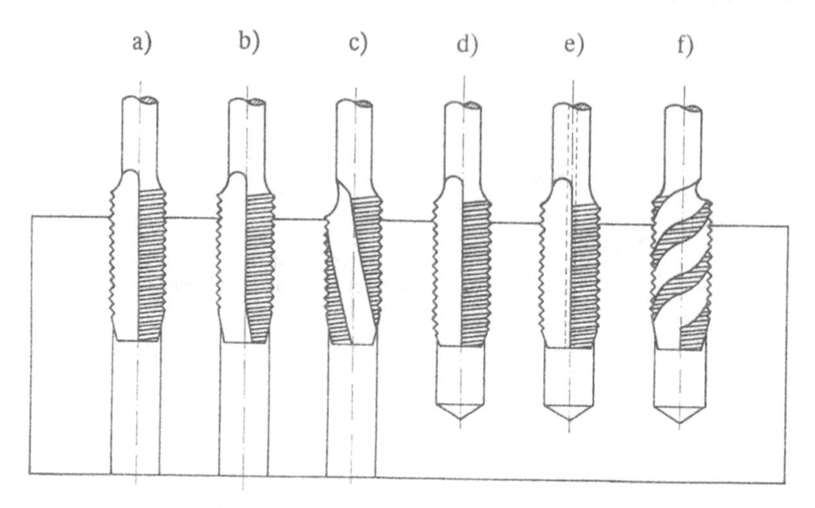

Bild C-59 Gewindebohrerformen für verschiedene Aufgaben
a) gerade genuteter Gewindebohrer für Durchgangsbohrungen in kurzbrechenden Werkstoffen
b) wie a, nur mit Schälanschnitt für Stahl
c) Gewindebohrer mit negativem Drall für Durchgangsbohrungen in langspanenden Werkstoffen
d) gerade genuteter Gewindebohrer für Grundlöcher in Grauguß
e) wie d mit Kühlkanal zum Hinausspülen der Spane
f) Gewindebohrer mit positivem Drall für Grundlöcher in Stahl und allen Werkstoffen, die lange Späne bilden

einem gerade genuteten vierschneidigen Gewindebohrer für Durchgangslöcher. Bild C-59 gibt einige Gewindebohrer wieder, die für verschiedene Aufgaben geeignet sind. Die Form muß besonders auf die Art der Späne (kurzgebrochen oder lang) und auf ihre Förderrichtung (vorwärts oder rückwärts) abgestimmt sein.
Je nach Durchmesser haben Gewindebohrer 3 bis 4 Schneidkanten. Je größer ihre Zahl ist, desto besser führen sich die Werkzeuge im fertigen Gewinde. Jedoch muß genügend Platz bleiben für ausreichend große Spannuten. Der Durchmesser nimmt zum Schaft hin meistens wieder ab, um Reibung und die Gefahr des Klemmens zu verringern.
Der *Flankenfreiwinkel* α_1 bestimmt den *Hinterschliff.* Mit 1° bis 2° im Führungsteil und 4° bis 6° im Anschnitteil ist er ebenfalls für geringe Reibung zwischen Werkzeug und Werkstück verantwortlich.
Der *Spanwinkel* ist nur im Anschnitteil von Bedeutung. Je nach Werkstoff kann er – 2° bis + 20° betragen. Er bestimmt die Spanform (Scher-, Bruch- oder Fließspan) und hat auch einen Einfluß auf das Schnittmoment. Hartkamp [43] hat 0,6 bis 1,2 % je Grad Spanwinkeländerung gemessen.
Ein *Drallwinkel* der Spannuten soll die Spanförderung vom Anschnitt zum Schaft unterstützen. Bei Werkzeugen für Sacklochbohrungen ist Drall unumgänglich. Üblich ist Rechtsdrall mit 15° bis 35°. Werkzeuge für Durchgangsbohrungen sind gerade genutet. Die Späne können nach vorn weggespült werden. Ein *Schälanschliff* im Anschnitteil unterstützt die Spanumlenkung nach vorn.
Der *Kühlmittelzufluß* sollte auch konstruktiv unterstützt werden. Für Durchgangsbohrungen genügen ausreichend bemessene Spannuten, die den Kühlmittelstrom zur Anschnittstelle ermöglichen. Das Kühlmittel fließt in Bohrrichtung durch und nimmt die Späne mit. Bei Sacklochbohrungen ist eine Kühlmittelversorgung durch das Werkzeug mit großem Druck von Nutzen. Dann ist in den Spannuten nur eine Strömungsrichtung, nämlich rückwärts, von der Anschnittstelle zum Schaft hin für Späne und Kühlmittel gegeben. Bei guter Späneentsorgung aus dem Bohrloch können unberechenbare Bohrerbrüche vermieden werden.

7.3 Schneidstoff

Als Schneidstoff für Gewindebohrer kam früher ausschließlich *Schnellarbeitsstahl* in Frage. Besonders die Sorten S 6-5-2 und S 6-5-3 wurden bevorzugt. Aufgrund der geringen Legierungsbestandteile und des Fehlens von Kobalt läßt sich dieser Stahl besonders gut schleifen. *Pulvermetallurgisch* erzeugter Schnellarbeitsstahl, ASP 23 z.B., hat wegen seines gleichmäßigen, besonders feinen Gefüges eine größere Kantenfestigkeit.
Hartmetalle werden neuerdings eingesetzt, um größere Schnittgeschwindigkeiten auch beim Gewindebohren zu verwirklichen. Zähere und feinkörnigere Sorten werden bevorzugt. Durch die Gefahr des Schneidkantenbruchs sind spröde Hartmetallsorten nicht geeignet.
Auf *Oberflächenbeschichtungen* wird kaum noch verzichtet. Die einfachste Art, feinkristalline Eisenoxidschichten aufzubringen, ist das *Dampfanlassen.* Diese verringern die Neigung zu Werkstoffaufschweißungen. Noch besser wirken *TiN-Schichten.* Sie verbessern das Reibverhalten, verlängern die Standzeit und erzeugen glattere Oberflächen.

7.4 Verschleiß und Standweg

7.4.1 Verschleißformen

Die beim Gewindebohren auftretenden Verschleißformen sind durch das Zusammenwirken von Werkstoff, Schneidstoff und Schnittgeschwindigkeit zu erklären. *Reibungsverschleiß* an Ecken, Kanten und Freiflächen entsteht mit zunehmender Schnittgeschwindigkeit bei Werkstoffen, die als Legierungselemente karbidbildende Stoffe wie Chrom, Vanadium oder Wolfram enthalten.
Aufbauschneiden und *Preßschweißverschleiß* sind in abgegrenzten Schnittgeschwindigkeitsbereichen zu erwarten, wenn Werkstoff und Schneidstoff aufgrund chemischer Ähnlichkeiten bei zunehmender Temperatur zum Verschweißen neigen. *Aufbauschneiden* bilden sich auf den Spanflächen im Anschnitteil. Sie entstehen periodisch und brechen wieder aus. Gewindeoberfläche und Spanunterseite werden rauh. Vergrößerte Reibung führt zu einem höheren und unregelmäßigen Drehmoment. *Preßschweißverschleiß* kann als Werkstoffzusetzung in den Gewindegängen des Werkzeugs beobachtet werden. Er nimmt ständig zu. Die Folgen davon sind ungenaues Gewinde mit rauher Oberfläche und große Drehmomente durch zusätzliche Reibungskräfte. Beide Verschleißerscheinungen lassen sich durch Veränderung des Schneidstoffs, z.B. TiN-Beschichtung oder Hartmetalleinsatz und durch Wahl einer anderen Schnittgeschwindigkeit bewältigen. Der Werkstoff muß aus dem Temperaturbereich herauskommen, indem er zum Verschweißen neigt.
Auf der Spanfläche ist manchmal *Kolkverschleiß* zu beobachten. Er entsteht durch Zusammenwirken von Diffusions- und Reibungsvorgängen bei zunehmender Temperatur an der Schneide infolge größerer Schnittgeschwindigkeit. Bei den bisher üblichen Schnittgeschwindigkeiten des Gewindebohrens bis maximal 30 m/min spielte der Kolk keine standzeitbestimmende Rolle. Bei größeren Schnittgeschwindigkeiten wird die Kolkbildung durch TiN-Beschichtung oder durch den Einsatz von Hartmetallwerkzeugen beherrscht.

7.4.2 Schneidenbruch

Sehr unangenehm sind beim Gewindeschneiden die leider häufigen *Schneidkantenausbrüche.* Sie führen zum sofortigen Erliegen des Werkzeugs und machen das Nachschleifen unmöglich. Sie können im Anschnitteil oder im Führungsteil sowohl im Vorlauf als auch im Rücklauf auftreten. Der *Vorlaufbruch* entsteht meistens dadurch, daß Feinspäne zwischen Werkzeug und Werkstück eingeklemmt werden. Im Führungsteil, wo sich das Werkzeug zum Schaft hin verjüngt, ist radiales Spiel möglich. Bei Steigungsfehlern gibt es kleine Spalten in axialer Richtung, in die feine Werkstoffteilchen eindringen können. Diese Werkstoffteilchen sind durch Kaltverfestigung so hart, daß sie die Schneiden verletzen können.

Schneidkantenausbrüche beim *Rücklauf* sind auf Preßschweißungen an den Freiflächen und auf das Abscheren von Spanwurzeln bei der Drehrichtungsumkehr zurückzuführen. Preßschweißungen bestehen aus kaltverfestigtem Werkstoff, der bei jedem Bohrerrücklauf dicker wird und sich weiter verfestigt. Sie bewirken eine Zunahme des Drehmoments bis zum Werkzeugbruch. Das Gewinde selbst erhält eine sehr rauhe Oberfläche und wird nicht ausgeformt, so daß ganze Gewindegänge fehlen können.
Alle Arten von Schneidkantenausbrüchen stellen irreguläre Verschleißformen dar. Sie lassen sich nicht vorhersagen oder berechnen. Deshalb eignen sie sich auch nicht als Standzeitkriterien. Es muß versucht werden, sie zu vermeiden, besonders durch die Wahl des richtigen Schneidstoffs und der richtigen Schnittgeschwindigkeit.

7.4.3 Standzeitkriterien

Standzeit und Standweg von Gewindebohrern richten sich nach meßbaren Qualitätskriterien an den erzeugten Gewinden wie

1. *Flankendurchmesser* D_2
2. *Kerndurchmesser* D_1
3. *Rauhigkeit* der Gewindeflanken
4. *Steigung* P und
5. *Schnittmoment* bzw. *Leistungsaufnahme*

Der *Flankendurchmesser* D_2 wird hauptsächlich vom Werkzeugzustand (Maßhaltigkeit und Schärfe) beeinflußt. Die einfachste Prüfung ist die mit Lehrdorn. Man kann jedoch nur feststellen, ob das Gewinde gut oder schlecht ist. Anzeigende Meßgeräte werden mit ihren Form-Tastfühlern eingeführt und bis zur Anlage an den Flanken gespreizt. Die Anzeige ist in einem Diagramm in das vorgegebene Toleranzfeld einzutragen.
Im Vergleich von beschichteten (TiN) und unbeschichteten Gewindebohrern aus Schnellarbeitsstahl wurden unterschiedliche Flankendurchmesser festgestellt. Die TiN-Schicht sorgt für eine geringere Streuung des Flankendurchmessers bei engerem Gewinde. Hartkamp hat bei M 16-Gewinden in verschiedenen Stahlsorten um 30 bis 50 µm kleinere Flankendurchmesser erhalten. Die Werkzeughersteller müssen diesen Unterschied ausgleichen, um Schwergängigkeit der gebohrten Gewinde zu vermeiden.

Der *Kerndurchmesser* D_1 wird von der vor dem Gewindeschneiden durchgeführten Kernlochbohrung bestimmt. Bei ihm macht sich besonders bemerkbar, welches Bohrverfahren angewandt wurde. Wendelbohrer aus Schnellarbeitsstahl erzeugen recht ungenaue Kernlöcher mit Formfehlern und Randverfestigungen durch die Führungsfase. Mit Hartmetallbohrern und besonderen Schneidengeometrien können zu große Fehler vermieden werden. Oft zu wenig beachtet werden die Randverfestigungen. Sie entstehen bei Kaltverformung der Bohrungsoberfläche durch Nebenschneiden und Fasen. Die verfestigte Zone verursacht am Gewindebohrer größeren Verschleiß.
Der *Flankenrauheit* des Gewindes ist besonders bei wechselnder Belastung einzugrenzen. Sie kann zum Abbau der beim Anzug der Schrauben aufgebrachten Vorspannung und damit zur Lockerung der Schraubverbindung führen. In der Praxis wird diesem Kriterium bisher zu wenig Beachtung geschenkt, weil keine geeigneten Meßmethoden geläufig sind. Ein angepaßtes Tastschnittmeßverfahren würde dem Rechnung tragen. Die Beurteilung durch Betrachtung allein genügt nicht. Die Rauheit ist von der Werkstoff-Schneidstoff-Paarung, von der Schnittgeschwindigkeit und vom Verschleißzustand abhängig.
Unbeschichtete Schnellarbeitsstahl-Werkzeuge erzeugen im Werkstoff Stahl eine relativ rauhe Oberfläche. Oxidschichten auf dem Gewindebohrer, die durch Dampfanlassen aufgebracht werden, verbessern das Reibungsverhalten und damit die Werkstückoberfläche. Am besten

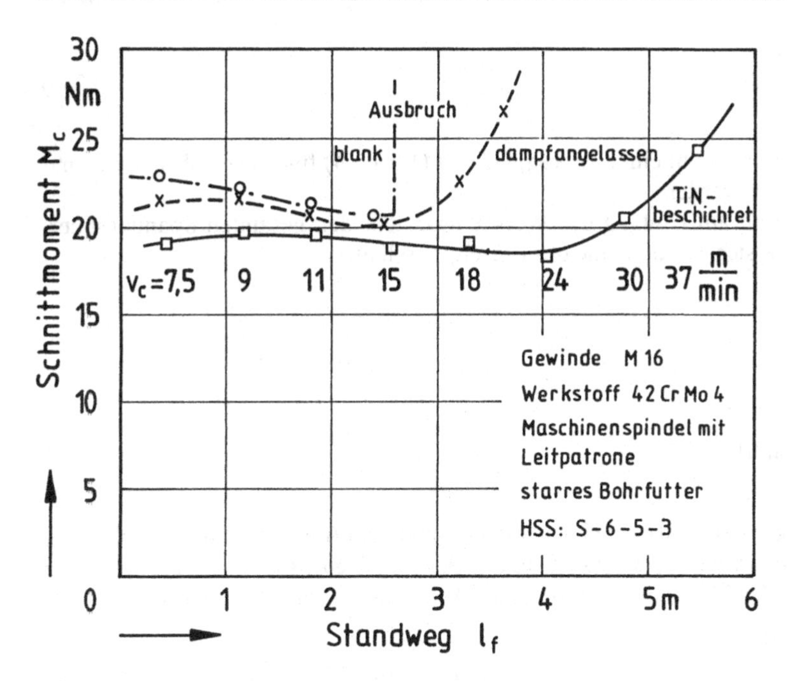

Bild C-60 Schnittmomente an verschiedenen Gewindebohrern bei zunehmenden Standwegen und Schnittgeschwindigkeiten bei Kurzversuchen nach Hartkamp [43]

haben sich TiN-Schichten als Reibpartner bewährt. Sie liefern die glattesten Gewinde. Gleichzeitig wird ein verringertes Drehmoment beobachtet, was ebenfalls eine Folge der kleineren Reibbeiwerte ist.
Die Schnittgeschwindigkeit muß deshalb sorgfältig ausgewählt werden, weil im Bereich der Aufbauschneidenbildung die Flankenrauheit besonders groß wird. Bei sehr kleiner Schnittgeschwindigkeit und oberhalb der Aufbauschneidenbildung kann mit glatten Gewindeoberflächen gerechnet werden. Bei großer Schnittgeschwindigkeit muß aber der schneller eintretende Werkzeugverschleiß beachtet werden, der dann wieder zu größeren Rauheiten führt.
Das *Schnittmoment* oder die aufgenommene elektrische *Leistung* sind relativ einfach zu erhaltende Meßgrößen. Jede Veränderung der Reibungsverhältnisse, der Kühlung und der Spanbildung beeinflußt sie. Deshalb sind nicht nur ihre Mittelwerte von Interesse, sondern auch der Verlauf während der gesamten Eingriffszeit. Als Kriterium für das Standzeitende eines Werkzeugs läßt sich sehr einfach eine Zunahme des Schnittmoments gegenüber dem ersten Schnitt um 50 % festlegen. Bei Erreichen dieses Wertes ist der Gewindebohrer durch einen neuen oder neu angeschliffenen zu ersetzen. In Bild C-60 ist der Schnittmomentanstieg nach einer gewissen Standzeit erkennbar.

7.5 Berechnung von Kräften, Moment und Leistung

7.5.1 Schnittaufteilung

Die Form des Spanungsquerschnitts ist durch die Schnittaufteilung nach Bild C-61 gegeben. Der Anschnittwinkel ϑ bestimmt die Schräglage der einzelnen Schnitte und die Zahl der Gewindegänge z_g, über die sich der Anschnitt verteilt,

$$\cos \vartheta = h/h'$$

$$z_g = \frac{H - \Delta H}{P \cdot \tan \vartheta} \tag{C-36}$$

Die Gewindehöhe H muß dabei um einen Betrag $\Delta H = H\ (1/8 + 1/4)$ für Spitzenabrundung und Kernbohrung $D1$ verkleinert werden.
Die Zahl der Schneidkanten am Umfang des Werkzeugs z teilt den gesamten Spanungsquerschnitt weiter auf. So ergibt sich für die Höhe des Einzelquerschnitts

$$h' = \frac{P}{z} \tan \vartheta$$

und für die *Spanungsdicke*

$$h = h' \cdot \cos \vartheta = \frac{P}{z} \sin \vartheta \tag{C-37}$$

Sie ist also von der Teilung P, der Zahl der Schneidkanten z und vom Anschnittwinkel ϑ abhängig. Der gesamte *Spanungsquerschnitt* errechnet sich aus der Gewindefläche $A = P \cdot H/2$ abzüglich der beiden kleinen Zipfel am Gewindekopf mit der Höhe $H/8$ und am Gewindekern mit $H/4$.

Mit $H = \frac{P}{2} \cdot \tan \frac{\alpha}{2}$ ergibt sich:

$$A = \frac{P^2}{4 \tan(\alpha/2)} \left(1 - \frac{1}{8^2} - \frac{1}{4^2}\right) = \frac{0{,}23 \cdot P^2}{\tan(\alpha/2)} \approx 0{,}4 \cdot P^2 \tag{C-38}$$

Darin ist α der Flankenwinkel meistens 60°. Nicht erkennbar ist hier der Einfluß der Kernbohrung D_1. Sie verkleinert den Spanungsquerschnitt weiter, wenn sie mehr als H/4 der Kernspitze abschneidet.
Kernbohrungen an der oberen Toleranzgrenze oder sogar darüber sind eine wirksame Hilfe, das Spänevolumen und das Drehmoment deutlich zu verkleinern. Dabei verringert sich die Gewindefestigkeit kaum. Ausreißversuche haben gezeigt, daß das Gewinde im Gewindegrund abschert und kaum vom Kerndurchmesser beeinflußt wird.

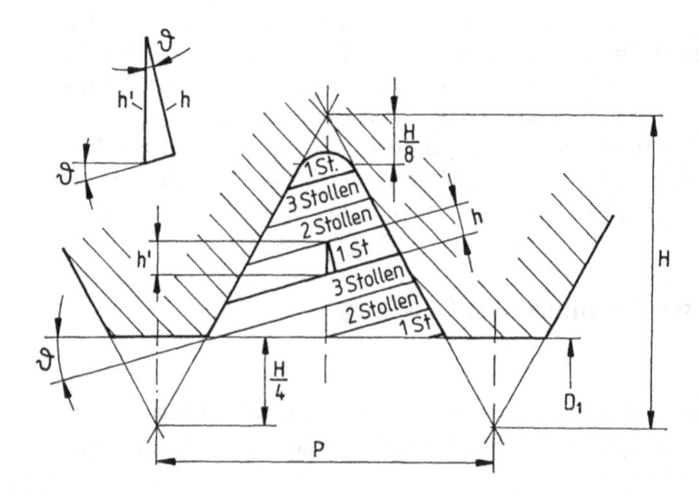

Bild C-61
Aufteilung des Spanungsquerschnitts im Gewindegang auf die Schneiden eines dreistolligen Gewindebohrers

7.5.2 Schnittkraftberechnung

Die Berechnung der *Schnittkraft* erfolgt mit dem Ansatz

$$F_c = \frac{1}{z} \cdot A \cdot k_c \tag{C-39}$$

mit der *spezifischen Schnittkraft*

$$k_c = k_{c1 \cdot 1} \cdot f_h \cdot f_\gamma \cdot f_{sv} \cdot f_{st} \cdot f_R \tag{C-40}$$

Der Grundwert der spezifischen Schnittkraft $k_{c1 \cdot 1}$ ist wie beim Drehen der Tabelle A-14 zu entnehmen.
Die *Korrekturfaktoren* $f_h = (h_0/h)^z$ und $f_\gamma = 1 - m_\gamma (\gamma - \gamma_0)$ folgen mit den Werten h_0, z und γ_0 aus derselben Tabelle den von Kienzle und Victor gefundenen Gesetzmäßigkeiten. Für m_γ ist 0,008 bis 0,012 einzusetzen. Der Einfluß der Schnittgeschwindigkeit v_c führt zu einer Verkleinerung der spezifischen Schnittkraft oberhalb des Bereiches der Aufbauschneidenbildung $f_{sv} = (v_{c0}/v_c)^{0,1}$.
Leider findet das Gewindebohren häufig innerhalb des Bereiches der Aufbauschneidenbildung statt, was nicht nur eine Vergrößerung der spezifischen Schnittkraft verursacht, sondern auch noch andere unerwünschte Nachteile wie Maßabweichungen, größere Rauheit, mehr Verschleiß oder Bohrerbruch zur Folge hat. Bild C-60 zeigt Messungen des Schnittmomentes M_c in Kurzversuchen, in denen mit einem Werkzeug bei zunehmender Schnittgeschwindigkeit bis zum Standzeitende gearbeitet wurde. Deutlich ist der Aufbauschneidenbereich bei kleiner Schnittgeschwindigkeit zu erkennen, in dem das Schnittmoment eine leichte Erhöhung aufweist.
Die zum Standzeitende hin ansteigenden Meßwerte sind durch zunehmende Verschleißerscheinungen und Schneidkantenabstumpfung zu erklären. Der Korrekturfaktor f_{st} soll diesem Vorgang Rechnung tragen.
Reibung ist im Führungsteil des Gewindebohrers hinter dem Anschnitt zu erwarten. Hier wird die richtige Vorschubgeschwindigkeit durch Führung in der fertigen Gewindesteigung erzwungen. Bei guten Maschinenkonstruktionen übernimmt diese Aufgabe auch eine Leitpatrone an der Spindel. Bei einfachen Maschinen mit Verwendung von Ausgleichsfuttern muß bei der Vorschubeinstellung ein Wert mit der geringsten Reibung gefunden werden.
Der *Freiwinkel* des Gewindebohrers bestimmt den *Hinterschliff* und damit die Länge der im fertigen Gewinde reibenden Freifläche. Der Mantelfreiwinkel α_0 sollte deshalb nicht kleiner als 1° sein.
Der Mineralölanteil im *Kühlschmiermittel* ist eine weitere Einflußgröße für die Reibung. Bei Konzentrationen bis 10 % konnte eine Verkleinerung des Schnittmomentes festgestellt werden. Größere Ölanteile bedeuten keine Verbesserung. Größerer Aufmerksamkeit bedarf auch die kunstgerechte Kühlmittelzuführung an die Schnittstelle. Für alle Reibungseinflüsse der Gewindebohrerführung ist ein Korrekturfaktor f_R vorzusehen. Leider läßt sich kein allgemeingültiger Zahlenwert angeben.
Eine *axiale Kraftkomponente* ist durch den Drallwinkel λ (Neigungswinkel) bzw. den Schälanschnittwinkel im Anschnitt bei gerade genuteten Gewindebohrern durch den Anschnittwinkel ϑ zu erwarten. Sie kann mit der Vorschubrichtung übereinstimmen oder gegen sie gerichtet sein. Bei Drallwinkeln über 10° versucht sie, das Werkzeug in die Bohrung hineinzuziehen. Bei kleinen Winkeln oder negativem Schälanschnitt wirkt sie gegen den Vorschub. Dann ist sie durch eine Vorschubkraft der Maschinenspindel auszugleichen. Wenn man sich allein auf die Führung des Gewindebohrers im fertigen Gewinde verläßt, entstehen Steigungsfehler und größerer Reibungskräfte.

Am ungünstigsten ist bei Stahl ein gerader Spannutenverlauf ohne Schälanschnitt, also $\lambda = 0$. Beim Einsatz eines solchen Werkzeugs verklemmen sich lange Späne. Drehmoment und Axialkraft erreichen Maxima. Für die Praxis ist das unbrauchbar. Nur bei kurz brechenden Spänen und Durchgangslöchern entstehen keine Nachteile. Eine Berechnung der Axialkraft im voraus ist aufgrund des großen schwer vorhersehbaren Reibungseinflusses nicht möglich.

7.5.3 Schnittmoment und Schnittleistung

Aus der Schnittkraft F_c, die pro Schneidkante berechnet wurde, bestimmt sich das *Schnittmoment* folgendermaßen

$$M_c = F_c \cdot z \cdot D_2/2 \qquad \text{(C-41)}$$

Darin bedeutet z die Zahl der Schneidkanten und D_2 ist der Flankendurchmesser des Gewindes (s. Bild C-55). Für die Praxis genügt es, statt des Flankendurchmessers D_2 den eher bekannten Nenndurchmesser d des Gewindes einzusetzen.

Der *Leistungsbedarf* bestimmt sich nach dem physikalischen Zusammenhang $P = M \cdot \omega$ zu

$$P_c = M \cdot 2 \cdot \pi \cdot n \qquad \text{(C-42)}$$

7.6 Schnittgeschwindigkeit

Über die beim Gewindebohren anzuwendenden *Schnittgeschwindigkeiten* herrschen oft unklare Vorstellungen. Im vorsichtigen Werkstattbetrieb sind 5 bis 20 m/min üblich, der Produktionsbetrieb muß auf kurze Hauptzeiten achten und nimmt 20 bis 30 m/min, die Werkzeughersteller halten 60 bis 100 m/min für möglich. Voraussetzungen für die Anwendung größerer Schnittgeschwindigkeiten sind:

1.) Der Schneidstoff muß *dem Werkstoff angepaßt* sein und für die höheren Schnittgeschwindigkeiten durch eine Beschichtung vorbereitet sein. Schnellarbeitsstähle S 6-5-3 und S 6-5-2-5, pulvermetallurgisch erzeugte Stähle ASP 30 und ASP 60 und Hartmetall haben sich in Versuchen mit Schnittgeschwindigkeiten bis 100 m/min bewährt. Eine *Beschichtung* aus Titannitrid machte ihren Einsatz bei Bau- und Vergütungsstählen besonders günstig.

2.) Die Werkzeugmaschine muß für das Gewindeschneiden eine *Synchronisation* von *Spindeldrehzahl* und *-vorschub* haben. Bei „Synchronspindeln" wird das über die Steuerung erreicht. In Sondermaschinen werden meistens *Leitpatronen* verwendet, die die Gewindesteigung formschlüssig erzwingen. Bei großen Schnittgeschwindigkeiten muß eine schnelle Dreh- und Vorschubrichtungsumkehr möglich sein.

   Maschinen ohne besondere Einrichtungen zum Gewindeschneiden arbeiten mit Zusatzgeräten, den *Gewindeschneidapparaten.* Diese werden zwischen Spindel und Gewindebohrer eingesetzt. Sie ermöglichen die Drehrichtungsumkehr beim Bohrerrückzug, ohne daß die Spindel umgesteuert werden muß. Diese Gewindeschneidapparate sind zur Zeit bis 3000 U/min einsetzbar.

3.) Das *Kühlschmiermittel* soll die Reibung verringern und die Schneiden kühlen. Reines Mineralöl ist dafür sehr gut geeignet. Die übliche „Öl in Wasser-Emulsion" sollte 5 bis 10 % Mineralöl enthalten. Trockenbearbeitung begrenzt beim Gewindeschneiden die Schnittgeschwindigkeit und führt zu einer schlechteren Oberfläche.

Wenn diese Voraussetzungen gegeben sind, können höhere Schnittgeschwindigkeiten bis 100 m/min vorteilhaft angewandt werden. Dabei verbessert sich die *Oberflächengüte.* Der *Verschleiß* am Werkzeug ist kaum größer als bei kleinen Schnittgeschwindigkeiten. Der Bereich der *Aufbauschneidenbildung* bei 20 bis 30 m/min mit seinen Nachteilen für die Qualität des Gewindes und die Haltbarkeit des Werkzeugs wird vermieden. Die *Fertigungskosten* werden

8 Berechnungsbeispiele

8.1 Bohren ins Volle

Aufgabe: Werkstoff: 42 CrMo 4.
Bohrungsdurchmesser: $d = 20$ mm Ø.
Vorschub $f = 0{,}22$ mm/U.
Schnittgeschwindigkeit: $v_c = 10$ m/min.
Werkzeug: Spiralbohrer aus Schnellarbeitsstahl.
Zu berechnen ist die spezifische Schnittkraft k_c, die Schnittkraft einer Schneide F_c, das Drehmoment M_c, die Schnitttleistung P_c, die Antriebsleistung P der Werkzeugmaschine unter Berücksichtigung des Maschinenwirkungsgrades $\eta = 0{,}7$ und eines Stumpfungsfaktors von $f_{st} = 1{,}3$ und die Hauptschnittzeit t_h. Das Werkzeug hat einen normalen Kegelmantelschliff mit einem Spitzenwinkel $\sigma = 118°$ und einem mittleren Spanwinkel $\gamma = 15{,}3°$.

Lösung: In Tabelle A-14 findet man:
$k_{c1\cdot1} = 1563$ N/mm², Steigungswert $z = 0{,}26$.
Die *Spanungsdicke h* ist nach Gleichung (C-3):

$$h = \frac{f}{z} \cdot \sin(\sigma/2) = \frac{0{,}22}{2} \cdot \sin 59° = 0{,}0943 \text{ mm}.$$

Bei der Berechnung der spezifischen Schnittkraft k_c sind folgende *Korrekturfaktoren* zu berücksichtigen:

1.) $f_h = \left(\frac{h_0}{h}\right)^z = \left(\frac{1}{0{,}0943}\right)^{0{,}26} = 1{,}848,$

2.) $f_\gamma = 1 - 0{,}015\,(\gamma - \gamma_0) = 1 - 0{,}015\,(15{,}3 - 6) = 0{,}86,$

3.) $f_{sv} = \left(\frac{100}{v_c}\right)^{0{,}1} = \left(\frac{100}{10}\right)^{0{,}1} = 1{,}259\,,$

4.) $f_f = 1{,}05 + \frac{d_0}{d} = 1{,}05 + \frac{1}{20} = 1{,}1\,,$

5.) $f_{st} = 1{,}3,$

6.) für Querschneiden- und Fasenreibung:
$f_R = 1{,}15.$

Damit erhält man für die *spezifische Schnittkraft:*

$$k_c = k_{c1\cdot1} \cdot f_h \cdot f_\gamma \cdot f_{sv} \cdot f_f \cdot f_{st} \cdot f_R = 1563 \cdot 1{,}848 \cdot 0{,}86 \cdot 1{,}259 \cdot 1{,}1 \cdot 1{,}3 \cdot 1{,}15,$$

$$k_c = 5143 \text{ N/mm}^2.$$

Die *Schnittkraft* für eine Schneide ist nach Gleichung (C-5):

$$F_c = k_c \cdot \frac{d \cdot f}{4} = 5143\,\frac{20 \cdot 0{,}22}{4} = 5657 \text{ N}.$$

Das *Drehmoment* bestimmt man nach Gleichung (C-7) mit dem Hebelarm $H = d/4$:

$$M_c = F_c \cdot H \cdot z = \frac{5657 \cdot 20 \cdot 2}{4 \cdot 1000} = 56{,}6 \text{ Nm}.$$

Die *Schnittleistung* ist nach Gleichung (C-8):

$$P_c = 2 \cdot \pi \cdot M_c \cdot n = 2 \cdot \pi \cdot 56{,}6 \text{ Nm} \cdot 159\,\frac{1}{\text{min}} \cdot \frac{1 \text{ min}}{60 \text{ s}} \cdot \frac{1 \text{ kW}}{1000 \text{ Nm/s}} = 0{,}94 \text{ kW}$$

mit

$$n = \frac{v_c}{\pi \cdot d} = \frac{10 \text{ m/min}}{\pi \cdot 0{,}02 \text{ m}} = 159 \text{ U/min}.$$

Die erforderliche *Antriebsleistung* ist dann:

$$P = P_c\,\frac{1}{\eta} = 0{,}94\,\frac{1}{0{,}7} = 1{,}35 \text{ kW}.$$

Der Vorschubweg ist $l_f = l + l_v + l_u + \Delta l$
mit der Bohrtiefe $l = 50$ mm, dem Vor- und Überlauf $l_v = l_u = 1$ mm und der Spitzenlänge

$$\Delta l = \frac{d}{2 \cdot \tan(\sigma/2)},$$

$$l_f = 50 + 1 + 1 + \frac{20}{2 \cdot \tan 59°} = 58 \text{ mm}.$$

Die Vorschubgeschwindigkeit ist $v_f = f \cdot n = 0{,}22 \cdot 159 = 35$ mm/min.
Damit wird die Hauptschnittzeit $t_h = 58/35 = 1{,}66$ min.

Ergebnis:

Spezifische Schnittkraft	k_c	= 5143 N/mm²
Schnittkraft je Schneide	F_c	= 5657 N
Drehmoment	M_c	= 56,6 Nm
Schnittleistung	P_c	= 0,94 kW
Antriebsleistung	P	= 1,35 kW
Hauptschnittzeit	t_h	= 1,66 min.

8.2 Aufbohren

Aufgabe: Eine mit etwa $d = 20$ mm vorgegossene Bohrung in einem Werkstuck aus GGL 18 soll auf $D = 30$ mm aufgebohrt werden. Die Schnittgeschwindigkeit v_c des Hartmetallbohrers beträgt an der Schneidenekke 60 m/min, als Vorschub wird 0,32 mm/U gewählt.

Spanwinkel $\gamma = 7{,}3°$.

Schnittkraft und Leistung sollen berechnet werden.

Losung: In Tabelle A-14 findet man:
$k_{c1\ 1} = 750$ N/mm², Steigungswert $z = 0{,}13$.

Die *Spanungsdicke h* ist nach Gleichung (C-3) bei einem Spitzenwinkel $\sigma = 118°$:

$$h = \frac{f}{z} \cdot \sin\frac{\sigma}{2} = \frac{0{,}32}{2} \cdot \sin 59° = 0{,}1371 \text{ mm}.$$

Bei der Berechnung der spezifischen Schnittkraft k_c sind folgende *Korrekturfaktoren* zu berücksichtigen:

$$1.)\ f_h = \left(\frac{f_0}{h}\right)^z = \left(\frac{1}{0{,}1371}\right)^{0{,}13} = 1{,}295,$$

$$2.)\ f_\gamma = 1 - 0.015\,(\gamma - \gamma_0) = 1 - 0.015\,(7{,}3 - 2) = 0{,}92,$$

$$3.)\ f_{sv} = \left(\frac{100}{v_c}\right)^{0{,}1} = \left(\frac{100}{60}\right)^{0{,}1} = 1{,}05,$$

$$4.)\ f_f = 1{,}05 + \frac{1}{30} = 1{,}08,$$

$$5.)\ f_{st} = 1{,}5,$$

$$6.)\ f_R = 1{,}1.$$

Damit erhält man für die *spezifische Schnittkraft*:

$$k_c = k_{c1\ 1} \cdot f_h \cdot f_\gamma \cdot f_{sv} \cdot f_f \cdot f_{st} \cdot f_R = 750 \cdot 1{,}295 \cdot 0{,}92 \cdot 1{,}05 \cdot 1{,}08 \cdot 1{,}5 \cdot 1{,}1,$$

$$k_c = 1672 \text{ N/mm}^2.$$

Die *Schnittkraft* an einer Schneide ist nach Gleichung (C-5):

$$F_c = k_c \cdot A = k_c \frac{(D - d) \cdot f}{4} = 1672 \frac{(30 - 20) \cdot 0{,}32}{4} = 1338 \text{ N}.$$

Die *Schnittleistung* nach Gleichung (C-20) mit:

$$n = \frac{v_c}{\pi \cdot d} = \frac{60 \text{ m/min}}{\pi \cdot 0{,}03 \text{ m}} = 637 \text{ U/min},$$

$$P_c = 2 \cdot \pi \cdot M_c \cdot n = 2 \cdot \pi \cdot F_c \cdot H \cdot z \cdot n; \quad \text{mit (C-17) } H = \frac{d_0 + d}{4} = \frac{30 + 20}{4} = 12{,}5 \text{ mm},$$

$$P_c = 2 \cdot \pi \cdot 1338\ \text{N} \cdot 2 \cdot 12{,}5\ \text{mm} \cdot 637 \frac{1}{\text{min}} \cdot \frac{1\ \text{min}}{60\ \text{s}} \cdot \frac{1\ \text{m}}{1000\ \text{mm}} \cdot \frac{1\ \text{kW}}{1000\ \text{Nm/s}} = 2{,}23\ \text{kW}.$$

Die erforderliche *Antriebsleistung* ist dann mit einem Wirkungsgrad $\eta = 0{,}8$:

$$P = P_c \frac{1}{\eta} = 2{,}23 \cdot \frac{1}{0{,}8} = 2{,}8\ \text{kW}.$$

Ergebnis: Schnittkraft $F_c = 1338$ N
Schnittleistung $P_c = 2{,}23$ kW
Antriebsleistung $P = 2{,}8$ kW.

8.3 Kegelsenken nach Bild C-32

Aufgabe: Werkstoff C 35 N.
Bohrungsdurchmesser $d_2 = 18$ mm.
Durchmesser der Senkung: $d_1 = 36$ mm.
Kegelwinkel $\sigma = 90°$.
Vorschub $f_z = 0{,}13$ mm.
Schneidenzahl $z = 8$.
Spanwinkel $\gamma = 2°$.
Schnittgeschwindigkeit $v_{cmax} = 40$ m/min.
Zu berechnen sind die an der Bohrmaschine einzustellenden Größen Drehzahl und Vorschub, Schnittkraft und Schnittmoment sowie die Hauptschnittzeit t_h.

Lösung: Die Drehzahl läßt sich mit dem größten Durchmesser d_1 und der zulässigen Schnittgeschwindigkeit berechnen:

$$n = \frac{v_{c\max}}{\pi \cdot d_1} = \frac{40\ \text{m/min}}{\pi \cdot 0{,}036\ \text{m}} = 354\ \text{U/min}.$$

Der Vorschub muß $z = 8$ Schneiden berücksichtigen:

$$f = z \cdot f_z = 8 \cdot 0{,}13 = 1{,}04\ \text{mm}.$$

Die Vorschubgeschwindigkeit ist nach Gleichung (C-22):

$$v_f = z \cdot f_z \cdot n = 8 \cdot 0{,}13 \cdot 354 = 368\ \text{mm/min}.$$

Die Schnittiefe bestimmt man nach Gleichung (C-23):

$$a_{p\max} = \frac{1}{2}(36 - 18) = 9\ \text{mm},$$

den Spanungsquerschnitt nach Gleichung (C-24):

$$A = a_p \cdot f_z = 9\ \text{mm} \cdot 0{,}13\ \text{mm} = 1{,}17\text{mm}^2.$$

Die spezifische Schnittkraft ist nach Gleichung (C-27):

$$k_c = k_{c1\cdot1} \cdot f_h \cdot f_\gamma \cdot f_{sv} \cdot f_{st} \cdot f_f,$$

$k_{c1\cdot1} = 1516\ \text{N/mm}^2$, $z = 0{,}27$ nach Tabelle A-14.

Die Spanungsdicke wird nach Gleichung (C-21) berechnet:

$$h = f_z \cdot \sin\kappa = 0{,}13 \cdot \sin\frac{90°}{2} = 0{,}0919\ \text{mm},$$

$$f_h = \left(\frac{h_0}{h}\right)^z = \left(\frac{1}{0{,}0919}\right)^{0,27} = 1{,}905,$$

$$f_\gamma = 1 - m_\gamma(\gamma - \gamma_0) = 1 - 0{,}015\,(2° - 6°) = 1{,}06,$$

$$f_{Sv} = \left(\frac{v_{c0}}{v_c}\right)^{0,1} = \left(\frac{100}{40}\right)^{0,1} = 1{,}096,$$

$f_{St} = 1{,}0$ bei scharfem Werkzeug,

$$f_f = 1{,}05 + \frac{d_0}{d_{1\max}} = 1{,}05 + \frac{1}{36} = 1{,}078,$$

$$k_c = 1{,}516 \cdot 1{,}905 \cdot 1{,}06 \cdot 1{,}096 \cdot 1{,}0 \cdot 1{,}078 = 3616\ \text{N/mm}^2.$$

Die Schnittkraft für 1 Schneide wird nach Gleichung (C-26):

$F_{cmax} = A \cdot k_c = 1{,}17 \cdot 3616 = 4231$ N.

Mit dem Hebelarm H nach Gleichung (C-29):

$$H_{max} = \frac{1}{2} \cdot (d_1 + d_2) = \frac{1}{2} \cdot (36 + 18) = 27 \text{ mm}$$

kann das Schnittmoment nach Gleichung (C-30) bestimmt werden:

$M_{cmax} = z \cdot H_{max} \cdot F_{cmax} = 8 \cdot 0{,}027 \text{ m} \cdot 4231 \text{ N} = 914$ Nm.

Für die Berechnung der Hauptschnittzeit wird die Tiefe der Senkung benotigt:

$$Ti = a_{p\,max}/\tan\kappa = 9/\tan\frac{90°}{2} = 9 \text{ mm}.$$

Mit 1 mm Vorlauf findet man für die Hauptschnittzeit:

$$t_h = \frac{Ti + 1}{v_f} = \frac{9+1}{368} = 0{,}0272 \text{ min}.$$

Zum Fertigschneiden kann die Zeit für eine Spindelumdrehung zugegeben werden:

$$t_{hzu} = \frac{1}{n} = \frac{1}{354} = 0{,}0028 \text{ min},$$

$$t_{hges} = t_h + t_{hzu} = 0{,}0272 + 0{,}0028 \text{ min} = 0{,}030 \text{ min}.$$

Ergebnis: An der Bohrmaschine sind einzustellen:

$n = 354$ U/min und $f = 1{,}04$ mm/U.

Die Schnittkraft pro Schneide erreicht maximal:

$F_{cmax} = 4231$ N.

Das Drehmoment wird zum Ende der Bearbeitung:

$M_{cmax} = 914$ Nm.

Der Vorgang dauert:

$t_{hges} = 0{,}030 \text{ min} = 1{,}8$ s.

D Fräsen

1 Definitionen

Fräsen ist ein spanabnehmendes Bearbeitungsverfahren mit *rotierendem Werkzeug*. Die Schneiden erzeugen durch ihre Drehung um die Werkzeugmittelachse die Schnittbewegung. Die Vorschubbewegungen können in verschiedenen Richtungen erfolgen. Sie werden vom Werkzeug oder vom Werkstück oder von beiden ausgeführt. Im Gegensatz zum Drehen und Bohren sind die *Schneiden nicht ständig im Eingriff*. Nach einem Schnitt am Werkstück werden sie im Freien zum Anschnittpunkt zurückgeführt. Dabei können sie gut abkühlen und die Späne aus den Spankammern abgeben. Von Vorteil sind die kurzen Späne und die größere thermische Belastbarkeit der Schneiden.

Der *Spanungsquerschnitt* ist *ungleichmäßig*. Daraus entstehen die Nachteile, daß die Schneiden schlagartige Beanspruchungen zu ertragen haben und daß die starken Schnittkraftschwankungen Schwingungen anregen können. Die Fräsmaschinen müssen deshalb gegen statische und dynamische Belastungen besonders stabil gebaut sein.

Nach DIN 8589 Teil 3 unterscheidet man hauptsächlich die drei Verfahren: *Umfangsfräsen* (Bild D-1a), *Stirnfräsen* (Bild D-1b) und *Stirn-Umfangsfräsen* (Bild D-1c). *Umfangsfräsen* ist Fräsen, bei dem die am Umfang des Werkzeugs liegenden Hauptschneiden die Werkstückoberfläche erzeugen. *Stirnfräsen* ist Fräsen, bei dem die an der Stirnseite des Werkzeugs liegenden Nebenschneiden die Werkstückoberfläche erzeugen. Beim *Stirn-Umfangsfräsen* erzeugen sowohl Haupt- als auch Nebenschneiden Werkstückoberflächen.

Weitere Fräsarten werden nach der Werkstückform unterschieden. *Planfräsen* ist Fräsen mit geradliniger Vorschubbewegung zur Erzeugung ebener Flächen. Hierfür finden das Umfangsfräsen und das Stirnfräsen Anwendung. *Rundfräsen* ist Fräsen mit kreisförmiger Vorschubbewegung. Es können dabei außenrunde oder innenrunde Werkstückflächen bearbeitet werden (Bild D-2). Das im Bild gezeigte Verfahren ist Umfangsfräsen. Setzt man das Stirnfräsen zum Rundfräsen ein (Bild D-3), spricht man auch vom *Drehfräsen*. Bei wendelförmiger Vorschubbewegung entsteht das *Schraubfräsen*. Es dient zur Herstellung von schraubenförmigen Flächen und Gewinden. Der Vorschub wird aus einer Drehung des Werkstücks und einer Längsbewegung erzeugt. Der Längsvorschub, der der Gewindesteigung entspricht, kann vom Werkzeug oder vom Werkstück ausgeführt werden (Bild D-4). Es können sowohl Außen- als auch Innengewinde gefräst werden (Bild D-5).

Das *Wälzfräsen* ist ein Bearbeitungsverfahren zur Herstellung von Verzahnungen (Bild D-6). Das Werkzeug hat Schneiden mit dem Verzahnungsbezugsprofil (z.B. Zahnstangenprofil), die wendel-

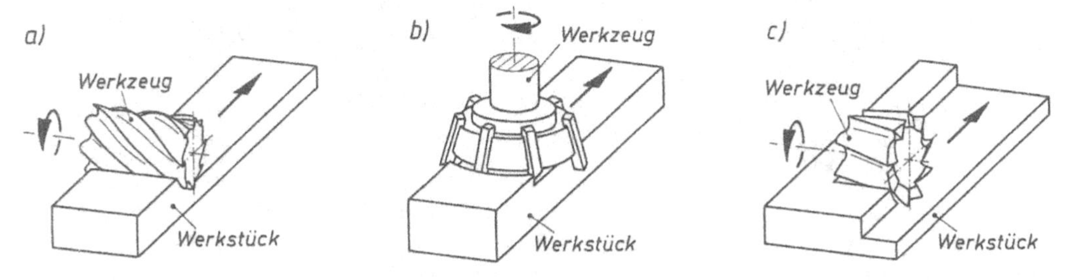

Bild D-1 Die drei Grundarten des Fräsens nach DIN 8589
a) Umfangsfräsen b) Stirnfräsen c) Stirnumfangsfräsen

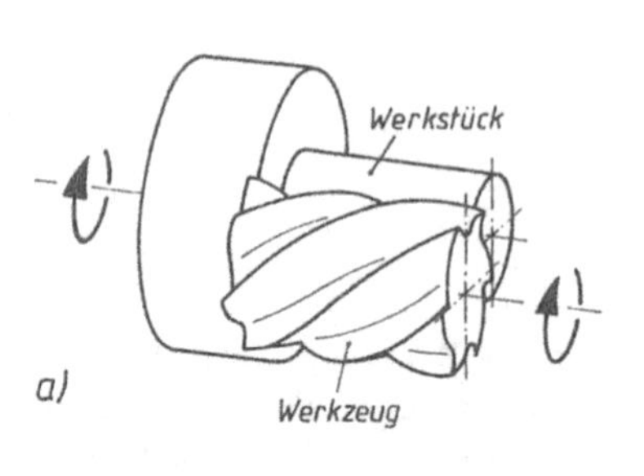

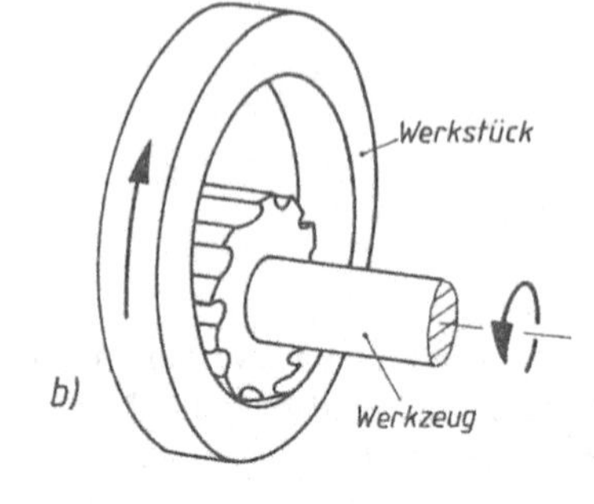

Bild D-2
Rundfräsen durch Umfangsfräsen
a) Außenrundfräsen
b) Innenrundfräsen

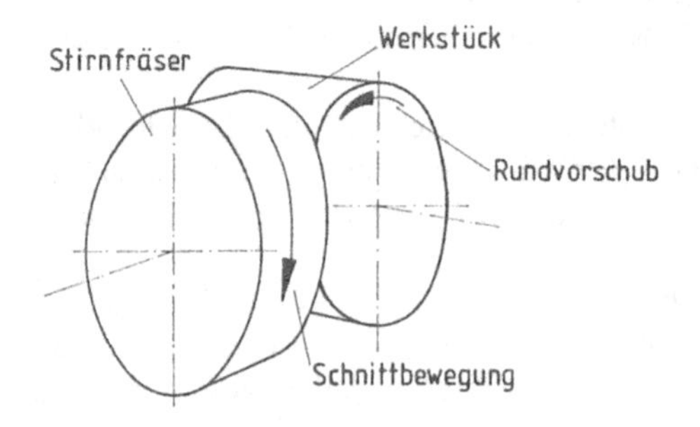

Bild D-3
Prinzip des Drehfräsens. Außenrundbearbeitung durch Stirnfräsen

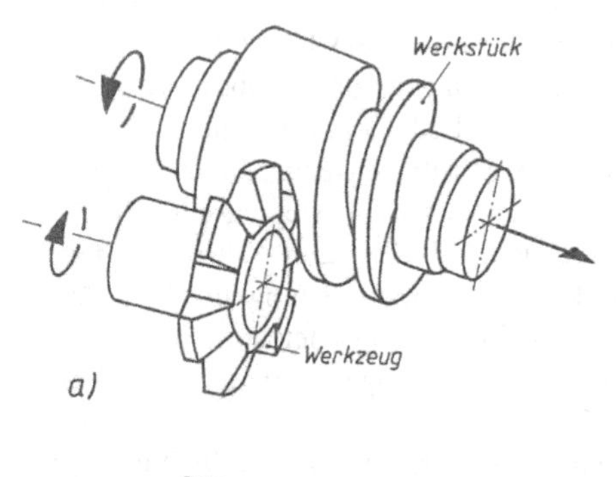

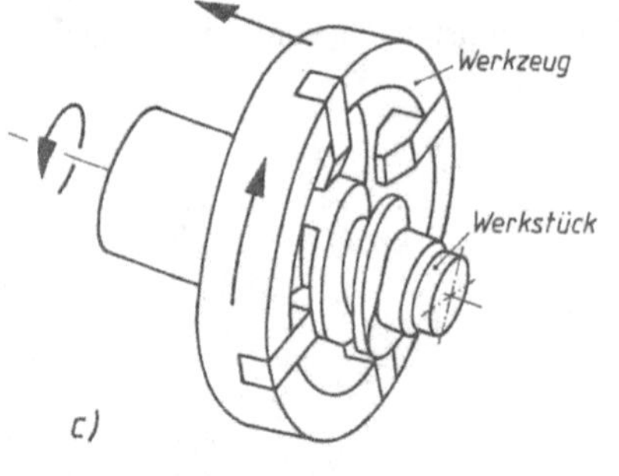

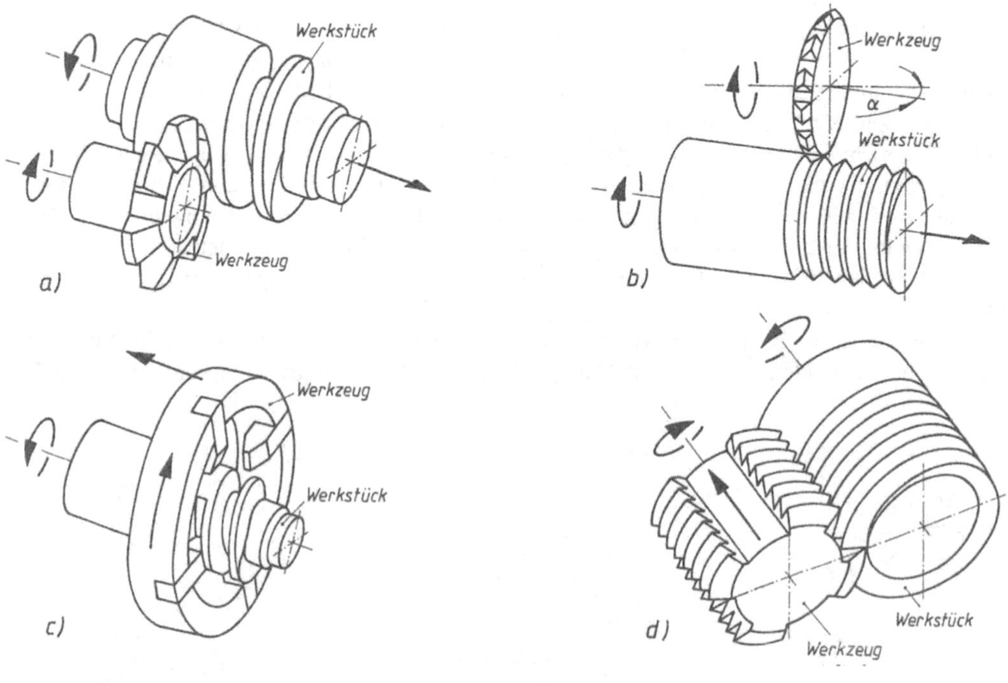

Bild D-4 Schraubfräsen
a) Schneckenfräsen
b) Gewindefräsen mit einprofiligem Werkzeug
c) Gewindewirbeln
d) Außengewindefräsen mit mehrprofiligem Werkzeug

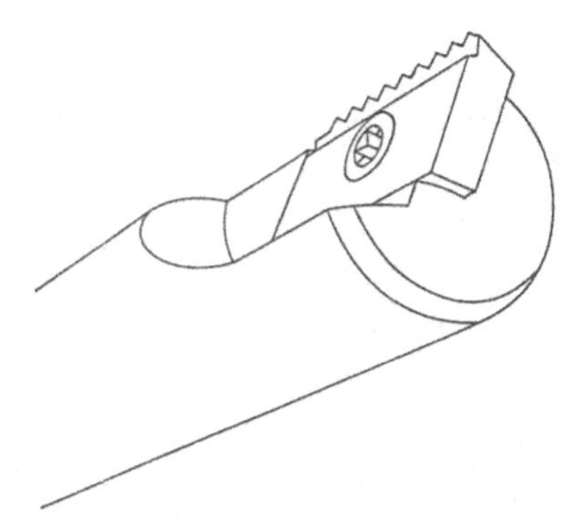

Bild D-5 Schaftfräser für das Innengewindefräsen

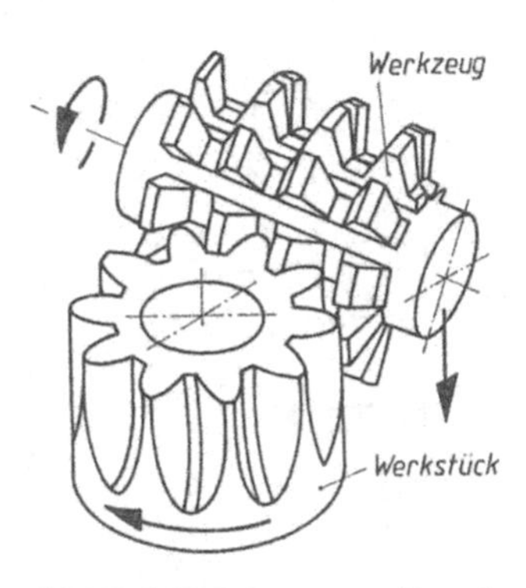

Bild D-6 Wälzfräsen zum Verzahnen von Zahnrädern

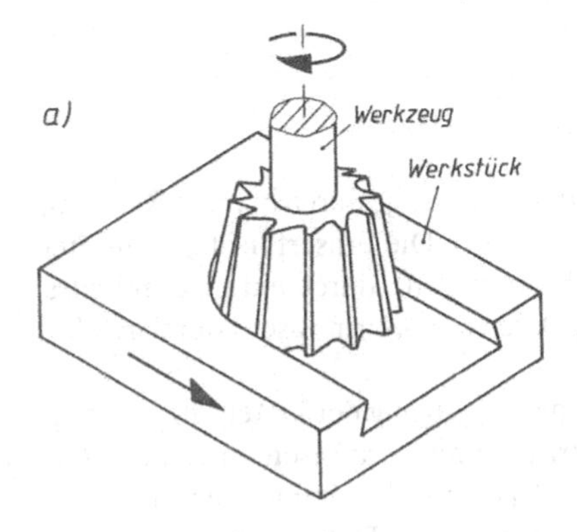

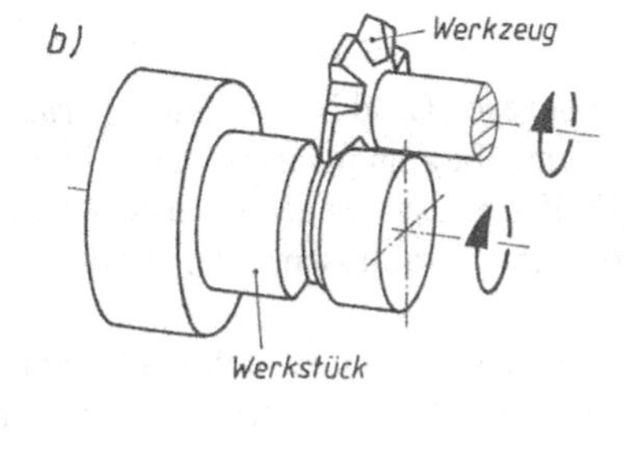

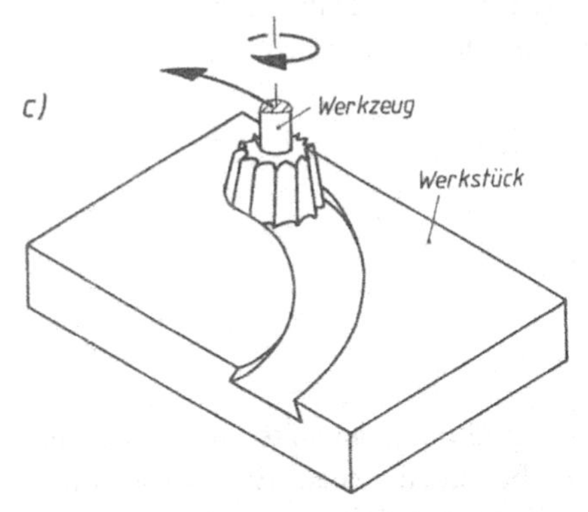

Bild D-7
Profilfräsen. Das Werkzeugprofil bildet sich auf dem Werkstück ab. Nach der Vorschubbewegung unterscheidet man
a) Längsprofilfräsen
b) Rundprofilfräsen
c) Formprofilfräsen

förmig auf dem Umfang angeordnet sind. Durch die Überlagerung von Tauchvorschub, Längsvorschub parallel zur Werkstückachse und Drehung des Werkstücks entsteht die gewünschte Verzahnung. Mit diesem Verfahren können einfache Geradverzahnungen, Schrägverzahnungen und schwierige Kegelradverzahnungen erzeugt werden.

Profilfräsen ist Fräsen, bei dem sich das *Profil des Fräsers* auf der Werkstückoberfläche abbildet. Man unterscheidet Längsprofilfräsen, Rundprofilfräsen und Formprofilfräsen (Bild D-7). Die Vorschubbewegung ist dabei geradlinig, rund oder geformt. Sie kann vom Werkzeug oder vom Werkstück (Rundprofilfräsen) ausgeführt werden. Auch hier sind Umfangs-, Stirn- und Stirnumfangsfräsen anwendbar. Als besonderes Merkmal ist das profilierte Werkzeug anzusehen, das sich auf dem Werkstück als Gegenform abbildet.

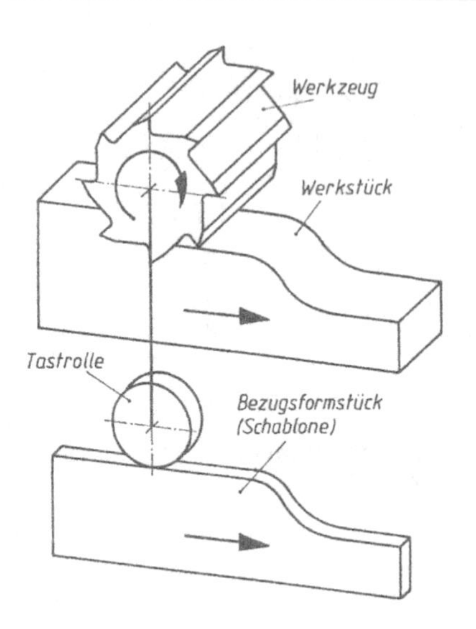

Bild D-8
Nachformfräsen. Die Form wird durch die Vorschubbewegung erzeugt

Beim *Formfräsen* dagegen (Bild D-8) erzeugen *neutral geformte Werkzeuge* durch in ihrer Richtung veränderliche Vorschubbewegungen die gewünschte Werkstückform. Die Fräserführung kann frei mit der Hand (Freiformfräsen), nach einer Schablone (Nachformfräsen), durch ein mechanisches Getriebe (kinematisch – Formfräsen) oder mit digitalisierten Daten (NC-Formfräsen) durchgeführt werden.
Das *NC-Formfräsen* gewinnt immer mehr an Bedeutung, da die Erzeugung der Datensätze ständig vereinfacht und verbessert wird. Auch hier sind Umfangsfräsen und Stirnfräsen zu finden. Zur vorteilhaften Verwendung des reinen Stirnfräsens muß die Werkzeugachse immer senkrecht zur Werkstückoberfläche stehen, also mit der Form verändert werden. Dafür müssen an den Fräsmaschinen zwei zusätzliche Achsen gesteuert werden. Das führt zum *Fräsen mit 5 gesteuerten NC-Achsen.*

2 Fräswerkzeuge

2.1 Werkzeugformen

2.1.1 Walzen- und Walzenstirnfräser

Walzenfräser sind zylinderförmig. Die Schneiden am Umfang sind normalerweise linksgedrallt (s. Bild D-9). Die plangeschliffenen Stirnseiten laufen zu ihnen besonders genau. Ein Fräsdorn mit Paßfeder und Anlagefläche dient zur Aufnahme des Fräsers. Er überträgt die Lagegenauigkeit von der Maschinenspindel auf den Fräsdorn und leitet das Antriebsmoment weiter.
Die Zahl der Schneiden ist vom Durchmesser abhängig. Im genormten Bereich von 50 bis 160 mm sind 4 bis 10 Schneiden vorgesehen. Für größere Fräsbreiten bis zu 250 mm lassen sich Walzenfräser miteinander kuppeln. Dafür müssen sie nach DIN 1892 besonders geformte Stirnseiten haben.
Walzenstirnfräser (Bild D-10) haben auch an den Stirnseiten Schneiden. Diese arbeiten in jedem Fall als Nebenschneiden und sind für die Oberflächengüte einer Werkstückfläche wichtig. Deshalb werden Walzenstirnfräser so in einem Aufnahmedorn oder unmittelbar an der Maschinenspindel befestigt, daß die Stirnseite frei arbeiten kann.
Winkelstirnfräser sehen Walzenstirnfräsern sehr ähnlich. Der kennzeichnende Unterschied ist die Form der Mantelfläche. Sie ist nicht zylindrisch, sondern kegelstumpfförmig (Bild D-11). Der

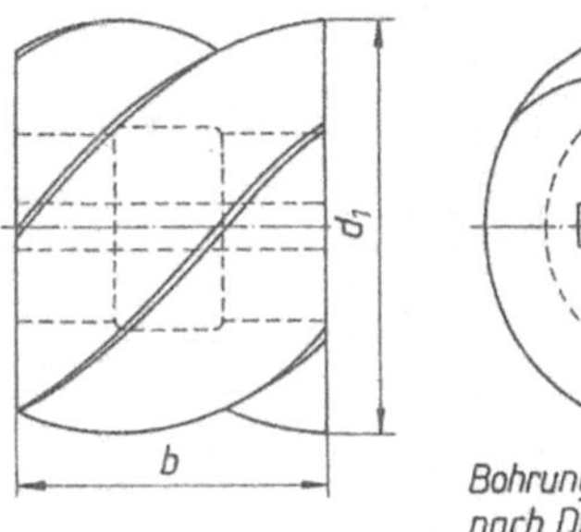

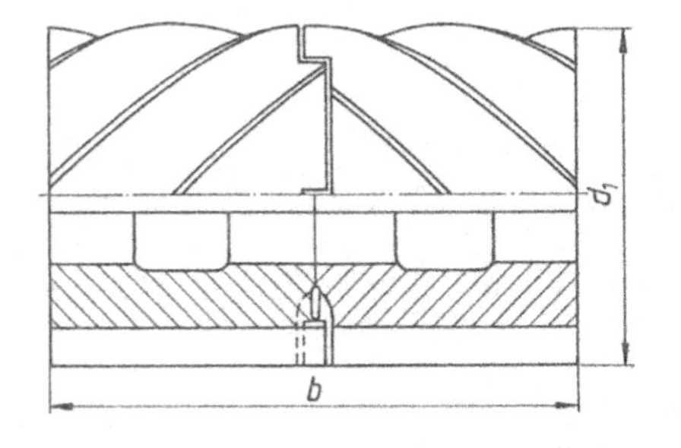

Bild D-9

Walzenfräser aus Schnellarbeitsstahl nach DIN 884 und zweiteiliger gekuppelter Walzenfräser nach DIN 1892

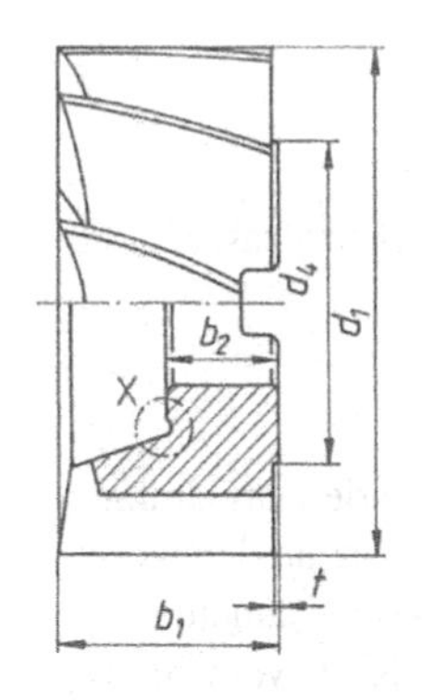

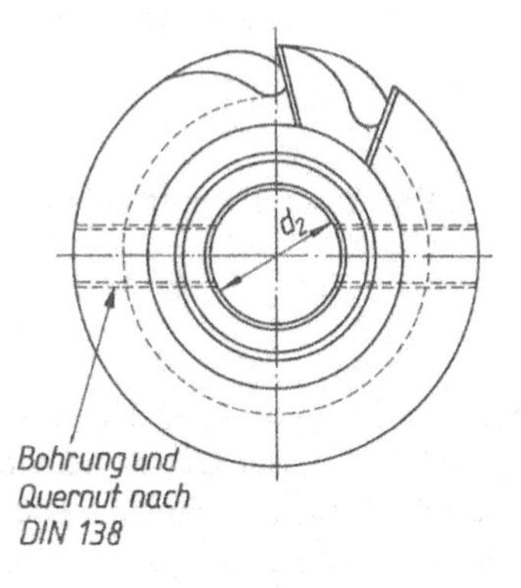

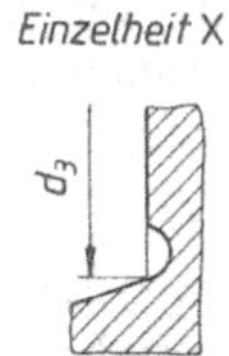

Bild D-10

Walzenstirnfräser mit Quernut aus Schnellarbeitsstahl nach DIN 1880 und Walzenstirnfräser mit Hartmetallschneiden nach DIN 8056

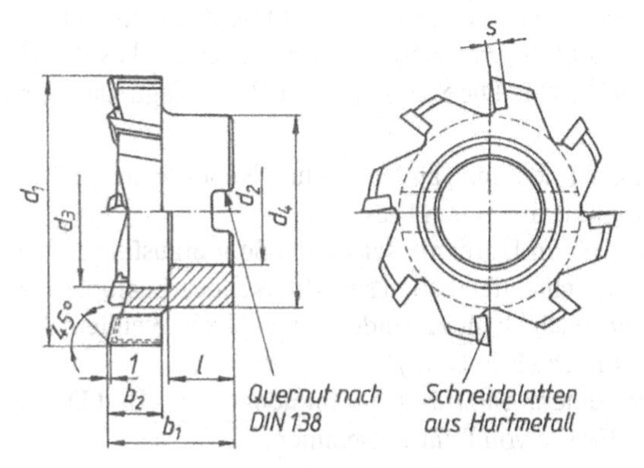

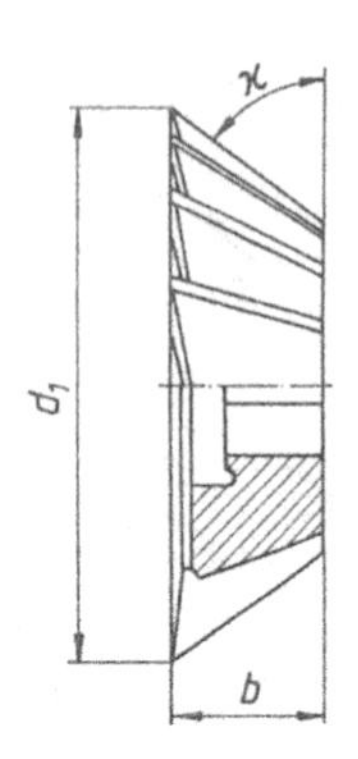

Bild D-11 Winkelstirnfräser aus Schnellarbeitsstahl nach DIN 842

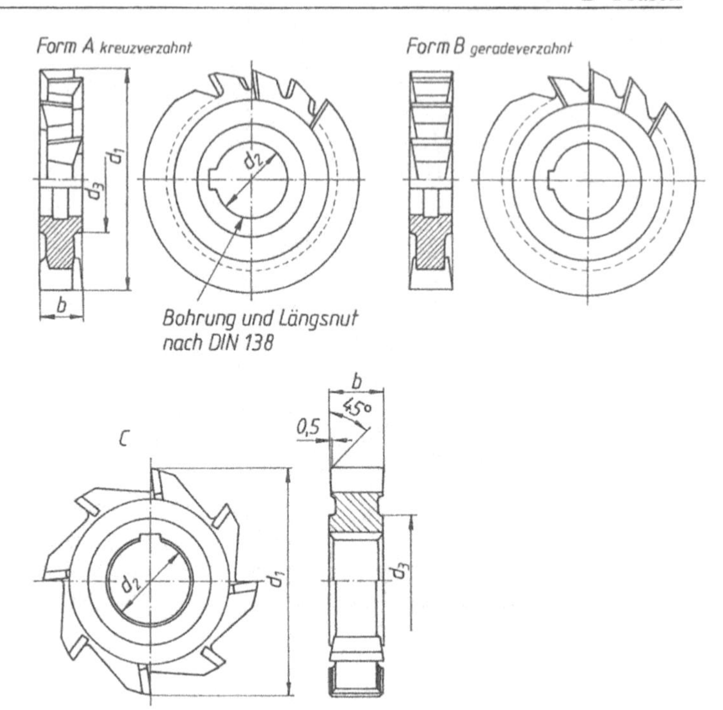

Bild D-12 Scheibenfräser nach DIN 885 und DIN 8047
Form A kreuzverzahnt mit HSS-Schneiden
Form B geradverzahnt mit HSS-Schneiden
C geradverzahnter Scheibenfräser mit Hartmetallschneiden

Einstellwinkel κ wird dadurch von 90° verschieden. Ein Anwendungsfall für Winkelstirnfräser ist die Bearbeitung von Schwalbenschwanzführungen.

2.1.2 Scheibenfräser

Scheibenfräser haben ihren Namen von der scheibenartigen Form. Die Hauptschneiden am Umfang können *geradverzahnt* oder *kreuzverzahnt* sein (Bild D-12). Bei kreuzverzahnten Schneiden wechselt die Neigung zwischen positiv und negativ von Schneide zu Schneide. Die Nebenschneiden an den Stirnseiten haben bei geradverzahnten Fräsern keine Bedeutung. Bei Kreuzverzahnung wechselt mit der Neigung auch die Seite, an der sie wirksam werden. Dort sind sie dann parallel zur Werkstückoberfläche und haben meistens einen *positiven* Spanwinkel. So erzeugen sie besonders gute Oberflächen an den Seiten der gefrästen Werkstücke. Die Stirnseiten der Werkzeuge sind plan geschliffen.

Eingeengte Lagetoleranzen für größere Genauigkeit findet man an Haupt- und Nebenschneiden, an den Planflächen und in der Bohrung für die Aufnahme auf einem Fräsdorn.

Scheibenfräser gibt es in den Größen von 50 bis 500 mm Durchmesser und in Sonderausführungen auch darüber hinaus. Je größer sie sind, desto mehr Schneiden haben sie. Mit Wendeschneidplatten ausgerüstet sind es Hochleistungswerkzeuge, die nach Standzeitende leicht durch Wenden der Schneiden wieder einsatzfähig gemacht werden können (Bild D-13).

Mehrere Scheibenfräser auf einem Fräsdorn zu einem Satzfräser zusammengesetzt (Bild D-14) dienen zur Bearbeitung von Profilen, z.B. für das Fräsen von Führungsbahnen.

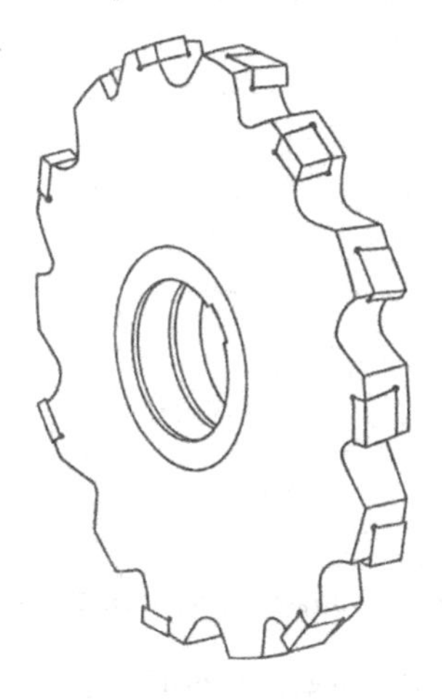

Bild D-13 Kreuzverzahnter Scheibenfräser mit tangential angeordneten Wendeschneidplatten

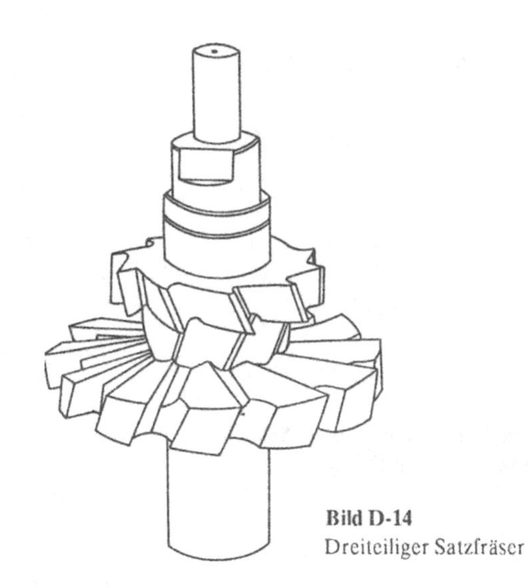

Bild D-14
Dreiteiliger Satzfräser

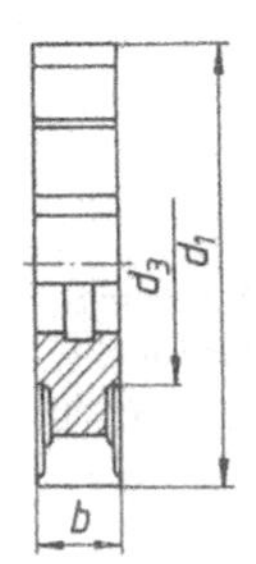

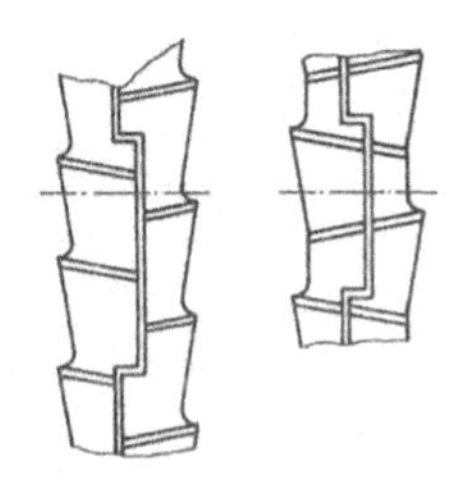

Bild D-15
Nutenfräser
a) geradverzahnt und hinterdreht mit Schneiden aus Schnellarbeitsstahl nach DIN 1890
b) Kupplungsmöglichkeit zweier Nutenfräser mit pfeil- oder kreuzverzahnten Schneiden nach DIN 1891

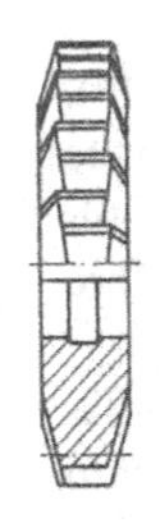

Bild D-16
Gewindescheibenfräser nach DIN 1893

Nutenfräser (Bild D-15a) sind Scheibenfräsern sehr ähnlich. Sie können geradverzahnt oder kreuzverzahnt sein. Sie lassen sich auch zu Sätzen kuppeln. Dabei greifen die Schneiden sektorenweise ineinander (Bild D-15b). Die Freiflächen sind jedoch hinterdreht. Dadurch werden sie für Profile einsetzbar.

Gewinde-Scheibenfräser nach DIN 1893 (Bild D-16) weichen von der einfachen Scheibenform bereits ab. Die Schneiden tragen die Form des metrischen ISO-Trapezgewindes. Sie sind kreuzverzahnt. Dadurch wechseln sich die Nebenschneiden beim Formen der rechten und der linken Gewindeflanke ab.

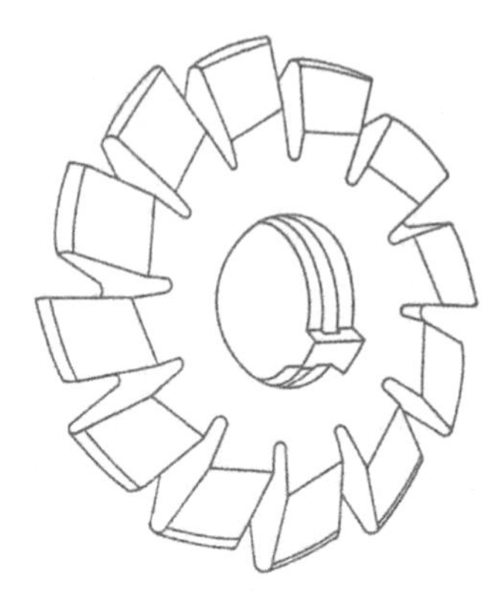

Bild D-17 Profilfräser aus Schnellarbeitsstahl mit 12 Schneiden

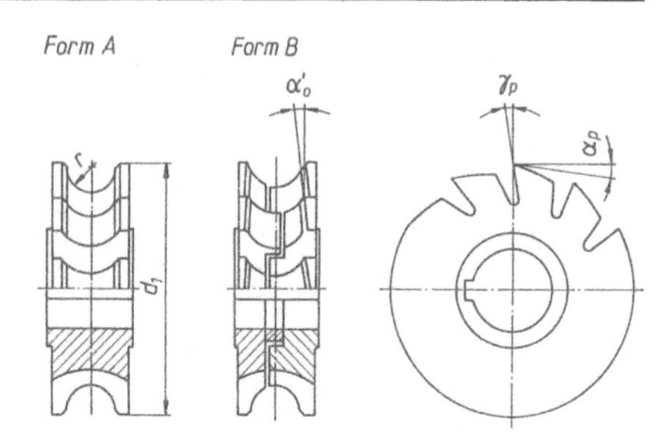

Bild D-18 Konkaver Halbrund-Profilfraser nach DIN 855
Form A einteilige Ausfuhrung
Form B zusammengesetzte Ausfuhrung mit Zwischenring nach DIN 2084 Teil 1

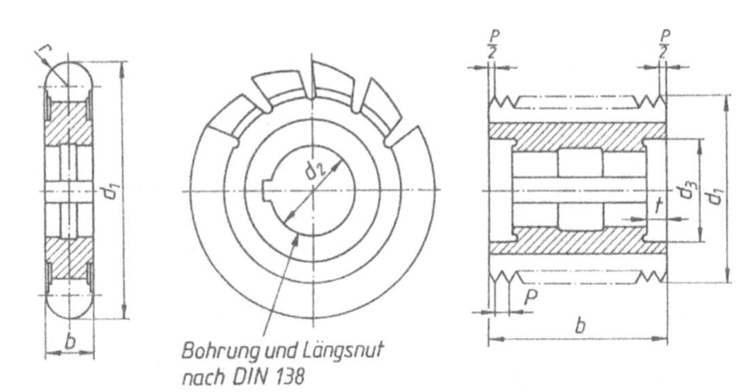

Bild D-19
Konvexer Halbrund-Profilfraser nach DIN 856 und Aufsteckgewindefraser nach DIN 852 aus Schnellarbeitsstahl

2.1.3 Profilfräser

Profilfräser haben die *Form* des *Werkstücks* bereits als Negativform in ihren Schneiden (Bild D-17). Während der Bearbeitung bilden sie sich im Werkstoff ab und erzeugen somit die genaue Werkstückform. Sie können scheiben- oder walzenförmig sein, das hängt von der Breite des Profils und vom Werkzeugdurchmesser ab. Stirnseiten und Innendurchmesser sind genau geschliffen. Ihre Lagegenauigkeit muß wie bei allen Fräswerkzeugen besonders gut sein.

Eine Besonderheit von allen Profilfräsern ist die *hinterdrehte* und *hinterschliffene* Form der Freiflächen. Mit Hilfe von Kurvensteuerungen und neuerdings auch mit numerischen Steuerungen wird dem Zahnrücken (Freifläche) die Form einer logarithmischen Spirale gegeben. Beim Nachschleifen an der Spanfläche bleiben dann Span- und Freiwinkel erhalten (Bild D-18). Von beiden Winkeln hängt die Formgenauigkeit des Profils ab. Veränderungen der Winkel, wie sie beim Nachschleifen gefräster Zähne auftreten, würden das Profil verzerren und damit das Werkzeug ungenau machen.

Für häufig wiederkehrende Profilformen gibt es genormte Werkzeuge, zum Beispiel

konkave Halbrund-Profilfräser nach DIN 855 (Bild D-18)

konvexe Halbrund-Profilfräser nach DIN 856 (Bild D-19)

Aufsteck-Gewindefräser nach DIN 852 (Bild D-19 rechts)

Prismenfräser nach DIN 847

Gewindescheibenfräser nach DIN 1893

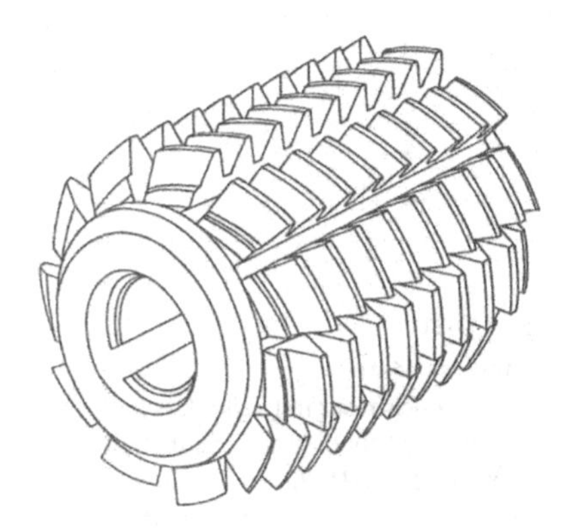

Bild D-20
Zahnflankenwälzfräser in Stollenbauweise

Für das Fräsen von Zahnrädern werden besondere *Zahnflankenwälzfräser* gebraucht. Sie können aus einem Stück gearbeitet oder aus einzelnen Stollen zusammengesetzt sein (Bild D-20). Die walzenartige Grundform ist durch viele Bearbeitungen fein untergliedert. Längsnuten trennen die Zahnleisten voneinander und bilden Spanflächen und Spanraum. Die gewindeartig umlaufende Nut erzeugt eine Schneckenform mit dem Profil einer Evolventenverzahnung. Die Flankengenauigkeit hängt davon ab. Schließlich müssen alle Zahnrücken spiralförmig hinterschliffen oder hinterdreht sein, damit ein Freiwinkel entsteht, der sich beim Nachschleifen nicht verändert. Normale Zahnflanken-Wälzfräser sind aus Schnellarbeitsstahl, der sich ganz gut bearbeiten läßt. Beschichtungen aus TiN verlängern ihre Standzeit. Hartmetall wird hin- und wieder auch für kleinere Fräser eingesetzt. Die höheren Kosten der Werkzeuge sind nicht oft durch kürzere Bearbeitungszeiten auszugleichen.

2.1.4 Fräser mit Schaft

Schaftfräser haben als gemeinsames Merkmal einen Schaft als *Einspannteil*, der in die Fräsmaschinenspindel eingesetzt wird. Die genormten Schaftformen sind allein schon sehr vielseitig. Sie gehen auf die drei Grundformen

- *Zylinderschaft*
- *Morsekegelschaft* und
- *Steilkegelschaft*

zurück. Innerhalb der Grundformen unterscheiden sich die verschiedensten Ausführungen wie Anzugsgewinde innen oder außen, seitliche Mitnahmeflächen, keilförmige Befestigungsfläche, mit Bund oder ohne Bund. Daneben gibt es firmengebundene Sonderausführungen von schnell wechselbaren Einspannungen, die besonders gut zu zentrieren oder besonders starr sind.

Die *Formen* der *Werkzeugkörper* sind zweckbedingt sehr unterschiedlich. Nach ihnen können die Schaftfräser weiter unterteilt werden.

Langlochfräser haben an der Stirnseite bis zur Mitte voll ausgebildete Schneiden und auch am Umfang (Bild D-21). Sie sind meistens zweischneidig. Mit ihnen kann man bohren und fräsen. Eine Anwendung ist das Fräsen von Paßfedernuten in Wellen. Vor dem Längsfräsen muß das Werkzeug auf Paßfedernutentiefe eingebohrt werden. Beim *Taschenfräsen* muß man genauso vorgehen, wenn kein seitlicher Einstieg möglich ist.

Eine andere Gruppe von Fräsern wird direkt „Schaftfräser" genannt. Sie haben vier bis acht Schneiden meist schräg angeordnet mit Rechtsdrall. Ihre Stirnschneiden sind zum Bohren nicht geeignet. Die Schneiden sind aus Schnellarbeitsstahl oder Hartmetall (Bild D-22).

Gesenkfräser (Bild D-23) dienen zur Bearbeitung von Gesenken, Druckguß- und Spritzgußformen

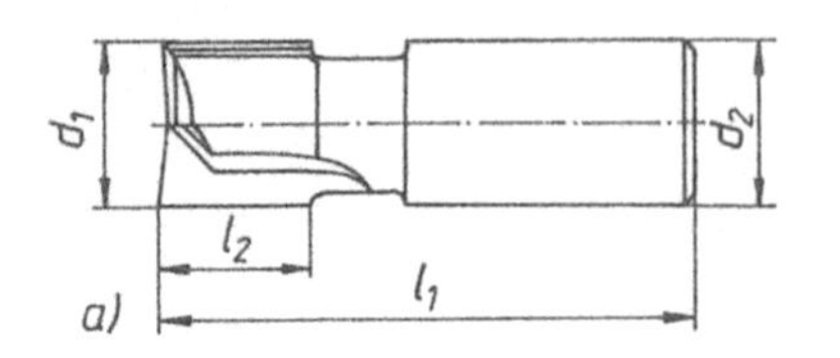

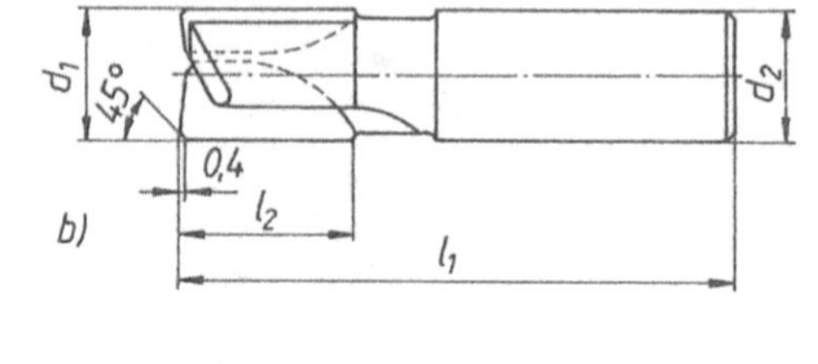

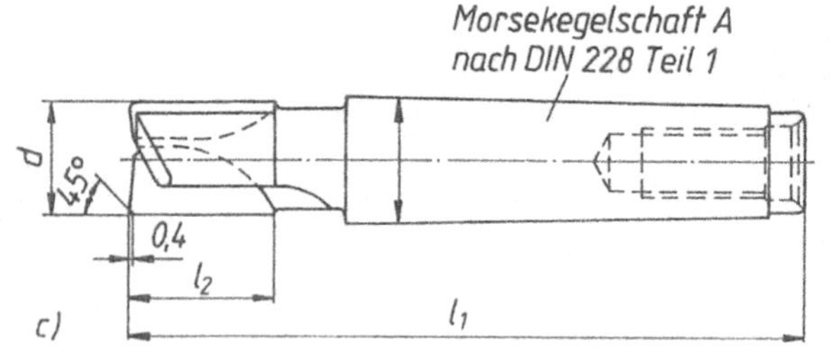

Bild D-21

Langlochfräser

a) Langlochfräser mit Zylinderschaft und geraden Schneiden aus Schnellarbeitsstahl nach DIN 327

b) Langlochfräser mit Zylinderschaft und Schneiden aus Hartmetall nach DIN 8027

c) Langlochfräser mit Morsekegelschaft und Schneiden aus Hartmetall

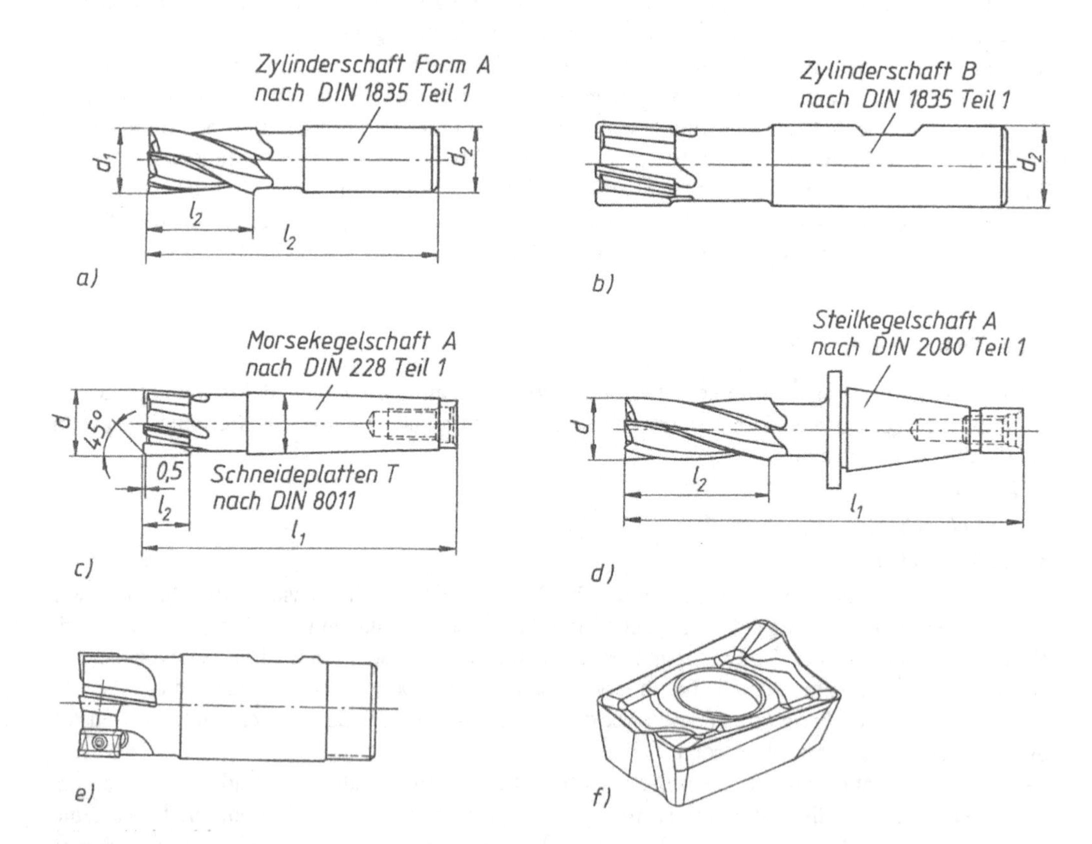

Bild D-22 Schaftfräser

a) Sechsschneidiger Schaftfraser mit rechtsgedrallten Schneiden aus Schnellarbeitsstahl nach DIN 844

b) Vierschneidiger Schaftfraser mit Zylinderschaft mit seitlichen Mitnahmeflächen und schrägen Schneiden aus Hartmetall nach DIN 8044

c) Vierschneidiger Schaftfraser mit Morsekegelschaft und schragen Schneiden aus Hartmetall nach DIN 8045

d) Schaftfraser mit Steilkegelschaft aus Schnellarbeitsstahl nach DIN 2328

e) Schaftfräser mit Wendeschneidplatten

f) Die Wendeschneidplatte besitzt wendelformige Schneidkanten

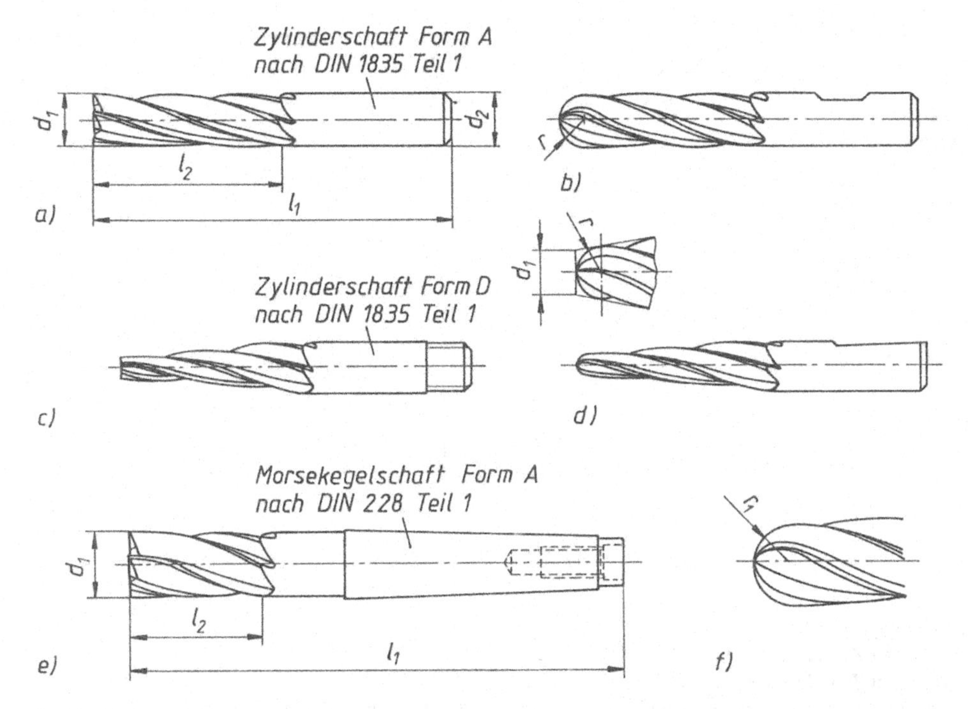

Bild D-23 Gesenkfräser

a) Zylindrischer Gesenkfraser mit flacher Stirn und glattem Zylinderschaft nach DIN 1889 Teil 1
b) Zylindrischer Gesenkfraser mit runder Stirn und Zylinderschaft mit seitlicher Mitnahmefläche
c) Kegeliger Gesenkfraser mit flacher Stirn und Zylinderschaft mit Anzugsgewinde DIN 1889 Teil 3
d) Kegeliger Gesenkfraser mit runder Stirn und geneigter Spannflache
e) Zylindrischer Gesenkfraser mit Morsekegelschaft ohne Bund fur Durchmesser bis 25 mm mit flacher oder runder Stirn

und von Formelektroden. Die schlanke Form ist erforderlich, um Vertiefungen und Taschen herausarbeiten zu können. Sie sind zylindrisch oder kegelig, haben Zylinderschäfte in allen Variationen oder Morsekegelschäfte.

Die Einspannung muß der Größe des Werkzeugs, also dem Drehmoment, gerecht werden. Die Länge darf nicht unnötig groß sein. Schlanke Gesenkfräser neigen bei grober Beanspruchung zu elastischen Verformungen und zu Biegeschwingungen. Dadurch ist das Zeitspanungsvolumen begrenzt. Harte Werkstoffe lassen sich mit den Fräsern aus Schnellarbeitsstahl auch sehr schlecht bearbeiten. Deshalb werden die Werkstücke meistens erst nach der Bearbeitung gehärtet. Fräser aus Hartmetall sind bruchempfindlich und beim Nachschleifen teuer. Ein weiteres Problem liegt an den *Stirnseiten* der Gesenkfräser. Bei *runden* wie bei *flachen* Stirnseiten kommen die zur Mitte hin immer enger und langsamer werdenden Schneiden immer dann zum Einsatz, wenn abwärts gefräst wird, in die Tiefe einer Form hinein. Das geht nur mit Vorschubverringerung. Günstiger ist der Einsatz der Umfangsschneiden beim Querfräsen oder Aufwärtsfräsen.

T-förmige Schaftfräser sind in Bild D-24 zu sehen. Sie eignen sich zur Bearbeitung von Nuten, Führungen, Schlitzen und Hinterarbeitungen an schwer zugänglichen Werkstückstellen. Alle abgebildeten Werkzeuge sind aus Schnellarbeitsstahl. Hartmetallfräser dieser Art sind nicht genormt.

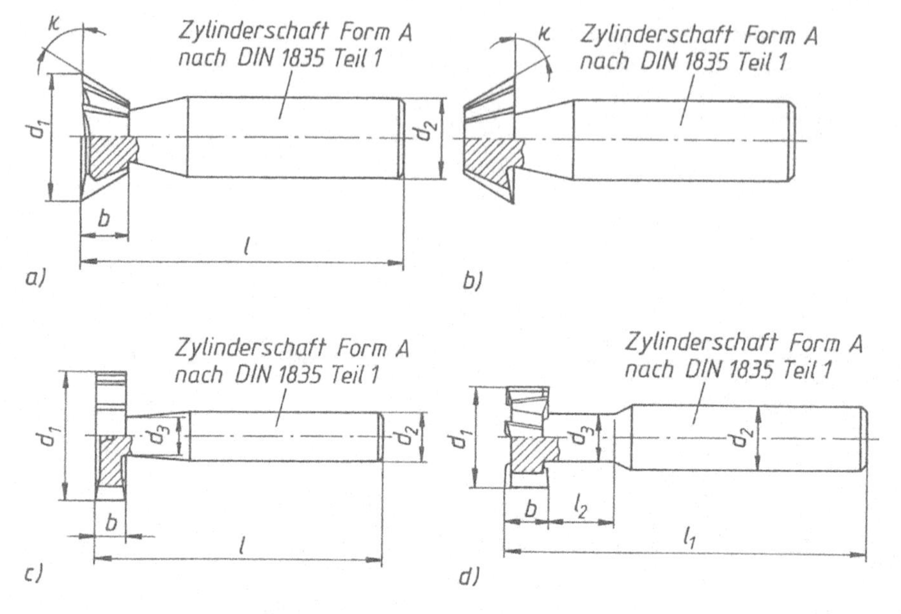

Bild D-24 T-förmige Schaftfräser
a) Winkelfräser mit Zylinderschaft nach DIN 1833 Form A
b) Winkelfräser mit Zylinderschaft nach DIN 1833 Form B
c) Schlitzfräser mit geradeverzahnten Schneiden aus Schnellarbeitsstahl nach DIN 850
d) T-Nutenfräser mit Zylinderschaft und kreuzverzahnten Schneiden aus Schnellarbeitsstahl nach DIN 851

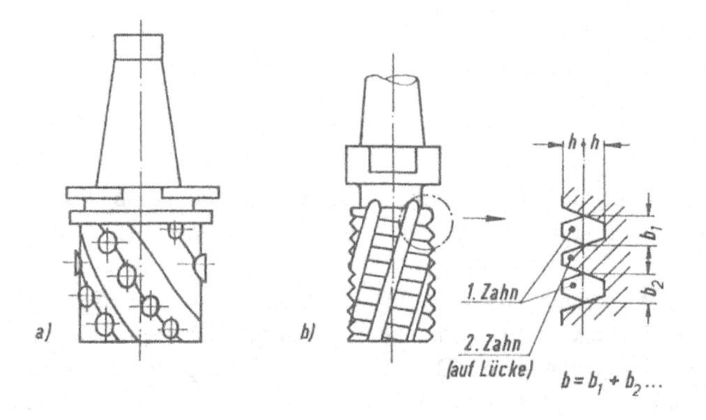

Bild D-25
a) Igelfräser mit einzeln eingesetzten Schneiden aus Hartmetall
b) Schruppfräser mit versetzten Schneidenaussparungen

Schaftfräser für die *grobe Bearbeitung* zeigt Bild D-25. Sie sind einerseits mit dem besonders stabilen *Steilkegelschaft* und kräftigem Werkzeugkörper ausgestattet. Andererseits sind die Schneiden so gestaltet, daß bei großem Zeitspanungsvolumen das Schnittmoment verhältnismäßig begrenzt bleibt. Jede Schneidleiste hat entweder Lücken wie am rechten Werkzeug, oder die Schneidzähne sind gleich lückenhaft eingesetzt wie beim *Igelfräser* links. Die nicht gefrästen Werkstoffteile müssen dann von der nächsten Schneidkante mit abgenommen werden. Dadurch verdoppelt sich die Spanungsdicke. Nach dem Zerspanungsgrundgesetz von Kienzle und Victor verkleinert sich dabei die spezifische Schnittkraft. So ist das Drehmoment und der Leistungsbedarf *kleiner* als bei Werkzeugen mit durchgehenden Schneiden.

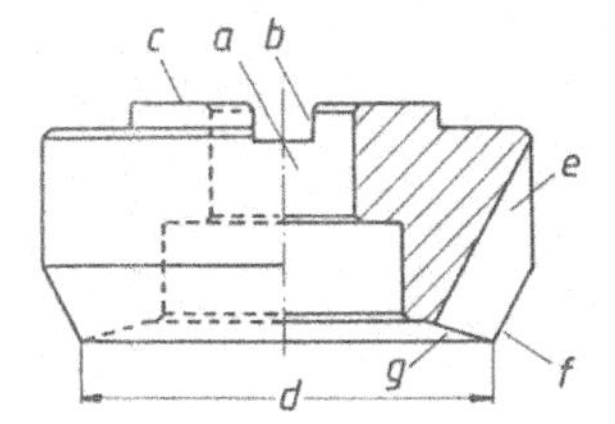

Bild D-26
Die wichtigsten Bezeichnungen am Fräskopf
a) Zentrier- und Aufnahmebohrungen,
b) Mitnehmernut, c) Auflagefläche,
d) Nenndurchmesser, e) Spankammer,
f) Hauptschneide, g) Nebenschneide

2.1.5 Fräsköpfe

Fräsköpfe sind umlaufende Zerspanwerkzeuge, deren Schneiden als *Messer* eingesetzt oder als *Wendeschneidplatten* radial oder tangential angebracht sind. Sie sind für die unterschiedlichsten Fräsaufgaben verwendbar, einerseits durch die mögliche Bestückung von Wendeplatten mit oder ohne Spanleitstufe, andererseits durch die Wahl eines geeigneten Schneidstoffs, wie verschiedene Hartmetallsorten, beschichtet oder unbeschichtet, Cermets, Schneidkeramik PKB oder PKD. Die Anwendung deckt alle wichtigen Werkstoffe ab: vom Stahlguß bis zum Grauguß, von unlegiertem bis hochlegiertem Stahl über rostfreie Stähle, Bunt- und Leichtmetalle bis hin zu Titan, Molybdän und Kunststoffen.

Die Grundform und die wichtigsten Bezeichnungen eines Fräskopfes sind in Bild D-26 dargestellt. Die Hauptabmessungen wie Durchmesser, Höhe und Anschlußmaße sind durch die DIN 8030 vorgegeben. Dagegen sind Größe und Form des Spanraums, Befestigung der Schneiden, Schneidengeometrie und Schneidstoff dem jeweiligen Anwendungsfall anzupassen.

Durch die heute üblichen Anforderungen an große Schnittgeschwindigkeiten, lange Standzeiten, niedrige Werkzeugeinrichtungs- und Wechselzeiten und durch die Entwicklung auf dem Gebiet der Schneidstoffe haben sich Fräswerkzeuge mit *Wendeschneidplatten* durchgesetzt. Sie haben immer gleiche Schneidengeometrie und Abmessungen, sind leicht umrüstbar auf verschiedene Schneidstoffsorten und erübrigen das Nachschleifen, das bei Messerköpfen nach DIN 1830 mit HSS-Schneiden erforderlich war. Bild D-27 zeigt Fräsköpfe mit verschiedenen Wendeschneidplatten.

- Planfräsköpfe mit einem *Einstellwinkel* $\kappa_r = 75°$

  Dies ist der am häufigsten verwendete Einstellwinkel für allgemeine Fräsarbeiten. Es können die genormten Fräswendeplatten mit Planfasen eingesetzt werden. Die maximale Frästiefe steht in einem günstigen Verhältnis zur Plattenlänge.
- Planfräsköpfe mit einem *Einstellwinkel* $\kappa_r = 45°$

  Hier ist die maximale Schnittiefe geringer, dafür kann aber mit größeren Vorschüben gefräst werden. Der Einstellwinkel von 45° begünstigt die Laufruhe beim Ein- und Austritt der Schneiden am Werkstück. Er wird für Fräser mit Wendelspangeometrie bevorzugt.
- Eckfräsköpfe $\kappa_r = 90°$

  Für rechtwinklige Fräsoperationen sind Fräser mit Dreikantwendeplatten erforderlich. Sie weisen im Vergleich zu Vierkantplatten größere Schnittiefen auf, die aber wegen der empfindlichen Schneidenecke nicht in jedem Fall genutzt werden können.
- Fräsköpfe mit *Rundwendeplatten*

  Für das Abfräsen dünner Schichten bei verschleißfesten Werkstoffen sind Rundwendeplatten besonders geeignet.
- Fräsköpfe für die *Feinbearbeitung*

  Die Nebenschneiden sind besonders sorgfältig ausgebildet, um glatte Oberflächen zu erzeugen.
- kombinierte Werkzeuge mit *Schrupp-* und *Schlicht*schneiden.

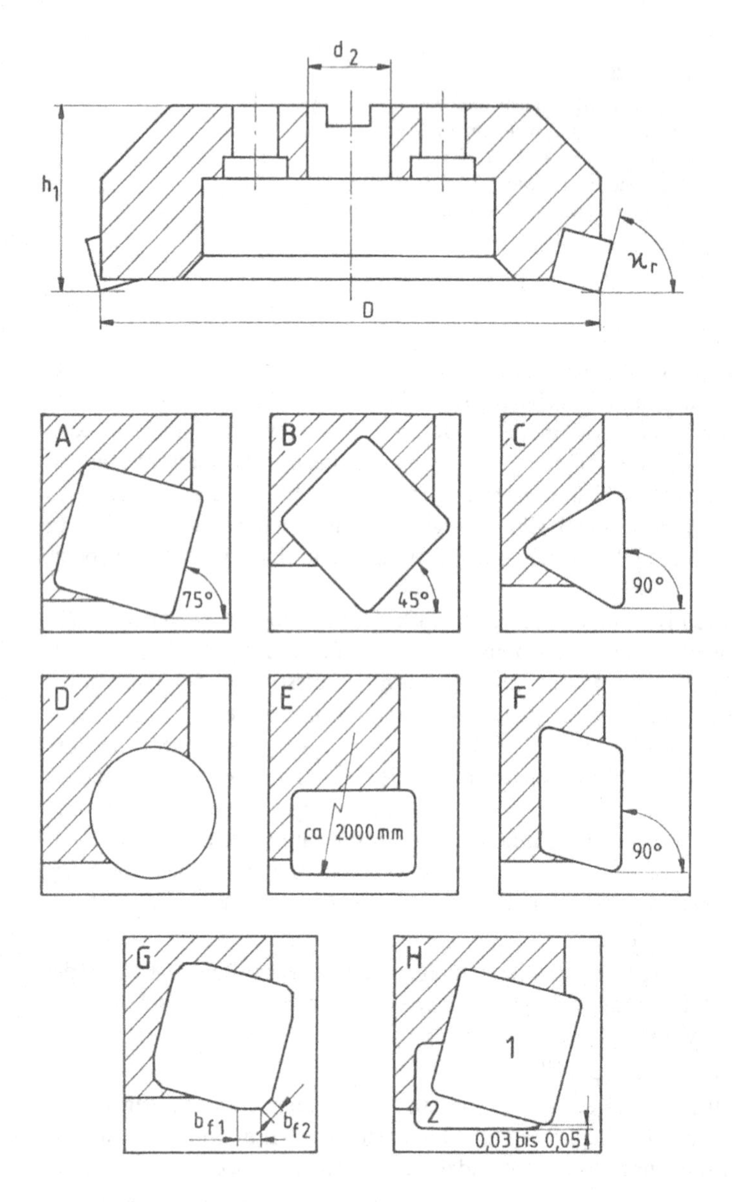

Bild D-27 Die verschiedenen Wendeschneidplatten in Fräskopfen
A Planfräskopf mit quadratischen Wendeschneidplatten $\kappa_r = 75°$
B Planfräskopf mit einem Einstellwinkel $\kappa_r = 45°$
C Eckfräskopf mit dreieckigen Wendeschneidplatten
D Planfräskopf mit runden Wendeschneidplatten
E Breitschlichtplatten mit langen Nebenschneiden
F Eckfräskopf mit rhombischen Wendeschneidplatten
G Schlichtfräskopf mit geschliffenen Nebenschneiden und Eckenfasen fur die Feinbearbeitung
H Fraskopf mit Schruppschneiden 1 kombiniert mit einer Breitschlichtschneide 2

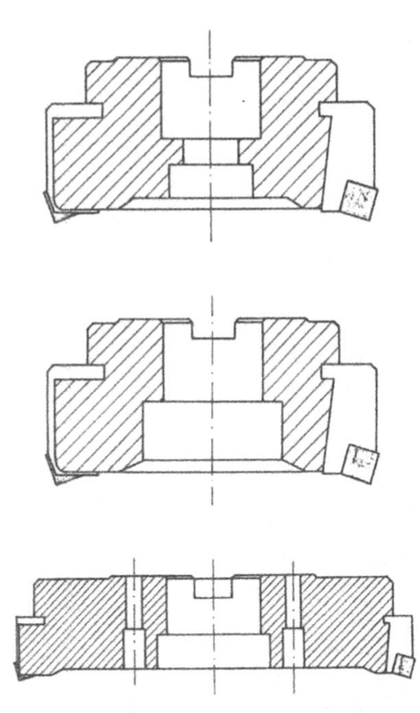

Bild D-28
Verschiedene Innenformen von Fräsköpfen für die Aufnahme und Zentrierung an der Maschinenspindel

Je nach Befestigungsart der Fräsköpfe mit der Werkzeugmaschinenspindel können die Werkzeugkörper verschiedene *Innenformen* haben, Bild D-28 zeigt drei verschiedene Formen mit unterschiedlicher Gestaltung.

- Form A für die Aufnahme auf Aufsteckfräsdornen nach DIN 6358. Ihre Befestigung erfolgt mit einer *Zylinderschraube* mit Innensechskant. Nenndurchmesser 50–100 mm.
- Form B für die Aufnahme auf Aufsteckfräsdornen nach DIN 6358. Die Befestigung erfolgt mit einer Fräseranzugsschraube nach DIN 6367. Nenndurchmesser 80–125 mm.
- Form C für die *unmittelbare* Aufnahme auf dem Spindelkopf nach DIN 2079. Nenndurchmesser 160–500 mm.

Bei der Bestimmung der *Werkzeuggeometrie* am Schneidkeil wird ein rechtwinkliges Bezugssystem zugrundegelegt. Bild D-29 zeigt dieses System in verschiedenen Ebenen. In der *radialen* Schnittebene hat man eine Aufsicht auf die Spanfläche der Schneide. Hier ist der Einstellwinkel κ_r erkennbar. Im *Orthogonalschnitt* 0–0 senkrecht zur Hauptschneide werden Freiwinkel α_0 und Spanwinkel γ_0 sichtbar. Wie diese beim Eingriff in das Werkstück wirksam werden, ist in der *Arbeitsebene* F-F gezeigt. Die *Schneidenebene* S gibt den Neigungswinkel λ_s wieder. Dieser taucht in der Rückebene P-P noch einmal verzerrt als Rückspanwinkel γ_p auf.

Im Falle der Ermittlung und Ausgabe der *Werkzeugwinkel* ist der Schneidenpunkt festzulegen, auf den sich die Winkel beziehen. Bei Fräswerkzeugen mit schräger Schneidenanordnung beziehen sich die Winkel im allgemeinen auf die Schneidenecke. Die Winkel am Schneidkeil, d.h. *Spanwinkel, Neigungswinkel* und *Freiwinkel*, sind von Bedeutung für Spanbildung und Standzeit. Negative *Winkel* stabilisieren den Schneidkeil und bessern die Anschnittverhältnisse. *Positive Winkel* reduzieren die Schnittkräfte und den Leistungsbedarf, verbessern das Laufverhalten und ermöglichen die Bearbeitung von Werkstoffen niedriger Festigkeit.

Ein *negativer Rückspanwinkel* vermeidet das primäre Auftreffen der Schneidenecke auf das Werkstück, lenkt aber die Späne zum Werkstück, was zu Spänestau und einer Verschlechterung der Oberflächengüte führen kann. Ein *negativer Seitenspanwinkel* leitet die Späne radial nach außen

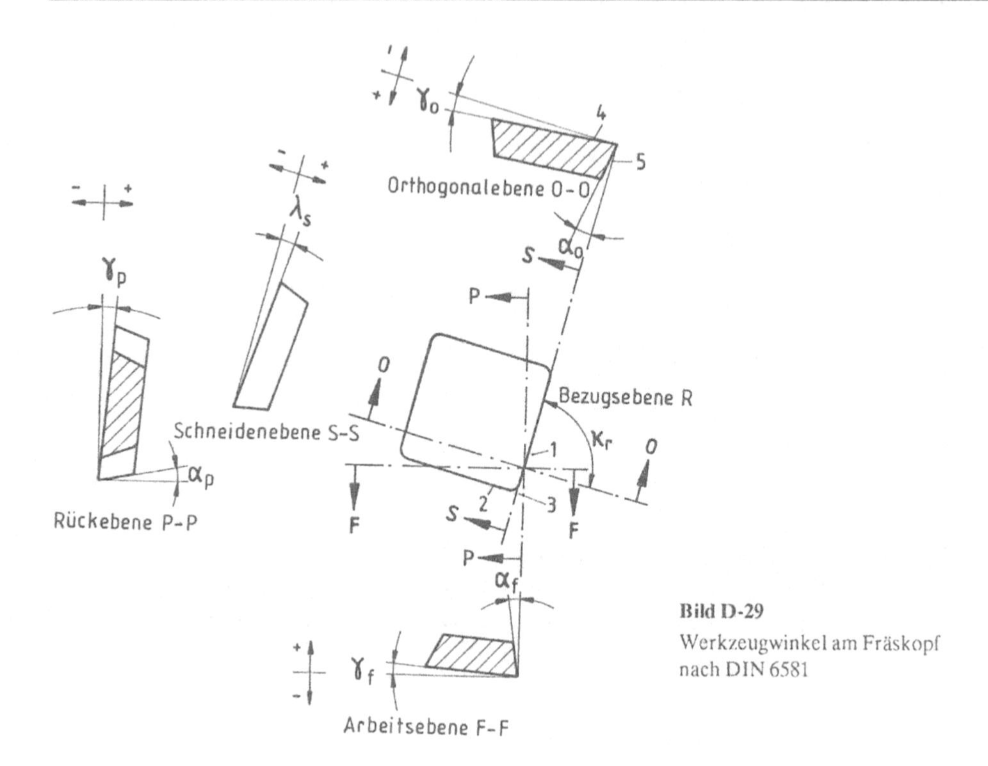

Bild D-29
Werkzeugwinkel am Fräskopf nach DIN 6581

weg vom Fräswerkzeug. Negative Seiten- und Rückspanwinkel sind für die Graugußbearbeitung besonders günstig, bei langspanenden Werkstoffen führen sie zur Bildung spiralförmiger Späne und erfordern die Berücksichtigung größerer Spankammern. Aus diesem Grunde ist eine Verwendung dieser Geometrie bei Fräswerkzeugen für Stahlwerkstoffe nur eingeschränkt möglich. Hingegen erfolgt das Fräsen mit *Schneidkeramik* grundsätzlich mit negativer *Schneidengeometrie.*
Positive Seiten- und *Rückspanwinkel* sind Voraussetzung bei der Bearbeitung klebender und weicher Werkstoffe sowie bei Leichtmetallen und labilen Arbeitsverhältnissen.
Die Kombination von negativem Seiten- und positivem Rückspanwinkel führt zur sogenannten *Wendelspangeometrie,* weil hierdurch Späne wendelförmig geformt und vom Werkstück weggeführt werden. Eine derartige Geometrie läßt relativ kleine Spankammern zu und erlaubt größere Vorschübe. Die Wendelspangeometrie findet immer mehr Anwendung.
Der *erste Kontakt* zwischen Schneide und Werkstück kann sehr unterschiedlich sein. Als besonders ungünstig gilt es, wenn die empfindliche Schneidenecke als erster Punkt der Schneide auf das Werkzeug trifft. Günstig ist dagegen, wenn der von Neben- und Hauptschneide am weitesten entfernte Schneidenpunkt als erster mit dem Werkstück in Kontakt kommt. Die Schneidengeometrie muß darauf abgestimmt sein.
Die Schneidplatten können am Fräserumfang sowohl *radial* als auch *tangential* angeordnet sein. Bei *tangential* angeordneten Schneiden (Bild D-30) nimmt der größere Querschnitt die Schnittkräfte auf. Hierdurch werden höhere Vorschübe, größere Schnittiefen und bessere Ausnutzung der Maschinenleistung möglich. Die Wendeschneidplattenanordnung wird vorzugsweise bei der Schwerzerspanung angewendet.

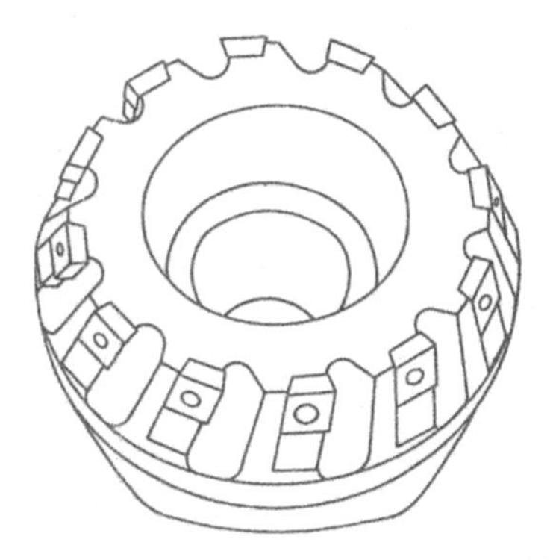

Bild D-30 Fraskopf mit tangential angeordneten Schneiden

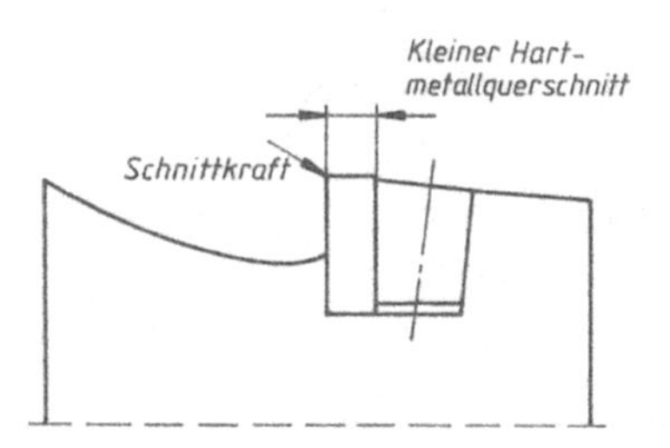

Bild D-31 Klemmkeilbefestigung von Wendeschneidplatten

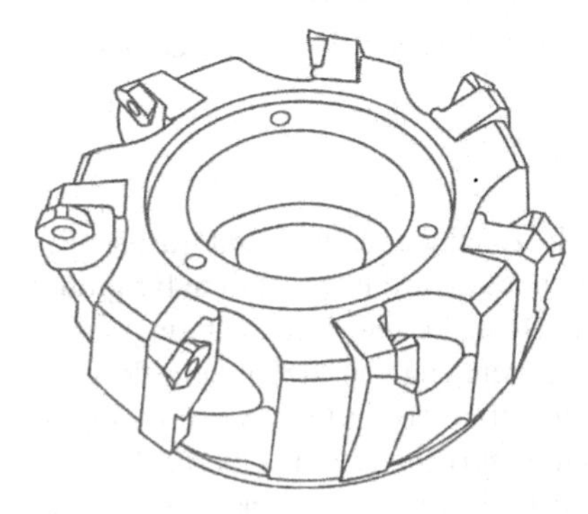

Bild D-32 Fräskopf mit radial in Kassetten angeordneten Wendeschneidplatten mit Lochklemmung ($\kappa_r = 45°$)

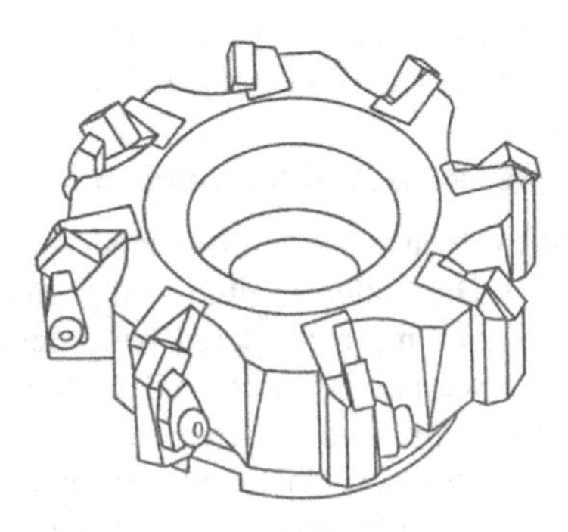

Bild D-33 Klemmfingerbefestigung von Wendeschneidplatten an einem Planfraskopf

Radial angeordnete Wendeschneidplatten können auf verschiedene Arten im Werkzeugkörper befestigt werden:

- *Klemmkeile,* die die Schneidplatten von der Auflageseite her mit der Spanfläche gegen geschliffene und gehärtete Sitze pressen, bieten die stabilste Befestigungsart. Sie wird am häufigsten benutzt (Bild D-31).
- Besonders raumsparend ist die Befestigung mit einfachen *Klemmschrauben.* Hierfür müssen Wendeschneidplatten mit Loch genommen werden (Bild D-32). Diese Befestigungsart eignet sich auch für die tangentiale Schneidenanordnung.
- Für die Befestigung mit *Klemmfingern* (Bild D-33) wird besonders viel Einstellraum benötigt.

Problematisch ist oft das Gewicht *großer Fräsköpfe* und das investierte Kapital, wenn viele Fräsköpfe bereitgehalten werden müssen. Zwei Wege werden eingeschlagen, um das Wechseln der Schneiden zu erleichtern und das Werkzeuglager von vielen Großwerkzeugen zu entlasten:

1.) *Schneidenringe* werden ohne den zentralen Fräskopfkörper ausgetauscht. Sie tragen alle Schneiden und haben ein kleineres Gewicht als das ganze Werkzeug.
2.) Jede Schneide ist in einer einzelnen *Wechselkassette* befestigt, die die justierte Wendeschneidplatte enthält und leicht ausgewechselt werden kann (Bild D-34).

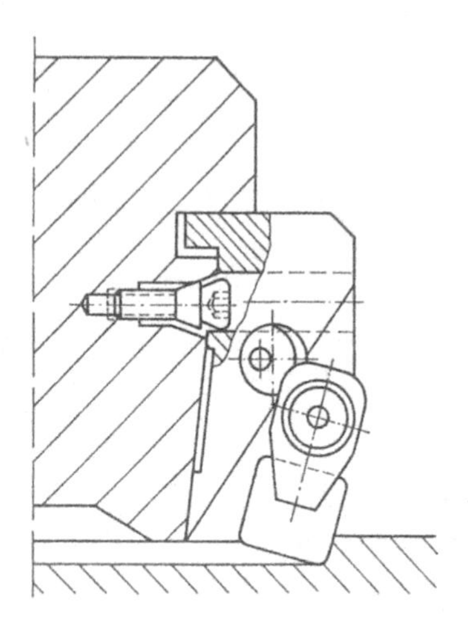

Bild D-34
Feineinstellbare Wechselkassette für Wendeschneidplatten

Mit beiden konstruktiven Lösungen wird die Lagergröße für verschiedene Werkzeuggeometrien verkleinert und der Werkzeugwechsel erleichtert.

Fräsköpfe für das Schlichtstirnfräsen

Das Stirnfräsen wird sowohl zur Vorbearbeitung als auch zunehmend zur *Endbearbeitung* eingesetzt. Die Endbearbeitung mit geometrisch bestimmter Schneide wird insbesondere für große ebene Flächen mit besonderen Anforderungen an die Oberflächengüte und Ebenheit eingesetzt. Derartige Bearbeitungsprobleme treten im Maschinenbau zur Erzeugung von *Verbindungsflächen, Maschinentischen* und *Führungsbahnen* an Werkzeugmaschinen auf und beim Fräsen von *Dichtflächen* im Motoren-, Getriebe- und Turbinenbau. Bei besonderen Ansprüchen an die Oberflächengüte muß der *Planlauffehler* der Stirnschneiden sehr klein sein ($< 20\,\mu m$), um Markierungen der Einzelschneiden auf der Oberfläche zu vermeiden.
Zu unterscheiden sind folgende Arten von Schlichtwerkzeugen:

- Konventionelle *Schlichtstirnfräser*, die mit geringen Schnittiefen und Vorschüben je Zahn arbeiten und mit einer großen Anzahl von Schneiden bestückt sind.
- *Breitschlichtfräser*, die mit einer geringen Anzahl an Zähnen auskommen (1 bis 7) und mit sehr kleinen Schnittiefen und großen Vorschüben arbeiten. An den Nebenschneiden sind oberflächenparallel Breitschlichtfasen, die das Werkstück glätten.
- Stirnfräser mit *Schrupp-* oder *Schlichtmessern* und ein oder zwei *Breitschlichtschneiden*. Diese sind axial zur Erzeugung hoher Oberflächengüte um 0,03 bis 0,05 mm vorgeschoben. Die Länge der Breitschlichtschneide muß den ganzen Vorschub $f = z \cdot f_z$ überdecken, um die entstandenen Vorschubmarkierungen der übrigen Schneiden abzuarbeiten.
- *Einzahnfräser* mit einer einzigen Schneide (Bild D-35). Bei diesem Werkzeug entfällt eine Axialschlageinstellung. Die Schneide ist eine Breitschlichtschneide mit bogenförmiger Schneidkante. In ihrer Richtung ist sie an einer Differenzschraube fein einstellbar, um den Spindelsturz zu korrigieren. Diese Werkzeuge werden für feinste Oberflächengüten eingesetzt.

Zum Schlichten sind Schneiden *besserer Toleranzklassen* auszuwählen. Es gibt auch spezielle Breitschlichtwendeschneidplatten mit *bogenförmigen* Schneidkanten, die den Spindelsturz der Fräsmaschine ausgleichen können.
Bei besonders großen Anforderungen an die Arbeitsqualität werden Fräsköpfe verwendet, deren Schneiden einzeln *fein einstellbar* sind. Für diese Feineinstellung sind besondere Meßvorrichtungen erforderlich.

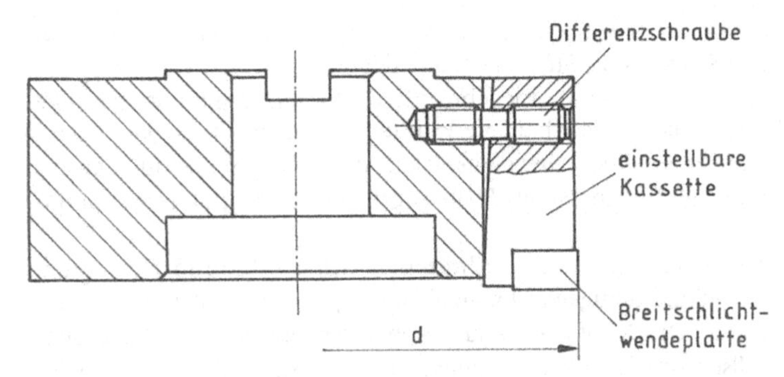

Bild D-35 Einzahnfräser. Die Schneide ist in ihrer Richtung fein einstellbar.

2.2 Wendeschneidplatten für Fräswerkzeuge

Die Wendeschneidplatten für das Fräsen sind in Form und Größe genormt. Für die verschiedenen Klemmhaltersysteme gibt es Schneidplatten mit und ohne Loch. Wendeschneidplatten aus keramischem Schneidstoff und CBN werden vorwiegend ohne Loch hergestellt und können nur in Klemmhaltern mit Fingerklemmung fixiert werden.
Bevorzugt wird die *quadratische Grundform.* Sie hat die größte Zahl von Schneiden. Durch den großen Eckenwinkel weist sie außerdem im Vergleich zu *Dreikantplatten* eine größere Schneidenstabilität auf. Dreikantplatten sind bei Eckenfräsern erforderlich, um einen Einstellwinkel von $\kappa_r = 90°$ zu erhalten.
Man unterscheidet nach dem *Freiwinkel* negative und positive Schneidplatten. Positive Schneidplatten weisen nur an der Oberseite einsetzbare Schneiden auf, die mit Freiwinkeln versehen sind. Negative Wendeschneidplatten haben einen Keilwinkel von 90°, wodurch an Ober- und Unterseite der Schneidplatte Schneiden zur Verfügung stehen.
Schneidplatten mit eingeformten oder eingeschliffenen Spanleitstufen haben die gleiche Grundform wie die ebenen Wendeschneidplatten, zerspanen aber bedingt durch die Spanleitstufe mit positivem Spanwinkel. Dadurch verringern sich Schnittkraft und Leistungsbedarf.
Die *Herstellungstoleranzen* der Wendeschneidplatten haben einen nicht unbedeutenden Einfluß auf die Genauigkeit des Werkstücks. Man unterscheidet bei Wendeschneidplatten die Normalausführung (Toleranz ± 0,13 mm) und die *Genauigkeitsausführung* (Toleranz ± 0,025 mm), mit der sich ohne zusätzliche Justierung Werkstücktoleranzen von etwa ± 0,1 mm einhalten lassen.
Wendeplatten mit *Eckenradius* werden an Fräsköpfen hauptsächlich für Schruppfräsarbeiten eingesetzt, wobei in vielen Fällen die gesinterte Platte mit geschliffenen Planflächen ausreicht. Allseitig *präzisionsgeschliffene* Platten ergeben höhere Rund- und Planlaufgenauigkeiten der Schneidkanten. Mit diesen Platten werden feinere Oberflächen erzielt.
Fasenplatten sind mit parallel zur Fräsfläche angeschliffenen Planfasen versehen und eignen sich sowohl zum Schruppen als auch zum Schlichten mit Fräsköpfen. Beim Einsatz großer Fräserdurchmesser mit großen Vorschüben pro Umdrehung erzielen sie gute Fräsflächen. Mit allseitig präzisionsgeschliffenen Platten werden auch hier noch feinere Oberflächen erzeugt. Beim Stirnfräsen ist die Nebenschneide hauptverantwortlich für die Oberflächengüte.

2.3 Schneidstoffe

Die Schnittunterbrechungen beim Fräsen bedeuten für den Schneidstoff *thermische* und *dynamische Wechselbeanspruchungen,* die Kamm- und Querrisse verursachen und damit zum Bruch der Schneide führen können. Die eingesetzten Schneidstoffe müssen daher größere Zähigkeit, Temperaturbeständigkeit und Kantenfestigkeit aufweisen. Die Zuordnung geeigneter Schneidstoffe zu den zu zerspanenden Werkstoffen sowie die zu wählenden Schnittbedingung sind in Tabellenwerken der Werkzeug- und Schneidstoff-Hersteller zu finden.

Schnellarbeitsstähle (HSS) verfügen über eine große Biegebruchfestigkeit und damit über günstige Zähigkeitseigenschaften. Ihr Einsatz bietet sich bei Werkstoffen geringerer Festigkeit, beim Formfräsen und beim Fräsen mit kleiner Schnittgeschwindigkeit an. Auch Wendeschneidplatten aus Schnellarbeitsstahl können durch Feinguß, spanend aus Halbzeugen oder durch pulvermetallurgische Verfahren hergestellt werden.

Den größten Anwendungsbereich beim Fräsen decken die *Hartmetall*-Schneidstoffe ab. Die Vorteile der Hartmetalle bestehen in der guten Gefügegleichmäßigkeit aufgrund der pulvermetallurgischen Herstellung, der großen Härte, Druckfestigkeit und Warmverschleißfestigkeit. Außerdem besteht die Möglichkeit, Hartmetallsorten mit größerer Zähigkeit durch gezielte Vergrößerung des Bindemittelanteils herzustellen. Nach DIN 4990 werden hauptsächlich Hartmetalle der K-Gruppe zum Fräsen eingesetzt, aber auch P20 Bis P40 findet bei Stahl und M10 und M20 für das Schlichtfräsen Anwendung. Bei höchsten Anforderungen an Kanten- und Verschleißfestigkeit werden *Feinstkorn*-Hartmetalle verwendet, bei denen die Karbidkorngröße unter 1 µm liegt.

Mit den *beschichteten* Hartmetallen liegen Schneidstoffe vor, die große Zähigkeit im Grundwerkstoff und große Verschleißfestigkeit der Oberfläche miteinander vereinen. Üblich sind Titankarbid-, Titankarbonitrid-, Titannitrid-, Aluminiumoxid- und Aluminiumoxynitrid-Schichten. Die Schichtdicken betragen für das Fräsen etwa 3–5 µm.

Aufgrund der großen Kantenfestigkeit, des Widerstands gegen abrasiven Verschleiß und der geringen Klebneigung sind *Cermets* besonders zum Schlichten von Stahlwerkstoffen geeignet. Der Einsatzschwerpunkt liegt beim Bearbeiten nicht wärmebehandelter Stahlwerkstoffe mit großen Schnittgeschwindigkeiten und kleinen Spanungsquerschnitten. Cermets sind für das Fräsen nur bedingt geeignet. Dafür sind zähere Sorten in der Entwicklung, die dem Anwendungsbereich P25 konventioneller Hartmetalle entsprechen.

Keramische Schneidstoffe sind beim Fräsen seltener anzutreffen. Aluminiumoxid-Keramik ist schlagempfindlich und nicht thermoschockbeständig. Aber wegen seiner großen Härte gibt es Anwendungen für sie in der *Feinbearbeitung* von Hartguß und gehärtetem Stahl. Negative Span- und Neigungswinkel sind aber Voraussetzung für den Erfolg. Besser eignet sich Mischkeramik, die für Feinbearbeitungsaufgaben genommen wird.

Die etwas weniger empfindliche Si_3N_4-Keramik ist beim Fräsen von Grauguß zu finden. In keinem Fall wird mit Kühlmitteln gearbeitet.

Das hochharte *polykristalline Bornitrid* (PKB) eignet sich zum Fräsen von gehärtetem Stahl. Für weitere Werkstoffe ist es zu teuer. Die Schneidplatten haben im allgemeinen auch nur sehr kleine PKB-Einsätze an den Schneidenecken und sind im übrigen aus Hartmetall.

Polykristalliner Diamant (PKD) findet vielseitige Anwendungen beim Fräsen von Nichteisen-Werkstoffen wie Kunststoffen, Kupfer, Kupferlegierungen, Aluminium und dessen Legierungen. Seine überragende Härte läßt alle anderen Werkstoffe weich erscheinen. Der Verschleiß ist gering. Das führt zu äußerst lange haltenden Schneiden. Standzahlen zählen nach Tausenden. Besonders durch Hartstoffe verstärkte Werkstoffe wie faserverstärkte Kunstharze oder Aluminium mit Siliziumeinschlüssen oder Karbideinbettungen lassen sich damit noch gut bearbeiten. Ferner ist das Fräsen mit großen Schnittgeschwindigkeiten, das bei der Zerspanung von Leichtmetallteilen für Raumfahrt und Flugzeugindustrie angewandt wird, mit PKD-Schneiden besonders wirtschaftlich.

Geschliffene Naturdiamanten als Schneiden werden zum Hochglanzfräsen von Walzen und Metallspiegeln und in der Ultrapräzisionsbearbeitung durch Fräsen verwendet. Die Fähigkeit, sehr sehr scharfe Kanten zu bilden ($\rho < 0{,}01$ µm) wird dabei ausgenutzt. Natürlich können damit auch nur sehr feine Späne abgenommen werden, deren Dicke über den Mikrometerbereich kaum hinausgeht.

3 Umfangsfräsen

3.1 Eingriffsverhältnisse beim Gegenlauffräsen

Beim Umfangsfräsen kommen allein die Schneiden auf der *zylindrischen Mantelfläche* der Werkzeuge zum Einsatz (Bild D-36). Sie tragen dabei den Werkstoff in der Tiefe des eingestellten Arbeitseingriffs a_e ab. Die Fräsbreite a_p wird durch die Fräserlänge oder die Werkstückbreite bestimmt. Diese Größe ist uns vom Drehen und Bohren her als Schnittiefe bekannt.
Die Schneiden dringen mit der Schnittgeschwindigkeit v_c, die der Umfangsgeschwindigkeit des Werkzeugs mit dem Durchmesser d entspricht, in das Werkstück ein:

$$v_c = \pi \cdot d \cdot n \qquad \text{(D-1)}$$

Bei jeder Umdrehung wird der *Vorschub* f zurückgelegt, der sich auf die z einzelnen Schneiden mit f_z verteilt:

$$f = z \cdot f_z \qquad \text{(D-2)}$$

Jede Schneide hinterläßt auf der Werkstückoberfläche eine Schnittmarke der Breite f_z. Mit der Drehzahl n kann die *Vorschubgeschwindigkeit* bestimmt werden:

$$v_f = f \cdot n \qquad \text{(D-3)}$$

3.1.1 Eingriffskurve

Die Schneiden des Werkzeugs heben einen *kommaförmigen Span* vom Werkstück ab (Bild D-37). Sie treffen in einem sehr spitzen Winkel (φ = 0) auf den Werkstoff. Bevor sie eindringen, gleiten sie mit zunehmender Anpreßkraft ein kurzes Stück auf der Oberfläche. Nach dem Eindringen nimmt der Spanungsquerschnitt langsam zu und fällt zum Schluß schnell ab.

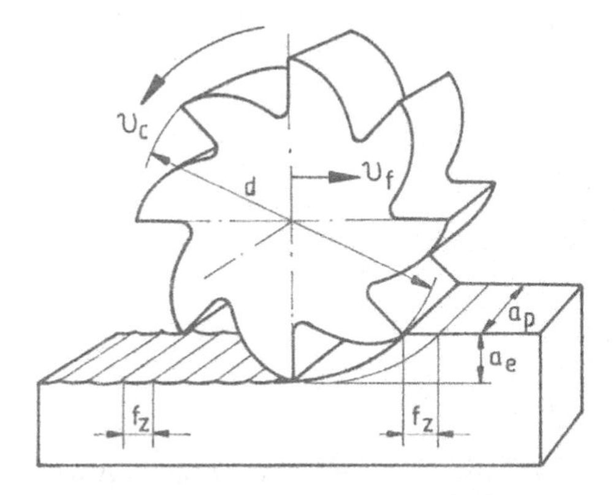

Bild D-36 Eingriffsverhältnisse beim Umfangs-Gegenlauffräsen
a_p Fräsbreite (Schnittiefe)
a_e Arbeitseingriff
v_c Umfangsgeschwindigkeit, Schnittgeschwindigkeit
v_f Vorschubgeschwindigkeit
f_z Vorschub pro Schneide

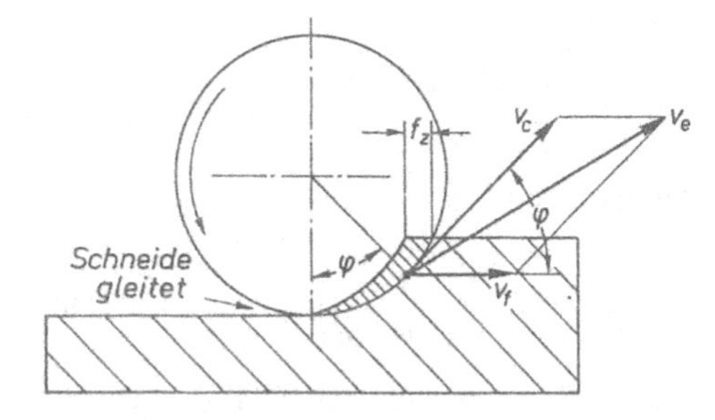

Bild D-37 Spanungsquerschnitt und Bewegungen beim Umfangs-Gegenlauffräsen
v_c Schnittgeschwindigkeit
v_f Vorschubgeschwindigkeit
v_e Wirkgeschwindigkeit
φ Eingriffswinkel, Vorschubrichtungswinkel
f_z Vorschub pro Schneide

Das Geschwindigkeitsparallelogramm im Bild zeigt die Überlagerung der Schnittgeschwindigkeit v_c und der Vorschubgeschwindigkeit v_f. Sie schließen den *Vorschubrichtungswinkel* φ ein. Da sich die Richtung der Schnittgeschwindigkeit während des Eingriffs infolge der Werkzeugdrehung ändert, ist auch er nicht konstant. Er nimmt von $\varphi = 0$ (beim Schneideneintritt) bis zum Größtwert $\varphi < \pi/2$ beim Austritt der Schneide aus dem Werkstück zu.

Die *Bahnkurve*, die eine Schneide beschreibt, weicht von der reinen Kreisform ab. Sie ist eine *Zykloide*, die durch Überlagerung mit der geradlinigen Vorschubbewegung entsteht (Bild D-38). Die x-Koordinate eines Bahnkurvenpunktes setzt sich deshalb aus zwei Teilen zusammen:

$$x_1 = \frac{d}{2} \cdot \sin\varphi$$

dem Anteil der Kreisbewegung und

$$x_2 = f \cdot \frac{\varphi}{2\pi}$$

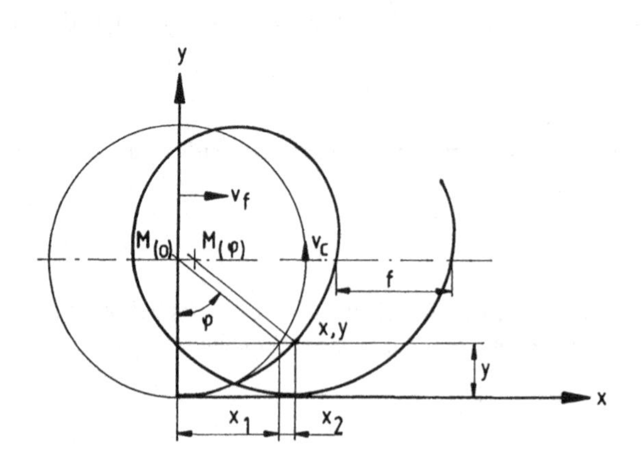

Bild D-38
Entstehung der zykloidischen Bahnkurve beim Umfangs-Gegenlauffräsen

dem Vorschubanteil. Darin ist f der Vorschub in x-Richtung, der bei einer ganzen Werkzeugumdrehung 2π entstanden wäre. Mit den Gleichungen (D-1) und (D-3) wird

$$x_2 = \frac{d \cdot v_f}{2 \cdot v_c} \cdot \varphi \quad \text{und}$$

$$\boxed{x = x_1 + x_2 = \frac{d}{2} \cdot \sin\varphi + \frac{d \cdot v_f}{2 \cdot v_c} \cdot \varphi} \tag{D-4}$$

Für die y-Koordinate gilt:

$$\boxed{y = \frac{d}{2} \cdot (1 - \cos\varphi)} \tag{D-5}$$

Daraus lassen sich

$$\sin\varphi = 2 \cdot \sqrt{\frac{y}{d} - \frac{y^2}{d^2}} \quad \text{und} \quad \varphi = \arcsin 2 \cdot \sqrt{\frac{y}{d} - \frac{y^2}{d^2}}$$

ableiten. Somit entsteht aus (D-4) die Gleichung für die *Bahnkurve beim Umfangsgegenlauffräsen*

$$\boxed{x = d \cdot \left(\sqrt{\frac{y}{d} - \frac{y^2}{d^2}} + \frac{v_f}{2 \cdot v_c} \arcsin 2 \cdot \sqrt{\frac{y}{d} - \frac{y^2}{d^2}} \right)} \tag{D-6}$$

In dieser Gleichung sind nach wie vor die beiden Bewegungsanteile x_1 für die *Kreisbewegung* vor dem + und x_2 für die *Vorschubbewegung* nach dem + getrennt voneinander zu erkennen. Praktisch vernachlässigt man oft den zweiten Teil x_2, weil er gegenüber $x1$ sehr klein bleibt. Damit ersetzt man die Zykloide durch einen einfachen *Kreisbogen.*

3.1.2 Wirkrichtung

Wie klein die Abweichung von der Kreisbewegung ist, läßt sich auch durch *Wirkrichtung* und *Wirkrichtungswinkel* η darstellen (Bild D-39). Zu sehen ist das Vektorenparallelogramm aus der Schnittgeschwindigkeit v_c und der Vorschubgeschwindigkeit v_f. Sie schließen miteinander den *Vorschubrichtungswinkel* φ ein, der identisch ist mit dem *Eingriffswinkel* φ. Der resultierende Vektor v_e stellt die *Wirkgeschwindigkeit* dar. Sie weicht um den kleinen Winkel η von der Schnittrichtung (Kreisbahn) ab. Zur Berechnung bestimmen wir die Parallelogrammfläche

$$\boxed{h_f \cdot v_f = h_c \cdot v_c} \tag{D-7}$$

Die Rechenhilfsgrößen h_c und h_f werden mit den angegebenen Winkeln bestimmt

$$\boxed{h_c = v_e \cdot \sin\eta} \tag{D-8}$$

$$\boxed{h_f = v_e \cdot \sin(\varphi - \eta)} \tag{D-9}$$

$$h_f = v_e(\sin\varphi \cdot \cos\eta - \cos\varphi \cdot \sin\eta)$$

Eingesetzt in (D-7) erhalten wir die Bestimmungsgleichung für den Wirkrichtungswinkel

$$\boxed{\tan\eta = \frac{\sin\varphi}{\frac{v_c}{v_f} + \cos\varphi}} \tag{D-10}$$

Er folgt einer durch das Verhältnis v_f/v_c stark verkleinerten Sinusfunktion von φ (Bild D-40).

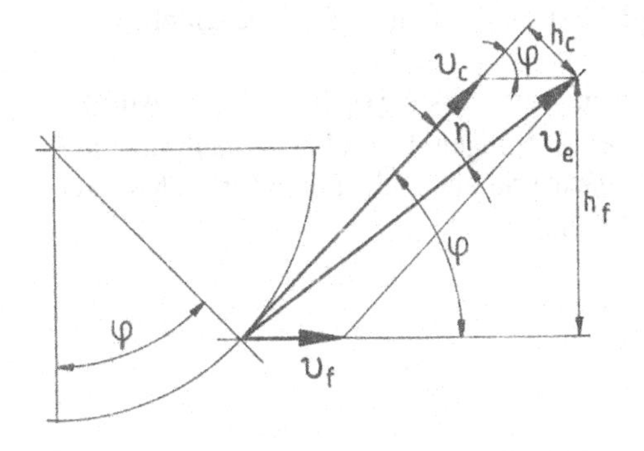

Bild D-39

Wirkrichtung der Bewegung beim Umfangs-Gegenlauffräsen

φ	Eingriffswinkel, Vorschubrichtungswinkel
η	Wirkrichtungswinkel
v_c	Schnittgeschwindigkeit
v_f	Vorschubgeschwindigkeit
v_e	Wirkgeschwindigkeit
h_c, h_f	Rechenhilfsgrößen

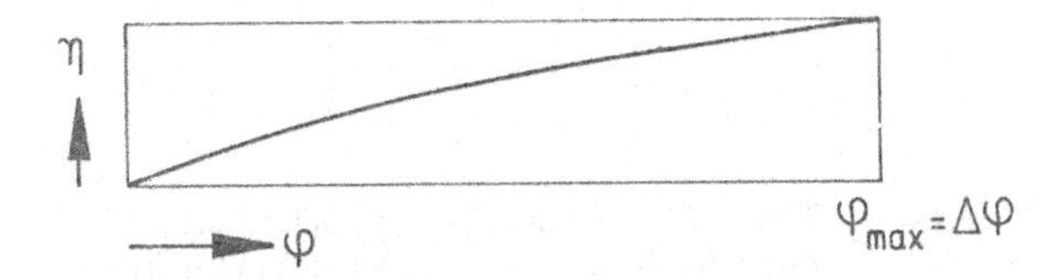

Bild D-40

Darstellung des kleinen Wirkrichtungswinkels in Abhängigkeit vom Eingriffswinkel φ

Die Wirkgeschwindigkeit kann aus Gleichung (D-9) mit $h_f = v_c \sin\varphi$ bestimmt werden

$$v_e = v_c \cdot \frac{\sin\varphi}{\sin(\varphi - \eta)} \tag{D-11}$$

Hieraus ist unmittelbar abzulesen, daß ein sehr kleiner Wirkrichtungswinkel η die Vereinfachung zuläßt

$$v_e \approx v_c$$

3.1.3 Spanungsdicke

Am Werkstück hinterlassen die Schneiden eine wellenförmige Oberfläche (Bild D-41). An dieser Wellenform kann man erkennen, daß die Schneiden theoretisch schon vor der Null-Lage bei φ_E in den Werkstoff eindringen. Der Fräsermittelpunkt liegt dann noch bei M_E. Beim Austritt der Schneide aus dem Werkstück hat der Mittelpunkt infolge des Vorschubs den Weg bis M_A und die Schneide den zusätzlichen Winkel φ_A zurückgelegt.
Es gilt für den *ganzen Eingriffswinkel*

$$\Delta\varphi = \varphi_A - \varphi_E$$

φ_E ist negativ und vernachlässigbar klein. Mit dem Arbeitseingriff a_e und dem Werkzeugdurchmesser d wird:

$$\Delta\varphi \approx \varphi_A = \arccos\left(1 - \frac{2\,a_e}{d}\right) \tag{D-12}$$

Durch Vereinfachung der Formel nach einer Reihenentwicklung findet man

$$\Delta\varphi \approx 2 \cdot \sqrt{\frac{a_e}{d}} \tag{D-13}$$

Diese Vereinfachung hat jedoch nur *begrenzte Gültigkeit.* Bei $\Delta\varphi = 1$ beträgt der Rechenfehler bereits 4 %.
Auf dem Weg vom ersten Berühren der Schneiden mit dem Werkstück bei φ_E bis zu ihrem Austritt aus dem Werkstück bei φ_A sind sie unterschiedlich tief eingedrungen. In Bild D-41 kann man am feinschraffierten Querschnitt die *veränderliche Spanungsdicke* erkennen. Über dem Eingriffswinkel φ aufgetragen, ergibt sie den in Bild D-42 dargestellten Verlauf.

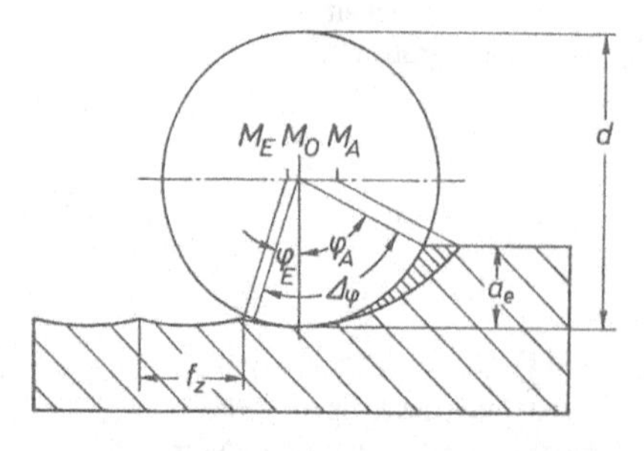

Bild D-41 Eingriffswinkel beim Umfangsfräsen

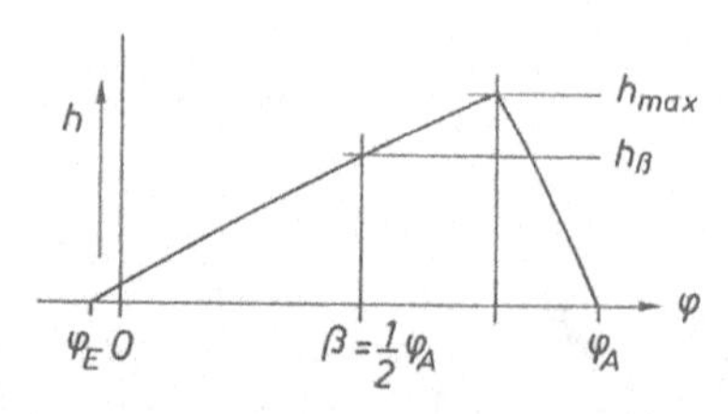

Bild D-42 Spanungsdicke h beim Umfangs-Gegenlauffräsen in Abhängigkeit vom Eingriffswinkel φ

Der Schneideneintritt liegt bereits vor dem unteren Totpunkt. Einem flachen Anstieg folgt das Maximum in einer Spitze kurz vor dem Austritt der Schneide aus dem Werkstück. Bis φ_A fällt die Spanungsdicke h dann steil zum Nullwert ab. Ein für die Berechnungen brauchbarer Mittelwert wird im Eingriffswinkel

$$\varphi = \beta = \frac{1}{2}\Delta\varphi \approx \frac{1}{2}\varphi_A \approx \sqrt{\frac{a_e}{d}}$$

gefunden und als Halbwinkelspanungsdicke bezeichnet:

$$h_m = h_\beta = \frac{2}{\Delta\varphi} \cdot \frac{a_e}{d} \cdot f_z \cdot \sin\kappa \qquad \text{(D-14)}$$

Vereinfacht gilt (für $\Delta\varphi < 1$)

$$h_m \approx \sqrt{\frac{a_e}{d}} \cdot f_z \cdot \sin\kappa \qquad \text{(D-15)}$$

3.2 Zerspankraft

3.2.1 Definition der Zerspankraftkomponenten

Die *Zerspankraft F* ist die von einer Schneide auf das Werkstück wirkende Gesamtkraft (DIN 6584). Zur Darstellung in Bild D-43 denkt man sie sich in einem Schneidenpunkt vereinigt. Sie kann in einzelne Kraftkomponenten zerlegt werden. Die in Vorschubrichtung wirkende Komponente heißt *Vorschubkraft* F_f. Senkrecht dazu entsteht die *Vorschubnormalkraft* F_{fN}. Die von diesen Kräften aufgespannte Ebene ist die Arbeitsebene. Die vollständige Kraftkomponente in der Arbeitsebene ist die *Aktivkraft* F_a. Senkrecht dazu wirkt die *Passivkraft* F_p. In der Richtung der Passivkraft ist *keine* Arbeitsbewegung zu finden. Infolgedessen verursacht die Passivkraft *keine Arbeit* und bedarf *keiner Leistung*.

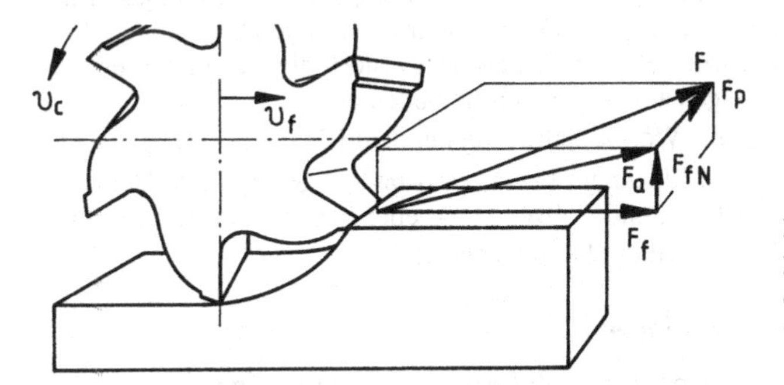

Bild D-43
Krafteinwirkung einer Schneide auf das Werkstück beim Umfangs-Gegenlauffräsen nach DIN 6584

In der Arbeitsebene können durch Projektionen aus der Aktivkraft weitere Kraftkomponenten gefunden werden, die *Schnittkraft* durch Projektion auf die Schnittrichtung und die *Wirkkraft* durch die Projektion auf die Wirkrichtung unter dem bereits bekannten Wirkrichtungswinkel η zur Schnittrichtung. Mit den in Bild D-44 eingezeichneten Winkelangaben lassen sich folgende Zusammenhänge feststellen:

$$F_c = F_a \cdot \cos\tau \qquad \text{(D-16)}$$

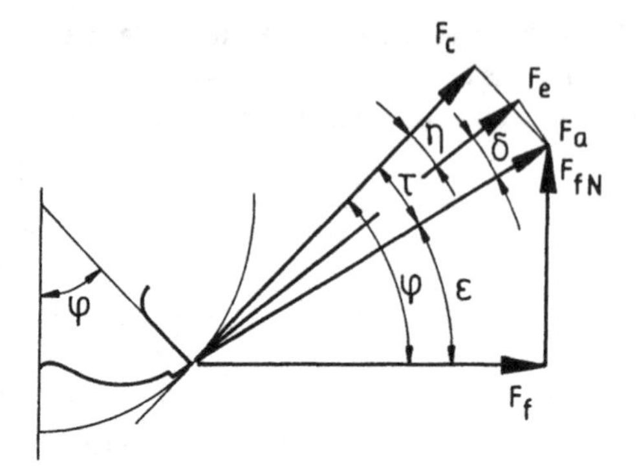

Bild D-44
Zerlegung der Aktivkraft F_a in die Kraftkomponenten
F_c Schnittkraft, F_e Wirkkraft und F_f Vorschubkraft

und

$$F_e = F_a \cdot \cos(\tau - \eta) \qquad \text{(D-17)}$$

Der Winkel τ ergibt sich aus φ und ε

$$\tau = \varphi - \varepsilon$$

ε ist nicht berechenbar und muß gemessen werden. Bei der Messung mit Hilfe einer Dreikomponenten-Kraftmeßplatte können die Kräfte F_f, F_{fN} und F_p, die alle senkrecht zueinander stehen und ihre Richtung nicht verändern, ebenfalls gemessen werden. Man findet

$$\tan\varepsilon = F_{fN}/F_f \qquad \text{(D-18)}$$

und

$$F_a = \sqrt{F_{fN}^2 + F_f^2} \qquad \text{(D-19)}$$

Die Kräfte sind jedoch *nicht stationär.* Während des Schneideneingriffs von φ_E bis φ_A *ändern* sie ihre *Größe* und einige auch ihre *Richtung* (Bild D-45).
Die *Änderung* der *Größe* ist hauptsächlich durch die Veränderung des Spanungsquerschnitts (Bild D-42) bedingt. Beim Eintritt der Schneide ins Werkstück ist er sehr klein. Deshalb beginnen dort auch alle Kräfte mit Null. Vor dem Austritt der Schneide erreicht h noch ein Maximum, ehe es wieder auf Null abfällt. Diesen Verlauf zeigen auch alle Kraftkomponenten.
Die *Richtungsänderung* ist bedingt durch die Werkzeugdrehung mit dem Eingriffswinkel φ von einem kleinen Negativwert bei Null bis zum Maximum bei φ_A, das bis π/2 gehen kann. Dadurch ändern vor allem die Kraftkomponenten F_a, F_e und F_c (Bild D-44) ebenfalls ihre Richtungen. Der Verlauf des *Richtungswinkels* ε in Bild D-45 ist dafür kennzeichnend.

3.2.2 Schnittkraftverlauf und Überlagerungen

Mit dem Ansatz $F_c = A \cdot k_c = b \cdot h \cdot k_c$ kann die Schnittkraft bestimmt werden, die an einer Schneide angreift. Zu beachten ist jedoch, daß die Spanungsdicke h gemäß Bild D-42 nicht konstant ist, und daß sich damit auch die spezifische Schnittkraft k_c ändert:

$$k_c = k_{c1\cdot 1} \cdot \left(\frac{h_0}{h}\right)^z \cdot \text{Korrekturfaktoren}$$

$k_{c1\cdot 1}$ ist darin der Grundwert der spezifischen Schnittkraft aus Tabelle A-14, $h_0 = 1$ mm und z der Neigungsexponent (nicht etwa die Schneidenzahl).

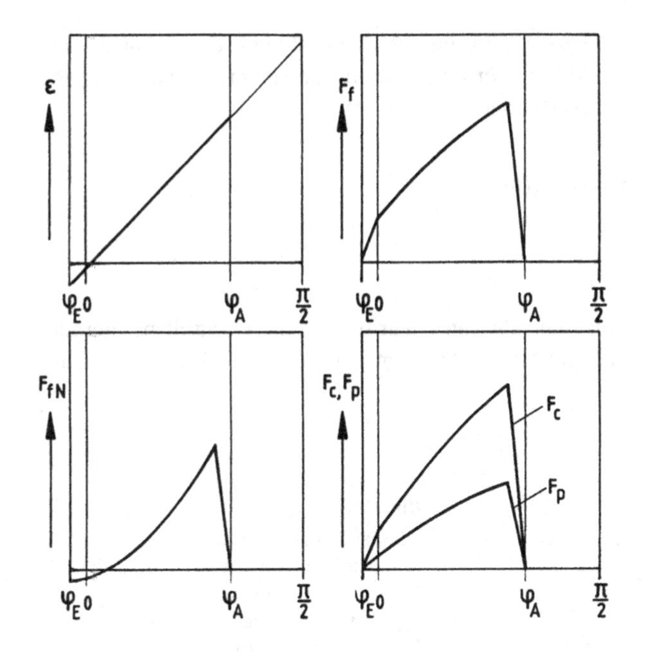

Bild D-45

Die Veränderung des Richtungswinkels ε und der Zerspankraftkomponenten während des Eingriffs einer Schneide von φ_E bis φ_A.

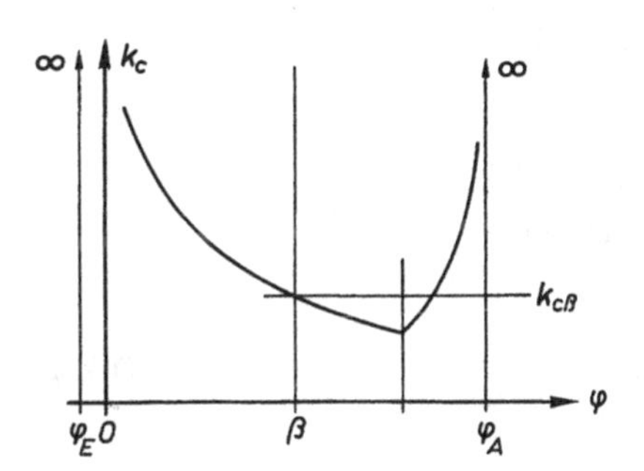

Bild D-46

Spezifische Schnittkraft in Abhängigkeit vom Eingriffswinkel φ beim Umfangs-Gegenlauffräsen

Bild D-46 zeigt, wie k_c über dem Winkel φ verläuft. Im Eintritts- und Austrittspunkt ($h = 0$) muß k_c sehr groß werden. Bei der größten Spanungsdicke h_{max} erreicht k_c ein Minimum. Für den *mittleren Winkel* β errechnet sich die *mittlere spezifische Schnittkraft*

$$k_{c\beta} = k_{cm} = k_c(h_\beta) = k_{c1\,1} \cdot \left(\frac{h_0}{h}\right)^z \cdot \text{Korrekturfaktoren} \tag{D-20}$$

Die Korrekturfaktoren werden wie beim Drehen berechnet, f_f wie beim Innendrehen mit d = Werkzeugdurchmesser.

In die Schnittkraft geht der Einfluß der Spanungsdicke also mehrfach ein. Man kann ihn mit folgender Schnittkraftformel zusammenfassen:

$$F_c = b \cdot k_{c1\,1} \cdot h_0^z \cdot h^{1-z} \cdot \text{Korrekturfaktoren} \tag{D-21}$$

Da der Neigungsexponent z klein ist (zwischen 0,1 und 0,3), ist die Abhängigkeit der Schnittkraft vom Eingriffswinkel ähnlich der Kurve in Bild D-42, der Abhängigkeit der Spanungsdicke vom Eingriffswinkel.

Es muß jedoch beachtet werden, daß oft *mehrere Schneiden* im Eingriff sind. Die Schnittkräfte *überlagern* sich teilweise. Bild D-47 zeigt den Verlauf der Überlagerung an einem Fräswerkzeug bei teilweiser Überschneidung des Eingriffs von zwei Zähnen.
Die *mittlere Schnittkraft* an *einer* Schneide ist

$$F_{cm} = F_c(\beta) = b \cdot k_{c1 \cdot 1} \cdot h_0^z \cdot h_\beta^{1-z} \cdot \text{Korrekturfaktoren}$$

Die Gesamtschnittkraft ist

$$F_{cg} = F_c \cdot z_e$$

Darin ist z_e die Zahl der Schneiden, die augenblicklich in Eingriff sind. Sie wechselt bei gerade angeordneten Zähnen unstetig zwischen zwei ganzen Zahlen (zum Beispiel zwischen 1 und 2, siehe Bild D-47).

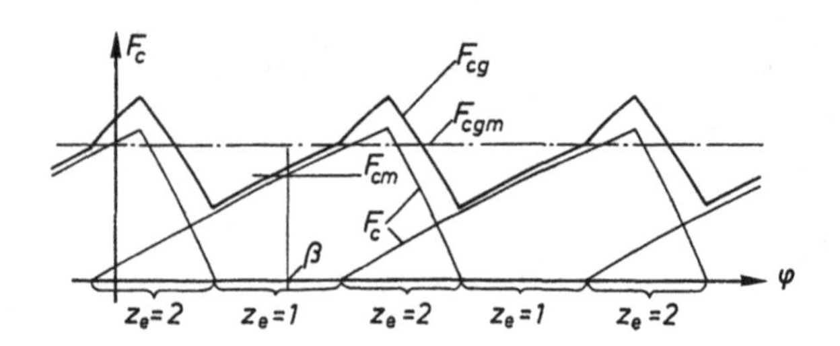

Bild D-47
Überlagerung der Kräfte von mehreren Schneiden, die gleichzeitig im Eingriff sind
F_c Einzelschnittkräfte
F_{cm} mittlere Einzelschnittkraft
F_{cg} Gesamtschnittkraft
F_{cgm} mittlere Gesamtschnittkraft

Zur Bestimmung eines *Mittelwertes* kann vereinfacht berechnet werden

$$z_{em} = z \cdot \frac{\Delta\varphi}{2\pi} \approx \frac{z}{\pi} \cdot \sqrt{\frac{q_e}{d}} \quad (\text{bei } \Delta\varphi < 1) \qquad \text{(D-22)}$$

z ist darin die Gesamtzahl der Schneiden des Fräswerkzeugs, $\Delta\varphi$ der gesamte Eingriffswinkel einer Schneide.
Mit z_{em} kann auch die *mittlere Gesamtschnittkraft* bestimmt werden:

$$F_{cgm} = z_{em} \cdot F_{cm} \qquad \text{(D-23)}$$

$$F_{cgm} = z_{em} \cdot b \cdot h_m \cdot k_{cm} \qquad \text{(D-24)}$$

Die Spanungsbreite b ist beim Umfangsfräsen gleich der Fräsbreite a_p, wenn das Werkzeug zylindrisch ist ($\kappa = 90°$). Allgemein gilt $b = a_p/\sin\kappa$.
Eine weitere Einflußgröße ist der *Drallwinkel* λ. Durch ihn wird der Schneideneingriff über einen längeren Drehwinkel verteilt. Die Wahl eines günstigen Drallwinkels λ_{opt} ermöglicht es, die Schnittkraftschwankung zu verringern; dazu muß stets möglichst die gleiche Gesamtschneidenlänge mehrerer Schneiden in Eingriff sein. Die Bestimmungsgrößen zur Errechnung des günstigsten Drallwinkels λ_{opt} zeigt Bild D-48.

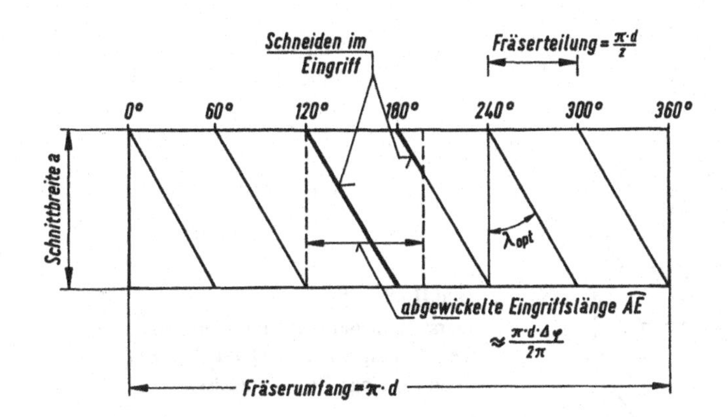

Bild D-48
Zusammenhänge zur Errechnung eines günstigen Drallwinkels λ (gezeichnet für Schneidenzahl $z = 6$ und den Eingriffswinkel $\Delta\varphi = 75°$)

$$a_{opt} = \frac{d \cdot \pi}{z} \cdot \cot \lambda$$

$$\lambda_{opt} = \arctan \frac{d \cdot \pi \cdot x}{a_e \cdot z}$$

x ganze Zahl, z.B. 2 oder 3

3.3 Schnittleistung

Die *Schnittleistung* schwankt beim Fräsen in ihrer Größe wie die Gesamtschnittkraft:

$$P_c = F_{cg} \cdot v_c \qquad \text{(D-25)}$$

In den meisten Fällen kann jedoch mit einer *mittleren Leistung* gerechnet werden:

$$P_{cm} = F_{cgm} \cdot v_c \qquad \text{(D-26)}$$

Durch Einsetzen der Gleichung (D-24) erhält man:

$$P_{cm} = z_{em} \cdot b \cdot h_m \cdot k_{cm} \cdot v_c \qquad \text{(D-27)}$$

Aus dieser Gleichung für die Schnittleistung kann die gleichwertige Formel von *Salomon* und *Zinke,* die in vielen Lehrbüchern zu finden ist, abgeleitet werden. Die Umrechnung erfolgt mit den uns bekannten Gleichungen aus den Kapiteln A und D. Es entsteht dann die Gleichung

$$P_{cm} = a_p \cdot a_e \cdot v_f \cdot k_{cm} \qquad \text{(D-28)}$$

3.4 Zeitspanungsvolumen

Das *Zeitspanungsvolumen* gibt an, wieviel Werkstoff pro *Arbeitsminute* abgetragen wird. Es ist ein Maß für die Leistungsfähigkeit der Zerspanung. Besonders beim Fräsen zeigt sich die große Leistungsfähigkeit in dieser Zahl. Es läßt sich folgendermaßen berechnen:

$$Q = a_p \cdot a_e \cdot v_f \qquad \text{(D-29)}$$

Darin ist die Vorschubgeschwindigkeit

$$v_f = z \cdot f_z \cdot n$$

mit der Drehzahl n, dem Vorschub pro Schneide f_z und der Zahl der Schneiden am Werkzeug z. Also ist

$$Q = a_p \cdot a_e \cdot z \cdot f_z \cdot n \qquad \text{(s. Bild D-49)} \qquad \text{(D-30)}$$

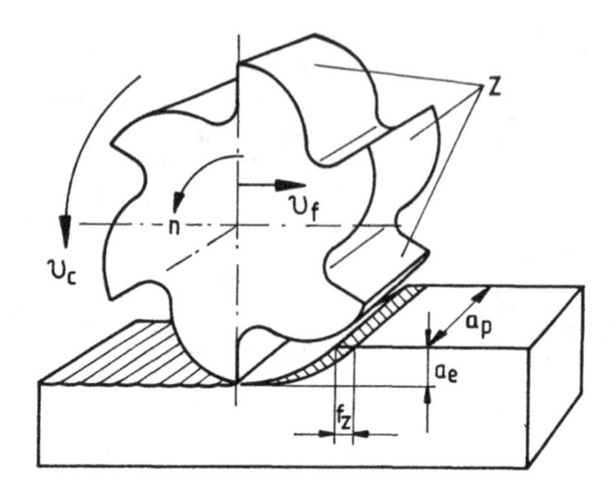

Bild D-49
Darstellung der fünf Einflußgrößen auf das Zeitspanungsvolumen $Q = a_p \cdot a_e \cdot z \cdot f_z \cdot n$ beim Umfangs-Gegenlauffräsen

3.4.1 Optimierungsfragen

Bei der Optimierung von Fräsarbeiten kann ein Ziel die *Vergrößerung* des *Zeitspanungsvolumens Q* bei geringstem Kostenanstieg sein. Gleichung (D-30) gibt dafür 5 Möglichkeiten an, nämlich die Vergrößerung der 5 Faktoren a_p, a_e, n, f_z und z. Wie sich dabei Schnittkraft, Schnittleistung und Standzeit ändern, ist in Tabelle D-1 übersichtlich dargestellt.

Einfach zu erklären ist die Vergrößerung des Zeitspanungsvolumens über die *Fräsbreite* a_p (1. Spalte der Tabelle). In der Praxis muß natürlich die Möglichkeit dazu gegeben sein. Schnittkraft und Schnittleistung nehmen dann proportional zu. In der Tabelle ist das durch den Exponenten 1 dargestellt. Die Standzeit der Schneiden leidet nicht, da ja auch längere Schneiden zum Einsatz kommen müssen.

Bei Vergrößerung des *Arbeitseingriffs* a_e (2. Spalte) ist eine deutliche Vergrößerung der Spanungsdicke um $a_e^{0,5}$ festzustellen. Infolgedessen nimmt die spezifische Schnittkraft ab. Dabei wird der Exponent z durch einen mittleren Wert 0,2 ersetzt. Die Schnittkraft nimmt nur wenig zu. Dafür kommen mehr Schneiden zum Eingriff. Schließlich vergrößert sich die Schnittleistung etwas weniger als proportional, nämlich um $a_e^{0,9}$. Die Standzeit wird etwas kürzer, da die Schneidenbelastung zunimmt.

Als dritte Möglichkeit wird die Vergrößerung der *Schneidenzahl* betrachtet. Dabei nimmt auch die Vorschubgeschwindigkeit $v_f = z \cdot f_z \cdot n$ zu. Wie die 3. Spalte der Tabelle zeigt, ist proportional eine größere Leistung aufzubringen. Die Standzeit nimmt zu, da sich der Verschleiß auf mehr Schneiden verteilt.

Durch Vergrößerung des *Vorschubs* f_z (Spalte 4) wird die Spanungsdicke besonders vergrößert. Damit nimmt die spezifische Schnittkraft am deutlichsten ab. Infolgedessen nehmen Schnittkraft und Schnittleistung nur mäßig zu. Das ist wirtschaftlich vielleicht die beste Möglichkeit, das Zeitspanungsvolumen zu vergrößern. Voraussetzung für diese Maßnahme ist, daß die Schneiden die Kraft ertragen. Als Nachteil ist eine rauhere Oberfläche des Werkstücks und eine kürzere Standzeit der Schneiden zu erwarten.

Eine *Drehzahlvergrößerung* ist mit höherer Schnittgeschwindigkeit und größerer Vorschubgeschwindigkeit verbunden. Dabei kann die Schnittkraft sogar etwas kleiner werden. Die Schnittleistung nimmt natürlich zu. Begrenzt wird eine solche Maßnahme aber vor allem durch die starke Verkürzung der Standzeit. Schnittgeschwindigkeitsvergrößerungen sind oft nur in Verbindung mit wärmebeständigeren Schneidstoffen möglich, denn die Schneidentemperatur steigt in jedem Fall stark an.

Eine interessante Variationsgröße kann auch der *Werkzeugdurchmesser* sein, obwohl er nicht direkt auf das Zeitspanungsvolumen einwirkt. Wenn man mit dem Durchmesser gleichzeitig die Zähnezahl vergrößert und die Drehzahl verkleinert, bleiben Schnitt- und Vorschubgeschwindigkeit unverän-

Tabelle D-1: Übersicht über die Veranderung von Spanungsdicke, Schnittkraft, Schnittleistung und Standzeit bei Vergrößerung des Zeitspanungsvolumens Q über seine Einflußfaktoren und bei Anderung des Werkzeugdurchmessers

Einflußgröße	a_p	a_e	z	f_z	n	d
üblicher Bereich	1–400 mm	1–20 mm	1–100	0,05–0,3 mm/Schn.	siehe v_c	1–2000 mm
$h_m = f_z \cdot \sqrt{\frac{a_e}{d}} \cdot \sin\kappa$	–	$a_e^{0,5}$	–	f_z^1	–	$d^{-0,5}$
$k_{cm} = k \cdot h_m^{-z} \cdot v_c^{-0,1}$	–	$a_e^{-0,5\ z} = a_e^{-0,1}$	–	$f_z^{-0,2}$	$n^{-0,1}$	$d^{(-0,5)\ (-z)} = d^{0,1}$
$F_{cm} = \frac{a_p}{\sin\kappa} \cdot h_m \cdot k_{cm}$	a_p^1	$a_e^{0,5-0,1} = a_e^{0,4}$	–	$f_z^{1-0,2} = f_z^{0,8}$	$n^{-0,1}$	$d^{-0,5+0,1} = d^{-0,4}$
$z_{em} = \frac{z}{\pi} \cdot \sqrt{\frac{a_e}{d}}$	–	$a_e^{0,5}$	z^1	–	–	$d^{1-0,5} = d^{0,5}$
$P_{cm} = F_{cm} \cdot z_{em} \cdot v_c$	a_p^1	$a_e^{0,4+0,5} = a_e^{0,9}$	z^1	$f_z^{0,8}$	$n^{-0,1+1} = n^{0,9}$	$d^{-0,4+0,5} = d^{0,1}$
$T = C_1 \cdot v_c^{C_2} \cdot f_z^{C_3} \cdot a_e^{C_4}$	–	etwas abnehmend	zunehmend	abnehmend	stark abnehmend	zunehmend

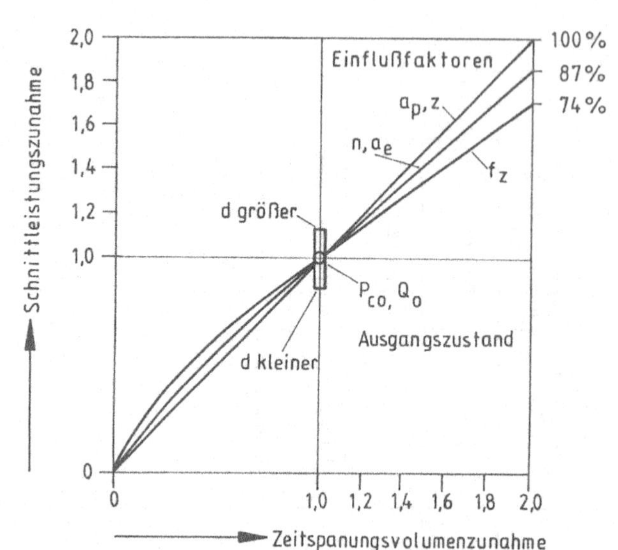

Bild D-50
Unterschiedliche Leistungszunahme bei der Vergrößerung des Zeitspanungsvolumens durch verschiedene Maßnahmen

dert. Bemerkenswert ist, daß sich die Schnittleistung vergrößert. In der Praxis ist deshalb bei leistungsschwachen Maschinen die entgegengesetzte Maßnahme interessant, nämlich die Verwendung *kleinerer Werkzeuge* mit größeren Drehzahlen. Dabei muß sich der *Leistungsbedarf verkleinern.*

Bild D-50 zeigt noch einmal in bildlicher Form, wie unterschiedlich der *zusätzliche Leistungsbedarf* bei verschiedenen Maßnahmen ist, die das Zeitspanungsvolumen steigern. Die Vorschubsteigerung erfordert den kleinsten und die Vergrößerung der Zähnezahl oder der Fräsbreite den größten zusätzlichen Leistungsaufwand. Interessant ist auch die Feststellung, daß kleine Fräswerkzeuge bei gleichem Zeitspanungsvolumen weniger Leistung brauchen.

3.4.2 Spezifische Schnittleistung

Zwischen dem *Zeitspanungsvolumen* und der *Schnittleistung* gibt es einen einfachen Zusammenhang. Aus Gleichung D-27

$$P_{cm} = z_{em} \cdot b \cdot h_m \cdot k_{cm} \cdot v_c$$

wird durch Einsetzen der Gleichungen

(A-5 a): $b = a_p / \sin \kappa$

(D-1): $v_c = \pi \cdot d \cdot n$

(D-15): $h_m = f_z \cdot \sqrt{a_e / d}\ \sin \kappa$

(D-22): $z_{em} = \frac{z}{\pi} \cdot \sqrt{\frac{a_e}{d}}$

$$P_{cm} = a_e \cdot a_p \cdot z \cdot f_z \cdot n \cdot k_{cm}$$

und mit

(D-30): $Q = a_e \cdot a_p \cdot z \cdot f_z \cdot n$

$$\boxed{P_{cm} = Q \cdot k_{cm}} \qquad \text{(D-31)}$$

Dieser Zusammenhang unterstreicht die wichtige Bedeutung der *spezifischen Schnittkraft* bei Spanungsprozessen für Kraft- und Leistungsbestimmungen. k_c verknüpft direkt das rein geometrisch und kinetisch bestimmte Zeitspanungsvolumen mit der Schnittleistung.
Andere ältere Kenngrößen wie „spezifische Schnittleistung" oder „leistungsbezogenes Zerspanungsvolumen" werden damit überflüssig. Sie werden in diesem Lehrbuch nicht mehr verwendet.

3.5 Gleichlauffräsen

Bild D-51 zeigt das *Umfangsfräsen* im *Gleichlauf.* Die Schneide dringt jetzt an der Oberfläche des Rohteils zuerst in den Werkstoff ein. Das Geschwindigkeitsdiagramm zeigt, daß der *Vorschubrichtungswinkel* φ zwischen Vorschub und Schnittrichtung größer ist als beim Gegenlauffräsen.

$$\frac{\pi}{2} < \varphi < \pi$$

3.5.1 Eingriffskurve beim Gleichlauffräsen

Bild D-52 zeigt die Entstehung der *Bahnkurve* beim Gleichlauffräsen. Sie ist wieder eine *Zykloide.* Im Gegensatz zum Gegenlauffräsen befindet sich jetzt jedoch der engere, etwas stärker gekrümmte Kurventeil im Eingriffsbereich. Die x-Koordinate entsteht durch Subtraktion von x_1 und x_2.

$$x = x_1 - x_2$$

Darin ist wieder x_1 der horizontale Bewegungsanteil, der aus der Werkzeugrotation entsteht, und x_2 der Anteil der geradlinigen Vorschubbewegung. Mit der sonst gleichen Ableitung wie beim Gegenlauffräsen erhält man als Bahnkurve für das Gleichlauffräsen

$$x = d \cdot \left(\sqrt{\frac{y}{d} - \frac{y^2}{d^2}} - \frac{v_f}{2 \cdot v_c} \cdot \arcsin 2 \cdot \sqrt{\frac{y}{d} - \frac{y^2}{d^2}} \right) \quad \text{(D-32)}$$

Diese Gleichung unterscheidet sich von Gleichung (D-6) nur durch das *Subtraktionszeichen* in der Klammer.

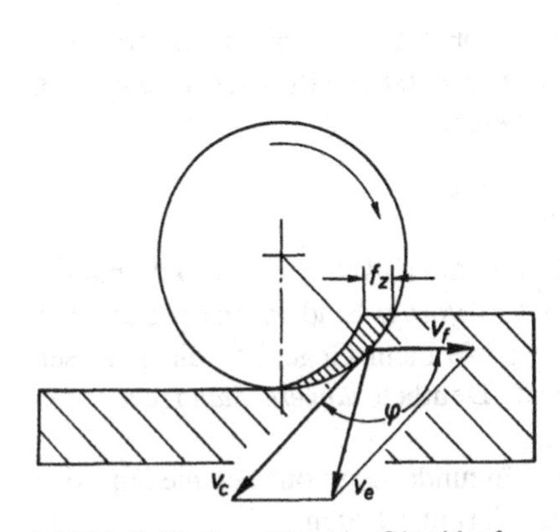

Bild D-51 Umfangsfräsen im Gleichlauf

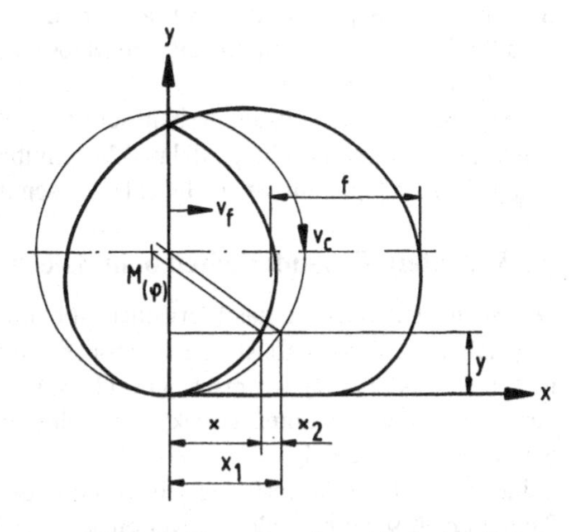

Bild D-52 Entstehung der zykloidischen Bahnkurve beim Gleichlauffräsen

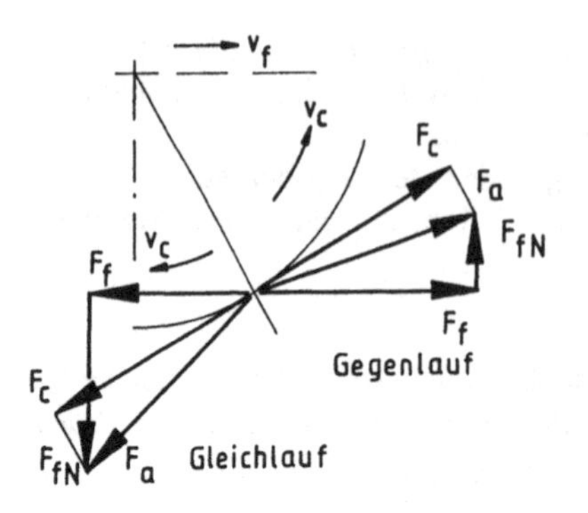

Bild D-53
Richtung der wichtigsten Zerspankraftkomponenten beim Gegenlauf- und Gleichlauffräsen
F_a Aktivkraft
F_c Schnittkraft
F_f Vorschubkraft
F_{fN} Vorschubnormalkraft

3.5.2 Richtung der Zerspankraft beim Gleichlauffräsen

Der größte Unterschied zwischen Gegenlauf- und Gleichlauffräsen ist in der *Richtung* der *Zerspankraft* zu suchen. Bild D-53 zeigt im Vergleich der beiden Verfahren eine Aufteilung der Zerspankraft in der Arbeitsebene. Dargestellt sind die von der Schneide auf das Werkstück einwirkenden Komponenten F_a, F_c, F_f und F_{fN}. Die entgegengesetzten *Richtungen* der *Schnittkräfte* sind durch die unterschiedlichen Drehrichtungen des Werkzeugs bei Gegen- und Gleichlauf zu erklären.

Bemerkenswert sind die ebenfalls entgegengesetzt wirkenden *Vorschubkräfte.* Bei Gegenlauf bedeutet der nach rechts wirkende Kraftvektor, daß der Vorschubantrieb der Fräsmaschine gegen diese Kraft arbeiten muß. Bei Gleichlauf dagegen unterstützt F_f den Vorschubantrieb gleichsinnig. Das kann unangenehm sein, wenn F_f größer als die Widerstandskräfte der Tischführungen ist. Dann muß der Antrieb sogar bremsen. Bei alten Maschinen mit Spiel im Vorschubantrieb entstehen dann ruckhafte Bewegungen, die zur Zerstörung der Schneiden führen.

Ebenso wichtig ist die Betrachtung der *Vorschubnormalkraft* F_{fN}. Bei Gegenlauf kann sie das Werkstück *anheben* (wenn es nicht fest aufgespannt ist). Das Werkzeug selbst wird nach unten gezogen. Bei Gleichlauf ist es umgekehrt. F_{fN} drückt das Werkstück auf den Maschinentisch und das Fräswerkzeug nach oben. Dabei droht eine neue Gefahr bei schlechten Maschinen. Elastizität oder Spiel in der Frässpindel oder im Fräsdorn führt zum *Hinaufklettern* des Fräsers auf das Werkzeug (climbmilling). Das hat unregelmäßige Maßschwankungen des Werkstücks und Standzeiteinbußen des Werkzeugs zur Folge.

Gute Fräsmaschinen müssen deshalb sehr *starr* gebaut sein mit großen Querschnitten und tragfähigen Lagern. Hauptantriebsspindel und Vorschubgetriebe müssen *spielfrei* und trotzdem *leichtgängig* sein. Nur dann kann mit ihnen Gleichlauffräsen durchgeführt werden.

3.5.3 Weitere Besonderheiten beim Gleichlauffräsen

Der Schneideneintritt in das Werkstück ist beim Gleichlauffräsen am *dicken* Ende des kommaförmigen Spanes. Vorteilhaft ist, daß ein großer Anschnittwinkel das *sofortige* Eindringen der Schneide in den Werkstoff möglich macht (Bild D-51). Hier wird nicht wie beim Gegenlauf ein gewisser Schnittweg gleitend unter Druck und Reibung zurückgelegt. Deutlich *längere Standzeiten* der Schneiden sind die Folge.

Sollte die Werkstückoberfläche jedoch besonders hart sein, Verzunderung vom Schmieden oder Sandeinschlüsse vom Gießen aufweisen, können die Schneiden darunter leiden.

Spröde Schneidstoffe wie verschiedene Keramiksorten vertragen auch nicht den schlagartigen Schnittkraftanstieg auf der vordersten Schneidkante. Bild D-54 zeigt den Schnittkraftverlauf beim Gleichlauffräsen. Zu beachten ist der Steilanstieg der Kraft beim Eindringen der Schneide.

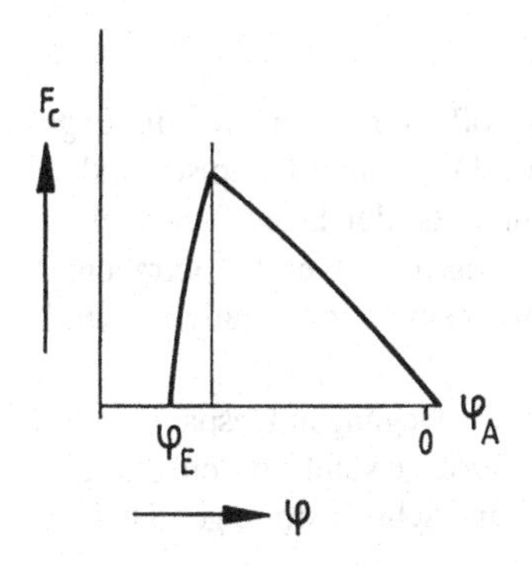

Bild D-54
Schnittkraftverlauf beim Umfangs-Gleichlauffräsen in Abhängigkeit vom Eingriffswinkel φ

Für Berechnungen des Eingriffswinkels $\Delta\varphi$, der Spanungsdicke h_m, der mittleren Schnittkraft F_{cm}, der Gesamtschnittkraft F_{cgm}, der Schnittleistung P_{cm} und des Zeitspanungsvolumens werden *keine anderen Gleichungen* angegeben. Hierfür gelten auch die Gleichungen (D-12), (D-13), (D-14), (D-15), (D-20), (D-21), (D-22), (D-23), (D-24), (D-26), (D-27), (D-28), (D-29) und (D-30). Meßbare Abweichungen davon in der Praxis werden als *geringfügig* angesehen.
Die Form der durch die Fräsrillen gebildeten Werkstückoberfläche müßte theoretisch etwas rauher sein, da die stärker gekrümmte Seite der Zykloide zum Eingriff kommt. Praktisch sind bei der Oberflächengüte andere Einflüsse wie Verschleiß und Werkstoffverhalten wichtiger, so daß der kleine Unterschied der Wellenform nicht in Erscheinung tritt.

4 Stirnfräsen

Das *Stirnfräsverfahren* wird heute bevorzugt. Die zur Werkstückoberfläche *senkrechte Werkzeugachse* läßt gegenüber dem Umfangsfräsen große Vorteile entstehen. Die Schneiden der Werkzeuge können kürzer, dafür aber zahlreicher sein. Das ermöglicht die Anwendung von *Wendeschneidplatten,* die nach dem Abstumpfen mit wenig Aufwand einfach gewendet werden. Das erspart das aufwendige Nachschleifen der Werkzeuge. Wendeschneidplatten lassen aus Kostensicht eine *höhere Belastung,* also ein *größeres Zeitspanungsvolumen* zu.
Die kurzen Schneiden sind für die Kühlflüssigkeit zugänglicher. *Bessere Kühlung* bedeutet ebenfalls größere Belastbarkeit.
Es sind fast immer *mehr Schneiden* im Eingriff als beim Umfangsfräsen, denn der Eingriffswinkel ist größer. Dadurch sind kleinere Fräskraftschwankungen, also ein *gleichmäßigerer* Schnitt, zu erwarten.
Neben einem besonders großen Zeitspanungsvolumen kann das Stirnfräsen auch *hochwertige Oberflächen* erzeugen. Die Nebenschneiden sind allein für die entstehende Oberfläche verantwortlich. Sie bewegen sich in einer Ebene und nicht auf einer gekrümmten Kreisbahn wie die Hauptschneiden, die beim Umfangsfräsen die Werkstückoberfläche erzeugen. Für das Feinfräsen sind besondere Fräsköpfe entwickelt worden, die diese Eigenschaft unterstützen.
Die Form der Späne und die Richtung, in der sie wegfliegen, ist beim Stirnfräsen ebenfalls günstig. Wegen der kleinen Schnittiefe sind sie schmal, klein gerollt oder gewendelt und nehmen wenig Raum ein. Sie fliegen durch die Fliehkraft radial vom Werkzeug ab, können leicht fortgespült werden und beschädigen so die Werkstückoberfläche kaum noch. Beim Spänetransport gibt es keine Probleme.
Größere Leistungen verlangen natürlich auch stabilere Werkzeuge, Spindeln und stärkere Antriebe. Die *Verbindung* zwischen Fräsköpfen, die man hauptsächlich zum Stirnfräsen verwendet, und der Maschinenspindel muß *kurz* und *starr* sein.

4.1 Eingriffsverhältnisse

Für die Eingriffsverhältnisse, unter denen die Schneiden in den Werkstoff eindringen, muß die *Lage* der *Hauptschneiden* am Werkzeug sorgfältig betrachtet werden (Bild D-29). Die Hauptschneiden liegen am Umfang. Sie können in drei Richtungen geneigt sein. Einmal ist der Eingriffswinkel zu nennen, beim Planfräsen sind 45° oder 75° am häufigsten, beim Eckenfräsen muß er 90° betragen. Dann ist in der Rückebene der Neigungswinkel λ zu nennen. Er kann positiv oder negativ sein und beeinflußt die Form der entstehenden Späne.

Schließlich erscheint in der Arbeitsebene, die von Schnitt- und Vorschubbewegung aufgespannt wird, der Spanwinkel γ. Er beeinflußt ebenfalls die Spanform. γ soll möglichst groß gewählt werden, um eine kleine spezifische Schnittkraft abzugeben. Mit Rücksicht auf Werkstoff- und Schneidstoffeigenschaften sind aber oft kleine oder sogar negative Spanwinkel erforderlich.

4.1.1 Eingriffsgrößen

Bild D-55 zeigt die wichtigsten Eingriffsgrößen beim Stirnfräsen. a_P ist hier die *Schnittiefe,* nicht die Fräsbreite wie beim Umgangsfräsen. Der *Eingriff* a_e geht aus dem Grundriß hervor. Er ist gleich der Fräsbreite am Werkstück und teilt sich auf in den Gleichlaufeingriff a_{egl} und den Gegenlaufeingriff a_{egeg}. Der Weg der Fräserachse trennt Gleich- und Gegenlaufteil. Ebenso setzt sich der *Eingriffswinkel*

$$\Delta\varphi = \varphi_A - \varphi_E$$

aus dem Gleichlaufeingriffswinkel und dem Gegenlaufeingriffswinkel zusammen:

$$\boxed{\Delta\varphi = \Delta\varphi_{gl} + \Delta\varphi_{geg}} \tag{D-33}$$

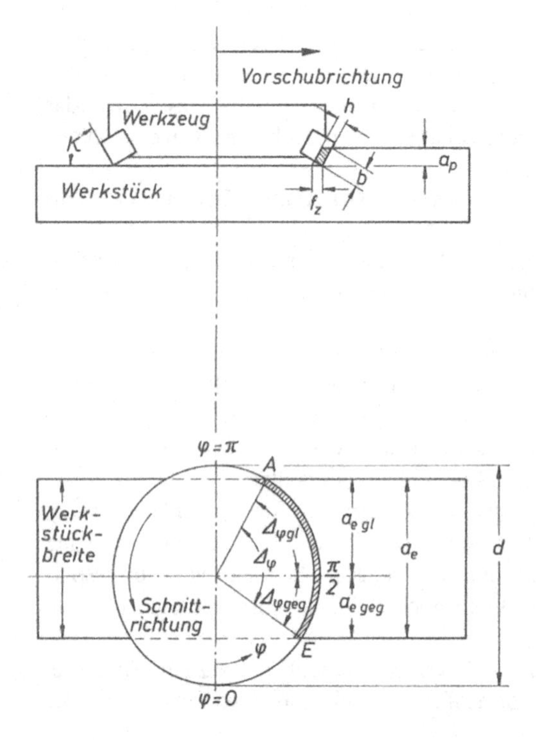

Bild D-55

Stirnfräsen. Seitenansicht und Grundriß

κ	Einstellwinkel
h	Spanungsdicke
f_z	Vorschub pro Schneide
a_p	Schnittiefe
b	Spanungsbreite
$\Delta\varphi$	Gesamteingriffswinkel
a_e	Eingriff
a_{egl}	Gleichlaufeingriff
a_{egeg}	Gegenlaufeingriff

Die Einzelwinkel werden folgendermaßen berechnet:

$$\Delta\varphi_{gl} = \arcsin \frac{a_{gl}}{d/2} \tag{D-34a}$$

$$\Delta\varphi_{geg} = \arcsin \frac{a_{egeg}}{d/2} \tag{D-34b}$$

Die Größe und Lage des Eingriffswinkels $\Delta\varphi$ hängt sehr stark von der Breite und Lage des Werkstücks zum Fräser ab. Bild D-56 zeigt die wichtigsten Möglichkeiten. Beim *symmetrischen* Stirnfräsen sind Gegenlaufeingriff und Gleichlaufeingriff sowie ihre Eingriffswinkel gleich groß. In der Berechnung vereinfacht sich Gleichung (D-34):

$$\Delta\varphi = 2 \arcsin \frac{a_e}{d} \tag{D-35}$$

① symmetrisches Stirnfräsen

$a_e = d$ $a_{egeg} = a_{egl}$

$\Delta\varphi = \pi$

② symmetrisches Stirnfräsen

$\frac{a_e}{d} < 1$ $a_{egeg} = a_{egl}$

$\Delta\varphi < \pi$

③ überwiegend Gegenlauffräsen

$a_{egeg} > a_{egl}$

④ überwiegend Gleichlauffräsen

$a_{egeg} < a_{egl}$

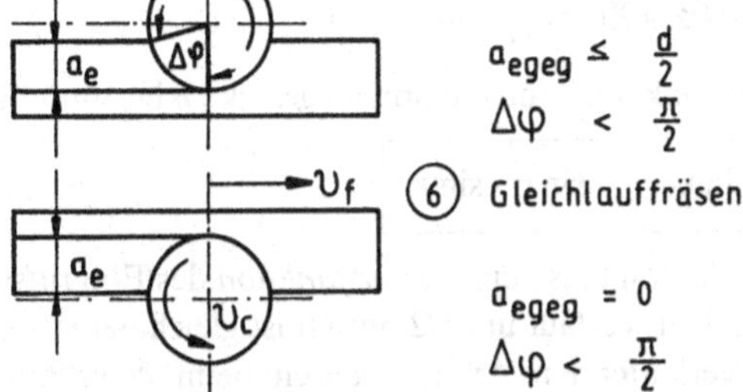

⑤ Gegenlauffräsen

$a_{egeg} \leq \frac{d}{2}$ $a_{egl} = 0$

$\Delta\varphi < \frac{\pi}{2}$

⑥ Gleichlauffräsen

$a_{egeg} = 0$ $a_{egl} \leq \frac{d}{2}$

$\Delta\varphi < \frac{\pi}{2}$

Bild D-56
Eingriffsverhältnisse bei unterschiedlicher Breite und Lage des Werkstücks zum Fräskopf

Beim *unsymmetrischen* Stirnfräsen liegt die Bahn der Fräserachse nicht in der Mitte des Arbeitseingriffs. $\Delta \varphi_{geg}$ und $\Delta \varphi_{gl}$ sind verschieden. Sie müssen getrennt ermittelt werden.
Beim *reinen* Gegen- oder Gleichlauffräsen fällt die andere Eingriffsart jeweils weg (Fall 5 und 6 in Bild D-56).
Beim Stirnfräsen hat die *Lage* der *Fräserschneide* zum Werkstück im Augenblick der ersten Berührung der Schneide mit dem Werkstück einen erheblichen Einfluß auf die Standzeit des Werkzeugs. Falls diese erste Berührung an der Schneidenecke, der schwächsten Stelle der Schneide auftritt, wird die Standzeit des Stirnfräsers oder Messerkopfes wesentlich verkürzt. Auch die Eindringzeit t_E, von der ersten Berührung bis zum vollen Eindringen der Schneide in den Werkstoff, hat Einfluß auf die Standzeit. Zur Kennzeichnung wird ein Stoßfaktor

$$S = \frac{\text{größter Spannungsquerschnitt an der Eindringstelle}}{\text{Eindringzeit}} = \frac{a_p \cdot f_z}{t_E}$$

gebildet. Dieser Stoßfaktor ist ein Maß für die Belastungsgeschwindigkeit beim Anschneiden jeder Schneide. Durch seitliches Verschieben der Fräserachse können die Eingriffsverhältnisse verändert und günstiger gestaltet werden (Bild D-57).

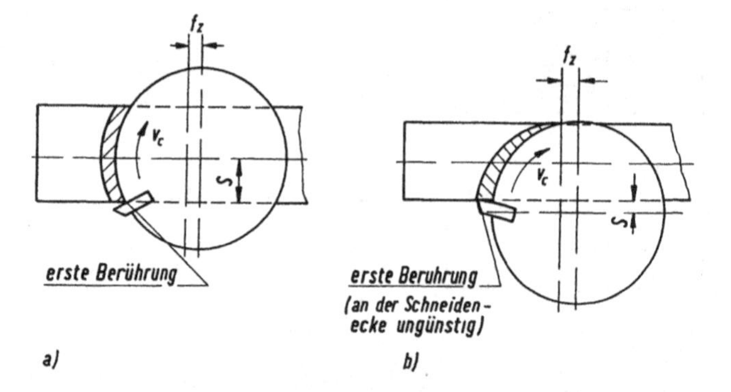

Bild D-57
Berührungspunkte beim Anschneiden
a) bei günstiger Stellung der Fräsachse zur Kante des Werkstücks
b) bei ungünstiger Stellung

Eine andere Möglichkeit, den ersten Kontaktpunkt der Schneide mit dem Werkstück günstig zu wählen, besteht in der *Auswahl des Werkzeugs.* Die Schneiden können im Fräskopf mit positiven oder negativen Neigungs- und Spanwinkeln angeordnet sein. Hierüber wurde im Abschnitt „Fräswerkzeuge" berichtet.

4.1.2 Spanungsgrößen

Die *Spanungsdicke h* verändert sich wie beim Umfangsfräsen mit dem Eingriffswinkel φ. In Bild D-58 sind zwei aufeinanderfolgende Bahnkurven gezeigt. In Vorschubrichtung haben sie den Abstand f_z voneinander. Senkrecht zur Bahnkurve ist der Abstand kleiner. Mit dem Eingriffswinkel φ kann man ihn berechnen:

$$h' = f_z \cdot \cos(\varphi - 90°) = f_z \cdot \sin \varphi$$

Mit dem Einstellwinkel κ kann die Spanungsdicke h bestimmt werden.

$$\boxed{h = h' \cdot \sin \kappa = f_z \cdot \sin \varphi \cdot \sin \kappa} \qquad \text{(D-36)}$$

Die Spanungsdicke folgt also einer *Sinusfunktion* des Eingriffswinkels. Sie ist in Bild D-59 zeichnerisch dargestellt. Der Verlauf um $\pi/2$ herum ist gleichmäßiger und länger als beim Umfangsfräsen, weil die flach verlaufenden Anfangsphasen beim Anschnitt oder Austritt meistens fortfallen.

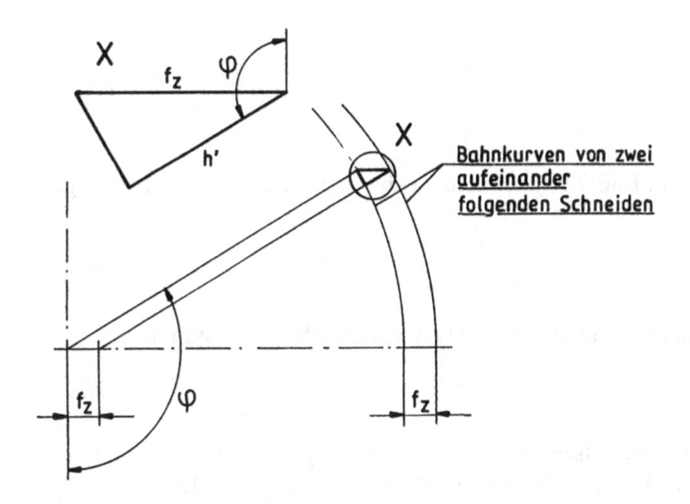

Bild D-58
Bestimmung der Spanungsdicke h beim Stirnfräsen

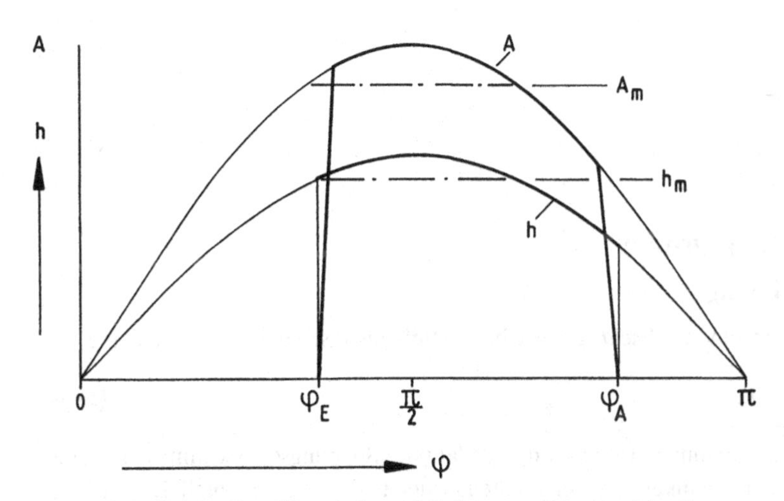

Bild D-59 Einfluß des Eingriffswinkels φ auf die Spanungsdicke h und den Spanungsquerschnitt A beim Stirnfräsen

Deshalb ist die *mittlere Spanungsdicke* h_m beim Stirnfräsen *größer* und die Schwankung der Spanungsdicke insgesamt kleiner. Für das Stirnfräsen gilt wie beim Umfangsfräsen die Gleichung

$$h_m = \frac{2}{\Delta\varphi} \cdot \frac{a_e}{d} \cdot f_z \cdot \sin\kappa \tag{D-37}$$

Als rechnerische Vereinfachung kann für einen Eingriffswinkel von $\Delta\varphi < 1$ um $\varphi = \pi/2$ herum

$$\Delta\varphi \approx \frac{2 \cdot a_e}{d} \tag{D-38}$$

und

$$h_m \approx f_z \cdot \sin \kappa \tag{D-39}$$

gesetzt werden.
Die *Spanungsbreite* b ist ebenfalls vom Einstellwinkel κ, nicht aber vom Eingriffswinkel abhängig (Bild D-55)

$$b = a_p / \sin \kappa \tag{D-40}$$

Der *Spanungsquerschnitt* A setzt sich aus Spanungsdicke h und Spanungsbreite b zusammen:

$$A = b \cdot h = a_p \cdot f_z \cdot \sin \varphi \tag{D-41}$$

Er ist deshalb ebenso abhängig vom Eingriffswinkel φ wie die Spanungsdicke h und zeigt einen ähnlichen Verlauf. Deutlich ist in Bild D-59 der plötzliche Anstieg beim Eindringen der Schneide in das Werkstück bei φ_E und der ebenso abrupte Abfall beim Austritt der Schneide aus dem Werkstück bei φ_A zu erkennen.
Der *mittlere Spanungsquerschnitt* A_m ergibt sich aus:

$$A_m = b \cdot h_m \tag{D-42}$$

$$A_m = a_p \cdot \frac{2}{\Delta\varphi} \cdot \frac{a_e}{d} \cdot f_z \tag{D-43}$$

4.2 Kraft- und Leistungsgrößen

4.2.1 Schnittkraftberechnung

Für die *Schnittkraft einer* einzelnen *Schneide* gilt wie beim Umfangsfräsen der Zusammenhang

$$F_c = b \cdot h \cdot k_c = A \cdot k_c \tag{D-44}$$

Aus dem Abschnitt über die Spanungsgrößen ist der Verlauf des Spanungsquerschnitts A bekannt. Er ändert sich mit dem Eingriffswinkel φ, hat einen Steilanstieg und einen Steilabfall. Dieses Profil überträgt sich voll auf die Schnittkraft.
Die spezifische Schnittkraft k_c ist ebenfalls von h abhängig. Bei kleiner Spanungsdicke ist sie groß, bei großer Spanungsdicke dagegen kleiner. Im Eingriffsbereich von φ_E bis φ_A kann unter günstigen Bedingungen mit einer größeren Gleichmäßigkeit gerechnet werden als beim Umfangsfräsen. Setzt man Mittelwerte ein, erhält man die *mittlere Schnittkraft*, die für eine Schneide von ihrem Ein- bis zum Austritt aus dem Werkstück angegeben werden kann:

$$F_{cm} = b \cdot h_m \cdot k_{cm} \tag{D-45}$$

mit

$$k_{cm} = k_{c1\cdot 1} \cdot \left(\frac{h_0}{h_m}\right)^z \cdot f_\gamma \cdot f_{sv} \cdot f_{st} \cdot f_f \tag{D-46}$$

Die Korrekturfaktoren sind wie beim Umfangsfräsen bzw. wie beim Drehen zu berechnen. Für den Formfaktor f_f ist der Werkzeugdurchmesser bestimmend: $f_f = 1{,}05 + d_0/d$ mit $d_0 = 1$ mm.

Die *Schnittkräfte aller Schneiden* überlagern sich, soweit diese gleichzeitig in Eingriff kommen. Wieviele gleichzeitig im Eingriff sind, hängt von der Zähnezahl z des Werkzeugs und dem gesamten Eingriffswinkel $\Delta\varphi$ ab.

$$z_{em} = z \cdot \Delta\varphi / 2\pi \tag{D-47}$$

Die Berechnung von z_{em} ergibt keine ganze Zahl, sondern einen Mittelwert zwischen zwei ganzen Zahlen. In Wirklichkeit muß man annehmen, daß die Zahl der Schneiden, die gleichzeitig in Eingriff sind, ganzzahlig ist und hin und her schwankt, je nachdem, ob eine neue Schneide gerade eingedrungen ist oder ob eine andere gerade herausgetreten ist. Sie haben ja kaum Neigung, die das ausgleichen könnte. Im Vergleich zum Umfangsfräsen ergibt z_e beim Stirnfräsen meistens größere Zahlen.
Die *gesamte Schnittkraft*, die sich durch Zusammenfassen aller Einzelschnittkräfte ergibt, schwankt nun auch wie eine Sägezahnlinie. Als Mittelwert findet man wie beim Umfangsfräsen

$$F_{cgm} = b \cdot h_m \cdot k_{cm} \cdot z_{em} \tag{D-48}$$

4.2.2 Schnittleistung

Die *Schnittleistung* ergibt sich aus der Gesamtschnittkraft und der Schnittgeschwindigkeit. Sinnvoll ist die Berechnung der mittleren Schnittleistung, die die Schwankungen durch Spanungsdicke und Zähnezahl ausgleicht:

$$P_{cm} = F_{cgm} \cdot v_c \tag{D-49}$$

4.2.3 Zeitspanungsvolumen

Das *Zeitspanungsvolumen*

$$Q = a_e \cdot a_p \cdot z \cdot f_n \cdot n \tag{D-50}$$

ist die Kenngröße, mit der die Leistungsfähigkeit des Stirnfräsens besonders eindrücklich wiedergegeben werden kann. Fast alle Parameter können gegenüber dem Umfangsfräsen gesteigert werden. In bezug zum Werkstück haben a_e und a_p allerdings vertauschte Rollen (Bild D-55). Der Arbeitseingriff a_e kann, wenn der Fräskopf groß genug ist, die ganze Breite des Werkstücks ausmachen. Die Schnittiefe a_p hat erst ihre Grenze, wenn 2/3 der Hauptschneiden (bei Wendeschneidplatten) in Eingriff sind. Die Zahl der Schneiden z stößt nur auf konstruktive Grenzen. Zwischen den Zähnen muß noch genügend Spankammervolumen für die Spanlocken sein. Vorschub und Drehzahl sind verschleißbestimmende Größen. Da die Schneiden durch ihre offene Lage besser mit Kühlmittel gekühlt werden können als beim Umfangsfräsen, sind sie auch höher belastbar. Eine größere mittlere Spanungsdicke h_m sorgt auch für eine kleinere spezifische Schnittkraft k_c. Der direkte Zusammenhang mit der Schnittleistung

$$P_c = Q \cdot k_c \tag{D-51}$$

läßt erkennen, daß der Leistungsbedarf bei gleichem Zeitspanungsvolumen kleiner sein muß. Ein Rechenbeispiel im anschließenden Abschnitt kann das zahlenmäßig bestätigen.

4.3 Feinfräsen

Unter *Feinfräsen* wird die feine Endbearbeitung ebener Flächen verstanden. Die Toleranzen für Formfehler, die Abweichungen von der absoluten *Ebenheit* festlegen, sind eingeschränkt. Ebenso sollen *Welligkeit* und *Rauheit* kleiner sein als beim normalen Planfräsen. Die Genauigkeitsforderungen gehen hinunter in den Bereich von 0,02 bis 0,001 mm. Das Feinfräsen konkurriert mit Feinbearbeitungsverfahren wie Planschleifen und Planläppen.
Werkstücke, für die das Feinfräsen angewandt wird, sind in der *Motorenfertigung*, dem *Getriebebau*, dem *Maschinenbau* und besonders ausgeprägt im *Laserbau* zu finden. Es sind *Motorblöcke, Zylinderköpfe, Getriebegehäuse, Steuerkörper, Maschinenbetten* und *Metallspiegel*, aber auch Werbeprodukte aus *Plexiglas* und viele andere Teile mit ebenen glatten Flächen. *Dichtflächen, Führungsbahnen, Sicht-* und *Reflektionsflächen* verlangen diese besondere Feinheit.
Werkstoffe sind *Grauguß, weicher* und *gehärteter Stahl, Aluminium, Aluminiumlegierungen*, die auch sehr harte Einschlüsse wie Siliziumkarbid oder Bornitrid enthalten können, *Magnesiumlegierungen, Kupfer-* und *Kupferlegierungen, Gold, Platin, Silber, Zinn, Zink, Kunststoffe*, zum Beispiel *Acrylglas, faserverstärkte* Kunststoffe und andere Nichtmetalle. Als Werkzeuge werden alle Arten von *Fräsköpfen*, Planfräsköpfe, Eckfräsköpfe, Breitschlichtköpfe und Einzahnfräsköpfe verwendet. Sie müssen aber immer in ihrem konstruktiven Aufbau der besonderen Aufgabe der Feinbearbeitung entsprechen. Die Plattensitze sind besonders genau geschliffen. Als Wendeschneidplatten werden allseits geschliffene Platten genommen. Die Schneiden sind meistens in axialer und radialer Lage zueinander und in der Richtung der Nebenschneidenlage fein einstellbar. In Kapitel D 2.1.5 sind auch Fräsköpfe für die Feinbearbeitung beschrieben.
Die größten Einflüsse auf die Herstellung besonders ebener und glatter Flächen durch Fräsen haben

1.) die *Schneideneckenform*,
2.) der *Axialschlag* der Schneiden,
3.) die Ausrichtung der *Nebenschneiden* und
4.) statische und dynamische *Verformungen* des Bearbeitungssystems durch wechselnde Zerspanungskräfte.

Diese vier Einflüsse sind sorgfältig zu beachten und werden in den folgenden Abschnitten ausführlich beschrieben.

4.3.1 Entstehung der Oberflächenform

Beim Stirnfräsen mit Fräsköpfen hinterlassen die Schneidenecken und die Nebenschneiden auf der Werkstückoberfläche *bogenförmige Bearbeitungsspuren* (Bild D-60). Die Bögen sind Teile der Zykloide, die durch Überlagerung der Werkzeugdrehung und des geradlinigen Vorschubes entstehen. Man kann sie annähernd als Kreisbögen ansehen. Sie haben den mittleren Abstand des Schneidenvorschubes f_z voneinander. Unregelmäßigkeiten des Abstands entstehen hauptsächlich durch den Radialschlag der einzelnen Schneiden.

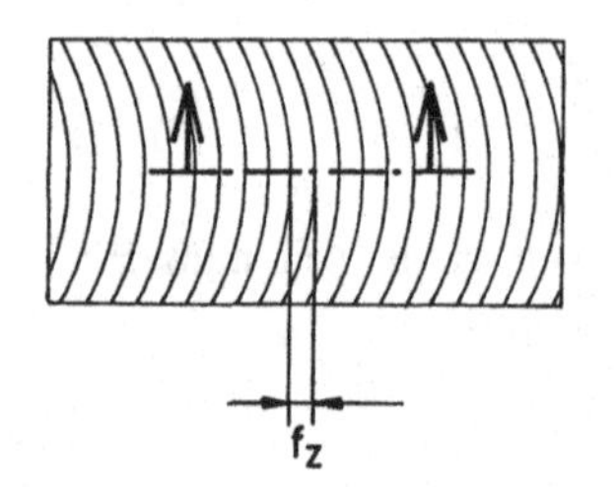

Bild D-60
Schneidenspuren auf der Oberfläche eines Werkstücks, das durch Stirnfräsen mit leichtem Spindelsturz hergestellt wurde

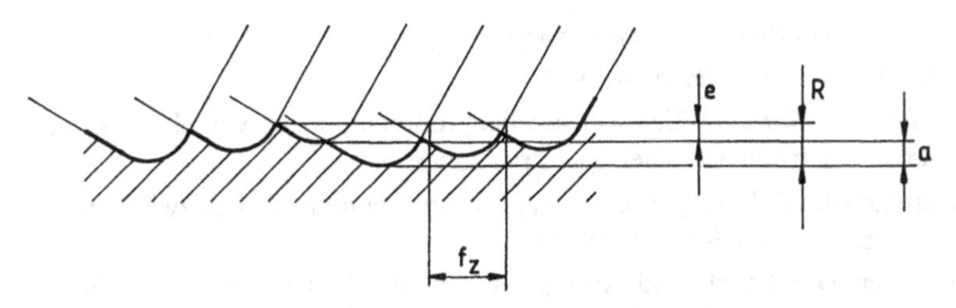

Bild D-61 Durch Stirnfräsen erzeugte Oberflächenform im Querschnitt
f_z Vorschub je Schneide, e Eckenformtiefe, a Axialschlag, $R = e + a$ theoretische Rauhtiefe

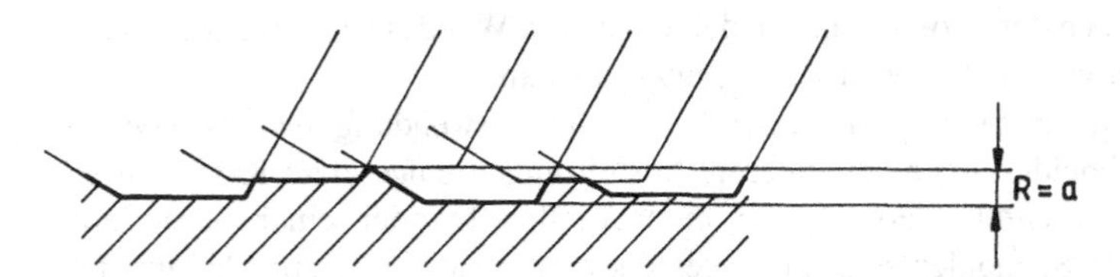

Bild D-62 Querschnitt einer Werkstückoberfläche, die mit Schlicht-Wendeschneidplatten gefräst wurde. Die Nebenschneiden sind geschliffen und stehen parallel zur Werkstückoberfläche

Die *Tiefe* der Spuren, die den größten Teil der *Rauheit* bestimmt, hängt von der *Eckenform* und dem *Axialschlag* der Schneiden ab (Bild D-61). Die Eckenform (Rundung, Spitze, Fase) erzeugt dabei das Profil der einzelnen Rillen. Dabei entstehen Vertiefungen e, die je nach Wirksamkeit ihrer axialen Lage voneinander abweichen können. Der Axialschlag eines Werkzeugs wird von der stirnseitig am weitesten hervorstehenden gegenüber der am weitesten zurückstehenden Schneide bestimmt. Er addiert sich mit der Eckenform zur theoretischen Rauhtiefe

$$\boxed{R = e + a} \tag{D-52}$$

Die praktische Rauhtiefe kann jedoch größer sein, da Riefen von Verschleißspuren, Abbildungen von Schwingungen, werkstoffbedingte Kornverformungen und Werkstoffverfestigungen weitere Rauheiten erzeugen.
Zur Verkleinerung der theoretischen Rauhtiefe kann auf Schneiden zurückgegriffen werden, die keine hervorstehenden Eckenformen, sondern parallel zur Werkstückoberfläche geschliffene Nebenscheiden besitzen (Bild D-27G). Die Tiefe der Spuren dieser Schneiden verkleinert sich um die Rillenform e. Es bleibt der Einfluß des Axialschlags übrig (Bild D-62)

$$\boxed{R = a}$$

Der Axialschlag des Fräswerkzeugs hat mehrere Ursachen:

- Fertigungstoleranzen der *Maschinenspindel*. Die Lagetoleranz der stirnseitigen Plananlage oder die Achsrichtung der Werkzeugaufnahme zur Spindellagerung haben geringste Abweichungen von der geometrisch idealen Form.
- Fertigungstoleranzen des *Zentrierdorns*.
- Lagetoleranzen des *Werkzeugkörpers*. Plananlage und Zentrierung müssen zu den Plattensitzen möglichst genau stimmen.

- Abweichungen der geschliffenen *Plattensitze* untereinander.
- Fertigungstoleranzen der *Wendeschneidplatten* selbst.
- Verzug des Fräskopfes durch *Erwärmung*. Er wirkt sich bei größeren und verwinkelten Formen stärker aus als bei kleinen geometrisch einfachen Konstruktionen.
- *Setzungen* in allen Trennfugen bei Belastung. Oelfilme und kleine Schmutzteilchen zwischen den zusammengesetzten Teilen geben unter Belastung nach.
- *Verschleiß* der Schneidkanten. Die Schärfe und Formgenauigkeit der Nebenschneiden kann sich besonders im steileren Anfangsverschleiß verschlechtern.

Der Axialschlag, der bei Schrupp-Fräsköpfen 0,1 bis 0,2 mm betragen kann, läßt sich durch *Einengung* der *Fertigungstoleranzen* und größere *Sorgfalt* bei der Montage auf 0,02 bis 0,04 mm verkleinern. Hochgenaue Fräsköpfe mit besonders sorgfältig geschliffenen Wendeschneidplatten erreichen Planlaufgenauigkeiten von 0,01 mm. Diese Präzisionswerkzeuge sind natürlich auch besonders teuer. Sie bieten jedoch den großen Vorteil, daß bei einem Wendeschneidplattenwechsel die hohe Genauigkeit in relativ kurzer Zeit wieder hergestellt sein kann.

Ein anderer Weg, zu kleinem Axialschlag zu kommen, ist die Verwendung *fein einstellbarer* Werkzeuge. Die einzelnen Schneiden oder bei anderen Ausführungen eingesetzte Kassetten mit Wendeschneidplatten können verstellt werden. Auf einer Meßplatte oder einer besonderen Einstellvorrichtung werden alle Schneiden einzeln gemessen, eingestellt und festgeklemmt. Die sorgfältige Einstellarbeit braucht jedoch längere Zeit. Es sind Planlaufgenauigkeiten von 0,03 bis 0,005 mm erzielbar.

Vollständig ausschalten kann man den Axialschlag durch eine auf dem Fräskopf angebrachte *Breitschichtschneide.* Diese steht axial um 0,03 bis 0,05 mm über die anderen Schneiden heraus, besitzt eine besonders lange Nebenschneide und arbeitet damit alle anderen Schneidenspuren weg (Bild D-63). Die Breitschlichtschneide kann auch anstelle einer normalen Wendeschneidplatte eingesetzt sein. Dann muß auch ihre Hauptschneide am groben Spanabtrag beteiligt werden. Die aktive Länge der Nebenschneide muß den ganzen Vorschub $f = z \cdot f_z$ aller Schneiden überdecken. Bei großen Fräsköpfen mit besonders vielen Schneiden können auch zwei oder mehr Breitschlichtschneiden erforderlich sein. Diese müssen zueinander besonders sorgfältig ausgerichtet werden.

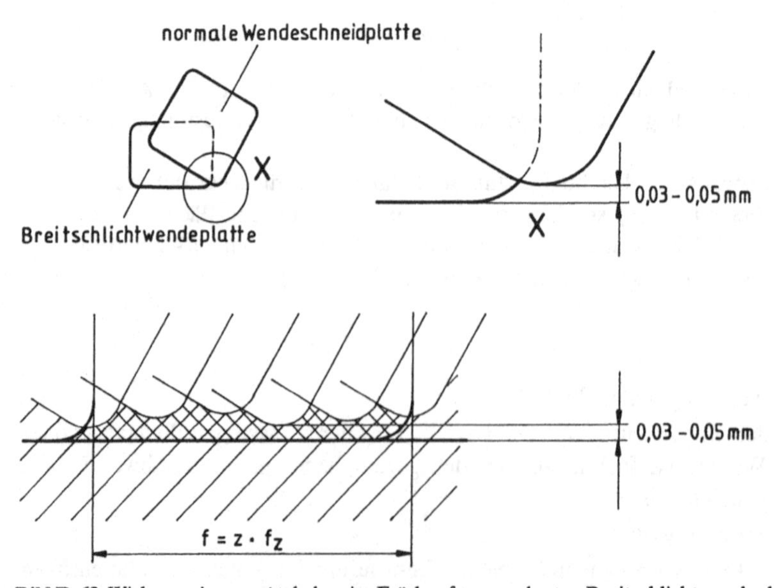

Bild D-63 Wirkung einer zusätzlichen im Fräskopf angeordneten Breitschlichtwendeplatte

4.3.2 Fräsen mit Sturz

Bei *senkrechter* Spindelachse (Bild D-64) entstehen auf der Werkstückoberfläche *Kreuzspuren*. Die Wendeplatten schneiden auf dem Rückweg nach. Das beim Hauptschnitt entstehende Profil ist nicht ganz eben. Dadurch kommen die Schneidenecken erneut in Eingriff, wenn sie auf dem Rückweg die stehengebliebenen Kämme kreuzen. Zusätzlich kann die Passivkraft F_p dazu führen, daß die Spindel entgegen der Vorschubrichtung in einen negativen Sturz gekippt wird. Allerdings wirkt die Vorschubkraft F_f gegen diese Verformung der Spindel.

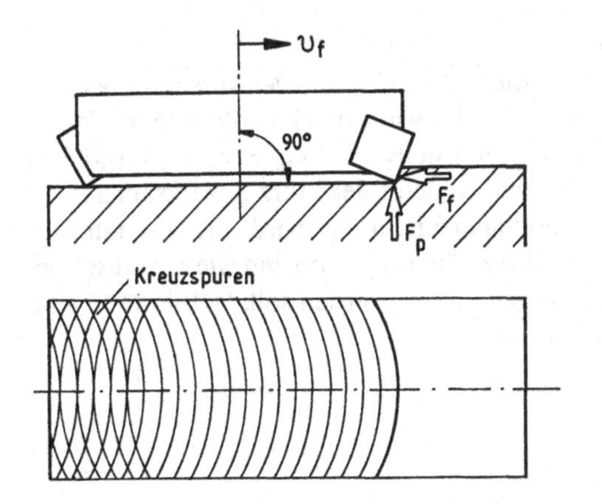

Bild D-64
Entstehung von Kreuzspuren beim Fräsen mit senkrechter Spindelachse

Kreuzspuren sind beim Fräsen unerwünscht. Einerseits geben sie kein regelmäßiges Oberflächenbild, andererseits schadet der rückwärtige Eingriff mit geringer Schnittiefe den Schneiden. Sie stumpfen dadurch besonders ab, weil die Schnittiefe zu klein ist, um einen richtigen Span zu ergeben. So ist diese Berührung mit mehr Reibung und Erhitzung verbunden als der normale Schnitt. Aus diesem Grund werden Frässpindeln meistens mit einem kleinen *Sturz* zur Tischführung ausgerichtet (Bild D-65). Der Sturz beträgt $q = 0{,}01$ bis 0,05 mm auf 100 mm Durchmesser. Das ist ein Winkel von $\rho = 0{,}0001$ bis 0,0005 rad $\hat{=}$ 0,005° bis 0,03°. Er reicht gerade dazu aus, die Schneiden auf ihrem Rückweg vom Werkstück freizubekommen.

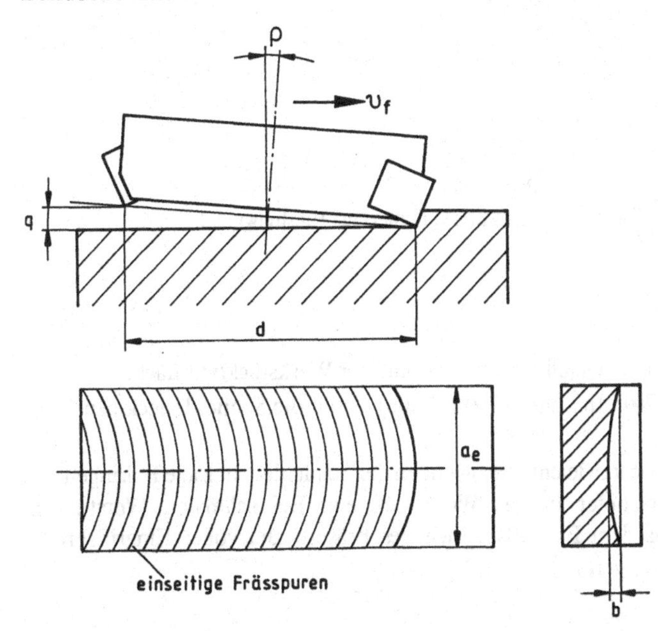

Bild D-65
Stirnfräsen mit Sturz
- v_f Vorschubrichtung
- ρ Sturzwinkel
- q Abhebebetrag
- d Durchmesser
- b Balligkeit des Werkstücks
- a_e Arbeitseingriff

Der Sturz verursacht am Werkstück eine geringe *Balligkeit.* Dieser Formfehler ist zwar klein, muß aber in seiner Größe berechnet werden, da in der Feinbearbeitung auch kleinste Abweichungen die engen Toleranzen aufbrauchen können. Die Balligkeit beträgt:

$$b = \frac{d}{2}\left[1 - \sqrt{1 - \left(\frac{a_e}{d}\right)^2}\right] \cdot \tan\rho \qquad \text{(D-53)}$$

Die enthaltenen Zeichen sind in Bild D-46 erklärt.

Eine weitere Folge der Sturzeinstellung ist die *Veränderung* des *Einstellwinkels* κ an der Hauptschneide und κ_N an der Nebenschneide (Bild D-66). Der wirksame Haupteinstellwinkel $\kappa_e = \kappa - \rho$ verkleinert sich, und der wirksame Nebenschneideneinstellwinkel $\kappa_{Ne} = \kappa_N + \rho$ vergrößert sich. Das trifft aber nur für die Stellung A zu. In Stellung B bleibt der Sturz unwirksam auf die Einstellwinkel. Mit der Veränderung der Nebenschneidenrichtung wird die Gestalt der entstehenden Werkstückoberfläche beeinflußt. Es ist also zu überlegen, ob und wie ein Ausgleich des Sturzes durch Veränderung der Schneidenlage vorgenommen werden soll. In Bild D-67 sind mehrere Möglichkeiten der Anpassung dargestellt.

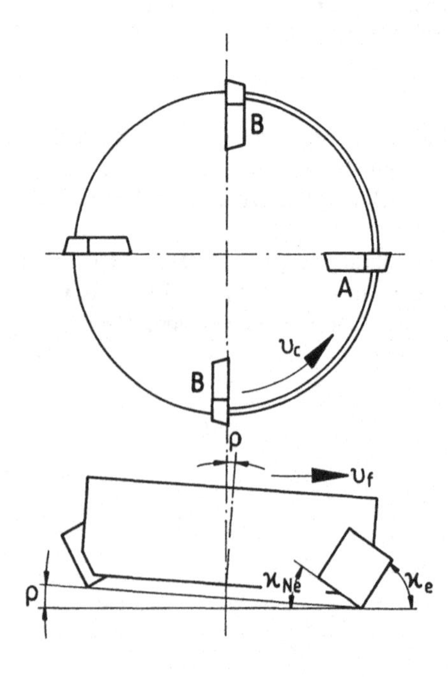

Bild D-66
Der Sturz verändert die Einstellwinkel

Fall 1 *Ohne Sturz* sind die Nebenschneiden in allen Lagen parallel zur Werkstückoberfläche.

Fall 2 Der Sturz wird *nicht ausgeglichen.* In Lage A (Bild D-66) dringt die Schneidenecke zu tief ins Werkstück ein.

Fall 3 Der Sturz wird *voll ausgeglichen* durch leichtes Schwenken der Schneiden. In Lage B dringen die inneren Nebenschneidenenden tiefer in das Werkstück ein. Bei schmalen Werstücken verschwinden diese Stellen aus dem Eingriffsbereich des Fräsers. Bei voller Eingriffsbreite werden jedoch die Ränder rauher gefräst.

Fall 4 Bei *halbem Ausgleich* des Sturzwinkels kann ein Kompromiß entstehen, der in weiten Teilen eine akzeptable Rauhtiefe am Werkstück hinterläßt.

Fall 5 Durch den Einsatz *balliger Schneiden* mit einem Radius von 1000 bis 3000 mm kann das Einstellproblem am elegantesten gelöst werden. Es ist keine Anpassung mehr erforderlich.

① kein Sturz

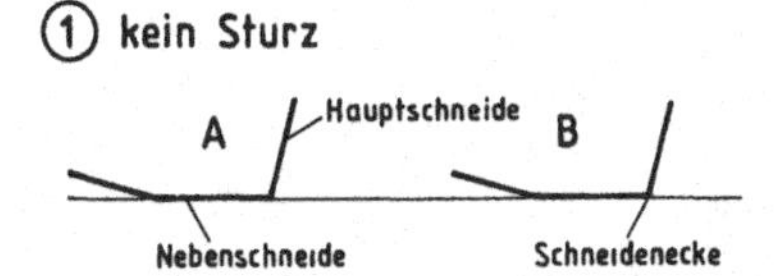

② positiver Sturz ρ, keine Anpassung der Nebenschneiden

A B ρ

③ positiver Sturz ρ, Anpassung um ρ

A B ρ

④ positiver Sturz ρ, Anpassung um $\frac{\rho}{2}$

$\frac{\rho}{2}$ A B $\frac{\rho}{2}$

⑤ positiver Sturz ρ, ballige Schneiden

Bild D-67
Sturz verändert die Richtung der Nebenschneiden. Verschiedene Möglichkeiten der Anpassung

4.3.3 Wirkung der Zerspankräfte beim Feinfräsen

Die Zerspankraftkomponenten F_c, F_f und F_p haben *statische Spindelverformungen* und *Schwingungsanregungen* zur Folge. Um sich die Wirkungen klar zu machen, stellt man sich Spindel und Spindellager elastisch vor (Bild D-68). Die Spindel kann als Biegebalken angesehen werden, der über den Kragarm *a* durch Schnitt- und Vorschubkraft (F_c und F_t) belastet wird. Das Hauptlager A und das hintere Spindellager B geben ebenfalls elastisch nach. Spiel braucht nicht berücksichtigt zu werden, da Fräsmaschinen im allgemeinen mit vorgespannten lagern spielfrei eingestellt sind.

In Ebene Y-Z ist zu sehen, daß die Schnittkraft F_c eine seitliche Auslenkung und eine Schiefstellung der Spindelachse verursacht. Genau genommen besteht diese Kraft aus mehreren Y-Komponenten der Schnittkräfte aller im Eingriff sich befindenden Schneiden. Das Werkstück wird davon schief.

In Ebene X–Z ist zu sehen, wie die Vorschubkraft F_f am Hebelarm *a* und die Passivkraft F_p am Hebelarm *d*/2 entgegengesetzte Spindelverformungen auslösen. Die Wirkung hängt davon ab, welches Biegemoment das größere ist. Die Schneiden können dadurch in das Werkstück hinein oder vom Werkstück weg federn, und der Spindelsturz kann elastisch verstärkt oder verkleinert werden.

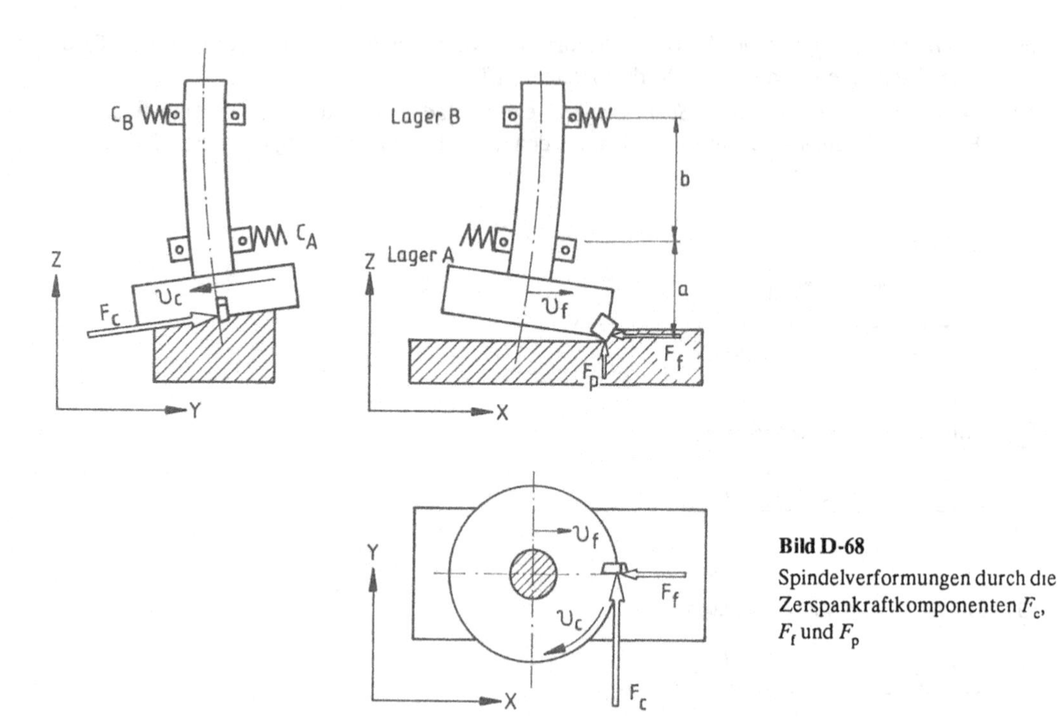

Bild D-68
Spindelverformungen durch die Zerspankraftkomponenten F_c, F_f und F_p

Zu beachten ist, daß die Kräfte *nicht* als *statisch* anzusehen sind. Sie schwanken in ihrer Größe dadurch, daß alle Schneiden nacheinander in das Werkstück eindringen und wieder austreten und daß sich über dem Eingriffsbogen der Spanungsquerschnitt bis zu einem Maximum vergrößert und dann wieder kleiner wird. Die Schnittkraft F_c ändert auf diesem Weg dabei noch ihre Richtung. Die darin steckende Dynamik veranlaßt die Spindel zu *Biegeschwingungen*. Torsionsschwingungen sind meistens gering und können ohne Beachtung bleiben.
Da es sich hier um *erzwungene Schwingungen* mit der *Anregungsfrequenz* $z \cdot n$ (Schneidenzahl mal Drehzahl) handelt, ist der *Resonanzfall* zu prüfen. Beim Fräsen mit konventionellen Schnittgeschwindigkeiten ist die Abstimmung meistens unterkritisch. Das heißt, die Eigenfrequenz der Spindel mit dem Werkzeug liegt aufgrund großer Federkonstanten über der Anregungsfrequenz. Bei „weichen" Maschinen können sich jedoch Schwingungsmarkierungen auf der Werkstückoberfläche zeigen. Diese vergrößern Welligkeit und Rauheit und sind unter reflektierendem Licht leicht mit dem Auge als regelmäßiges Muster zu erkennen. Auf feingefrästen Oberflächen sind sie unerwünscht.

Um statische Verformungen und Schwingungen beim Feinfräsen zu vermeiden, sind vor allem die Kräfte *klein* zu halten. Das kann auf verschiedene Weise erfolgen:

1.) Ein *kleiner Vorschub* pro Schneide f_z führt zu einem kleinen Spanungsquerschnitt $A = f_z \cdot a_p$ und damit zu einer kleinen Schnittkraft F_c. Diese Maßnahme findet beim Fräsen mit Schlichtfräsern häufige Anwendung. Von Nachteil ist dabei die Verkleinerung der Vorschubgeschwindigkeit, die längere Arbeitszeiten erforderlich macht.

2.) Eine *kleine Schnittiefe* a_p hat ebenfalls kleine Schnittkräfte zur Folge. Das wendet man bei Breitschlichtfräsern an. Bei ihnen lassen sich trotzdem große Vorschübe pro Schneide und damit große Vorschubgeschwindigkeiten verwirklichen. Allerdings erwartet man beim Breitschlichten ein sorgfältig vorgearbeitetes Werkstück mit einem gleichmäßigen geringen Aufmaß.

3.) *Positive Spanwinkel* an den Schneiden verkleinern ebenfalls die Schnittkraft. Hartmetallschneiden können eingeschliffene Spanleitstufen haben, die einen positiven Spanwinkel bilden. Bei Keramik und PKD sind nur negative Spanwinkel möglich.
4.) Schließlich kann die *Schnittgeschwindigkeit* soweit *vergrößert* werden, wie es der Schneidstoff zuläßt. Die Verringerung der Schnittkraft ist dabei gering. Aber die Oberflächengüte nimmt aufgrund der günstigeren Spanabnahme zu.

In jedem Fall sind beim Feinfräsen scharfe, glatte Schneidkanten, Beachtung der Mindestspanungsdicke, schwingungsfreier Maschinenlauf und richtige Werkzeugeinstellungen Voraussetzungen für einwandfreie Werkstückoberflächen.

4.3.4 Einzahnfräsen

Bei Genauigkeitsforderungen, die von Fräsköpfen mit mehreren Schneiden nicht mehr erfüllt werden können, stellt das *Einzahnfräsen* einen Ausweg dar. Hierbei wird ein Fräskopf mit einer einzigen Schneide eingesetzt (Bild D-35). Die Breitschlichtschneide ist auf einer *einstellbaren Kassette* befestigt und wird mit ihrer Nebenschneidenlänge an einer Differentialschraube sehr genau zur Werkstückoberfläche ausgerichtet. Der Fräskopfdurchmesser (d = 100 bis 500 mm) ist passend zur Werkstückgröße zu wählen. Der Schneidstoff der Wendeschneidplatte richtet sich nach dem zu bearbeitenden Werkstoff. Das Einzahnfräsen findet als Endbearbeitung von Werkstücken Anwendung, deren Flächen so glatt und genau *wie geschliffen* sein müssen. Dazu gehören Halbfabrikate hochlegierter Werkzeugstähle, Führungsbahnen an Maschinenteilen, die weich oder gehärtet sein können, Grundplatten für Formkästen aus legiertem Stahl, Dichtflächen an Hydraulik-Steuerungen aus Sphäroguß, die bis 600 bar druckdicht sein müssen und Kompressorengehäuse. Für diese Zwecke ist der Schneidstoff Mischkeramik geeignet. Er ist hart genug und so feinkörnig, daß die Kanten scharfe glatte Schneiden erhalten. Darüber hinaus wird das Einzahnfräsen in der *Ultrapräzisionsbearbeitung* von Metallspiegeln mit Diamantschneiden und bei der Bearbeitung hochgenauer Teile aus Leichtmetall angewandt.

Die *Schnittaufteilung* entspricht dem Breitschlichten mit kleiner Schnittiefe (a_p = 0,01–0,2 mm) und großem Vorschub (f = 0,5 bis 5 mm). Die Vorzüge großer Schnittgeschwindigkeit (v_c = 100 bis 2000 m/min.) werden genutzt, um die beste Oberflächengüte und größtmögliche Genauigkeit zu erhalten. Dabei erwärmt sich das Werkstück weniger als bei kleiner Schnittgeschwindigkeit. Die Spanentstehung ist entsprechend der kleineren Mindestschnittiefe leichter. Die für gute Oberflächen wichtige Fließspanbildung wird begünstigt. Der schnellere Schneidenverschleiß muß natürlich berücksichtigt werden.

Die Größe der Schnittkraft folgt den bekannten Gesetzen (Bild D-69). Mit zunehmender Schnittiefe, die beim Breitschlichten der Spanungsdicke h gleichzusetzen ist, nimmt die Schnittkraft F_c zu. Dabei ist aber nicht zu übersehen, daß die spezifische Schnittkraft k_c bei kleiner werdender Schnittiefe sehr stark zunimmt. Praktisch bedeutet das, daß mehr Energie pro abgetragenem Werkstoffvolumen zur stärkeren Erwärmung der Späne beiträgt. Dabei ist zu erwarten, daß die Späne heißer glühen oder sogar schmelzen, je kleiner die Schnittiefe wird.

Der *Vorschub vergrößert* die Schnittkraft proportional. Das ist aufgrund des zunehmenden Spanungsquerschnitts zu erwarten. Die spezifische Schnittkraft ändert sich dabei kaum. Interessant ist, daß die Passivkraft F_p nach Messungen von Gomoll [44] etwa die gleiche Größe wie die Schnittkraft erreicht. Die Passivkraft ist unmittelbar für Rauheit und Welligkeit der Werkstückoberfläche verantwortlich.

Die *Schnittgeschwindigkeit* hat auf die Zerspankräfte nur wenig Einfluß. Man erkennt, daß Schnittkraft und spezifische Schnittkraft mit zunehmender Schnittgeschwindigkeit, wie zu erwarten war, etwas kleiner werden.

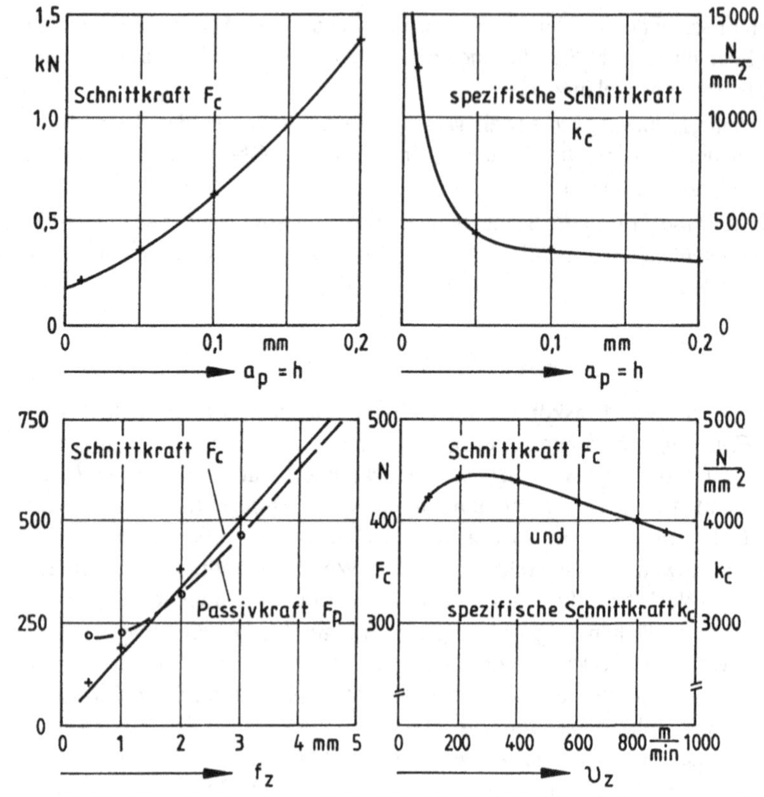

Bild D-69 Schnittkraft und spezifische Schnittkraft beim Einzahnfrasen unter dem Einfluß von Schnittiefe a_p, Vorschub f_z und Schnittgeschwindigkeit v_c nach Gomoll [44]
$f_z = 2$ mm, $a_p = h = 0{,}05$ mm, $\gamma = -6°$, $\alpha = 6°$, $\lambda = 0°$

5 Hochgeschwindigkeitsfräsen

Die Schnittgeschwindigkeit beim Fräsen wird je nach Werkstoff-Schneidstoffpaarung und Schnittbedingungen in einem Bereich gewählt, der bei geeigneter Standzeit der Schneiden die beste Wirtschaftlichkeit erwarten läßt. Neuere Untersuchungen [45] haben gezeigt, daß größere Schnittgeschwindigkeiten unter besonderen Vorkehrungen Vorteile bringen können. Die Untersuchungen führten zu dem fest umrissenen Bereich des Hochgeschwindigkeitsfräsens (Bild D-70). Die hier anzuwendenden Schnittgeschwindigkeitsbereiche sind ebenfalls vom Werkstoff abhängig. Das Fräsen von Aluminiumlegierungen mit ca. 4000 m/min hat sich als besonders interessant herausgestellt [46].
Die ersten industriellen Anwendungen wurden in der Luft- und Raumfahrtindustrie gefunden. An Trägern, Spanten und anderen Bauteilen aus Leichtmetall wird zur Gewichtsersparnis der größte Teil des Werkstoffs herausgefräst. Oft bleiben nur dünne Stützwände stehen [47]. Weitere Anwendungsgebiete sind in der Automobilindustrie zu finden. Motorblöcke und Zylinderköpfe aus Grauguß, Aluminium- und Magnesiumlegierungen können mit Hochgeschwindigkeit wirtschaftlich bearbeitet werden. Die entstehende glatte Oberfläche wird als Dichtfläche besonders geschätzt.
Die Läufer von Rotationskompressoren verlangen wegen ihrer feinen Struktur kleine Schnittkräfte bei der Bearbeitung. Mit Hochgeschwindigkeit wird trotzdem ein großes Zeitspanungsvolumen erreicht. An Bauteilen aus faserverstärkten Kunstharzen ist das Besäumen, das Herstellen von Durchbrüchen und das Fräsen von Paß- und Verbindungsflächen in Luftfahrt-, Automobil- und Elektroindustrie erprobt. Weitere Anwendungen werden in allen industriellen Bereichen erwartet.

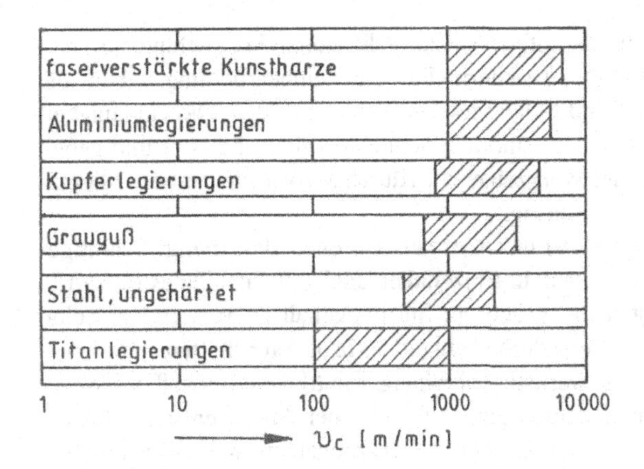

Bild D-70 Schnittgeschwindigkeitsbereiche des Hochgeschwindigkeitsfräsens bei verschiedenen Werkstoffen

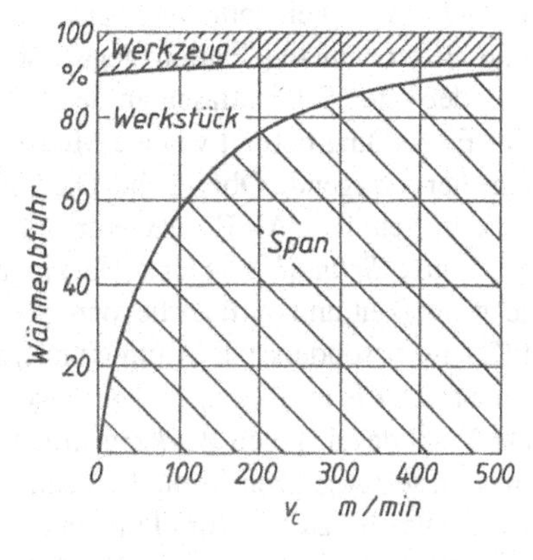

Bild D-71 Wärmeabfuhr durch Werkzeug, Werkstück und Späne bei zunehmender Schnittgeschwindigkeit

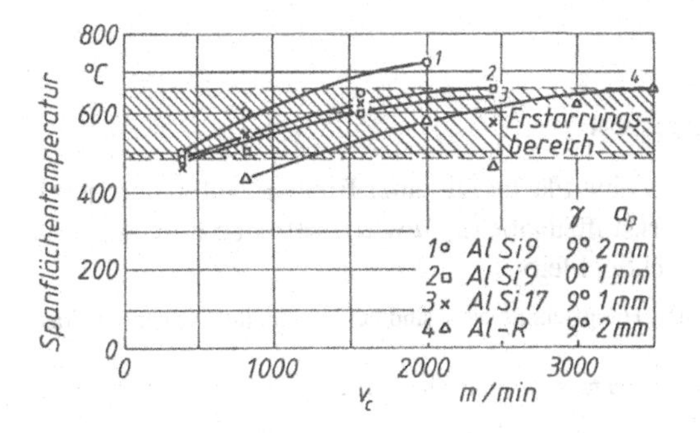

Bild D-72

Werkzeugtemperatur beim Drehen von Aluminium mit PKD nach Siebert

Die größere Schnittgeschwindigkeit läßt sich in zwei verschiedenen Richtungen ausnutzen, dem *Hochleistungsfräsen* oder der *Feinbearbeitung.* Beim *Hochleistungsfräsen* wird gleichzeitig die *Vorschubgeschwindigkeit vergrößert.* Dann bleibt der Vorschub pro Schneide f_z unverändert groß. Die Kräfte verringern sich kaum, weil k_c nur geringfügig abnimmt. Jedoch nimmt das Zeitspanungsvolumen entsprechend zu.

Die Anwendung in der *Feinbearbeitung* geht von kleineren Vorschüben pro Schneide aus. Dadurch verkleinern sich die Schnittkräfte und die Verformungen an Werkzeug und Werkstück. Eine größere Fertigungsgenauigkeit ist die Folge. Die *Oberflächengüte* kann in jedem Fall durch Hochgeschwindigkeitsfräsen *verbessert* werden.

Bei jeder Hochgeschwindigkeitsbearbeitung ist die *Temperatur* an der Schneide ein wichtiges Kriterium. Sie kann die Standzeit des Werkzeugs empfindlich verkürzen. Aus Bild D-71 kann man erkennen, daß sich die Verteilung der Wärme, die beim Zerspanen entsteht, mit zunehmender Schnittgeschwindigkeit stark ändert. Infolge der trägen Wärmeleitung fließt weniger Wärme in das Werkstück. Immer mehr Wärme bleibt in den Spänen, mit denen sie einfach aus dem Arbeitsbereich herausgeführt wird.

Der Wärmeanteil, der vom *Werkzeug* aufzunehmen ist, scheint *fast unverändert,* wird absolut gesehen jedoch größer und führt zur *stärkeren Erwärmung* der *Schneide.* Die Temperatur, die sich schließlich an der Schneide einstellt, hängt nach Untersuchungen an Aluminiumlegierungen von Siebert [48] von der *Schmelztemperatur* des *Werkstoffs* ab (Bild D-72). Sie geht offensichtlich nicht wesentlich über den Schmelzpunkt hinaus und läßt sich somit eingrenzen.

Als *Werkzeuge* für die Hochgeschwindigkeitsbearbeitung kommen sowohl *Messerköpfe* mit Wendeschneidplatten als auch *Schaftfräser* zum Einsatz. Wendeplattenwerkzeuge werden bis 16000 U/min mit

einfacher Lochkeilklemmung versehen. Darüber benötigen sie zusätzlich einen Formschluß, z.B. Nut und Feder, um die Platten gegen die Fliehkraft zu sichern. Für die Feinbearbeitung haben alle Wendeplatten Schlichtfasen an den Ecken und sind radial und axial fein einstellbar. Die Genauigkeit der Einstellung beträgt wenige Mikrometer. Dadurch sind alle Schneiden gleich belastet und geben eine hervorragende Oberfläche. Die Unwucht der Werkzeuge wird durch *Auswuchten* auf der Maschine klein gehalten. Als Restexzentrizität ist 0,1 µm zulässig.
Geeignete *Schneidstoffe* sind Hartmetall (z.B. K 10) und Cermets bis etwa 2000 m/min Schnittgeschwindigkeit und darüber bevorzugt PKD-Schneiden, in Einzelfällen auch polykristallines Bornitrid. PKD ist besonders bei Aluminiumlegierungen mit größerem Siliziumgehalt zu verwenden. Seine Kantenschärfe und sein Standvermögen stellen alle anderen Schneidstoffe in den Schatten.
Die Wahl des richtigen *Werkzeugdurchmessers* ist werkstückabhängig. Ein Messerkopf soll das Werkstück in seiner ganzen Breite bearbeiten können, damit kein noch so kleiner Absatz entsteht. So sind Werkzeuge bis zu 1700 mm Durchmesser bekannt. Bei kleineren Werkzeugen mit weniger Schneiden sind Anschaffungskosten und Einstellaufwand natürlich viel geringer. Jedoch werden dafür Spindeln mit großer Drehzahl, z.B. Hochfrequenzspindeln, gebraucht.

6 Berechnungsbeispiele

6.1 Vergleich Umfangsfräsen – Stirnfräsen

An einem Werkstück aus unlegiertem Stahl St70 soll eine Fläche mit einer Breite $B' = 120$ mm durch Fräsen in einem Schnitt bearbeitet werden. Die Werkstoffzugabe (a_e bzw. a_p) beträgt 5 mm. An- und Überlaufwege des Fräswerkzeugs sollen unberücksichtigt bleiben.

Aufgabe: Schnittleistung P_c, Zeitspanungsvolumen Q und Hauptschnittzeit t_h sind bei Verwendung folgender Fräswerkzeuge zu berechnen:

a) Umfangsfräser mit negativem Spanwinkel, Durchmesser $d = 125$ mm, Breite $B = 140$ mm, Schneidenzahl $z = 12$, $\gamma = -4°$, Schnittgeschwindigkeit $v_c = 22$ m/min;
b) Messerkopf mit HSS-Messern, Durchmesser $d = 60$ mm, Schneidenzahl $z = 12$, Einstellwinkel $\kappa = 90°$, $\gamma = -4°$, Schnittgeschwindigkeit $v_c = 22$ m/min;
c) Messerkopf mit HM-Wendeschneidplatten, Durchmesser $d = 160$ mm, Schneidenzahl $z = 12$, Einstellwinkel $\kappa = 45°$, $\gamma = -4°$, $v_c = 120$ m/min.

Bei b) und c) soll symmetrisches Stirnfrasen angenommen werden. Der Vorschub ist in allen Fällen gleich $f_z = 0,2$ mm/Schneide. Die Schneidenstumpfung wird vernachlassigt.

Losung. Zuerst werden die zur Anwendung der Leistungsgleichungen notwendigen Einzelwerte errechnet.

a)	b)	c)
Eingriffswinkel $\Delta\varphi$: nach Gleichung (D-12): $\cos\Delta\varphi = 1 - \frac{2 \cdot a_e}{d}$ $\cos\Delta\varphi = 1 - \frac{2 \cdot 5\text{ mm}}{125\text{ mm}} = 0{,}92;$ $\Delta\varphi = 0{,}40 \mathrel{\hat{=}} 23°$ oder nach Gleichung (D-13): $\Delta\varphi = 2\sqrt{\frac{a_e}{d}}$ $\Delta\varphi = 2 \cdot \sqrt{\frac{5\text{ mm}}{125\text{ mm}}}$ $\Delta\varphi = 0{,}4 = 23°$	nach Gleichung (D-35): $\Delta\varphi = 2\arcsin\frac{a_e}{d}$ $\Delta\varphi = 2\arcsin\frac{120}{160}$ $\Delta\varphi = 1{,}70 \mathrel{\hat{=}} 97{,}2°$	wie b)

a)	b)	c)
Mittenspanungsdicke h_m nach Gleichung (D-14):		
$h_m = \frac{2}{\Delta\varphi} \cdot \frac{a_e}{d} \cdot f_z \cdot \sin\kappa$	wie a)	wie a)
$\kappa = 90°$	$\kappa = 90°$	$\kappa = 45°$
$h_m = \frac{2}{0{,}4} \cdot \frac{5\ \text{mm}}{125\ \text{mm}} \cdot 0{,}2\ \text{mm} \cdot \sin 90°$	$h_m = \frac{2}{1{,}7} \cdot \frac{120\ \text{mm}}{160\ \text{mm}} \cdot 0{,}2\ \text{mm} \cdot \sin 90°$	$h_m = \frac{2}{1{,}7} \cdot \frac{120\ \text{mm}}{160\ \text{mm}} \cdot 0{,}2\ \text{mm} \cdot \sin 45°$
$h_m = 0{,}04\ \text{mm}$	$h_m = 0{,}176\ \text{mm}$	$h_m = 0{,}125\ \text{mm}$
oder nach Gleichung (D-5): $h_m = \sqrt{\frac{a_e}{d}} \cdot f_z \cdot \sin\kappa$ $h_m = \sqrt{\frac{5\ \text{mm}}{125\ \text{mm}}} \cdot 0{,}2 \cdot \sin 90°$ $= 0{,}04\ \text{mm}$		
Spezifische Schnittkraft k_{cm}**:** k_{cm} **ergibt sich aus denTabellen A-14 und A-15 nach Gleichung (D-20 und D-46),** $k_{c1 \cdot 1} = 1595\ \text{N/mm}^2$**, Neigungswert** $z = 0{,}32$ **(für St70).**		
$\left(\frac{h_0}{h_m}\right)^z = 0{,}04^{-0{,}32} = 2{,}80$	$\left(\frac{h_0}{h_m}\right)^z = 0{,}176^{-0{,}32} = 1{,}74$	$\left(\frac{h_0}{h_m}\right)^z = 0{,}125^{-0{,}32} = 1{,}95$
nach (A-12): $f_\gamma = 1 - m_\gamma(\gamma - \gamma_0) = 1 - 0{,}015 \cdot (-4 - 6)$ $f_\gamma = 1{,}15$	$f_\gamma = 1{,}15$	$f_\gamma = 1{,}15$
nach (A-13): $f_{sv} = \left(\frac{100}{v_c}\right)^{0{,}1} = \left(\frac{100}{22}\right)^{0{,}1} = 1{,}163$	$f_{sv} = 1{,}163$	$f_{sv} = \left(\frac{100}{120}\right)^{0{,}1} = 0{,}982$
$f_f = 1{,}05 + \frac{d_0}{d} = 1{,}05 + \frac{1}{125} = 1{,}058$	$f_f = 1{,}05 + \frac{1}{160} = 1{,}056$	$f_f = 1{,}056$
$k_{cm} = k_{c1\ \ 1} \cdot h_0^z \cdot h_m^{-z} \cdot f_\gamma \cdot f_{sv} \cdot f_f$		
$k_{cm} = 1595 \cdot 1 \cdot 2{,}80 \cdot 1{,}15 \cdot 1{,}16 \cdot 1{,}06$	$k_{cm} = 1595 \cdot 1 \cdot 1{,}74 \cdot 1{,}15 \cdot 1{,}16 \cdot 1{,}06$	$k_{cm} = 1595 \cdot 1 \cdot 1{,}95 \cdot 1{,}15 \cdot 0{,}98 \cdot 1{,}06$
$k_{cm} = 6320\ \text{N/mm}^2$	$k_{cm} = 3920\ \text{N/mm}^2$	$k_{cm} = 3716\ \text{N/mm}^2$
Im Eingriff sich befindende Schneidenzahl z_e (nach Gleichung (D-22):		
$z_{em} = z\ \frac{\Delta\varphi}{2\pi}$ $z_{em} = 12 \cdot \frac{0{,}4}{2\pi} = 0{,}764$	$z_{em} = 12 \cdot \frac{1{,}7}{2\pi} = 3{,}25$	wie b)
Spanungsbreite $b = a_p/\sin\kappa$		
$a_p = B' = 120\ \text{mm}$	$a_p = 5\ \text{mm}$ (Werkstoffzugabe)	
$b = \frac{120\ \text{mm}}{\sin 90°} = 120\ \text{mm}$	$b = \frac{5\ \text{mm}}{\sin 90°} = 5\ \text{mm}$	$b = \frac{5\ \text{mm}}{\sin 45°} = 7{,}07\ \text{mm}$

a)	b)	c)
Schnittleistung P_c nach Gleichung (D-27):		
$P_c = z_{em} \cdot b \cdot h_m \cdot k_{cm} \cdot v_c$		
$P_c = \frac{0{,}764 \cdot 120 \cdot 0{,}04 \cdot 6320 \cdot 22}{60 \text{ s/min} \cdot 1000 \text{ Nm/skW}}$	$P_c = \frac{3{,}25 \cdot 5 \; 0{,}176 \; 3920 \cdot 22}{60 \text{ s/min} \cdot 1000 \text{ Nm/skW}}$	$P_c = \frac{3{,}25 \cdot 7{,}07 \cdot 0{,}125 \cdot 3716 \cdot 120}{60 \text{ s/min} \cdot 1000 \text{ Nm/skW}}$
$P_c = 8{,}50$ kW	$P_c = 4{,}11$ kW	$P_c = 21{,}3$ kW
Vorschubgeschwindigkeit v_f		
$v_f = f_z \cdot z \quad n = \frac{f_z \; z \cdot v_c \; 1000}{\pi \; d}$		
$v_f = \frac{0{,}2 \; 12 \cdot 22 \cdot 1000}{\pi \cdot 125} = 134{,}5 \frac{\text{mm}}{\text{min}}$	$v_f = \frac{0{,}2 \cdot 12 \cdot 22 \cdot 1000}{\pi \; 160} = 105 \frac{\text{mm}}{\text{min}}$	$v_f = \frac{0{,}2 \cdot 12 \cdot 120 \cdot 1000}{\pi \cdot 160} = 573 \frac{\text{mm}}{\text{min}}$
Zeitspanungsvolumen Q:		
$Q = a_e \cdot a_p \cdot v_f$		
$Q = \frac{5 \cdot 120 \cdot 134{,}5}{1000 \text{ mm}^3/\text{cm}^3} = 80{,}7 \frac{\text{cm}^3}{\text{min}}$	$Q = \frac{120 \cdot 5 \cdot 105}{1000} = 63 \frac{\text{cm}^3}{\text{min}}$	$Q = \frac{120 \cdot 5 \cdot 573}{1000} = 344 \frac{\text{cm}^3}{\text{min}}$
Die *Hauptschnittzeit* ist Vorschubweg geteilt durch Vorschubgeschwindigkeit $t_h = l_f / v_f$. Der Vorschubweg $l_f = L + l_v + l_u + \Delta l$ setzt sich aus der Werkstücklänge $L = 300$ mm, dem Vorlauf $l_v = 1$ mm, dem Überlauf $l_u = 1$ mm und dem zusätzlichen Vorschubweg Δl, der nach dem geometrischen Zusammenwirkung von Werkzeug und Werkstuck individuell berechnet werden muß, zusammen.		
$\Delta l = \sqrt{\frac{d^2}{4} - \left(\frac{d}{2} - a_e\right)^2}$	$\Delta l = \frac{d}{2} - \sqrt{\frac{d^2}{4} - \frac{a_e^2}{4}}$	$\Delta l = \Delta l_b + \frac{a_p}{\tan\kappa}$
$\Delta l = \sqrt{\frac{125^2}{4} - \left(\frac{125}{2} - 5\right)^2}$	$\Delta l = \frac{160}{2} - \sqrt{\frac{160^2}{4} - \frac{120^2}{4}}$	$\Delta l = 27{,}08 + \frac{5}{\tan 45°}$
$\Delta l = 24{,}50$ mm	$\Delta l = 27{,}08$ mm	$\Delta l = 32{,}08$ mm
$l_f = 326{,}50$ mm	$l_f = 329{,}08$ mm	$l_f = 332{,}08$ mm
$t_h = \frac{326{,}50}{134{,}5} = 2{,}43$ min	$t_h = \frac{329{,}08}{105} = 3{,}13$ min	$t_h = \frac{332{,}08}{573} = 0{,}58$ min

Ergebnisse:

$P_c = 8{,}5$ kW	$P_c = 4{,}11$ kW	$P_c = 21{,}3$ kW
$Q = 80{,}7 \frac{\text{cm}^3}{\text{min}}$	$Q = 63 \frac{\text{cm}^3}{\text{min}}$	$Q = 344 \frac{\text{cm}^3}{\text{min}}$
$t_h = 2{,}43$ min	$t_h = 3{,}13$ min	$t_h = 0{,}58$ min

Das Ergebnis zeigt, daß beim Stirnfräsen [b) und c)] die Maschinenausnutzung gunstiger ist. Deshalb konnen großere Vorschubgeschwindigkeiten v_f gewahlt und damit kurzere Zerspanzeiten erzielt werden.

6.2 Feinfräsen

Mit einem Fräskopf soll durch symmetrisches Stirnfräsen wie in Bild D-46 die Oberfläche eines Werkstücks fein bearbeitet werden Das Werkstück ist 80 mm breit und aus Stahl Ck45. Der Fräskopf hat einen Durchmesser von $d = 100$ mm, $z = 12$ Schneiden, die Einstellwinkel sind $\kappa = 75°$, die Spanwinkel $\gamma = 6°$. Die mit TiN beschichteten Wendeschneidplatten haben eine Eckenrundung von $r = 0{,}4$ mm. Sie erlauben eine Schnittgeschwindigkeit von $v_c = 250$ m/min bei $a_p = 0{,}5$ mm und $f_z = 0{,}2$ mm/Schneide. Es muß mit einem Axialschlag von $a = 0{,}06$ mm gerechnet werden.

Aufgabe:

1.) Welche *Rauhtiefe* ist theoretisch durch Axialschlag und Schneidenform zu erwarten?

2.) Wie groß muß der *Spindelsturz* sein, wenn als Abhebebetrag q beim Rücklauf der Schneiden die zweifache Rauhtiefe verlangt wird? Wie groß ist die daraus entstehende *Balligkeit* b des Werkstücks?

3.) Wie groß sind *Schnittkraft* und *Schnittleistung*?

Lösungen:

1.) Die theoretisch zu erwartende *Rauhtiefe* durch die Schneidenform ergibt sich entsprechend Gleichung (A-1):

$$e = \frac{f_z^2}{8\,r} = \frac{0{,}2^2}{8 \cdot 0{,}4} = 0{,}013 \text{ mm.}$$

Nach Gleichung (D-52) ist

$$R = e + a = 0{,}013 + 0{,}06 = 0{,}073 \text{ mm}.$$

2.) Nach Bild D-46 ist

$$\rho \approx \tan\rho = \frac{q}{d} = \frac{2 \cdot 0{,}073}{100} = 0{,}0015 \text{ rad} \mathrel{\widehat{=}} 0{,}084°,$$

mit Gleichung (D-53) läßt sich die *Balligkeit* des Werkstücks bestimmen:

$$b = \frac{d}{2} \cdot \left[1 - \sqrt{1 - \left(\frac{a_e}{d}\right)^2}\,\right] \cdot \tan\rho,$$

$$b = \frac{100}{2} \cdot \left[1 - \sqrt{1 - \left(\frac{80}{100}\right)^2}\,\right] \cdot 0{,}0015 = 0{,}029 \text{ mm.}$$

3.) Der *Eingriffswinkel* läßt sich beim symmetrischen Stirnfräsen nach Gleichung (D-35) bestimmen:

$$\Delta\varphi = 2 \cdot \arcsin\frac{a_e}{d} = 2 \cdot \arcsin\frac{80}{100} = 1{,}85 \text{ rad},$$

die *mittlere Spanungsdicke* nach Gleichung (D-37):

$$h_m = \frac{2}{\Delta\varphi} \cdot \frac{a_e}{d} \cdot f_z \cdot \sin\kappa,$$

$$h_m = \frac{2}{1{,}85} \cdot \frac{80}{100} \cdot 0{,}2 \cdot \sin 75° = 0{,}167 \text{ mm.}$$

Die *Spanungsbreite* ist:

$$b = \frac{a_p}{\sin\kappa} = \frac{0{,}5}{\sin 75°} = 0{,}518 \text{ mm.}$$

Die *mittlere spezifische Schnittkraft* wird nach Gleichung (D-46) berechnet:

$$k_{cm} = k_{c1\,.\,1} \cdot f_{hm} \cdot f_\gamma \cdot f_{Sv} \cdot f_{St} \cdot f_f,$$

$k_{c1\ 1} = 1573$ N/mm² und $z = 0{,}19$ werden Tabelle A-14 entnommen. Die Korrekturfaktoren werden folgendermaßen bestimmt:

$$f_{hm} = \left(\frac{h_0}{h_m}\right)^z = \left(\frac{1}{0{,}167}\right)^{0{,}19} = 1{,}406,$$

$$f_\gamma = 1 - m_\gamma\,(\gamma - \gamma_0) = 1 - 0{,}015\,(6° - 6°) = 1{,}0,$$

$$f_{Sv} = \left(\frac{v_{c0}}{v_c}\right)^{0,1} = \left(\frac{100}{250}\right)^{0,1} = 0{,}912\,,$$

$f_{St} = 1{,}0$ bei scharfen Schneiden ohne Verschleiß,

$$f_f = 1{,}5 + \frac{d_0}{d} = 1{,}05 + \frac{1}{100} = 1{,}06.$$

Damit wird die *mittlere spezifische Schnittkraft:*

$$k_{cm} = 1573 \cdot 1{,}406 \cdot 1{,}0 \cdot 0{,}912 \cdot 1{,}0 \cdot 1{,}06 = 2138 \text{ N/mm}^2.$$

Die *mittlere Schnittkraft* einer Schneide wird folgendermaßen berechnet:

$$F_{cm} = b \cdot h_m \cdot k_{cm} = 0{,}518 \cdot 0{,}167 \cdot 2138 = 185 \text{ N}.$$

Im Durchschnitt sind:

$$z_{em} = z \cdot \frac{\Delta\varphi}{2\pi} = 12 \cdot \frac{1{,}85}{2 \cdot \pi} = 3{,}53$$

Schneiden zugleich im Eingriff.
Damit kann die *mittlere Schnittleistung* bestimmt werden:

$$P_{cm} = F_{cm} \cdot z_{em} \cdot v_c,$$

$$P_{cm} = 185 \text{ N} \cdot 3{,}53 \cdot 250 \frac{\text{m}}{\text{min}} \cdot \frac{1 \text{ min.}}{60 \text{ s}},$$

$$P_{cm} = 2717 \text{ W} \mathrel{\widehat{=}} 2{,}72 \text{ kW}.$$

Ergebnisse:

1.) Die theoretisch zu erwartende *Rauhtiefe* ist $R_z = 0{,}073$ mm. Der größte Anteil davon, nämlich 0,06 mm wird vom *Axialschlag* beigetragen. Praktisch wird die Rauhtiefe größer sein, da andere Einflusse wie Schneidenverschleiß, Schwingungen und Werkstoffverformungen nicht berechenbar sind.

2.) Der *Spindelsturz* soll einen Winkel von $\rho = 0{,}084°$ in Vorschubrichtung haben. Die daraus resultierende *Balligkeit* des Werkstücks beträgt $b = 0{,}029$ mm.

3.) Die *Schnittkraft* ist erwartungsgemäß klein, nämlich nur $F_{cm} = 185$ N. Bei durchschnittlich 3,53 Schneiden, die zugleich in Eingriff sind, wird eine *Schnittleistung* von $P_{cm} = 2{,}72$ kW benötigt.

E Räumen

Als Räumen wird ein Zerspanen bezeichnet, das unter Verwendung mehrschneidiger Werkzeuge mit gestaffelt angeordneten Schneiden durchgeführt wird. Dabei kommt, im Gegensatz zum Fräsen oder Sägen, jede Schneide bei der Bearbeitung eines Werkstücks nur einmal zum Eingriff. In den meisten Fällen führt das Werkzeug eine geradlinige Schnittbewegung aus, während das Werkstück feststeht. Es gibt aber auch Sonderräumverfahren, bei denen das Werkstück gegenüber dem feststehenden Räumwerkzeug bewegt wird oder bei denen es eine zusätzliche Drehbewegung ausführt (Drall- oder Außenrundräumen). Auch können die Schneiden rund angeordnet oder rund geführt werden (Verzahnungsräumen).

Arbeitsbeispiele, bei denen das Räumen angewendet wird, zeigt Bild E-1. Es sind immer Werkstücke, die in großer Zahl hergestellt werden. Bei den Innenbearbeitungen handelt es sich meistens um Formen, die von der Kreisform abweichen und deshalb durch Drehen nicht gefertigt werden können. Aber auch Außenformen werden, wie das Bild zeigt, geräumt.

In jedem Fall entstehen große Werkzeugkosten, die sorgfältige Überlegungen über Wirtschaftlichkeit und Gestaltung der Werkzeuge erfordern.

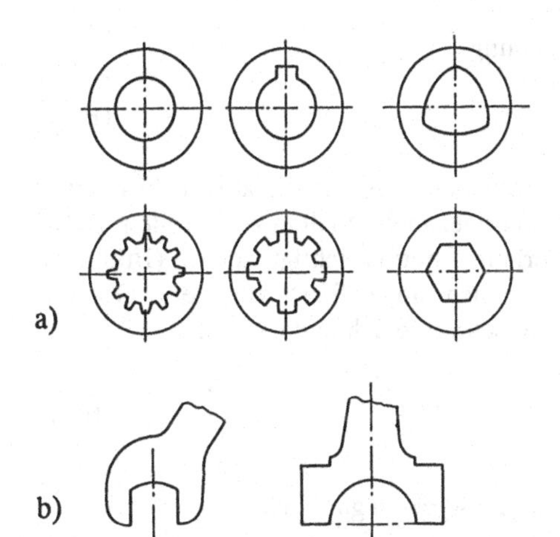

Bild E-1
Arbeitsbeispiele für das Räumen
a Innenräumen, b Außenraumen

1 Werkzeuge

Beim Räumen sind fast alle Zerspangrößen durch die Werkzeugkonstruktion festgelegt und damit nicht mehr frei wählbar. Daher werden Werkzeuge und Zerspangrößen zusammen erläutert.

Räumwerkzeuge, die in den meisten Fällen in der Räummaschine gezogen (Räumnadel), bei geringer Spanabnahme aber auch gedrückt werden (Räumdorne), sind hinsichtlich ihrer Länge durch den maximalen Hub der Räummaschine begrenzt. Sie sind Formwerkzeuge, die für jede Form eigens konstruiert und angefertigt werden. Bild E-2 zeigt den Aufbau einer Räumnadel. Als *Schneidstoffe* kommen wegen der Herstellungsweise und der großen mechanischen Beanspruchungen nur hochwertige Schnellarbeitsstähle mit guten Festigkeits- und Zähigkeitseigenschaften in Betracht. In Einzelfällen werden die Schneiden auch mit Hartmetall bestückt.

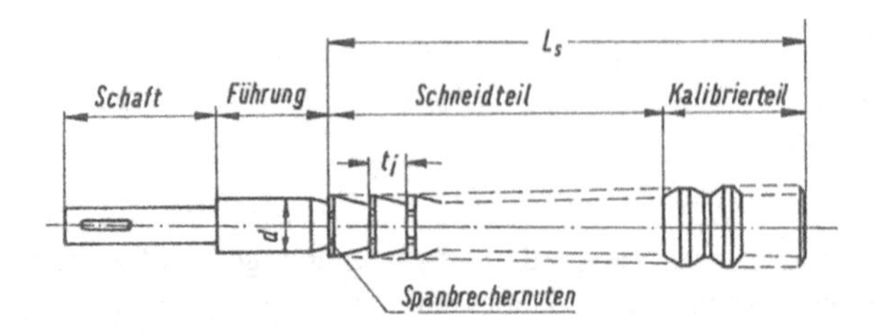

Bild E-2
Aufbau einer Räumnadel für Innenbearbeitung

1.1 Schneidenzahl und Werkzeuglänge

Die *Gesamtlange* L_s des Schneidenteils wird durch die Anzahl der notwendigen Schneiden z und deren mittlere Teilung t_m bestimmt.
Nach Bild E-2 ist

$$\sum_{i} t_i = L_s$$

$$\sum_{i} \frac{t_i}{z} = t_m$$

Darin ist t_i der wirkliche Abstand zweier Schneiden (Teilung)

$$\boxed{L_s = z \cdot t_m} \tag{E-1}$$

Wenn die erforderliche Gesamtlänge L_s wegen des begrenzten Maschinenhubs H nicht in einer Räumnadel untergebracht werden kann, so ist L_s auf zwei oder mehr Nadeln zu verteilen. Dabei muß auch die Werkstücklänge L und ein gewisser Überlauf $\ddot{U}$ berücksichtigt werden (Bild E-3). Die *Anzahl der notwendigen Schneiden* z errechnet sich angenähert aus dem Gesamtspanungsquerschnitt A_g und dem mittleren Spanungsquerschnitt je Schneide A_m; also

$$\boxed{z = \frac{A_g}{A_m} + z_k} \tag{E-2}$$

Bei einfacher Werkstückform und gleichbleibender Spanungsdicke h gilt auch

$$z = T/h + z_k$$

T ist darin die Gesamträumtiefe

Im Kalibrierteil mit der Schneidenzahl z_k ist eine Reserve von Schneiden mit Fertigmaß vorgesehen, die beim Nachschleifen stumpf gewordener Werkzeuge nach und nach in den Schneidteil übernommen werden.

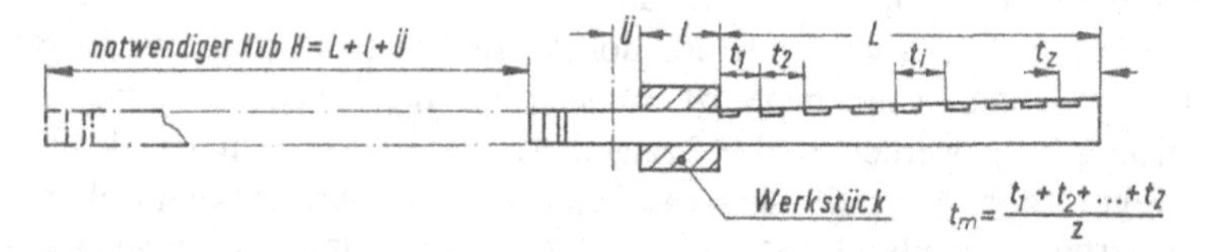

Bild E-3 Bestimmung des notwendigen Maschinenhubes $H \cdot t_1, t_2, t_i, t_z$ individuelle Teilung

1.2 Schnittaufteilung und Staffelung

Die Aufteilung des *Gesamtspanungsquerschnitts* A_g auf die einzelnen Schneiden beeinflußt die Gestaltung der Nadel und die notwendige Zugkraft. Die Bilder E-4 und E-5 zeigen grundsätzliche Möglichkeiten dafür.

Dabei ist folgendes zu beachten:

1. Die Schnittkraft F_c wächst proportional mit der Spanungsbreite b, jedoch weniger als proportional mit der Spanungsdicke h,
2. der spezifische Schneidkantenverschleiß und damit die Standzeit bleibt bei Zunahme der Spanungsbreite b nahezu unverändert. Bei Vergrößerung der Spanungsdicke h dagegen erhöht sich die spezifische Schneidkantenbelastung; dadurch verkürzt sich die Standzeit.

In Bild E-6 ist eine mögliche Formgebung von Schneiden an Räumwerkzeugen dargestellt. Die Staffelung entspricht der *Spanungsdicke h* und sollte möglichst groß gewählt werden, um den Vorteil des Zerspangesetzes: „Fallende spezifische Schnittkraft mit zunehmender Spanungsdicke" auch beim Räumen auszunutzen. Die Belastbarkeit der einzelnen Schneide und die Werkstückstabilität bilden meist die Grenze nach oben. Üblicherweise liegen die Werte der Staffelung etwa zwischen $s_z = 0{,}03$ und 0,3 mm/Schneide je nach Werkstoffart und gewünschter Oberflächengüte. Staffelung s_z und Spanungsdicke h sind beim Räumen gleich.

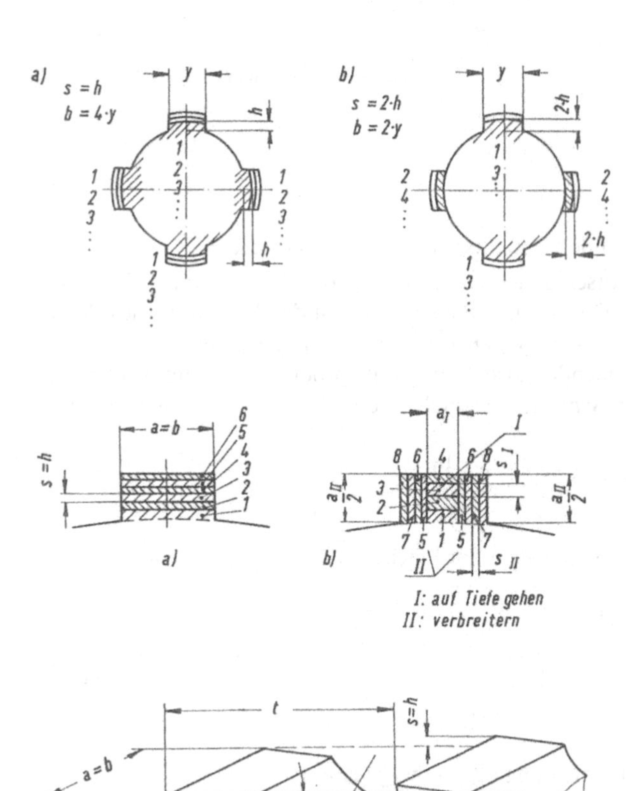

Bild E-4

Verteilung des Gesamtspanungsquerschnittes A_g auf die einzelnen Schneiden 1., 2., 3., usw.

a) Alle Zähne schneiden auf der vollen Spanungsbreite b,

b) Zähne schneiden abwechselnd auf der halben Spanungsbreite (k_c geringer, da s größer)

Bild E-5

Unterschiedliche Verteilungsmöglichkeit des Gesamtspanungsquerschnitts A_g auf die einzelnen Schneiden 1., 2., 3., usw.

a) bei voller Spanungsbreite b,

b) bei unterteilter Spanungsbreite b

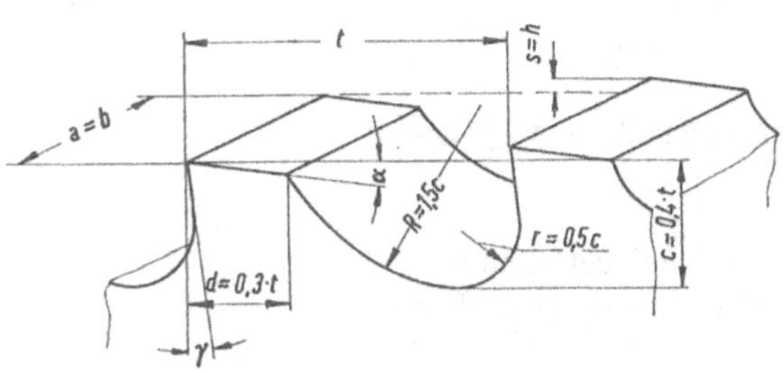

Bild E-6

Konstruktionsbeispiele fur Schneidenzahne an Raumnadeln

Die Schneidenlänge stellt die *Spanungsbreite b* dar. Vielfach nimmt diese während des Räumens zu. Die Schnittkraft F_c wächst dabei im gleichen Maße. Diese Zunahme von b kann beträchtlich sein; z.B. beträgt sie beim Räumen einer Bohrung auf ein Vierkantloch 27 % (siehe Bild E-7).
Eine solche Vergrößerung der Spanungsbreite b sollte nicht durch eine Verkleinerung der Zahnstaffelung (entsprechend der Spanungsdicke h) ausgeglichen werden, weil so die spezifische Schnittkraft k_c zunimmt. Besser ist es, bei größtmöglicher Spanungsdicke h die Spanungsbreite b aufzuteilen, wie es in Bild E-4b angedeutet ist.
Durch schräge Anordnung der Schneiden (Bild E-8) versucht man bei breiten Schnitten, vor allem beim Außenräumen, die Schwankungen der Schnittkraft zu vermindern. Dabei entsteht jedoch eine seitliche Zerspankraftkomponente F_p, die auf Nadel und Werkstück wirkt.

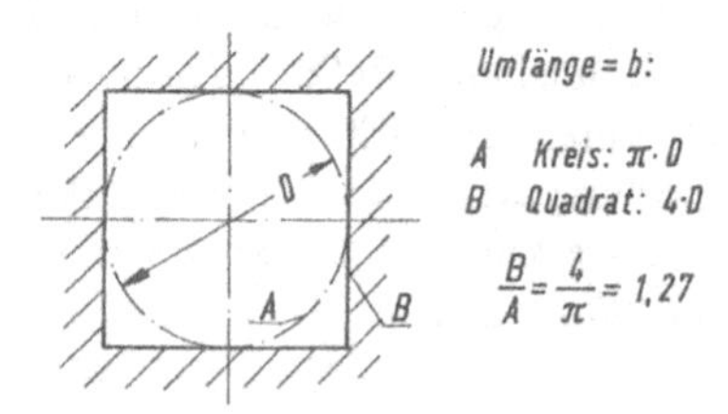

Bild E-7 Beispiel für die Zunahme der Spanungsbreite b beim Räumen

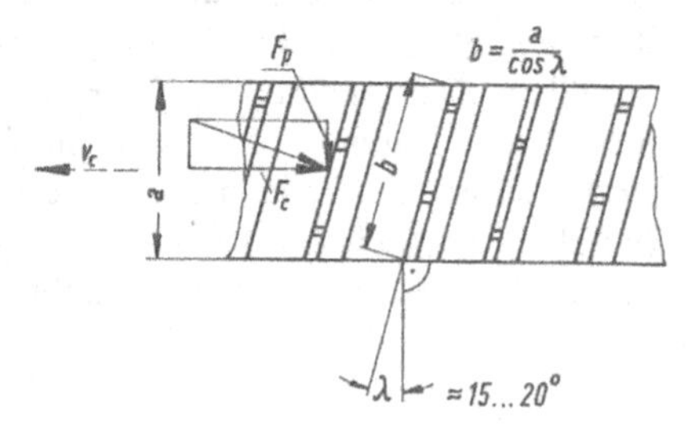

Bild E-8 Schräge Schneiden an Räumnadeln

1.3 Teilung

Die *Teilung t* muß unter Beachtung folgender Gesichtspunkte festgelegt werden:

1. Genügend großer Spanraum; der unterschiedliche Raumbedarf der Späne je nach Werkstoffart und Form ist zu berücksichtigen. Die Raumbedarfszahl x gibt das Verhältnis des Späneraumbedarfs zum Zerspanvolumen V_z (unzerspant) der betreffenden Schneide an. x liegt üblicherweise zwischen 3 und 10, je nachdem, ob es sich um spröde (bröckelnde) oder zähe Werkstoffe bzw. um Schrupp- oder Schlichträumen handelt. Daraus ergibt sich folgende Beziehung (siehe Bild E-6):

   Spanraumbedarf je Schneide $= b \cdot h \cdot L \cdot x \approx b \cdot t \cdot c \cdot \frac{1}{3{,}6}$

   L Werkstücklänge, $c = 0{,}4 \cdot t$

   $\frac{1}{3{,}6} \cdot t \cdot c$ entspricht etwa dem Ausschnitt innerhalb der Fläche $t \cdot c$

   Die mittlere Teilung t errechnet sich dann zu:

   $$t_m = 3 \cdot \sqrt{h \cdot L \cdot x} \qquad \text{(E-3)}$$

   gültig für $c = 0{,}4 \cdot t$

   Eine grobe Näherungsgleichung zur Errechnung der Teilung t lautet:

   $t \approx 1{,}5 \ldots 2{,}5 \sqrt{L}$

2. Keine Überbeanspruchung des schwächsten Nadelquerschnitts A_0, also Gesamtschnittkraft $F_{cg} \leq F_{Na}$ = durch die Nadel übertragbare Kraft

   $F_{cg} = F_c \cdot z_e \leq A_0 \cdot \sigma_{zul}$

z_e im Eingriff befindliche Schneidenzahl, F_c Schnittkraft je Schneide $F_c = k_c \cdot b \cdot h$, unter Berücksichtigung der Stumpfung in k_c

$$z_{e\,max\,zul} = \frac{A_0 \cdot \sigma_{zul}}{F_c} = \frac{A_0 \cdot \sigma_{zul}}{k_c \cdot b \cdot h} \tag{E-4}$$

ist dann, als ganze Zahl, die größte zulässige sich im Eingriff befindende Schneidenzahl. Mit der Werkstücklänge L findet man für die Teilung t folgende Bedingung:

$$t \geq \frac{L}{z_{e\,max\,zul}} \tag{E-5}$$

Als Anhaltswert für σ_{zul} bei Schnellarbeitsstahl kann 350 ... 400 N/mm² gesetzt werden.

3. Ausnutzung der verfügbaren Zug- oder Druckkraft F_R der Räummaschine ohne Überbeanspruchung; also:
   Verfügbare Räumkraft $F_R \geq$ Gesamtschnittkraft F_{cg}

   $$F_R \geq F_{cg} = F_c \cdot z_e$$

   $$z_{e\,max\,zul} \leq \frac{F_R}{k_c \cdot b \cdot h} \quad \text{auf ganze Zahl runden} \tag{E-6}$$

   Zur Ermittlung der kleinsten zulässigen Teilung ist wieder Gleichung (E-5) zu verwenden. Die größte der nach 2. und 3. aus Gleichung (E-5) errechnete Teilung t ist als unterste Grenze anzusehen.
4. Die Teilung t darf nicht größer als die Hälfte der Werkstücklänge L sein, damit wenigstens zwei Schneiden im Eingriff sind. Anderenfalls besteht die Gefahr, daß sich das Werkstück zwischen den einzelnen Schnitten verschiebt und so Überlastung der folgenden Schneide eintritt. Auch das stoßartige Schwanken der Schnittkraft zwischen Null und einem Höchstwert ist unerwünscht.
5. Vielfach wird die Teilung t_1 ungleichmäßig ausgeführt, um Rattererscheinungen beim Zerspanen zu unterdrücken.

2 Spanungsgrößen

Beim Räumen sind die meisten Zerspangrößen durch die Konstruktion der Räumnadel festgelegt und in den vorangegangenen Abschnitten beschrieben worden. Als einzige veränderliche Größe bleibt die Schnittgeschwindigkeit v_c. Sie kann entsprechend den Ausführungen in Kapitel A bestimmt werden. Infolge der großen Werkzeugbeschaffungs- und Werkzeuginstandhaltungskosten wird die wirtschaftliche Standzeit T_0 lang sein und damit die Schnittgeschwindigkeit v_0 verhältnismäßig niedrig liegen. Die Richtwertangaben für die Schnittgeschwindigkeit v_0 weichen in verschiedenen Veröffentlichungen stark voneinander ab (Tabelle E-1). Die Bestimmung betriebseigener wirtschaftlicher Werte, unter Verwendung eigener Erhebungen über die Standzeit in Abhängigkeit von der Schnittgeschwindigkeit (T-v-Gerade), erscheint zweckmäßig. Auch auf diesem Gebiet des Zerspanens wird versucht, durch Steigern der Schnittgeschwindigkeit zu größerer Wirtschaftlichkeit zu kommen. So hat sich bei neueren Untersuchungen gezeigt, daß unter bestimmten Voraussetzungen bei $v_c = 25 \ldots 40$ m/min kleinere Verschleißwerte und eine bessere Oberflächengüte erzielbar sind.

Tabelle E-1: Streuung der Richtwertangaben für die Schnittgeschwindigkeit v_c (m/min) beim Räumen. (Schneidstoff: Schnellarbeitsstahl, wenn nicht anders vermerkt)

Werkstoff	Innenräumen		Außenräumen	
	niedrigste Angaben	höchste Angaben	niedrigste Angaben	höchste Angaben
Stahl R_m = 500 ... 700 N/mm²	2 ... 2,5	4 ... 8	6 ... 10	8 ... 10
Grauguß	2 ... 2,5	6 ... 8	5 ... 7 für H.M.-Schneiden: 35 ... 45	8 ... 10
Messing/Bronze	2,5 ... 3	7,5 ... 10	8 ... 12	10 ... 12
Leichtmetall	3 ... 6	10 ... 14	10 ... 14	12 ... 15

3 Kräfte und Leistung

Die Gesamtschnittkraft F_{cg} bei einer gegebenen Teilung t der Räumnadel errechnet sich wie folgt:

$$F_{cg} = b \cdot h \cdot k_c \cdot z_e \qquad \text{(E-7)}$$

dabei ist $z_e > \frac{L}{t}$ als ganze Zahl einzusetzen.

Für die maximale Gesamtschnittkraft und damit für die höchste Belastung der Räummaschine ist der größte Spanungsquerschnitt $A_{max} = b \cdot h$ (meist am Ende des Räumvorganges) maßgebend. Die Gesamtschnittkraft hängt wesentlich von der Staffelung der Schneiden (Spanungsdicke h) ab. Damit wird die Zahl der Schneiden und die Länge der Räumnadel bzw. die Aufteilung der Zerspanarbeit auf mehrere Nadeln von der verfügbaren Räumkraft der Räummaschine bestimmt.
Die *Schnittleistung* ergibt sich aus der bekannten Beziehung:

$$P_c = F_{cg} \cdot v_c \qquad \text{(E-8)}$$

4 Berechnungsbeispiel

Aufgabe: In die Bohrung eines Werkstücks mit der Länge L = 120 mm aus legiertem Stahl 16 MnCr 5 soll eine Nut (Breite B = 20 mm, Tiefe T = 6 mm) durch Räumen eingearbeitet werden. Zu ermitteln sind für die Schneidenstaffelung $s_z = h$:

a) 0,08 mm/Schneide,
b) 0,16 mm/Schneide,

mit $\lambda = 0°$, $\gamma = 6°$ und v_c = 10 m/min:

1. Teilung t_m der Räumnadel,
2. Länge L_s des Schneidenteiles,
3. erforderliche Räumkraft P_c unter Berücksichtigung der Werkzeugabstumpfung f_{st} = 1,5,
4. Schnittleistung P_c,
   Querschnitt der Nadel an der schwächsten Stelle A_0 = 20 mm · 15 mm = 300 mm². Als zulässige Spannung des Schneidstoffs σ_{zul} wird 350 N/mm² angenommen.

Lösung:

<table>
<tr><th>a)</th><th>b)</th></tr>
<tr><td>

Teilung t_m

Nach Gleichung (E-3) mit der gewählten Raumbedarfszahl $x = 8$:

$t_m = 3\sqrt{h \cdot L \cdot x}$

$t_m = 3\sqrt{0{,}08 \cdot 120 \cdot 8} = 26{,}3$ mm

$t_m = 30$ mm gewählt

</td><td>

$t_m = 3\sqrt{0{,}16 \cdot 120 \cdot 8} = 37{,}2$ mm

$t_m = 42$ mm gewählt

</td></tr>
<tr><td>

Zahl der im Eingriff sich befindenden Schneiden $z_{e\,max}$:

$z_{e\,max} = \frac{L}{t_m} = \frac{120}{30} = 4$

</td><td>

$z_{e\,max} = \frac{120}{42} \approx 3$

</td></tr>
<tr><td>

Nachprüfung der *Sicherheit gegen Bruch* des Werkzeugs nach Gleichung (E-4):

$z_{e\,max\,zul} = \frac{A_0 \cdot \sigma_{zul}}{k_c \cdot b \cdot h}$

Spezifische Schnittkraft nach Gleichung (A-15) mit $k_{c1\cdot1} = 1411$ N/mm² und $z = 0{,}30$ aus Tabelle A-14:

$k_c = k_{c1\cdot1} \cdot \left(\frac{h_0}{h}\right)^z \cdot f_\gamma \cdot f_{sv} \cdot f_f \cdot f_{st}$

$k_c = 1411 \cdot \left(\frac{1}{0{,}08}\right)^{0,3} \cdot 1{,}0 \cdot \left(\frac{100}{10}\right)^{0,1} \cdot 1{,}05 \cdot 1{,}5$

$k_c = 5970$ N/mm²

$z_{e\,max\,zul} = \frac{300 \cdot 350}{5970 \cdot 20 \cdot 0{,}08}$

$z_{e\,max\,zul} = 11{,}0$

</td><td>

$k_c = 1411 \cdot \left(\frac{1}{0{,}16}\right)^{0,3} \cdot 1{,}0 \cdot \left(\frac{100}{10}\right)^{0,1} \cdot 1{,}05 \cdot 1{,}5$

$k_c = 4850$ N/mm²

$z_{e\,max\,zul} = \frac{300 \cdot 350}{4850 \cdot 20 \cdot 0{,}16}$

$z_{e\,max\,zul} = 6{,}77$

</td></tr>
<tr><td colspan="2">

In beiden Fällen liegt die Zahl der sich in Eingriff befindenden Schneiden $z_{e\,max}$ darunter. Die notwendige Sicherheit gegen Bruch ist damit gegeben.

</td></tr>
<tr><td>

Zahl der insgesamt erforderlichen Schneiden bei $z_k = 10$ Kalibrierschneiden:

$z = \frac{T}{h} + z_k$

$z = \frac{6}{0{,}08} + 10 = 85$

</td><td>

$z = \frac{6}{0{,}16} + 10 = 47{,}5 \rightarrow 48$

</td></tr>
<tr><td>

Länge des Schneidenteils L nach Gleichung (E-1) unter Annahme gleichmäßiger Teilung t_m:

$L_s = z \cdot t_m$

$L_s = 85 \cdot 30 = 2550$mm

(auf 2 Räumnadeln aufteilen!)

</td><td>

$L_s = 48 \cdot 42 = 2016$ mm

(evtl. nur 1 Räumnadel erforderlich)

</td></tr>
<tr><td>

Räumkraft F_R = *Gesamtschnittkraft* F_{cg} nach Gleichung (E-7):

$F_R = F_{cg} = b \cdot h \cdot k_c \cdot z_e$

$F_R = 20 \cdot 0{,}08 \cdot 5970 \cdot 4$

$F_R = 38\,200$ N $\hat{=}$ 38,2 kN

</td><td>

$F_R = 20 \cdot 0{,}16 \cdot 4850 \cdot 3$

$F_R = 46\,600$ N = 46,6 kN

</td></tr>
<tr><td>

Schnittleistung P_c nach Gleichung (E-8) unter Annahme einer Schnittgeschwindigkeit $v_c = 10$ m/min:

$P_c = \frac{F_{cg} \cdot v_c}{60\,000}$

$P_c = \frac{38\,200 \cdot 10}{60\,000} = 6{,}4$ kW

</td><td>

$P_c = \frac{46\,600 \cdot 10}{60\,000} = 7{,}8$ kW

</td></tr>
</table>

Ergebnis:

	a)	b)
Teilung t	30 mm	42 mm
Schneidenteillange L_s	2550 mm	2016 mm
Räumkraft F_R	38,2 kN	46,6 kN
Schnittleistung P_c	6,4 kW	7,8 kW

Der Vorteil der großen Spanungsdicke h bei b) gegenüber a) drückt sich in der Verkürzung des Schneidenteils, gleichbedeutend mit einer Verringerung der Räumzeit aus. Dieser Vorteil wird dadurch zum Teil vermindert, daß bei b) die Schnittgeschwindigkeit v_c wegen der großeren spezifischen Schneidenbelastung zweckmäßigerweise etwas herabgesetzt werden mußte, um etwa die gleiche Standzeit wie bei a) zu erreichen.

F Schleifen

Schleifen ist *Spanen* mit einer Vielzahl von *unregelmäßig* geformten Schneiden. Die Schneiden sind die Spitzen und Kanten der *Schleifkörner* aus *natürlichen* oder *synthetischen Schleifmitteln,* die in einem Werkzeug, der *Schleifscheibe* oder dem *Schleifband,* fest eingebunden sind. Die Bearbeitung erfolgt mit großer Schnittgeschwindigkeit (20 bis 100 m/s). Sie erzeugt viele kleine Spuren neben- und übereinander auf der Werkstückoberfläche, in denen der Werkstoff *verformt* und *abgetragen* wird.
Schleifen wird besonders bei schwierigen Arbeitsbedingungen angewandt, wenn wegen der *Härte des Werkstoffs* andere Bearbeitungsverfahren wie Drehen und Fräsen versagen oder wenn eine besonders *feine Oberfläche* oder eine *große Werkstückgenauigkeit* verlangt wird. Zunehmend tritt das Schleifen aber auch in Konkurrenz zum Sägen, Drehen und Fräsen bei *einfachen Arbeitsbedingungen.*
So können drei große Einsatzbereiche für das Schleifen unterschieden werden, die *Grobbearbeitung* von Rohteilen durch Putzen, Säubern und Trennen, die wertmäßig den größten Teil der Schleifscheibenproduktion verbraucht, die *Feinbearbeitung* von Genauigkeitswerkstücken in der Produktion und das *Werkzeugschleifen.*

1 Schleifwerkzeuge

1.1 Formen der Schleifwerkzeuge

Bei der Einteilung der Schleifkörperformen muß man unterscheiden:

1.) *Grundform,*

2.) *Randform* und

3.) *Art der Scheibenbefestigung.*

Grundform und Hauptabmessungen (Bild F-1) richten sich nach dem Schleifverfahren, bei dem die Schleifkörper eingesetzt werden sollen.
Das größte Anwendungsgebiet haben die geraden Schleifscheiben. Sie finden in allen Schleifarten Anwendung. Große Scheibendurchmesser braucht man beim Außenrundschleifen, Flachschleifen, Trennschleifen, kleine Durchmesser besonders beim Innenrundschleifen. Breite Scheiben werden beim Spitzenlosschleifen und Umfangsflachschleifen, schmale besonders beim Trennschleifen eingesetzt.
Die konischen und verjüngten sowie die Topf- und Tellerschleifscheiben mit ihren vielfältigen formen werden beim Schleifen von Werkzeugen, Getriebeteilen und den verschiedensten Werkstücken des Maschinenbaus mit nicht zylindrischer Form eingesetzt. Für diese Zwecke genügen mittlere bis kleine Scheibendurchmesser bei verhältnismäßig schlankem Profil. Aber auch Trenn- und grobe Putzarbeiten können mit Topf- und Tellerscheiben durchgeführt werden.
Die auf Tragscheiben befestigten Schleifkörper haben ihr Haupteinsatzgebiet beim Seitenschleifen. Mit großen Scheibendurchmessern wird meistens die ganze Werkstückbreite überdeckt. Sie sollen großes Zeitspanungsvolumen und lange Standzeit ermöglichen. Deshalb ist auch die Scheibendicke oft beträchtlich.
Schleifstifte dienen hauptsächlich für Grob- und Putzarbeiten. Mit ihren kleinen Abmessungen und einem eingeklebten Stift eignen sie sich besonders zur Aufnahme in Handschleifmaschinen. Je nach Werkstückkontur kann die geeignete Schleifstiftform ausgewählt werden.

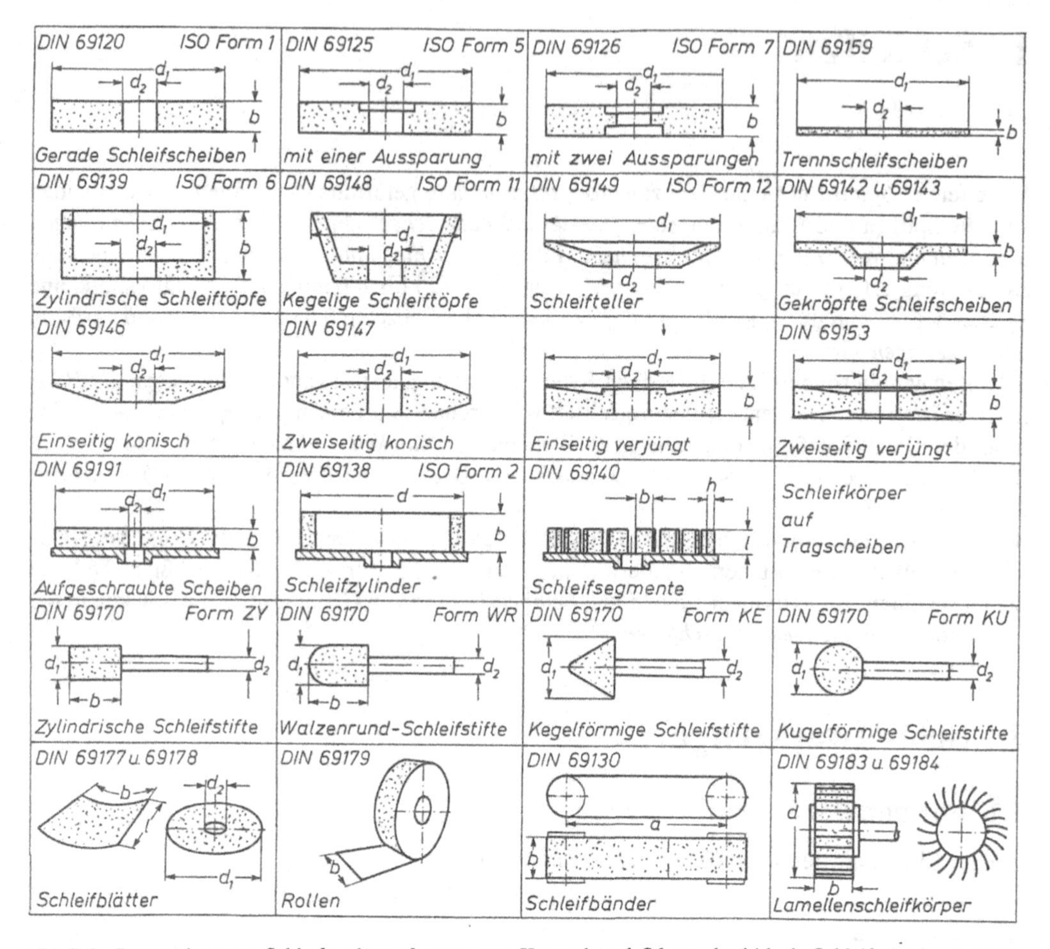

Bild F-1 Die wichtigsten Schleifwerkzeugformen mit Korund und Siliziumkarbid als Schleifmittel mit DIN-Nummer, ISO-Bezeichnung und Hauptabmessungen

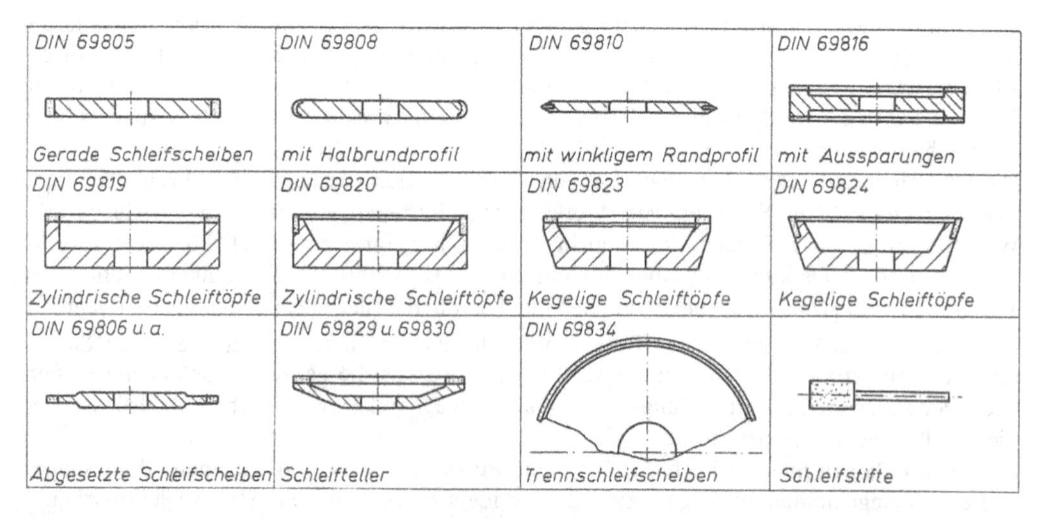

Bild F-2 Auswahl von Schleifscheibenformen mit Diamant und kubischem Bornitrid als Schleifmittel

Das Einsatzgebiet der mit Diamant besetzten Schleifscheiben (Bild F-2) ist auf Nichteisenwerkstoffe begrenzt. Im Maschinenbau werden hauptsächlich Hartmetallwerkzeuge mit ihnen bearbeitet. Diesem Zweck sind die Formen der Scheiben angepaßt. Aus Kostengründen werden große Abmessungen dabei vermieden. Diamantbesetzte Trennscheiben können jedoch auch größere Durchmesser haben. Zur Einsparung von wertvollem Diamantkorn werden nur am Umfang schmale Schleifsegmente aufgesetzt.

Die *Randformen* nach DIN 69 105 sind in Bild F-3 dargestellt. Sie werden mit großen Kennbuchstaben von A bis P bezeichnet. Das Profil kann gerade, abgeschrägt, kantig oder rund sein und verschiedene Flankenwinkel haben. Die Vielfalt der Randformen trägt den besonderen Aufgaben des Formschleifens der Bearbeitung von Gewinden und Verzahnungen sowie dem Nachformen mit Schablonenführung Rechnung. Die Randformen können zu den geraden, konischen und verjüngten Grundformen gewählt werden.

Unter *Befestigungsart* soll hier nur die Formgebung in der Schleifscheibenmitte verstanden werden. Sie dient dazu, Befestigungsvorrichtungen wie Dorne und Flansche aufzunehmen. Die gebräuchlichsten Arten sind in Bild F-1 zu sehen:

1.) zylindrische Bohrung, in die häufig zur besseren Zentrierung Ringe aus Kunststoff oder Stahl eingesetzt sind,
2.) einseitige Aussparung,
3.) beidseite Aussparung,
4.) Lochkranz.

Die Formgebung in Scheibenmitte beeinflußt ihre Festigkeit. Je größer die Bohrung und je tiefer die Aussparung ist, desto stärker leidet die Festigkeit. Damit wird die obere Grenze der zulässigen Schnittgeschwindigkeit herabgesetzt. Besser werden die Festigkeitseigenschaften erhalten bei Scheiben mit eingegossenen Kernen größerer Festigkeit. Diese Kerne können aus Stahlblechkörpern bestehen, die durch ihre Form eine innige Verbindung mit dem Schleifkörper herstellen. Sie sind in der Regel so ausgebildet, daß eine Verbindung zur Schleifmaschinenspindel einfach ist.

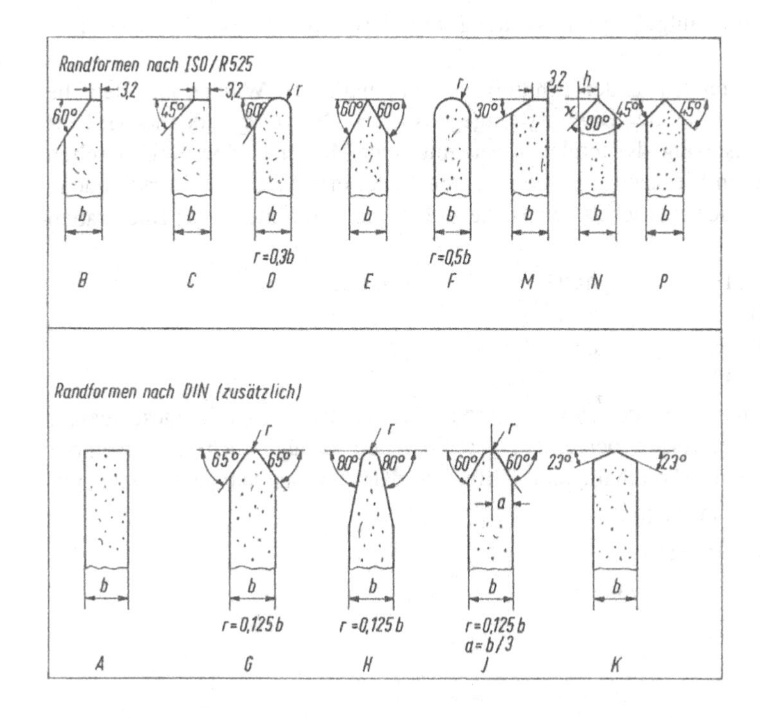

Bild F-3
Randformen für Schleifscheiben nach DIN 69 105

1.2 Bezeichnung nach DIN 69 100

Nach DIN 69 100 soll die Bezeichnung eines Schleifkörpers aus gebundenem Schleifmittel folgende Angaben enthalten: Form und Abmessungen, DIN-Nummer, Zusammensetzung und Umfangsgeschwindigkeit. In einem Beispiel würde das folgendermaßen aussehen:

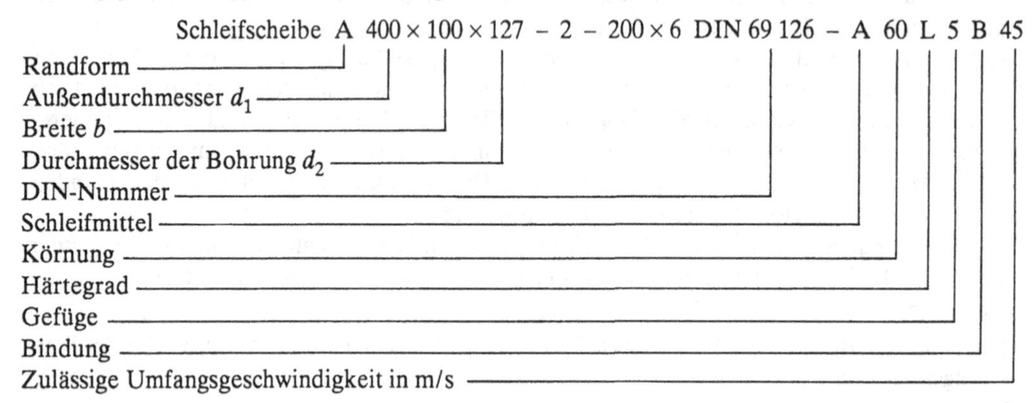

Die *Randform* wird mit einem Kennbuchstaben nach DIN 69 105 (Bild F-3) angegeben. Als Abmessungen folgen Angaben in mm über *Außendurchmesser, Breite, Innendurchmesser* der Aufnahmebohrung, Zahl der Aussparungen, deren Durchmesser und Tiefe. Diese Angaben stimmen im wesentlichen mit der ISO-Empfehlung R 525 überein.

Zur Kennzeichnung der *Grundform* wird die besondere DIN-Norm (s. Bild F-1) eingesetzt. Mit „Werkstoff" sind fünf aufeinanderfolgende Symbole gemeint, die die *Zusammensetzung* der Schleifscheibe kennzeichnen. Sie betreffen Schleifmittel, Körnung, Härtegrad, Gefüge und Bindung.

Schleifmittel: A = Korund, C = Siliziumkarbid. Zur genaueren Bezeichnung des Schleifmittels sind den Herstellern weitere Zeichen freigestellt, die noch vereinheitlicht werden sollen.

Körnung: Die in Tabelle F-2 aufgeführten Körnungsnummern von 6 bis 1200 sind hier einzusetzen.

Härtegrad: Unter der statischen Härte der Bindung versteht man den Widerstand, den die Schleifkörner dem Ausbrechen aus der Bindung entgegensetzen. Dieser Widerstand wird oft durch erfahrene Prüfer gefühlsmäßig als Vergleichswert mit einer Musterscheibe durch Drehen eines Schraubenzieherähnlichen Werkzeugs auf dem Schleifkörper ermittelt. Auch verschiedene maschinelle Prüfverfahren wurden entwickelt. Die Härte wird durch große lateinische Buchstaben bezeichnet:

äußerst weich:	A, B, C, D	hart:	P, Q, R, S
sehr weich:	E, F, G	sehr hart:	T, U, V, W
weich:	H, I, Jot, K	äußerst hart:	X, Y, Z.
mittel:	L, M, N, O		

Gefüge: Je nach dem Volumenanteil der Poren gilt das Gefüge als offen oder geschlossen. Entsprechend liegen die Schleifkörner bei einem geschlossenen Gefüge dichter, bei einem offenen Gefüge weiter auseinander. Durch folgende Ziffern wird der Porengehalt gekennzeichnet:

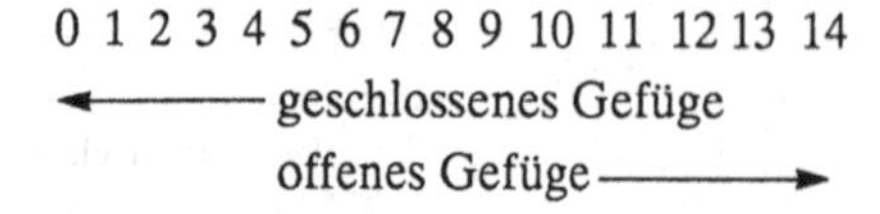

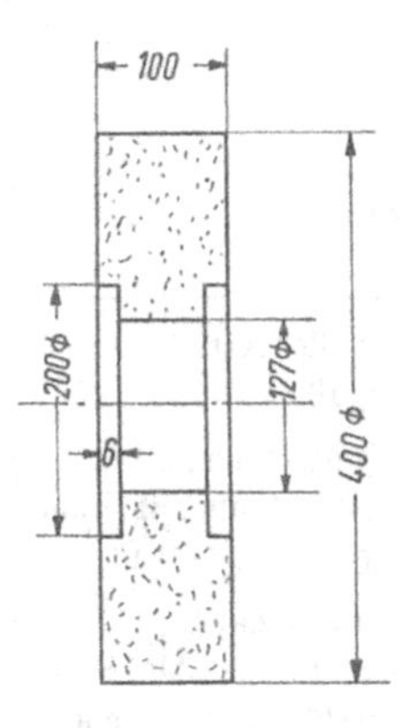

Bild F-4
Form der im Beispiel genannten Schleifscheibe
A 400 × 100 × 127-2-200 × 6
DIN 69126 - A 60 L 5 B 45

Die Gefügebezeichnung ist für faserstoffverstärkte Schleifkörper nicht gültig.

Bindung: Ein Buchstabe kennzeichnet die Art der Bindung.

V = Keramische Bindung	B = Kunstharzbindung
S = Silikatbindung	BF = Kunstharzbindung faserstoffverstärkt
R = Gummibindung	E = Schellackbindung
RF = Gummibindung faserstoffverstärkt	Mg = Magnesitbindung

Auch hier können von den Herstellern zusätzliche Kurzzeichen zur genaueren Kennzeichnung verwendet werden.

Umfangsgeschwindigkeit: Die größte zulässige Umfangsgeschwindigkeit in m/s ist anzugeben. Bei Werten, die über die Höchstumfangsgeschwindigkeit der allgemeinen Unfallverhütungsvorschriften hinausgehen, sind die Vorschriften des DSA (Deutscher Schleifscheibenausschuß) und des Hauptverbandes der gewerblichen Berufsgenossenschaften zu beachten.

Bei dem am Anfang genannten Beispiel handelt es sich um eine gerade Schleifscheibe mit geradem Rand, Aussparungen auf beiden Seiten, in den Hauptabmessungen $d_1 = 400$ mm, $b = 100$ mm, $d_2 = 127$ mm, Schleifmittel Korund, Körnung 60, Härtegrad mittel, Gefüge 5, Kunstharzbindung, für Umfangsgeschwindigkeiten bis 45 m/s (Bild F-4).

1.3 Schleifmittel

Die Schleifmittel bilden mit ihrer zufälligen geometrischen Form in den Schleifscheiben die *Schneiden.* Die wichtigsten Arten sind *Korund, Siliziumkarbid, Borkarbid,* kubisches *Bornitrid* und *Diamant.*

Der *Verwendungszweck,* das Zerspanen hochfester und besonders harter Werkstoffe oder die Feinbearbeitung nach einer Wärmebehandlung oder das grobe Putzen von Gußteilen mit Formsandbestandteilen in der Oberfläche, verlangt von den Schleifmitteln Eigenschaften, die teilweise von denen der Schneidstoffe abweichen. Die wichtigsten Eigenschaften sind:

1.) *Schneidfähigkeit,* d.h. die Härte des Schleifmittels bei Raumtemperatur soll deutlich größer als die des zu zerspanenden Werkstoffs sein.
2.) *Warmhärte,* d.h. wie bei den schon bekannten Schneidstoffen soll mit zunehmender Temperatur der Härteabfall des Schleifmittels nicht zum Verlust der Schneidfähigkeit führen.
3.) *Chemische Beständigkeit,* d.h. das Schleifmittel soll auch bei erhöhter Temperatur mit dem Werkstoff nicht chemisch reagieren und dabei abstumpfen.
4.) *Zähigkeit,* d.h. das Schleifkorn soll Beanspruchungen durch die Schnittkräfte standhalten.
5.) *Sprödigkeit,* d.h. das Korn soll durch Absplittern neue Schneidkanten hervorbringen, wenn nach der Abstumpfung der in Eingriff sich befindenden Schneiden die Zerspanungskräfte zunehmen.

Tabelle F-1 Schleifmittel, ihre wichtigstenEigenschaften und Einsatzgebiete

Schleifmittel	Knoop-Härte kN/mm^2	Dichte g/cm^3	Temperatur-beständigkeit*)	Wärme-leitfähigkeit W/mK	Eignung für
Korund (Al_2O_3)	21	3,92	1750 °C	6	Stähle aller Art, Grauguß
Siliziumkarbid (SiC)	24,8	3,21	1500 °C	55	Grauguß, Oxide, Glas, Gestein, Hartmetall, Stahl mit großem C-Gehalt
Bornitrid, kubisch (CBN)	43/47	3,48	1400 °C	200/700	naß und trocken: Schnellarbeitsstähle, Kaltarbeitsstähle, rostfreie und warmfeste Stähle, Ni-, Cr- und Ti-Legierungen trocken: Grauguß
Diamant (C)	56/100	3,52	800 °C	600/2000	naß und trocken: Hartmetall, NE-Metalle, Oxide, Glas, Gestein naß: Gußeisen, rostfreie und warmfeste Stähle, Ni-, Cr- und Ti-Legierungen, verschleißfeste Ni-Cr- oder Karbidauflagen, Stahl mit großem C-Gehalt

*) in sauerstoffhaltiger Atmosphäre

Eine Übersicht über die Schleifmittel gibt Tabelle F-1. Hier sind auch ihre wichtigsten Eigenschaften wie Härte und Wärmebeständigkeit sowie Angaben über den Verwendungszweck zu finden.

1.3.1 Korund

Der Korund ist das am häufigsten eingesetzte Schleifmittel. Seine wichtigsten *Eigenschaften*, Härte und Zähigkeit, hängen von der Reinheit, die bereits an der Farbe erkennbar ist, ab.
Die *Härte* nimmt mit der Reinheit zu. Sie bestimmt die Schneidfähigkeit des Kornes. Gleichzeitig mit der Härte nimmt auch die *Sprödigkeit* zu. Sie ist wichtig für den Vorgang des Selbstschärfens durch Absplittern des gebundenen Kornes.
Große *Zähigkeit* läßt sich durch einen schnelleren Verlauf der Abkühlung bei der Herstellung, durch geringere Reinheit und durch gezieltes Zumischen anderer Metalloxide erreichen.
In Abhängigkeit von der *Zusammensetzung* und den Eigenschaften des Korunds unterteilt man folgende Arten:

1.) *Edelkorund-weiß* mit über 99,9 % Al_2O_3:
Er wird wegen seiner großen Härte und Sprödigkeit bei legiertem, hochlegiertem oder vergütetem Stahl und bei hitzeempfindlichen Werkzeugstählen, die einen kühlen Schliff erfordern, eingesetzt. Geeignete Verfahren sind alle Arten des Feinschleifens.

2.) *Edelkorund-rosa* mit geringen Zusätzen von Fremdstoffen:
Er hat die gleichen Eigenschaften und Anwendungsgebiete wie Edelkorund-weiß, ist jedoch wegen seiner etwas größeren Kornzähigkeit besonders für das Form- und Profilschleifen geeignet und ergibt Schleifscheiben mit guter Kantenhaltigkeit.

3.) *Rubinkorund,* rubinrot, mit weiteren Beimischungen lösbarer Metalloxide (insbesondere Cr_2O_3):
Dieser besonders hochwertige Edelkorund hat größte Zähigkeit und erlaubt den Einsatz an hochlegierten Stählen.

4.) *Normalkorund,* braun, mit über 94 bis 95 % Al_2O_3:
Sein Anwendungsgebiet ist unlegierter, ungehärteter Stahl, Stahlguß und Grauguß. In Gußputzereien und beim Außenrundschleifen findet er die häufigste Verwendung. Große Zustellungen und Anpreßkräfte verträgt er aufgrund seiner Zähigkeit.

5.) *Halbedelkorund* ist eine Mischung aus Normalkorund und weißem Edelkorund:
Sein Hauptanwendungsgebiet sind Stähle mittlerer Festigkeit und Härte, die gegen Erwärmung nicht so empfindlich sind. Mit stärkeren Anpreßkräften und Zustellungen lassen sich große Zeitspanungsvolumen erzielen.

6.) *Zirkonkorund* mit Beimischungen von 10, 25 oder 40 % Zirkonoxid, das im Korund löslich ist.
Der besonders zähe Zirkonkorund wird mit Normalkorund gemischt zu Schleifscheiben für das Hochdruckschleifen verarbeitet. Damit sind größte Abtragleistungen beim Schleifen großer Flächen möglich.

Mit *Sonderverfahren* der *Korundkristallisation* kommen immer wieder neue Schleifkornarten in den Handel. Sie haben entweder eine besonders scharfkantige oder längliche Form, bestehen aus extra spröden Einkristallen oder werden chemisch abgeschieden. Ziel dieser Entwicklungen sind veränderte Eigenschaften, z.B. größere Splitterfreudigkeit, um wärmeempfindliche Werkstücke noch schonender zu schleifen oder größere Härte, um längere Standzeiten der Kornkanten zu erhalten, oder um die Neigung des Korunds zum Abstumpfen zu verringern. Bisher haben die höheren Kosten der Herstellung verhindert, daß diese Korundarten ein größeres Anwendungsgebiet fanden.

1.3.2 Siliziumkarbid

Siliziumkarbid zeichnet sich durch seine harten und scharfkantigen länglichen Kristalle aus. Ein Korn besteht meist nur aus einem oder wenigen Kristallen. Es ist härter und spröder als Korund (s. Tabelle F-1). Bei starker Erwärmung neigt es zur Abgabe von Kohlenstoffatomen an dafür aufnahmefähige Stoffe wie Eisen. Deshalb ist es genauso wenig wie Borkarbid und Diamant für die Bearbeitung von Stahl mit niedrigem und mittlerem Kohlenstoffgehalt geeignet.
Das *Anwendungsgebiet* des weniger reinen *dunklen Siliziumkarbids* ist vor allem das Putzen und Trennen von Grauguß, die Bearbeitung von Nichteisenmetallen, austenitischen Chrom-Nickel-Stahl und keramischen oder mineralischen Erzeugnissen.
Das hochwertigere *grüne Siliziumkarbid* wird für die Hartmetallbearbeitung, für Glas, Porzellan, Marmor, Edelsteine, Kunststeine und für die Feinbearbeitung von Leicht- und Buntmetallerzeugnissen eingesetzt.

1.3.3 Bornitrid

Für Zerspanungsaufgaben ist nur die *kubisch* kristalline Form des Bornitrids CBN geeignet. Sie kommt in der Natur nicht vor und muß aus dem weicheren hexagonal kristallisierten Bornitrid (Bild F-5b) bei Temperaturen von 2000 bis 3000 K und Drücken von 110 bis 140 kbar synthetisch erzeugt werden. 1957 wurde die Synthese zum ersten Mal von Wentorf durchgeführt [116]. Er nannte den Stoff *Borazon.* Die technische Gewinnung wird jedoch unter Anwendung von Kata-

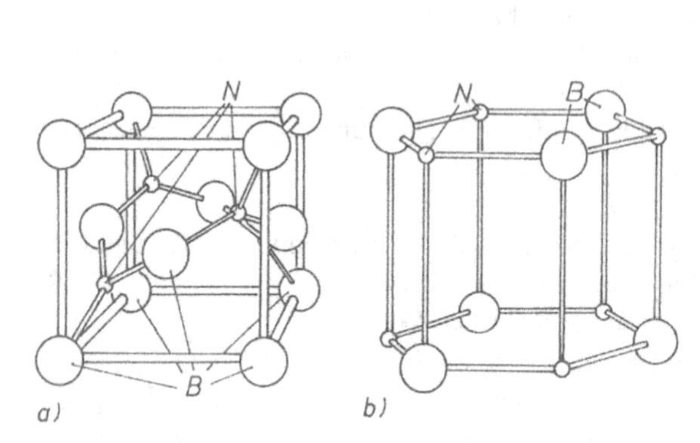

Bild F-5 Modelle der Kristallgitterformen von Bornitrid

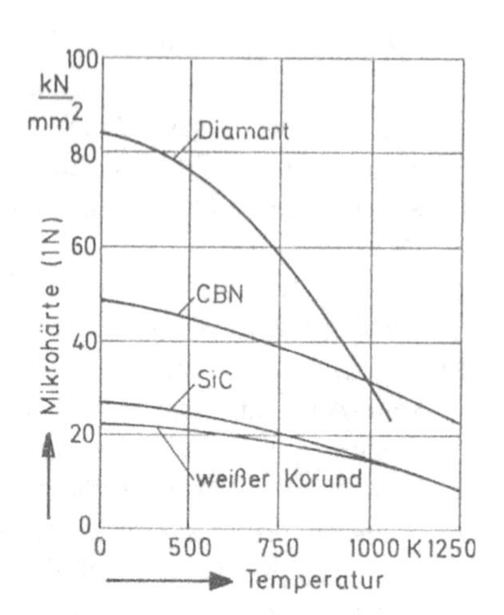

Bild F-6 Temperaturabhängigkeit der Mikrohärte einiger Schleifmittel, gemessen mit einem Akashi-Härtemesser [52]

lysatoren schon bei 1800 bis 2700 K und 50 bis 90 kbar durchgeführt. Wegen des kostspieligen Verfahrens ist der Preis für das fertige Schleifkorn ähnlich hoch wie bei künstlichem Diamant. Das Korn kann *monokristallin* mit glatten Oberflächen oder *polykristallin* als Block bei der Herstellung entstehen. Bei der monokristallinen Art unterscheiden sich einige Sorten durch unterschiedliche Härte und Zähigkeit. Der polykristalline Block wird durch Zerkleinerung zu feinen Körnungen weiterverarbeitet. Das so entstehende Schleifkorn ist zäher als ein monokristallines Korn und bleibt bei Mikroausbrüchen scharf, weil neue Kanten entstehen. Das CBN-Korn wird in dünner Schicht auf die Schleifkörper aus Keramik, Metall oder Kunststoff aufgebracht und mittels der Bindung aus Kunstharz, Sinterbronze oder galvanisch erzeugten Metallschichten befestigt. Inzwischen gibt es auch keramisch gebundene CBN-Schleifscheiben, die sich besonders gut abrichten lassen.

Die *thermische Beständigkeit* des Bornitrids bis 1400 °C in trockener Atmosphäre beruht auf der Bildung einer Boroxidschicht, die das Korn vor weiterer Zersetzung schützt. Allerdings geht sie mit Wasserdampf in Lösung. Deshalb sollte als Kühlschmiermittel Mineralöl, eine fettere Wasser-Öl-Emulsion oder synthetische Kühlschmiermittel verwendet werden.

Eine weitere für Zerspanungsaufgaben wichtige Eigenschaft ist die *Härtebeständigkeit* bei zunehmender Temperatur. Bild F-6 zeigt diese Warmhärte für einige Schleifmittel. Man erkennt die Überlegenheit von kubischem Bornitrid gegenüber anderen Schleifmitteln. Über 1000 K ist es sogar härter als Diamant.

Bornitrid geht keine chemische Verbindung mit Eisen ein. Das eröffnet ihm gegenüber Diamant als Anwendungsgebiet das *Schleifen von gehärtetem Stahl.* Bei hochlegierten Werkzeugstählen erzeugen nur Chrom- und Kobaltanteile größeren Verschleiß am CBN-Korn. Vanadium dagegen hat wie alle anderen Karbidbildner keinen ungünstigen Einfluß auf sein Verschleißverhalten. Vanadiumhaltige Schnellarbeitsstähle, an denen andere Schleifmittel versagen, können daher besonders wirtschaftlich mit CBN-Scheiben geschliffen werden [49].

Bei der Bearbeitung von vergüteten Werkzeugstählen kommt ein weiterer Vorteil zur Wirkung: Borkarbid schleift wegen seiner aggressiven aber beständigen Schneidkantenform besonders kühl. Dadurch wird die Oberfläche der Werkstücke weniger stark erwärmt als beim Schleifen mit

Korund. Weichhautbildung (Anlaßvorgang an der Oberfläche) und Wärmespannungsrisse werden vermieden. Die so fertiggeschliffenen Werkzeuge aus HSS haben eine besonders lange Standzeit. Nach der Entwicklung keramischer Bindungen werden CBN-Schleifscheiben immer mehr auch in der Produktion an gehärteten Stahlwerkstoffen eingesetzt. Besonders beim Innenrundschleifen ist der geringe Verschleiß von Vorteil. Das Auswechseln der Schleifscheiben wird seltener und die Schleifspindeln können stabiler gemacht werden [50].
Nicht geeignet für die Bearbeitung mit kubischem Bornitrid sind weicher Stahl, Hartmetall, Nichteisenmetalle, verschleißfeste Auftragungen aus Cr, Ni oder Karbiden und Nichtmetalle [51].

1.3.4 Diamant

Diamant ist wie CBN kubisch raumzentriert kristallisierter Kohlenstoff (Bild F-5a). Zum Schleifen stehen natürliche und künstliche Körnungen zur Verfügung.
Die *natürlichen Diamanten* haben eine größere Reinheit und sind im allgemeinen gleichmäßiger auskristallisiert. Die äußere Form kann von den Kristallwachstumsgrenzen oder von zufälligen Bruchstellen bestimmt sein. Sie ist mehr oder weniger zufällig.
Künstliche Diamanten werden bei Temperaturen von über 3000 K und Drücken von etwa 10 kN/mm^2 = 100 kbar erzeugt. Geringe metallische Verunreinigungen, die für die Herstellung notwendig sind, verursachen eine leichte Färbung. Die Eigenschaften als Schleifmittel werden davon jedoch nicht beeinflußt. Diese werden in der Hauptsache vom kristallinen Aufbau bestimmt. Es gibt monokristalline Formen mit einer größeren Zahl von schneidfähigen Kanten, länglich kristallisierte Körnungen, die bei ausgerichteter Einbindung eine besonders gute Ausnutzung des teuren Schleifmittels erlauben, und aus feinem Einzelkorn zusammengesinterte Körnungen, die eine hohe Oberflächengüte am Werkstück erzeugen. Oft werden sie mit Metallummantelungen aus Nickel, Kupfer oder besonderen Legierungen versehen, die 30 % bis 60 % des Gewichts ausmachen. Dadurch wird der Zusammenhalt des Korns erhöht, die Verankerung in Kunstharzbindung verbessert und die Wärmeableitung von den Schneidkanten vergrößert.
Die hervorstechendste Eigenschaft ist seine von keinem anderen Stoff übertroffene *Härte* (s. Tabelle F-1). Einschränkend für seine Verwendbarkeit als Schleifmittel wirken:

1.) der *hohe Preis*. Die Gewinnungskosten für natürliche und künstliche Diamanten sind sehr hoch, und die Preisbindung durch internationale Kartelle läßt keine Schwankungen zu,
2.) die verhältnismäßig *schlechte Wärmebeständigkeit;* ab 1100 K sind Reaktionen mit Sauerstoff möglich, die zum Verschleiß und Abstumpfen führen,
3.) die Neigung zur Abgabe von Kohlenstoff an Eisenwerkstoffe ab 900 K. Metallummantelungen können die Temperatur der Schneidkanten niedrighalten. Trotzdem bleibt die *Anwendung bei Stahl* sehr *eingeschränkt,*
4.) die Verringerung der Härte mit zunehmender Temperatur (s. Bild F-6),
5.) *Sprödigkeit* und *Schlagempfindlichkeit;* sie können durch Metallummantelung des Kornes gemildert werden.

Folgende Werkstoffe können bearbeitet werden:
Kunststoffe, Elektrokohle, Keramik, Porzellan, feuerfeste Steine, Germanium, Glas, Graphit, Hartmetall (auch vorgesintert), Schneidkeramik, Silizium, Gummi, Buntmetalle, Eisenkarbid-Legierungen wie Ferrotic und Ferrotitanit, Siliziumkarbid.
Mit metallummanteltem Korn außerdem:
Stahl-Hartmetallkombinationen (auch mit Hartlot), Nickel- und Chromlegierungen, rostfreie Stähle, Kugellagerstahl, Gußeisen, Werkzeugstähle mit großem Kohlenstoff- und geringem Vanadiumgehalt.

1.4 Korngröße und Körnung

Die *Korngrößen* werden bei der Schleifmittelherstellung durch Aussieben oder durch Sedimentation getrennt. Früher galt die Feinheit des Siebes, durch das ein Korn noch hindurchpaßte, als Maß für die Körnung. Dabei war die Zahl der Siebmaschen pro Zoll Kantenlänge (US-mesh) die Siebbezeichnung und die Körnungsnummer.
Infolgedessen ist also das Korn feiner, je größer die Körnungsnummer ist. Heute sind in DIN 69 101 die Körnungsnummern von F 4 bis F 1200 (Tabelle F-2) nach diesem alten Verfahren übernommen worden. Den *Makrokörnungen* von F 4 bis F 220 werden Prüfsiebe bestimmter

Tabelle F-2: Körnungen aus Elektrokorund und Siliziumkarbid nach DIN 69 101

Bezeichnung	Maschenweite	
F 4	8,00 mm	Makrokornungen
F 5	6,70 mm	
F 6	5,60 mm	
F 7	4,75 mm	
F 8	4,00 mm	
F 10	3,35 mm	
F 12	2,80 mm	
F 14	2,36 mm	
F 16	2,00 mm	
F 20	1,70 mm	
F 22	1,40 mm	
F 24	1,18 mm	
F 30	1,00 mm	
F 36	850 µm	
F 40	710 µm	
F 46	600 µm	
F 54	500 µm	
F 60	425 µm	
F 70	355 µm	
F 80	300 µm	
F 90	250 µm	
F 100	212 µm	
F 120	180 µm	
F 150	150 µm	
F 180	125 µm	
F 220	106 µm	
	mittlere Korngröße	
F 230	53,0 µm	Mikrokörnungen
F 240	44,5 µm	
F 280	36,5 µm	
F 320	29,2 µm	
F 360	22,8 µm	
F 400	17,3 µm	
F 500	12,8 µm	
F 600	9,3 µm	
F 800	6,5 µm	
F 1000	4,5 µm	
F 1200	3,0 µm	

Tabelle F-3 Diamantkörnungsgrößen nach DIN 848

DIN 848	Vergleichskörnung US-mesh	
D 1181	16/18	Makrokörnungen
D 1001	18/20	
D 851	20/25	
D 711	25/30	
D 601	30/35	
D 501	35/40	
D 426	40/45	
D 356	45/50	
D 301	50/60	
D 251	60/70	
D 213	70/80	
D 181	80/100	
D 151	100/120	
D 126	120/140	
D 107	140/170	
D 91	170/200	
D 76	200/230	
D 64	230/270	
D 54	270/325	
D 46	325/400	
D 35		Mikrokörnungen
D 30		
D 25		
D 15		
D 7		
D 3		
D 1		
D 0,7		
D 0,25		

Maschenweite zugeordnet. Den feineren *Mikrokörnungen*, die durch ein Sedimentationsverfahren geprüft werden, wird dagegen eine mittlere Korngröße d_{s50} (50 % Anteil) und eine statistisch ermittelte d_{s3} (3 %)-Größe zugeordnet. Die mittlere Korngröße ist in Tabelle F-2 angegeben. Nach DIN 69 101 würde die Bezeichnung der Körnung für eine Schleifscheibe folgendermaßen lauten:

Siliciumcarbid DIN 69 101 – F 80.

Vielfach werden in Schleifscheiben Mischungen verschiedener Körnungen verarbeitet. Die gröbste ist dann die Nennkörnung. Diese Scheiben sollen große Schleifleistungen mit sauberem Schliff und besonderer Standfestigkeit der Kanten- und Profilform vereinigen. Die *Diamantkörnungsgrößen* sind in DIN 848 genormt (Tabelle F-3). Diese Norm berücksichtigt neben der Korngröße das Siebgrößenintervall in der letzten Stelle. Auch kubisches Bornitrid wird mit diesen Körnungsnummern bezeichnet, wobei statt des vorangestellten „D“ ein „B“ zu setzen ist. Für Schleifscheiben werden hauptsächlich die Körnungen D 15 bis D 251 verwendet.
Die Nummern entstehen aus Addition der Siebmaschenweite in µm und dem Siebgrößenintervall (1 oder 2). Zum Beispiel ist D 151 die Bezeichnung einer Diamantkörnung, bei deren Prüfung ein oberes Prüfsieb mit 150 µm Maschenweite und ein unteres mit 125 µm verwendet wird. Das Siebgrößenintervall ist 1. Kennzahl: 150 + 1 = 151, Diamant = D. Es ist zu beachten, daß bei Diamant und Bornitrid die Körnungsbezeichnung mit der Korngröße zunimmt.
Die *Form des Kornes* ist sehr vielgestaltig. Sie kann länglich, sogar spitz oder mehr kubisch bis rundlich sein. Die schleifende Wirkung erhält es durch seine vielen Kanten, die scharf sein müssen, um den Werkstoff angreifen zu können. Bei grob kristallinem Aufbau des Kornes wie bei Siliziumkarbid oder Naturdiamant folgen die Kanten der Kristallgitterstruktur, brechen aber im Gebrauch auch unregelmäßig aus und legen dann neue Schleifkanten frei, die wieder anderen Gitterlinien folgen. Die vielkristallinen Formen von einigen Korundarten, Bornitrid und synthetischem Diamant lassen erst bei optischer Vergrößerung die sehr viel unregelmäßigeren Kantenformen erkennen. Der Vorgang des Selbstschärfens (Ausbrechen von stumpfen Schneiden) läuft in der gleichen Weise ab wie bei den grobkristallinen Kornarten.

1.5 Bindung

Die Aufgaben der Bindung in der Schleifscheibe sind:

1.) *Festhalten des Kornes* in seiner Lage,
2.) *Freigeben des Kornes,* wenn es nach mehrmaligem Absplittern keine scharfen Kanten mehr bilden kann.
3.) *Bildung von Spanräumen* vor den Schneidkanten durch leichte Abtragbarkeit.

Die Bindung ist für Härte und Elastizität der Schleifscheibe maßgebend. Je nach Werkstoff und Einsatzzweck sind die geforderten Eigenschaften verschieden. Entsprechend sind verschiedene Bindungsarten entwickelt worden:
Keramische Bindungen sind am gebräuchlichsten. Sie sind ähnlich wie Porzellan hart und spröde. Durch Zuschläge von Quarz, Silikaten und Feldspat lassen sich ihre Eigenschaften stark beeinflussen. Das mit Schleifkorn versetzte Bindungsgemisch wird in Formen gepreßt, getrocknet und bei 900 °C bis 1400 °C je nach Zusammensetzung gebrannt. Die entstehenden Schleifscheiben sind porös und unempfindlich gegen Wasser, Öl, Schleifsalze und Wärme. Über die normalen Arbeitsgeschwindigkeiten hinaus sind sie bei besonderer Genehmigung durch den Deutschen Schleifscheibenausschuß DSA bis zu einer Umfangsgeschwindigkeit von 100 m/s einsetzbar. Sie werden heute fast ausschließlich zur Feinbearbeitung im Maschinenbau und auf Schleifböcken eingesetzt.
Silikat-Bindung ergibt verhältnismäßig weiche Schleifscheiben. Natriumsilikat Na_2SiO_3 wird mit Korn und Zuschlägen gemischt, in Formen gepreßt und bei 300 °C ausgehärtet. Die entstehenden

Schleifkörper sind gegen Wasser verhältnismäßig beständig. Sie liefern wegen ihres großen Porengehalts einen kühlen Schliff und werden deshalb besonders gern für die Bearbeitung dünner Werkstücke, die bei Erwärmung schnell anlaufen würden, eingesetzt. Die Besteckindustrie ist Hauptabnehmer für silikatgebundene Schleifscheiben. Diese sind aber wegen ihrer geringen Festigkeit nur bis zu einer Höchstgeschwindigkeit von 25 m/s einsetzbar.
Magnesit-Bindung (chemisch $MgCO_3$) wird auch als mineralische Bindung bezeichnet. Sie ergibt Schleifscheiben mit dichtem Gefüge, die einen glatten Schliff liefern. Diese werden in ihre Formen gegossen und härten beim Trocknen aus. Ein Brennvorgang wie bei keramischer Bindung entfällt. Infolge ihrer geringen Festigkeit dürfen sie nur mit Schnittgeschwindigkeiten bis 25 m/s betrieben werden. Sie sind empfindlich gegen Wasser und Feuchtigkeit und verändern sich chemisch, wenn sie nicht trocken lagern. Eine Ablagerung von 3 bis 4 Wochen vor dem ersten Einsatz ist erforderlich. Aber Überalterung von mehr als einem Jahr ist schädlich. Haupteinsatzgebiete sind die Messer- und die Betonsteinindustrie.
Kunstharz-Bindungen sind hauptsächlich bei Erwärmung aushärtende Bakelit-Arten. Ihre Brenntemperaturen betragen 170 °C bis 200 °C. Die Schleifscheiben sind sehr griffig und schneiden sich leicht frei. Ihre größere Festigkeit und Elastizität erlaubt Schnittgeschwindigkeiten bis 80 m/s bei Verstärkung durch Gewebe auch bis 100 und 125 m/s. Sie finden Anwendung vor allem in Trennscheiben und Schruppscheiben der Gußputzereien, wo sie mit einer hohen Schnittgeschwindigkeit große Spanleistungen erzielen und besonders wirtschaftlich sind. Darüber hinaus sind sie unentbehrlich bei Anwendung erhöhter Schnittgeschwindigkeiten beim Flach- und beim Rundschleifen. Die besondere Elastizität aller organischen Bindungsarten schützt das Korn vor Überbelastung bei groben Schrupparbeiten und lassen relativ große seitliche Kräfte zu.
In Diamantscheiben wird Phenolharz und Polyimid verwendet. Durch Zusätze von Siliziumkarbid, Korund oder Graphit, die 40 % bis 70 % des Bindungsvolumens ausmachen, werden die Eigenschaften beeinflußt. Die Verschleißfestigkeit wird vergrößert, die Reibung im Einsatz der Scheibe am Werkstück verkleinert. Polyimid läßt sich bei 800 °C und großem Druck in Formen pressen.
Eine weitere Neuentwicklung sind acrylharzgebundene Korund-Schleifscheiben, die mit einem festen Schmierstoff (Metallseifen) getränkt sind. Sie haben nahezu keinen Porenraum und erzeugen große Normalkräfte, aber kleine Schleiftemperaturen [53].
Gummi-Bindung aus vulkanisiertem Kautschuk ist elastisch und zäh. Sie gibt den Schleifscheiben große Festigkeit bei dichtem Gefüge. Derartige Schleifscheiben werden einerseits für die Bearbeitung besonders schmaler oder feingliedriger Profile, z.B. Gewinde, eingesetzt, andererseits an spitzenlosen Schleifmaschinen als Regelscheiben bevorzugt. Sie werden für Schnittgeschwindigkeiten bis 60 m/s zugelassen.
Schellack-Bindung ist ebenfalls sehr elastisch. Mit besonders feinem Korn ausgestattet ergibt sie Schleifscheiben, die für Polierzwecke geeignet sind. Ein besonderes Einsatzgebiet ist die Feinbearbeitung von Walzen für die Weißblech- und Kunststoff-Folienherstellung. Damit sind feinste Oberflächen mit Rauhtiefenwerten von $R_t = 0{,}2 \ldots 0{,}3\ \mu m$ bei Schnittgeschwindigkeiten bis 60 m/s erreichbar.
Metallische Bindung, besonders Sinterbronze mit 60 bis 80 % Kupferanteil wird bei Diamantwerkzeugen verwandt. Schleifsegmente werden aus einer Mischung von Diamantkörnung und Metallpulver gepreßt, gesintert und anschließend auf den Trägerkörper aufgelötet. Einlagige Diamantschichten werden durch galvanisches Auftragen von Nickel, Titan oder Kobalt gebunden, wobei die Träger vorher verkupfert werden. Diese Werkzeuge lassen sich nur verwenden, bis die Kornschicht verbraucht ist.

1.6 Schleifscheibenaufspannung

Schleifscheiben besitzen mit ihren hohen Umfangsgeschwindigkeiten im Betrieb eine große kinetische Energie. Zusätzlich wirken innerhalb der Scheibe starke Fliehkräfte. Bei unsachgemäßer Behandlung kann eine Schleifscheibe unter dieser Belastung zerspringen und die Umgebung gefährden. Deshalb werden durch die *Unfallverhütungsvorschriften* VBG 7n6 [54] enge Richtlinien für die Behandlung der Schleifkörper gegeben, von denen nur mit Genehmigung des Deutschen Schleifscheibenausschusses abgewichen werden darf. Danach gelten für das Aufspannen (§ 7) u.a. folgende Regeln:

1.) Schleifkörper sind mit *Spannflanschen* aus Gußeisen, Stahl oder dgl. zu befestigen, wenn nicht die Art der Arbeit oder des Schleifkörpers eine andere Befestigungsart verlangt.

2.) Der *Mindestdurchmesser* der Spannfläche muß betragen: 1/3 des Schleifkörperdurchmessers bei Verwendung von Schutzhauben (Bild F-7a),
2/3 des Scheibendurchmessers bei geraden Schleifscheiben, die anstelle von Schutzhauben mit Sicherheits-Zwischenlagen betrieben werden (Bild F-7b),
1/2 des Scheibendurchmessers bei konischen Scheiben (Bild F-7c).

3.) Die Spannflansche sind so auszusparen, daß eine *ringförmige Fläche* mit einer Breite von etwa 1/6 des Spannflanschdurchmessers anliegt. Es dürfen nur gleichgeformte Spannflansche verwendet werden.

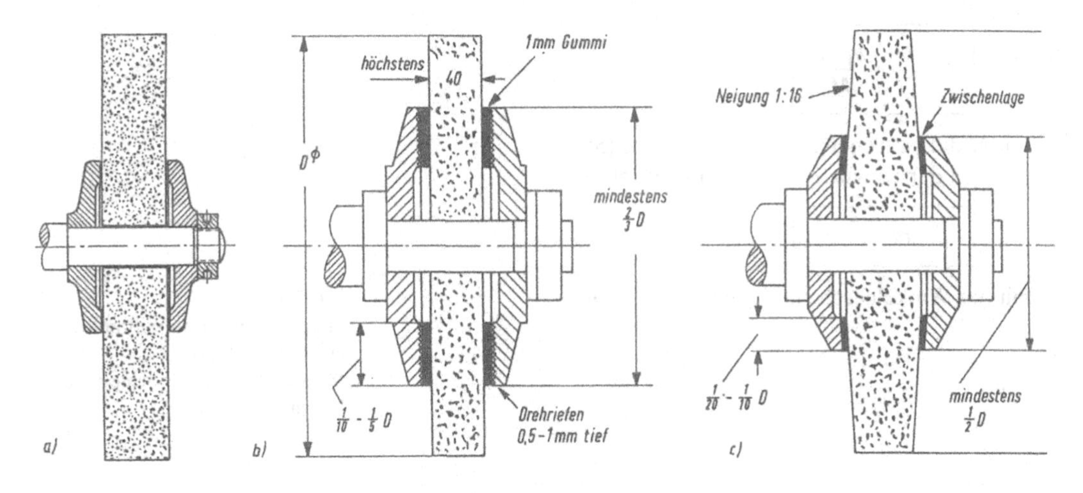

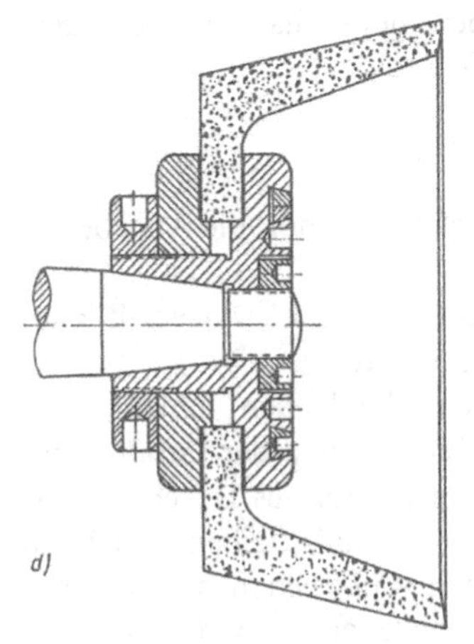

Bild F-7 Aufspannungen von Schleifscheiben
a) Spannflansch für gerade Schleifscheiben, die mit Schutzhauben verwendet werden
b) und c) Spannflansche für konische und gerade Schleifscheiben mit Sicherheitszwischenlagen
d) Spannflansch für Topfscheiben

4.) Zwischen Schleifkörper und Spannflansch sind *Zwischenlagen* aus elastischem Stoff (Gummi, weiche Pappe, Filz, Leder oder dgl.) zu legen.

1.7 Auswuchten von Schleifscheiben

1.7.1 Unwucht

Ungleichmäßige Dichte bei der Herstellung, kleine Fehler der geometrischen Form und nicht ganz zentrische Aufspannung sind die Ursachen der Unwucht bei Schleifscheiben. Mit der Abnutzung ändert sich die Lage und Größe der Unwucht nicht vorhersehbar. Folgen der Unwucht sind Schwingungen, Rattermarken am Werkstück, Welligkeit und größere Rauheit der Oberfläche.

Als Unwucht U ist ein punktförmig gedachtes Übergewicht der Masse m im Abstand r von der Drehachse der Schleifscheibe zu verstehen (Bild F-8)

$$U = m \cdot r$$

Infolge dieser Unwucht liegt die Hauptträgheitsachse der Schleifscheibe außerhalb der Drehachse. Die sehr kleine Exzentrizität ist

$$e = \frac{U}{M} = \frac{m \cdot r}{M}$$

mit M der ganzen Schleifscheibenmasse [55].

Die von der Unwucht erzeugte Fliehkraft ist

$$F = m \cdot r \cdot \omega^2$$

mit der Winkelgeschwindigkeit $\omega = 2 \cdot \pi \cdot n$.

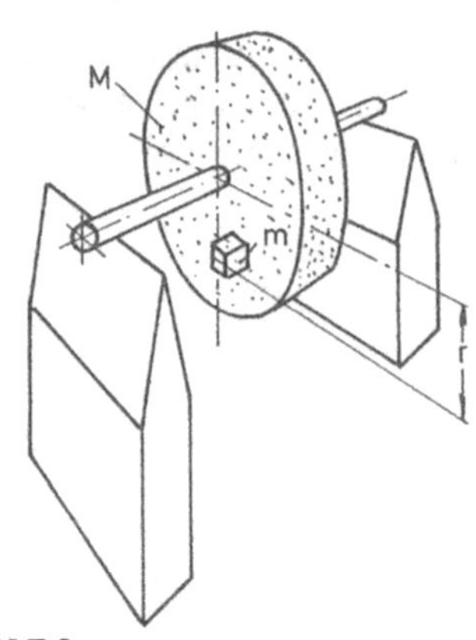

Bild F-8
Statische Unwuchtermittlung auf einem Abrollbock
M Gesamtmasse der Schleifscheibe
U = m · r Unwucht

Die Drehzahl n und damit die Schleifgeschwindigkeit v_c wirkt sich bei einer vorhandenen Unwucht also quadratisch auf die umlaufende schwingungserzeugende Kraft F aus.

1.7.2 Unwucht messen

Die Unwucht kann als Vektor aufgefaßt werden. Zu ihrer Kennzeichnung gehört die Angabe der Lage und der Größe.

Ein einfaches *statisches Meßverfahren,* das Abrollen auf einem Abrollbock oder auf zwei Schneiden (Bild F-8), eignet sich nur zum Feststellen der Lage einer Unwucht.

Dynamische Meßverfahren nutzen die bei schnellerer Drehung durch den umlaufenden Fliehkraftvektor entstehenden Schwingungen zur Bestimmung der Lage und der Größe einer Unwucht. Schmale Schleifscheiben, deren Breite kleiner ist als ein Drittel des Durchmessers, brauchen nur in einer Ebene ausgewuchtet zu werden. Breitere Schleifscheiben, die beim Formschleifen oder Spitzenlosschleifen verwendet werden, müssen in zwei Ebenen ausgewuchtet werden. Das bedeutet, daß auch die axiale Lage einer Unwucht festzustellen ist (Bild F-9).

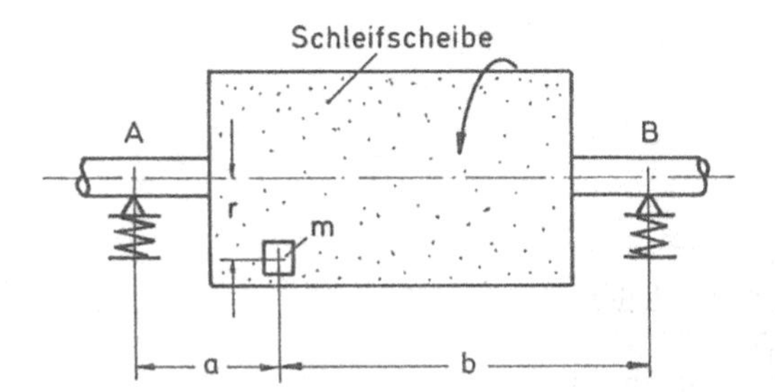

Bild F-9
Dynamisches Messen der Unwucht an breiten Schleifscheiben in zwei Ebenen
A, B Meßebenen
m · r Unwucht
a, b Abstand von den Meßebenen

1.7.3 Unwucht ausgleichen

Die gemessene Unwucht muß ausgeglichen werden. Das kann durch einseitiges Wegnehmen von Schleifscheibenmasse, durch Hinzufügen von Masse auf der der Unwucht gegenüberliegenden Seite oder durch Verlagern von vorhandenen Auswuchtmassen geschehen.
Das *Wegnehmen* von Schleifscheibenmasse durch Kratzen oder Aushöhlen ist einfach, führt aber immer zu einer Schwächung der Scheibenfestigkeit. Es sollte davon abgeraten werden.
Das *Hinzufügen* von Masse kann auf verschiedene Arten durchgeführt werden. Die Schleifscheibe selbst kann Ausgleichsmasse aufnehmen. Feinkorn oder ein sich verfestigendes Imprägniermittel kann in die Poren des Gefüges eingestrahlt werden.
Im Befestigungsflansch können Kammern vorgesehen sein für Auswuchtmassen oder für das Einspritzen von Flüssigkeit während des Betriebs.
Oft sind Ausgleichsmassen im Flansch oder in der Spindel oder im Spindelkopf vorbereitet, die durch *Verlagerung* eine Unwucht ausgleichen können Bei einigen Auswuchtverfahren wird nach dem Messen der Unwucht die Schleifspindel angehalten und die Unwucht durch Verschieben der Ausgleichsmassen korrigiert. Meistens sind mehrere abgestufte Auswuchtgänge erforderlich. Bei anderen Verfahren können die Ausgleichsmassen während des Betriebs verlagert werden. Dazu braucht die Schleifspindel nicht angehalten zu werden.
Zum Unwuchtmessen in zwei Ebenen gehört auch das *Ausgleichen* der Unwucht *in zwei Ebenen.* Dadurch wird ein Taumelschlag beseitigt, der bei breiten Schleifscheiben auftreten kann. Meistens werden die beiden Flanschseiten für den Unwuchtausgleich benutzt. Meß- und Ausgleichsebenen müssen nicht zusammenfallen.

2 Kinematik

2.1 Einteilung der Schleifverfahren in der Norm

Die in der Praxis gebräuchlichen Schleifverfahren werden durch die Stellung von Schleifscheibe und Werkstück zueinander und durch die aufeinander abgestimmten Bewegungen, aus denen die Werkstückform entsteht, bestimmt. Als *Hauptbewegungen* werden die Schnittbewegung der Schleifscheibe, die Werkstückrotation und weitere Vorschubbewegungen unterschieden. *Nebenbewegungen* sind Anstellen, Zustellen und Nachstellen wie bei den Zerspanverfahren mit geometrisch bestimmten Schneiden.
Die Einteilung der Schleifverfahren nach DIN 8589 (Bild F-10) nimmt auf die *Werkstückform* in der 4. Stelle der Ordnungsnummer, auf die *Stellung der Schleifscheibe zum Werkstück* in der 5. und 6. Stelle und auf die *Vorschubbewegung* besonders in der 7. Stelle der Ordnungsnummer Rücksicht. Bei dieser neuen Einteilung, die seit Januar 1984 als Normentwurf vorgeschlagen ist, finden sich gewohnte Verfahrensbezeichnungen wie „Einstechschleifen" und „Stirnschleifen" nicht mehr. Sie sind zu ersetzen durch „Umfangsquerschleifen" und „Seitenschleifen".

3.3.1
Schleifen mit rotierendem Werkzeug

4. Stelle der Ordnungsnummer

3.3.1.1 Planschleifen	3.3.1.2 Rundschleifen	3.3.1.3 Schraubschleifen
3.3.1.4 Wälzschleifen	3.3.1.5 Profilschleifen	3.3.1.6 Formschleifen

5. Stelle der Ordnungsnummer

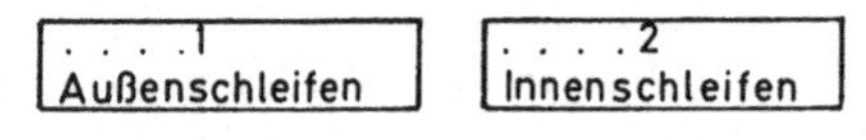

6. Stelle der Ordnungsnummer

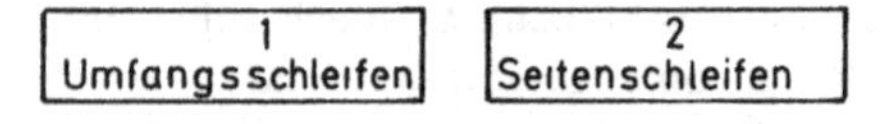

7. Stelle der Ordnungsnummer

Bild F-10
Ordnungsschema der Schleifverfahren mit rotierendem Werkzeug nach DIN 8589 Teil 11

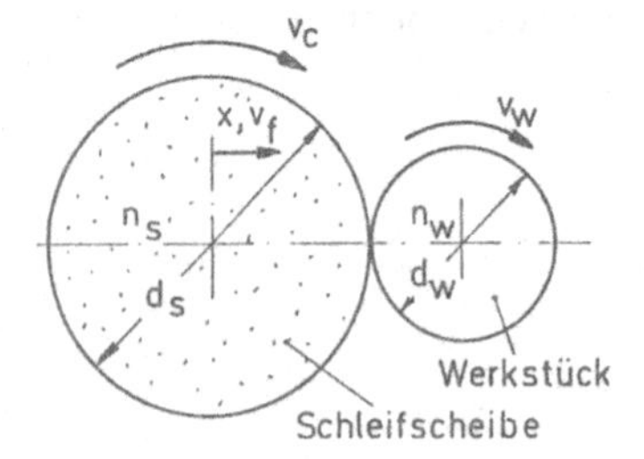

Bild F-11
Bewegungen von Schleifscheibe und Werkstück beim Außenrund-Querschleifen

2.2 Schnittgeschwindigkeit

Die Schnittgeschwindigkeit v_c beim Schleifen ist die Umlaufgeschwindigkeit der Schleifscheibe mit der Drehzahl n_s (Bild F-11):

$$v_c = \pi \cdot d_s \cdot n_s \tag{F-1}$$

Sie ändert sich mit dem Durchmesser d_s der Schleifscheibe. Bei Verschleiß muß also mit einer Abnahme der Schnittgeschwindigkeit gerechnet werden, oder die Drehzahl n_s muß nachgestellt werden, wenn sie konstant gehalten werden soll.

Die üblichen Schnittgeschwindigkeiten richten sich nach den zulässigen *Höchstumfangsgeschwindigkeiten* der Unfallverhütungsvorschrift [54]. Danach ist für eine gerade Schleifscheibe mit keramischer Bindung im Maschinenschliff $v_c = 35$ m/s möglich. Größere Schnittgeschwindigkeiten in der Stufung 45, 60, 80, 100, 125 m/s können vom Deutschen Schleifenscheibenausschuß zugelassen werden, wenn die Schleifscheiben dafür ihre größere Festigkeit in einer Typenprüfung nachgewiesen haben und wenn die Maschine dafür den höheren Sicherheitsvorkehrungen der Berufsgenossenschaften entsprechen.

Die Vergrößerung der Schnittgeschwindigkeit (Bild F-12a) bewirkt, daß die Schleifkörner häufiger eingreifen und dabei weniger Werkstoff jeweils abzutragen haben. Die Schleifkraft wird dadurch kleiner, und da sich die Belastung des einzelnen Schleifkorns verringert, ist auch der Verschleiß kleiner. Das Zeitspanungsvolumen ändert sich jedoch nicht. Der Leistungsbedarf und die am Werkstück entstehende Temperatur wird mit der Schnittgeschwindigkeit etwas größer, denn viele Schnitte mit kleinerer Spanungsdicke erfordern nach Kienzle und Victor mehr Energie als wenige grobe Schnitte.

Die Neigung zu Schwingungen nimmt mit der Drehzahl stark zu. Die Fliehkraft einer Unwucht $M \cdot e \cdot (2 \cdot \pi \cdot n_s)^2$ ist nämlich quadratisch mit ihr verknüpft. Andere Beschleunigungen aufgrund von geometrischen Fehlern der Maschinenelemente oder Elastizitätsschwankungen nehmen ebenfalls mit der Drehzahl zu.

Rauhtiefe und Formgenauigkeit der Werkstücke verbessern sich mit zunehmender Schnittgeschwindigkeit als Folge der kleineren Schleifkräfte, sofern sich die größere Schwingungsneigung nicht ungünstig auswirkt.

Besonders nützlich ist die *gleichzeitige Vergrößerung der Werkstückgeschwindigkeit und der Vorschubgeschwindigkeit.* Damit wird ein größeres Zeitspanungsvolumen bei entsprechend verkürzter Bearbeitungszeit erzielt, ohne daß die Werkstückqualität schlechter wird (s. Bild F-12b).

Bild F-13 zeigt an einer Messung, daß nach Vergrößerung der Schnittgeschwindigkeit von 30 m/s auf 60 und 80 m/s eine Vergrößerung des bezogenen Zeitspanungsvolumens von weniger als 5 mm³/mm · s auf 20 und 28 mm³/mm · s möglich war, ohne daß dabei die Oberflächengüte des Werkstücks schlechter wurde [56].

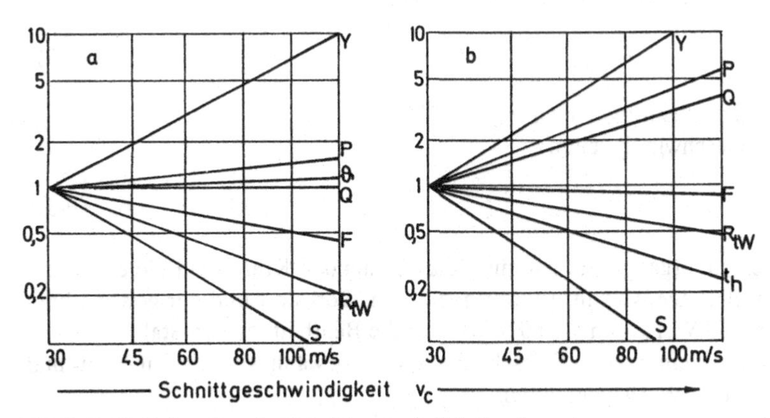

Bild F-12 Einflußtendenz der Schnittgeschwindigkeit auf
die Schwingungsamplitude Y, das Zeitspanungsvolumen Q,
die Leistungsaufnahme P, die Schleifzeit t_h,
die Werkstücktemperatur ϑ, die Schleifkräfte F,
den spezifischen Schleifscheibenverschleiß S
und die Werkstückrauhtiefe
a bei sonst unveränderten Schleifbedingungen
b bei entsprechend vergrößertem Vorschub und Werkstückgeschwindigkeit

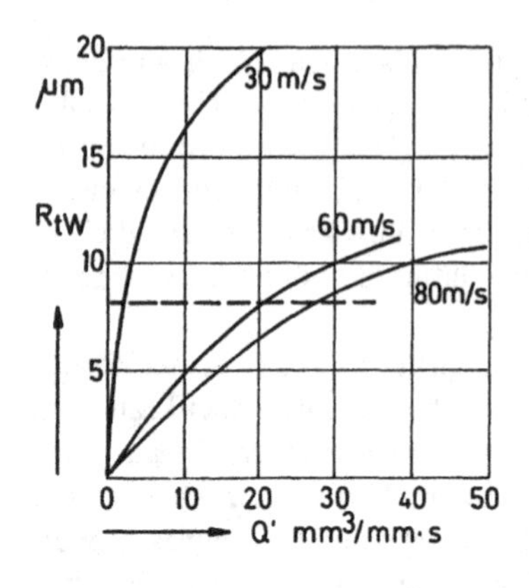

Bild F-13
Einfluß des bezogenen Zeitspanungsvolumens Q′ bei verschiedenen Schnittgeschwindigkeiten auf die Werkstückrauhtiefe R_{tW} nach Baur [56]

Bei der Suche nach Schleifscheibenkonstruktionen, die *extrem große Schnittgeschwindigkeiten* erlauben, fand man Kunstharzbindungen mit verstärkenden Einlagen und Metallkörper aus Stahl oder Aluminium, mit einem dünnen galvanisch gebundenen Schleifbelag als besonders geeignet. Entscheidend für die Zulassung ist die Sprenggeschwindigkeit, die wesentlich über der anwendbaren Schnittgeschwindigkeit liegen muß. Diese konnte in einzelnen Fällen auf über 300 m/s gesteigert werden [57]. Bei konsequenter Ausnutzung dieser Hochgeschwindigkeitstechnologie im Tiefschleifen oder Punktschleifen läßt sich eine sprunghafte Zunahme des bezogenen Zeitspanungsvolumens Q' auf 200 mm³/mm · s und mehr erreichen.
Diesem wirtschaftlichen Gewinn in der Anwendung großer Schnittgeschwindigkeiten steht ein *größerer maschineller Aufwand* gegenüber für größere Antriebsmotoren, stabilere Maschinen, Sicherheitsabdeckungen, Vorsorge gegen Nebelbildung, teurere Schleifscheiben, automatische Steuerungen und größeren Kühlmittelbedarf (mindestens 5 *l*/min/kW) bei höherem Druck.

2.3 Werkstückgeschwindigkeit beim Rundschleifen

Die Werkstückgeschwindigkeit v_w ist die Umlaufgeschwindigkeit des Werkstücks (Bild F-11). Sie wird durch den Werkstückantrieb mit der Drehzahl n_w erzeugt.

$$v_w = \pi \cdot d_w \cdot n_w \tag{F-2}$$

Sie ist wesentlich kleiner als die Schnittgeschwindigkeit v_c.
Das Verhältnis der beiden Geschwindigkeiten

$$q = v_c / v_w \tag{F-3}$$

ist eine Kenngröße des Schleifvorgangs. Sie hat auf die entstehenden Kräfte und die erzielbare Oberflächengüte einen Einfluß. Sie wird in Abhängigkeit vom Werkstoff und der gewünschten Qualität festgelegt. Üblich sind Werte von $q = 60$ bis 100 für die Bearbeitung von Stahl.
Beim groben Schleifen kann q kleiner, beim Feinschleifen größer gewählt werden. Für Bunt- und Leichtmetalle werden kleinere q-Werte genommen.
Eine *Vergrößerung der Werkstückgeschwindigkeit* v_w bei unveränderter Schnittgeschwindigkeit v_c bedeutet eine Verkleinerung von q und hat folgende Veränderungen im Schleifergebnis zur Folge (Bild F-14):

1.) Die Schleifscheibe muß bei einer Umdrehung ein längeres Stück der Werkstückoberfläche l_K bearbeiten.

2.) Jedes Korn wird stärker belastet.

3.) Der spezifische Verschleiß S nimmt zu.

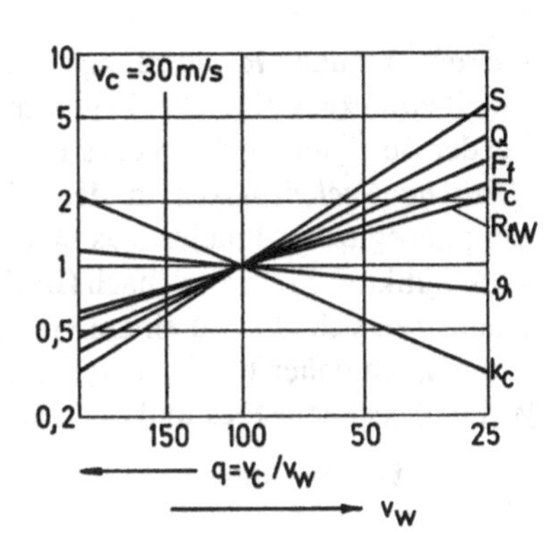

Bild F-14
Einflußtendenz der Werkstückgeschwindigkeit auf den spezifischen Schleifscheibenverschleiß S, das Zeitspanungsvolumen Q, die Schleifkräfte F_c und F_f, die Werkstückrauhtiefe R_{tW}, die Werkstücktemperatur ϑ, die spezifische Schnittkraft k_c beim Querschleifen mit gleicher Schnittgeschwindigkeit

4.) Die Kräfte F_f und F_c werden größer.
5.) Formfehler und Rauhtiefe R_{tW} werden größer.
6.) Das Zeitspanungsvolumen Q wird größer.
7.) Die Werkstücktemperatur ϑ verringert sich etwas, da das Kühlmittel schneller an die erwärmte Stelle gelangt.
8.) Die spezifische Schnittkraft k_c wird kleiner.

2.4 Vorschub beim Querschleifen

Die *Vorschubgeschwindigkeit* v_f ist eine gleichmäßige, sehr langsame Bewegung der Schleifscheibe quer zum Werkstück (Bild F-11). Dabei wird, auf das Werkstück bezogen, der Weg x in der Zeit t zurückgelegt.

$$v_f = dx / dt = a_e \cdot n_w \tag{F-4}$$

Mit der Werkstückdrehzahl n_W kann aus der Vorschubgeschwindigkeit der *Arbeitseingriff* a_e berechnet werden

$$a_e = v_w / n_w \tag{F-5}$$

Bildlich kann man sich a_e als den Weg x vorstellen, um den sich die Schleifscheibe bei einer Werkstückumdrehung weiter in das Werkstück hinein bewegt.
Üblich sind bei Stahl Werte von $a_e \le 0{,}05$ mm, beim Feinschleifen $a_e \le 0{,}01$ mm, bei Grauguß $a_e \le 0{,}1$ mm. Ein Sonderfall ist der Vorgang des Ausfunkens, bei dem die Zustellung 0 wird. Die größeren Arbeitseingriffe sind für grobes Schleifen mit großem Zeitspanungsvolumen kennzeichnend (Bild F-15). Sie werden durch große Schleifkräfte F begrenzt, die Formfehler und größere

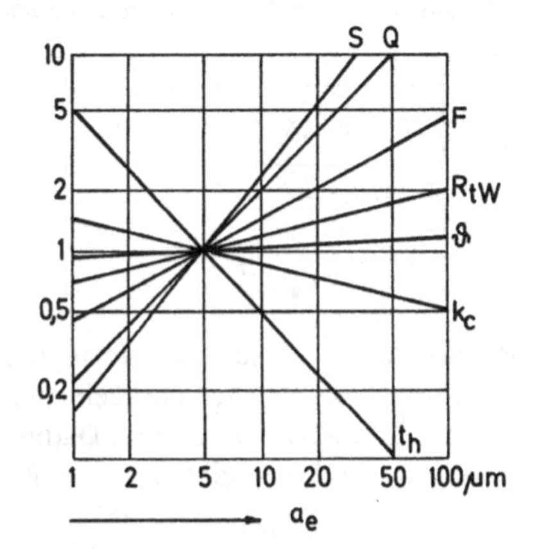

Bild F-15
Einflußtendenz des Arbeitseingriffs auf den spezifischen Schleifscheibenverschleiß S, das Zeitspanungsvolumen Q, die Schleifkräfte F, die Werkstückrauhtiefe R_{tW}, die Werkstücktemperatur ϑ, die spezifische Schnittkraft k_c und die Hauptschnittzeit t_h beim Querschleifen mit unveränderter Schnitt- und Werkstückgeschwindigkeit

Werkstückrauheit R_{tW} zur Folge haben. Beim Fein- bzw. Fertigschleifen wird der Arbeitseingriff soweit zurückgestellt, daß die gewünschte Werkstückqualität erreicht werden kann.
Bei der Bestimmung des Weges x, um den sich die Schleifscheibe dem Werkstück nähert, muß die *elastische Nachgiebigkeit* in den Maschinenteilen beachtet werden. Vorschubspindel, Lager, Einspannspitzen, Pinole, das Werkstück und die Schleifscheibe selbst geben unter der Vorschubkraft F_f elastisch nach (Bild F-16). Die federnd zurückgelegten Wege sind zwar klein, sie summieren sich aber zu einem Gesamtweg, der die Größenordnung der Fertigungstoleranz hat und müssen daher beachtet werden. Man kann die Nachgiebigkeiten in den Federzahlen c_2 im Werkstückspindelstock und c_3 im Schleifspindelstock zusammenfassen. Für sie gilt:

$$c_2 \cdot x_2 = F_f \quad \text{und} \tag{F-6}$$

$$c_3 \cdot x_3 = F_f \tag{F-7}$$

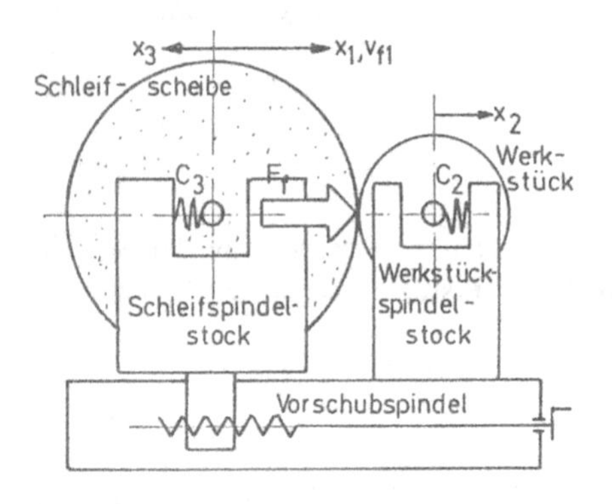

Bild F-16
Elastisches Nachgeben in den Schleifmaschinenbauteilen als Folge der Vorschubkraft F_f beim Querschleifen

Daraus wird die gesamte *Rückfederung* berechnet

$$x_2 + x_3 = \left(\frac{1}{c_2} + \frac{1}{c_3}\right) \cdot F_f = \frac{1}{c_g} \cdot F_f$$

$\frac{1}{c_g} = \frac{1}{c_2} + \frac{1}{c_3}$ vereinigt die gesamte Nachgiebigkeit des Systems.

Wenn man die Rückfederung von dem an der Vorschubspindel eingestellten Vorschubweg $x1$ abzieht, erhält man den *wahren zurückgelegten Vorschubweg* zwischen Schleifscheibe und Werkstück.

$$x = x_1 - (x_2 + x_3) \tag{F-9}$$

$$x = x_1 - \frac{1}{c_g} \cdot F_f \tag{F-10}$$

Bei konstanter Vorschubgeschwindigkeit $v_f = dx_1/dt$ nimmt die Vorschubkraft F_f nach der ersten Berührung zwischen Schleifscheibe und Werkstück nur langsam zu (Bild 17a), da die Maschinenbauteile ja erst zurückweichen. Dadurch vergrößert sich x nicht gleichmäßig wie der theoretische Betrag x_1, sondern bleibt zurück (Bild F-17b). Die Vorschubgeschwindigkeit $v_f = dx_1/dt$ erreicht

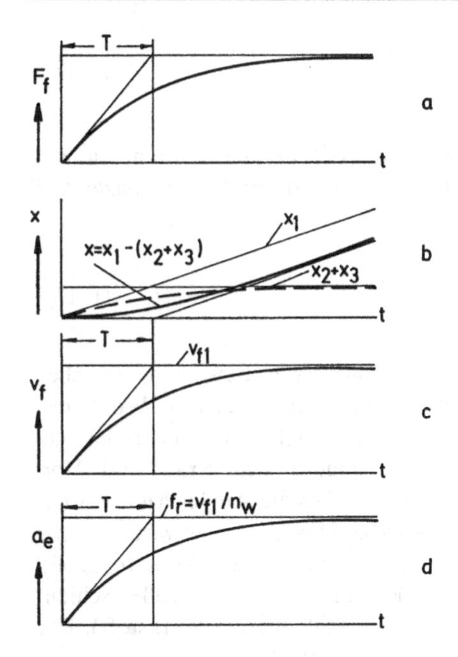

Bild F-17
Auswirkung des elastischen Nachgebens der Maschinenbauteile auf den zeitlichen Verlauf der Vorschubkraft F_f, des Vorschubweges x, der Vorschubgeschwindigkeit v_f und des Arbeitseingriffes a_e

nur langsam ihren Sollwert v_{f1} (Bild F-17c), und der Arbeitseingriff a_e beschreibt den in Bild F-17d gezeichneten Verlauf.

Ein vereinfachter Ansatz für die Berechnung des in Bild F-17 dargestellten zeitlichen Ablaufs wird mit der Annahme gewonnen, daß die *Vorschubkraft F_f proportional zum Arbeitseingriff* ist.

$$F_f = K \cdot a_p \cdot a_e \tag{F-11}$$

a_p ist darin die Schleifbreite und K eine als konstant angenommene Größe, die nicht von x oder t beeinflußt wird. Mit Gleichung (F-4), die erst nach einer ganzen Werkstückumdrehung von der ersten Berührung an gerechnet gültig wird, $a_e = (1/n_w) \cdot dx/dt$ erhält man

$$F_f = \frac{K \cdot a_p}{n_w} \cdot \frac{dx}{dt}$$

Eingesetzt in Gleichung (F-10) entsteht die Differentialgleichung

$$\boxed{\frac{K \cdot a_p}{c_g \cdot n_w} \cdot \frac{dx(t)}{dt} + x(t) = x_1(t)} \tag{F-12}$$

Nimmt man die eingestellte Vorschubgeschwindigkeit v_{f1} als festen Sollwert an, erhält man folgende Lösung:

$$\boxed{x_1(t) = v_{f1} \cdot t} \tag{F-13}$$

$$\boxed{x(t) = x_1(t) - v_{f1} \cdot T(1 - e^{-t/T})} \tag{F-14}$$

$$\boxed{v_f(t) = \frac{dx}{dt} = v_{f1}(1 - e^{-t/T})} \tag{F-15}$$

$$a_e(t) = \frac{v_{f1}}{n_w} \cdot (1 - e^{-t/T}) \tag{F-16}$$

Der zeitliche Verlauf der Vorschubgrößen ist in Bild F-17 dargestellt. Er weicht von den an der Maschine eingestellten Werten x_1 und v_{f1} mit einer e-Funktion ab, die durch die *Zeitkonstante T* charakterisiert wird.

$$T = \frac{K \cdot a_p}{c_g \cdot n_w} \tag{F-17}$$

Diese beschreibt die zeitliche Trägheit, mit der sich die wirksame Bewegung zwischen Schleifscheibe und Werkstück beim Querschleifen dem eingestellten Wert der Vorschubgeschwindigkeit angleicht (Bild F-17c und d). Nach einer Zeit $t \approx 4 \cdot T$ kann der Angleichvorgang als abgeschlossen betrachtet werden. Dann ändern sich Kraft und Vorschubgeschwindigkeit nicht mehr. Aus Gl. (F-17) ist zu erkennen, daß die Angleichzeit mit der Konstanten K, der Schleifbreite a_p und der Nachgiebigkeit der Maschine $1/c_g$ länger wird. Günstig ist eine kleine Zeitkonstante. Man erhält sie bei starrer Schleifmaschinenkonstruktion (c_g groß), kleiner Schleifbreite a_p, großer Werkstückdrehzahl n_w und kleinem K (das heißt großer Schleifgeschwindigkeit v_c, scharfem, gut schneidendem Korn und leicht schleifbarem Werkstoff). Der Arbeitseingriff a_e hat keinen erkennbaren Einfluß auf die Zeitkonstante T.
Bei genauerer Betrachtung muß am Anfang des Schleifvorgangs mit einer zusätzlichen Einlaufzeit für die erste Werkstückumdrehung gerechnet werden.

2.5 Vorschub beim Schrägschleifen

Beim Schrägschleifen steht die Achse der Schleifscheibe im Winkel α zur Werkstückachse (Bild F-18). Das Vorschubelement df hat deshalb einen Bewegungsanteil in radialer Richtung

$$dx = df \cdot \cos\alpha \tag{F-18}$$

und einen Anteil in axialer Richtung

$$dz = df \cdot \sin\alpha \tag{F-19}$$

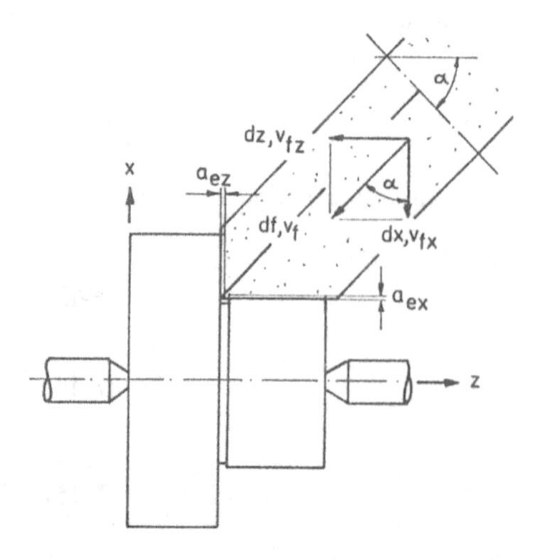

Bild F-18
Vorschubbewegungen beim Schrägschleifen
dx Anteil des Vorschubelementes df in x-Richtung,
dz in z-Richtung,
v_{fx} Vorschubgeschwindigkeitsanteil in x-Richtung,
v_{fz} in z-Richtung

Ebenso teilt sich die Vorschubgeschwindigkeit v_f in die Koordinatenanteile auf:

$$v_{fx} = v_f \cdot \cos\alpha \quad \text{(F-20)}$$

$$v_{fz} = v_f \cdot \sin\alpha \quad \text{(F-21)}$$

Das gleiche gilt für den Arbeitseingriff a_e:

$$a_{ex} = a_e \cdot \cos\alpha \quad \text{(F-22)}$$

$$a_{ez} = a_e \cdot \sin\alpha \quad \text{(F-23)}$$

Die Zusammenhänge können sinngemäß dem vorangegangenen Kapitel 2.4 Querschleifen entnommen werden unter getrennter Betrachtung der Bewegungsanteile in x- und z-Richtung. Mit der schrägen Anordnung des Einstechschlittens kann an Werkstücken Sitz- und Bundfläche gleichzeitig bearbeitet werden.

2.6 Vorschub und Zustellung beim Längsschleifen

Beim Längsschleifen ist die Vorschubbewegung parallel zur Werkstückoberfläche in z-Richtung (s. Bild F-19) mit der Vorschubgeschwindigkeit v_f gerichtet. Bei jeder Werkstückumdrehung wird der *Vorschubweg*

$$\boxed{f = \frac{v_f}{n_w}} \quad \text{(F-24)}$$

zurückgelegt.

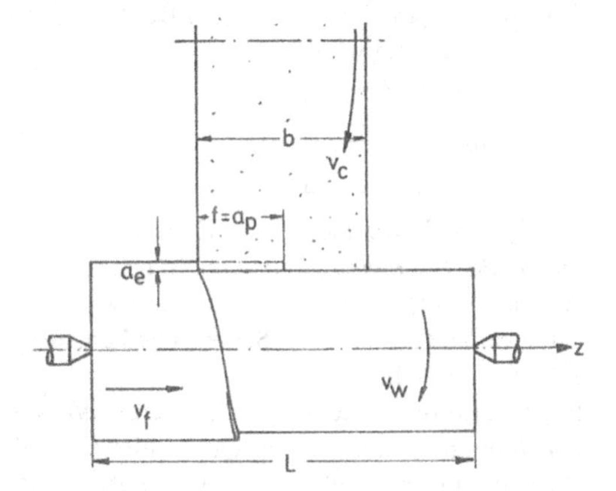

Bild F-19
Außen-Längsrundschleifen
v_c Schnittgeschwindigkeit
v_w Werkstückgeschwindigkeit
v_f Vorschubgeschwindigkeit
f Vorschub pro Werkstückumdrehung
a_e Zustellung (Arbeitseingriff)
b Schleifscheibenbreite

Der Vorschub f muß kleiner sein als die Breite der Schleifscheibe b, damit das Werkstück bei jedem Längslauf vollständig bearbeitet wird. Das Verhältnis von Schleifscheibenbreite und Vorschub wird *Überschliffzahl Ü* genannt

$$\boxed{Ü = b/f} \quad \text{(F-25)}$$

Die Überschliffzahl muß immer größer als 1 sein. Sie sagt aus, wie oft eine Stelle des Werkstücks bei einem Längshub in den Bereich der Schleifscheibe kommt. Sie wird beim Vorschleifen zwischen 1,3 und 1,5, beim Fertigschliff zwischen 4 und 8 gewählt. Am Beginn und Ende des Werkstücks soll die Schleifscheibe um etwa 1/3 ihrer Breite b überlaufen werden. Daraus errechnet sich die Länge eines *Schlittenhubes* zu

$$\boxed{s \approx L + \frac{2}{3}b - b = L - b/3} \quad \text{(F-26)}$$

Die *Zustellung* der Schleifscheibe kann diskontinuierlich am Anfang und/oder am Ende des Werkstücks durchgeführt werden oder gleichmäßig während der Längsbewegung. Beim Werkstoff Stahl sind 0,02 bis 0,05 mm pro Doppelhub beim Vorschleifen und 0,005 bis 0,01 mm pro Doppelhub beim Fertigschleifen üblich. Aus der Zustellung entsteht der ***Arbeitseingriff*** der Schleifscheibe a_e. Er unterscheidet sich von der Zustellung durch die elastische Rückfederung des Werkstücks und der Maschinenbauteile.

2.7 Bewegungen beim Spitzenlosschleifen

Das Spitzenlosschleifen wird für Werkstückdurchmesser von 0,1 bis 400 mm angewandt. Die Werkstücke liegen auf einer Auflage zwischen Schleifscheibe und Regelscheibe (Bild F-20), wobei die *Höhenlage c* (die Werkstückmitte soll gegenüber den Mitten von Schleif- und Vorschubscheibe etwas überhöht liegen) Einfluß auf Genauigkeit und Rundheit der geschliffenen Fläche hat.

Die richtige Höhenlage ist aus Diagrammen zu entnehmen, die die Maschinenhersteller mitliefern. Sie hängt ab von Schleifscheiben-, Regelscheiben- und Werkstückdurchmesser. Auch die Geometrie der Werkstückauflage, die häufig eine Schräge mit dem Auflagewinkel β hat, spielt eine Rolle. Die Werkstückgeschwindigkeit v_w wird von der Regelscheibe durch Reibung auf das Werkstück übertragen. Sie entspricht der Umfangsgeschwindigkeit der Regelscheibe.

Für das *Geschwindigkeitsverhältnis* $q = v_c / v_w$ haben sich folgende Werte als günstig erwiesen: für Stahl $q = 125$, für Grauguß 80, für Buntmetalle 50. Die Regelscheibendrehzahl kann mit folgender Formel errechnet werden:

$$n_R = \frac{v_c}{q \cdot \pi \cdot d_R} \qquad \text{(F-27)}$$

mit d_R, dem Durchmesser der Regelscheibe.

Die *Schleifgeschwindigkeit* beim Spitzenlosschleifen liegt wie beim Schleifen mit Spitzen zwischen 30 und 60 m/s. Erhöhte Schnittgeschwindigkeiten (über 35 m/s) erfordern hier ebenso stabil gebaute Maschinen und Schleifscheiben, die besonderen Sicherheitsanforderungen des DSA genügen müssen.

Beim Spitzenlosschleifen ist das *Durchlaufschleifen* mit Längsvorschubbewegung und das *Querschleifen* anwendbar. Beim Querschleifen sind die Achsen von Schleifscheibe, Werkstück und Regelscheibe parallel. Die Regelscheibe führt die Vorschubbewegung aus, die meistens durch einen Anschlag begrenzt wird. Beim Erreichen des Anschlags hat das Werkstück sein Fertigmaß, das im zulässigen Toleranzbereich liegen muß. Sollen mit dem Spitzenlosschleifen profilierte Werkstücke hergestellt werden, dann müssen Schleifscheibe und Regelscheibe mit dem Gegenprofil versehen sein. Hier kommen Schleifscheiben mit besonders feiner Körnung zum Einsatz. Geschliffen wird mit reichlicher Kühlmittelzufuhr.

Beim *Spitzenlos-Durchlaufschleifen* wird die Regelscheibe um einen Winkel von 2° bis 4° schräggestellt. Dadurch erhält das Werkstück zusätzlich eine Längsvorschubbewegung v_a, die zwischen 0,5 und 3,0 m/min liegen kann.

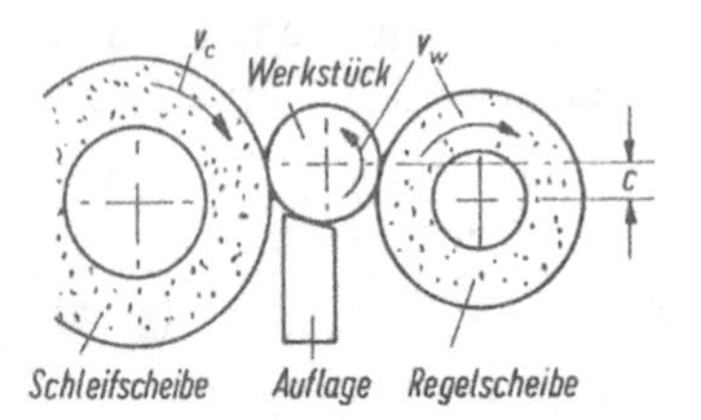

Bild F-20
Werkstücklage beim Spitzenlosschleifen

Das Spitzenlosschleifen eignet sich hervorragend zur Automatisierung und wird deshalb vielfach in der Massenfertigung eingesetzt.

Als *Regelscheiben* werden im allgemeinen feinkörnige gummigebundene Scheiben genommen. Ihre Körnungen betragen etwa 100 bis 120. Die Drehzahlen liegen zwischen 10 und 500 U/min. Der Antrieb muß stufenlos verstellbar sein und bremsenden sowie antreibenden Betrieb erlauben. Es eignen sich besonders Gleichstrommotoren mit kleinen Leistungen dafür. Mit besonders breiten Schleifscheiben (bis 600 mm) kann eine große Längsvorschubgeschwindigkeit v_a gewählt und damit das Zeitspanungsvolumen und der Werkstückausstoß der Maschine gesteigert werden.

2.8 Bewegungen beim Umfangs-Planschleifen

Beim Umfangs-Planschleifen ist das Werkstück flach auf dem Maschinentisch aufgespannt. Die Schleifscheibenachse liegt parallel zur Werkstückoberfläche (Bild F-21). Die *Vorschubbewegung* mit der Vorschubgeschwindigkeit v_f ist die Relativbewegung der Schleifscheibe zum Werkstück. Sie wechselt ständig ihre Richtung und wird von der Pendelbewegung des Werkstücktisches erzeugt.

Übliche Vorschubgeschwindigkeiten sind

bei ungehärtetem Stahl	12 bis 25 m/min,
bei gehärtetem Stahl	10 bis 20 m/min,
bei Grauguß	8 bis 20 m/min,
bei Hartmetall	3 bis 5 m/min.

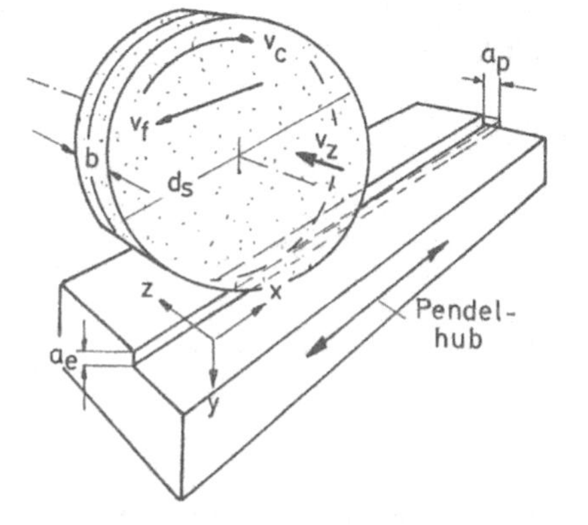

Bild F-21
Bewegungen beim Umfangs-Planschleifen
v_c Schnittgeschwindigkeit
v_f Vorschubgeschwindigkeit
v_z axiale Zustellgeschwindigkeit
a_e Arbeitseingriff
a_p Schnittbreite

Die *Hublänge s* ist gleich der Werkstücklänge L, vermehrt um einen angemessenen Überlauf $l_ü$ an beiden Seiten des Werkstücks

$$s = L + 2\,l_u \qquad \text{(F-28)}$$

Damit läßt sich die für einen Doppelhub benötigte Zeit bestimmen:

$$t_{DH} = \frac{2(L + 2\,l_u)}{v_f} + 2\,t_u \qquad \text{(F-29)}$$

wobei mit t_u ein kleiner Zuschlag für das Umsteuern des Maschinentisches eingesetzt wird.

Die *axiale Zustellung* a_p ist nötig, um die ganze Werkstückbreite zu überstreichen, die normalerweise größer als die Breite b der Schleifscheibe ist. Je nach Maschinenkonstruktion wird sie vom Schleifspindelschlitten oder vom Werkstücktisch ausgeführt. Sie ist meistens diskontinuierlich. Nach jedem Tischhub rückt die Schleifscheibe oder das Werkstück um den Betrag a_p seitlich weiter. Die Zustellung a_p muß kleiner als b sein. Ähnlich wie die Überschliffzahl $Ü$ beim Längsschleifen wird für das Vorschleifen b/a_p = 1,2 bis 1,5 und für das Fertigschleifen b/a_p = 4 bis 8 gewählt.

Mit der *Tiefenzustellung* in y-Richtung wird der Arbeitseingriff a_e eingestellt. Üblich ist a_e = 0,02 bis 0,1 mm beim Vorschleifen und a_e = 0,002 bis 0,01 mm beim Fertigschleifen.

2.9 Seitenschleifen

Das *Seitenschleifen* ist dadurch gekennzeichnet, daß überwiegend die Seitenfläche der Schleifscheibe mit dem Werkstück in Kontakt kommt (Bild F-22). Man kann sich vorstellen, daß es aus dem Umfangsschleifen dadurch hervorgeht, daß der Arbeitseingriff a_e vergrößert wird und die Schleifbreite a_p verkleinert wird (Bild F-23).

Sowohl die Seiten- als auch die Umfangsfläche der Schleifscheibe ist abtragswirksam. Die Arbeitsfläche und die Zahl der schleifenden Körner nimmt bedeutend zu. Die Wirksamkeit des einzelnen Kornes an der Seitenfläche ist kleiner als am Umfang, da der Abtrag auf mehr Körner aufgeteilt wird. so ist der einzelne Korneingriff geringer.

Die *Kontaktflächen* lassen sich im dargestellten Fall folgendermaßen berechnen:

$$A_{KS} = \frac{d^2}{8}\left(\frac{\pi \cdot \varphi°}{180°} - \sin\varphi\right)$$

mit dem Schleifscheibendurchmesser d und dem Eingriffswinkel $\varphi = 2 \arccos(1 - 2\, a_e/d)$ wird

$$A_{KU} = \frac{1}{360°} \cdot \pi \cdot d \cdot a_p \cdot \Delta\varphi°$$

mit $\Delta\varphi° = \frac{\varphi°}{2}$

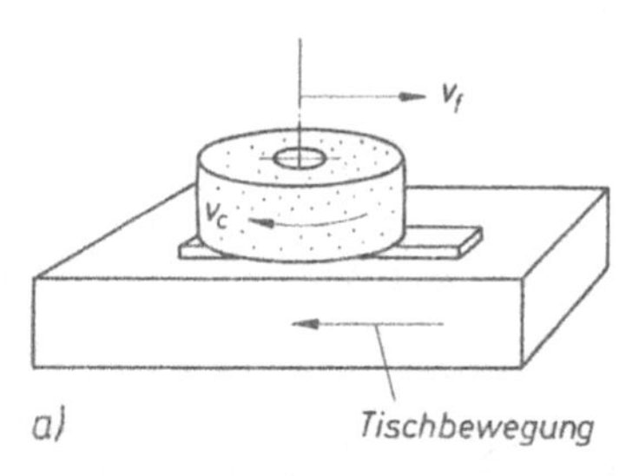

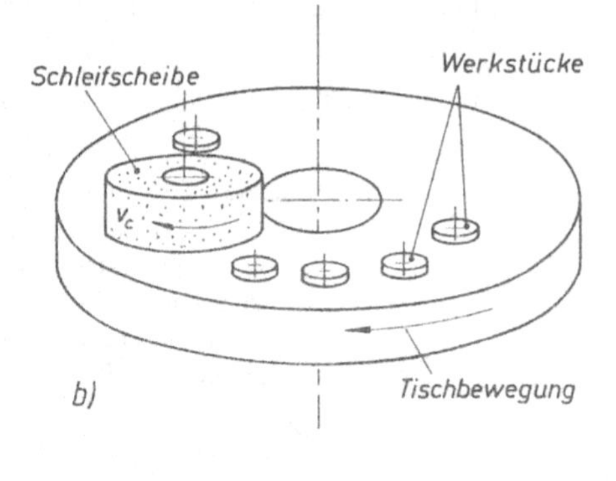

Bild F-22 Langs-Seiten-Planschleifen
a) mit gerader Vorschubbewegung
b) mit kreisformiger Vorschubbewegung

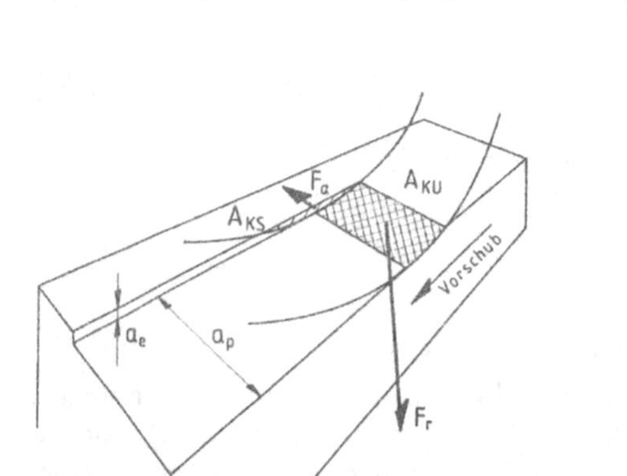

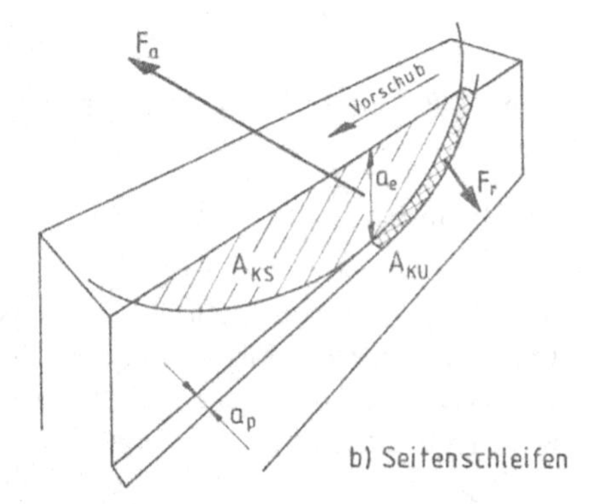

Bild F-23 Eingriffsverhältnisse beim Umfangs- und außermittigen Seitenschleifen

A_{KS}	seitliche Kontaktfläche	F_r	Radialkraft
A_{KU}	Umfangskontaktfläche	a_e	Arbeitseingriff
F_a	Axialkraft	a_p	Schleifbreite

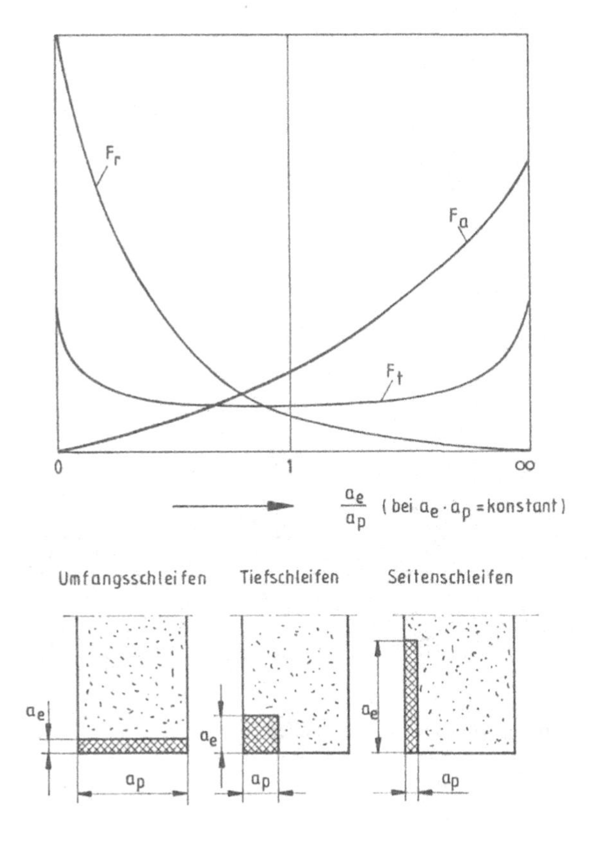

Bild F-24
Anderung der Kräfte, der Form des Spanungsquerschnitts und des Eingriffsverhältnisses beim Übergang vom Umfangsschleifen zum Seitenschleifen nach Fischer [58]

F_r Radialkraft
F_a Axialkraft
F_t Tangentialkraft (Schnittkraft)
a_e Arbeitseingriff
a_p Schleifbreite

Durch die besonderen Eingriffsverhältnisse sind die *Schleifkraftkomponenten* auch anders verteilt. Die Radialkraft F_r ist sehr klein. Dafür ist die Axialkraft F_a besonders groß (Bild F-24). Die tangential gerichtete Schnittkraft F_t ist bei vergleichbaren Bedingungen nicht anders als beim Umfangsschleifen.
Die verwendeten Schleifkörper sind große *Schleifringe, breitflächige Scheiben,* in *Stahlträgerkörpern* eingesetzte *Schleifsegmente* (Bild F-25) oder *Topfschleifscheiben.* Ihr Durchmesser ist im allgemeinen *größer* als die Breite der Werkstücke. Dadurch fällt eine zweite Vorschubrichtung weg. Die ganze Werkstückbreite kann in einem Durchgang bearbeitet werden. Je nach Aufgabe ist der Innendurchmesser des Schleifkörpers unterschiedlich groß. Wenn die Schleifscheibe auch die Führung der Werkstücke im Schleifbereich übernehmen muß (z.B. beim Planparallelschleifen mit zwei Schleifscheiben), kommen kleinere Bohrungen (ca. 30 bis 50 mm) zur Anwendung.
Die *Seitenflächen* sind bei kleinen Werkstücken meistens *glatt.* Sie können aber auch *Schlitze* oder andere Unterbrechungen haben. Diese dienen dazu, zusätzliche Kanten zu schaffen, die Späneabfuhr zu verbessern, die Kühlmittelzufuhr zu verbessern und den Schleifdruck zu reduzieren [59].
Neben keramisch gebundenen *Korund-* und *Siliziumkarbid-*Schleifscheiben werden auch *Diamant-* und *CBN-Scheiben* eingesetzt. Bei ihnen ist der Schleifmittelbelag meistens nicht über die ganze Seitenfläche verteilt, sondern auf konzentrische Ringe beschränkt. Diese Scheiben eignen sich für die Bearbeitung von Hartmetall, Keramik und anderen schwer zu bearbeitenden Werkstoffen.

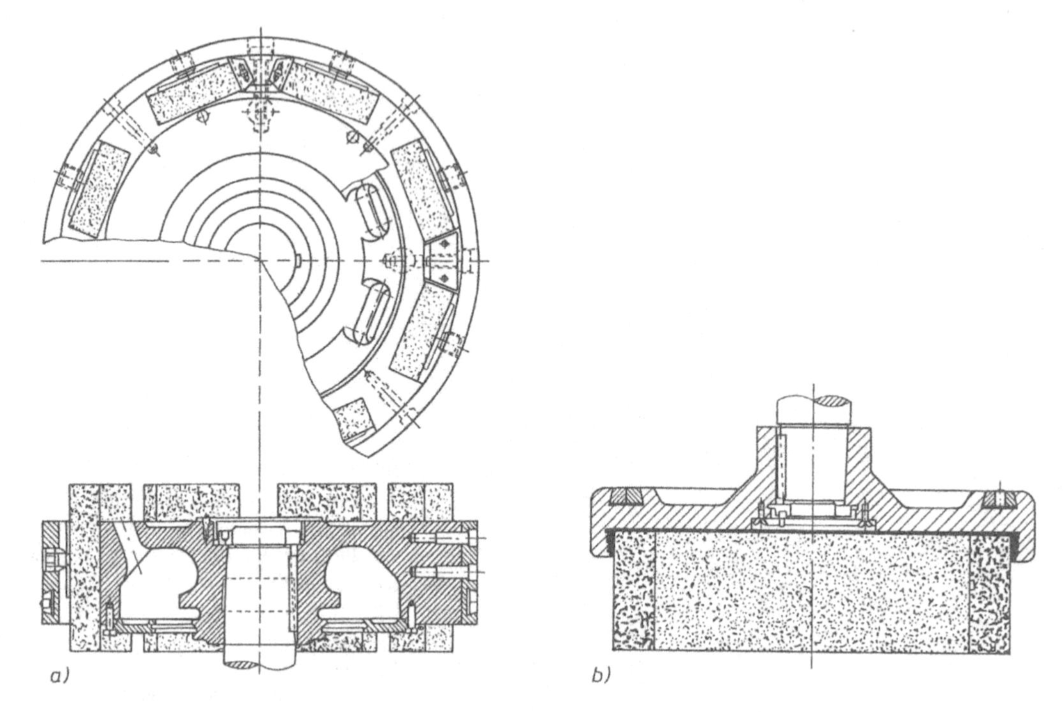

Bild F-25 Tragerkörper fur Schleifsegmente und Schleıfrınge zum Seıten-Planschleifen

In Abhängigkeit von der Schleifspindelanordnung und der Werkstückbewegung unterscheidet man:

Planschleifen – *Formschleifen*
senkrechtes Schleifen – *waagerechtes* Schleifen
einseitiges Schleifen – *zweiseitiges* Schleifen
geradlinigen Vorschub – *Kreisbahn*vorschub (Rundtisch)
*Längs*schleifen – *Querschleifen*
und einige Sonderausführungen.

2.9.1 Quer-Seitenplanschleifen

Beim *Quer-Seitenplanschleifen* ist die einzige Vorschubbewegung *senkrecht* zur Werkstückoberfläche. Der Arbeitsraum wird stück- oder losweise beladen, bearbeitet und entladen. Die Arbeitszeit hängt vom Werkstoff, dem Aufmaß, der zu bearbeitenden Fläche und den Schleifparametern ab. Hierbei kann ein größeres Aufmaß abgetragen werden als beim Längsschleifen. Die Taktzeit wird zusätzlich von der Art der Beschickung beeinflußt. Bei Verwendung von Rundtakttischen (Bild F-26) kann das Be- und Entladen während der Arbeitsphase durchgeführt werden.

2.9.2 Längs-Seitenplanschleifen

Das *Längs-Seitenplanschleifen* ist eher ein kontinuierliches Verfahren, bei dem die Werkstücke im *Durchlauf* den Arbeitsraum passieren (Bild F-22). Die Schleifscheibe behält ihre Stellung bei. Lediglich zum Abrichten und Nachstellen wird sie abgehoben, an- und nachgestellt. Die hierbei

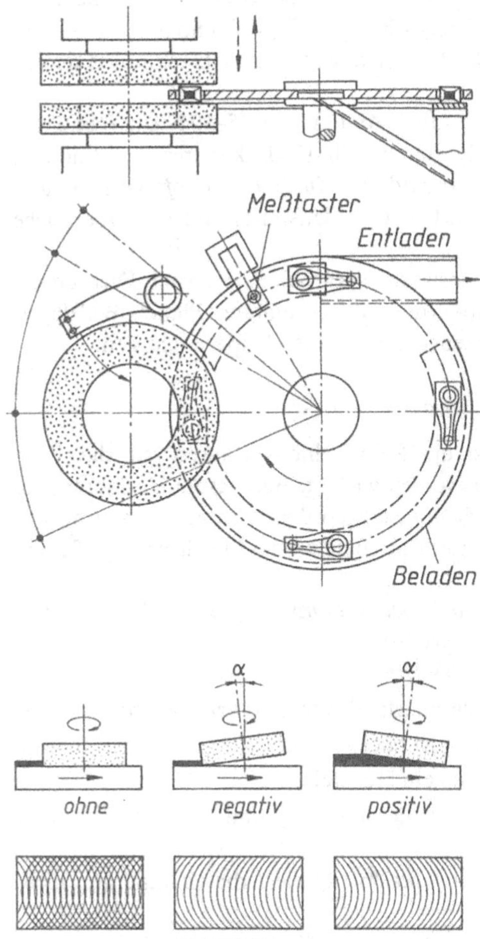

Bild F-26
Quer-Seitenplanschleifen im Durchlaufverfahren

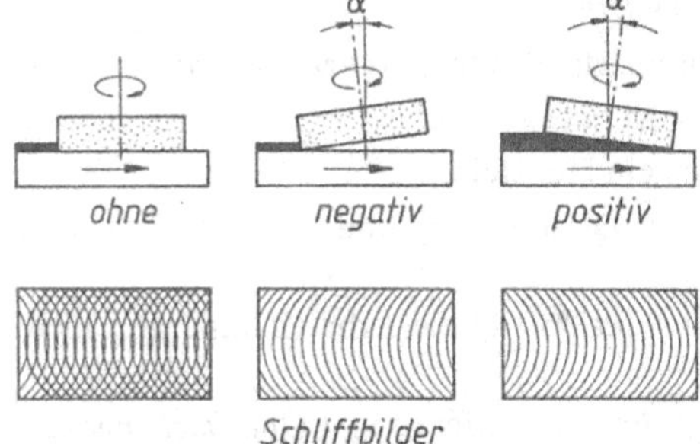

Bild F-27
Spindelsturz beim Längs-Seitenplanschleifen und die dabei entstehenden Schliffbilder

erzielten sehr kurzen Taktzeiten machen das Längs-Seiten-Planschleifen zu einem günstigen Massenproduktionsverfahren mit großen Stückzahlen.
Durch einen geringen *Sturz* der Schleifspindelachse zur Werkstückoberfläche (Bild F-27) kann erreicht werden, daß mehr die Umfangsschneiden der Schleifscheibe oder mehr die Seitenschneiden den Werkstoffabtrag erzeugen. Bei negativem Sturz und ohne Sturz wird sich an der Schleifscheibenkante durch Abnutzung eine Übergangszone ausbilden, in der Umfangs- und Seitenschneiden den Werkstoffabtrag erzeugen. Dieser Vorgang ist erwünscht und wird mitunter auch künstlich durch eine besondere Formgebung beim Abrichten erzeugt. Dabei gelingt es auch, den Schleifvorgang in eine Einlaufphase mit großem Spanungsvolumen und eine Fertig- oder Nachschleifphase für die feine Oberfläche zu unterteilen.

2.9.3 Zweischeiben-Feinschleifen

Eine besondere Form des Längs-Seiten-Planschleifens ist das *Zweischeiben-Feinschleifen.* Zwischen die Seitenflächen von zwei parallelen Schleifscheiben werden wie beim Planparallel-Läppen Werkstücke in Käfigen angeordnet, die mit besonders großer Genauigkeit und Oberflächengüte planparallel zu bearbeiten sind.

Unter einer vorgegebenen Anpressung wird die obere Scheibe aufgesetzt und angetrieben. Die Käfige erhalten eine Eigenrotation, so daß sich die Werkstücke auf Zykloidenbahnen radial bis über die Innen- und Außenkanten der Schleifscheiben hinweg bewegen. Zusätzlich sollen sie sich möglichst auch noch um sich selbst drehen.
Die Einstellgrößen *Schnittgeschwindigkeit* (1 bis 5 m/s), *Anpressung* (5–50 N/cm^2) und die *Schleifscheibenspezifikation* (SiC oder Korund, Körnung 120–1200, keramische Bindung) bewirken, daß nur eine feine Bearbeitung durchgeführt wird. Als *Kühlschmierstoff* wird vorzugsweise Öl durch die obere Scheibe hindurch zugeführt. Die Schleifspuren auf der Oberfläche kreuzen sich in wechselnden Richtungen.
Bei diesem Schleifverfahren wird das Schleifgut losweise verarbeitet. Es sind Dichtungen, Steuerelemente, Zahnräder, Zahnradpumpen, Kolbenringe, Pumpenläufer, Pleuel, Wälzlagerringe, Ventilplatten, Datenträger, Meßgeräte, Werkzeuge und andere planparallele Teile.

2.9.4 Längs-Seitenschleifen mit Werkstückrotation

Aus dem Kurzhubhonen von Planflächen wurde ein Seitenschleifverfahren für die Feinbearbeitung von Planflächen, Kugeln und Kugelpfannen entwickelt. Bei diesem Verfahren, das auch unter Rotationshonen oder Superfinish-Planbearbeitung eingeordnet wird, ist der schwingende Honstein durch eine *Topfschleifscheibe* ersetzt, die mit ihrer ebenen oder kugelförmigen Seitenfläche am sich drehenden Werkstück anliegt (Bild F-28).
Nach DIN 8589 Teil 11 wird dieses Verfahren als *Längs-Seiten-Planschleifen* und *Längs-Seiten-Formschleifen* mit *kreisförmiger* Vorschubbewegung bezeichnet.
Dieses Verfahren besitzt noch *wesentliche Merkmale* des *Honens:*

1.) Auf dem Werkstück entstehen sich unter einem definierten Winkel *kreuzende Arbeitsspuren.*
2.) Die Berührung zwischen Werkstück und Werkzeug ist *flächenhaft.*
3.) Das Werkzeug ist porös und *selbst aufschärfend* wie ein Honstein.
4.) Topfscheibe und Werkstück passen sich *gegenseitig* durch Abtrag und Verschleiß in ihrer *Form* an.
5.) Bei *kleiner Anpressung* und *kleiner Schnittgeschwindigkeit* bleibt die Arbeitstemperatur niedrig. Es entstehen keine Funken.
6.) Die Bearbeitung ist eine *Endbearbeitung* mit *großer Formgenauigkeit* und *Oberflächengüte.*

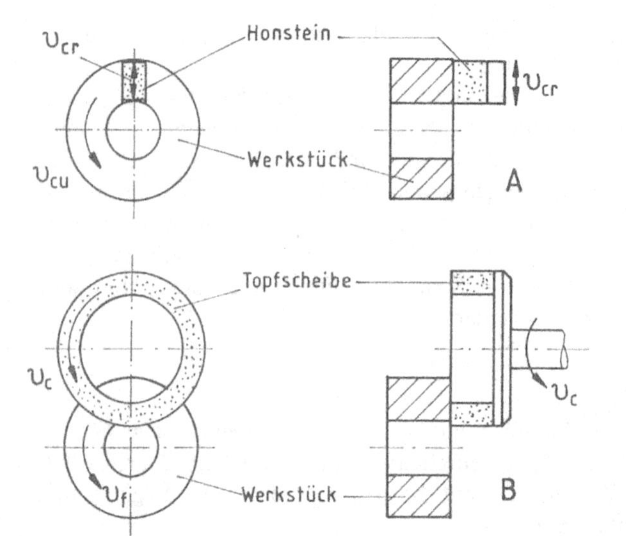

Bild F-28
Die Entwicklung von Plan-Kurzhubhonen (A) zum Langs-Seiten-Planschleifen (B) an der Stirnseite von rotierenden Werkstücken

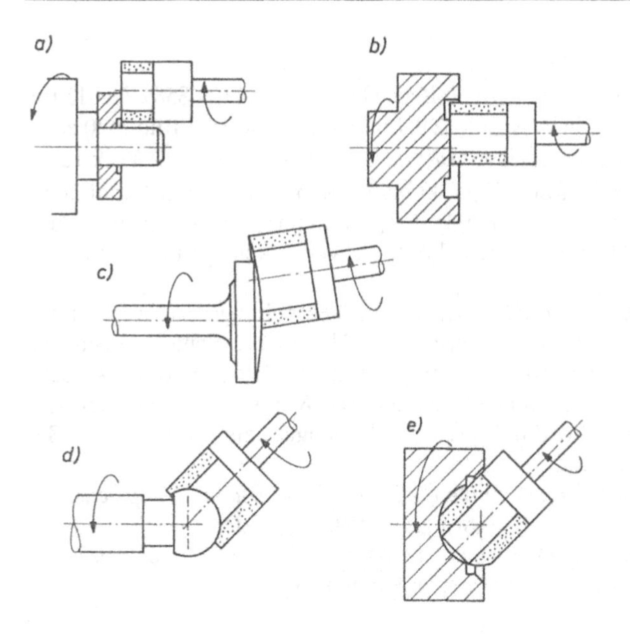

Bild F-29
Werkstückformen, die durch Längs-Seitenplan- und Formschleifen bearbeitet werden können.

a) Stirnflächenbund eines Axiallagers
b) im Werkstück versenkter Stirnflächenbund
c) gewölbte Stirnfläche eines Ventils
d) Gleitstein eines Kugelgelenks
e) Kugelpfanne

Aber auch die wichtigsten Merkmale des Schleifens sind zu finden wie

1.) *Rotierendes* Werkzeug,

2.) *Unterbrochener Schnitt* und

3.) die *Schnittgeschwindigkeit* v_c ist größer als die Werkstückgeschwindigkeit v_f.

Dieses Seitenschleifen wird im Bereich kleiner Werkstücke mit ebenen und kugelförmigen Flächen, die sehr glatt und formgenau sein müssen, angewendet. Bild F-29 zeigt eine Auswahl davon: ebene Axiallager, flach gewölbte Ventilteller, Einspritzpumpenteile und Ersatzteile der medizinischen Technik. Die Werkstoffe sind Grauguß, Spezialguß, weicher und gehärteter Stahl, Buntmetalle, Sinterstoffe und Keramik.

Die *Hauptbewegung* setzt sich aus der *Werkzeug-* und der *Werkstückbewegung* zusammen. Beide überlagern sich. Die Schnittgeschwindigkeit ist nicht sehr groß, $v_c = 1$ bis 10 m/s. Sie hinterläßt kreisförmige Arbeitsspuren auf dem Werkstück. Die Überlagerung der Werkstückbewegung mit $v_f = 0{,}2$ bis 5 m/s verzerrt die Kreisspuren zu Zykloiden, die sich selbst vielfach schneiden. Die Schnittwinkel können zwischen 0° und 180° liegen, wobei der mittlere Bereich bevorzugt wird. Sie lassen sich für ein ebenes Werkstück annähernd berechnen mit der Gleichung

$$\cos\frac{\alpha}{2} = \frac{1}{2 \cdot d \cdot d_s}\left(d^2 + d_s^2 - 4\,a^2\right) \tag{F-30}$$

mit d_s = mittlerer Topfscheibendurchmesser, a = Mittenabstand von Werkstück und Werkzeug und d = veränderlicher Werkstückdurchmesser. Bei breiten Topfscheiben und an Kugelflächen wird das Schliffbild unregelmäßiger.

Bei gegenläufigem Drehsinn können sich beide Geschwindigkeitskomponenten in den Außenbereichen des Werkstücks summieren zu

$$v_{emax} = v_c + v_f \tag{F-31}$$

Zur Werkstückmitte hin wird $v_f = 0$. Dort ist dann

$$v_e = v_c$$

2.9.5 Seiten-Formschleifen

Längs-Seiten-Kinematisch-Formschleifen ist die offizielle Bezeichnung nach DIN 8589 Teil 11 für die Bearbeitung von Kugelflächen, wie sie in Abschnitt 2.9.4 beschrieben wurde. Bild F-30 zeigt die Arbeitsweise am Beispiel des Schleifens einer *Glaslinse.* Schleifscheiben- und Werkstückachse stehen unter dem Einstellwinkel α. Der Schnittpunkt beider Achsen wird zum Mittelpunkt der Werkstückkrümmung. Die Werkstückgeschwindigkeit v_w ist radiusabhängig in der Mitte gleich 0, zum Rand hin erreicht sie ihr Maximum. Die Schnittgeschwindigkeit v_c ist die Umfangsgeschwindigkeit der Topfschleifscheibe.
Die *ungleichmäßige Werkstückgeschwindigkeit* kennzeichnet das Bearbeitungsverfahren. In der Werkstückmitte sind die Kühlbedingungen am ungünstigsten. Thermische Schädigungen des Werkstücks begrenzen hier die zulässige Schnittgeschwindigkeit der Schleifscheibe. Im Außenbereich des Werkstücks ist das Zeitspanungsvolumen, das mit der Werkstücksgeschwindigkeit unmittelbar gekoppelt ist, am größten und dadurch die Oberflächengüte am schlechtesten. Sie begrenzt die anwendbare Werkstückdrehzahl.
für die Bearbeitung von Glaslinsen werden *feinkörnige* (D 30 bis D 54) *Diamant-Topfscheiben* verwendet. Die Entwicklungstendenz führt zu feinkörnigeren Scheiben oder zu Scheiben mit zweistufiger innen besonders feiner Körnung. Damit soll eine Nacharbeit durch Honen wegfallen und das Polieren als Endstufe der Bearbeitung sofort folgen können [60].

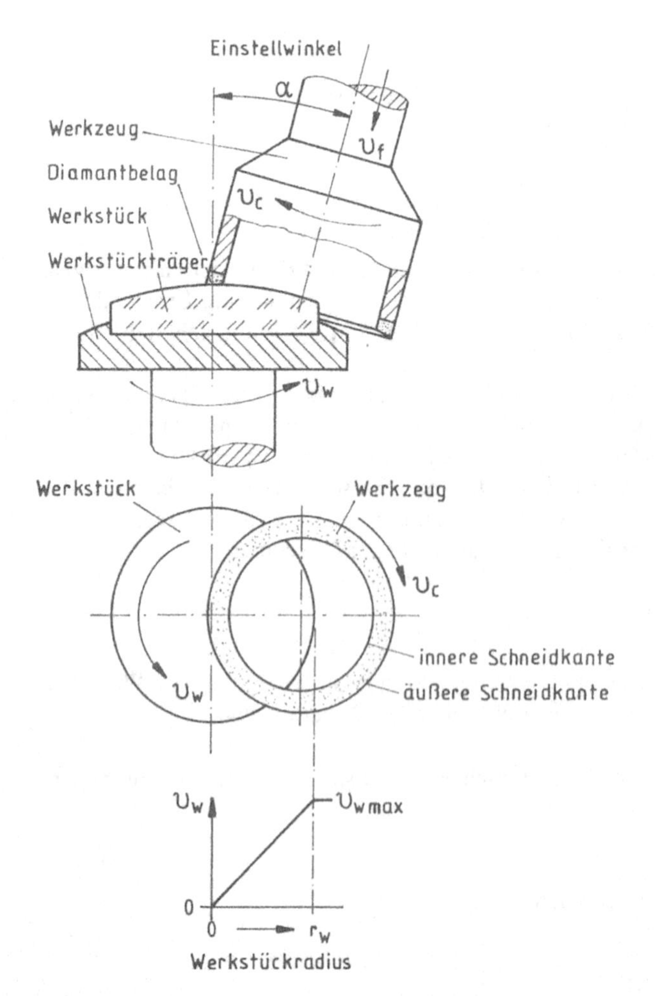

Bild F-30
Langs-Seiten-Kinematisch-Formschleifen am Beispiel des Schleifens von Glaslinsen mit Diamant-Topfscheiben

2.10 Tiefschleifen

Das Tiefschleifen läßt sich durch einen besonders *großen Arbeitseingriff* a_e von 0,1 bis 15 mm kennzeichnen (Bild F-31). Nach DIN 8589 Teil 11 kann es den Verfahren Rund-Außen-Profilschleifen und Längs-Außen-Profilschleifen zugeordnet werden. Am verbreitetsten ist es bei der Erzeugung von gerade verlaufenden Profilen in ebenen Werkstücken. Die ganze Profiltiefe wird dabei mit nur einer Zustellung erzeugt. Die Vorschubgeschwindigkeit v_f ist kleiner als beim sonst üblichen Pendelschleifen, nämlich 10 bis 50 mm/min.

Von der Maschine wird beim Tiefschleifen ein stärkerer Antrieb (12 bis 40 kW) eine steifere Maschinenkonstruktion und ein ruckfreier Tischantrieb mit Schleichgang verlangt. Die Schleifscheibe soll größere Porenräume zur Aufnahme des größeren Spanvolumens haben. Die Bindung kann weicher sein als beim Pendelschleifen. Oft wird der Vorteil großer Schleifgeschwindigkeit ausgenutzt, wenn die Schleifscheibe es zuläßt. Die Kontaktlänge des Kornes l_k ist besonders lang. Die Anzahl der schleifenden Körner ist größer als bei kleiner Zustellung.

Unter günstigen Voraussetzungen können folgende *Vorteile* gegenüber dem Pendelschleifen ausgenutzt werden:

1.) größeres Zeitspanungsvolumen (4–5fach),
2.) geringerer Schleifscheibenverschleiß (0,5fach),
3.) längere Standzeit der Profilschleifscheiben (2fach),
4.) verminderte Temperaturschädigung der Werkstücke,
5.) Vorbearbeitung (durch Fräsen z.B.) kann eingespart werden [61].

Wesentlich für die erfolgreiche Anwendung des Tiefschleifens ist eine wirksame *Kühlmittelzuführung*. Bild F-31 zeigt die Besonderheiten der räumlichen Anordnung.

1.) Durch eine Düse 3 wird das Kühlmittel bei 3 bis 8 bar gezielt auf die Schleifscheibe 2 vor dem Arbeitsspalt gespritzt. Da die Düse dicht an die Schleifscheibe herangeführt werden muß, ist das Gleichlaufschleifen günstiger als das Gegenlaufschleifen.
2.) Eine Reinigung der Schleifscheibenoberfläche mit besonders großem Druck 4 (bis 100 bar) und Kühlmittelströmen bis 1 l/min je mm Schleifscheibenbreite kann die Standzeit bis zu 30 % verlängern.
3.) Durch Staubleche 5 und Leitbleche 6 ist die Umgebung der Schleifmaschine vor Spritzwasser und Flüssigkeitsnebel zu schützen.

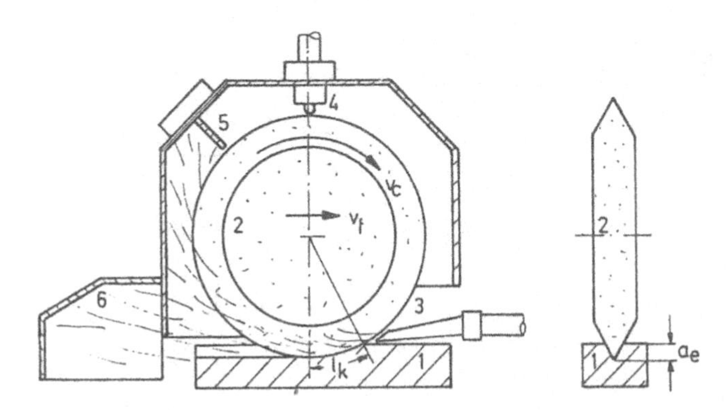

Bild F-31 Tiefschleifen eines Profils 1 Werkstück, 2 Schleifscheibe, 3 Kühlmitteldüse, 4 Hochdruckdusen zum Reinigen der Schleifscheibenoberfläche, 5 Staublech, 6 Leitbleche

v_c Schnittgeschwindigkeit
v_f Vorschubgeschwindigkeit (Schleichgang)
a_e Arbeitseingriff

4.) Die Kühlmitteltemperatur ist in engen Grenzen (± 1°) auf ca. 25 °C zu regeln. Dazu ist ein wesentlich größerer Behälter als beim normalen Schleifen und ein Kühlaggregat erforderlich.
5.) Die Reinigung des Kühlmittels muß nicht nur der gewünschten Oberflächengüte des Werkstücks, sondern auch der Empfindlichkeit der feinen Hochdruckdüsen gegen Verstopfung Rechnung tragen. Üblich sind Papierfilteranlagen.

Wie sich beim Tiefschleifen die Arbeitsbedingungen ändern, kann am besten an Bild F-32 erklärt werden. In einem Flächenraster aus Arbeitseingriff und Vorschubgeschwindigkeit ist entlang einer Diagonalen die *Vergrößerung von* a_e bei gleichzeitiger *Verkleinerung von* v_f zu erkennen. Dabei bleibt das bezogene Zeitspanungsvolumen $Q' = a_e \cdot v_f$ konstant. Darüber ist aufgetragen, wie sich die *Kontaktlänge* l_k des Schleifkorns mit dem Werkstück *vergrößert*. Für die Berechnung wurden geeignete Werte angenommen. Gleichzeitig verkleinert sich die mittlere Eingriffstiefe des einzelnen Schleifkorns. Daraus kann die verringerte Kornbeanspruchung durch Einzelkräfte und die Verschleißminderung abgeleitet werden.

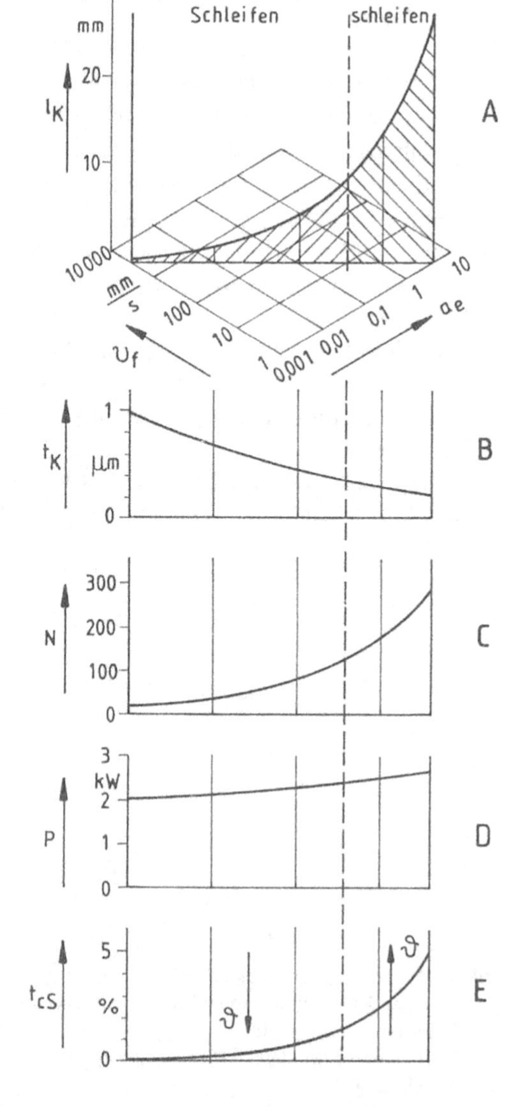

Bild F-32

Anderungen der Schleifbedingungen beim Tiefschleifen

A Kontaktlange in Abhängigkeit von Arbeitseingriff und Vorschubgeschwindigkeit

$$Q' = a_e \cdot v_f = 5 \frac{mm^3}{mm \cdot s}, \; d_s = 200 \text{ mm}$$

B mittlere Eingriffstiefe des einzelnen Schleifkorns
C Zahl der beteiligten Schleifkörner bei einer Schleifbreite von $a_p = 5$ mm
D Leistungsbedarf
E bezogene Eingriffzeit des Schleifkorns und Tendenz des Temperaturanstiegs beim Tief schleifen

Insgesamt nimmt aber die Zahl der Körner, die zugleich im Eingriff sind, beträchtlich zu, denn die *Kontaktfläche vergrößert sich* auch entsprechend der größeren Kontaktlänge l_k. Damit wird die gesamte *Zerspankraft F* und auch der *Leistungsbedarf größer* als beim konventionellen Schleifen. Dieses war nach dem Zerspanungsgrundgesetz von Kienzle und Victor auch zu erwarten, denn bei gleichem Zeitspanungsvolumen und feineren Schneideneingriffen muß die spezifische Schnittkraft beziehungsweise der Leistungsbedarf größer werden.

Das unterste Diagramm zeigt den Pferdefuß des Tiefschleifens. *Die Eingriffszeit* des Kornes ist länger. Die Schneiden werden heißer. *Die kleinen Vorschubgeschwindigkeiten* verschlimmern das Problem. Die Gefahren der *thermischen Schädigung* des Werkstücks und der temperatur bedingten Schneidkornabstumpfung müssen bewältigt werden. Geeignete Maßnahmen sind:

1.) intensive *Kühlung* mit höherem Druck,
2.) *offene* Schleifscheiben zum Kühlmitteltransport,
3.) häufiges *Abrichten,* auch das ständige CD-Abrichten wird eingesetzt,
4.) *Verkleinern* der *Schleifbreite,*
5.) *Vergrößern* der *Schnittgeschwindigkeit,*
6.) *Vergrößern* der *Vorschubgeschwindigkeit.*

Die weitere Entwicklung des Tiefschleifens führt zu besonders *großer Schnittgeschwindigkeit* v_c = 60 bis über 200 m/s und zu extrem großer *Vorschubgeschwindigkeit* v_f bzw. Werkstückgeschwindigkeit v_w im Außenrundschleifen (1 bis 10 m/min). Dabei nimmt das bezogene Zeitspanungsvolumen auf Werte, die bisher als nicht erreichbar galten (80 bis 2000 mm^3/mm · s) zu (Bild F-33).

Die Gefahr der *thermischen Werkstoffschädigung* wird dabei vermieden, weil der Abtragsvorgang infolge besonders großer Eindringtiefe der Körner ähnlich verläuft wie beim Spanen mit geometrisch bestimmten Schneiden. Der Werkstoff wird vor dem Korn gestaucht und abgeschert und nicht so oft verformt wie beim üblichen Schleifvorgang mit kleiner Eindringtiefe. Außerdem wird ein hochwirksames *Kühlsystem* angewandt (Bild F-34), bei dem eine größere Menge speziell entwickelten hochadditiven dünnflüssigen Mineralöls mit einem Druck bis 25 bar in einer Druckkammer unmittelbar vor dem Werkstück an die Schleifscheibe gebracht wird. Die große Vorschubgeschwindigkeit unterstützt die Kühlwirkung zusätzlich.

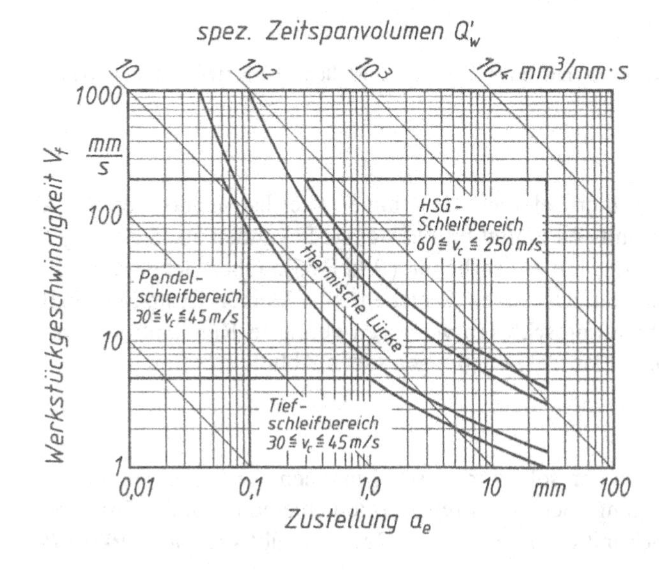

Bild F-33

Zunahme des bezogenen Zeitspanungsvolumens in neuen Hochleistungs-Schleifverfahren

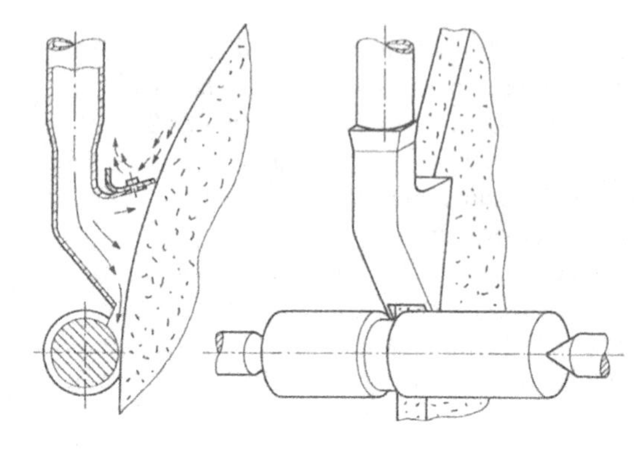

Bild F-34
Wirksames Kühlsystem für das Tiefschleifen

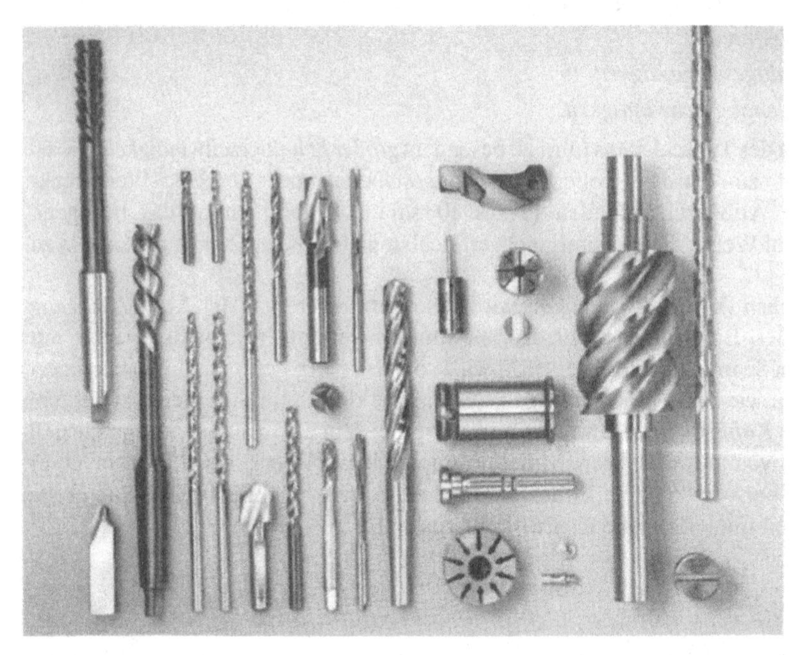

Bild F-35 Werkstücke, die durch Tiefschleifen mit einer einzigen Zustellung hergestellt wurden (HSG-Technologie, Fa. Gühring Automation)

Für den *Antrieb* sind größere Leistungen erforderlich. Es kommen Gleichstrommotoren mit 40 bis 160 kW zum Einsatz. Die Hauptschnittzeit nimmt bis auf wenige Sekunden ab. *Tiefe Profile* bis 30 mm werden mit einer Zustellung fertig bearbeitet (Bild F-35). Oberflächengüte und Genauigkeit erreichen nicht die Qualität des feinen Schleifens mit kleiner Zustellung [62]. Entwicklungen zum genaueren Hochleistungsschleifen verlangen geringste Rundlauffehler der Schleifwerkzeuge. Neue feineinstellbare Flanschverbindungen sollen Abhilfe schaffen [63].

2.11 Innenschleifen

Das Werkstück, das innen bearbeitet werden soll, wird einseitig in einem Futter aufgenommen. Die Gegenseite muß für den Zugang des Werkzeugs offen bleiben (Bild F-36). Die Werkstückspindel dreht das Werkstück mit der Drehzahl n_w. Daraus ergibt sich die *Werkstück-*

geschwindigkeit v_w, die gleich der Umlaufgeschwindigkeit des Innendurchmessers d_w ist, nach Gleichung (F-2)

$$v_w = \pi \; d_w \cdot n_w$$

Üblich sind folgende Geschwindigkeiten:

bei ungehärtetem Stahl	14 bis 25 m/min,
bei gehärtetem Stahl	18 bis 20 m/min,
bei Gußeisen	20 bis 25 m/min,
bei Messing und Leichtmetall	30 bis 35 m/min.

Der Schleifkörper, der in der Schleifspindel aufgenommen wird, hat immer einen kleineren Außendurchmesser d_s als der Werkstückinnendurchmesser. Als günstiger Wert für das Verhältnis d_s/d_w hat sich 0,6 bis 0,7 erwiesen. Das heißt, daß bei einer Bohrung von 100 mm Innendurchmesser der Schleifkörper 60 bis 70 mm groß sein soll. Die *Schleifgeschwindigkeit* wird auch über 35 m/s gewählt. Die Drehzahl n_s kann bei kleinen Schleifkörpern sehr groß werden. Sie errechnet sich aus der Formel (F-1)

$$n_s = \frac{v_c}{\pi \cdot d_s}$$

Größere *Zustellungen* sind beim Innenrundschleifen nicht möglich. Die besonders schlanke Schleifspindel verformt sich unter der Belastung dann zu stark und verursacht Formfehler und ungleichmäßigen Verschleiß (Bild F-37). Bei kleinerer Zustellung wird die Anzahl der Längshübe vergrößert. Übliche Zustellungen für einen Doppelhub sind

beim Vorschleifen	0,02 bis 0,05 mm,
beim Fertigschleifen	0,003 bis 0,01 mm.

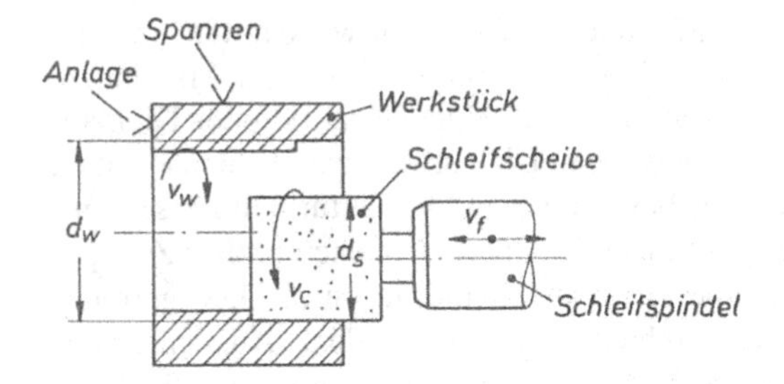

Bild F-36

Schleifspindel- und Werkstuckbewegungen beim Innen-Rundschleifen

v_c Schnittgeschwindigkeit
v_w Werkstuckgeschwindigkeit
v_f axiale Vorschubgeschwindigkeit

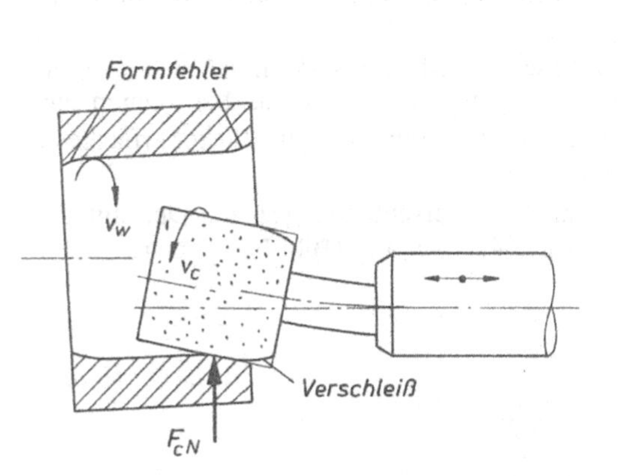

Bild F-37

Elastische Verformung einer Innenschleifspindel bei großer Zustellung durch die Schnittnormalkraft F_{CN}, Verschleiß und Formfehler

Neben Korund und Siliziumkarbid wird beim Innenschleifen vorteilhaft kubisches Bornitrid als *Schleifmittel* verwendet. Die geringe Belagstärke der Schleifscheibe, die sich nur wenig abnutzt, erlaubt es, stärkere Schleifspindeln einzusetzen. Mit ihnen können etwas größere Zustellungen gewählt werden. Zeitspanungsvolumen und Wirtschaftlichkeit werden dadurch besser. Das günstigste Durchmesserverhältnis ist dabei $d_s/d_w = 0\ 8$.
Andere Entwicklungen führen dahin, kleinere Schleifscheiben mit metallisch gebundenem CBN einzusetzen. Die Schleifkräfte sind kleiner als bei größeren Scheiben. Der Gewinn kann entweder für ein größeres Zeitspanungsvolumen, zum Beispiel durch größere Vorschubgeschwindigkeit oder für höhere Genauigkeit genutzt werden.
Neben dem *Längs-Innen-Rundschleifen,* bei dem der Längshub der Schleifspindel die Vorschubgeschwindigkeit v_f erzeugt, gibt es nach DIN 8589 das *Quer-Innen-Rundschleifen* mit radialem Vorschub, das *Längs-Innen-Schraubschleifen,* das *Quer-Innen-Schraubschleifen* und das *diskontinuierliche Innen-Wälzschleifen.*
Das Innenschleifen mit CBN-Scheiben erhält darüber hinaus besondere Bedeutung für die Herstellung von innenliegenden Kurvenformen bei Zahnradpumpen, Verdichtergehäusen, Wankelmotoren und ähnlichen Werkstücken. Die rechnergeführte numerische Steuerung macht es dabei möglich, den Schleifscheibenverschleiß (wenn auch gering) sofort auszugleichen. Die Schnittgeschwindigkeit sollte dabei immer so groß wie möglich gewählt werden, mindestens jedoch 45 m/s. Als Kühlschmiermittel ist Mineralöl am besten.

2.12 Trennschleifen

2.12.1 Außentrennschleifen

Das Trennschleifen wird zum Aufteilen von Stangenmaterial in Rohlinge bestimmter Länge aus Stahl und Nichteisenmetallen, zum Teilen von schwer bearbeitbaren Werkstoffen wie Hartmetall, gehärtetem oder vergütetem Stahl, Mineralien, Stein, Glas, Keramik, Silizium, für das Trennen von nichtmetallischen Baustoffen und zum Abtrennen von Angüssen und Steigern in der Gußputzerei angewendet. Trennschleifen ist als Bearbeitungsverfahren in Produktionsanlagen, in Labors, in Rohbetrieben, im Baugewerbe, im Straßenbau, in Reparaturwerkstätten und bei Heimwerkern in Gebrauch. Entsprechend vielseitig sind die dafür verwendeten Maschinen, Geräte und Schleifscheiben. Das Schleifmittel Korund, Siliziumkarbid, Bornitrid oder Diamant ist dem zu bearbeitenden Werkstoff angemessen auszuwählen. Die verwendeten Schleifscheiben sind nur 1 bis 5 mm breit und besitzen oft eine Gewebeverstärkung, die sie für den Einsatz mit großer Umfangsgeschwindigkeit bis 100 m/s geeignet machen. Unter Erreichen großer Zeitspanungsvolumen können Werkstücke bis zu Durchmessern von 120 mm in kurzer Zeit getrennt werden. Dabei wird häufig die Zustellung der Schleifscheibe nach dem Ausschlag des Meßgerätes, das die Stromaufnahme des Antriebsmotors anzeigt, gesteuert, um die volle Motorleistung ohne Drehzahlabfall auszunutzen.
Besondere Füllstoffe, die der Scheibenmischung zugesetzt werden, bewirken, daß sich während des Schleifvorgangs genügend Porenräume in der Trennscheibe öffnen. Sie dienen der Späneabfuhr und Kühlung. Auch bei trockener Bearbeitung kann die Werkstückoberfläche so kühl bleiben, daß keine Anlauffarben zu sehen sind.
Das Trennschleifen wird nach DIN 8589 zum Umfangs-Querschleifen gezählt. Der mit der Vorschubgeschwindigkeit v_f zurückzulegende Weg ist $L + \Delta l + l_v + l_ü$ (Bild F-38). Darin ist bei symmetrischer Anordnung

$$\boxed{\Delta l = \frac{d_c}{2}\left[1 - \sqrt{1 - \left(\frac{a}{d_c}\right)^2}\right]} \qquad \text{(F-32)}$$

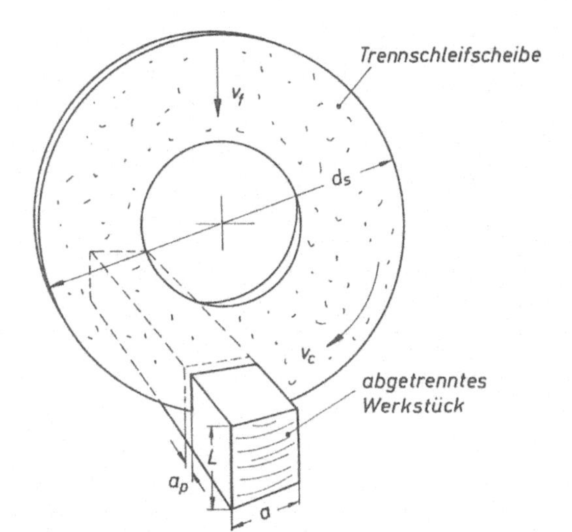

Bild F-38
Trennschleifen
v_c Schnittgeschwindigkeit
v_f Vorschubgeschwindigkeit
a_p Schleifbreite
a Werkstückbreite

l_v der Vorlauf, $l_ü$ der Überlauf, a die Werkstückbreite und d_s der Schleifscheibendurchmesser. Für den Trennschnitt wird die Zeit

$$t_h = \frac{L + \Delta l + l_v + l_ü}{v_f} \tag{F-33}$$

benötigt.

2.12.2 Innenlochtrennen

Das Innenlochtrennen (ID-Trennen) ist ein Feintrennverfahren für teure sprödharte Werkstoffe. Der Werkstoffverlust ist bei einer Schnittbreite von nur 0,3 mm sehr gering. Es wird für die Bearbeitung von optischen Gläsern, Keramiken, Kristallen für Festkörperlaser, Halbleiterwerkstoffe wie Germanium und Galliumarsenid und besonders für das Abtrennen von Silizium-Wafern vom Einkristallrohling als Träger für elektronische Mikroschaltungen verwendet.
Bild F-39 zeigt das Prinzip des Verfahrens. Das Werkzeug besteht aus einer ringförmigen *Edelstahlmembran,* die in einem Rahmen vorgespannt wird. Ihre *Innenkante* ist galvanisch mit *Naturdiamant* beschichtet [64].
Sie dreht sich mit der Schnittgeschwindigkeit v_c (10 bis 26 m/s). Das Werkstück wird mit der Vorschubgeschwindigkeit v_f (20 bis 80 mm/min) radial dazu bewegt. Es werden Wafern der Dicke 0,3 bis 1,5 mm abgetrennt. Der Durchmesser der Rohkristalle beträgt 100 bis 150 mm. Die Trennscheiben haben dafür einen Innendurchmesser von 235 mm und einen Außendurchmesser von 690 mm. Versuche werden auch schon mit 200 mm starken Kristallen gemacht, für die die Trennscheiben noch größer sein müssen (865 mm Außendurchmesser).
Die *Schnittqualität* hängt von der Genauigkeit und Spannung der Schleifmembran, der Beschaffenheit der Schleifkante, der Art und Zuführung des Kühlmittels und den Einstellgrößen ab. Angestrebt wird große Ebenheit und geringe Rauhtiefe. Weitere Bearbeitungen durch Ätzen, Läppen und Polieren folgen dem Trennen.

2.13 Punktschleifen

Beim Punktschleifen (Firmenbezeichnung Quickpoint) wird mit einer *schmalen*, etwa 4 mm breiten, schnellaufenden (140 m/s) CBN- oder Diamantschleifscheibe gearbeitet. Die Berührungs-

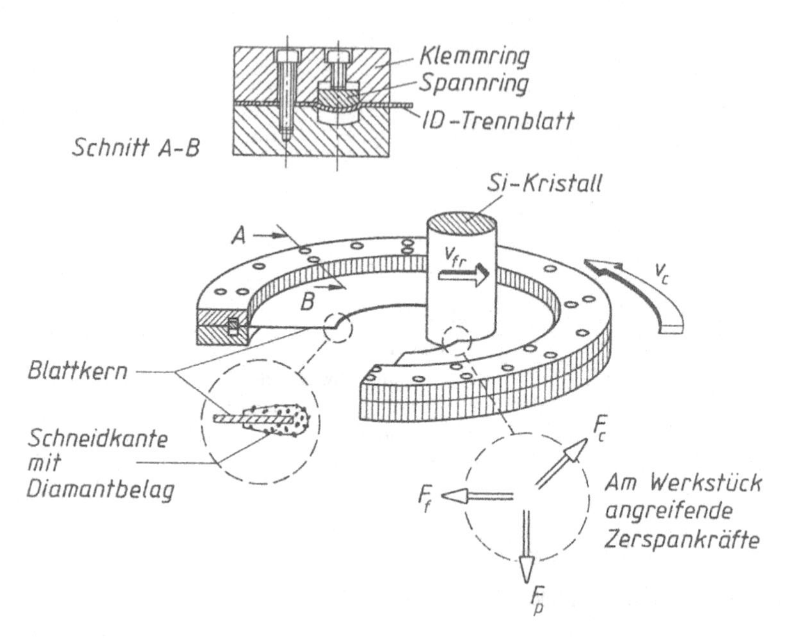

Bild F-39 Prinzip des Innenloch-Trennschleifens bei der Bearbeitung eines Siliziumkristalls

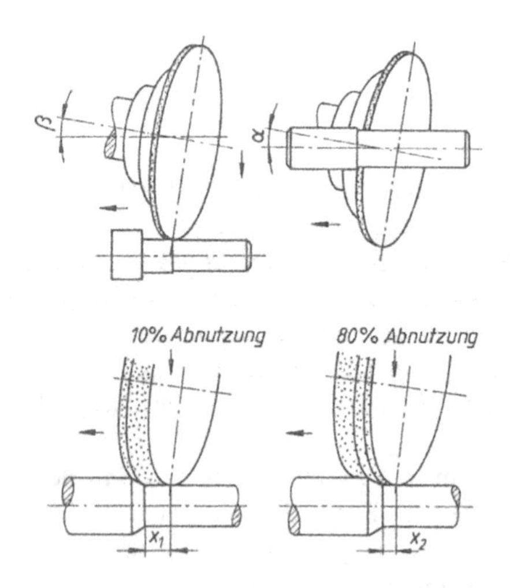

Bild F-40
Prinzip des Punktschleifens

fläche mit dem Werkstück ist sehr klein, fast nur ein *Punkt.* Mit einer *Bahnsteuerung* werden vielfältige Formen von runden Teilen mit nur einer Schleifscheibenform hergestellt. Die Schleifscheibe braucht nicht abgerichtet oder nachgesetzt zu werden. Ihr natürlicher Verschleiß wird durch Nachstellen ausgeglichen (Bild F-40).

Das Werkstück dreht sich dabei sehr schnell *gegenläufig.* Dadurch kann die bearbeitete Werkstückstelle wirksam von der Flüssigkeit gekühlt werden. Der Längsvorschub hängt von der Zustellung ab und beträgt 4 bis 21 mm/s. Dieses Hochleistungsschleifverfahren ist noch in seiner Einführungsphase und gibt der Weiterentwicklung des NC-Außen-Umfangs-Formschleifens (nach DIN 8589 Teil 11) eine besondere Richtung [62].

3 Eingriffsverhältnisse

3.1 Vorgänge beim Eingriff des Schleifkorns

Der Eingriff eines Schleifkorns in den Werkstoff ist vollkommen verschieden vom Eingriff einer geometrisch bestimmten Schneide. Parallelen zum Drehen oder Fräsen können kaum gezogen werden. Ein Überblick über das vielseitige Werkstoffverhalten beim Korneingriff kann aus dem modellhaften Bild F-41 gewonnen werden.

Drei Arten des Werkstoffabtrags können unterschieden werden.

1.) Das *Mikrospanen.* Vor dem Schleifkorn staucht sich der Werkstoff (1) und wird zwischen einem langsam nach oben fließenden Werkstoffkeil (2) und der Scherebene (3) zu Spanschuppen geformt, die zusammenhängend einen Scherspan oder Fließspan bilden können. Kita [65] hat festgestellt, daß diese Spanbildung bei einem Spanwinkel $\gamma < 80°$ möglich ist.

2.) Das *Mikropflügen.* Bei einem größeren negativen Spanwinkel $\gamma > 80°$, was häufiger zu finden ist, wird der Werkstoff nur nach unten und zur Seite verdrängt (4) und verfestigt. Dabei werden seitlich der vom Korn gezogenen Furche (5) Wülste aufgeworfen (6). In Bild F-42 ist die Entstehung der Wülste dargestellt. Martin [66] hält es sogar für möglich, daß der Werkstoff seitlich vom Schleifkorn hinausspritzt wie der Wasserschleier am Bug eines Motorbootes

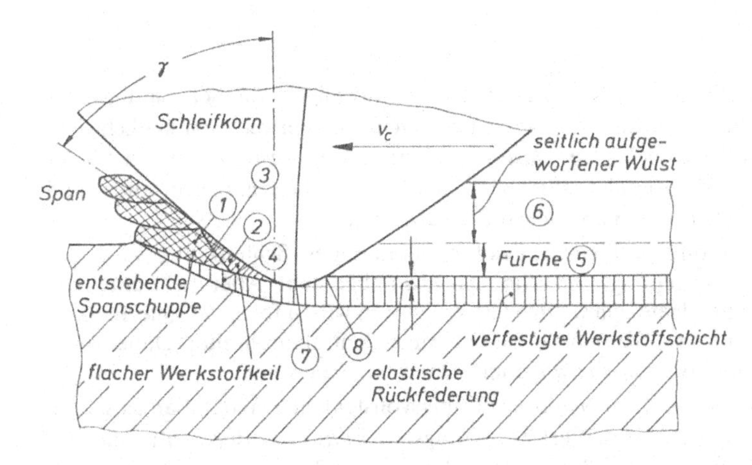

Bild F-41 Vorgänge beim Schleifkorneingriff

1 Stauchen des Werkstoffes vor dem Schleifkorn
2 nach oben wandernder Werkstoffkeil
3 Scheren in der Scherebene mit Reibung
4 Werkstofffluß und Verfestigung
5 Furchenbildung
6 Aufwerfen eines seitlichen Wulstes
7 Reibung an der Freifläche
8 elastische Werkstoffrückfederung

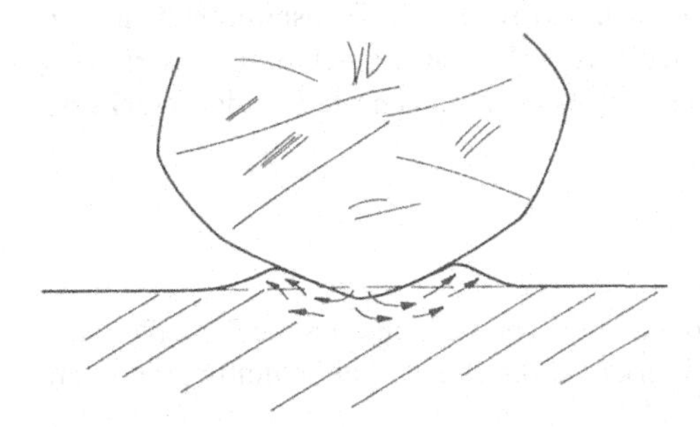

Bild F-42
Seitliche Werkstoffverdrängung beim Eindringen eines stumpfen Kornes, die zur Entstehung der Randwulste führt.

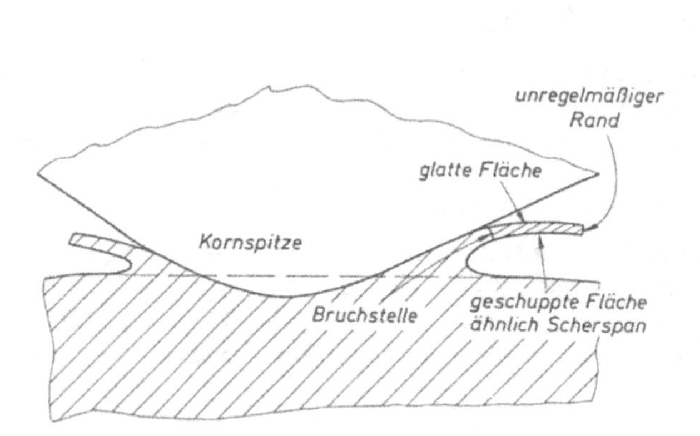

Bild F-43 Aufwerfen des Werkstoffs zur Seite in Bandform durch die Kornspitzen und Abbrechen der Bander nach Martin [66]

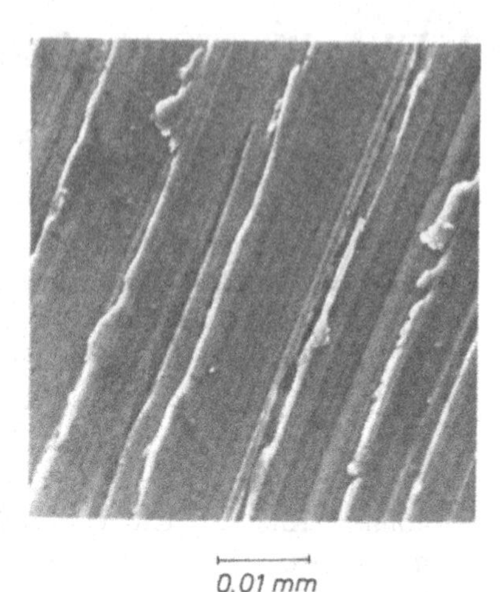

Bild F-44 Elektronenmikroskopische Aufnahme einer geschliffenen Werkstuckoberflache. Schleifrichtung von unten nach oben, Ck 45 gegluht, v_c = 30 m/s.

(Bild F-43). Dabei arten die Randwülste zu flachen spanförmigen Bändern mit glatter Oberfläche und geschuppter Unterseite aus, die Scherspänen zum Verwechseln ähnlich sind. Der Abtrag entsteht erst nach *vielfacher plastischer Verformung* durch die Vielzahl der Schleifkörner. Der Werkstoff ermüdet allmählich und die seitlich aufgeworfenen und niedergedrückten Randwülste brechen ab oder werden abgerissen.

3.) Das *Mikrofurchen.* Bei besonders kleinen Eindringtiefen eines Schleifkorns wird der Werkstoff auch nur sehr wenig gepflügt und schon gar nicht abgespant. Aber dicht unter der gefurchten Oberfläche in einer Tiefe von wenigen Mikrometern wird infolge des Querfließens des Werkstoffs die Spannung so groß, daß sie die Scherfestigkeit überschreitet. Dabei lösen sich sehr dünne Blättchen und Bänder, die wie dünne Bandspäne aussehen.

Von den drei Abtragsarten ist das *Mikrospanen* das wirkungsvollste; leider findet man es selten. Das *Mikropflügen* ist die häufigste Art des Werkstoffabtrags, und das *Mikrofurchen* ist das unwirtschaftlichste, weil die abgetragenen Teilchen nur hauchdünn sind. In der Praxis ist stets nach Wegen zu suchen, die Wirksamkeit des Bearbeitungsvorgangs zu verbessern, also den Anteil des *Mikrospanens* am Abtragsprozeß zu vergrößern.

Auf elektronenmikroskopischen Aufnahmen von geschliffenen Werkstückoberflächen (Bild F-44) ist zu erkennen, daß sich die Verformungen mehrfach überlagern. Dabei können von einem Korn gezogene Furchen durch Randwülste von Nachbarfurchen wieder zugedeckt werden. Vor dem Schleifkorn und in der Furche entsteht zwischen Kornspitze, Kornseitenflächen und Furchengrund Reibung. Sie ruft eine Erwärmung des Werkstücks hervor, die zu Gefügeänderungen, besonders bei gehärtetem Stahl führen kann. Hinter dem Korndurchgang federt der Werkstoff geringfügig wieder elastisch zurück.

3.2 Eingriffswinkel

Der Eingriffswinkel $\Delta\varphi$ ist der Umdrehungswinkel der Schleifscheibe, über den die Schleifkörner in Eingriff sind. Unter der Voraussetzung, daß die Werkstückoberfläche bei Schleifbeginn eben

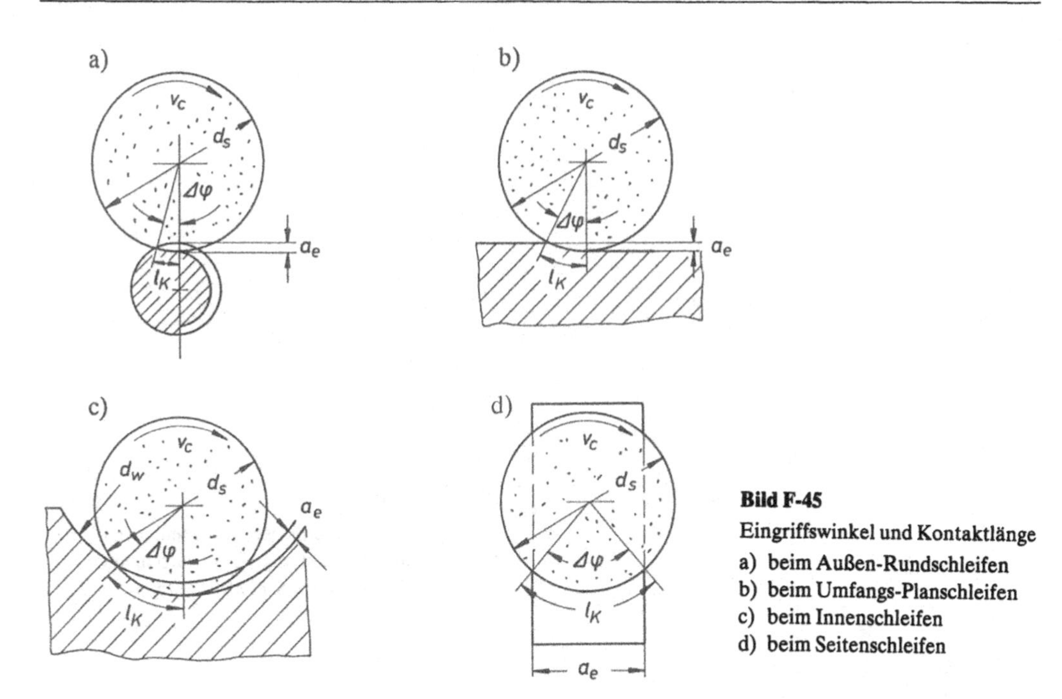

Bild F-45
Eingriffswinkel und Kontaktlänge
a) beim Außen-Rundschleifen
b) beim Umfangs-Planschleifen
c) beim Innenschleifen
d) beim Seitenschleifen

und glatt ist und daß der Arbeitseingriff a_e genau eingestellt werden kann, läßt er sich nach Bild F-45 für alle Schleifarbeiten berechnen:

a) *Außen-Rundschleifen*

$$\Delta\varphi \approx 2 \cdot \sqrt{\frac{a_e}{d_s \cdot (1 + d_s/d_w)}} \qquad \text{(F-34)}$$

b) *Umfangs-Planschleifen*

$$\Delta\varphi \approx 2 \cdot \sqrt{a_e/d_s} \qquad \text{(F-35)}$$

c) *Innenschleifen*

$$\Delta\varphi \approx 2 \cdot \sqrt{\frac{a_e}{d_s \cdot (1 - d_s/d_w)}} \qquad \text{(F-36)}$$

d) *symmetrisches Seitenschleifen*

$$\Delta\varphi \approx 2 \cdot \arcsin \frac{a_e}{d_s} \qquad \text{(F-37)}$$

Darin ist d_s der Schleifscheibendurchmesser, d_w der Werkstückdurchmesser und a_e der Arbeitseingriff. Beim Seitenschleifen ist a_e die Werkstückbreite.
Der Arbeitseingriff a_e ist jedoch nicht für alle Schneiden gleich groß. Einige Schneiden liegen weiter zurück und greifen nicht so tief in den Werkstoff ein wie die äußeren Schneiden, die für die Messung maßgebend sind. Sie haben einen kleineren Arbeitseingriff a_{e2} und auch einen kleineren Eingriffswinkel $\Delta\varphi_2$ (Bild F-46). In besonderen Fällen kann der Eingriffswinkel null werden, wenn ein Schleifkorn in eine schon in der Oberfläche vorhandene Rille gerät.
In Wirklichkeit ist die Oberfläche aber nicht glatt, wie es vorausgesetzt wurde, sondern sie hat bereits Furchen von voranlaufenden Schleifkörnern oder vorangegangenen Überschliffen.
Eine beträchtliche *Vergrößerung des Eingriffswinkels* wird von den aufgeworfenen Randwülsten verursacht. Hier schneiden die Körner tiefer ein als in eine glatte Oberfläche (Bild F-47).

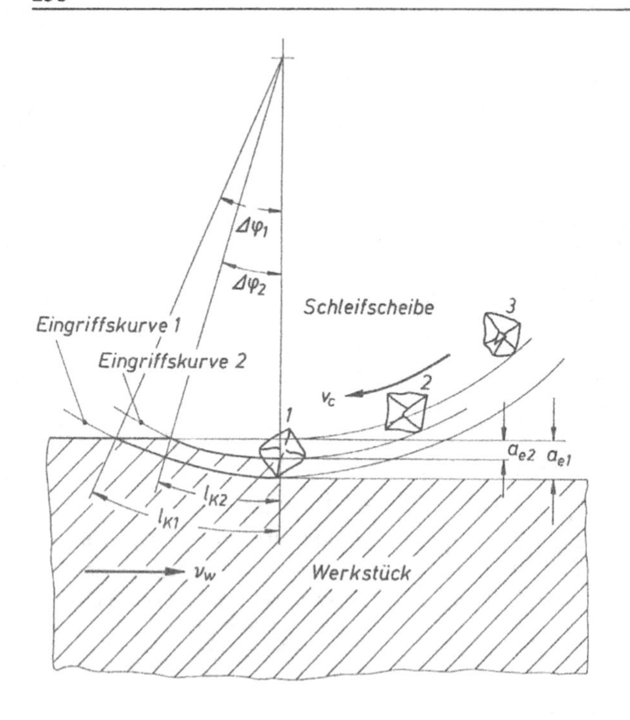

Bild F-46
Unterschiedlicher Arbeitseingriff a_e und Kontaktlänge l_k bei verschieden tief liegenden Schleifkörnern

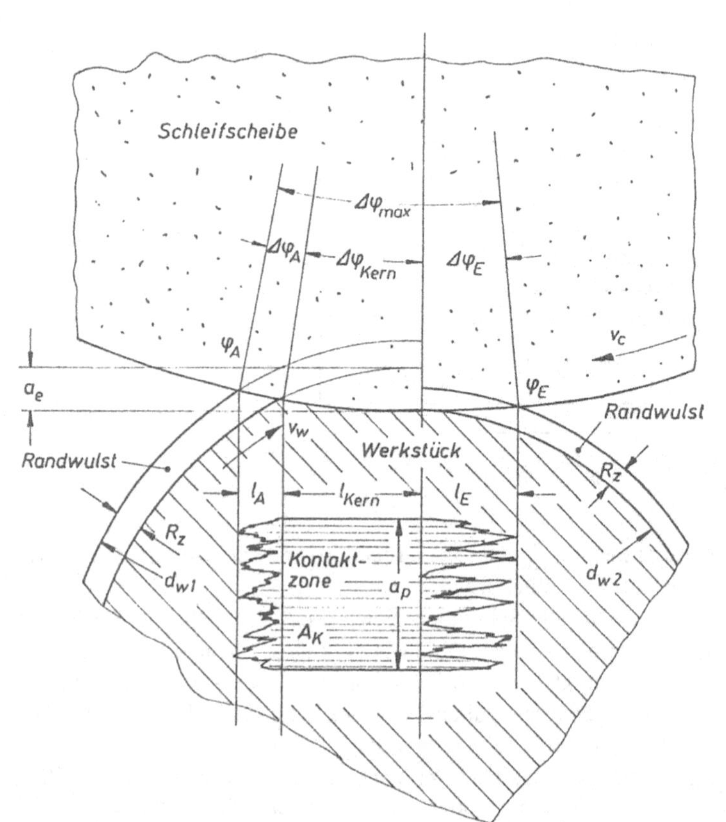

Bild F-47 Vergrößerung des Eingriffswinkels $\Delta\varphi$ auf $\Delta\varphi_{max}$ beim Eingriff eines Schleifkornes in den Randwulst von Schleifspuren der Tiefe R_z und R_z

Dieser *maximale Eingriffswinkel* $\Delta\varphi_{max}$ kann folgendermaßen berechnet werden:

$$\Delta\varphi_{max} = \varphi_A - \varphi_E = \Delta\varphi_E + \Delta\varphi_{Kern} + \Delta\varphi_A$$

Darin ist

$$\Delta\varphi_E \approx 2 \cdot \sqrt{\frac{R_z}{d_s \cdot (1 + d_s/d_w)}}$$

und

$$\Delta\varphi_{Kern} + \Delta\varphi_A \approx 2 \cdot \sqrt{\frac{a_e + R_z}{d_s \cdot (1 + d_s/d_w)}}$$

Also wird beim *Außen-Rundschleifen*

$$\Delta\varphi_{max} \approx \frac{2}{\sqrt{d_s \cdot (1 + d_s/d_w)}} (\sqrt{a_e + R_z} + \sqrt{R_z}) \qquad \text{(F-38)}$$

Für das *Umfangs-Planschleifen* gilt:

$$\Delta\varphi_{max} \approx \frac{2 \cdot (\sqrt{a_e + R_z} + \sqrt{R_z})}{\sqrt{d_s}} \qquad \text{(F-39)}$$

Für das *Innenschleifen:*

$$\Delta\varphi_{max} \approx \frac{2 \cdot (\sqrt{a_e + R_z} + \sqrt{R_z})}{\sqrt{d_s \cdot (1 - d_s/d_w)}} \qquad \text{(F-40)}$$

Beim *Seitenschleifen* wird der Eingriffswinkel nicht durch den Randwulst vergrößert.

3.3 Kontaktlänge und Kontaktzone

Die *Kontaktlänge* ist die Länge am Werkstück, auf der Schleifkörner in Eingriff sind. Sie errechnet sich aus dem Eingriffswinkel $\Delta\varphi$ und dem Schleifscheibendurchmesser (Bild F-46)

$$l_K = \frac{1}{2} \cdot d_s \cdot \Delta\varphi \qquad \text{(F-41)}$$

Mit den Gleichungen (F-32) bis (F-35) entstehen folgende Formeln:

Außen-Rundschleifen

$$l_K = \sqrt{\frac{a_e \cdot d_s}{1 + d_s/d_w}} \qquad \text{(F-42)}$$

Umfangs-Planschleifen

$$l_K = \sqrt{a_e \cdot d_s} \qquad \text{(F-43)}$$

Innenschleifen

$$l_K = \sqrt{\frac{a_e \cdot d_s}{1 - d_s/d_w}} \qquad \text{(F-44)}$$

Durch die Definition des äquivalenten Schleifscheibendurchmessers

$$d_{eq} = \frac{d_s}{1 \pm d_s/d_w} \qquad \begin{array}{l} + \text{ beim Außenschleifen} \\ - \text{ beim Innenschleifen} \end{array} \qquad \text{(F-45)}$$

vereinfachen sich die drei Gleichungen (F-42) bis (F-44) zur einheitlichen Form

$$l_K = \sqrt{a_e \cdot d_{eq}} \qquad \text{(F-46)}$$

beziehungsweise unter Berücksichtigung von Bild F-47 mit R_z

$$l_{Kmax} = \sqrt{(a_e + R_z) \cdot d_{eq}} + \sqrt{R_z \cdot d_{eq}} \qquad \text{(F-47)}$$

symmetrisches Seitenschleifen

$$l_K = d_s \cdot \arcsin \frac{a_e}{d_s} \qquad \text{(F-48)}$$

Die *Kontaktzone* ist die Fläche am Werkstück, auf der in einem Zeitpunkt Schleifkorneingriffe möglich sind (Bilder F-47 und F-48). Sie wird aus der Kontaktlänge l_K und der Schleifbreite a_p berechnet

$$A_K = l_K \cdot a_p \qquad \text{(F-49)}$$

Im Einlauf- und Auslaufteil kann überschlägig die halbe Länge von L_A und L_E oder auch nur die halbe Rauhtiefe R_z berücksichtigt werden. Dann erhält man für die Größe der Kontaktzone etwas realistischer

$$A_K \approx a_p \left[\sqrt{\frac{(a_e + R_z/2) \cdot d_s}{1 + d_s/d_w}} + \sqrt{\frac{(R_z/2) \cdot d_s}{1 + d_s/d_w}} \right] \qquad \text{(F-50)}$$

für das Außenrundschleifen.

3.4 Form des Eingriffsquerschnitts

Die Form des Eingriffsquerschnitts eines einzelnen Korns wird von der *Kontaktlänge* l_K, der *Eingriffsbreite* b_K und der *Eingriffstiefe* t_K beschrieben (Bild F-49). Alle drei Größen sind bei jedem Korn anders. Breite b_K und Tiefe t_K ändern sich auch noch im Laufe des Korneingriffs.
Die *Kontaktlänge* l_K prägt infolge ihrer vielfachen Größe gegenüber b_K und t_K die Schlankheit der Eingriffsform. Es entstehen langgezogene Schleifspuren, deren Anfang und Ende kaum festzulegen sind.
In Bild F-49 ist die *Eingriffstiefe* t_K etwa auf ihren tausendfachen Wert vergrößert worden, um ihren Verlauf sichtbar zu machen. Beim Anschnitt ist sie sehr klein, dann wird sie langsam größer bis zu einem Maximum und nimmt schließlich wieder ab bis zum Austritt des Kornes aus dem Werkstück unter dem Winkel φ_A. Auch beim Eingriff eines Kornes in einen Randwulst ist der gleiche Verlauf der Eingriffstiefe zu erwarten. Dabei treten Größtwerte bis zur Randwulsthöhe

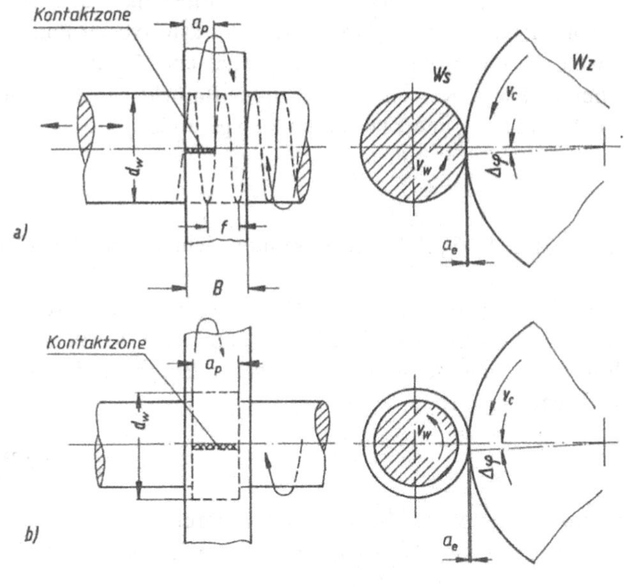

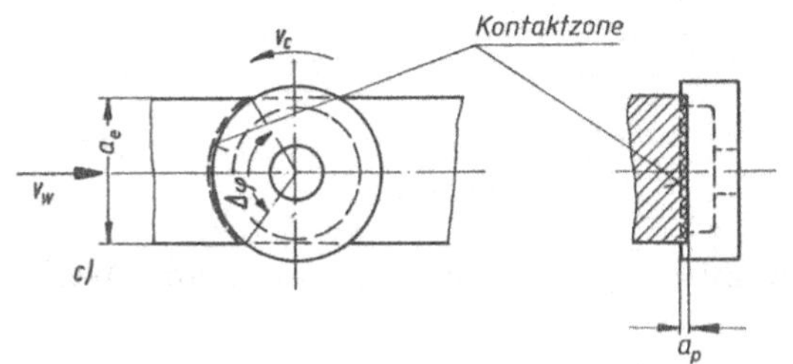

Bild F-48
Kontaktzonen, gekennzeichnet durch $\Delta\varphi$ und a_p, für
a) Außen-Längsrundschleifen
b) Außenrund-Querschleifen
c) Seitenschleifen

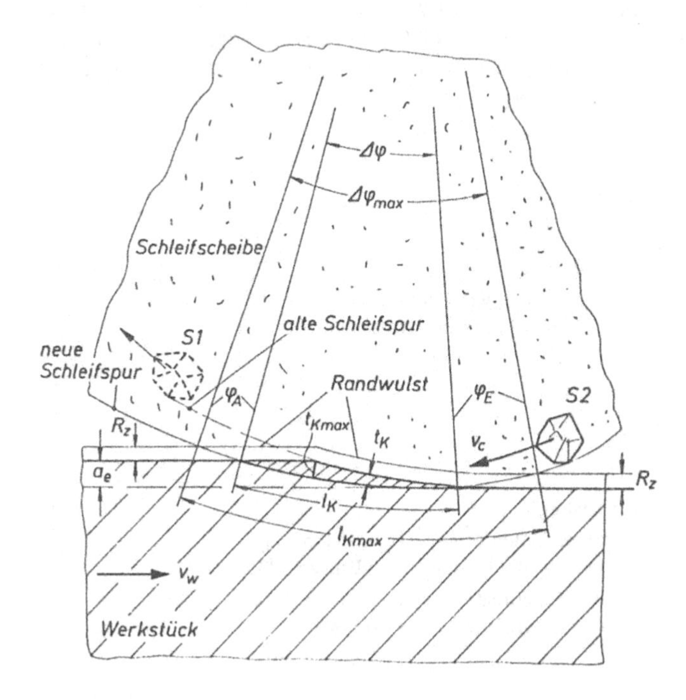

Bild F-49
Form des Eingriffsquerschnitts eines Schleifkorns, gekennzeichnet durch die Kontaktlänge l_K und die Eingriffstiefe t_K

und etwas darüber auf. Für genauere Aussagen über die mittlere Eingriffstiefe müssen Annahmen über die Struktur der Schleifscheibe und den Vorgang der Werkstoffverformung an der Werkstückoberfläche getroffen werden. Insbesondere muß die Zahl und Dichte der am Schleifprozeß beteiligten Schneiden bekannt sein. Kassen [67] hat unter Berücksichtigung aller Einflüsse für die mittlere größte Eingriffstiefe $t_{K\max}$ den Zusammenhang gefunden

$$t_{K\max} = 0{,}71 \cdot x_e \qquad \text{(F-51)}$$

Darin ist x_e eine *Ersatzschnittiefe,* die im Kapitel 3.5 „Zahl der wirksamen Schleifkörner" erklärt wird (Gleichung F-57).

Eine allgemeine Aussage über die *Eingriffsbreite* b_K eines Schleifkorneingriffs kann durch die vereinfachte Darstellung eines Schleifkornquerschnitts (Bild F-50) hergestellt werden. Die Schleifkornflanke steht unter dem Winkel κ. Der Zusammenhang zwischen Eingriffstiefe t_K und Eingriffsbreite b_K ist durch folgende Gleichung gegeben

$$b_K = 2\,t_K \cdot \tan\kappa \qquad \text{(F-52)}$$

Zur Bestimmung des Winkels κ sind von Brückner [68] Schleifriefen in ihrer Tiefe und Breite ausgemessen worden. Bild F-51 zeigt die Ergebnisse. Der mittlere Winkel κ läßt sich damit berechnen

$$\kappa = \arctan \frac{b_K}{2\,t_K} = \arctan \left(\frac{1}{2} \cdot r_K\right)$$

mit $r_K = b_K / t_K$.

Werden die von Brückner gefundenen Verhältniszahlen eingesetzt, erhält man sehr große Werte, nämlich κ = 76° bis 84°.

Damit kann gesagt werden, daß der Querschnitt der Schleifriefen flach und breit ist. Die falsche Vorstellung, daß die Spuren spitz und tief sind, rührt von der verzerrten Darstellung auf Rauheitsmeßschrieben her, auf denen die Höhe um ein Vielfaches stärker vergrößert ist als die Tastlänge. Elektronenmikroskopische Aufnahmen von geschliffenen Werkstückoberflächen bestätigen die gefundenen Ergebnisse (s. Bild F-44).

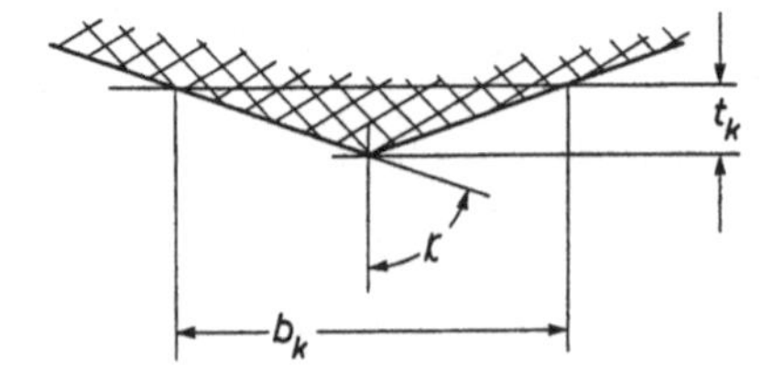

Bild F-50

Schneidenquerschnitt senkrecht zur Schnittrichtung nach Kassen [30]

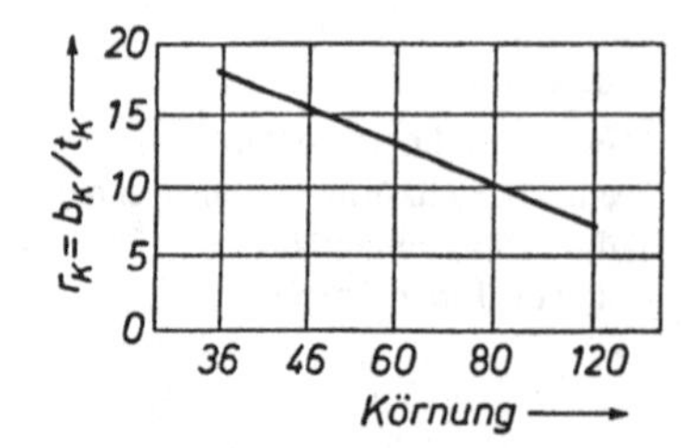

Bild F-51

Schleifriefenform $r_K = b_K/t_K$ in Abhängigkeit von der Kornung nach Bruckner [31]

b_K Eingriffsbreite eines Kornes

t_K Eingriffstiefe eines Kornes

3.5 Zahl der wirksamen Schleifkörner

Die *Zahl der Schneiden,* die beim Schleifen zum Einsatz kommen, wird von der Schleifscheibenzusammensetzung durch Körnung, Dichte und Abrichtung und von den Eingriffsbedingungen durch Schleifscheiben- und Werkstückdurchmesser, Geschwindigkeitsverhältnis q und Arbeitseingriff a_e bestimmt. Die geometrische Anordnung der Schneiden in der wirksamen Randschicht der Schleifscheibe kann durch Abtasten mit einem spitzen Fühler im Tastschnittverfahren bestimmt werden. Aus einem Abtastdiagramm dieser Art (Bild F-52) kann die Zahl der Schneidkanten in Abhängigkeit von der Tiefe x ausgezählt werden. Das Ergebnis der Auszählung ist die statische Schneidenzahl. Bild F-53 zeigt, daß die statische Schneidenzahl in geringer Tiefe $x < 5$ µm einem *quadratischen Verteilungsgesetz*

$$\boxed{S_{stat} = \beta_1 \cdot x^2} \qquad \text{(F-53)}$$

folgt und dann einer Sättigung zustrebt. Die Konstante β_1 läßt sich aus den Messungen ermitteln. Sie wird besonders von der Körnung und dem Abrichtzustand der äußeren Schleifscheibenschicht bestimmt. Kleines Korn und feine Abrichtbedingungen vergrößern die Konstante β_1 und damit die Schneidenzahl, grobes Korn und großer Abrichtvorschub verkleinern sie. Das Abrichtwerkzeug hat ebenfalls einen Einfluß auf die statische Schneidenzahl. Ein Vielkornabrichter erzeugt mehr wirksame Schneiden als ein Diamant mit nur einer Abrichtspitze. Zur Bestimmung

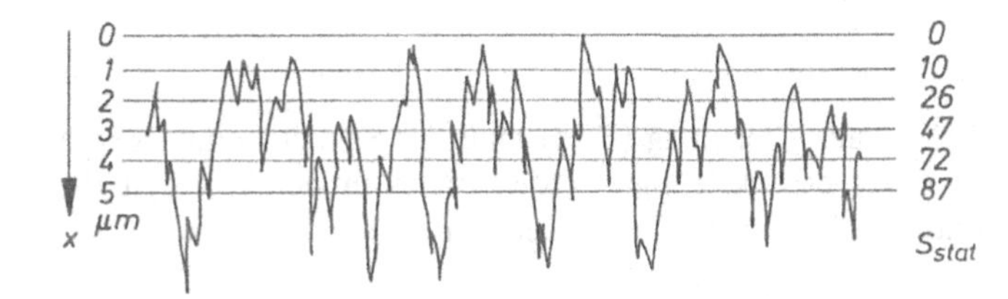

Bild F-52
Tastschnitt einer Schleifscheibenumfangslinie zur Auszahlung der Flankenanstiege

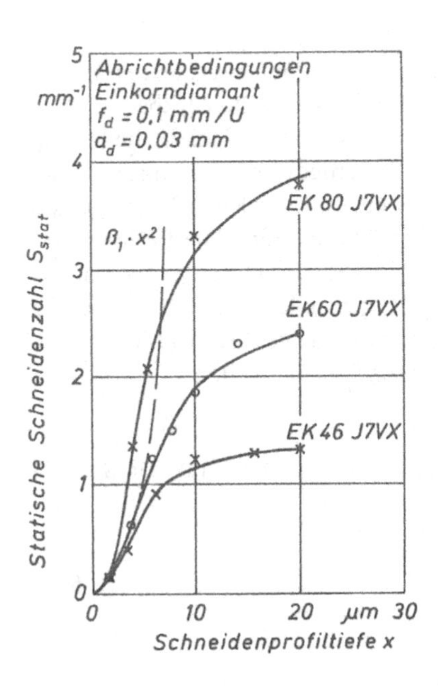

Bild F-53
Statische Schneidenzahl in Abhängigkeit von der Schneidenprofiltiefe x und der Körnung, ermittelt durch Abtasten auf einer Umfangslinie nach Kassen [30]

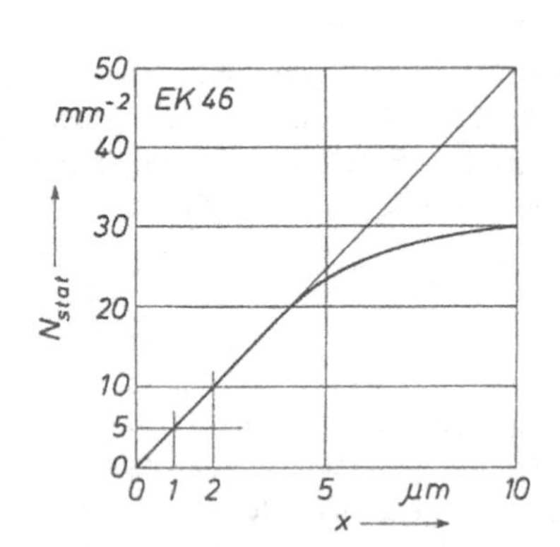

Bild F-54 Flächenverteilung der Schneidenzahl in der Schleifscheibenoberfläche in Abhängigkeit von der Profiltiefe x am Beispiel einer Körnung 46

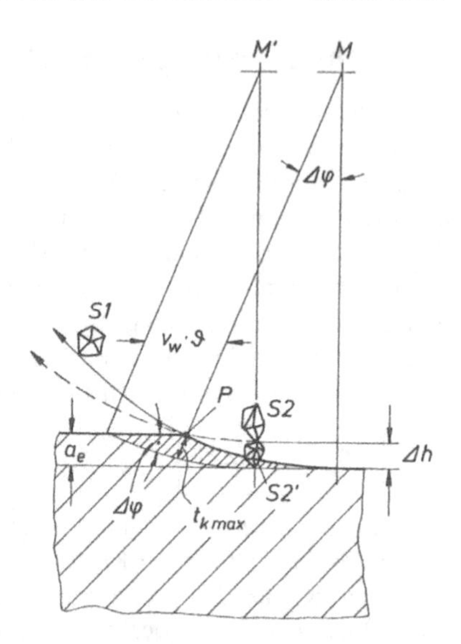

Bild F-55 Eingriffsverhältnisse am Beispiel zweier aufeinanderfolgender Schneiden [30]

der *Flächenverteilung der Schneiden* N_{stat} aus Gleichung (F-53) muß der Schneidenquerschnitt senkrecht zur Schnittrichtung (Bild F-50) berücksichtigt werden, denn in der Tiefe ist die räumliche Ausdehnung eines Kornes größer und wird dadurch bei der Zählung stärker berücksichtigt.

Als *statische Flächenverteilung* wird von Kassen [67]

$$N_{stat} = C_1 \cdot x \qquad \text{(F-54)}$$

mit der Konstanten $C_1 = \beta_1 / \tan \kappa$ angegeben. Bild F-54 zeigt den Verlauf des *linearen Verteilungsgesetzes*. Abweichungen davon machen sich erst in einer Tiefe $x > 5$ µm bemerkbar.

Nicht alle statisch vorhandenen Schneiden kommen beim Einsatz der Schleifscheibe am Werkstück zur Wirkung, da einige von voranlaufenden Schneiden verdeckt werden und sich ohne zu arbeiten im Freiraum einer Furche bewegen. Bild F-55 zeigt, unter welchen Bedingungen dieser Fall eintritt. Das Korn S1 hat in der Werkstücktiefe a_e die Spur bis zum Punkt P hinterlassen. Das Korn S2 folgt in der gleichen Spur im zeitlichen Abstand ϑ. Dabei ist der Schleifscheibenmittelpunkt M relativ zum Werkstück um $v_w \cdot \vartheta$ nach M' gewandert. Da die Schneide S2 um $x = \Delta h$ tiefer in der Schleifscheibe liegt, schneidet sie in dieser Furche gerade nicht mehr. Aus der geometrischen Anordnung in Bild F-55 läßt sich für die *Grenztiefe* Δh ableiten:

$$\Delta h = t_{k\max} = v_w \cdot \vartheta \cdot \sin \Delta \varphi$$

mit $L = 1/S_{stat} = v_c \cdot \vartheta$, dem mittleren Abstand zweier Schneiden S1 und S2 auf der Schleifscheibenoberfläche wird

$$\Delta h = L \cdot \frac{v_w}{v_c} \cdot \sin \Delta \varphi = \frac{1}{S_{stat}} \cdot \frac{v_w}{v_c} \cdot \sin \Delta \varphi \qquad \text{(F-55)}$$

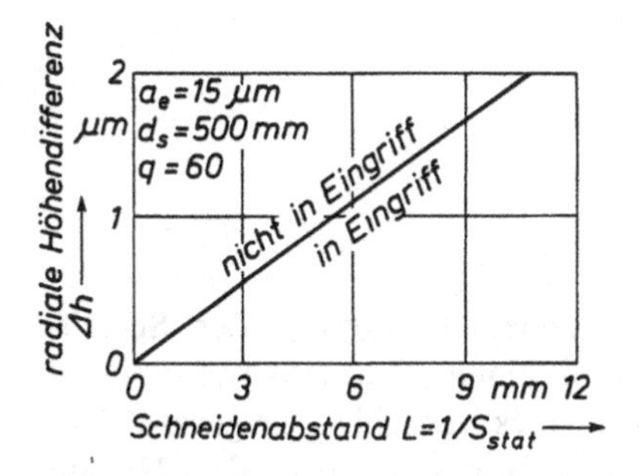

Bild F-56
Grenzbedingung für das Eingreifen der nachfolgenden Schneide nach Kassen [30]

Bild F-56 zeigt den Verlauf dieser Grenzbedingung, der die Schneiden, die in Eingriff kommen (unten), von den leerlaufenden (oben) trennt.

Damit ist dargelegt, daß die *kinematisch wirksame Schneidenzahl* $N_{\text{kin}} = F(a_e)$ kleiner ist als die statische Schneidenzahl N_{stat} in der entsprechenden Profiltiefe x der Schleifscheibe. Eine Korrektur ist bei der Berechnung dadurch vorzunehmen, daß eine *Ersatzschnittiefe* x_e eingesetzt wird, die kleiner als a_e ist:

$$N_{\text{kin}}(a_e) = C_0 \cdot N_{\text{stat}}(x_e) \qquad \text{(F-56)}$$

Die Konstante C_0 wurde von Kassen [67] bestimmt zu $C_0 = 1{,}20$. Sie ist unabhängig von den Schleifbedingungen und der Schleifscheibe. Die Ersatzschnittiefe x_e ist gleich der Grenzhöhendifferenz Δh, die sich theoretisch bei gleichmäßigem Schneidenabstand L ergeben würde. Damit errechnet sich

$$x_e = \Delta h = L(x_e) \cdot \frac{v_w}{v_c} \cdot \sin \Delta\varphi$$

mit $L(x_e) = 1/S_{\text{stat}}(x_e) = \dfrac{1}{\beta_1 x_e^2}$ wird

$$\boxed{x_e = \sqrt[3]{\frac{v_w}{v_c} \cdot \frac{\sin \Delta\varphi}{\beta_1}}} \qquad \text{(F-57)}$$

und

$$\boxed{N_{\text{kin}} = 1{,}20 \cdot C_1 \sqrt[3]{\frac{\sin \Delta\varphi}{q \cdot \beta_1}}} \qquad \text{(F-58)}$$

mit $C_1 = \beta_1/\tan\kappa$ siehe Gleichungen (F-48) und (F-49).

Die *Gesamtzahl* der zugleich eingreifenden Schleifkörner ist dann

$$\boxed{N = N_{\text{kin}} \cdot A_K} \qquad \text{(F-59)}$$

oder bei Anwendung der Gleichungen (F-41) und (F-49)

$$\boxed{N = \frac{1}{2} N_{\text{kin}} \cdot d_s \cdot a_p \cdot \Delta\varphi} \qquad \text{(F-60)}$$

4 Auswirkungen am Werkstück

4.1 Oberflächengüte

4.1.1 Wirkrauhtiefe

Die *Wirkrauhtiefe* R_{ts} ist die Kennzeichnung der wirksamen Feingestalt der Schleifscheibenschneidfläche. Sie wird durch ein Abbildverfahren mit einem Testwerkstück ermittelt [69]. Dabei wird zwischen Schleifscheibendrehzahl n_s und Werkstückdrehzahl n_w ein ganzzahliges Verhältnis – z.B. 3 : 1 – eingehalten, so daß jede Stelle des Testwerkstücks bei jedem Umlauf wieder von derselben Stelle der Schleifscheibe bearbeitet wird. Für die Bestimmung der Wirkrauhtiefe ist deshalb eine besondere Schleifmaschine erforderlich, bei der der Werkstückspindelantrieb mit dem Schleifspindelantrieb in einem festen ganzzahligen Drehzahlverhältnis geometrisch gekoppelt ist (z.B. über Zahnriemen). Am Testwerkstück kann dann nach dem Tastschnittverfahren mit einem Oberflächenprüfgerät die Wirkrauhtiefe R_{tS} quer zur Schleifrichtung gemessen werden.

4.1.2 Werkstückrauhtiefe

Die Wirkrauhtiefe kann als Sonderfall der *Werkstückrauhtiefe* aufgefaßt werden, der eintritt, wenn zwischen Schleifscheibe und Werkstück ganzzahlige Drehzahlverhältnisse eingestellt sind. Dann greifen nämlich die einzelnen Schleifkörner der Schleifscheibe bei mehreren Werkstückumläufen immer wieder in dieselben Schleifspuren am Werkstück ein und erneuern das einmal geformte Oberflächenprofil (Bild F-57a).
Beim üblichen Schleifen ist das Drehzahlverhältnis zwischen Schleifscheibe und Werkstück nicht ganzzahlig. Die einmal erzeugten Schleifspuren auf der Werkstückoberfläche werden bei mehreren Überschliffen von anderen Stellen der Schleifscheibe mit anderer Kornverteilung erneut bearbeitet. Dabei entsteht ein verändertes Oberflächenbild (Bild F-57b). Es enthält Spuren von mehr Schleifkörnern.

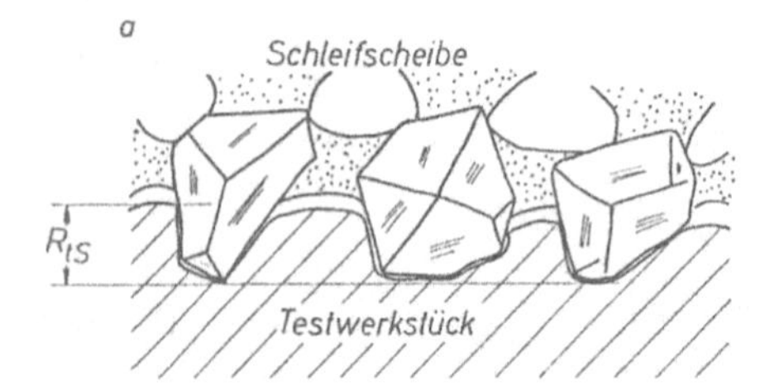

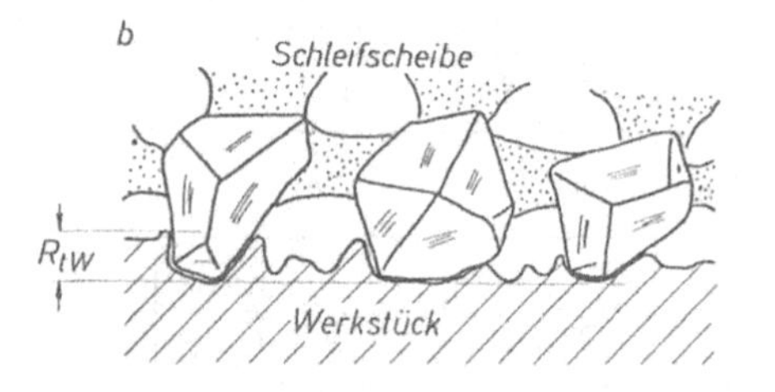

Bild F-57 Entstehung der Wirkrauhtiefe R_{tS} an einem Testwerkstuck bei ganzzahligem Drehzahlverhältnis n_s/n_w (a) und der normalen Werkstuckrauhtiefe R_{tW} bei nicht ganzzahligem Drehzahlverhaltnis (b)

An Bild F-58 ist zu erkennen, wie die normale Werkstückrauhtiefe von der Wirkrauhtiefe abweicht und wie sie *vom Arbeitseingriff* a_e *beeinflußt* wird. Beim Schruppen mit großer Zustellung ist eine Werkstückrauhtiefe, die 20 % größer als die Wirkrauhtiefe ist, zu erwarten. Je kleiner die Zustellung (Schlichten) gewählt wird, desto feiner wird auch die Werkstückoberfläche. Am deutlichsten ist die Verbesserung beim Entspannen (= Ausfeuern ohne Zustellung). Das Bild zeigt, daß nach 10 s Ausfeuern die Werkstückrauhtiefe nur noch 2/3 der Wirkrauhtiefe sein kann.

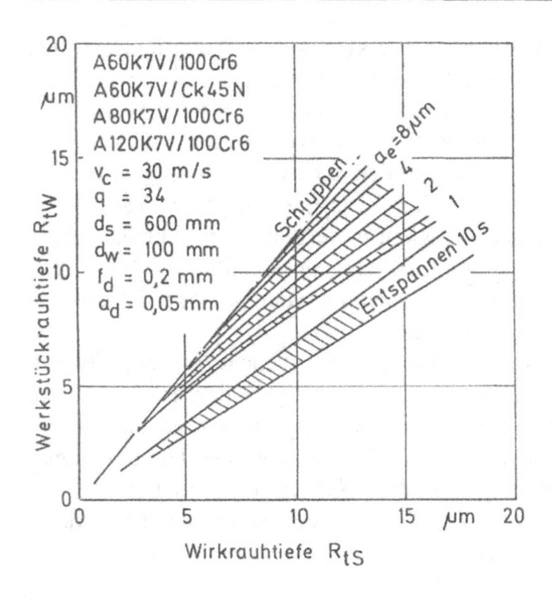

Bild F-58

Abhängigkeit zwischen Werkstückrauhtiefe und Wirkrauhtiefe [70]

4.1.3 Einflüsse auf die Werkstückrauhtiefe

Beim Schleifen verändert sich die Wirkrauhtiefe der Schleifscheibe mit der Eingriffsdauer durch Abnutzung, Ausbrechen von Schleifkorn und Auswaschen der Bindung. Diese *Veränderung* geht am Anfang nach dem Abrichten schnell und dann immer langsamer vor sich, bis der Zustand der Schleifscheibenoberfläche zu einem Gleichgewicht kommt (Bild F-59). Die Werkstückrauhtiefe ändert sich gleichsinnig mit der Wirkrauhtiefe. Die Oberflächengüte im Gleichgewichtsbereich wird nicht mehr vom Abrichtvorgang, sondern *von der Beanspruchung der Schleifscheibe* (Zeitspanungsvolumen), der *Art der Schleifscheibe,* dem *Werkstoff* und den weiteren *Schleifbedingungen* bestimmt.

Das bezogene *Zeitspanungsvolumen Q'*, das durch Zustellung und Werkstückgeschwindigkeit gegeben ist, hat den größten Einfluß auf die Oberflächengüte. Großes bezogenes Zeitspanungsvolumen verursacht eine große Rauhtiefe, kleines bezogenes Zeitspanungsvolumen eine kleine Rauhtiefe. Es ist deshalb nötig, zur Erzielung einer feinen Werkstückoberfläche, das bezogene Zeitspanungsvolumen zu begrenzen. Praktisch kann man ein Werkstück erst mit großer

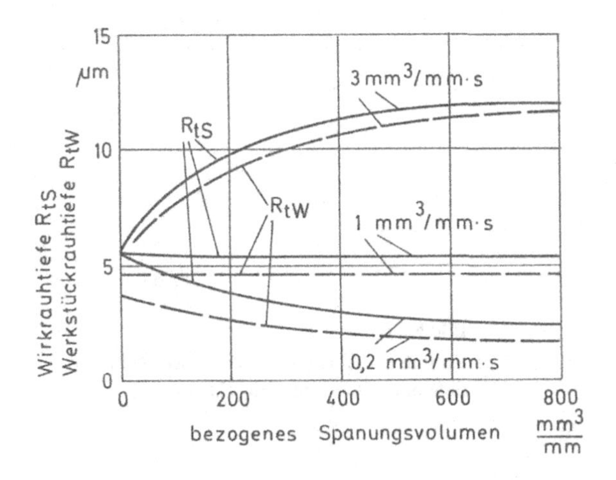

Bild F-59

Veränderung der Rauhtiefe mit der Eingriffszeit der Schleifscheibe beim Querschleifen [70]

Zustellung grob schleifen und am Ende der Bearbeitung mit kleiner Zustellung feinschleifen. Günstig ist es, die Schleifscheibe vor dem Feinschleifen fein abzurichten.
Durch längeres Ausfunken (Schleifen ohne Zustellung) kann eine besonders feine Werkstückoberfläche erzielt werden. Die lange Schleifzeit verteuert jedoch die Werkstücke.
Die *Schleifgeschwindigkeit* hat ebenfalls einen großen Einfluß auf die Oberflächengüte der Werkstücke. Bild F-60 zeigt, daß dieser Einfluß bei großem bezogenen Zeitspanungsvolumen größer ist als bei kleinem. Eine große Schleifgeschwindigkeit v_c verursacht eine kleine Werkstückrauhtiefe R_{tW}, wenn nicht die Vorteile durch größere Schwingungsamplituden infolge einer Unwucht zunichte werden. Bei kleinem bezogenen Zeitspanungsvolumen hat die Schleifgeschwindigkeit kaum einen Einfluß auf die Oberflächengüte.
Der Einfluß der *Körnung* auf die Oberflächengüte der Werkstücke ist nicht so groß, wie man vielleicht erwartet. Bild F-61 zeigt die Verbesserung der Oberflächengüte durch Verwendung feiner Körnung bei großem bezogenen Zeitspanungsvolumen. Bei kleinem bezogenen Zeitspanungsvolumen ist der Unterschied geringer. Wichtig ist aber, daß die Körnung dem bezogenen Zeitspanungsvolumen anzupassen ist (Grobschleifen mit grobem Korn, Feinschleifen mit feinem Korn). Aus diesem Zusammenwirken von Körnung und bezogenem Zeitspanungsvolumen ergeben sich dann größere Unterschiede im Schleifergebnis.

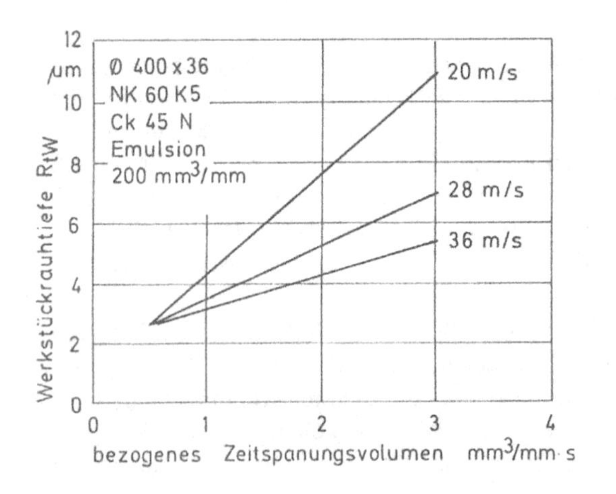

Bild F-60
Einfluß des Zeitspanungsvolumens und der Schnittgeschwindigkeit auf die Werkstuckrauhtiefe beim Querschleifen [71]

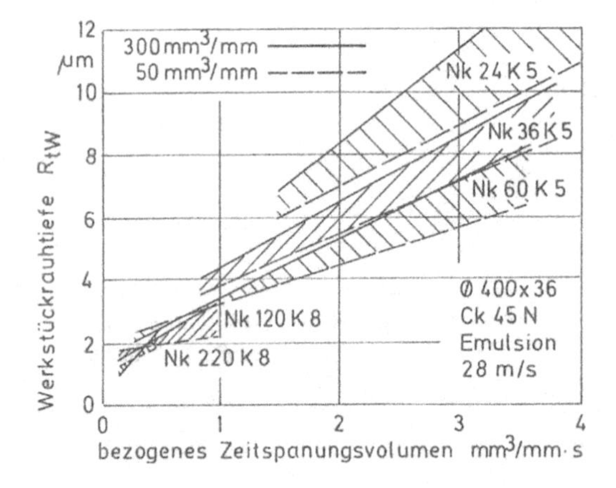

Bild F-61
Einfluß der Körnung auf die Werkstückrauhtiefe beim Querschleifen [71]

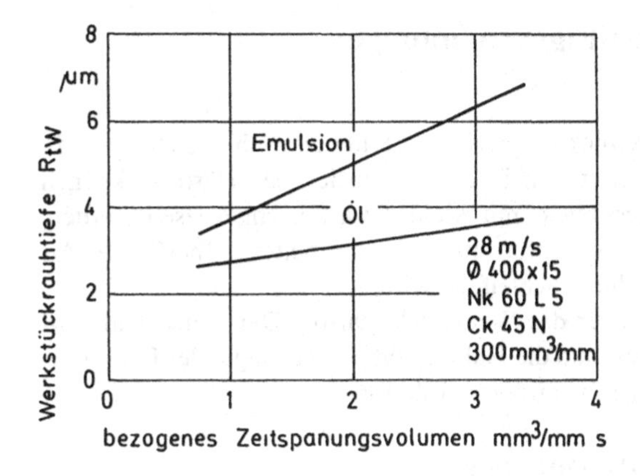

Bild F-62
Einfluß des Kühlschmiermittels auf die Werkstückrauhtiefe beim Querschleifen [71]

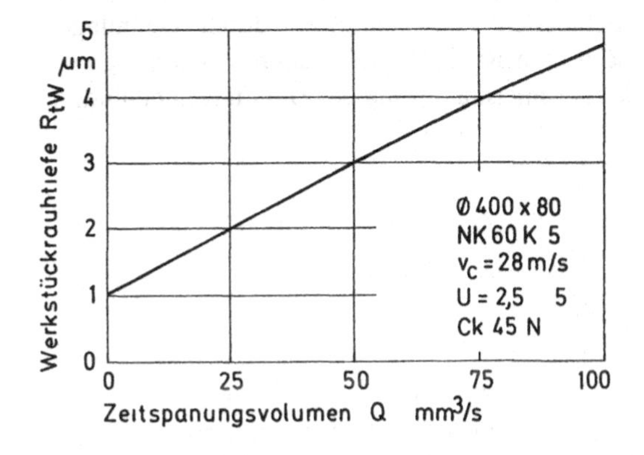

Bild F-63
Einfluß des Zeitspanungsvolumens auf die Werkstückrauhtiefe beim Längsschleifen [71]

Überraschend groß ist der Einfluß des *Kühlschmiermittels* auf die Werkstückrauhtiefe. Mit Mineralöl kann eine wesentlich bessere Oberflächengüte erzielt werden als mit Emulsion. Bild F-62 zeigt die Unterschiede im Schleifergebnis beim Querschleifen von Ck45N. Eine individuelle Anpassung des Kühlschmiermittels an den Werkstoff und die Schleifscheibenzusammensetzung ist nötig.

Beim *Längsschleifen* gelten die gleichen Gesetzmäßigkeiten wie beim Querschleifen. Den größten Einfluß auf die Rauhtiefe der Werkstücke hat das Zeitspanungsvolumen Q. Bild F-63 zeigt, daß die Werkstückrauhtiefe mit dem Zeitspanungsvolumen fast linear größer wird.

Soll beim Längsschleifen eine feine Oberfläche entstehen, können folgende *Maßnahmen* getroffen werden:

a) *Zustellung* klein wählen,
b) *Werkstückgeschwindigkeit* klein wählen,
c) *Vorschubgeschwindigkeit* klein wählen,
d) *Längshübe ohne Zustellung* (Ausfeuern) durchführen,
e) *Mineralöl* als Kühlmittel wählen,
f) *Schleifgeschwindigkeit* vergrößern,
g) Scheibe fein *abrichten*,
h) *feinkörnige* Schleifscheibe wählen.

4.2 Verfestigung und Verformungs-Eigenspannungen

4.2.1 Verfestigung

Eine *Verfestigung* in Schichten nahe der Werkstückoberfläche entsteht beim Schleifen hauptsächlich durch die Werkstoffverformung. Sie äußert sich in einem Anstieg der Härte in kleinen Bereichen und kann durch Vickershärtemessungen mit kleiner Last nachgewiesen werden. Verfestigungen durch Schleifen reichen bis 50 µm tief unter die bearbeitete Oberfläche. An gehärteten Werkstücken ist die Verfestigung durch Schleifen gering.
Die *Wirkung* der Oberflächenverfestigung ist für das Werkstück günstig. Der Verschleiß wird herabgesetzt, Reibungskräfte werden verringert und die Haltbarkeit bei schwingender Beanspruchung im Zeit- und Dauerfestigkeitsbereich wird vergrößert (Bild F-64).

4.2.2 Eigenspannungen durch Werkstoffverformung

Aus der Druckbelastung der Werkstückoberfläche durch die Schleifkörner und deren Längsbewegung entstehen unter der Oberfläche im Werkstück Zugspannungen (Bild F-65). Bei Erreichen der Fließgrenze werden die zunehmenden Zugspannungen durch Dehnungen abgebaut. Die gedehnten Schichten erfahren nach dem Rückgang der äußeren Belastung eine elastische Rückfederung. Die vollständige Rückfederung ist aufgrund der Dehnungen behindert.

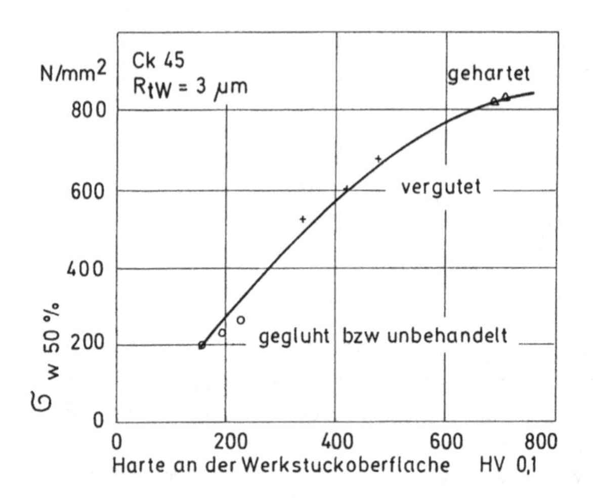

Bild F-64
Einfluß der Verfestigung (Harte) geschliffener Werkstucke auf die Wechselfestigkeit (50 % Uberlebenswahrscheinlichkeit) von Biegewechselproben ohne Eigenspannung nach Syren [73]

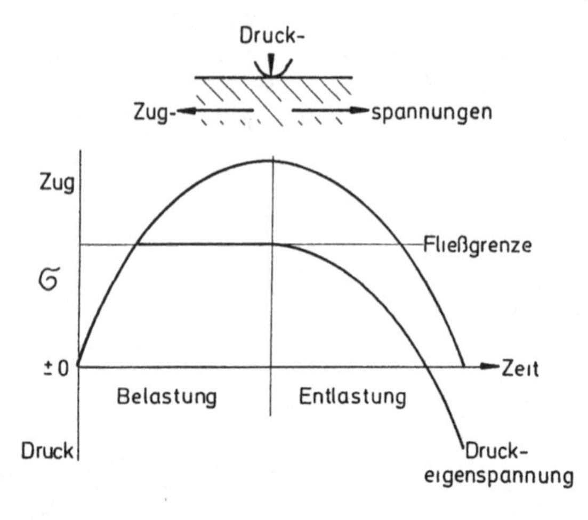

Bild F-65
Entstehung von Druckeigenspannungen durch mechanische Belastung nach Schreiber [74]

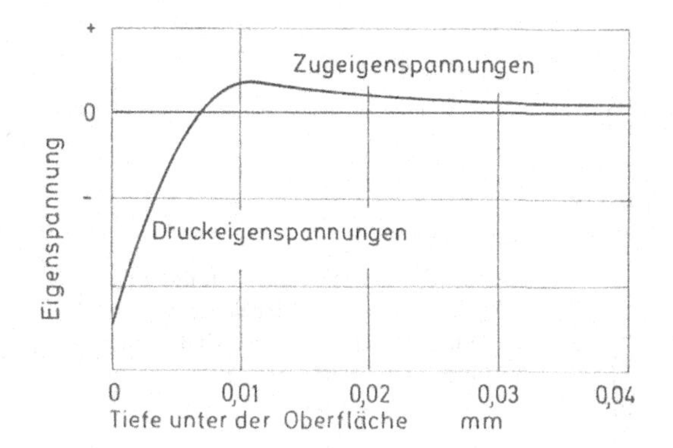

Bild F-66
Eigenspannungsverlauf unter der geschliffenen Oberfläche eines Werkstücks bei alleiniger Beanspruchung durch mechanische Verformung

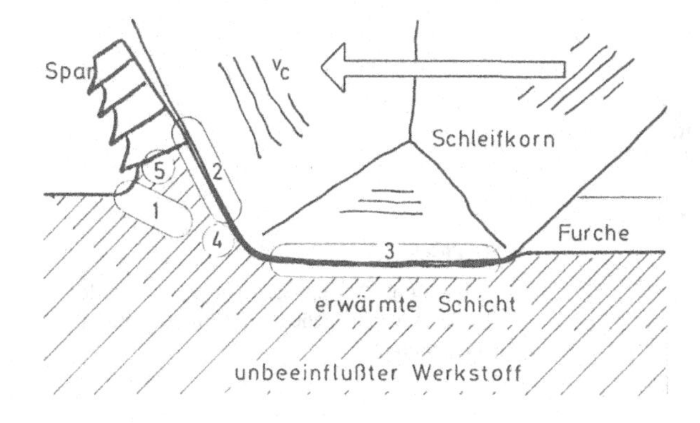

Bild F-67
Modell zur Erklärung der Wärmeentstehung beim Schleifen nach Grof [75]. Erwarmungszonen sind
1 die Scherzone (plastische Verformungsarbeit)
2 die Spanflache (Reibungsarbeit)
3 die Verschleißflache (Reibungsarbeit)
4 die Trennzone (Trennarbeit)
5 der Span (innere Reibungsarbeit)

Daraus entstehen *Druckeigenspannungen* längs und quer zur Bearbeitungsrichtung in der Werkstückoberfläche.
Die *Druckeigenspannungen* reichen in die Tiefe des Werkstücks nur bis etwa 10 µm. Darunter findet man geringe Zugeigenspannungen, die das Gleichgewicht halten (Bild F-66).
Druckeigenspannungen haben keine ungünstige Wirkung auf die Bauteilfestigkeit bei Wechselbeanspruchung. Sie verkleinern die Zeit- und die Dauerwechselfestigkeit nicht. Druckeigenspannungen verursachen auch keine Schleifrisse.

4.3 Erhitzung, Zugeigenspannungen und Schleifrisse

4.3.1 Erhitzung

Die geschilderten Vorgänge der Werkstoffverformung unter Druck haben in Verbindung mit Reibung zwischen Korn und Werkstück einen zweiten Effekt zur Folge, der sich überlagert. In der Werkstückoberfläche findet eine *starke örtliche Erwärmung* statt (Bild F-67). Sie kann Temperaturen bis 1200 K zur Folge haben. Ein Teil der entstehenden Wärme wird abgestrahlt oder durch das Kühlmittel aufgenommen, der andere Teil wird in das Innere des Werkstücks geleitet. Bild F-68 zeigt Spitzentemperaturen in der Tiefe unter der geschliffenen Oberfläche.
Eindringtiefe und Temperaturanstieg sind bei *stumpfem* Schleifkorn größer. Sie nehmen mit der *Zustellung* zu und verkleinern sich mit der *Werkstückgeschwindigkeit*. Das kann man dadurch erklären, daß die Energie, die auf das Werkstück übertragen und in Wärme umgesetzt wird, mit zunehmender Reibung und Zustellung großer wird und tiefer in das Werkstück eindringt. Die Werkstückgeschwindigkeit ist dagegen dafur verantwortlich, wie schnell die bearbeitete Stelle vom Kühlmittel erreicht und abgekuhlt werden kann.

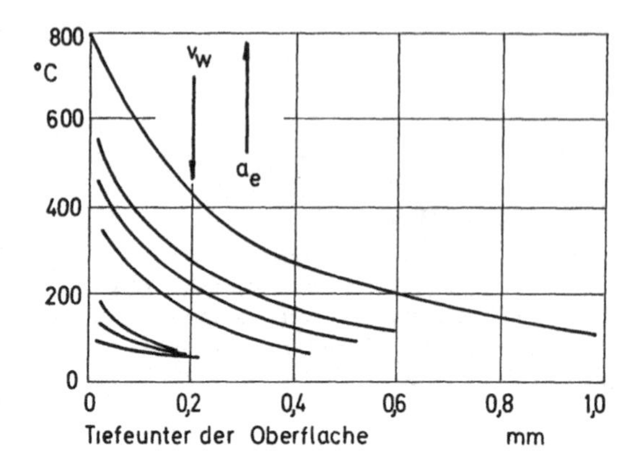

Bild F-68
Verlauf der Spitzentemperatur unter der Oberfläche eines Werkstücks bei verschiedener Zustellung und Schnittgeschwindigkeit nach Littmann und Wulff [76]

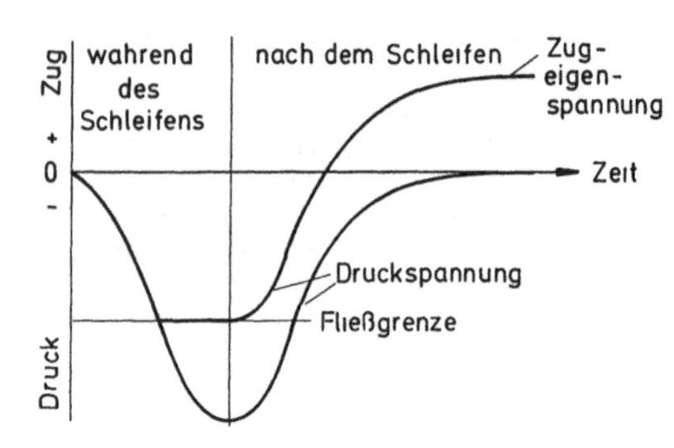

Bild F-69
Entstehung der Zugeigenspannungen an der Werkstückoberflache beim Schleifen durch Erwarmung

4.3.2 Zugeigenspannungen und Schleifrisse

Die plötzliche Erwärmung der Randzone führt zu *Zugeigenspannungen.* Die Oberfläche erwärmt sich. Sie will sich ausdehnen. Die Dehnung wird durch den kalten Werkstückkern behindert. Es entstehen Druckspannungen in der Oberfläche. Bei Erreichen der Fließgrenze werden weitere Vergrößerungen der Druckspannung durch Stauchung abgebaut (Bild F-69). Nach Beendigung des Erwärmungsvorgangs durch das Schleifen kühlt die Oberflächenschicht wieder ab und will schrumpfen. Sie ist aber zu klein geworden und wird vom Kern unter Zugspannung elastisch gedehnt. Es bleiben Zugeigenspannungen in der Oberflächenschicht, die mit Druckeigenspannungen im Kern im Gleichgewicht sind.

Zugeigenspannungen haben für gehärtete oder vergütete Werkstücke zweierlei *Gefahren*:

1.) Sie können zu *Schleifrissen* führen, die sich über die bearbeitete Oberfläche in allen Richtungen gleichmäßig verteilen [76]. Durch Ätzen in Salzsäure kann man sie sichtbar machen.

2.) Sie setzen die *Lebensdauer* von wechselbeanspruchten Bauteilen herab, auch wenn keine Schleifrisse entstanden sind. Bild F-70 zeigt, wie die Wechselfestigkeit bei zunehmenden Zugeigenspannungen in gehärteten oder vergüteten Werkstücken abnimmt. Bei nicht gehärteten Werkstücken haben Zugeigenspannungen keine schädliche Wirkung. Bei stärkerer Belastung werden sie durch Gleitvorgänge in den Gitterebenen des Werkstoffs abgebaut.

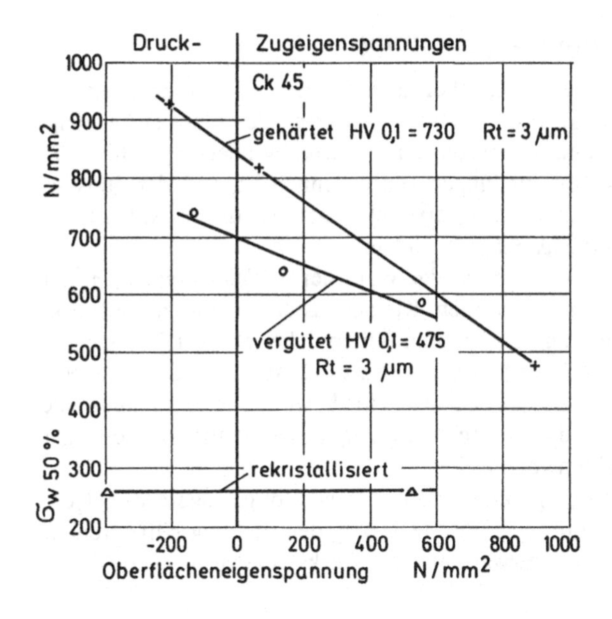

Bild F-70

Verringerung der Wechselfestigkeit (50 % Überlebenswahrscheinlichkeit) an nach verschiedenen Wärmebehandlungen geschliffenen Werkstücken aus Ck 45 infolge zunehmender Zugeigenspannungen an der Oberfläche nach Syren [73]. Die Einflüsse von Verfestigung und Kerbwirkung wurden rechnerisch kompensiert.

4.4 Gefügeveränderungen durch Erwärmung

Gehärtete und *vergütete* Werkstücke können unter Einwirkung der beim Schleifen entstehenden Wärme ihr Gefüge verändern. Dabei zerfällt das Härtegefüge Martensit stufenweise. Schon bei Temperaturen ab 300 °C ist eine Verringerung der Härte zu spüren. Die geschädigte Schicht wird „*Weichhaut*" genannt. Sie kann den Gebrauchswert des Werkstücks verschlechtern.

In Bild F-71 ist durch Messungen an einem gehärteten Werkstück dargestellt, wie der ursprüngliche Härteverlauf beim Schleifen mit zunehmender Zustellung mehr und mehr durch *Anlaßvorgänge* verringert wird. Die Gefügeschädigung geht hier bis zu 0,5 mm tief unter die geschliffene Oberfläche. Bei der größten Zustellung (0,25 mm) wird über einer hochangelassenen Schicht sogar eine *Neuhärtung* der Oberfläche erzielt. Das bedeutet, daß die Spitzentemperatur über der Umwandlungstemperatur zum Austenit gelegen hat.

Der Martensitzerfall beim Anlassen ist mit einer Volumenverkleinerung verbunden. Diese führt in der weicheren Schicht nach dem Abkühlen zu Zugeigenspannungen.

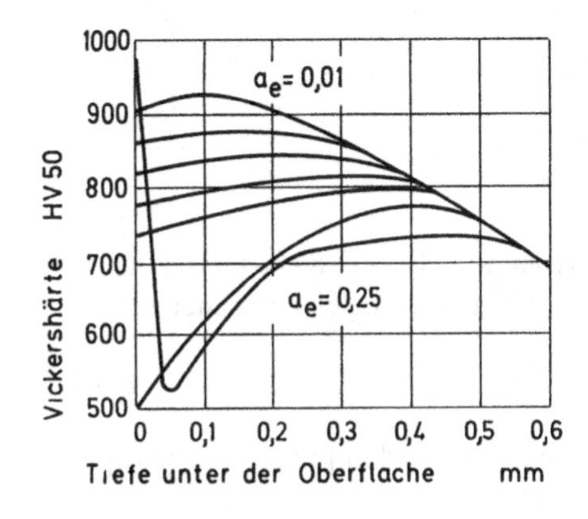

Bild F-71

Einfluß der Zustellung auf den Härteverlauf unter der geschliffenen Oberfläche eines zuvor gehärteten Werkstücks.

4.5 Beeinflussung der Eigenspannungsentstehung

Durch *Überlagerung* der Vorgänge in der Werkstückoberfläche können sehr unterschiedliche Eigenspannungsverläufe entstehen. Die Eigenspannung unmittelbar an der Oberfläche hängt dann davon ab, ob der Einfluß der Verformung oder der der Erwärmung überwiegt. Bild F-72 zeigt einige unterschiedliche Eigenspannungsverteilungen. Zu erkennen ist, daß der günstige Einfluß der *Verformung* sich nur bis in *geringe Tiefen* erstreckt. Der schädliche Aufbau von *Zugeigenspannungen* aber *einige zehntel Millimeter tief* gehen kann.
Die entstehende Eigenspannungsverteilung kann durch die Wahl der *Schleifbedingungen*, der *Abrichtbedingungen* und der *Kühlung* beeinflußt werden. Kleine Zustellung und große Werkstückgeschwindigkeit verringern den Erwärmungseinfluß und führen daher eher zu Druckeigenspannungen. Das Ausfeuern am Ende eines Schleifvorgangs ist also günstig für die Gebrauchseigenschaften des Werkstücks. Feines Abrichten der Schleifscheibe bewirkt dagegen immer eine größere Erwärmung am Werkstück. Um die gefürchteten Zugeigenspannungen oder gar Schleifrisse zu vermeiden, ist grobes Abrichten vorzuziehen.
Bei der Wahl des Kühlschmiermittels hat sich gezeigt, daß mit Mineralöl geringere Zugeigenspannungen zu erwarten sind als mit Emulsion. Die Verkleinerung der Reibung hilft offenbar mehr als eine starke Kühlwirkung, eine zu große Erwärmung des Werkstücks zu vermeiden.

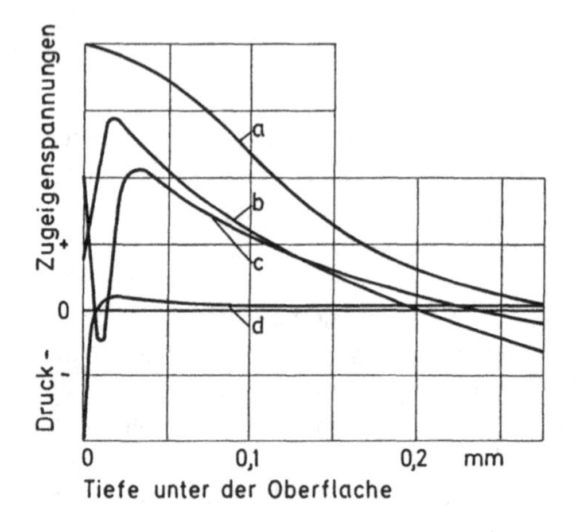

Bild F-72
Verlauf von Eigenspannungen unter der geschliffenen Oberflache
a bei uberwiegendem Erwärmungseinfluß
b bei gemischtem Einfluß von Erwarmung und Verformung
c bei Überlagerung der Einflüsse durch Verformung, Wärmeausdehnung, Martensitzerfall und Neuhartung in der Randschicht
d bei überwiegendem Verformungseinfluß

5 Spanungsvolumen

5.1 Spanungsvolumen pro Werkstück

5.1.1 Spanungsvolumen beim Längsschleifen

Das Spanungsvolumen pro Werkstück ist das Werkstoffvolumen, das am Werkstück durch die Schleifbearbeitung abgetragen wird. Nach Bild F-73 kann es folgendermaßen berechnet werden:

$$V_w = \pi \cdot d_w \cdot a \cdot L \quad \text{(F-61)}$$

d_w = Werkstückfertigmaß, a = Aufmaß, L = Werkstücklänge. Es wird in [mm³] oder [cm³] angegeben.

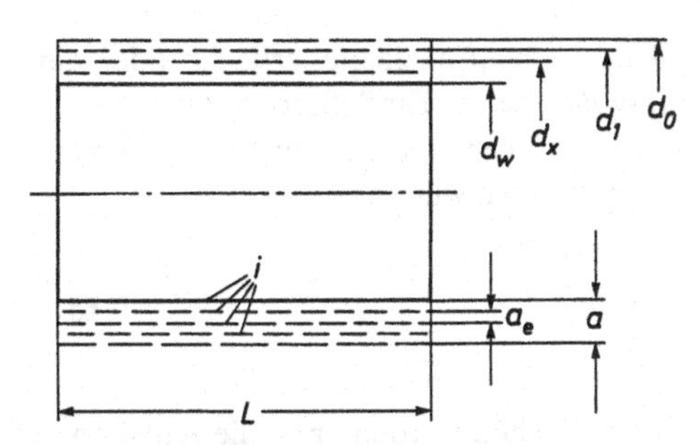

Bild F-73 Skizze zur Berechnung des Spanungsvolumens pro Werkstück beim Längsschleifen
i Zahl der Überschliffe
a Aufmaß
d_0 Rohteildurchmesser
d_w Fertigmaß
L Werkstücklänge

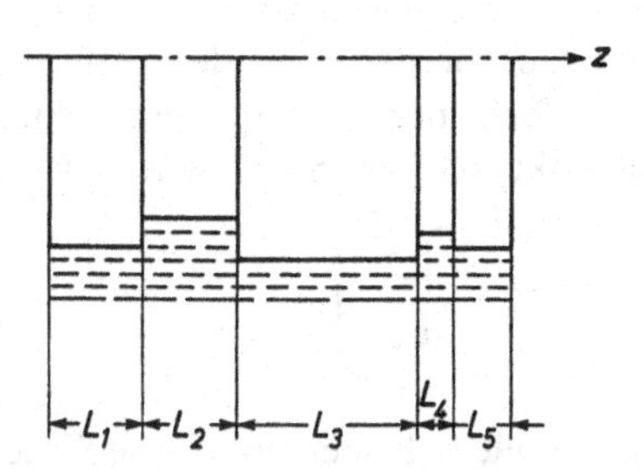

Bild F-74 Beim Querschleifen muß das Spanungsvolumen abschnittweise berechnet werden.

Das Aufmaß a setzt sich aus den Einzelzustellungen a_e zusammen, die bei jedem Längshub verschieden sein können.

$$a = \sum_{1}^{i} a_e = a_{em} \cdot i$$

Es kann eine *mittlere Zustellung* a_{em} angegeben werden, die aus dem Aufmaß a und der Zahl der Überschliffe i berechnet wird.

$$a_{em} = \frac{a}{i} \qquad \text{(F-62)}$$

Die *individuelle Zustellung* a_e läßt sich nur durch Messung am Werkstück während der Bearbeitung ermitteln.

$$a_e = \frac{1}{2}(d_{x-1} - d_x)$$

5.1.2 Spanungsvolumen beim Querschleifen

Für das Querschleifen gilt die gleiche Formel wie beim Längsschleifen. Es muß jedoch beachtet werden, daß die Werkstücke fast immer abgestufte Profile haben (Bild F-74). Deshalb ist das Spanungsvolumen pro Werkstück auch *abschnittsweise* zu berechnen:

$$V_w = \pi \cdot \Sigma(d_z \cdot a_z \cdot L_z) \qquad \text{(F-63)}$$

Bei der Bestimmung des mittleren Arbeitseingriffs eines Abschnitts $a_{em} = a/i$ muß beachtet werden, daß es keine Längshübe gibt. i ist hier die Zahl der Umdrehungen, die das Werkstück vom ersten Kontakt mit der Scheibe bis zur Fertigstellung braucht.

$$i = t_h \cdot n_w \qquad \text{(F-64)}$$

t_h = Schleifzeit, n_w = Werkstückdrehzahl.

Bei Untersuchungen über die zeitliche Veränderung der Schleifscheibenoberfläche oder der Werkstückoberfläche werden gern *bezogene Spanungsvolumen* als Einflußgrößen angegeben. Das einfache bezogene Spanungsvolumen V_w' ist die Werkstoffmenge, die ab einem bestimmten Zeitpunkt von einer Schleifscheibe je mm Schleifbreite abgetragen wurde:

$$V_w' = \frac{V_w}{a_p} \tag{F-65}$$

Sollen Schleifscheiben unterschiedlichen Durchmessers verglichen werden, muß die schleifende Fläche der Scheibe berücksichtigt werden. Das ist im doppelt bezogenen Spanungsvolumen V_w'' der Fall

$$V_w'' = \frac{V_w}{a_p \cdot \pi \cdot d_s} \tag{F-66}$$

5.2 Zeitspanungsvolumen

Das Zeitspanungsvolumen Q ist eine wichtige Kenngröße beim *Längsrundschleifen.* Nach Bild F-19 läßt es sich folgendermaßen berechnen:

$$Q = a_e \cdot a_p \cdot v_w \tag{F-67}$$

Da der Arbeitseingriff a_e sich von einem Längshub zum anderen ändern kann, ist nach dieser Formel auch Q nicht konstant. Als *mittleres Zeitspanungsvolumen* kann mit dem Zerspanungsvolumen pro Werkstück V_w und der Schleifzeit t_h definiert werden:

$$Q_m = \frac{V_w}{t_h} \tag{F-68}$$

5.3 Bezogenes Zeitspanungsvolumen

Beim *Querschleifen* wird das Zeitspanungsvolumen häufig zur Eingriffsbreite a_p ins Verhältnis gesetzt (Bild F-75). Es wird folgendermaßen berechnet:

$$Q' = \frac{Q}{a_p} = a_e \cdot v_w \tag{F-69}$$

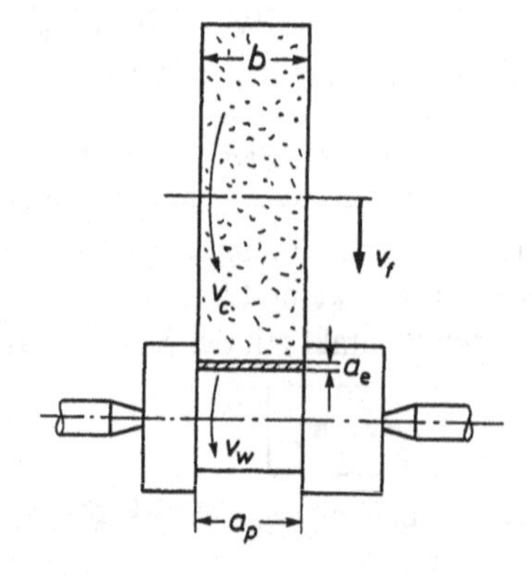

Bild F-75

Skizze zur Berechnung des bezogenen Zeitspanungsvolumens beim Querschleifen

v_c Schnittgeschwindigkeit
v_w Werkstückgeschwindigkeit
v_f radiale Vorschubgeschwindigkeit
a_e Arbeitseingriff
a_p Eingriffsbreite
b Schleifscheibenbreite

Der Arbeitseingriff a_e läßt sich aus der Werkstückdrehzahl n_w und der Vorschubgeschwindigkeit berechnen: $a_e = v_f / n_w$. Die Bezugsgröße a_p ist die Werkstücklänge L oder eine Teillänge L_x (Bild F-74), wenn sie vollständig von der Schleifscheibe erfaßt wird, oder die Schleifscheibenbreite b (Bild F-75).

5.4 Standvolumen und andere Standgrößen

Der Verschleiß an der Schleifscheibe bewirkt, daß diese nach einer gewissen Zeit des Eingriffs abgerichtet werden muß. Diese Zeit des Eingriffs ist die *Standzeit T.* In der Standzeit kann die Werkstückmenge N, die *Standmenge,* bearbeitet werden. Berücksichtigt man das Werkstoffvolumen, das von jedem Werkstück abgeschliffen wird V_w, kann das gesamte Werkstoffvolumen pro Standzeit, das *Standvolumen* V_T berechnet werden.

$$V_T = V_w \cdot N \tag{F-70}$$

Es wird in (mm³/Standzeit) angegeben und läßt sich ebenso aus dem Zeitspanungsvolumen und der Standzeit bestimmen:

$$V_T = Q \cdot T \tag{F-71}$$

Mit dem bezogenen Zeitspanungsvolumen Q' läßt sich das *bezogene Standvolumen* pro mm Schleifbreite angeben:

$$V_T' = \frac{V_T}{a_p} = Q' \cdot T \tag{F-72}$$

Für diese Kennzahl gibt es in der Praxis *Richtwerte,* die bei keramisch gebundenen Korundschleifscheiben als günstig angesehen werden. So wird angenommen, daß ein bezogenes Standvolumen, das gleich dem doppelten Schleifscheibendurchmesser d_s ist, einen guten Wert darstellt ($V_T' = 2 \cdot d_s$). Das würde bei $d_s = 500$ mm bedeuten, daß ein Spanungsvolumen von $2 \cdot 500 = 1000$ mm³ pro mm Schleifbreite in einer Standzeit erreicht wird. Dieser Richtwert sollte jedoch kritisch angesehen werden. Er ersetzt nicht die sorgfältige Wirtschaftlichkeitsberechnung. Ferner berücksichtigt er nicht die Zunahme der Arbeitsplatzkosten im Laufe der Jahre, die eine Vergrößerung der Ausbringung unter Zunahme der Schleifscheibenkosten wirtschaftlich macht. Das Standvolumen und das bezogene Standvolumen werden im wesentlichen von folgenden Einflüssen verändert:

1.) der Schleifscheibengröße, gegeben durch ihre Umfangsfläche, die in Eingriff kommt,
2.) der Schleifscheibenzusammensetzung, gegeben durch Schleifmittel, Körnung, Härte und Gefüge,
3.) der Beanspruchung der Schleifscheibe, gegeben durch Schnittgeschwindigkeit, Werkstückgeschwindigkeit, Vorschub und Zustellung,
4.) den Werkstoffeigenschaften, gegeben durch Härte, Zähigkeit und Art der Legierungselemente.

5.5 Optimierung

Allgemeines Ziel von Optimierungen ist es, die Herstellung mit den *geringsten Kosten* oder dem *größten Nutzen* durchzuführen. Beim Schleifen hat es sich als günstig herausgestellt, die Bearbeitungsaufgabe zu unterteilen in *Grobschleifen* und *Fertigschleifen* oder in mehrere Stufen.

Dabei können die gröbsten Gestaltabweichungen des Werkstücks anfangs schnell mit dem größten Teil des Aufmaßes abgetragen werden. Die Feinbearbeitung dagegen muß hauptsächlich das gewünschte Endergebnis an Genauigkeit und Oberflächengüte sicherstellen. Die Optimierungsmaßnahmen sind deshalb beim Grobschleifen und Feinschleifen verschieden.

5.5.1 Günstige Schleifbedingungen beim Grobschleifen

Ziel der *Kostenoptimierung* beim Grobschleifen ist es, die Fertigungskosten, die sich im wesentlichen aus den maschinengebundenen Kosten K_M, den werkzeuggebundenen Kosten K_W und den lohngebundenen Kosten K_L zusammensetzen (s. Bild F-76), dadurch zu verringern, daß das *Zeitspanungsvolumen* Q möglichst bis zum Kostenminimum *vergrößert* wird. Aus Gleichung (F-67) $Q = a_e \cdot a_p \cdot v_w$ geht hervor, daß das durch Vergrößern des Arbeitseingriffs a_e, des Vorschubs a_p und der Werkstückgeschwindigkeit v_w erfolgen kann. Bei diesen Maßnahmen zur Vergrößerung des Zeitspanungsvolumens stellen sich folgende technische und wirtschaftliche Grenzen:

1.) Die *Schleifnormalkraft* F_{cN} nimmt zu. Sie kann Formfehler am Werkstück verursachen, die in der Feinbearbeitungsstufe nicht mehr beseitigt werden. Gegenmaßnahmen sind grobes Abrichten, Verwendung grobkörniger Schleifscheiben, stabile Werkstückeinspannung.

2.) Die *Schleifleistung* nimmt zu. Diese ist durch den Antriebsmotor begrenzt. Gegenmaßnahmen sind grobes Abrichten, Verwendung grobkörniger Schleifscheiben, Verwendung einer größeren Schleifmaschine.

3.) Die *Werkstücktemperatur* wird größer. Dabei können Werkstückschädigungen entstehen wie Schleifbrand und Schleifrisse, die beim Fertigschleifen nicht mehr beseitigt werden können. Gegenmaßnahmen sind grobes Abrichten, Verwendung grobkörniger Schleifscheiben, Werkstückgeschwindigkeit mehr vergrößern als die Zustellung, Verbessern der Kühlung, Anwenden der Hochdruckspülung zum Freispülen der Schleifscheibe und zur Vermeidung von Zusetzungen.

4.) Der *Verschleiß* der Schleifscheibe wird zu groß. Die Werkzeugkosten und Werkzeugwechselkosten nehmen dann übermäßig zu, so daß die Fertigungskosten wieder ansteigen (im Bild F-76 rechts vom Kostenminimum). Eine Gegenmaßnahme ist der Einsatz härterer Schleifscheiben.

5.) *Schwingungen* entstehen. Sie verursachen größeren Verschleiß an der Schleifscheibe und große Rauhtiefe sowie Formfehler am Werkstück. Gegenmaßnahmen sind stabilere Werkstückeinspannung, grobes Abrichten, Wahl kleineren Vorschubs.

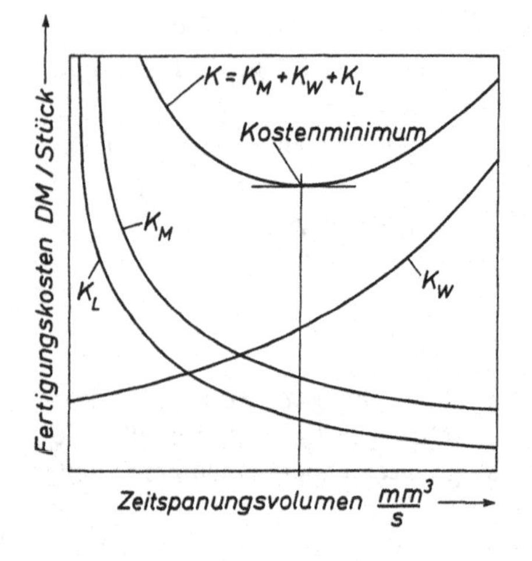

Bild F-76
Kostenoptimierung beim Grobschleifen durch Vergrößern des Zeitspanungsvolumens

Eine weitere Möglichkeit, das Zeitspanungsvolumen zu vergrößern, ist die *Vergrößerung der Schnittgeschwindigkeit* v_c. Dabei kann nämlich gleichermaßen die Werkstückgeschwindigkeit mit vergrößert werden, die das Zeitspanungsvolumen erhöht, ohne daß Nachteile für Schleifscheibe und Werkstück entstehen (vgl. Kapitel F 2.2). Die Sicherheitsbestimmungen setzen dieser Maßnahme jedoch die Grenze.

Praktisch angewandte Größen für Arbeitseingriff, Vorschub und Werkstückgeschwindigkeit beim groben Schleifen sind: Arbeitseingriff a_e = 15 bis 35 µm. Grobkörnige und offene Schleifscheiben vertragen mehr als feinkörnige und geschlossene. Schleifaufmaß a = 0,2 bis 0,5 mm. Die größeren Werte gelten für große oder schlanke Werkstücke und solche, die durch Wärmebehandlung Verzug erleiden. Vorschub f = 1/2 bis 2/3 der Schleifscheibenbreite b. Werkstückgeschwindigkeit v_w = 1/80 bis 1/40 der Schleifgeschwindigkeit v_c (bei Stahl etwa 1/80, bei Grauguß etwa 1/70, bei Aluminium und Bronze eher 1/40).

5.5.2 Günstige Schleifbedingungen beim Feinschleifen

Ziel der Feinbearbeitung ist es, die vom Konstrukteur festgelegte Endform, Maßhaltigkeit und Oberflächengüte des Werkstücks herzustellen. Maßnahmen, *feinere Ergebnisse* als beim groben Schleifen zu erzielen, sind:

1.) Verkleinern des Arbeitseingriffs a_e bzw. Ausfunken ohne Zustellung,
2.) Verkleinern des Vorschubs f,
3.) Verkleinern der Werkstückgeschwindigkeit v_w,
4.) feineres Abrichten der Schleifscheibe,
5.) Verwendung einer Schleifscheibe mit feinem Korn,
6.) Oelkühlung statt Emulsionskühlung,
7.) Vergrößern der Schnittgeschwindigkeit v_c.

Sie werden kombiniert angewandt, um die Bearbeitungszeit des Feinschleifens trotzdem kurzzuhalten. Eine *Verkleinerung des Zeitspanungsvolumens* ist bei den Maßnahmen 1.) bis 6.) unumgänglich. Zustellung, Längsvorschub und Werkstückgeschwindigkeit verringern das Zeitspanungsvolumen unmittelbar. Eine feinere Schleifscheibenoberfläche und Oelkühlung lassen wegen der Gefahr des Zusetzens und der Werkstückerwärmung auch nur kleine Zeitspanungsvolumen zu. Die Maßnahmen 5.) und 6.) verlangen einen Wechsel der Schleifscheibe oder Maschine, also ein Umspannen des Werkstücks, was zusätzliche Kosten verursacht; oder das grobe Vorschleifen kann nicht mit optimalem Zeitspanungsvolumen durchgeführt werden. Sie sind also selten anwendbar.

Die Verbesserung der Oberflächengüte bei Verringerung des Zeitspanungsvolumens läßt sich aus Bild F-63 erkennen. Im dargestellten Bereich besteht ein fast linearer Zusammenhang, gleichgültig, ob a_e, a_p oder v_w geändert wird.

Die Maßnahme 7.) „Vergrößern der Schnittgeschwindigkeit" trägt zur Ergebnisverbesserung und zur *Vergrößerung des Zeitspanungsvolumens* bei. Die Wirkung auf die Oberflächengüte wurde in Kapitel F 2.2 und Bild F-13 beschrieben. Es darf jedoch nicht übersehen werden, daß die Anwendung übergroßer Schnittgeschwindigkeiten auch einen sehr großen maschinellen Aufwand für den Antrieb, die Steifigkeit und die Sicherheitsvorkehrungen verlangt. Damit vergrößern sich wieder die maschinengebundenen Kosten K_M.

Folgende Aufzählung von Maßnahmen, die zur Verbesserung der Oberflächengüte des Werkstücks führen können, stammt von *S. Kammermeyer* [78]:

Schleifscheibe:
dichteres Gefüge,
feineres Korn,

andere Kornart,
kleinere Abrichtgeschwindigkeit,
Austauschen des Abrichtwerkzeuges.

Maschine:
gutes Auswuchten der Schleifscheibe,
gutes Auswuchten der Motoren und Riemenscheiben,
Vermeiden des Resonanzbereiches (z.B. weichere Aufstellung),
Vergrößern der Schleifscheibenumfangsgeschwindigkeit,
kleinere Vorschubgeschwindigkeit beim Vorschleifen,
kleinere Vorschubgeschwindigkeit beim Feinschleifen,
längere Feinschleifphase.

Kühlschmierstoff:
bessere Kühlschmierstoffreinigung (Filterung),
mineralölhaltige Emulsion anstelle von synthetischem Kühlschmierstoff,
größere Konzentration des Schmierstoffanteils.

6 Verschleiß

6.1 Absplittern und Abnutzung der Schleifkanten

Die Abnutzung der scharfen Kanten und Ecken des Schleifkorns beim Eingriff in den Werkstoff erfolgt durch Absplittern und Ausbrechen kleiner Kristallteile aus dem Korn (Bild F-77). Es werden immer die Teile am meisten abgenutzt, die am stärksten belastet sind, also die Ecken, die am weitesten in den Werkstoff eingreifen. Damit verursacht diese Art des Schleifscheibenverschleißes eine Verkleinerung der Wirkrauhtiefe und eine Vergrößerung der Anzahl der Schleifkörner, die an der Zerspanung teilnehmen.
In bezug auf eine verbesserte Oberflächenqualität des Werkstücks ist dieser Verschleiß günstig. Von Nachteil ist die Abstumpfung des Kornes, die die Reibung vermehrt und die Schleifkräfte vergrößert. Die dabei zunehmende Erwärmung des Werkstücks kann zu thermischen Schädigungen des Gefüges, zu Zugeigenspannungen und zu Schleifrissen in der bearbeiteten Oberfläche führen. Um das zu vermeiden, müßte bei zunehmender Kornabstumpfung das Zeitspanungsvolumen verkleinert werden.
Durch die richtige Wahl der Schleifmittelqualität kann die Kornabstumpfung beherrscht werden. Grünes Siliziumkarbid und weißer Edelkorund sind splitterfreudig und bilden neue Schneidkanten. Normalkorund dagegen verhält sich eher zäh und stumpft bei Verschleiß mehr ab.

6.2 Ausbrechen von Schleifkorn

An den Kanten der Schleifscheiben sitzt das Schleifkorn weniger fest in seiner Bindung als in den Flächen. Man kann sich vorstellen, daß dort die Zahl der Bindungsbrücken kleiner ist als in der

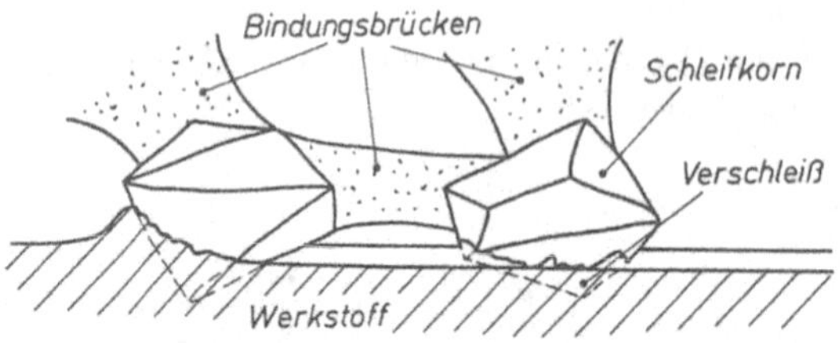

Bild F-77
Absplittern und Abnutzung von Schleifkornkanten

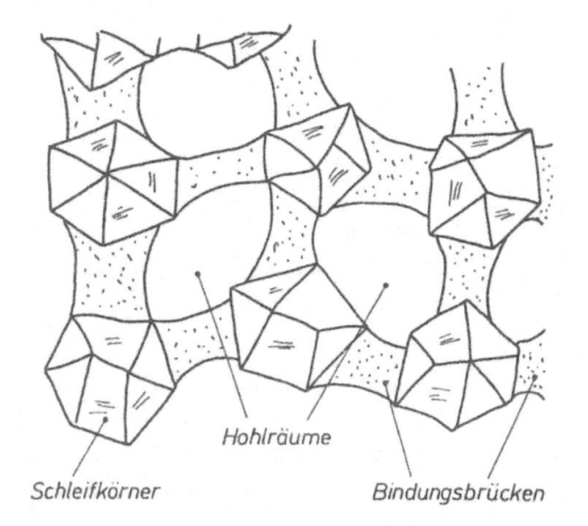

Bild F-78
Schematische Darstellung der Bindungsbrücken zwischen den Schleifkörnern. An den Kanten der Schleifscheibe sind weniger Bindungen zu finden als an einer Fläche.

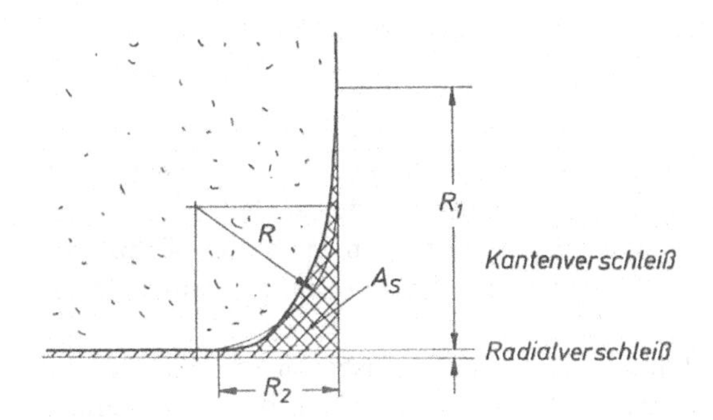

Bild F-79
Radialverschleiß und Kantenverschleiß durch Kornausbruch
R Toleranzradius
R_1 Kantenverschleiß an der Seite
R_2 Kantenverschleiß am Umfang
A_S Kantenverschleißfläche

Mitte der Fläche oder im geschlossenen Inneren der Schleifscheibe (Bild F-78). Die angreifenden Schleifkräfte wirken jedoch überall gleich. Dadurch bricht an den Kanten das Korn einzeln und in mehrkörnigen Bruchstücken aus. Bereits bei der ersten Berührung zwischen Schleifscheibe und Werkstück nach dem Abrichten entsteht Kantenverschleiß, der zu Abrundungen führt (Bild F-79). Besonders beim Quer-Profilschleifen ist diese Verschleißform gefürchtet, da sie Formveränderungen an den Werkstücken erzeugt, die laufend überwacht werden müssen.
Der Kantenverschleiß kann an einem Probewerkstück ausgemessen werden. Die Kantenverschleißfläche A_S wird mit der Fläche unter dem zulässigen Kreisbogen mit dem Radius R verglichen. Dabei muß beachtet werden, daß der Verschleißbogen eher elliptische als kreisrunde Form hat.
Verkleinern läßt sich der Kantenverschleiß durch Wahl einer härteren, dichteren oder feineren Schleifscheibe, durch Vergrößern der Schnittgeschwindigkeit v_c, Verkleinern des Arbeitseingriffs a_e oder der Werkstückgeschwindigkeit v_w. Beseitigen läßt er sich nur durch wiederholtes Abrichten und Erneuern der Form.

6.3 Auswaschen der Bindung

Werkstoff und Späne kommen nicht nur mit dem Schleifkorn, sondern auch mit der Bindung in Berührung, die davon abgetragen wird. Dabei entsteht an der Schleifscheibe das Arbeitsprofil. Es besteht aus herausragenden Schleifkörnern und ausgehöhlten Spanräumen dazwischen. Kleinere Körner verlieren ihren Halt und fallen heraus.

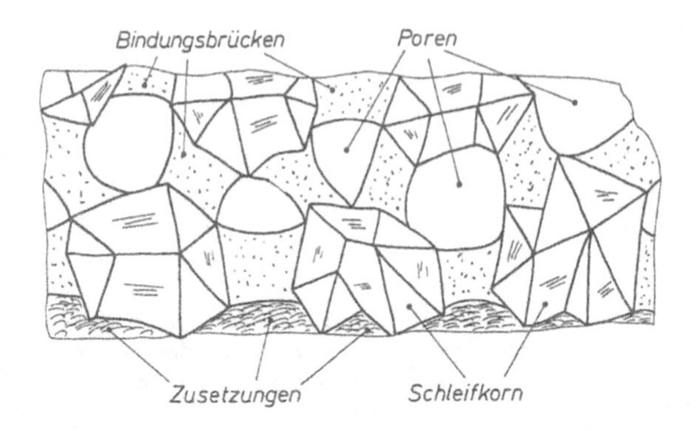

Bild F-80
Zusetzungen in den Spanraumen einer Schleifscheibe

Das Arbeitsprofil wird durch die Wirkrauhtiefe der Schleifscheibe R_{tS} beschrieben (s. Bild F-59 in Kapitel 4.1.3). Dieses ist anfangs von den Abrichtbedingungen abhängig und wird mit zunehmendem Einsatz der Schleifscheibe von den Schleifbedingungen bestimmt. Nach einer gewissen Einsatzzeit ist ein gleichbleibendes *Arbeitsprofil* vorhanden, das vom Zeitspanungsvolumen, insbesondere vom Arbeitseingriff a_e und der Werkstückgeschwindigkeit v_w geprägt wird.

6.4 Zusetzen der Spanräume

Abgetragene Werkstoffspäne, verklebt mit Öl und Wasser, vermischt mit Schleifscheibenabrieb, können die Spanräume so zusetzen (Bild F-80), daß das Eindringen der Schleifkörner in den Werkstoff erschwert wird. Erste Zusetzungen sind an punktförmigen metallisch glänzenden Stellen zu erkennen. Sie können sich verstärken, bis der größte Teil der Schleifscheibenarbeitsfläche bedeckt ist.
Es entsteht Reibung bei größerem Anpreßdruck. Die Kräfte, insbesondere die Schnitt-Normalkräfte, nehmen zu. Am Werkstück entstehen blanke glatte Stellen, die stärker erhitzt werden als beim Schleifen mit scharfer Schleifscheibe. Unangenehme Folgen sind Schäden an den Werkstücken durch Gefügeänderungen, Zugeigenspannungen und Schleifrisse.
Beseitigen lassen sich die Zusetzungen durch *Abtragen* der Schicht mit Abrichtdiamanten oder *Aufrauhen* an einem Rollenabrichtgerät oder Abrichtblock.
Zur Vermeidung des Zusetzens lassen sich folgende Maßnahmen anwenden:

1.) Hochdruckspülung, die mit 80 bis 120 bar einen Spülstrahl auf die laufende Schleifscheibe während der Arbeit spritzt.
2.) Ultraschall zum Lockern und Ausschleudern der Schleifspänchen.
3.) Größere Zustellung und größerer Vorschub. Dadurch soll der Werkstoff selbst die Zusetzungen wegdrücken.
4.) Schleifscheibe mit weicherer Bindung, die bei größerem Verschleiß Zusetzungen nicht entstehen läßt.

6.5 Verschleißvolumen und Verschleißkenngrößen

Die durch Verschleiß an der Schleifscheibe entstandenen Fehler (stumpfe Körner, rauhe Oberfläche, zugesetzte Schicht und Kantenabrundung) werden durch das Abrichten beseitigt. Dabei wird weiteres Schleifscheibenvolumen abgetragen. Abgenutztes und abgerichtetes Volumen zusammen bilden das *Verschleißvolumen* (Bild F-81).
Das Verschleißvolumen kann aus der Abrichttiefe e_d, die sich aus den Einzelabrichtzustellungen a_d und der Zahl der Abrichthübe z_d zusammensetzt,

$$e_d = z_d \cdot a_d$$

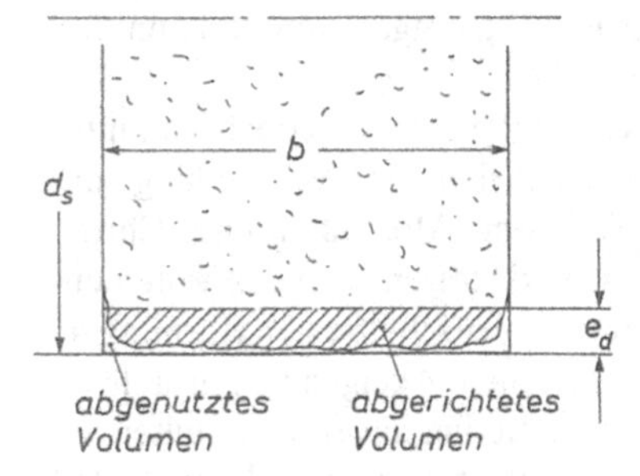

Bild F-81
Das Verschleißvolumen setzt sich aus dem abgenutzten und dem abgerichteten Volumen zusammen

und den Abmessungen der Schleifscheibe (Durchmesser d_s, Breite B) berechnet werden:

$$V_{ST} = \pi \cdot d_s \cdot e_d \cdot B \tag{F-73}$$

Es ist das *Verschleißvolumen pro Standzeit.* Ähnlich wie beim Spanungsvolumen können davon abgeleitete Größen folgendermaßen definiert werden:
Das *Verschleißvolumen pro Werkstück*

$$V_{SW} = V_{ST}/N \tag{F-74}$$

Das *Zeitverschleißvolumen*:

$$Q_s = \frac{V_{ST}}{N \cdot t_h} \tag{F-75}$$

das *bezogene Zeitverschleißvolumen*:

$$Q_s' = Q_s/a_p \tag{F-76}$$

Eine besondere Verschleißkenngröße ist der *spezifische Schleifscheibenverschleiß S.* Er ist das Verhältnis von Verschleißgröße und entsprechender Spanungsvolumengröße

$$S = \frac{V_{ST}}{V_T} = \frac{V_{SW}}{V_W} = \frac{Q_S}{Q} = \frac{Q_s'}{Q'} \tag{F-77}$$

Der spezifische Schleifscheibenverschleiß wird als dimensionslose Zahl oder in [%] ausgedrückt. Er gibt an, wieviel Schleifscheibenstoff pro Volumenmenge abgetragenen Werkstoffs verbraucht wird. Übliche Werte liegen in der Größenordnung

$S = 0{,}005$ bis $0{,}1 \mathrel{\widehat{=}} 0{,}5$ % bis 10 %

Zu großer spezifischer Schleifscheibenverschleiß zeigt, daß die benutzte Schleifscheibe zu weich ist, kleinere Werte können anzeigen, daß sie zu hart ist.
Der Kehrwert des spezifischen Schleifscheibenverschleißes ist das *Volumenschleifverhältnis G*

$$G = \frac{1}{S} = \frac{V_T}{V_{ST}} \tag{F-78}$$

Es sagt aus, wieviel mm^3 Werkstoff mit 1 mm^3 Schleifscheibenstoff abgetragen werden kann. Bei unlegierten und niedriglegierten Stählen sollte es 10 bis 200 erreichen.
Werkzeugstähle, Schnellarbeitsstähle und andere hochlegierte Stähle sind jedoch mitunter schwer schleifbar. Sie verursachen bei größerem Kohlenstoffgehalt in Verbindung mit karbidbildenden Legierungsbestandteilen wie Vanadium, Wolfram, Molybdän und Chrom besonders großen Verschleiß an der Schleifscheibe. Bei diesen Werkstoffen wird das Volumenschleifverhältnis G, das mit einer keramisch gebundenen Korundschleifscheibe der Körnung 46 ermittelt wurde, auch als *Schleifbarkeitsindex* benutzt [79], [80]. Tabelle F-4 zeigt eine Anzahl von Werkzeug- und Schnellarbeitsstählen und den unter bestimmten Bedingungen ermittelten G-Wert. Daraus wurde die *Klasse der Schleifbarkeit nach Norton* festgelegt. Es ist zu erkennen, daß einige Werkstoffe, besonders die vanadiumhaltigen Schnellarbeitsstähle, sehr kleine G-Werte haben. Das bedeutet, daß unter den Testbedingungen das Verschleißvolumen an der Korundschleifscheibe größer sein kann als der Abtrag am Werkstück. Hier ist mit Sicherheit ein anderes Schleifmittel (z.B. CBN) besser.
Geeignete Schleifscheiben für eine bestimmte Zerspanungsaufgabe werden nicht nur nach dem Verschleiß, sondern der *Gesamtwirtschaftlichkeit* ausgesucht. Hierfür werden im Versuch Zeitspanungsvolumen, Verschleißvolumen und Bearbeitungszeit ermittelt und mit allen anfallenden Kosten in Beziehung gebracht. Als Ergebnis dieser Untersuchung findet man neben den Gesamtkosten für das Zerspanen von 1 kg Werkstoff auch Hinweise auf das Aussehen der verglichenen Schleifscheiben während der Versuchszeit und auf das Schliffbild und die Rauheit am Werkstück.

6.6 Wirkhärte

Ein besonderes Kennzeichen dafür, ob die Zerspanbedingungen und die Schleifscheibe richtig gewählt sind, ist die *Wirkhärte* (auch Arbeitshärte und dynamische Härte genannt). Unter der

Tabelle F-4 Volumenschleifverhältnis G für verschiedene Werkzeugzeugstähle und Schnellarbeitsstähle bei der Bearbeitung mit Korundschleifscheiben als Kennzeichnung der Zerspanbarkeit nach Norton [79] und [80]

Stahlsorte	Chemische Zusammensetzung %						Index der Schleifbarkeit *G*	Klasse der Schleifbarkeit
	C	Cr	V	W	Mo	Co		
50 Mo 2	0,5				0,5		> 40	1
35 Cr Mo V 20	0,35	5	1		1,5		> 40	1
35 W Cr 36	0,35	3,5		9			20	1
70 Cr 3	0,7	0,75			0,25		> 40	1
125 W 14	1,25			3,5			5	2–4
S 18-1	0,7	4	1	18			6–12	2–4
S 18-2	0,85	4	2	18			4	2–4
S 20-2-0-12	0,80	4,5	1,5	20		12	3	3–4
S 14-2	0,80	4	2	14			6	2–4
S 12-5-0-5	1,55	4	5	12		5	0,8	5
S 2-8-1	0,8	4	1	1,5	8		7	2–4
S 6-5-4	1,3	4	4	5,5	4,5		0,7	5
S 7-4-5-5	1,5	4	5	6,5	3,5	5	0,8	5

statischen Härte einer Schleifscheibe wird der Widerstand, den sie dem Herausbrechen von Schleifkorn unter Prüfbedingungen entgegensetzt, verstanden. Die Wirkhärte dagegen ist das Härteverhalten beim Zerspanvorgang selbst. Sie ist richtig gewählt, wenn bei der Bearbeitung des Werkstücks eine ausreichende Selbstschärfung des Schleifkorns durch Absplittern und Herausbrechen eintritt, ohne daß der spezifische Schleifscheibenverschleiß S ungünstig groß wird.

Die Einflüsse auf die Wirkhärte sind in zwei Gruppen zu unterteilen:

1.) Einflüsse, die von der *Schleifscheibenbeschaffenheit* bestimmt werden. Das sind: Korngröße, Bindung, Gefüge, Scheibendurchmesser.

2.) Einflüsse, die die *Kräfte* beeinflussen, die auf das Korn einwirken: Werkstoff (spezifische Schnittkraft), Werkstückform (innenrund, eben oder außenrund) und die Mittenspanungsdicke h_m. In der Mittenspanungsdicke wirken als Einflüsse besonders der Arbeitseingriff a_e und das Geschwindigkeitsverhältnis $q = v_c/v_w$.

Aus dieser Aufzählung der Einflüsse lassen sich Maßnahmen ableiten, die zur Veränderung der Wirkhärte führen können. Diese Maßnahmen werden ebenso unterteilt in:

1.) Wahl anderer Schleifscheibenzusammensetzungen, insbesondere andere Wahl der statischen Härte der Bindung.

2.) Veränderung der Schnittbedingungen.

Die zweite Gruppe dieser Maßnahmen ist im Betrieb bei gegebener Schleifscheibe besonders interessant. Damit läßt sich die *Wirkhärte vergrößern* durch

a) Verkleinerung des Arbeitseingriffs a_e,
b) Vergrößerung der Schnittgeschwindigkeit v_c,
c) Verringerung der Werkstückgeschwindigkeit v_w.

Sie läßt sich *weicher* einstellen (wenn die Scheibe stumpf wird und sich zusetzt) durch

a) Vergrößerung des Arbeitseingriffs a_e,
b) Verkleinerung der Schnittgeschwindigkeit v_c,
c) Vergrößerung der Werkstückgeschwindigkeit v_w.

Eine Drehzahlerhöhung um 40 % oder eine Verringerung um 30 % entspricht in ihrem Einfluß auf die Wirkhärte etwa einer Änderung der statischen Schleifscheibenhärte um eine Stufe (s. Kapitel F 1.2).

Bei starker *Abnutzung* einer Schleifscheibe verringert sich ihre Wirkhärte, obwohl die Zusammensetzung unverändert bleibt. Das hat zwei Gründe:

1.) Der Scheibendurchmesser wird kleiner. Damit vergrößert sich die Mittenspanungsdicke durch den Formeleinfluß der Schleifbahn.

2.) Die Umfangsgeschwindigkeit v_c nimmt ebenfalls mit fortschreitendem Verschleiß ab. Wie wir soeben gesehen haben, verringert sich damit die Wirkhärte.

Durch Vergrößerung der Drehzahl oder Verringerung der Vorschubgeschwindigkeit oder des Arbeitseingriffs läßt sich die Verringerung der Wirkhärte bei abgenutzter Schleifscheibe ausgleichen.

7 Abrichten

7.1 Ziele

Das Abrichten hat zwei wichtige Ziele:

- die Herstellung der *geometrischen Form* und
- die Erzeugung einer geeigneten *Schneidenraum*beschaffenheit

1.) Die *geometrische Form* läßt sich durch die Rundheit und Formgenauigkeit des Profils, die an der erzeugten Werkstückqualität gemessen werden, erkennen. Sie verschlechtert sich im Einsatz der Schleifscheibe durch Verschleiß. Regelmäßiges Abrichten muß die Formfehler wieder beseitigen.

2.) Die *Schneidenraumbeschaffenheit* bestimmt die Zerspanungsfähigkeit der Schleifscheibe. Sie wird durch Schneidenraumtiefe (Kornüberstand), Schneidenzahl und Kantenschärfe des Korns beschrieben.

Freiräume zwischen den Schneiden dienen dazu, Kühlflüssigkeit oder Luft an die Schnittstelle zur Kühlung und Schmierung zu fördern und den entstehenden Werkstoffabtrag aufzunehmen. Um diese Spanräume herzustellen und Poren in der Schleifscheibe zu öffnen, muß nach dem Abrichten noch Bindungsstoff zwischen den Schleifkörnern durch „Aufrauhen" oder „Abziehen" entfernt werden. Dieser Vorgang kann selbsttätig beim ersten Einsatz der frisch abgerichteten Schleifscheibe am Werkstück erfolgen. Dann sind jedoch bei diesem „Einschleifen" die Kräfte größer als bei einer aufgerauhten Schleifscheibe und die Gefahr der Überhitzung besteht. Besser ist es, die Schleifscheibe beim Abrichten oder durch ein nachträgliches „Abziehen" aufzurauhen. Auch zugesetzte Schleifscheiben können durch ein „Aufrauhen" wieder griffig gemacht werden. Meistens wird jedoch die zugesetzte Schicht durch vollkommenes „Abrichten" abgetragen.
Besonders kunstharz- und metallgebundene Schleifscheiben benötigen oft zwei Abrichtschritte, um nach der Formgebung auch noch die richtige Schneidenraumbeschaffenheit durch eine Aufrauhung herzustellen. Das kann nach dem Abrichten beim Einschleifen am Werkstück geschehen, wobei die ersten Werkstücke unbrauchbar sein können durch thermische Schädigungen, oder durch einen besonderen Vorgang, der die Bindung abträgt.
Die Abrichtverfahren lassen sich folgendermaßen einteilen:

1 Mechanische Abrichtverfahren

1.1 Abrichtverfahren mit *ruhendem* Werkzeug
   Abrichten mit *Einkorndiamant* [81], [82]
   Abrichten mit *Vielkorndiamant* [81], [82]
   Abrichten mit *Diamantfliese* [81], [82]
   Abrichten mit *Diamantblock* [83]
   Abrichten mit *Metallblock* [84]
   Abrichten mit *Korund-* oder *SiC-Block* [85]
   Abrichten mit *Korund-* oder *SiC-Stab*

1.2 Abrichtverfahren mit *bewegtem* Werkzeug
   Abrichten mit *Diamantrolle* [86], [87]
   Abrichten mit *Stahlrolle* (Ein- und Zweirollenverfahren) [84], [88]
   Abrichten mit *Stahlglocke* oder *-Rad*
   Abrichten mit *Crushierrolle* aus Stahl oder Hartmetall [89]
   Abrichten mit Korund- oder SiC-Schleifscheibe [90]
   Abrichten durch *kaltes Einwalzen* [89]
   Abrichten durch *Einwalzen-* bei *erhöhter Temperatur*

2 Sonstige Abrichtverfahren
   Elektrochemisches Abrichten [91]
   Funkenerosives Abtragen
   Funkenerosives Schleifen [92]

7.2 Abrichten mit Einkorndiamant

Das Abrichtwerkzeug ist ein *einzelner Naturdiamant.* Er ist in einem metallischen Halter enganliegend so eingefaßt, daß nur eine Spitze oder Kante herausragt (Bild F-82a). Die Stabilität der

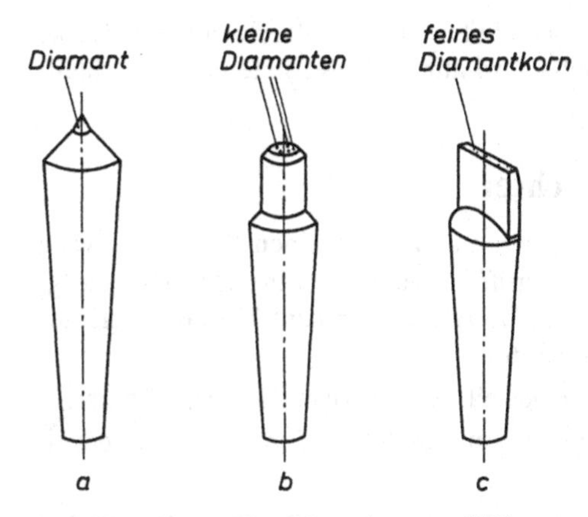

Bild F-82 Stehende Abrichtwerkzeuge mit Diamanten

a Einkorndiamant-Abrichter
b Vielkorndiamant-Abrichter
c Diamantfliese

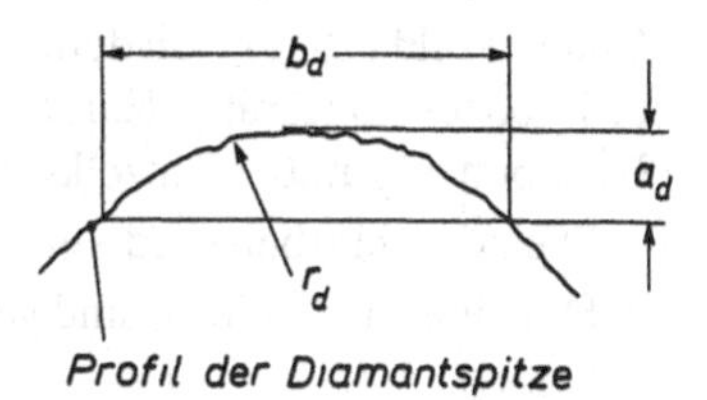

Bild F-83 Wirksames Profil eines Abrichtwerkzeugs

a_d Abrichtzustellung
b_d Wirkbreite
r_d Rundungsradius

Einfassung bestimmt die Lebensdauer des Abrichtwerkzeugs. Durch Sintern ist es möglich, auch kleinere Diamanten so gut zu befestigen, daß heute für diesen Zweck Stücke unter 2 Karat genommen werden können. Früher wogen Abrichtdiamanten 20 Karat und mehr. Berühmt war ein 125-Karäter bei Ford in Amerika.

Die *Zustellung* beim Abrichten a_d beträgt etwa 10 bis 20 µm. Der Vorschub f_d wird so gewählt, daß ein Schleifkorn mehrmals vom Diamanten getroffen wird. Als *Überdeckungsgrad* ist definiert

$$\ddot{U}_d = b_d / f_d \tag{F-79}$$

Darin ist b_d die wirksame Breite des Abrichtdiamanten in Abhängigkeit von der Abrichtzustellung a_d (Bild F-83). Mit zunehmendem Überdeckungsgrad, also kleinerem Abrichtvorschub, wird die Schleifscheibenoberfläche feiner [93]. Es ist günstig, einen Abrichtüberdeckungsgrad $\ddot{U}_d = 2$ bis 6 zu wählen. Dann wird nicht die ganze Breite b_d wirksam, sondern nur ein Teil davon mit der Breite des Abrichtvorschubs f_d (Bild F-84). Dabei bildet sich die Profilform des Abrichtdiamanten in wendelförmigen Rillen auf der Oberfläche der Schleifscheibe ab.

Die Tiefe der Rillen entspricht in erster Näherung der *Wirkrauhtiefe* R_{tS} der Schleifscheibe [94]. Sie wird hauptsächlich vom wirksamen Profil des Diamanten (r_d) und vom Abrichtvorschub bestimmt.

$$R_{tS} = \frac{1}{8} \cdot \frac{f_d^2}{r_d} \tag{F-80}$$

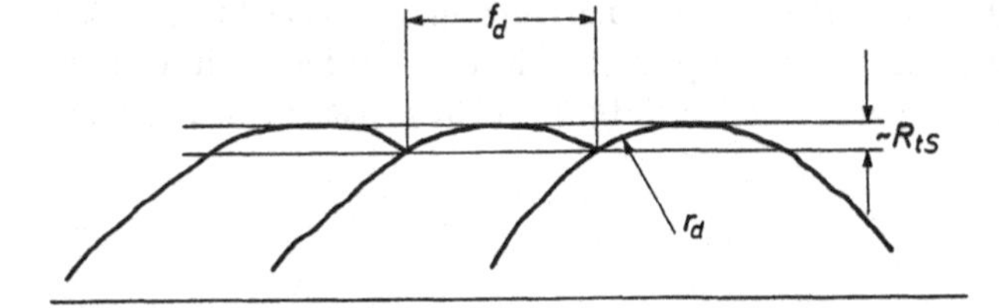

Bild F-84
Entstehung des Schleifscheibenprofils mit der Wirkrauhtiefe R_{tS} durch Abrichten mit dem Abrichtprofil r_d und dem Abrichtvorschub f_d

Es ist nicht sinnvoll, den Abrichtvorgang in beiden Vorschubrichtungen durchzuführen. Dabei wird die Wirkrauhtiefe nicht kleiner. Die Schleifscheibe wird nur stellenweise feiner und schleift in kleinen Bereichen ungleichmäßig.

7.3 Abrichten mit Diamant-Vielkornabrichter

Vielkornabrichter, auch Diamant-Igel genannt, enthalten statt eines einzelnen Diamanten viele kleinere (Bild F-82b), von denen mehrere zugleich in Eingriff kommen. Ihr Einzelgewicht beträgt nur 1/600 bis 1/3 Karat (1 Karat = 0,2 g) im Mittel 1/150 bis 1/50 Karat. Diamant-Vielkornabrichter [81] haben gegenüber Einzelkornabrichtern folgende Vorteile:

1.) Die Abrichtarbeit wird auf *mehrere Diamanspitzen* verteilt. Die Abrichtzeiten sind kürzer.
2.) Die einzelnen Spitzen sind *geringeren Beanspruchungen* ausgesetzt. Dadurch ist die Standzeit länger.
3.) Die Anwendung ist *weniger schwierig.* Auch angelerntes Personal kann leicht eingewiesen werden.
4.) Die Abrichtwerkzeuge können durch Form, Größe und Anordnung der Spitzen dem Verwendungszweck *angepaßt* werden.
5.) Der *Preis* kleiner Diamanten pro Karat ist *niedriger.*
6.) Der Diamantgehalt des Werkzeugs wird *vollständig* ausgenutzt.
7.) Das Umfassen nach Abnutzung einer Spitze entfällt. Dadurch ist das Abrichtwerkzeug während der ganzen Lebensdauer *immer einsatzbereit.*

Als Nachteil muß in Kauf genommen werden, daß die *Abrichtgenauigkeit geringer* ist als bei Verwendung des Einzelkorn-Abrichtdiamanten. Das entstehende Schleifscheibenprofil ist ungleichmäßiger.

7.4 Abrichten mit Diamantfliese

Eine besondere Art von Vielkornabrichtern sind Diamantfliesen. Sie bestehen aus einem flachen Grundkörper mit einer Abrichtkante, die feines Diamantkorn enthält (Bild F-82c) [82]. Die Kante wird am Umfang der Schleifscheibe hochkant angesetzt, so daß die einzelnen Körner, in Umfangsrichtung gesehen, hintereinander liegen. Mit der Zustellung a_d und dem Abrichtvorschub f_d wird die Abrichtfliese an der Schleifscheibe wirksam (Bild F-85). Dabei bildet sich ihr Abrichtprofil, das sich aus vielen kleinen Diamantspitzen zusammensetzt, ähnlich wie in den Bildern F-83 und F-84 wendelförmig auf dem Schleifscheibenumfang ab [95]. Die entstehenden Abrichtkräfte sind kleiner als bei anderen Vielkornabrichtern.

7.5 Abrichten mit Diamantrolle

Die Abrichtrolle ist eng mit Diamantkorn besetzt und hat die genaue Gegenform der Schleifscheibe (Bild F-86). Sie hat einen eigenen Antrieb und wird in Richtung x_d gegen die Schleifscheibe angestellt. Dabei wird die Schleifscheibenoberfläche durch Drück- und Schneidvorgänge abgetragen. Da sich ähnlich wie beim Schleifen eine Abrichtkraft aufbaut, werden Rolle und Scheibe zunächst voneinander abgedrängt. Nach vielen Umdrehungen ist die Schleifscheibe um den zugestellten Betrag e_d abgerichtet. Die Durchmesserverkleinerung der Scheibe muß bei der nächsten Werkstückbearbeitung berücksichtigt werden. Mit diesem Abrichtverfahren können Korund, Siliziumkarbid- und auch Bornitrid Schleifscheiben abgerichtet werden [86, 87].

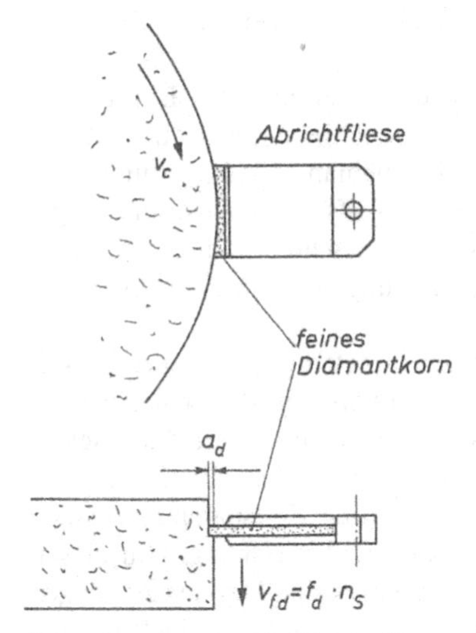

Bild F-85 Abrichten mit Diamantfliese

v_c Umfangsgeschwindigkeit der Schleifscheibe
n_s Drehzahl
v_{fd} Abrichtvorschubgeschwindigkeit
a_d Abrichtzustellung
f_d Abrichtvorschub

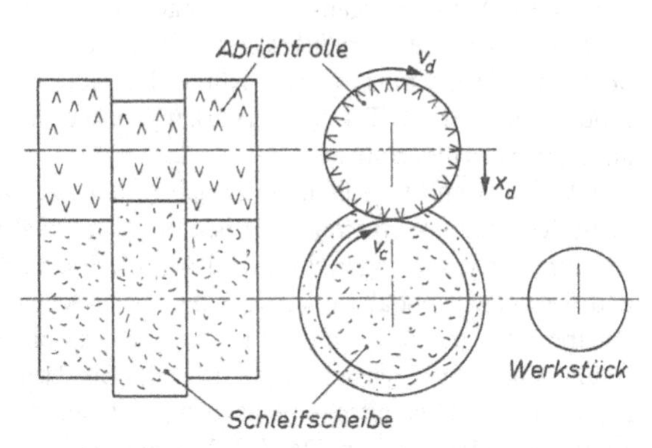

Bild F-86 Abrichten mit Diamantrolle

v_d Umfangsgeschwindigkeit der Diamantrolle
v_c Umfangsgeschwindigkeit der Schleifscheibe
x_d Anstellrichtung

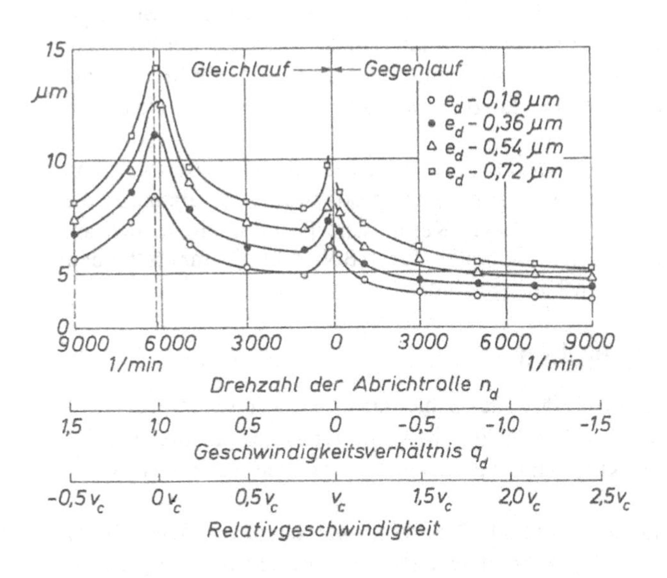

Bild F-87

Einfluß des Drehsinnes und des Abrichtgeschwindigkeitsverhältnisses auf die Wirkrauhtiefe ohne Ausrollumdrehungen. Schleifscheibe EK 60 L 7 V, Abrichtrolle D 700, Konzentration 7,5 ct/cm³, v_c = 29 m/s [86]

Die *Wirkrauhtiefe* der Schleifscheibe R_{tS} wird dabei von der Abrichtzustellung e_d, der Anzahl der Ausrollumdrehungen der Abrichtrolle nach dem Zustellen, der Drehrichtung und dem Abrichtgeschwindigkeitsverhältnis

$$q_d = v_d / v_c$$

bestimmt. Bild F-87 zeigt, daß eine kleine Wirkrauhtiefe bei kleiner Abrichtzustellung und bei großem Abrichtgeschwindigkeitsverhältnis im Gegenlauf erzeugt wird. Eine besonders große

Wirkrauhtiefe entsteht dagegen im Sonderfall des Abwälzens bei gleichen Umfangsgeschwindigkeiten von Abrichtrolle und Schleifscheibe.
Mit der Zahl der *Ausrollumdrehungen* wird die Wirkrauhtiefe kleiner und der Einfluß der Abrichtzustellung verschwindet. Diamant-Abrichtrollen haben eine lange Lebensdauer (20 000 bis 200 000 Abrichtvorgänge). Mit längerem Gebrauch werden die Diamanten jedoch stumpf und verursachen *große Abrichtkräfte,* die von der Rollen- und der Schleifscheibenlagerung aufgenommen werden müssen. Die Kürze der Abrichtzeit bei Formschleifscheiben in der Massenproduktion führt zu Taktzeitverkürzungen und damit zur Verbilligung der Produkte gegenüber anderen Abrichtverfahren.
Die Verwendung von Diamantabrichtrollen hat das CD-Schleifen erst möglich gemacht. CD heißt "continuous dressing". Es bedeutet, daß während des Schleifvorgangs die Schleifscheibe gleichmäßig weiter abgerichtet wird. Mit diesem Verfahren kann die Schleifscheibe ständig scharf und formgenau gehalten werden. Auch bei schwer schleifbaren Werkstoffen, die die Schleifscheibe zusetzen oder schnell abstumpfen lassen, werden damit große Zeitspanungsvolumen erzielt. Die Abrichtzustellung beträgt 0,5 bis 2 µm pro Schleifscheibenumdrehung. Um diesen Betrag muß die Schleifscheibe auch ständig nachgestellt werden, damit keine Maßabweichungen am Werkstück entstehen. Das CD-Verfahren läßt sich besonders wirkungsvoll beim Tiefschleifen von Profilen anwenden. Hier kommt es einerseits auf die Formgenauigkeit der Schleifscheiben, andererseits aber auch auf ein wirtschaftliches Arbeiten mit großem Zeitspanungsvolumen an [96].

7.6 Preßrollabrichten

Beim Preßrollabrichten wird eine Stahl- oder Hartmetallrolle ohne eigenen Antrieb gegen die Schleifscheibe gedrückt. Dabei nimmt die Schleifscheibe, die nur sehr langsam umläuft (ca. 1 m/s) die Abrichtrolle mit. Beide rollen also nur aufeinander ab. Durch radiales Zustellen der Preßrolle zur Schleifscheibe wird auf die Schleifkörner Druck ausgeübt. Unter diesem Druck brechen die am weitesten herausstehenden Körner aus ihren Bindungsbrücken aus. Die Schleifscheibe nimmt dadurch die Form der Preßrolle an.
Das Verfahren eignet sich zum Abrichten von Profilschleifscheiben, zum Beispiel von Schleifscheiben mit Gewindeprofil. Die Bindung muß genügend Sprödheit besitzen, damit sie die Körner einzeln unter dem Abrichtdruck freigeben kann. Keramische Bindung eignet sich am besten. Neuerdings werden jedoch auch Metallbindungen für CBN- und Diamantscheiben entwickelt, die in der beschriebenen Weise „crushierbar“ sind.

7.7 Abrichten von CBN-Schleifscheiben

CBN-Schleifscheiben haben wegen der großen Härte des Schleifkorns aus kubischem Bornitrid nur wenig Verschleiß. Das Korn verbraucht sich nicht durch Absplittern oder Ausbrechen. Es sitzt sehr fest in seiner Bindung aus Metall, Kunstharz oder Keramik. Trotzdem stumpft es ab und muß durch Abrichten geschärft werden.
Das *Preßrollabrichten* ist nur bei Keramikbindung und besonders entwickelter („crushierbarer“) Metallbindung anwendbar. Es verursacht großen Verschleiß, da ganze Kornschichten abgetragen werden, und ist somit teuer.
Das Abtragen von Kornteilen und Absplittern stumpfer Kornkanten läßt sich mit *Abrichtdiamanten,* am besten aber mit angetriebenen *Diamant-Topfscheiben* oder *-rollen* (Bild F-88) durchführen. Dabei entsteht meistens eine glatte, zu dichte Schleifscheibenoberfläche, die noch aufgerauht werden muß. Durch *Einschleifen* wird die Bindung vor den Kornkanten abgetragen. Erst wenn die Schleifscheibe wieder *scharf* ist, kann der Produktionsbetrieb fortgesetzt werden.

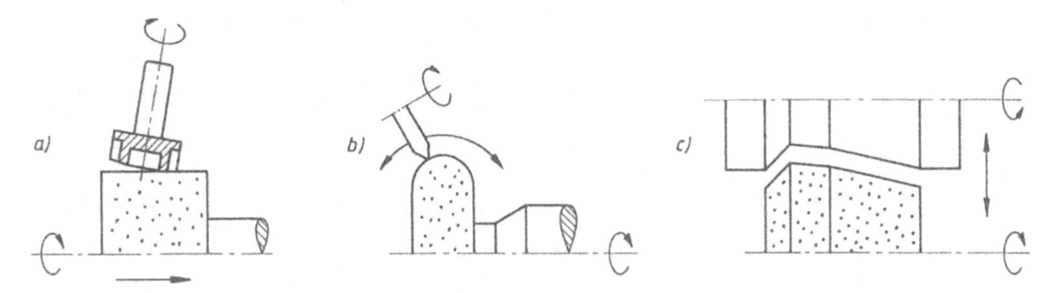

Bild F-88 Abrichten von CBN-Schleifscheiben mit Diamant-Abrichtwerkzeugen
a) mit Diamant-Topfscheibe
b) mit Diamant-Formrolle
c) mit Diamant-Profilrolle

Günstig ist es, von den CBN-Kornspitzen nur *wenige Mikrometer* abzurichten, so daß sie splittern und neue scharfe Schneiden bilden, der Kornüberstand jedoch größtenteils erhalten bleibt. Mit einer so aufbereiteten Schleifscheibe kann anschließend sofort mit großem Zeitspanungsvolumen weitergeschliffen werden. Die Maschinen müssen dafür mit besonders großer Starrheit und Abrichtfeinzustellung ausgestattet sein (TDC-Verfahren) [97].

8 Kräfte und Leistung

8.1 Richtung und Größe der Kräfte

8.1.1 Kraftkomponenten

Nach DIN 6584 werden die Kräfte *auf das Werkstück wirkend* definiert. Beim Schleifen erzeugt sie ein Kollektiv von kleinsten Schneiden, das in der Kontaktzone A_K am Werkstück in Eingriff ist (Bild F-89). Die Gesamtkraft ist die Zerspankraft *F*. Sie kann in einzelne Komponenten zerlegt werden. Am wichtigsten sind die Komponenten der Arbeitsebene, die Radialkraft F_r und die Tangentialkraft F_t. Senkrecht zur Arbeitsebene kann eine Axialkraft F_a auftreten.
Die Radialkraft ist die größte der Komponenten. Das hat seine Ursache in der ungünstigen Form der Schneiden mit ihren stark negativen Spanwinkeln (Bild F-41) und dem geringen Arbeitseingriff der einzelnen Schleifkörner, die dabei den Werkstoff mehr verformen als abspanen.

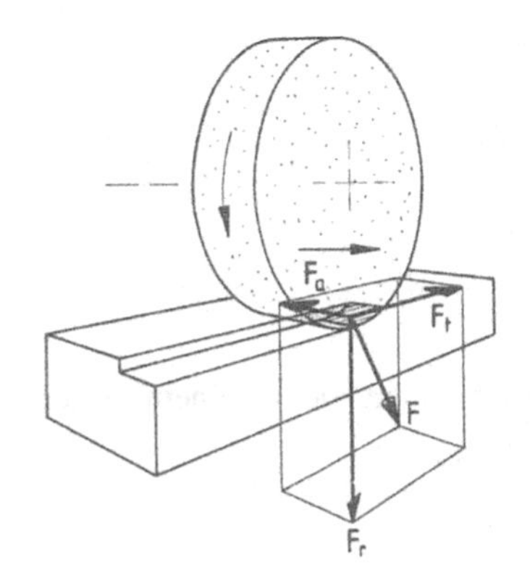

Bild F-89
Schleifkraft *F* und ihre radiale, tangentiale und axiale Komponente F_r, F_t und F_a

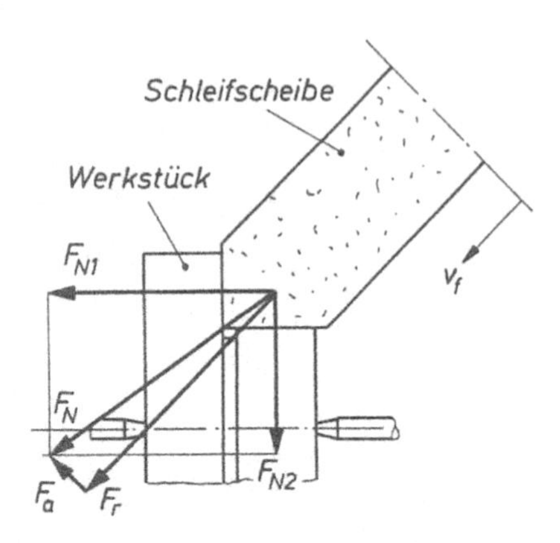

Bild F-90 Entstehung der Axialkraft F_a beim Schrägschleifen F_{N1}, F_{N2} Normalkräfte an den Wirkflächen
F_r Radialkraft F_a Axialkraft

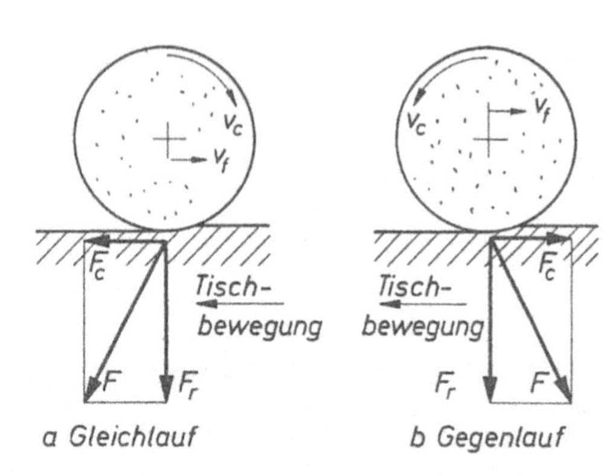

Bild F-91 Schleifkraftrichtung beim Gleichlauf- und Gegenlaufschleifen am Beispiel des Umfangs-Planschleifens

Die Tangentialkraft wird vom Widerstand des Werkstoffs gegen die Spanabnahme und durch Reibung verursacht.

Bei einem unsymmetrischen Schleifscheibenprofil, zum Beispiel beim Schrägschleifen (Bild F-90), kann eine *Axialkraft* entstehen. Sie ist die Komponente, die seitlich auf die Schleifscheibe wirkt.

Die Drehung der Schleifscheibe beeinflußt die *Kraftrichtung* der Zerspankraft *F*. Bild F-91 zeigt den Unterschied zwischen Gleichlaufschleifen (a) und Gegenlaufschleifen (b) am Beispiel des Umfangs-Planschleifens. Bei Gleichlauf wird die Tischbewegung von der Schnittkraft unterstützt, bei Gegenlauf gebremst. Bei schlechten Maschinen führt deshalb Gleichlaufschleifen zu einem unregelmäßigen Vorschub und zu schlechter Schleifqualität am Werkstück.

8.1.2 Einflüsse auf die Größe der Kraftkomponenten

Der einfachste Weg, die theoretischen Zusammenhänge, die die Schnittkraft (Tangentialkraft) beim Schleifen bestimmen, zu finden, ist es, einen vereinfachenden *Vergleich mit dem Fräsen* aufzustellen. Nach Gleichung D-24 ist die mittlere Gesamtschnittkraft

$$F_{cgm} = z_{em} \cdot b \cdot h_m \cdot k_{cm}$$

Wir nennen sie hier einfach Schnittkraft F_c.

Mit Gleichung D-22 $\quad z_{em} = z \cdot \Delta\varphi / 2 \cdot \pi$

Gleichung D-15 $\quad h_m \approx f_z \cdot \sin\kappa \sqrt{a_e / d_s}$

Gleichung F-35 $\quad \Delta\varphi \approx 2 \sqrt{a_e / d_s}$ und mit $b = a_p$

erhält man

$$F_c = \frac{z \cdot a_e \cdot a_p \cdot f_z \cdot \sin\kappa}{\pi \cdot d_s} \cdot k_c$$

Nimmt man an, daß auf jeder Umfangslinie der Schleifscheibe z Schneiden wie bei einem Fräser zu finden sind, gilt

$$f_z = \frac{v_w}{z \cdot n_s}$$

Durch Einsetzen erhält man

$$F_c = \frac{a_e \cdot a_p \cdot v_w \cdot \sin \kappa}{\pi \cdot d_s \cdot n_s} \cdot k_c$$

Setzt man noch $\sin \kappa \approx 1$ und $v_c = \pi \cdot d_s \cdot n_s$; dann wird

$$F_c = \frac{v_w}{v_c} \cdot a_e \cdot a_p \cdot k_c \qquad \text{(F-81)}$$

Diese Gleichung sagt aus, daß die Schnittkraft beim Schleifen mit der Werkstückgeschwindigkeit v_w, dem Arbeitseingriff a_e, der Schleifbreite a_p und der spezifischen Schnittkraft k_c größer wird und daß eine Vergrößerung der Schnittgeschwindigkeit v_c die Schnittkraft verkleinert. Diese Aussage kann man auch auf die Radialkraft F_r übertragen, denn sie steht zur Schnittkraft F_c in einem festen Verhältnis, das nur wenig von den Schleifbedingungen beeinflußt wird.

$$F_r = k \cdot F_c \qquad \text{(F-82)}$$

Die Verhältniszahl k erreicht die Größe 1,5 bis 2. Sie kann zunehmen, wenn sich das Schleifkorn durch Abstumpfung rundet. Sie wird kleiner, wenn das Schleifkorn scharfkantig und aggressiv ist oder wenn es beim einzelnen Eingriff tiefer in den Werkstoff eindringen kann, z.B. bei einem größeren Arbeitseingriff a_e oder größerer Werkstückgeschwindigkeiten v_w. Das bedeutet zwar, daß beide Kräfte sowohl F_c als auch F_r größer werden, F_r aber relativ gesehen weniger zunimmt. Nach Untersuchungen über die Kinematik und Mechanik des Schleifprozesses hat Werner für die Radialkraft folgenden *genaueren Zusammenhang* gefunden:

$$F_r = k_r \cdot b \cdot A_1 \cdot \left[\frac{C_1^2}{\tan \kappa}\right]^{\frac{1-n}{3}} \cdot \left[\frac{v_w}{v_c}\right]^{\frac{2n+1}{3}} \cdot \left[a_e\right]^{\frac{n+3}{3}} \cdot \left[d_s\right]^{\frac{1-n}{3}} \qquad \text{(F-83)}$$

Darin entspricht k_r den Faktoren $k \cdot k_c$ aus den Gleichungen (F-81) und (F-82), $A_1 \approx 1$ und n ein Exponent zwischen $0{,}45 < n < 0{,}6$. C_1 und κ geben den Formeinfluß der Schneiden des Schleifkorns an. Mit dieser Gleichung können dieselben Aussagen gemacht werden, die schon an Gleichung (F-81) geknüpft wurden. Darüber hinaus läßt sich noch ein geringer Einfluß des Schleifscheibendurchmessers d_s und der Schleifkornform herauslesen.
Zur Berechnung der Schleifkräfte sind die Gleichungen (F-81) bis (F-83) nur schlecht geeignet, da die spezifische Schnittkraft k_c nicht berechenbar ist. Diese müßte neben den Werkstoffeigenschaften die sehr kleine unbekannte Spanungsdicke, den negativen Spanwinkel an den Schleifkörnern, die Reibung und die Werkstoffverformung berücksichtigen. Theoretische Zusammenhänge dafür zu finden, war bis heute nicht möglich.

8.1.3 Messen der Kraftkomponenten

Einen genaueren Aufschluß über die Größe der Schleifkraftkomponenten und ihre Verhältniszahl k erhält man durch Messungen. Ein *Schleifkraftsensor,* der mit Dehnungsmeßstreifen auf den Schleifspitzen aufgebaut wurde, ist in Bild F-92 schematisch dargestellt. Die Dehnungsmeßstreifen, die auf beiden Spitzen waagerecht und senkrecht aufgeklebt sind, werden zusammen mit den Schleifspitzen von den Kräften ein wenig elastisch verformt. Dabei ändert sich ihr elektrischer

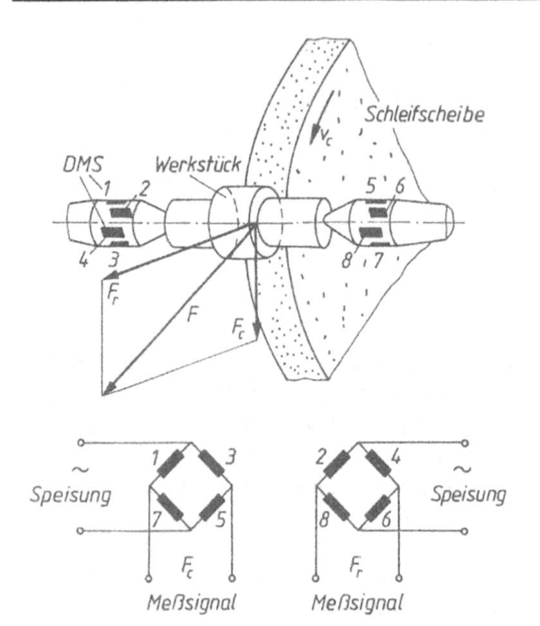

Bild F-92
Sensor zur Messung der Schleifkraftkomponenten

Widerstandswert. In zwei Brückenschaltungen lassen sich daraus die Schnittkraft F_c und die Radialkraft F_r mit Meßverstärkern getrennt ermitteln. Diese Meßanordnung kann eine Meßgenauigkeit von ± 1 % bei weitgehender Linearität erreichen. Der Meßbereich ist bei der Dimensionierung der Spitzen festzulegen. Bei Messungen im Labor reicht ein Meßbereich von 500 N oder 1000 N, für Überwachungsaufgaben in der Produktion empfiehlt sich bis 5000 N. Ähnliche Sensoren für das Seitenschleifen, die unter dem Werkstück auf dem Maschinentisch angebracht werden, können auch mit kraftempfindlichen Quarzkristallelementen aufgebaut sein. Im Labor kann mit einem Schleifkraftsensor der Einfluß der Schleifbedingungen, der Schleifscheibe, des Werkstoffs und der Abrichtbedingungen auf die Kräfte und den Leistungsbedarf beim Außen-Längs- und Querschleifen gemessen werden. In der Produktion ist es möglich, die Umschaltpunkte von Grobzustellung auf Feinzustellung oder den günstigsten Zeitpunkt für das Abrichten der Schleifscheibe kraftabhängig zu steuern.

8.1.4 Berechnen der Schleifkräfte

Alle theoretischen Ansätze, Gleichungen für die Berechnung der Schleifkräfte anzugeben, führten bisher zu großen Unsicherheiten. Abweichungen vom Rechenergebnis von 50 % nach unten und 100 % nach oben müssen für möglich gehalten werden. Die wichtigsten Ursachen für diese Unsicherheit sind

1.) unbekannte Schleifkorngeometrie,

2.) nicht erfaßbarer Einfluß der Schleifkornabrundung durch Verschleiß,

3.) unerforschter Verformungseinfluß im Werkstoff,

4.) zu wenig bekannter Einfluß der Schmierung und Reibung.

Mit Gleichung D-24 (mittlere Gesamtschnittkraft beim Fräsen) kann kein Ergebnis erzielt werden, weil die mittlere Spanungsdicke h_m beim Schleifen wegen unerforschter Verformungseinflüsse im Werkstoff bisher nicht richtig bestimmt werden kann.

Gleichung F-81

$$F_c = \frac{v_w}{v_c} \cdot a_e \cdot a_p \cdot k_c$$

würde einen vereinfachten Ansatz zur Berechnung der Schnittkraft F_c bieten, wenn für die spezifische Schnittkraft k_c ein Erfahrungswert vorliegt, Messungen beim Schleifen von Stahl Ck 45 haben Werte von

$$k_c = 15\,000 \text{ bis } 60\,000 \text{ N/mm}^2$$

ergeben. Die Größe der Werte läßt sich dadurch erklären, daß es sich hier nicht allein um den Widerstand des Werkstoffs gegen eine Spanabhebung handelt, sondern daß in diesem Wert auch Widerstand gegen Verformung und gegen Gleitvorgänge (Reibung) zwischen Korn und Bindung einerseits und verformtem Werkstoff andererseits enthalten sein müssen. Die kleine Spanungsdicke von wenigen µm erklärt die Größe der spezifischen Schnittkraft nicht allein.
Gleichung F-83 für die Radialkraft enthält als unbekannte Größe den Wert k_r, der einer spezifischen Normalkraft gleichkommt. Auch k_r ist theoretisch nicht bestimmbar. Diese Gleichung eignet sich aber dazu, den Einfluß einiger Schleifparameter zu finden, wenn ein anderer Radialkraftwert schon bekannt ist.

8.2 Leistungsberechnung

Voraussetzung für die Berechnung des Leistungsbedarfs beim Schleifen ist, daß die Schnittkraft F_c oder die spezifische Schnittkraft k_c bekannt sind. Dann läßt sich die Gleichung für die Schnittleistung P_c aufstellen:

$$\boxed{P_c = F_c \cdot v_c} \qquad \text{(F-84)}$$

Durch Einsetzen der Schnittkraft F_c und der Schnittgeschwindigkeit v_c unter Beachtung der Maßeinheiten kann die an der Schnittstelle benötigte Leistung berechnet werden. Durch Umrechnen mit den Gleichungen (F-69) und (F-81) erhält man eine zweite Form der Gleichung:

$$\boxed{P_c = k_c \cdot Q} \qquad \text{(F-85)}$$

Hier muß ein Wert für die spezifische Schnittkraft k_c und das Zeitspanungsvolumen Q eingesetzt werden.
Für die Berechnung der benötigten Antriebsleistung müssen die Reibungsverluste in der Schleifmaschine durch den mechanischen Wirkungsgrad η_m berücksichtigt werden:

$$\boxed{P = \frac{1}{\eta_m} \cdot P_c} \qquad \text{(F-86)}$$

Eine *alte* interessante *Methode* der Berechnung des Leistungsbedarfs ohne Kenntnis der Schnittkraft oder der spezifischen Schnittkraft beschreibt Völler [98]. Er geht von dem Erfahrungswert aus, daß für die Erzielung des Zeitspanungsvolumens $Q = 500 \text{ mm}^3/\text{s}$ die Leistung $P = 20 \text{ kW}$ nötig ist. Auf Werkstoff, Schleifscheibenart, Kühlschmierung oder Schärfe des Schleifkorns wird keine Rücksicht genommen. Für eine unbekannte Schleifaufgabe errechnet sich dann die Leistung P_x bei dem bekannten Zeitspanungsvolumen Q_x:

$$\boxed{P_x = \frac{20 \text{ kW}}{500 \text{ mm}^3/\text{s}} \cdot Q_x} \qquad \text{(F-87)}$$

Analysiert man diesen Erfahrungswert mit den Gleichungen (F-85) und (F-86), findet man

$$P_c = \eta_m \cdot P = 0{,}75 \cdot 20\,\text{kW} = 15\,\text{kW}$$

$$k_c = \frac{P_c}{Q} = \frac{15\,000\,\text{Nm/s}}{500\,\text{mm}^3/\text{s}} = 30\,000\,\text{N/mm}^2$$

Es läßt sich also feststellen, daß nach diesem alten Erfahrungswert unbewußt mit einer mittleren *spezifischen Schnittkraft von 30 000 N/mm²* gerechnet wurde.

9 Schwingungen

Schwingungen beim Schleifen verursachen Unrundheit, Welligkeit und Rauheit am Werkstück. Die Unrundheit kann man bei der Rundheitsmessung als regelmäßige Schwankung des Werkstückradius in Form eines Vielecks oder als facettenartige Schattierung der Lichtreflexion feststellen. Welligkeit und Rauheit sind bei der Oberflächenmessung in Werkstücklängsrichtung zu erkennen.
Als Ursachen sind zwei verschiedene Quellen zu nennen:

1. Erzwungene Schwingungen
2. Ratterschwingungen

Die *erzwungenen Schwingungen* werden entweder von der Umgebung auf die Werkzeugmaschine übertragen oder sie entstehen in der Maschine hauptsächlich durch Unwucht der Schleifscheibe oder durch Lagerfehler, Antriebsmotoren, Hydraulik oder Antriebsriemen. Man kann sie durch Frequenzmessungen auffinden und mit geeigneten Eingriffen mindern oder beseitigen. Das Auswuchten der Schleifscheibe ist dabei die wichtigste Maßnahme.
Ratterschwingungen entstehen durch den Eingriff der Schleifscheibe am Werkstück unter gewissen Voraussetzungen. Dabei verursacht eine Unregelmäßigkeit des Werkstücks die regelmäßige Anregung des Systems zu Schwingungen, die sich dann auf dem Werkstück als neue Formfehler wiederfinden und erneut Schwingungen veranlassen. Der Bereich der Instabilität wird bei stumpfer Schleifscheibe, großer Zustellung, nachgiebigem Werkstück, weicher Maschinenkonstruktion und bei ungünstigen Drehzahlen besonders schnell erreicht. Maßnahmen zur Vermeidung von Ratterschwingungen sind Abrichten der Schleifscheibe, Verringern von Zustellung und Vorschub und Vergrößern des Geschwindigkeitsverhältnisses q [99].

10 Berechnungsbeispiele

10.1 Querschleifen

Der Lagersitz einer Welle aus gehärtetem Stahl mit einer Breite von a_p = 20 mm und einem Rohdurchmesser von 30 mm soll mit der Schleifscheibe A 500 × 30 – DIN 69120 – A46H6V mit der Schnittgeschwindigkeit v_c = 35 m/s, einem Radialvorschub f_r = 0,006 mm pro Werkstückumdrehung bei dem Geschwindigkeitsverhältnis q = 80 geschliffen werden (Bild F-93). Die Zeitkonstante für das Nachgiebigkeitsverhalten der Schleifmaschine ist T = 2,5 s. Als spezifische Schnittkraft wird k_c = 40 000 N/mm2 und als Kraftverhältnis k = 2 angenommen.

Aufgabe: Zu berechnen sind die Drehzahlen von Schleifscheibe und Werkstück, die Vorschubgeschwindigkeit, elastische Rückfederung in der Schleifmaschine, Werkstückdurchmesser, Zahl der Werkstückumdrehungen und Arbeitseingriff nach 8 s Schleifzeit, Schnittkraft, Antriebsleistung, Vorschubkraft, Federzahl und das bezogene Zeitspanungsvolumen.

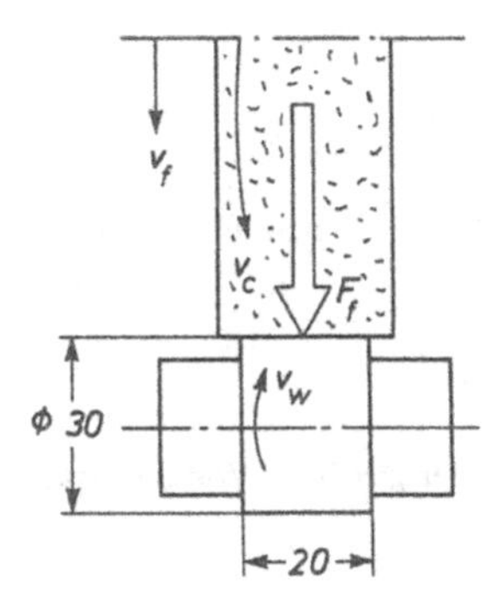

Bild F-93
Skizze zum Rechenbeispiel Querschleifen

Lösung: Durch Umstellen von Gleichung (F-1) erhält man

$$n_s = \frac{v_c}{\pi \cdot d_s} = \frac{35\ \text{m/s}}{\pi \cdot 0{,}5\ \text{m}} \cdot \frac{60\ \text{s}}{\text{min}} = 1337 \frac{1}{\text{min}}.$$

Aus Gleichung (F-3) geht hervor:

$$v_w = \frac{v_c}{q} = \frac{35\ \text{m/s}}{80} \cdot \frac{60\ \text{s}}{\text{min}} = 26{,}3 \frac{\text{m}}{\text{min}}.$$

Die Drehzahl des Werkstücks erhält man aus der umgestellten Gleichung (F-2):

$$n_w = \frac{v_w}{\pi \cdot d_w} = \frac{26{,}3\ \text{m/s}}{\pi \cdot 0{,}03\ \text{m}} = 280 \frac{1}{\text{min}}.$$

Mit Gleichung (F-4) erhält man die Vorschubgeschwindigkeit, wenn für den Arbeitseingriff a_e zunächst der Radialvorschub f_r eingesetzt wird (s. auch Bild F-17d):

$$v_{f1} = f_r \cdot n_w = 0{,}006\ \text{mm} \cdot 280 \frac{1}{\text{min}} = 1{,}68 \frac{\text{mm}}{\text{mm}}.$$

Nach den Gleichungen (F-9) und (F-14) errechnet sich die elastische Rückfederung (s. Bild F-16):

$$x_2 + x_3 = x_1(t) - x(t) = v_{f1} \cdot T \cdot (1 - e^{-t/T})$$

$$= 1{,}68 \frac{\text{mm}}{\text{mm}} \cdot 2{,}5\ \text{s} \cdot \frac{1\ \text{min}}{60\ \text{s}} (1 - e^{-8/2{,}5}) = 0{,}0671\ \text{mm}.$$

Nach Gleichung (F-13) ist:

$$x_1(t) = v_{f1} \cdot t = 1{,}68 \frac{\text{mm}}{\text{min}} \cdot 8\ \text{s} \cdot \frac{1\ \text{min}}{60\ \text{s}} = 0{,}224\ \text{mm}.$$

Die Durchmesserabnahme ist $2 \cdot x(t)$. Mit Gleichung (F-9) wird:

$$d_w(t) = d_w - 2\,[x_1(t) - (x_2 + x_3)] = 30 - 2\,(0{,}224 - 0{,}0671) = 29{,}686\ \text{mm}.$$

Die Zahl der Werkstückumdrehungen ist:

$$i\,(8\ \text{s}) = n_w \cdot t = 280 \frac{1}{\text{min}} \cdot 8\ \text{s} \cdot \frac{1\ \text{min}}{60\ \text{s}} = 37{,}3\ \text{Umdrehungen}.$$

Nach Gleichung (F-16) erhält man für den Arbeitseingriff:

$$a_e(t) = \frac{v_{f1}}{n_w} \cdot (1 - e^{-t/T}) = \frac{1{,}68\ \text{mm/min}}{280\ 1/\text{min}} \cdot (1 - e^{-8/2{,}5}) = 0{,}00576\ \text{mm}.$$

Mit Gleichung (F-81) kann überschläglich die Schnittkraft ermittelt werden:

$$F_c = \frac{v_w}{v_c} \cdot a_e \cdot a_p \cdot k_c = \frac{1}{80} \cdot 0{,}00576\ \text{mm} \cdot 20\ \text{mm} \cdot 40\,000 \frac{\text{N}}{\text{mm}^2} = 57{,}6\ \text{N}.$$

Die Schnittleistung geht aus Gleichung (F-84) hervor:

$$P_c = F_c \cdot v_c = 57{,}6\,\text{N} \cdot 35\frac{\text{m}}{\text{s}} = 2014\frac{\text{Nm}}{\text{s}} = 2{,}01\ \text{kW}.$$

Unter Berücksichtigung eines mechanischen Wirkungsgrades von 75 % erhält man mit Gleichung (F-86) die benötigte Antriebsleistung:

$$P = \frac{1}{\eta_m} \cdot P_c = \frac{1}{0{,}75} \cdot 2{,}01\ \text{kW} = 2{,}69\ \text{kW}.$$

Aus Gleichung (F-82) errechnet sich die Radialkraft, die beim Querschleifen gleich der Vorschubkraft ist:

$$F_f = F_r = k \cdot F_c = 2 \cdot 57{,}6\,\text{N} = 115{,}1\,\text{N}.$$

Die Federzahl c_g wird mit der umgestellten Gleichung (F-10) berechnet:

$$c_g = \frac{F_f}{x_1 - x} = \frac{F_f}{x_2 + x_3} = \frac{115{,}1\,\text{N}}{0{,}0671\,\text{mm}} = 1715\frac{\text{N}}{\text{mm}}.$$

Das bezogene Zeitspanungsvolumen läßt sich mit Gleichung (F-69) bestimmen:

$$Q' = a_e \cdot v_w = 0{,}00576\,\text{mm} \cdot 26{,}3\frac{\text{m}}{\text{min}} \cdot 1000\frac{\text{mm}}{\text{m}} \cdot \frac{1\,\text{min}}{60\,\text{s}} = 2{,}52\frac{\text{mm}^3}{\text{mm} \cdot \text{s}}.$$

Ergebnis:

Schleifscheibendrehzahl	n_s	$= 1337\ \text{min}^{-1}$
Werkstückdrehzahl	n_w	$= 280\ \text{min}^{-1}$
Vorschubgeschwindigkeit	v_{fl}	$= 1{,}68$ mm/min
elastische Rückfederung	$x_2 + x_3$	$= 0{,}0671$ mm
Werkstückdurchmesser	d_w (8 s)	$= 29{,}686$ mm
Zahl der Werkstückumdrehungen	i (8 s)	$= 37{,}3$ Umdr.
Arbeitseingriff	a_e (8 s)	$= 0{,}00576$ mm
Schnittkraft	F_c	$= 57{,}6$ N
Antriebsleistung	P	$= 2{,}69$ kW
Vorschubkraft	F_f	$= 115{,}1$ N
Federzahl	c_g	$= 1715$ N/mm
bezogenes Zeitspanungsvolumen	Q'	$= 2{,}52\ \text{mm}^3/\text{mm} \cdot \text{s}$

10.2 Außen-Längsrundschleifen

Eine Welle aus ungehärtetem Stahl mit der Länge $L = 90$ mm und einem Rohdurchmesser $d_w = 30$ mm wird mit 16 Längshüben mit einem Arbeitseingriff von $a_e = 0{,}01$ mm geschliffen. Die Schleifscheibe A400 × 20 – DIN 69 120 - A46J7V hat eine Umfangsgeschwindigkeit von $v_c = 30$ m/s. Das Geschwindigkeitsverhältnis ist $q = 100$, die Überschliffzahl $\ddot{U} = 1{,}4$.

Aufgabe: Zu berechnen sind die Drehzahlen von Schleifscheibe und Werkstück, die Werkstückgeschwindigkeit, Vorschub und Vorschubgeschwindigkeit, die Länge des Tischhubes und die Hauptschnittzeit, Eingriffswinkel, Kontaktlänge und Kontaktfläche, die Konstanten β_1 und C_1 für die Bestimmung der Schneidenzahl, die statische, die kinematische und die gesamte im Eingriff befindliche Schneidenzahl.

Lösung: Nach Gleichung (F-1) ist die Drehzahl der Schleifscheibe:

$$n_s = \frac{v_c}{\pi \cdot d_s} = \frac{30\,\text{m/s}}{\pi \cdot 0{,}4\,\text{m}} \cdot \frac{60\,\text{s}}{\text{min}} = 1432\frac{1}{\text{min}}.$$

Die Werkstückgeschwindigkeit errechnet man mit Gleichung (F-3):

$$v_w = \frac{v_c}{q} = \frac{30\,\text{m/s}}{100} \cdot \frac{60\,\text{s}}{\text{min}} = 18\frac{\text{m}}{\text{min}}.$$

Zur Bestimmung der Werkstückdrehzahl dient Gleichung (F-2):

$$n_w = \frac{v_w}{\pi \cdot d_w} = \frac{18\ \text{m/min}}{\pi \cdot 0{,}03\ \text{m}} \cdot = 190 \frac{1}{\text{min}}.$$

Der Längsvorschub wird aus Gleichung (F-25) berechnet:

$$f = \frac{b}{\ddot{U}} = \frac{20\ \text{mm}}{1{,}4} = 14{,}3\ \text{mm}.$$

Daraus läßt sich die Geschwindigkeit des Längsvorschubs, Gleichung (F-24) berechnen:

$$v_f = f \cdot n_w = 14{,}3\ \text{mm} \cdot 190 \frac{1}{\text{min}} = 2717 \frac{\text{mm}}{\text{min}}.$$

Mit Gleichung (F-26) erhält man die Länge des Tischhubes:

$$s = L - \frac{b}{3} = 90\ \text{mm} - \frac{20\ \text{mm}}{3} = 83{,}3\ \text{mm}.$$

Bei 16 Längshüben errechnet sich die Schleifzeit zu:

$$t_h = \frac{i \cdot s}{v_f} = \frac{16 \cdot 83{,}3\ \text{mm}}{2717\ \text{mm/min}} = 0{,}49\ \text{min}.$$

Gleichung (F-34) bestimmt den Kern des Eingriffswinkels (s. auch Bild F-47):

$$\Delta\varphi = 2\sqrt{\frac{a_e}{d_s(1 + d_s/d_w)}} = 2\sqrt{\frac{0{,}01\ \text{mm}}{400\ \text{mm}\ (1 + 400/30)}} = 0{,}00264\ \text{rad} = 0{,}15°.$$

Unter Berücksichtigung der Werkstückrauhtiefe $R_z = 20\ \mu\text{m}$ erhält man mit Gleichung (F-38) maximal:

$$\Delta\varphi_{max} = \frac{2}{\sqrt{d_s(1 + d_s/d_w)}} \left(\sqrt{a_e + R_z} + \sqrt{R_z}\right)$$

$$= \frac{2}{\sqrt{400\ (1 + 400/30)}} \left(\sqrt{0{,}01 + 0{,}02} + \sqrt{0{,}02}\right) = 0{,}00831\ \text{rad} = 0{,}476°.$$

Der Mittelwert aus $\Delta\varphi$ und $\Delta\varphi_{max}$ ist:

$$\Delta\varphi_m = \frac{\Delta\varphi + \Delta\varphi_{max}}{2} = \frac{0{,}00264 + 0{,}00831}{2} = 0{,}00548\ \text{rad}.$$

Die mittlere Kontaktlänge ist nach Gleichung (F-41):

$$l_K = \frac{d_s}{2} \cdot \Delta\varphi_m = \frac{400\ \text{mm}}{2} \cdot 0{,}00548 = 1{,}1\ \text{mm}.$$

Mit der Schleifbreite $a_p = f$ errechnet sich nach Gleichung (F-49) die mittlere Kontaktfläche:

$$A_K = l_K \cdot a_p = 1{,}1\ \text{mm} \cdot 14{,}3\ \text{mm} = 157\ \text{mm}^2.$$

Zur Bestimmung der Konstanten β_1 nehmen wir die Meßergebnisse aus Bild F-53 für die Schleifscheibe EK46J7VX und setzen in Gleichung (F-53) ein:

$$\beta_1 = \frac{S_{stat}}{x^2} = \frac{1\ \text{mm}^{-1}}{0{,}006^2\ \text{mm}^2} = 28000 \frac{1}{\text{mm}^3}.$$

Mit Bild F-51 und Gleichung (F-52) erhält man für die Körnung 46:

$$\tan\kappa = \frac{1}{2} \cdot \frac{b_K}{t_K} = \frac{15}{2} = 7{,}5.$$

Die Konstante C_1 ist dann:

$$C_1 = \beta_1/\tan\kappa = \frac{28000\ \text{mm}^{-3}}{7{,}5} = 3700 \frac{1}{\text{mm}^3}.$$

Aus Gleichung (F-57) erhält man die Kassensche Ersatzschnittiefe:

$$x_e = \sqrt[3]{\frac{v_W}{v_c} \cdot \frac{\sin\Delta\varphi}{\beta_1}} = \sqrt[3]{\frac{1}{100} \cdot \frac{\sin 0{,}00548}{28\,000\ \text{mm}^{-3}}} = 0{,}00125\ \text{mm}.$$

Mit Gleichung (F-54) kann die statische Schneidenzahl:

$$N_{stat} = C_1 \cdot x_e = 3700 \frac{1}{\text{mm}^3} \cdot 0{,}00125\ \text{mm} = 4{,}6 \frac{1}{\text{mm}^2},$$

mit Gleichung (F-58) die kinematische Schneidenzahl:

$$N_{Kin} = 1{,}20 \cdot C_1 \cdot x_e = 1{,}20 \cdot 3700 \frac{1}{\text{mm}^3} \cdot 0{,}00125\ \text{mm} = 5{,}6 \frac{1}{\text{mm}^2}$$

und mit Gleichung (F-59) die gesamte im Eingriff befindliche Schneidenzahl ausgerechnet werden:

$$N = N_{kin} \cdot A_K = 5{,}6 \frac{1}{\text{mm}^2} \cdot 15{,}7\ \text{mm}^2 = 87\ \text{Schneiden}.$$

Ergebnis:

Schleifscheibendrehzahl	n_s	= 1432 1/min
Werkstückdrehzahl	n_W	= 190 1/min
Werkstückgeschwindigkeit	v_W	= 18 m/min
Vorschub	f	= 14,3 mm
Vorschubgeschwindigkeit	v_f	= 2717 mm/min
Länge des Tischhubes	s	= 83,3 mm
Hauptschnittzeit	t_h	= 0,49 min
mittlerer Eingriffswinkel	$\Delta\varphi_m$	0,00548 rad
mittlere Kontaktlänge	l_K	= 1,1 mm
Kontaktfläche	A_K	= 15,7 mm²
Konstante β_1	β_1	= 28000 1/mm³
Konstante C_1	C_1	= 3700 1/mm³
statische Schneidenzahl	N_{stat}	= 4,6 1/mm²
kinematische Schneidenzahl	N_{kin}	= 5,6 1/mm²
Gesamtschneidenzahl	N	= 87 Schneiden.

10.3 Innen-Längsrundschleifen

Der Innendurchmesser eines Zahnrades (s. Bild F-94) ist von 40 mm auf das Fertigmaß $d_w = 40{,}16$ mm zu schleifen. Der Längsvorschub soll mit einer Überschliffzahl von $Ü = 5$ und einer wirksamen Zustellung $a_e = 0{,}004$ mm erfolgen. Die Schnittgeschwindigkeit ist $v_c = 60$ m/s, das Geschwindigkeitsverhältnis $q = 250$. Es sollen zusätzlich 10 Längshübe zum Ausfunken ohne Zustellung durchgeführt werden. Als spezifische Schnittkraft ist $k_c = 30\,000$ N/mm² und als Kraftverhältnis $k = 1{,}6$ anzunehmen.

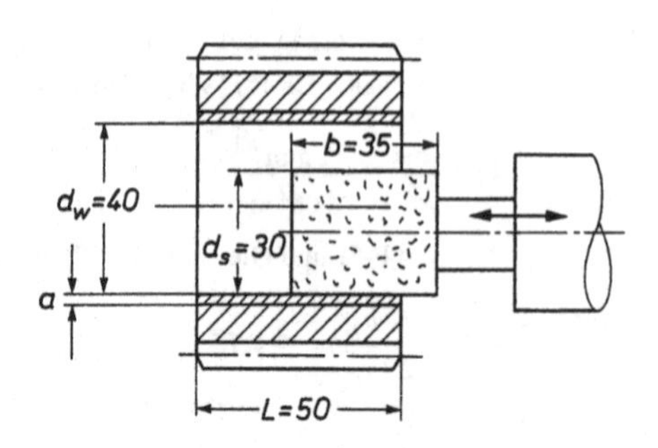

Bild F-94
Skizze zum Rechenbeispiel Innen-Langsrundschleifen

Aufgabe: Zu berechnen sind die Drehzahlen von Schleifscheibe und Werkstück, die Gesamtzahl der Längshübe, die Hauptschnittzeit, Eingriffswinkel und Kontaktfläche, Schnitt- und Radialkraft.

Lösung: Die Drehzahl der Schleifscheibe läßt sich aus der umgestellten Gleichung (F-1) bestimmen:

$$n_s = \frac{v_c}{\pi \cdot d_s} = \frac{60\ \mathrm{m/s}}{\pi \cdot 0{,}03\ \mathrm{m}} \cdot \frac{60\ \mathrm{s}}{\mathrm{min}} = 38200 \frac{1}{\mathrm{min}}.$$

Zur Berechnung der Werkstückdrehzahl wird das Geschwindigkeitsverhältnis q, Gleichung (F-3), und Gleichung (F-2) herangezogen.

$$v_w = \frac{v_c}{q} = \frac{60\ \mathrm{m/s}}{250} \cdot \frac{60\ \mathrm{s}}{\mathrm{min}} = 14{,}4 \frac{\mathrm{m}}{\mathrm{min}},$$

$$n_w = \frac{v_w}{\pi \cdot d_w} = \frac{14{,}4\ \mathrm{m/min}}{\pi \cdot 0{,}040\ \mathrm{m}} = 115 \frac{1}{\mathrm{min}}.$$

Die Längsbewegung wird durch den Längsvorschub $f = a_p$ und die Überschliffzahl charakterisiert, Gleichung (F-25):

$$f = a_p = \frac{b}{\ddot{U}} = \frac{35\ \mathrm{mm}}{5} = 7\ \mathrm{mm}.$$

Aus Gleichung (F-24) erhält man die Vorschubgeschwindigkeit:

$$v_f = f \cdot n_w = 7\ \mathrm{mm} \cdot 115 \frac{1}{\mathrm{min}} = 805 \frac{\mathrm{mm}}{\mathrm{min}}.$$

Der Längshub ist nach Gleichung (F-26):

$$s = L - b/3 = 50\ \mathrm{mm} - 35\ \mathrm{mm}/3 = 38{,}3\ \mathrm{mm}.$$

Zahl der Hübe mit Zustellung:

$$i_z = \frac{(d_{wf} - d_w)}{2 \cdot a_e} = \frac{(40{,}16 - 40)}{2 \cdot 0{,}004} = 20\ \text{Hübe}.$$

Hinzu kommt die Zahl der Ausfunkhübe i_a:

$$i = i_z + i_a = 20 + 10 = 30\ \text{Längshübe}.$$

Die Schleifzeit errechnet sich aus dem Längsweg und der Vorschubgeschwindigkeit:

$$t_h = \frac{i \cdot s}{v_f} = \frac{30 \cdot 38{,}5\ \mathrm{mm}}{805\ \mathrm{mm/min}} = 1{,}43\ \mathrm{min}.$$

Der Eingriffswinkel kann mit den Gleichungen (F-36) und (F-40) bestimmt werden:

$$\Delta\varphi = 2\sqrt{\frac{a_e}{d_s(1 - d_s/d_w)}} = 2 \cdot \sqrt{\frac{0{,}004\ \mathrm{mm}}{30\ \mathrm{mm}\ (1 - 30/40)}} = 0{,}0462\ \mathrm{rad} = 2{,}64°.$$

Bei Berücksichtigung der Rauhtiefe $R_{t1} = R_{t2} = 10\ \mu\mathrm{m}$ wird:

$$\Delta\varphi_{max} = \frac{2 \cdot \sqrt{a_e + R_{t1}} + \sqrt{R_{t2}}}{\sqrt{d_s(1 - d_s/d_w)}} = \frac{2 \cdot \sqrt{0{,}004 + 0{,}010} + \sqrt{0{,}010)}}{\sqrt{30\ (1 - 30/40)}} = 0{,}0159\ \mathrm{rad} = 9{,}14°.$$

Der Mittelwert daraus ist:

$$\Delta\varphi_m = (\Delta\varphi + \Delta\varphi_{max})/2 = 0{,}103\ \mathrm{rad}.$$

Mit Gleichung (F-41) wird die Kontaktlänge bestimmt:

$$l_K = \frac{1}{2} \cdot d_s \cdot \Delta\varphi_m = \frac{1}{2} \cdot 30 \cdot 0{,}103 = 1{,}54\ \mathrm{mm}.$$

Die Kontaktfläche wird nach Gleichung (F-49) bestimmt:

$A_K = l_K \cdot a_p = 1{,}54\,\text{mm} \cdot 7\,\text{mm} = 10{,}8\,\text{mm}^2.$

Zur Berechnung der Schnittkraft wird Gleichung (F-81) herangezogen:

$$F_c = \frac{v_w}{v_c} \cdot a_e \cdot a_p \cdot k_c = \frac{1}{250} \cdot 0{,}004 \cdot 7 \cdot 30000 = 3{,}36\,\text{N},$$

für die Radialkraft Gleichung (F-82):

$F_r = k \cdot F_c = 1{,}6 \cdot 3{,}36 = 5{,}4\,\text{N}$

Ergebnis:

Schleifscheibendrehzahl	n_s	= 38200 1/min
Werkstückdrehzahl	n_W	= 115 1/min
Zahl der Längshübe	i	= 30
Hauptschnittzeit	t_h	= 1,43 min
Eingriffswinkel	$\Delta\varphi$	= 2,64°
	$\Delta\varphi_{max}$	= 9,14°
Kontaktfläche	A_K	= 10,8 mm²
Schnittkraft	F_c	= 3,36 N
Radialkraft	F_r	= 5,4 N

G Honen

1 Abgrenzung

Honen ist *Spanen* mit *geometrisch unbestimmten Schneiden.* Die Werkzeuge mit *gebundenem Korn* führen dabei eine Schnittbewegung in *zwei Richtungen* durch, so daß sich die Arbeitsspuren *überkreuzen.* Zwischen Werkzeug und Werkstück besteht meistens eine *Flächenberührung.*
Das Honen wird nach DIN 8589 T. 14 nach den Formen der zu bearbeitenden Werkstücke unterteilt (Bild G-1) in

1. Planhonen,
2. Rundhonen,
3. Schraubhonen,
4. Wälzhonen,
5. Profilhonen und
6. Formhonen.

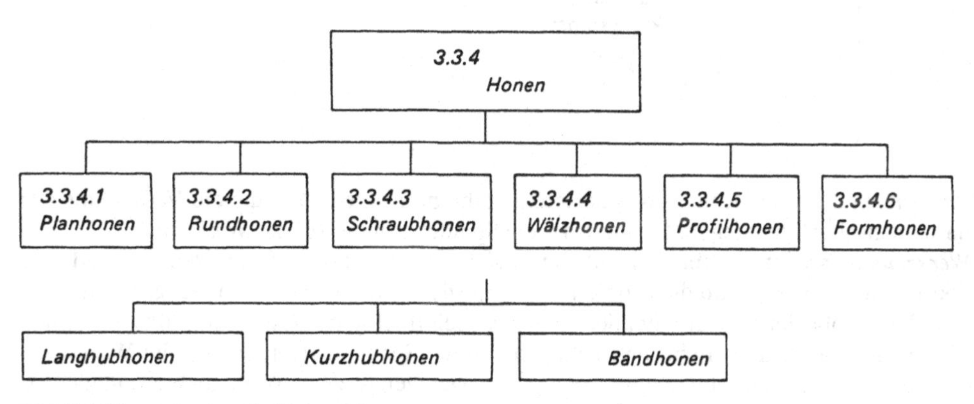

Bild G-1 Ubersicht über die Honverfahren

Wichtiger ist jedoch die Unterteilung in *Langhubhonen* und *Kurzhubhonen.* Die Unterschiede der beiden Verfahren ergeben sich daraus, daß die geradlinige Komponente der Schnittbewegung entweder langhubig über die ganze Werkstücklänge läuft oder kurzhubig durch Schwingungen mit wenigen Millimetern Schwingweite erzeugt wird. Das Langhubhonen wird überwiegend für die Innenbearbeitung von Bohrungen eingesetzt. Mit Kurzhubhonen dagegen kann eine Vielzahl von Werkstückformen wie Wellen, Wälzlagerringen und Wälzkörpern bearbeitet werden. Daneben muß aber auch das *Bandhonen* mit seinen eigenen Merkmalen erwähnt werden.
Fast immer handelt es sich beim Honen um die Erzeugung einer Endform am Werkstück mit geringer Rauheit und großer Maß- und Formgenauigkeit. Es wurden jedoch auch Arbeitsweisen entwickelt, mit denen sich grobere Bearbeitungen bei nennenswerten Zeitspanungsvolumen durchführen lassen. Eine Honbearbeitung wird oft unterteilt in *Vorhonen* mit größerem Werkstoffabtrag, *Zwischenhonstufen* und *Fertighonen* zur Erzielung der Endform mit der verlangten Formgenauigkeit und Oberflächengüte.

2 Langhubhonen

2.1 Werkzeuge

2.1.1 Werkzeugform und Wirkungsweise

Die Gestalt der Werkzeuge richtet sich nach Form und Größe der Bohrung, der Art des zu bearbeitenden Werkstoffs, dem verwendeten Schleifmittel und nach den Genauigkeitsforderungen. Im wesentlichen lassen sich vier Teile mit unterschiedlichen Aufgaben unterscheiden, *Einspannteil, Werkzeugkörper, Zustellkonus* und *Schneidenteil* (Bild G-2).

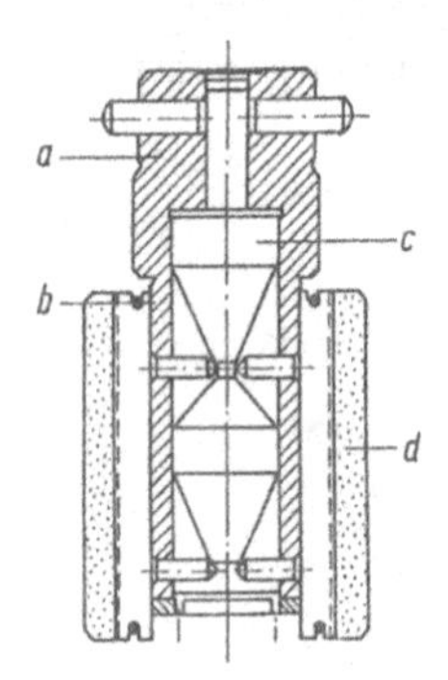

Bild G-2
Schnittdarstellung eines Honwerkzeugs für das Langhubhonen
a Einspannteil
b Werkzeugkörper
c Zustellkonus
d Schneidenteil

Als *Einspannteil* dient ein Schaft aus gehärtetem Stahl mit Mitnehmern, die die Verbindung zur Honmaschinenspindel herstellen. Er überträgt die Spindeldrehung auf das Werkzeug.
Der *Werkzeugkörper* ist oft ein Teil mit dem Schaft. Er nimmt die Schneidenteile und den Zustellkonus auf. Von ihm wird die geometrische Lage der Einzelteile des Werkzeugs zueinander bestimmt. Die Größe der zu bearbeitenden Bohrung beeinflußt seine Gestalt am stärksten. Einige Werkzeuge haben auch noch Führungsflächen, die in der Spannvorrichtung oder im Werkstück anliegen und eine genaue Lagebestimmung des Werkzeugs zum Werkstück ermöglichen. Meistens führt sich das Werkzeug im Werkstück selbst und muß deshalb in seiner Einspannung frei beweglich sein.
Der *Zustellkonus* dient zum Zustellen und Nachstellen. Mit zunehmendem Werkstückdurchmesser und fortschreitendem Honleistenverschleiß werden die Schneidenteile über den Zustellkonus nachgestellt. Der Antrieb dafür kommt über eine elektromechanische oder hydraulische Zustelleinrichtung der Honmaschine. Sie erzeugt die Axialbewegung des Zustellkonus und das Rückstellen am Ende der Bearbeitung. Bei Werkzeugen mit mehreren Honleistengruppen müssen auch mehrere Zustellkonen und Verstellsysteme vorhanden sein.
Der *Schneidenteil* ist der Träger des Schleifmittels. Er besteht aus Schleifkorn in keramischer, metallischer oder Kunstharzbindung und wird als Honstein oder Honleiste bezeichnet. Bei herkömmlichen Schleifmitteln Korund und Siliziumkarbid paßt er sich in kurzer Zeit durch Abnutzung dem Werkstück an. Das Prinzip der gegenseitigen Anpassung von Werkzeug und Werkstück führt zu einer besonders großen Formgenauigkeit. Dabei ist die Herstellungsgüte der Werkzeugmaschine nicht ausschlaggebend. Dieses Prinzip wird bei den Schneidmitteln Diamant und Bornitrid jedoch verlassen. Diese nutzen sich aufgrund ihrer besonders großen Härte und der metallischen Bindung nur wenig ab. Sie müssen vor ihrem Einsatz formgenau geschliffen werden.
Bei Honwerkzeugen gibt es viele konstruktive Besonderheiten. Am einfachsten lassen sie sich nach der Zahl der Honleisten einteilen (Bild G-3).

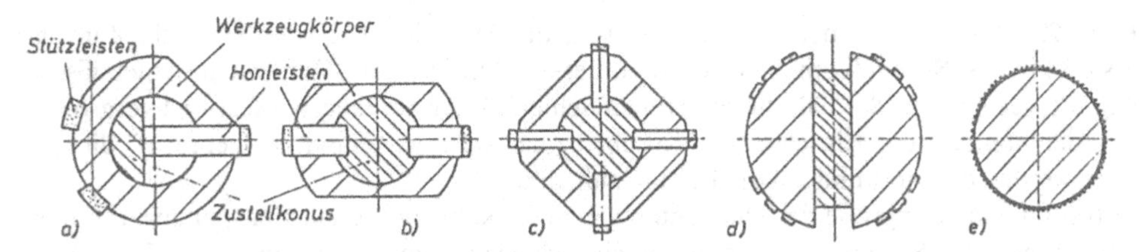

Bild G-3 Vereinfachte Darstellung von Honwerkzeugen im Querschnitt [100]. a) Einleisten-Honwerkzeug, b) Zweileisten-Honwerkzeug, c) Mehrleisten-Honwerkzeug, d) Schalen-Honwerkzeug, e) Dorn-Honwerkzeug

Einleisten-Honwerkzeuge dienen zur Bearbeitung langer Bohrungen mit Durchmessern von 3 bis 60 mm, z.B. Pneumatik- und Hydraulik-Steuergehäusen und Einspritzpumpen. Auch bei Querbohrungen im Werkstück wird eine gute Formgenauigkeit erzielt. Gegenüber der Honleiste befinden sich zwei asymmetrisch angeordnete Stützleisten. Durch galvanisch aufgebrachte feinkörnige Diamantbeläge sind diese sehr verschleißfest. Einleisten-Werkzeuge dürfe nur in einer Drehrichtung eingesetzt werden.
Zweileisten-Honwerkzeuge sind symmetrisch. Die Zustellung der Leisten ist konzentrisch und kann mit größerer Kraft erfolgen. Dadurch ist ein größeres Zeitspanungsvolumen erzielbar. Sie werden für die grobere Bearbeitung in Vorhonstationen zum schnellen Abtragen des Werkstückaufmaßes eingesetzt.
Vierleisten-Honwerkzeuge dienen für die Bearbeitung größerer und kürzerer Bohrungen ohne Unterbrechungen, z.B. Zylinderbohrungen von Verbrennungsmotoren. Da sich die Zustellkraft auf mehrere Leisten verteilt, können die einzelnen Leisten schmaler sein.
Schalen-Honwerkzeuge mit 8 bis 200 mm Durchmesser bestehen aus zwei halbrunden Schalen, die den Schneidbelag auf ihrer ganzen Oberfläche oder in schmalen Streifen tragen.
Der Aufweitkonus spreizt die Schalen und preßt sie gegen die Bohrungswand des Werkstücks. Die flächenhafte Berührung wirkt schwingungsdämpfend. Sie werden deshalb bei labilen Werkstücken, z.B. Zweitaktmotorgehäusen oder einfach bei kleinen Werkstücken eingesetzt.
Dorn-Honwerkzeuge nehmen eine besondere Stellung ein. Sie haben keinen Aufweitkonus und bestehen oft aus einem Stück. Der Schneidbelag, eine galvanisch aufgebrachte Diamantenschicht, bedeckt die ganze Oberfläche oder ist in Längsstreifen unterteilt. An ein Einführungsteil schließt sich die konische Zerspanungszone und daran die zylindrische Kalibrierzone an, die nachstellbar sein kann.
Das Dorn-Werkzeug bearbeitet eine Bohrung in einem einzigen langsam ausgeführten Hub fertig. Dabei entstehen nicht die beim Honen üblichen Kreuzspuren sondern nur von der Rotation herrührende Umfangsriefen. Die Anwendung erfolgt bei sehr kleinen Bohrungen. Ihre Bearbeitung geht sehr schnell.

2.1.2 Schleifmittel für das Honen

Diamantkorn ist das beim Honen am häufigsten eingesetzte Schleifmittel. Seine Qualität muß passend zum Werkstoff ausgesucht werden. Mit Naturdiamant wird vorzugsweise Hartmetall und weicher Stahl bearbeitet, mit synthetischen Diamantsorten vor allem Gußeisen jeder Art, daneben auch Nichteisenmetalle, Glas, Keramik und nitrierter Stahl. Der vom Schleifen bekannte Diffusionsverschleiß des Diamantkorns bei der Bearbeitung von Stahl tritt beim Honen nicht ein, denn die kleine Schnittgeschwindigkeit (ca. 60 m/min) läßt an den Kornspitzen nicht die hohen Temperaturen entstehen, die die Kohlenstoffdiffusion hervorrufen. Diamant-Honleisten behalten sehr lange ihre Form und nutzen sich kaum ab. Das einzelne Korn dagegen kann stumpf werden. Das führt dann zu einem schlechteren Zerspanungsverhalten mit größeren Kräften und kleinerem Zeitspanungsvolumen. Durch Wechseln der Drehrichtung oder Überschleifen der Honleisten wird das Schneidverhalten wieder verbessert. Für Diamant-Honleisten ist metallische Bindung die geeignetste. Sie hält die wertvollen Schleifkörner am längsten fest und vergrößert dadurch die Standzeiten. Einschichtige Kornbelegung wird galvanisch aufgebracht, dickere Schichten werden gesintert und auf die Leisten aufgelötet.

Konzentration und Korngröße der Diamanten haben starken Einfluß auf Zeitspanungsvolumen und Oberflächengüte. So erzeugt grobes Korn mit geringer Konzentration eine rauhe Oberfläche bei großer Abtragsleistung (Vorbearbeitungsstufe). Feines Korn mit großer Konzentration dagegen macht eine feine Oberfläche möglich bei kleinem Zeitspanungsvolumen. Die Konzentration eines Diamantbelages wird in Karat pro mm^3 angegeben (1 Karat = 0,2 g).

Kubisches Bornitrid (CBN) hat ähnlich wie Diamant eine große Härte und kann deshalb auch als sehr gutes Schleifmittel in Honwerkzeugen verwendet werden. Ein Unterschied besteht jedoch im Bruchverhalten des Kornes, das bei größerer Bereitschaft zu feinen Absplitterungen schneidfreudiger bleibt als Diamant. Die günstigste Schnittgeschwindigkeit liegt bei 40 bis 60 m/min. Das Einsatzgebiet von CBN ist vorzugsweise gehärteter Stahl (60 bis 64 HRC), Einsatzstahl und Chromstahl. Auch bei der Bearbeitung von Grauguß ist CBN vorteilhaft, wenn die Graphitlamellen geschnitten und offen gehalten werden sollen. Das wird oft bei Zylindern von Verbrennungsmotoren verlangt. Die metallische Bindung wird wie bei Diamant-Honleisten durch Sintern oder Galvanisieren erzeugt.

Die weniger harten Schleifmittel *Korund* und *Siliziumkarbid* werden auch noch angewendet; aber sie werden mehr und mehr durch Diamant und CBN, die größere Zeitspanungsvolumen bringen, verdrängt (Bild G-4). So wird Normalkorund bei zähen Werkstoffen wie unlegiertem Stahl, Edelkorund bei Stahl größerer Festigkeit, gehärtetem und vergütetem Stahl und grünes Siliziumkarbid bei Grauguß und anderen kurzspanenden Werkstoffen genommen.

Als Bindung wird Keramik bevorzugt. Ihre Härte läßt sich für die Anwendung bei spröden Werkstoffen durch Schwefeleinlagerung vergrößern und bei zähen Werkstoffen durch Zugaben von Magnesiumsilikat verringern. Daneben wird Kunstharzbindung verwendet. Sie ist von Natur aus zäher als Keramik und kann einen größeren Anpreßdruck vertragen. Mit mineralischen Zugaben kann die Zähigkeit verringert und ihr Anwendungsgebiet erweitert werden.

Zur Kennzeichnung der Korngröße werden die Körnungsnummern nach Tabelle F-2 verwendet. Auf die groben Körnungen kann jedoch verzichtet werden, da nur Feinbearbeitungen durchgeführt werden sollen. Zur Anwendung kommen

für das Vorhonen die Körnungen	46	bis	80,
für normales Honen	90	bis	150,
für Fertighonen	180	bis	1000.

Die Schnittgeschwindigkeit beträgt bei den herkömmlichen Schleifmitteln nur etwa 30 m/min. Auffallend ist die starke Abnutzung der Honsteine, die notwendig ist, damit sie sich nicht zusetzen. Außerdem ermöglicht sie, daß diese sich der Werkstückform vollständig anpassen und eine sehr gute Formgenauigkeit erzielen.

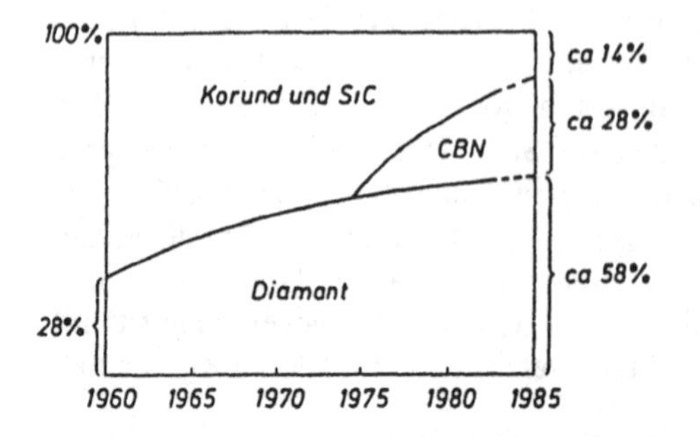

Bild G-4
Prozentuale Verteilung der auf neuen Honmaschinen in Deutschland eingesetzten Schleifmittel [100]

2.2 Bewegungsablauf

2.2.1 Schnittbewegung

Die Schnittbewegung beim Langhubhonen setzt sich aus zwei Teilbewegungen zusammen, einer gleichmäßigen Drehung und einer hin- und hergehenden Axialbewegung des Werkzeugs. Bild G-5 zeigt an einem Honwerkzeug die Geschwindigkeitskomponenten. Sie addieren sich geometrisch zur resultierenden *Schnittgeschwindigkeit*

$$v_c = \sqrt{v_{ca}^2 + v_{ct}^2} \qquad \text{(G-1)}$$

Durch die Richtungsumkehr der Axialbewegung kreuzen sich die Arbeitsspuren der Auf- und der Abwärtsbewegung. Sie erzeugen auf der Werkstückoberfläche ein Kreuzschliffbild (Bild G-6). Der *Schnittwinkel* α wird von der Größe der Geschwindigkeitskomponenten v_{ca} und v_{ct} bestimmt.

$$\tan\frac{\alpha}{2} = \frac{v_{ca}}{v_{ct}} \qquad \text{(G-2)}$$

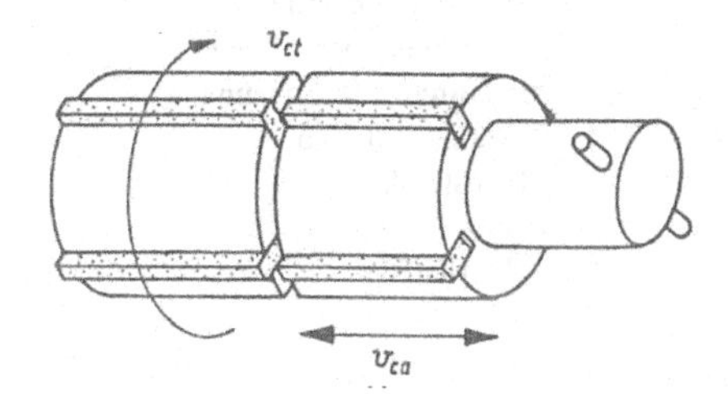

Bild G-5 Bewegung eines Honwerkzeugs
v_{ct} Umfangsgeschwindigkeit
v_{ca} Geschwindigkeit des Axialhubes

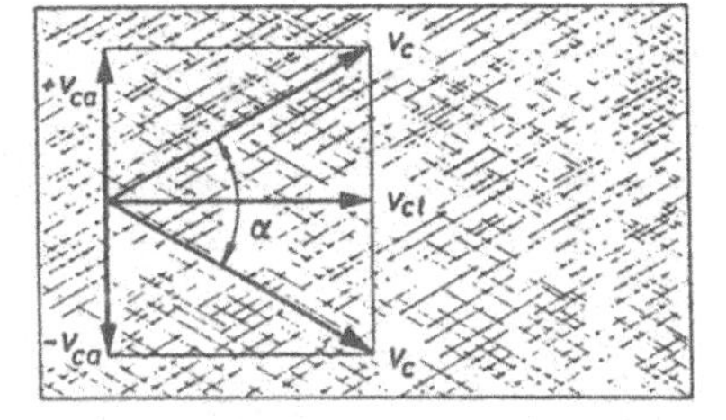

Bild G-6 Sich kreuzende Honspuren auf der abgewickelten Fläche eines Werkstücks

Je größer der Schnittwinkel wird, desto größer ist das Zeitspanungsvolumen. Ein zweiter Vorteil der sich kreuzenden Honspuren ist eine feine Oberfläche mit geringerer Rauhtiefe als bei parallelen Bearbeitungsspuren. Praktisch werden Werte von 40° bis 75° für den Schnittwinkel α angestrebt.

Es ist günstig, eine möglichst große Schnittgeschwindigkeit zu wählen, weil dadurch der Werkstoffabtrag groß wird (Bild G-7). Praktisch lassen sich aber nicht beliebig große Werte verwirklichen:

20–30 m/min mit keramisch gebundenen Honsteinen,
25–35 m/min mit kunstharzgebundenen Honsteinen,
35–60 m/min mit CBN-Honleisten und
40–90 m/min mit Diamant-Honleisten.

Das hat folgenden Grund:

Die Axialbewegung v_{ca} läßt sich nicht beliebig vergrößern, da die Bewegungsumkehr im oberen und unteren Totpunkt Massenbeschleunigungskräfte mit Erschütterungen hervorruft. v_{ca} erreicht deshalb nur 3 bis 30 m/min. Damit ist auch die Umfangsgeschwindigkeit auf 10 bis 80 m/min begrenzt, denn es muß für einen günstigen Schnittwinkel α ein Verhältnis von v_{ct}/v_{ca} = 1,3 bis 2,7 eingehalten werden.

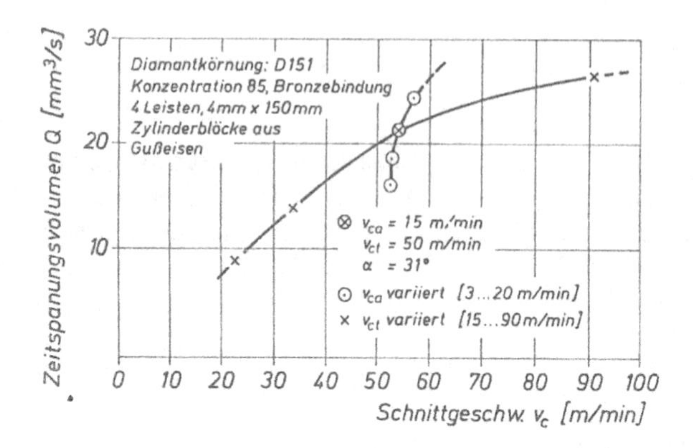

Bild G-7
Einfluß der Schnittgeschwindigkeit auf das Zeitspanungsvolumen beim Honen [100]

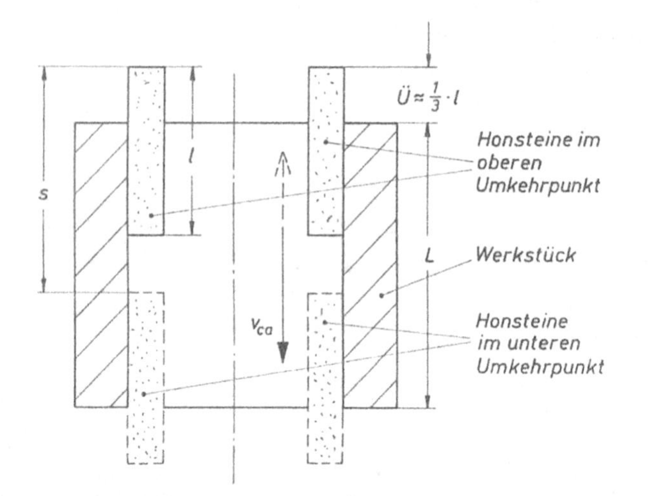

Bild G-8
Axialbewegung und Überlauf der Honsteine beim Honen einer Durchgangsbohrung
L Werkstücklänge
l Honsteinlänge
s Hub
U Überlauf

2.2.2 Axialhub und Hublage

In Bild G-8 wird die *Axialbewegung* im Werkstück gezeigt. Die Honsteine, deren Länge l etwa 2/3 der Werkstücklänge L sein soll, laufen oben und unten um etwa 1/3 ihrer Länge über die Werkstückkante hinaus. Bei diesem Überlauf bekommt man die besten Arbeitsergebnisse: Die Werkzeuge nutzen sich gleichmäßig ab, und die Werkstücke erhalten eine gut zylindrische Form. Der *Hub* s, der an der Honmaschine eingestellt wird, kann folgendermaßen berechnet werden

$$s = L - \frac{l}{3} \qquad \text{(G-3)}$$

Bei einem längeren Hub werden die Bohrungsenden stärker bearbeitet. Dabei entstehen Überweiten an Ein- und Austritt der Bohrung aus dem Werkstück. Bei einem kürzeren Hub werden die Bohrungsöffnungen enger (Bild G-9). Die Hublage soll symmetrisch zum Werkstück sein (Bild G-10). Bei einseitiger Hublageneinstellung können konische Bohrungen entstehen.
Bei Sacklöchern mit kleinerem oder keinem Freistich sind besondere Arbeitsgänge für die Bearbeitung des Bohrungsendes erforderlich. Man kann dazu ein zweites Werkzeug mit kurzen Honsteinen nehmen, das das Bohrungsende mit kurzen Hüben vor der eigentlichen Bearbeitung auf das Sollmaß bringt; oder man wählt inhomogene Steine, deren Enden größere Härte oder

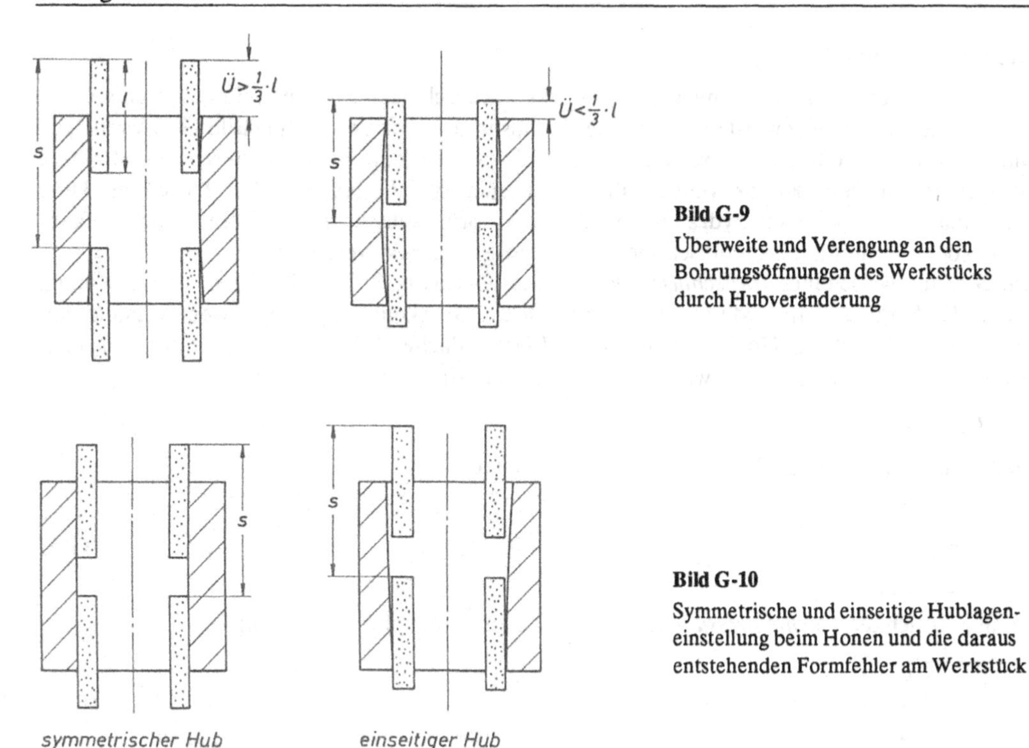

Bild G-9
Überweite und Verengung an den Bohrungsöffnungen des Werkstücks durch Hubveränderung

Bild G-10
Symmetrische und einseitige Hublageneinstellung beim Honen und die daraus entstehenden Formfehler am Werkstück

dichteren Schleifkorngehalt haben. Damit sind ebenfalls Kurzhübe (sog. Sekundärhübe) auszuführen, die der Bearbeitung des Bohrungsendes dienen (Bild G-11). An modernen Honmaschinen können Hub und Hublage geregelt oder mindestens so fein eingestellt werden, daß die Formfehler sehr klein bleiben.

Der Zusammenhang zwischen Hub s und Axialgeschwindigkeit v_{ca} ist durch die *Hubfrequenz f* gegeben:

$$f = \frac{v_{ca}}{2 \cdot s} \qquad \text{(G-4)}$$

Dabei wird v_{ca} als gleichmäßige Geschwindigkeit oder als Mittelwert der Axialgeschwindigkeit angenommen.

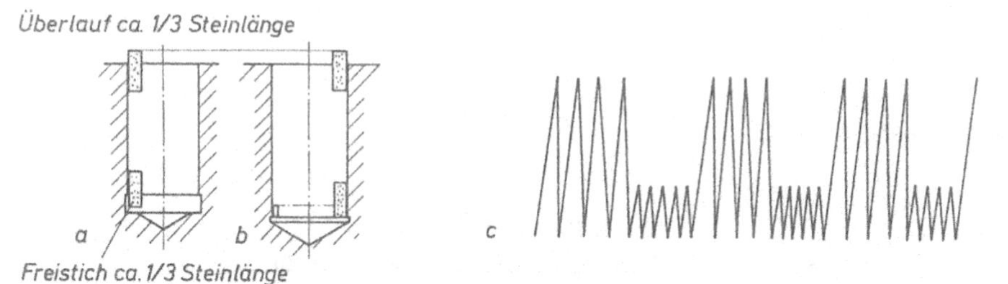

Bild G-11 Honen von Sacklochbohrungen, a mit Freistich, b mit kleinem oder keinem Freistich, c Ablauf der Axialbewegung beim Honen von Sacklochbohrungen mit Sekundärhub

2.2.3 Zustellung

Mit fortschreitender Bearbeitung wird der Werkstückdurchmesser größer. Infolgedessen müssen die Honleisten *zugestellt* werden. Ein flacher Konus in der Werkzeugmitte (Bild G-1) kann über eine zentrale Schubstange verstellt werden. Über Druckstücke oder durch unmittelbare Berührung mit dem Konus werden die Honleisten radial verstellt. Die Zustellung kann kraftschlüssig durch einen hydraulischen Antrieb, formschlüssig durch Elektro- oder Handbetrieb oder kombiniert hydraulisch-mechanisch vorgenommen werden.
Die Wirkungsweise eines *kraftschlüssigen* Zustellsystems ist in Bild G-12 dargestellt. Ein Kolben mit der Kolbenfläche A_k wird unter der hydraulischen Druckeinwirkung p_0 bewegt, verstellt den Zustellkonus, bis die z Honleisten mit der Honsteinfläche $A = z \cdot A_H$ gegen das Werkstück drücken und das Kräftegleichgewicht halten. Die axial wirkende Zustellkraft ist

$$F_a = A_k \cdot p_0$$

die daraus resultierenden *Radialkräfte* bei z Honleisten

$$F_r = \frac{F_a}{z \cdot \tan\delta} \qquad \text{(G-5)}$$

Damit läßt sich die *Flächenpressung* der Honsteine am Werkstück berechnen:

$$p = \frac{F_r}{A_H} \qquad \text{(G-6)}$$

A_H ist die Arbeitsfläche eines Honsteins. Die eingestellte Flächenpressung p muß sich nach dem Schleifmittel, der Bindung und der gewünschten Abtragswirkung richten. Bei keramisch gebundenen Honsteinen wird p = 0,5 bis 3 N/mm^2, bei kunstharzgebundenen p = 1 bis 5 N/mm^2, bei metallisch gebundenem CBN p = 2 bis 6 N/mm^2 und bei Diamanthonleisten p = 3 bis 8 N/mm^2 empfohlen.
Für das Fertighonen kann die Flächenpressung kleiner gewählt werden. Dann wird am Werkstück die Rauhtiefe geringer und es wird weniger Werkstoff abgetragen. Die Flächenpressung muß aber mindestens so groß sein, daß die Arbeitsflächen der Honsteine sich nicht zusetzen. Bei zu kleiner Flächenpressung bleibt abgetragener Werkstoff zwischen den langsam stumpf werdenen Körnern sitzen und verklebt die Spanräume.

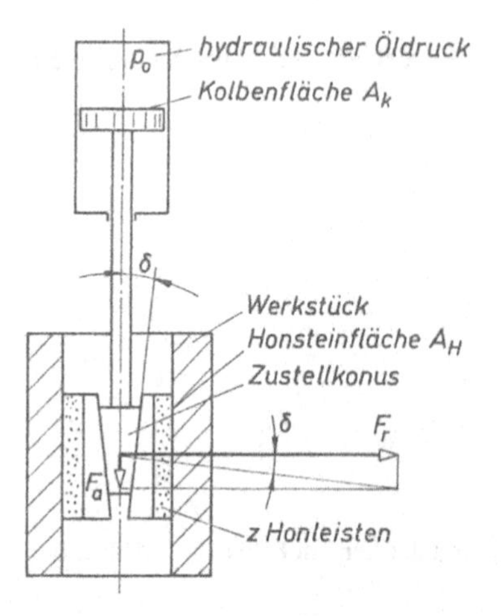

Bild G-12
Wirkungsweise eines hydraulischen Zustellsystems

Umgekehrt führt zu große Flächenpressung zum schnellen Ausbrechen ganzer Körner, ehe sie richtig ausgenutzt sind, also zu einem zu großen Steinverschleiß. Flächenpressung, Werkstoff und Steinhärte müssen also so abgestimmt sein, daß ein möglichst großes Zeitspanungsvolumen erreicht wird, ohne übergroßen Verschleiß.
Neben kraftschlüssigen Zustellsystemen gibt es *formschlüssige mechanische* Zustellung mit starrer weggebundener Konusaufweitung. Vorteilhaft bei diesem Prinzip ist der exakte Zustellweg der Honleisten. Nahezu unabhängig von der Flächenpressung zwischen Werkstück und Honleiste wird das vorgegebene Maß nach einer berechenbaren Zeit erreicht. Natürlich dürfen keine zu großen Kräfte auftreten. Damit können größere Formfehler am Werkstück beseitigt werden, ehe die feine Endbearbeitung durchgeführt wird. Die Zustellgeschwindigkeit kann sinnvoll so eingestellt werden, daß am Anfang der Bearbeitung schnell und am Ende langsam zugestellt wird. Oft werden auch beide Zustellarten, die kraftgebundene und die formschlüssige zusammen angewendet. Dann erhält man *Kraftschluß* mit *Wegbegrenzung* oder *Wegsteuerung* mit *Kraftbegrenzung*.

2.3 Abspanvorgang

Der Abspanvorgang beim Honen ist noch mehr als beim Schleifen durch die *Werkstoffverformung* und *-verfestigung* zu erklären. Nur sehr selten hat ein Korn des Honwerkzeugs eine so günstige Schneidengeometrie, daß es mit einem Schneidkeil Stoff vom Werkstück abschälen kann. Eine solche Spitze würde auch sofort abbrechen und sich zur Normalform mit flachen Kanten und Flächen umbilden. So findet man im Abtrag auch selten Spiralspäne oder ähnliche Spanformen.
Nach Erkenntnissen von T. Tönshoff [101] ist dagegen die plastische Furchenbildung mit Werkstoffverdrängung das kennzeichnende Merkmal gehonter Oberflächen. Martin [102] zeigt an elektronenmikroskopischen Vergrößerungen, wie die Kornspuren den Werkstoff formen (Bild G-13). Er unterscheidet drei verschiedene Vorgänge der Stoffverdrängung und Spanbildung [103]:

1. Den *Werkstoffstau* vor den Kornspitzen. Wie das Wasser vor dem Bug eines Schiffes wird der Werkstoff hochgedrückt, teilt sich und weicht nach beiden Seiten des Kornes aus. Dabei wölben sich seitliche Wellen auf, die von der Bindung des Honsteins wieder niedergedrückt werden. In Bild G-14 kann man die Verschleißspuren dieser Werkstoffverdrängung vor und seitlich vom Korn an einer stark vergrößerten Honleiste erkennen.
2. Das *Mikropflügen*. Bei geringerer Eindringtiefe und stumpferem Korn fällt die „Bugwelle" weg. Der Werkstoff wird aus der Kornfurche seitlich verdrängt. Dabei wölben sich

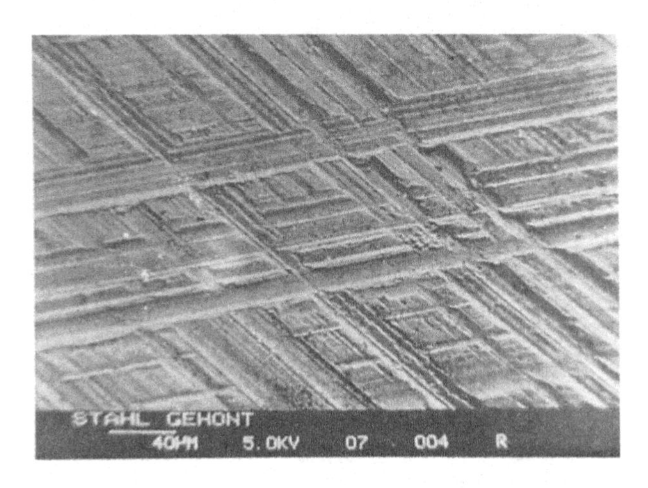

Bild G-13
Gehonte Oberfläche, stark vergrößert aufgenommen mit einem Rasterelektronenmikroskop

Bild G-14
Honleistenarbeitsfläche mit Auswaschungen der Bindung vor und seitlich der Diamantkörner durch den verdrängten Werkstoff

Seitenwülste auf, die sich wie Bänder über den benachbarten Werkstoff legen können und von der Honsteinbindung wieder angedrückt werden.

3. Das *Mikrofurchen.* Bei geringster Eingriffstiefe entsteht der Abtrag überwiegend dadurch, daß in der dicht unter der verfestigten Oberfläche liegenden weicheren Schicht Querfließen des Werkstoffs einsetzt. Dabei entstehen sehr starke Schubspannungen parallel zur Oberfläche, die zum Abplatzen der obersten Schicht in Form dünner Plättchen führen.

In allen drei Vorgängen ist die Werkstoffverfestigung bis zur Ermüdung die Ursache für den Werkstoffabtrag. Die sich lösenden Teilchen sind klein genug, daß die Flüssigkeit sie aus dem Arbeitsspalt herausspülen kann.

2.4 Zerspankraft

Durch Anpressung und Schnittbewegung entstehen Kräfte auf die Werkstückwand. Bild G-15 zeigt, in welcher Richtung die *Zerspankraft F* einer Honleiste wirkt und wie sie aufgeteilt werden kann.

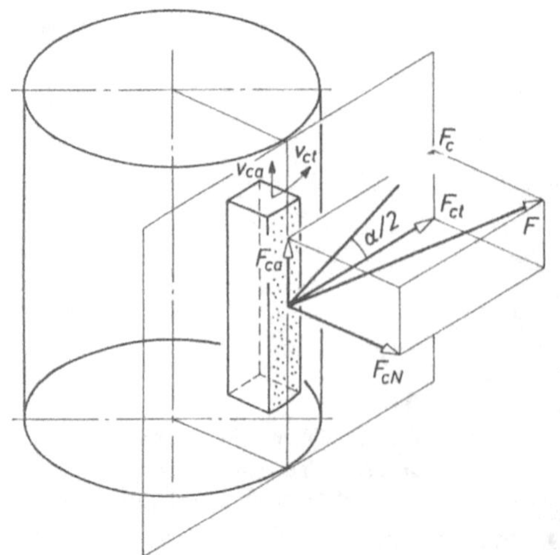

Bild G-15
Zerspankraft und Kraftkomponenten beim Langhubhonen
F Zerspankraft
F_c Schnittkraft
F_{cN} Schnittnormalkraft
F_{ct} tangentialer Anteil der Schnittkraft
F_{ca} axialer Anteil der Schnittkraft

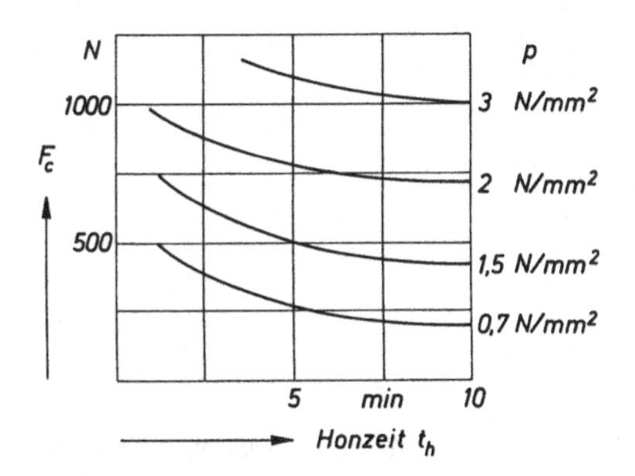

Bild G-16
Einfluß der Honzeit und der Anpressung auf die Schnittkraft F_c beim Honen von 100 Cr 6 mit Diamanthonleisten (D 100) bei v_c = 31 m/min und α = 52° mit Honöl [105]

In der gezeichneten Tangentialebene liegt die *Schnittkraft* F_c mit einem Kraftanteil F_{ct} in *tangentialer* Richtung und einem in *axialer* Richtung F_{ca}. Das Verhältnis F_{ca}/F_{ct} entspricht nahezu dem Geschwindigkeitsverhältnis v_{ca}/v_{ct}. Deshalb ist auch die Richtung von F_c durch den Schnittwinkel $\alpha/2$ zu beschreiben (Gleichung (G-2)).
Der Betrag von F_c wird hauptsächlich von der Anpreßkraft, dem Werkstoff, dem Schmiermittel und der Schärfe der Schleifkornkanten bestimmt. Bild G-16 zeigt Messungen der Schnittkraft unter dem Einfluß der Honzeit und der Anpressung. Deutlich sieht man die Verringerung der Schnittkräfte mit der Zeit durch die zunehmende Glättung der Werkstückoberfläche und Abstumpfung der Schleifkörner. Die Flächenpressung p vergrößert die Schnittkraft proportional.
Senkrecht zur gezeichneten Ebene in Bild G-15 liegt die *Schnittnormalkraft* F_{cN}. Sie ist gleich der Anpreßkraft des Honsteins F_r und errechnet sich aus Gleichung (G-5). Die Schnittnormalkraft kann das Werkstück elastisch verformen. Sie ist deshalb in der letzten Bearbeitungsstufe besonders bei dünnwandigen Werkstücken zu begrenzen.
Das für die Bewegung erforderliche *Drehmoment* M_c ist dem tangentialen Anteil von F_c proportional

$$\boxed{M_c = z \cdot \frac{d}{2} \cdot F_{ct}} \qquad \text{(G-7)}$$

Die *Schnittleistung* errechnet sich aus Schnittkraft und Schnittgeschwindigkeit

$$\boxed{P_c = z \cdot F_c \cdot v_c} \qquad \text{(G-8)}$$

Sie teilt sich wieder auf in einen Leistungsanteil für die Drehbewegung und einen für die Hubbewegung.

2.5 Auswirkungen am Werkstück

2.5.1 Oberflächengüte

Ein Ziel der Honbearbeitung ist die Verbesserung der *Oberflächengüte* des Werkstücks. Die Bearbeitung vor dem Honen erfolgt durch feines Bohren oder Schleifen mit Rauhtiefen R_{z0} zwischen 10 und 50 µm. Mit dem Beginn des Honens werden diese Bearbeitungsrillen und -riefen sehr schnell flacher, und damit die Rauhtiefe R_z kleiner. Sind die Spuren der Vorbearbeitung vollständig beseitigt, dann ändert sich die Rauhtiefe am Werkstück nicht mehr durch längeres Honen (Bild G-17).

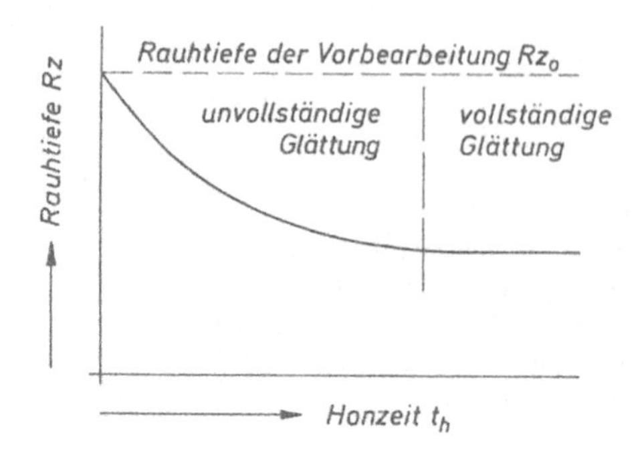

Bild G-17 Verbesserung der Oberflächengüte beim Honen

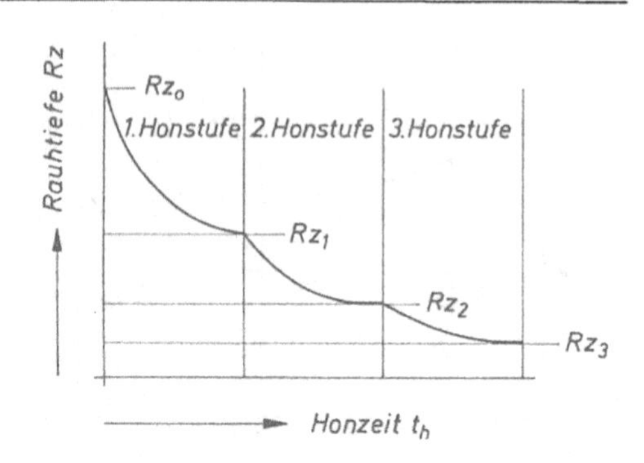

Bild G-18 Verbesserung der Oberflächengüte in mehreren Honstufen

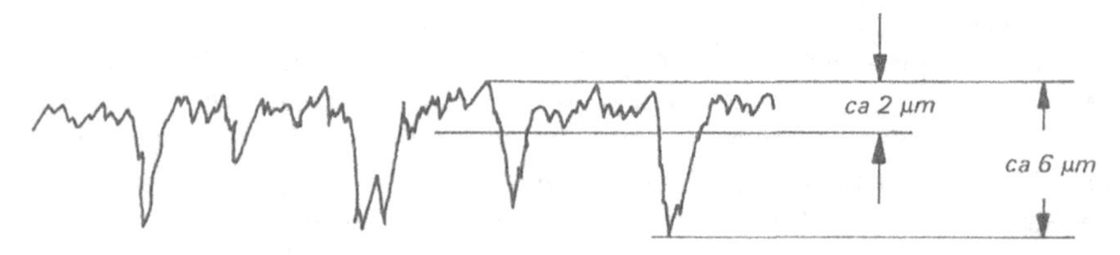

Bild G-19 Gestalt einer durch Plateauhonen erzeugten Oberfläche. $Rt_1 = 2$ µm, $Rt_2 = 6$ µm

Erst weitere Honstufen mit verringerter Flächenpressung, feinerem Honstein oder größerer Schnittgeschwindigkeit (Bild G-18) können die Oberflächengüte weiter verbessern. So lassen sich Rauhtiefen von $R_z < 1$ µm (bis 0,3 µm) erreichen.
Bei manchen Werkstücken ist es nicht wichtig, eine vollständig geglättete Oberfläche zu bekommen. Bei Laufbüchsen von Dieselmotoren ist es sogar sinnvoll, restliche Riefen einer groberen Vorhonstufe zu erhalten um dem Schmierfilm eine gute Haftfähigkeit zu geben. Diese zusammengesetzte Oberfläche erreicht man dadurch, daß die beim Zwischenhonen gewonnene Oberflächengestalt beim Fertighonen nur etwa zur Hälfte abgetragen wird. Die Bearbeitung ist unter der Bezeichnung *„Plateauhonen"* bekannt geworden (Bild G-19). Ähnliche Forderungen werden immer dann aufgestellt, wenn Dichtungen auf Metall eine Axialbewegung ausführen und nicht trocken laufen dürfen, also auch bei pneumatischen oder hydraulischen Zylinder- oder Dämpferrohren.
Bei Steuerschiebern und Ventilen oder Pleuelbohrungen dagegen ist ein Höchstmaß der Oberflächengüte erwünscht, um die beste Abdichtwirkung oder Tragfähigkeit zu erreichen.

2.5.2 Formgenauigkeit

Das wichtigere Ziel beim Honen ist die Herstellung einer *genauen Form.* Diese wird durch *Rundheit, Zylindrizität* und *Geradheit* nach DIN 7184 vom Konstrukteur vorgeschrieben. Bei größeren Werkstücken wie Pleueln oder Zylinderblöcken für Verbrennungsmotoren aus Grauguß liegen die erreichbaren Formtoleranzen zwischen 0,005 und 0,02 mm. Es gibt jedoch hochgenaue Teile, wie Steuergehäuse für Bremsanlagen, Einspritzpumpen und Hydrauliksteuerungen, bei denen Formtoleranzen von 0,001 mm und weniger vorgeschrieben sind (Bild G-20).

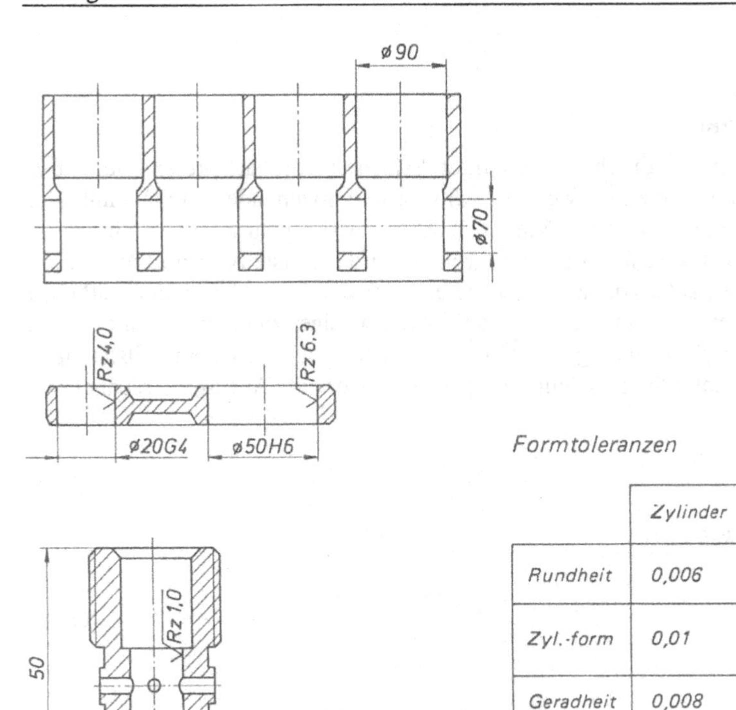

Formtoleranzen

	Zylinder	Lager	Pleuel	St.-ventil
Rundheit	0,006	0,005	0,002	0,0005
Zyl.-form	0,01	0,008	0,001	0,003–0,005
Geradheit	0,008	0,007	0,0007	–
Parallelität auf 100 mm Länge				0,075

Bild G-20 Formtoleranzen an verschiedenen Werkstücken, die beim Honen eingehalten werden können

Die Einhaltung dieser engen Toleranzen, die an der Grenze des meßbaren liegen, erfordert eine möglichst genaue Vorbearbeitung, zwangfreie Aufspannung der Werkstücke, freie Beweglichkeit der Werkzeuge, die sich im Werkstück selbst führen, und Meßsteuerung während der Bearbeitung.

2.5.3 Blechmantel

In Zylinderbüchsen für Verbrennungsmotoren aus Grauguß führt die starke Werkstoffverformung beim Honen, besonders mit Diamanthonleisten, zu unerwünschten Erscheinungen. Die im Werkstoff eingeschlossenen weichen Graphitlamellen werden mit Ferrit- und Perlitmasse zugeschmiert. Dabei entsteht eine dichte Oberfläche ohne Notlauffähigkeit. Beim Einlaufvorgang können sich dann Riefen bilden, die mit der Zeit zu einem zu großen Ölverbrauch führen [104].
Durch eine Bearbeitung, bei der mindestens 30 % der Graphitlamellen offen bleiben, kann der Nachteil behoben werden. Honen mit einem splitterfreudigen scharfen Korn bei geringer Anpressung verringert die Werkstoffverformung und verfeinert den Abtragsvorgang. Die Graphiteinschlüsse sind dann teilweise an der Schnittstelle noch offen. Als Schleifkorn nimmt man für diese letzte Feinbearbeitung CBN oder SiC.

2.6 Abspangrößen

2.6.1 Abspangeschwindigkeit

Der *Werkstoffabtrag* x an einem durch Bohren oder Schleifen vorbearbeiteten Werkstück (Bild G-21) nimmt am Anfang schnell zu, weil nur schmale hervorstehende Bereiche mit dem Honstein in Eingriff kommen. Auf diese schmalen Stege wirkt jedoch schon die ganze Zustellkraft. Die Flächenpressung ist also besonders groß. So wird der erste Abschnitt Δx bis x_1 in wesentlich kürzerer Zeit abgespant als der zweite, dritte und vierte. Bild G-22 zeigt den zeitlichen Verlauf des Abspanens, der mit zunehmender Honzeit immer weniger zunimmt, bis alle Rillen, Riefen und Formfehler der Vorbearbeitung beseitigt sind. Danach, im Bereich der vollständigen Glättung, nimmt er mit konstanter Steigung nur noch wenig zu. Aus dem Abtrag x errechnet sich der Werkstückdurchmesser:

$$d_{\mathrm{w}} = d_{\mathrm{w0}} + 2 \cdot x \tag{G-9}$$

Die *Abspanungsgeschwindigkeit*

$$v_{\mathrm{x}} = \frac{dx}{dt} \tag{G-10}$$

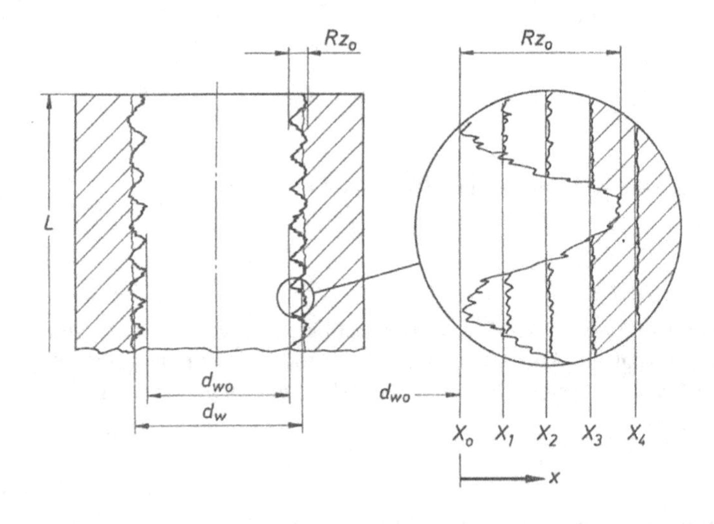

Bild G-21
Abspanungsfortschritt x beim Honen eines durch Bohren vorbearbeiteten Werkstücks

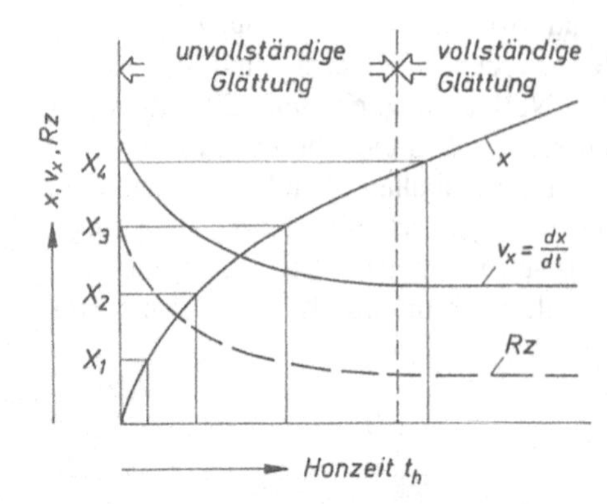

Bild G-22
Einfluß der Honzeit auf den Abtrag x, die Abspanungsgeschwindigkeit v_{x} und die Rauhtiefe R_{z} bei unvollständiger und vollständiger Glättung

ist ebenfalls in Bild G-22 eingezeichnet. Sie hat am Beginn der Honbearbeitung ihren Größtwert, verringert sich dann schnell, bis sie beim Erreichen der vollständigen Glättung auf ihrem kleinsten Wert bleibt. Die Abspanungsgeschwindigkeit läßt sich durch die Anpressung des Honsteins, die Korngröße und die Schnittgeschwindigkeit beeinflussen. Mit der Anpressung und der Korngröße nimmt sie zu. Gleichzeitig wird aber auch die Rauhtiefe größer. Durch Vergrößerung der Schnittgeschwindigkeit kann die Abspanungsgeschwindigkeit auch begrenzt gesteigert werden, da jedes Schleifkorn in der gleichen Zeit einen längeren Weg auf der Werkstückoberfläche zurücklegt. Andererseits wird aber der Kreuzungswinkel der Honriefen kleiner, denn nur die Umfangsgeschwindigkeit v_t kann ohne Nachteil vergrößert werden. Dadurch wird die Abdrückkraft zwischen Werkstück und Honstein größer [105].

2.6.2 Zeitspanungsvolumen

Das Zeitspanungsvolumen ist beim Honen gefragt, wenn ein wirtschaftlicher Vergleich mit dem Schleifen angestellt werden soll. Von Bild G-21 ausgehend kann das durch Honen abgetragene *Werkstoffvolumen* mit

$$V_w = \pi \cdot d_w \cdot x \cdot L \tag{G-11}$$

berechnet werden. Dabei wird nicht berücksichtigt, daß ein Teil dieses Volumens Luft enthält, nämlich die Hohlräume der Rillen von der Vorbearbeitung und die der anfänglichen Formabweichungen. Das wird beim Schleifen mit Gleichung (F-61) auch nicht berücksichtigt. Nach Erreichen der vollständigen Glättung enthält es keine Lufträume mehr und nimmt gleichmäßig zu (Bild G-23). Das *Zeitspanungsvolumen* Q ergibt sich durch die zeitliche Ableitung daraus

$$Q = \pi \cdot d_w \cdot L \cdot \frac{dx}{dt} = \pi \cdot d_w \cdot L \cdot v_x \tag{G-12}$$

Genau wie v_x ist auch Q nicht gleichbleibend. Wie im Bild dargestellt, ist es am Anfang der Bearbeitung groß, wird schnell kleiner und bleibt dann bei dem kleinsten Wert konstant, wenn Formfehler und Vorbearbeitungsrillen vollständig geglättet sind.
Für Vergleiche ist ein Mittelwert Q_m besser geeignet:

$$Q_m = \frac{\pi \cdot d_w \cdot L \cdot \Delta d}{2 \cdot t_h} \tag{G-13}$$

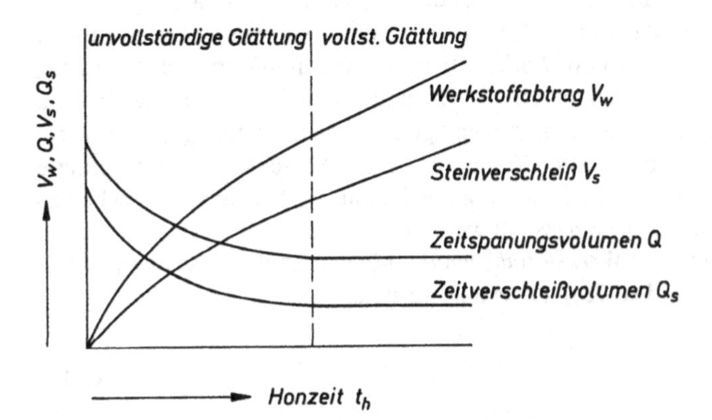

Bild G-23
Einfluß der Honzeit im unvollständigen und vollständigen Glättungsbereich auf Werkstoffabtrag, Honsteinverschleiß, Zeitspanungsvolumen und Zeitverschleißvolumen beim Honen

Er errechnet sich aus den geometrischen Abmessungen des Werkstücks, der Durchmesservergrößerung $\Delta d = d_w - d_{w0}$ und der Honzeit t_h.
Die in der Praxis erzielten mittleren Zeitspanungsvolumen liegen in einem sehr weiten Bereich. Bei Genauigkeitsteilen findet man $Q_m = 0{,}1$ bis 1 mm³/s, beim Zylinderbüchsenhonen in der Serienfertigung 10 bis 50 mm³/s, und die größten Werte bringt das Schrupphonen von Zylinderrohren aus Stahl für Hydraulik und Pneumatik mit $Q_m > 500$ mm³/s [106].

2.6.3 Honsteinverschleiß

Verschleißformen am Honstein sind

1. das *Abstumpfen* der Schleifkörner durch Reibung mit dem Werkstoff,
2. das *Splittern* des Schleifkorns; es bilden sich neue Schneidkanten am Korn,
3. das *Ausbrechen* von Schleifkorn durch zu große Belastung und
4. das *Zusetzen* und *Zuschmieren* der Schleifkörner mit abgetragenem Werkstoff.

Als *Verschleiß* kann mit der abgetragenen Schichtdicke s das verlorene Steinvolumen angegeben werden:

$$V_s = z \cdot s \cdot l \cdot b \quad \text{(G-14)}$$

z ist die Zahl der Honsteine, $l \cdot b$ die Honsteinfläche A. Dieser Honsteinverschleiß erfolgt ungleichmäßig. Er nimmt bei der ersten Berührung mit dem Werkstück am stärksten zu (Bild G-23), wird flacher und hat im Bereich vollständiger Glättung seine geringste Zunahme. Ursache für den Verlauf ist die sich mit der Eingriffszeit t_h verringernde Flächenpressung.
Das Verschleißvolumen kann auf die Zahl der gehonten Werkstücke N bezogen werden. Dann ist das *werkstückbezogene Verschleißvolumen*:

$$V_{sw} = \frac{z \cdot s \cdot l \cdot b}{N} \quad \text{(G-15)}$$

Bezieht man es dagegen auf die Honzeit t_h erhält man das *Zeitverschleißvolumen*:

$$Q_s = \frac{V_{sw}}{t_h} \quad \text{(G-16)}$$

Da Q_s von der Flächenpressung zwischen Stein- und Werkstoff stark abhängt, haben die groben Rillen der Vorbearbeitung auch einen Einfluß auf das Zeitverschleißvolumen, denn sie verringern die wirksam anliegende Fläche, an der die Pressung groß ist. Deshalb kann zu Beginn eines Honvorgangs größerer Verschleiß beobachtet werden als bei fortgeschrittener Glättung.
Durch den Verschleiß verändert sich die Beschaffenheit der Honsteinarbeitsfläche und damit ändern sich Eingriffsbedingungen, Kräfte und Werkstoffabtrag. Abstumpfung und Zusetzung verursachen verringerten Werkstoffabtrag, kleinere Kräfte und glatte Werkstückoberflächen. Kornsplitterung und Kornausbruch dagegen sind notwendige Selbstschärfvorgänge, die scharfe Schleifkornkanten hervorbringen. Schnittkräfte, Werkstoffabtrag, Verschleiß und Rauhtiefe werden dabei vergrößert. Mit der richtigen Anpreßkraft kann der günstigste Zustand zwischen zu großem Verschleiß und zu geringem Abtrag eingestellt werden.
Durch *Vergleich* des Verschleißes *mit der Werkstoffabspanung* können ähnliche Kennwerte wie beim Schleifen (Gleichungen (F-77) und (F-78)) aufgestellt werden.

$$G = \frac{V_w}{V_{sw}} = \frac{Q}{Q_s} \quad \text{(G-17)}$$

G sagt aus, wieviel Werkstoff mit einem bestimmten Honsteinvolumen abgespant werden kann. Praktische Werte reichen von $G < 1$ bei keramisch gebundenen Honsteinen bis $G > 30\,000$ bei Diamanthonleisten.

3 Kurzhubhonen

3.1 Werkzeuge

3.1.1 Konstruktiver Aufbau

Das Werkzeug für das Kurzhubhonen ist der *Honstein* nach DIN 69 186 aus gebundenem Schleifkorn. Er wird an einem Hongerät festgeklemmt und hydraulisch oder pneumatisch gegen das Werkstück gepreßt (Bild G-24). Die Klemmung ist einfach. Sie muß für häufigen Steinwechsel leicht lösbar sein. Der Honstein wird anfangs mit seiner Arbeitsfläche an die Werkstückform angepaßt. Später erhält sich die Form durch Verschleiß von selbst. Die Steinabmessungen richten sich nach der Werkstückgröße. Die Breite b soll möglichst gleich dem halben Werkstückdurchmesser d sein. Dann ist der Umschlingungswinkel $\gamma = 60°$. Das ist wünschenswert, um die Rundheit des Werkstücks bei der Bearbeitung zu verbessern. Andererseits soll b nicht größer als 20 mm werden, damit das Honöl die Arbeitsfläche gut spülen kann. Bei größeren Werkstücken nimmt man lieber zwei schmale Steine mit einem Zwischenraum (Bild G-25).
Die Honsteinlänge l richtet sich nach der Bearbeitungslänge. Sie ist maximal 60 mm lang.

3.1.2 Schleifmittel, Korngröße und Bindung

Die am häufigsten verwendeten Schleifmittel sind *weißes Edelkorund* (EKW) und *grünes Siliziumkarbid* (SiC). Sie eignen sich für fast alle Metalle: weiche Stähle, gehärtete Stähle, Grauguß, Buntmetalle. Bei nicht rostenden Stählen wird auch Normalkorund und bei sehr harten Werkstoffen wie Hartmetall Diamantkorn genommen. Auf die Kohlenstoffdiffusion bei der

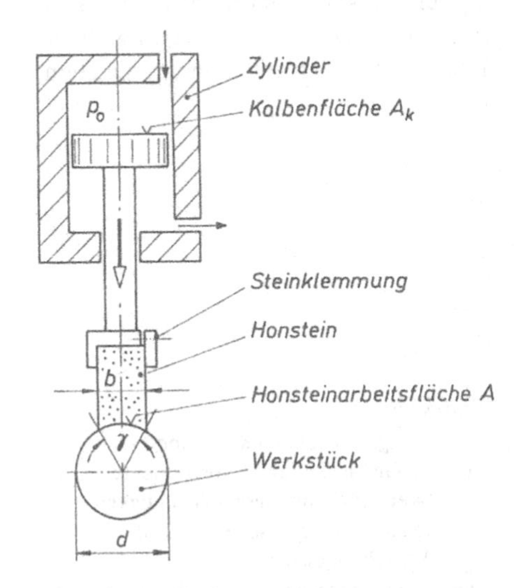

Bild G-24 Einfaches Werkzeug mit Anpreßzylinder zum Kurzhubhonen

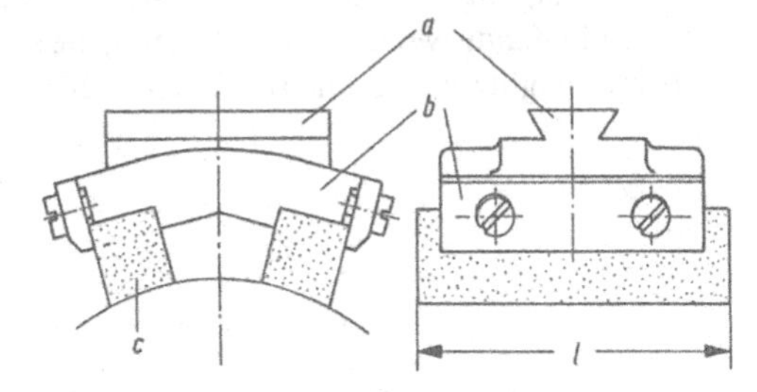

Bild G-25 Kurzhubhonwerkzeug für größere Werkstücke:
a Einspannteil
b Werkzeugkörper
c Honstein
l Steinlänge

Bearbeitung von Stahl mit SiC braucht keine Rücksicht genommen werden, da keine hohen Temperaturen entstehen. Für die grobere Vorbearbeitung ist EKW der Körnung 400 bis 800 am besten geeignet, bei weichem Stahl nimmt man auch gröbere Körnungen, für die abgestufte feinere Bearbeitung ist SiC mit einer Körnung von 600 bis 1200 zu bevorzugen. In jedem Fall wird die Körnung stufenweise mit der Verbesserung der Oberflächengüte feiner gewählt.
Die *Bindung* muß ebenfalls auf die Bearbeitungsstufe und auf die Art des Werkstoffs abgestimmt werden. Grobe Vorbearbeitung verlangt härtere Bindung, feinere Bearbeitung weiche Bindung. Einen harten Werkstoff kann man mit weicherer Bindung bearbeiten als einen weichen und zähen. Keramische Bindung wird am häufigsten verwendet. Sie läßt sich durch Zusätze in ihrer Härte beeinflussen. Minerale und Silikate lassen sie weicher werden. Schwefeleinlagerungen vergrößern die Härte. Für besondere Anwendungsfälle werden auch Kunstharz, Metall oder besonders zusammengesetzte Bindungen gewählt. Zum Beispiel werden bakelitgebundene Edelkorundsteine mit großem Graphitanteil für die Bearbeitung von weichen und zähen Metallen genommen.
Die *Bezeichnung von Honsteinen* wird nach DIN 69 186 vorgenommen. Zuerst werden die Abmessungen Breite × Höhe × Länge angegeben und zum Schluß die Zusammensetzung Schleifmittel, Körnung, Härte, Bindung und Gefüge mit den gleichen Kennzeichnungen, die für Schleifscheiben üblich sind.
Beispielsweise bedeutet

Honstein 13 × 30 × 50 – EKW 400 L Ke 8

Breite 13 mm, Höhe 30 mm, Länge 50 mm, Schleifmittel weißer Edelkorund, Körnung 400 (Tabelle F-2), Bindung mittelhart, keramisch, Gefüge 8 (s. Kapitel F-1.2).

3.2 Bewegungsablauf

3.2.1 Schnittbewegung

Beim Kurzhubhonen setzt sich die Schnittbewegung aus zwei Teilen zusammen, dem *tangentialen* Anteil, der durch die Werkstückdrehung erzeugt wird, und dem *axialen* Anteil, der durch die Längsschwingung des Honsteins entsteht (Bild G-26). Auf der Werkstückoberfläche entstehen dabei umlaufende wellenförmige Spuren, die sich immer wieder kreuzen. Sie sind unregelmäßiger als beim Langhubhonen und schneiden sich meistens unter einem spitzeren, nicht immer gleichen

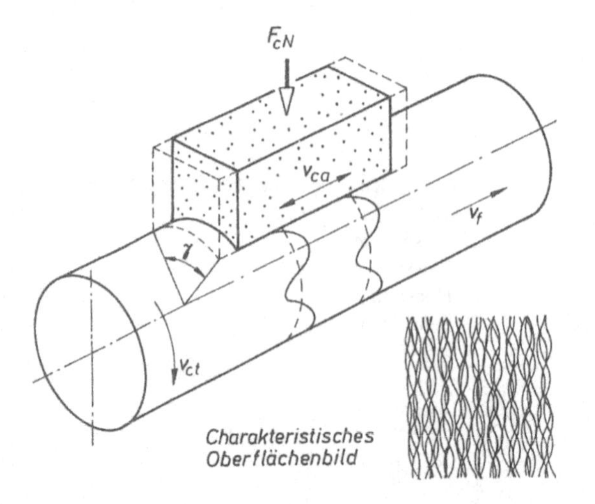

Bild G-26
Bewegungsablauf beim Kurzhubhonen mit den Geschwindigkeitskomponenten
v_t Werkstückumfangsgeschwindigkeit
v_a axiale Schwinggeschwindigkeit
v_f Vorschubgeschwindigkeit
und einem kennzeichnenden Oberflächenbild

Winkel. Die *tangentiale Geschwindigkeitskomponente* kann mit der Drehzahl n und dem Werkstückdurchmesser d berechnet werden:

$$v_{ct} = \pi \cdot d \cdot n \tag{G-18}$$

Unter Voraussetzung einer harmonischen Schwingungsform in *Axialrichtung* kann auch die Schwinggeschwindigkeit bestimmt werden. Die Auslenkung a aus der Mittellage des Honsteins ist:

$$a = A_0 \cdot \sin \omega t$$

Darin ist A_0 die Amplitude (= halbe Schwingweite) und $\omega = 2 \cdot \pi \cdot f$ die Winkelgeschwindigkeit der Schwingung. Durch Differenzieren erhält man daraus die Geschwindigkeit

$$v_{ca} = \frac{\mathrm{d}a}{\mathrm{d}t} = V_0 \cdot \cos \omega t \tag{G-19}$$

(s. Bild G-27) und

$$\frac{\mathrm{d}a}{\mathrm{d}t} = A_0 \cdot \omega \cdot \cos \omega t$$

Das *Geschwindigkeitsmaximum* V_0 ist demnach

$$V_0 = A_0 \cdot \omega = 2 \cdot \pi \cdot A_0 \cdot f \tag{G-20}$$

Da $\cos \omega t$ ständig zwischen den Werten -1 und $+1$ wechselt, schwankt auch die Schwinggeschwindigkeit ständig zwischen 0 und V_0 und wechselt ihre Richtung. Damit bleibt auch die Schnittgeschwindigkeit v_c, die sich aus v_{ct} und v_{ca} zusammensetzt, nicht konstant. Sie wechselt vielmehr zwischen ihrem kleinsten Wert

$$v_{c\,min} = v_{ct}$$

und ihrem größten Wert

$$v_{c\,max} = \sqrt{v_{ct}^2 + V_0^2} \tag{G-21}$$

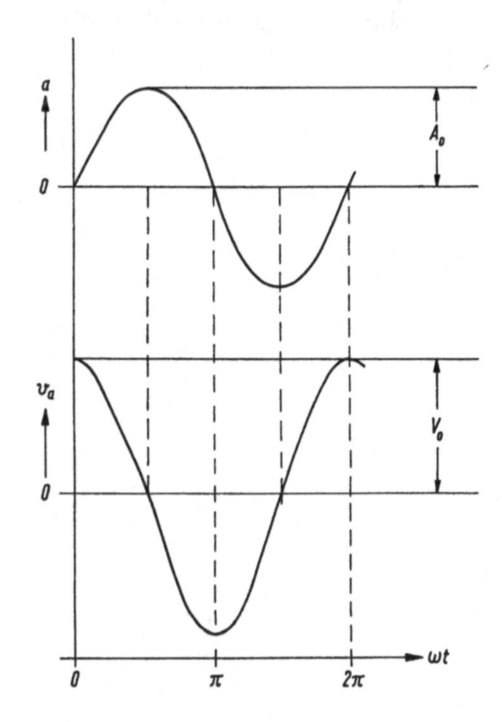

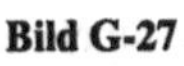

Bild G-27
Form einer Sinusschwingung
a Auslenkung
A_0 Amplitude
v_a Geschwindigkeit
V_0 Geschwindigkeitsmaximum
t Zeitablauf

Mit Gleichung (G-2) kann der größte *Schnittwinkel* der Honriefen berechnet werden:

$$\alpha_{max} = 2 \cdot \arctan \frac{2 \cdot A_0 \cdot f}{d \cdot n} \tag{G-22}$$

Der axiale Bewegungsanteil ist nur wenig beeinflußbar. v_{ca} liegt in der Praxis bei 5 bis 50 m/min. Die Schwingfrequenz soll so groß wie möglich eingestellt werden. Sie ist dadurch begrenzt, daß bei der schnellen Umsteuerung von Massen Reaktionskräfte auftreten, die Schwingungen und Geräusche in der Maschine hervorrufen. Üblich sind Frequenzen von 500 bis 3000 Schwingungen in der Minute. Der untere Bereich wird von mechanischen Schwingungserzeugern ausgenutzt, die genaue Umkehrpunkte garantieren. Der Bereich über 1800 Doppelhübe pro Minute kann nur von pneumatischen Antrieben erreicht werden. Als Schwingweite wird die doppelte Amplitude $2 \cdot A_0$ bezeichnet. Von dem möglichen Bereich von 1 mm bis 6 mm ist am häufigsten ein Wert bis 3 mm zu finden. Eine Vergrößerung der Schwingweite wird nicht angestrebt.

Die Schwingbewegung kann auch bogenförmig werden. Das ist bei der Bearbeitung von Rillenkugellagerringen, Kugelumlaufspindeln und den zugehörigen Muttern erforderlich. Ein profilierter Stein wird dabei in der Kugellaufbahn abgestützt und geführt. Bei der geradlinigen Bewegung des Schwingers dreht der Stein sich um den Drehpunkt des Steinhalters (Bild G-28h). Mit einer Vergrößerung der Umfangsgeschwindigkeit lassen sich wichtige Bearbeitungsmerkmale beeinflussen (Bild G-29):

1. In der gleichen Zeit werden von allen Körnern längere Schnittwege zurückgelegt. Dadurch vermehrt sich der Werkstoffabtrag verhältnisgleich, solange der Korneingriff gesichert bleibt. Das Zeitspanungsvolumen Q wird größer. Die Bearbeitungszeit t_h wird kleiner.
2. Mit zunehmender Geschwindigkeit entsteht zwischen Werkstück und Honstein ein hydrodynamisches Polster des Kühlschmiermittels. Sein Druck nimmt zu und versucht den Stein gegen die Anpreßkraft abzuheben. Dabei wird der Arbeitsspalt größer und die Eindringtiefe der Körner geringer. Die erzielbare Oberflächengüte wird dadurch besser; aber es wird auch weniger Werkstoff abgetragen. Mit einer größeren Anpreßkraft kann diesem sogenannten *„Ausklinken“* entgegengewirkt werden.

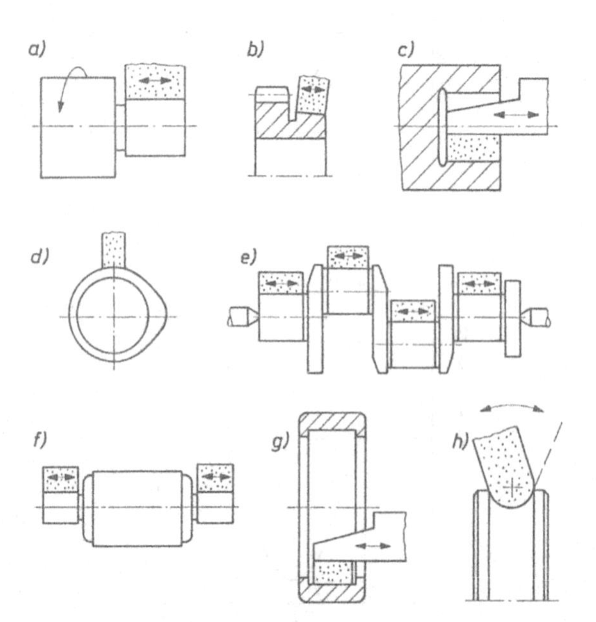

Bild G-28

Beispiele von Kurzhubhonbearbeitungen ohne Längsvorschub:
a) Gleitlagersitz
b) Synchronisierungskegel an einem Zahnrad
c) Lagerstelle für Nadellager
d) Nockenwelle
e) Kurbelwelle
f) Lager von kleinen E-Motoren-Ankern
g) Zylinderrollenlagerring
h) Rillenkugellager

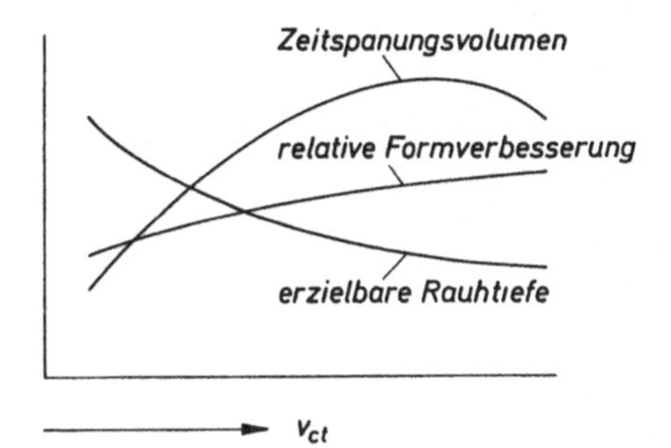

Bild G-29
Einfluß der Umfangsgeschwindigkeit auf den Werkstoffabtrag, die Oberflächengüte und die Formverbesserung am Werkstück beim Kurzhubhonen

3. Der Honstein folgt durch seine Massenträgheit den Rundheitsfehlern des Werkstücks weniger. Dadurch entsteht eine ungleichmäßige Bearbeitung am Werkstück, die die Formfehler abträgt.
4. Der kleinere Schnittwinkel α nach Gleichung (G-22) bedeutet, daß der Richtungswechsel der am Schleifkorn angreifenden Schnittkraft geringer wird. Dadurch geht der Verschleiß etwas zurück.

Praktisch muß man sich bei der Wahl der Umfangsgeschwindigkeit nach der Art des Schleifmittels und nach der Werkstücklagerung während der Bearbeitung richten. Die angestrebte Werkstückqualität spielt natürlich auch eine Rolle. Korund verträgt nur geringe Geschwindigkeiten. Seine Schneidkanten sind stumpfer als die von SiC. Er kommt daher schneller außer Eingriff bei zunehmender Umfangsgeschwindigkeit. 8 bis 20 m/min in der Vorbearbeitungsstufe und bis 50 m/min in der Fertigbearbeitungsstufe sind angebracht. Siliziumkarbid dagegen zeigt noch bei größerer Geschwindigkeit scharfen Korneingriff. Bis 80 m/min bei einfacher Werkstückaufnahme in Drehbankspitzen, bis 300 m/min bei spitzenloser Durchlaufbearbeitung auf Stützwalzen und 600 bis 1000 m/min sind in der Fertigbearbeitung von Wälzlagerringen mit Stützschuhen als Gegenlager üblich.

3.2.2 Vorschubbewegung

Viele Bearbeitungen werden als *„Einstechbearbeitung“* durchgeführt. Dafür ist kein Längsvorschub nötig. Die Arbeitsstelle ist so lang wie der Honstein l + Schwingweite $2 \cdot A_0$. Zu solchen Bearbeitungen gehören Gleitlagerzapfen, Synchronisierungskegel, Nadellager, Nockenwellen, Kurbelwellen, Wälzkörper und Wälzlagerringe (Bild G-28).

Bei längeren Werkstücken oder für die Durchlaufbearbeitung vieler kleiner Werkstücke ist ein *Längsvorschub* mit der Vorschubgeschwindigkeit v_f nötig. Dazu kann das Hongerät bewegt werden (Bilder G-30a, b und c), wie das im Support einer Drehbank möglich ist; oder die Werkstücke werden in Längsrichtung transportiert. Bei der Vorschubspindel (Bild G-30d) ist die Vorschubgeschwindigkeit

$$\boxed{v_f = f \cdot n} \qquad \text{(G-23)}$$

mit der Spindelsteigung f und ihrer Drehzahl n. Bei Stützwalzen (Bild G-30e) entsteht der Vorschub durch die Neigung der Walzen um den Winkel $\lambda = 0{,}5°$ bis $2°$

$$\boxed{v_f = v_{ct} \cdot \sin \lambda} \qquad \text{(G-24)}$$

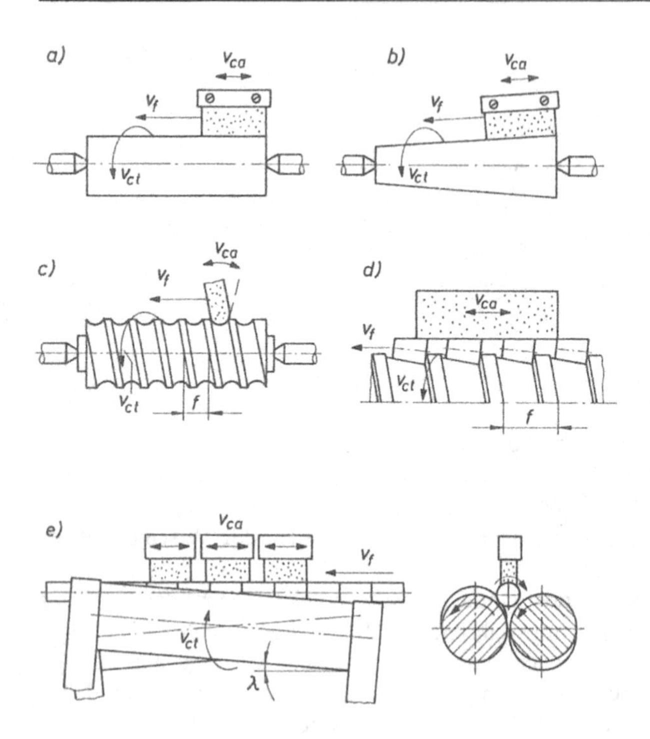

Bild G-30

Beispiele von Kurzhubhonbearbeitungen mit Längsvorschub:

a) zylindrische Welle zwischen Spitzen
b) Kegel zwischen Spitzen
c) Kugelrollspindel zwischen Spitzen
d) Kegelrollen auf Förderspindel
e) Zylinderrollen spitzenlos auf Stützwalzen

3.2.3 Anpressung

Die Steinanpressung an das Werkstück nach Bild G-24

$$p = \frac{p_0 \cdot A_k}{l \cdot b} \tag{G-25}$$

beträgt praktisch 0,1 bis 1,2 N/mm^2. Sie ist nicht als gleichmäßiger Druck zwischen Honstein und Werkstück anzusehen sondern als Mittelwert aus sehr unterschiedlichen Flächenpressungen. Die größten Werte sind an den Korneingriffsstellen zu finden, wo die Fließgrenze des kaltverfestigten Werkstoffs erreicht wird. Zwischen den Körnern sind Bereiche ohne Berührung oder mit geringem Druck zwischen Bindung und Werkstoff. Die Steinanpressung kann mit dem Druck p_0 des Arbeitsmediums gewählt werden. Mit zunehmendem Druck werden Werkstoffabtrag aber auch Verschleiß und Rauhtiefe größer und die Formverbesserung unrunder Werkstücke geht schneller. Bei zu großer Anpressung kann der Honstein ausbrechen oder wie Sand zerbröseln. Eine Mindestanpressung ist zur Durchdringung des hydrodynamischen Flüssigkeitspolsters erforderlich. Um die Bearbeitung vom Groben zum Feinen abzustufen, kann der Druck in der Endstufe verringert werden. Man bekommt dann zum Schluß eine bessere Oberflächengüte.

Wenn es mit besonders schnellen Drucksteuersystemen gelingt, die Anpressung während eines Kolbenhubes oder sogar während einer Umdrehung gezielt zu verändern, kann die Bearbeitung eines Zylinders ungleichmäßig gestaltet werden. Das ist bei Werkstücken erwünscht, die ein wenig unrund oder nicht ganz zylindrisch werden sollen. Zum Beispiel können so die bei der Montage von Motor-Zylinderbuchsen entstehenden Verspannungen im voraus berücksichtigt werden. Ebenso können Werkstücke mit ungleichmäßigen dünnen Wänden gesteuert bearbeitet werden.

3.3 Kräfte

3.3.1 Zerspankraft

Die Kräfte, die auf das Werkstück durch die Bearbeitung einwirken, werden von der Anpressung des Honsteins, der Drehung des Werkstücks und der axialen Schwingbewegung verursacht. In Bild G-31 wird die Richtung dieser Kräfte gezeigt. In der Tangentialebene liegt die ***Schnittkraft***, die infolge der wechselnden Axialbewegung zwischen ihren Endlagen F_c und F_c' hin- und herpendelt. Ihre Umfangskomponente F_{ct} ist gleichbleibend, ihre Axialkomponente F_{ca} wechselt die Richtung.

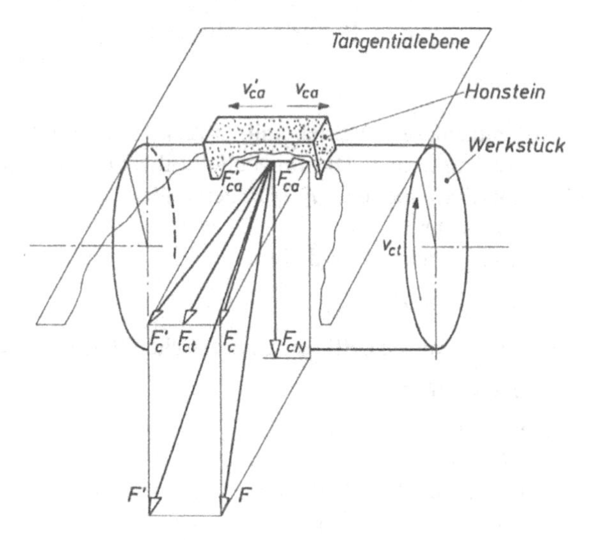

Bild G-31

Zerspankraft und Kraftkomponenten beim Kurzhubhonen

F, F'	Zerspankraft
F_c, F_c'	Schnittkraft
F_{ct}	tangentialer Anteil der Schnittkraft
F_{ca}, F_{ca}'	axialer Anteil der Schnittkraft
F_{cN}	Schnittnormalkraft

Senkrecht zur Tangentialebene steht die ***Schnittnormalkraft*** F_{cN}. Sie ist gleich der Anpreßkraft des Honsteins und errechnet sich aus dem Druck des Arbeitsmediums p_0 und der Kolbenfläche A_k

$$\boxed{F_{cN} = A_k \cdot p_0} \qquad \text{(G-26)}$$

Durch Zusammensetzung aller Komponenten (vektorielle Addition) entsteht die ***Zerspankraft***, die ebenfalls zwischen ihren Endlagen F und F' wechseln muß.

Es ist nicht möglich, die Schnittkraft theoretisch ohne Versuchsmessungen zu berechnen. Annähernd ist $F_c = F_{cN}/2$. Die wichtigsten Einflüsse auf die Schnittkraft üben die Anpressung, der Werkstoff, das Schleifmittel, seine Körnung, die Bindung, die Schnittgeschwindigkeit und das Kühlschmiermittel aus. Mit der Anpressung nimmt die Schnittkraft proportional zu. Weicher und zäher Werkstoff erzeugt eine größere Schnittkraft als harter. Scharfkantiges Korn und grobe Körnung sind „griffiger“ als stumpfes und feines Korn, F_c wird größer. Durch zunehmende Schnittgeschwindigkeit wird die Schnittkraft kleiner. Der Einfluß der Schmierwirkung des Kühlschmiermittels verkleinert die Schnittkraft ebenfalls.

3.3.2 Stützkräfte und Werkstückantrieb bei spitzenloser Bearbeitung

Die auf das Werkstück einwirkende Zerspankraft muß von der Werkstückeinspannung oder seinen Lagerstützen aufgenommen werden. Die in tangentialer Richtung wirkende Schnittkraftkomponente F_{ct} muß vom Antrieb überwunden werden. Besondere Überlegungen erfordert das

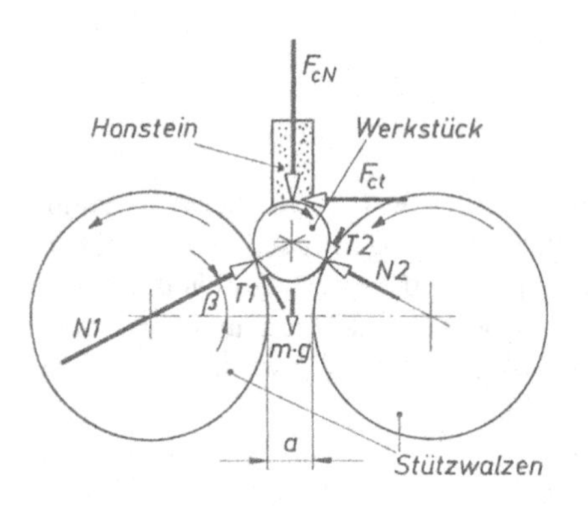

Bild G-32
Anordnung der Stützwalzen beim spitzenlosen Kurhubhonen. Kräftegleichgewicht am Werkstück.

F_{cN}	Schnittnormalkraft
F_{ct}	tangentiale Komponente der Schnittkraft
N1, N2	Normalkräfte von den Stützwalzen
T1, T2	Tangentialkräfte von den Stützwalzen
a	Walzenabstand

beim spitzenlosen Antrieb mit Stützwalzen (Bild G-32). Hier müssen die Walzen auch das Werkstück antreiben. Die Tangentialkräfte *T1* und *T2* müssen groß genug sein, um die bremsende Schnittkraftkomponente F_{ct} zu überwinden; sonst beginnt das Werkstück zu rutschen und dreht sich nicht mehr.
Im Gleichgewichtszustand gilt

$$F_{ct} = T1 + T2$$

Mit dem Reibungskoeffizienten μ zwischen Walze und Werkstück kann gefordert werden

$$T < \mu \cdot N$$

Daraus folgt

$$\boxed{F_{ct} < \mu\,(N1 + N2)} \qquad \text{(G-27)}$$

Aus dem vertikalen Kräftegleichgewicht läßt sich der Zusammenhang mit dem Winkel β ableiten:

$$F_{cN} + m \cdot g = (T1 - T2) \cdot \cos\beta + (N1 + N2) \cdot \sin\beta$$

Durch Vernachlässigung der kleineren Kräfte dabei wird

$$\boxed{N1 + N2 = \frac{F_{cN}}{\sin\beta}} \qquad \text{(G-28)}$$

Es ist hier schon zu erkennen, daß durch Verkleinerung des Winkels β die Anpreßkräfte *N* und damit das übertragbare Drehmoment vergrößert werden können.
Im Grenzfall darf als Schnittkraft auftreten (aus Gleichungen (G-27) und (G-28)):

$$\boxed{F_{ct\,max} = \mu \cdot \frac{F_{cN}}{\sin\beta}} \qquad \text{(G-29)}$$

Das bedeutet, daß für große Schnittkräfte F_{ct} der Reibungskoeffizient μ groß genug und der Winkel β klein genug sein muß. Die Anpressung F_{cN} kann nicht frei gewählt werden, da sich mit ihr auch F_{ct} proportional vergrößert.
Zur Bestimmung des Winkels β braucht Gleichung (G-29) nur umgestellt zu werden

$$\boxed{\sin\beta < \mu \cdot \frac{F_{cN}}{F_{ct}}} \qquad \text{(G-30)}$$

Das sagt aus, daß der Winkel β besonders klein sein muß, wenn der Reibungskoeffizient μ (Richtwert 0,15) zwischen Stützwalzen und Werkstück klein ist und wenn das Kräfteverhältnis F_{ct}/F_{cN} (Richtwert 0,4) groß ist; das ist bei scharfer grober Bearbeitung der Fall.
In der Praxis liegt β zwischen 12° und 20°. Über 20° ist die Werkstückmitnahme unsicher. Unter 12° werden die Normalkräfte *N1* und *N2* zu groß. Sie führen zu Walzendurchbiegung und unruhigem Lauf der Werkstücke [107]. Der gewünschte Winkel β läßt sich mit dem Walzenabstand a, gemessen in Walzenmitte, einstellen. Es gilt

$$a = (d_w + d) \cdot \cos \beta - d_w \quad \text{(G-31)}$$

Darin ist d_w der Walzendurchmesser und d der Werkstückdurchmesser.

3.4 Abspanungsvorgang

Der Abspanungsvorgang beim Kurzhubhonen ähnelt dem beim Langhubhonen sehr. Die Bearbeitungsriefen laufen wellenförmig um und kreuzen sich gegenseitig (Bild G-26). Der Richtungswechsel ist jedoch häufiger, so daß der Schnittwinkel α ungleichmäßiger ist. Außerdem ist er flacher, weil das Verhältnis v_t/v_a im allgemeinen größer ist. Anders zu beurteilen ist auch der Einfluß der Eindringtiefe, die beim Kurzhubhonen meistens klein ist, weil die Feinstbearbeitung überwiegt. So ist ein Abschälvorgang des Werkstoffs wie beim Drehen nahezu ausgeschlossen. Vielmehr muß die Werkstoffabspanung allein durch Verformungen oder durch Vorgänge, die dem Verschleiß bei mechanischer Reibung ähneln, erklärt werden.

1. Das *Mikropflügen* nach Martin [108] ist das Verdrängen des Werkstoffs aus der sich plastisch bildenden Kornspur nach den Seiten (Bild G-33). Dabei entstehen Überlappungen des Werkstoffs, die von der Honleistenbindung wieder angedrückt werden. Nach vielfacher Verformung ist der Werkstoff nicht mehr formbar. Die Überlappungen brechen nach und nach aus. Diese Späne sind so fein, daß sie vom Kühlschmiermittel aus dem Spalt zwischen Honstein und Werkstück fortgespült werden können.
2. Das *Mikrofurchen* ist das Verdrängen des Werkstoffs in Richtung Werkstückmitte bei sehr kleiner Eingriffstiefe im Bereich der Spitzenrundung des Korns. Dabei weicht unterhalb einer dünnen bereits verfestigten Schicht noch formbarer Werkstoff durch Querfließen aus. Bei Überschreiten der Scherfestigkeit löst sich eine dünne Schicht in kleinsten Teilchen vom Rillengrund (Bild G-34). Dieser Vorgang ist mit dem Reibungsverschleiß vergleichbar. Er

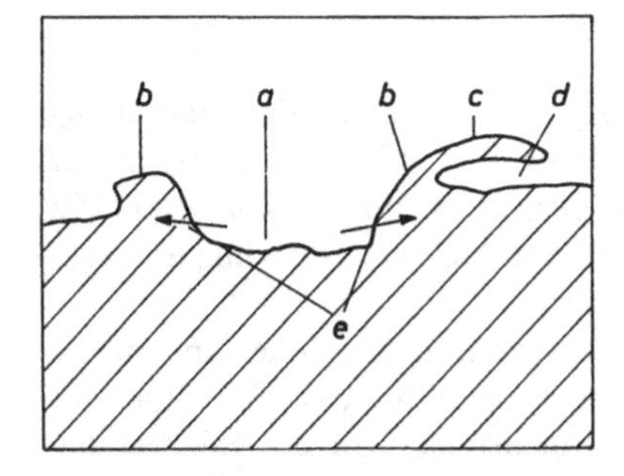

Bild G-33 Erklärung des Mikropflügens an einem Querschnitt durch eine Bearbeitungsspur: a vom Korn erzeugte Furche, b seitlich verdrängter Werkstoff, c von der Bindung niedergedrückter Werkstoffwulst, d Hohlraum, der zur Trennschicht wird, e Verdrängungsrichtung

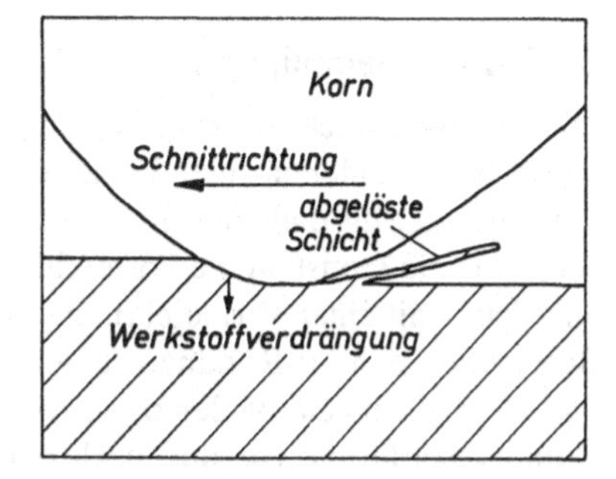

Bild G-34 Erklärung des Mikrofurchens mit Werkstoffablösung im Furchengrund an einem Längsschnitt durch eine Bearbeitungsspur

führt zu einem überaus langsamen Abnehmen des Werkstoffs. Nur die Häufigkeit der Kornüberläufe an der gleichen Werkstückstelle erzeugt eine spürbare Abspanungsrate.
Die Form der abgetragenen Teilchen ist sehr unregelmäßig und wenig vergleichbar mit Spanformen, die vom Drehen bekannt sind. Trotzdem müssen sie als die *Späne* angesehen serden, die beim Kurzhubhonen entstehen, denn die Festlegung ist in der Norm DIN 8580 erfolgt, wo auch dieses Verfahren als spanabhebendes Verfahren eingeordnet wird.

3.5 Auswirkungen am Werkstück

3.5.1 Oberflächengüte

Das wichtigste Ziel der Bearbeitung durch Kurzhubhonen ist eine *glatte Oberfläche.* Bei Wälzlagern soll sie mit den Wälzkörpern eine möglichst vollständige Flächenberührung bieten, um die statische und dynamische Tragfähigkeit zu steigern. Die Flächenpressung verringert sich dadurch ebenso wie die Gefahr von Überlastungen und plastischen Verformungen im Bereich kleinster Unebenheiten.
Bei Gleitlagern soll die Glättung zur Verringerung von Angriffsflächen für die Reibung führen. Nockenwellen, Kurbelwellen und andere Getriebeteile laufen vielfach im Mischreibungsgebiet, in dem eine mechanische Berührung der Gleitpartner noch möglich ist. Glatte Oberflächen bieten hier weniger Angriffspunkte für den Verschleiß.
Bei Dichtflächen, auf denen Gummi- oder Kunststoffdichtungen laufen, ist nicht die Glätte allein wichtig für geringen Verschleiß, sondern es soll auch eine Restrauheit der gekreuzten Bearbeitungsspuren bleiben, die einen Schmiermittelfilm halten kann. In der Praxis reicht daher der Bereich der gewünschten Oberflächengüte beim Kurzhubhonen von matt schimmernden Oberflächen mit einer mittleren Rauhtiefe von $R_z = 10$ µm bis herab zu hochglänzenden Flächen mit $R_z = 0{,}1$ µm, bei denen die Wellenlänge des Lichtes nicht klein genug ist, die bleibenden Restrauheiten aufzulösen.
Der zeitliche Ablauf der Rauhtiefenverkleinerung ist vergleichbar mit dem Vorgang beim Langhubhonen (Bilder G-17 und G-18). Anfangs verringert sich die Rauhtiefe schnell. Die Glättung wird dann immer langsamer, je weiter die Rillen der Vorbearbeitung abgetragen sind. Schließlich kann durch längere Bearbeitung keine Verbesserung mehr erreicht werden. Erst weitere Arbeitsstufen mit geringerer Anpressung oder feinerem Korn bringen einen Fortschritt. Bei sehr großen Anforderungen sind 4 bis 6 Arbeitsstufen üblich.

3.5.2 Formgenauigkeit

Die am Werkstück verlangte Formgenauigkeit muß im wesentlichen vor der Endbearbeitung schon beim Schleifen oder Feindrehen hergestellt werden. Beim Kurzhubhonen selbst ist der Abtrag so gering, daß nur sehr kleine Korrekturen der *Werkstückrundheit* möglich sind. Bild G-35 zeigt, wie ein Honstein die Formfehler überdecken kann. Je größer diese Überdeckung ist, desto eher kann mit einer Verkleinerung des Fehlers gerechnet werden.
Bezeichnet man als Rundheitsfehler die Breite Rd der Zone zwischen dem größten Innenkreis und dem kleinsten Außenkreis, dann kann man als Kreisformkorrektur das Verhältnis der Rundheitsdifferenz vor und nach der Bearbeitung zum Rundheitsfehler vor der Bearbeitung bezeichnen $\Delta Rd/Rd_0$. Bild G-36 zeigt die Ergebnisse von Versuchen, sehr kleine Rundheitsfehler von $Rd_0 = 5$ µm zu beseitigen. Es ist zu erkennen, daß Unrundheiten höherer Ordnung leichter zu korrigieren sind, als Unrundheiten kleiner Ordnung. Ovale (Unrundheiten zweiter Ordnung) können gar nicht verbessert werden. Außerdem zeigt sich, daß ein großer Umschlingungswinkel sehr hilfreich ist bei der Verbesserung der Formgenauigkeit.

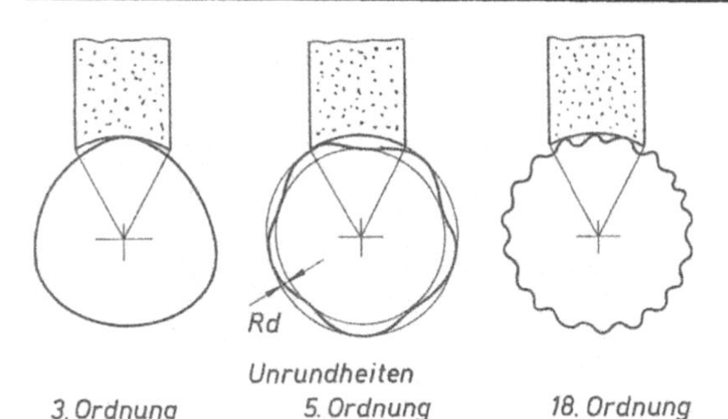

Bild G-35
Überdeckung der Unrundheiten am Werkstück bei gleichem Umschlingungswinkel und verschiedenen Unrundheitsformen

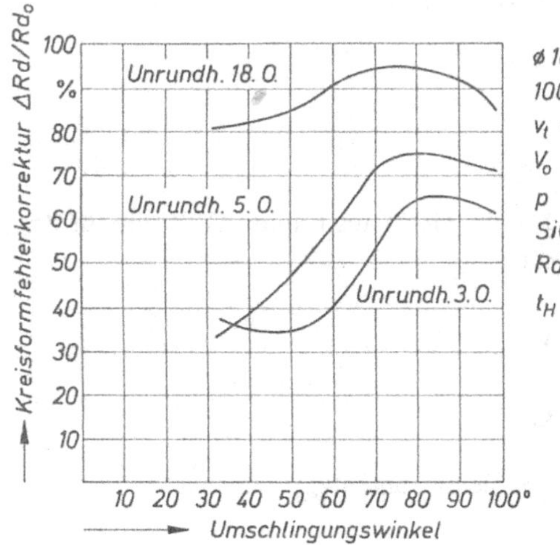

Bild G-36
Einfluß des Umschlingungswinkels und der Unrundheitsform auf die Verbesserung der Kreisform beim Kurzhubhonen [107]

3.5.3 Werkstoffverfestigung

Beim Kurzhubhonen entsteht auf den Werkstücken eine verfestigte Randschicht. Ursache dafür ist die vielfache *Kaltverformung* bei der Bearbeitung durch die Körner des Honsteins. Der natürliche unberührte Werkstoff ist erst in einer geringen Tiefe unter dieser Schicht zu finden. Die Schichtdicke ist mit 2 bis 3 µm sehr gering. Alle anderen spangebenden Bearbeitungsverfahren erzeugen dickere Verfestigungsschichten.

Die einfachste Möglichkeit, die Kaltverfestigung festzustellen, ist die Kleinlasthärtemessung. Wenn man nach und nach dünne Schichten der bearbeiteten Oberfläche abätzt, kann man eine Härteabnahme bis zur Grundhärte des Werkstoffs feststellen [109]. Die Messungen sind nicht sehr genau, denn sie schwanken mit den wechselnden Gefügeanteilen und den Unebenheiten von der Bearbeitung, die von der Prüfpyramide getroffen werden. Deshalb ist eine größere Anzahl von Messungen mit statistischer Absicherung durchzuführen. Außerdem durchdringt die Härteprüfung auch bei kleinster Last die verfestigte Schicht, so daß immer zu kleine Meßergebnisse gefunden werden.

In Bild G-37 sind die Ergebnisse von Messungen an Ck45 mit verschiedenen Grundfestigkeiten dargestellt [109]. Zu erkennen ist, daß die Härte eines weichen Grundgefüges durch die Kurzhubhonbearbeitung mehr zunimmt als die eines harten Grundgefüges. Weiter läßt sich erkennen, daß unabhängig vom Grundgefüge nach dem Abtragen einer 3 µm dicken Schicht keine Verfestigung mehr zu erkennen ist.

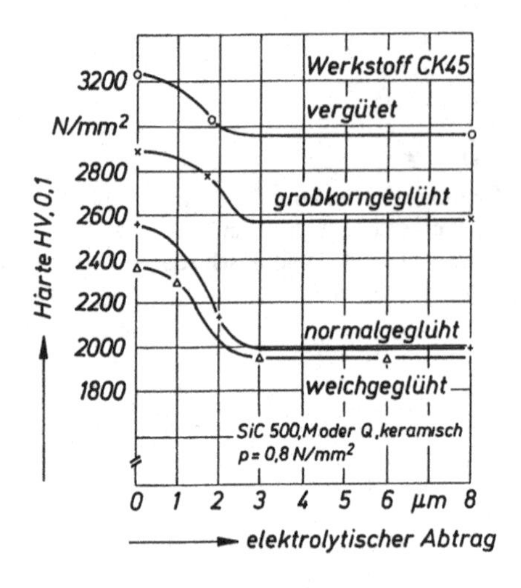

Bild G-37
Verfestigung der Werkstückrandzone durch Kurzhubhonen [109]

3.6 Abspanungsgrößen

Für das Kurzhubhonen gelten die Gleichungen (G-10) bis (G-17) aus Kapitel G 2.6, die für das Langhubhonen angegeben wurden, ohne Einschränkung

(G-10) für die Abspanungsgeschwindigkeit v_x,
(G-11) für das abgespante Werkstoffvolumen V_w,
(G-12) für das Zeitspanungsvolumen Q,
(G-13) für das mittlere Zeitspanungsvolumen Q_m,
(G-14) mit $z = 1$ für den Honsteinverschleiß V_s,
(G-15) mit $z = 1$ für das werkstückbezogene Verschleißvolumen V_{sw},
(G-16) für das Zeitverschleißvolumen Q_s und
(G-17) für das verschleißbezogene Abspanungsverhältnis G.

Zeitlicher Verlauf und einige Einflüsse auf die Abspanungsgrößen sind in den Bildern G-21 bis G-23 bereits beim Langhubhonen geschildert.
Die praktisch erreichten Zahlenwerte des Zeitspanungsvolumens sind mit dem Langhubhonen nur im Bereich der feinsten Genauigkeitsbearbeitung vergleichbar. Eine grobe Bearbeitung, die man als Schruppen bezeichnen könnte, wird in der Praxis nicht durchgeführt. So kann bei beginnender Bearbeitung das Zeitspanungsvolumen Q 100 mm³/min betragen. Es verkleinert sich sehr schnell und sinkt in der Endstufe bis unter 10 mm³/min. Im Durchlaufverfahren mit Stützwalzen und mehreren Bearbeitungsstufen vergrößert sich das Zeitspanungsvolumen mit der Zahl der Bearbeitungsstellen.

4 Bandhonen

4.1 Verfahrensbeschreibung

Ein Schleifband wird mit Anpreßschalen auf die Werkstückoberfläche gedrückt (Bild G-38). Das *Werkstück* wird gleichzeitig in eine *Dreh-* und eine kurzhubige *Axialbewegung* versetzt. Das Schleifband steht während der Bearbeitung still. Der Abrieb wird mit Honöl weggespült. Auf der Oberfläche entstehen die für das Kurzhubhonen kennzeichnenden umlaufenden sich kreuzenden Bearbeitungsspuren. Die Oberfläche des Werkstücks wird geglättet. Scharfe Kanten oder Grate runden sich bei der Bearbeitung ab. Anschließende Hohlkehlen können mit bearbeitet werden.

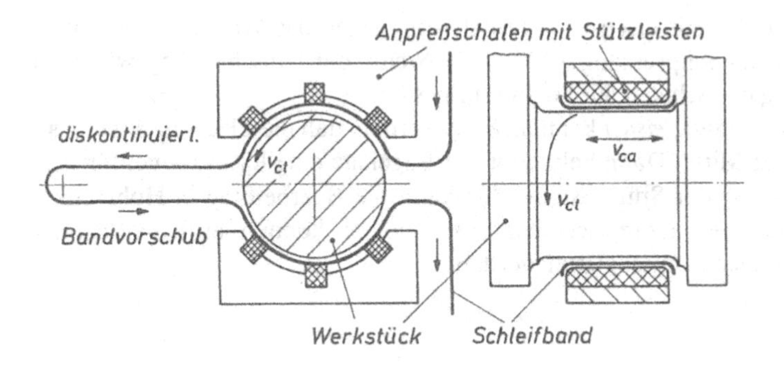

Bild G-38
Prinzip des Bandhonens an einem Wellenlager

Das Bandhonen ist dem Bandschleifen sehr ähnlich. Es unterscheidet sich durch die *kurzhubige Längsbewegung* des *Werkstücks*, die zu den gekreuzten Bearbeitungsspuren führt und durch das *stillstehende Schleifband*, das erst beim Werkstückwechsel um einen Betrag von 10 bis 40 mm weiter geführt wird.

4.2 Bewegungsablauf

Die tangentiale Komponente der Schnittbewegung wird durch die *Drehung* des *Werkstücks* erzeugt. Ihre Geschwindigkeit

$$v_{ct} = \pi \cdot d \cdot n \tag{G-32}$$

ist bei Vorbearbeitungen 10 bis 15 m/min, bei Fertigbearbeitungen etwa doppelt so schnell: 20 bis 30 m/min.
Die axiale *Schwingung* wird mit Frequenzen zwischen 50 und 600 Schwingungen pro Minute und Schwingweiten von 2 bis 5 mm erzeugt. Dabei entstehen Geschwindigkeiten

$$v_{ca} < V_0 = 2 \cdot \pi \cdot A_0 \cdot f \tag{G-33}$$

von 1 bis 5 m/min.
Die resultierende *Schnittgeschwindigkeit* ergibt sich bei vektorieller Addition

$$v_c = \sqrt{v_{ct}^2 + v_{ca}^2} \tag{G-34}$$

Die Bearbeitungsspuren schneiden sich unter dem *Schnittwinkel*

$$\tan\frac{\alpha}{2} = \frac{v_{ca}}{v_{ct}} \tag{G-35}$$

α erreicht 10° bis 30°.

4.3 Werkzeuge

Als Werkzeug dient *Schleifband*, dessen Breite sich nach der Arbeitsstelle richtet. Es ist im allgemeinen mit *Normalkorund* der Körnungen 280 bis 800 beschichtet. Die Bindung besteht aus Hautleim oder Kunstharz.

Das Band wird von *Anpreßschalen* mit elastischen Stützleisten gegen das Werkstück gedrückt. Die an den Stützleisten gemessene Anpressung ist 30 bis 50 N/cm^2, der Umschlingungswinkel je nach konstruktiver Ausführung der Schalen 60° bis 180° insgesamt.
Durch geeignete Formgebung der *Stützleisten* kann erreicht werden, daß die Flächenpressung an den Kanten größer ist als in der Mitte. Dann bekommt der Lagersitz eine leicht tonnenförmige Abrundung. Mit einer Abrundung der Stützleistenenden kann die Bearbeitung in Hohlkehlen hinein geführt werden. Durch besondere Schalenkonstruktionen können auch seitlich an Lagerstellen angrenzende Planflächen mitgeglättet werden.

4.4 Werkstücke

Das Bandhonen findet seine Anwendung in der Massenproduktion, wo es auf eine Glättung von Werkstücken ankommt, die in der kurzen Taktzeit einer Bearbeitungslinie beendet sein muß. In der Automobilindustrie sind es vor allem Motoren- und Getriebeteile, die so ihre letzte Bearbeitung erhalten. An Kurbelwellen werden Haupt- und Hubzapfen, Hohlkehlen und Stirnlagerflächen bandgehont. An Nockenwellen sind es die Lagerzapfen und die Nocken. Weiter können die balligen Gleitflächen von Kipphebeln sowie alle Lager- und Dichtflächen an Getriebewellen und Steckachsen durch Bandhonen bearbeitet werden.
Das Bandhonen hat seine Grenze bei harten Werkstoffen über 65 HRC und bei besonders engen Toleranzen für Formfehler. Bearbeitungen längerer Werkstücke im Durchlaufverfahren wurden bisher nicht durchgeführt.

4.5 Arbeitsergebnisse

Die in der Praxis erzielte Rauhtiefe liegt zwischen $R_z = 0{,}5$ bis $R_z = 5$ µm. Sie hängt von der Feinheit des gewählten Polierbands, von der Honzeit und von der Vorbearbeitung ab. Nach einem Vorschleifen mit $R_z = 2$ bis $R_z = 4$ µm läßt sich die Rauhtiefe auf $R_z = 1$ µm, nach einem Drehen oder Fräsen mit $R_z = 10$ bis $R_z = 15$ µm auf $R_z = 5$ µm verbessern. Die Honzeit beträgt dabei 15 bis 45 s.
Der Werkstoffabtrag von 3 bis 10 µm soll wenigstens die Rauheit der Vorbearbeitung beseitigen. Besser ist es, $(2 \text{ bis } 3) \times R_z$ der Vorbearbeitung vorzusehen. Es kann mit einem mittleren bezogenen Zeitspanungsvolumen von $Q' = 1$ bis 4 mm^3/min je mm Werkstückbreite gerechnet werden.

5 Berechnungsbeispiele

5.1 Langhubhonen

Ein Zylinder aus Grauguß von 75 mm Länge wird mit einem Vierleisten-Honwerkzeug bearbeitet. Drehzahl $n = 200$ U/min, Hubgeschwindigkeit $v_{ca} = 20$ m/min, Werkstückdurchmesser vorher $d_0 = 79{,}94$ mm, nachher $d = 80{,}00$ mm, Honzeit $t_h = 45$ s.

Aufgabe: Zu berechnen sind Schnittgeschwindigkeit, Schnittwinkel, Hub, Hubfrequenz und das mittlere Zeitspanungsvolumen.

Lösung: Die Tangentialgeschwindigkeit ist die Umfangsgeschwindigkeit des Werkzeugs. Sie läßt sich aus den bekannten Daten berechnen:

$$v_{ct} = \pi \cdot d \cdot n = \pi \cdot 0{,}08 \text{ m} \cdot 200 \text{ U/min} = 50{,}2 \text{ m/min}.$$

Mit Gleichung (G-1) wird die Schnittgeschwindigkeit berechnet:

$$v_c = \sqrt{v_{ca}^2 + v_{ct}^2} = \sqrt{20^2 + 50{,}2^2} = 54 \text{ m/min}.$$

Aus Gleichung (G-2) geht der Schnittwinkel der Honspuren hervor:

$$\alpha = 2 \cdot \arctan \frac{v_{ca}}{v_{ct}} = 2 \cdot \arctan \frac{20}{50{,}2} = 21{,}7°.$$

Für die Länge der Honleisten wird $L = 2/3 \cdot l$ angenommen und mit Gleichung (G-3) der Hub ausgerechnet:

$$s = l - \frac{1}{3} L = l - \frac{1}{3} \cdot \frac{2}{3} \cdot l = \left(1 - \frac{2}{9}\right) \cdot 75 \text{ mm} = 58{,}3 \text{ mm}.$$

Für die Berechnung der Hubfrequenz eignet sich Gleichung (G-4):

$$f = \frac{v_{ca}}{2 \cdot s} = \frac{20\,000 \text{ mm/min}}{2 \cdot 58{,}3 \text{ mm}} = 171{,}4 \text{ DH/min}.$$

Gleichung (G-13) gibt schließlich die Lösung für das mittlere Zeitspanungsvolumen:

$$Q_m = \frac{\pi \cdot d \cdot L \cdot \Delta d}{2 \cdot t_h} = \frac{\pi \cdot 80 \text{ mm} \cdot 75 \text{ mm} \cdot 0{,}06 \text{ mm}}{2 \cdot 45 \text{ s}} = 12{,}6 \text{mm}^3/\text{s}.$$

Ergebnis:

Schnittgeschwindigkeit	v_c	= 54 m/min
Schnittwinkel	α	= 21,7°
Hub	s	= 58,3 mm
Hubfrequenz	f	= 171,4 DH/min
mittleres Zeitspanungsvolumen	Q_m	= 12,6 mm³/s.

5.2 Kräfte beim Honen

Das Werkzeug für die Zylinderbearbeitung in Aufgabe 5.1 hat 4 Diamant-Honleisten mit je $50 \cdot 3 \text{ mm}^2$ Arbeitsfläche. Die Flächenpressung soll 5 N/mm² erreichen. Der Kegel des Zustellkonus hat einen Winkel von $\delta = 4°$.

Aufgabe: Der axiale Verstellweg des zentralen Zustellsystems für das An- und Rückstellen der Honleisten um 0,5 mm und das Zustellen um das Aufmaß von 0,03 mm ist zu berechnen. Ferner sollen berechnet werden die Radialkraft jeder Honleiste, die erforderliche Axialkraft des Zustellsystems, die Schnittkraft und ihr tangentialer Anteil pro Honleiste bei einem gedachten mittleren Reibungsbeiwert von $\mu_r = 0{,}5$, das Drehmoment und die Schnittleistung.

Lösung: Der axiale Verstellweg wird durch die Übersetzung mit dem Konuswinkel δ stark vergrößert:

$$z_a = \frac{0{,}5 \text{ mm}}{\tan \delta} = \frac{0{,}5}{\tan 4°} = 7{,}15 \text{ mm},$$

$$z_z = \frac{0{,}03 \text{ mm}}{\tan \delta} = \frac{0{,}03}{\tan 4°} = 0{,}43 \text{ mm}.$$

Die Radialkraft einer Honleiste ergibt sich aus der gewünschten Anpressung und der Arbeitsfläche (Gleichung (G-6)):

$$F_r = A_H \cdot p = 50 \cdot 3 \text{ mm}^2 \cdot 5 \text{ N/mm}^2 = 750 \text{ N}.$$

Um an allen 4 Honleisten diese Radialkraft zu erzeugen, muß das Zustellsystem folgende Axialkraft aufbringen (Gleichung (G-5)):

$$F_a = z \cdot F_r \cdot \tan \delta = 4 \cdot 750 \text{ N} \cdot \tan 4° = 210 \text{ N}.$$

Am Werkstück wirkt die Radialkraft F_r als Schnittnormalkraft F_{cN} (Bild G-15).

$$F_{cN} = F_r.$$

Bei einem mittleren „Reibungskoeffizienten" von $\mu_r = 0{,}5$ entsteht durch die Schnittbewegung die Schnittkraft:

$$F_c = \mu_r \cdot F_{cN} = 0{,}5 \cdot 750\ \text{N} = 375\ \text{N}.$$

Der tangentiale Anteil davon geht aus Bild G-15 hervor:

$$F_{ct} = F_c \cdot \cos\frac{\alpha}{2} = 375\ \text{N} \cdot \cos\frac{21{,}7°}{2} = 368\ \text{N}.$$

Bei 4 Honleisten kann das Schnittmoment mit Gleichung (G-7) berechnet werden:

$$M_c = z \cdot \frac{d}{2} \cdot F_{ct} = 4 \cdot \frac{0{,}08\ \text{m}}{2} \cdot 368\ \text{N} = 59\ \text{Nm}.$$

Gleichung (G-8) liefert die Schnittleistung:

$$P_c = z \cdot F_c \cdot v_c = 4 \cdot 375\ \text{N} \cdot 54\ \text{m/min} \cdot \frac{1\ \text{min}}{60\ \text{s}} = 1350\ \text{W}.$$

Ergebnis:

Axiales Anstellen	z_a	$= 7{,}15$ mm
axiales Zustellen	z_z	$= 0{,}43$ mm
Radialkraft	F_r	$= 70$ N
Axialkraft bei 4 Honleisten	F_a	$= 210$ N
Schnittkraft je Honleiste	F_c	$= 375$ N
Tangentialanteil	F_{ct}	$= 368$ N
Schnittmoment	M_c	$= 59$ Nm
Schnittleistung	P_c	$= 1350$ W.

5.3 Kurzhubhonen

Ein Wellenlager von 28 mm Durchmesser wird bei einer Drehzahl von 500 U/min durch Kurzhubhonen mit einer Frequenz von 35 Hz und einer Schwingweite von 2 mm bearbeitet.

Aufgabe: Zu berechnen sind die kleinste und die größte Schnittgeschwindigkeit sowie der größte Schnittwinkel der sich kreuzenden Honspuren.

Losung: Die Umfangsgeschwindigkeit des Werkstücks ist der tangentiale Anteil der Schnittgeschwindigkeit (Gleichung (G-18)):

$$v_{ct} = \pi \cdot d \cdot n = \pi \cdot 0{,}028\ \text{m} \cdot 500\ \text{U/min} = 44\ \text{m/min}.$$

Sie ist gleichzeitig die kleinste Schnittgeschwindigkeit, denn in den Augenblicken der Bewegungsumkehr ($\omega t = 90°$) wird nach Gleichung (G-19) $v_{ca} = 0$.
Den Größtwert der Axialgeschwindigkeit liefert Gleichung (G-20):

$$V_0 = 2 \cdot \pi \cdot A_0 \cdot f = 2 \cdot \pi \cdot \frac{0{,}002\ \text{m}}{2} \cdot 35\frac{1}{\text{s}} \cdot \frac{60\ \text{s}}{\text{min}} = 13{,}2\ \text{m/min}.$$

Zusammen mit dem Tangentialanteil errechnet man nach Gleichung (G-21):

$$v_{c\,max} = \sqrt{v_{ct}^2 + V_0^2} = \sqrt{44^2 + 13{,}2^2} = 45{,}9\ \text{m/min}.$$

Mit Gleichung (G-22) kann der größte Schnittwinkel der Bearbeitungsspuren bestimmt werden:

$$\alpha_{max} = 2 \cdot \arctan\frac{2 \cdot A_0 \cdot f}{d \cdot n} = 2 \arctan\frac{2\ \text{mm} \cdot 35\,\text{s}^{-1} \cdot 60\ \text{s/min}}{28\ \text{mm} \cdot 500\,\text{min}^{-1}},$$

$$\alpha_{max} = 33{,}4°$$

Ergebnis:

kleinste Schnittgeschwindigkeit	$v_{c\,min}$	$= 44$ m/min
größte Schnittgeschwindigkeit	$v_{c\,max}$	$= 45{,}9$ m/min
größter Schnittwinkel	α_{max}	$= 33{,}4°$.

5.4 Abspanung und Verschleiß beim Kurzhubhonen

Eine Welle von 50 mm Durchmesser und 60 mm Länge wird ohne Längsvorschub (Einstechverfahren) durch Kurzhubhonen mit einem Honstein 60×25 mm² 45 Sekunden lang bearbeitet. Das pneumatische Kurzhubhongerät (s. Bild G-24) hat einen Anpreßkolben mit 10 cm² Kolbenfläche und wird mit einem Druck von 4,0 bar beaufschlagt. Der Werkstückdurchmesser verkleinert sich bei der Bearbeitung um 42 µm, der Honstein hat nach 10 Werkstücken 0,5 mm von seiner Höhe verloren.

Aufgabe: Es sollen die Flächenpressung zwischen Honstein und Werkstück, die Abspanungsgeschwindigkeit, das abgespante Werkstoffvolumen, das mittlere Zeitspanungsvolumen, das Verschleißvolumen, das Verschleißvolumen pro Werkstück, das Zeitverschleißvolumen und der Verhältniswert G berechnet werden.

Lösung: Mit Gleichung (G-25) kann die Flächenpressung bestimmt werden:

$$p = \frac{p_0 \cdot A_k}{l \cdot b} = \frac{4{,}0 \cdot 10^5\,\text{N/m}^2 \cdot 10\,\text{cm}^2}{60 \cdot 25\,\text{mm}^2} \cdot \frac{1\,\text{m}^2}{10^4\,\text{cm}^2} = 0{,}27\,\text{N/mm}^2.$$

Für die Berechnung der Abspanungsgeschwindigkeit wird Gleichung (G-10) sinngemäß eingesetzt:

$$v_x = \frac{dx}{dt} = \frac{\Delta d/2}{t_h} = \frac{42\,\mu\text{m}}{2 \cdot 45\,\text{s}} \cdot \frac{60\,\text{s}}{\text{min}} = 28\,\mu\text{m/min}.$$

Das abgespante Werkstoffvolumen bestimmt man mit den Werkstückabmessungen und Gleichung (G-11):

$$V_W = \pi \cdot d \cdot x \cdot L = \pi \cdot 50\,\text{mm} \cdot \frac{0{,}042\,\text{mm}}{2} \cdot 60\,\text{mm} = 198\,\text{mm}^3.$$

Für das mittlere Zeitspanungsvolumen gilt Gleichung (G-13) oder einfach:

$$Q_m = \frac{V_W}{t_h} = \frac{198\,\text{mm}^3}{45\,\text{s}} \cdot \frac{60\,\text{s}}{\text{min}} = 264\,\text{mm}^3/\text{min}.$$

Der Verschleiß am Honstein nach 10 Werkstücken beträgt nach Gleichung (G-14):

$$V_s = z \cdot s \cdot l \cdot b = 1 \cdot 0{,}5\,\text{mm} \cdot 60 \cdot 25\,\text{mm}^2 = 750\,\text{mm}^3;$$

werkstückbezogen mit Gleichung (G-15)

$$V_{sW} = \frac{V_s}{N} = \frac{750\,\text{mm}^3}{10} = 75\,\text{mm}^3.$$

Für das Zeitverschleißvolumen kann mit Gleichung (G-16) bestimmt werden:

$$Q_s = \frac{V_{sW}}{t_h} = \frac{75\,\text{mm}^3}{45\,\text{s}} \cdot \frac{60\,\text{s}}{\text{min}} = 100\,\text{mm}^3/\text{min}.$$

Gleichung (G-17) liefert den Verhältniswert von Abspanung zu Verschleiß:

$$G = \frac{V_W}{V_s} = \frac{198\,\text{mm}^3}{75\,\text{mm}^3} = 2{,}64\,.$$

Ergebnis:

Flächenpressung	p	= 0,27 N/mm²
mittlere Abspanungsgeschwindigkeit	v_x	= 28 µm/min
Werkstoffvolumen	V_W	= 198 mm³
mittleres Zeitspanungsvolumen	Q_m	= 264 mm³/min
Verschleiß nach 10 Werkstücken	V_s	= 750 mm³
Verschleißvolumen pro Werkstück	V_{sW}	= 75 mm³
Zeitverschleißvolumen	Q_s	= 100 mm³/min
Abspanungsverhältnis	G	= 2,64.

H Läppen

1 Abgrenzung

Läppen ist eins der ältesten Bearbeitungsverfahren. Bereits in der Steinzeit haben die Menschen Werkstücke und Geräte durch *Läppen* bearbeitet, indem sie einen rotierenden Holzstab darauf setzten und Sand mit Wasser als *Läppmittel* dazugaben (Bild H-1). Der *Läppdorn* (Bohrer) war aus Holz. Er nutzte sich natürlich mit ab, sogar mehr als das Werkstück, wenn dieses aus Stein war. Auch die verstärkende Wirkung durch Belastung des „Bohrers" war bekannt. Alles, was man dazu brauchte, lieferte die Natur: Äste von Bäumen, Steine, Sand, Wasser und die Sehnen aus erlegten Tieren.
Heute ist Läppen ein hochentwickeltes *Feinbearbeitungsverfahren*. Die benutzten Werkzeuge und Läppmittel sind keine Naturprodukte mehr, sondern technische Produkte, deren Herstellung sorgfältig überwacht und geprüft wird. Die Werkstücke sind Schmuckstücke und technische Teile höchster Präzision und Oberflächengüte. Es ist nach DIN 8589 als spangebendes Bearbeitungsverfahren eingeordnet, das mit Hilfe *losen Kornes* die Oberfläche von Werkstücken abträgt. Das Korn wird von Werkzeugen, die die *Gegenform* des Werkstücks besitzen, angedrückt und in wechselnder Richtung bewegt. Es wird von einer Flüssigkeit oder Paste umgeben und transportiert.
Das Läppen wird nach DIN 8589 Teil 15 nach den Formen der zu bearbeitenden Werkstücke unterteilt in: *Planläppen, Rundläppen, Schraubläppen, Wälzläppen* und *Profilläppen* (Bild H-2).

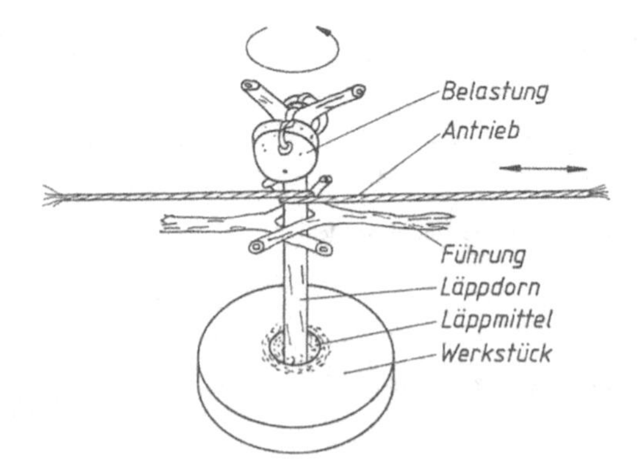

Bild H-1
Läppwerkzeug. Altertümliches Gerät zum „Bohren" von Löchern in Stein

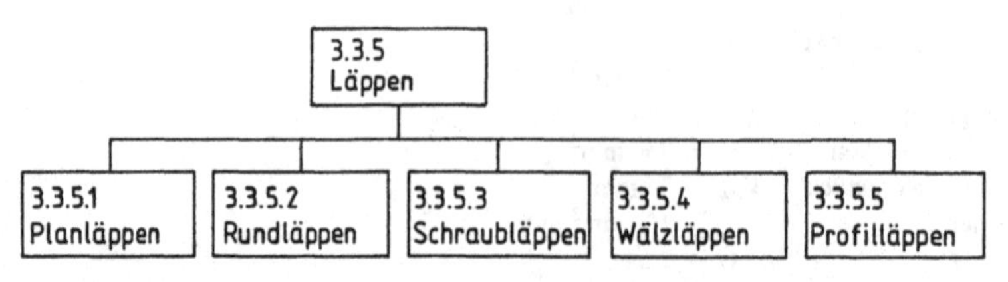

Bild H-2 Übersicht über die Läppverfahren nach DIN 8589 Teil 1.

Es gibt weitere Läppverfahren, die dieser Einteilung nur sehr schwer zuzuordnen sind. Sie unterscheiden sich vor allem durch die Erzeugung der Läppmittelbewegung und weniger durch strenge Werkstückgeometrie.

Druckfließläppen ist Spanen mit losem in einer Paste verteiltem Korn von ausgewählten Werkstückkonturen mit wechselnder oder einseitiger Bearbeitungsrichtung unter Druck. Es wird in der DIN-Norm bisher nicht erwähnt.

Schwingläppen ist Spanen mit losem, in einer Paste oder Flüssigkeit gleichmäßig verteiltem Korn, das durch ein im Ultraschallbereich schwingendes, meist formübertragendes Gegenstück Impulse erhält, die ihm ein Arbeitsvermögen geben.

Einläppen ist das paarweise Läppen von Werkstücken zum Ausgleichen von Form- und Maßabweichungen zugeordneter Werkstückflächen, wobei die Werkstücke als formübertragende Werkzeuge dienen. Beispiele: Einläppen von Zahnradpaaren, Einläppen von Lagerzapfen und Lagerschale, Einläppen von Ventilsitzen.

Strahlläppen ist in DIN 8200 beschrieben.

Tauchläppen bzw. *Gleitläppen* ist in DIN 8589 Teil 17 festgelegt.

2 Läppwerkzeuge

2.1 Läppkorn

Das Läppkorn wälzt sich zwischen Werkzeug und Werkstück ab. Die Flüssigkeit hält es beweglich. Unter der Anpressung dringt es in die Oberfläche beider Bearbeitungspartner ein, verformt diese und trägt den Werkstoff ab. Vom Läppkorn werden folgende Eigenschaften verlangt:

1.) *Härte.* Es soll hart genug sein, um in den Werkstoff eindringen zu können. Die Härte des Werkstoffs nimmt bei der Bearbeitung durch Kaltverformung noch zu.
2.) *Druckfestigkeit.* Es darf unter der Anpreßkraft nicht zu schnell zerspringen oder sich verformen.
3.) *Schneidhaltigkeit.* Seine Kanten und Ecken sollen unter der Beanspruchung möglichst lange erhalten bleiben.
4.) *Gleichmäßigkeit* der Körnung. Alle Körner sollen gleichmäßig eingreifen. Einzelne, zu große Körner hinterlassen auf der bearbeiteten Oberfläche unerwünscht tiefe Spuren. Zu kleine Körner laufen nutzlos mit, ohne zu arbeiten.
5.) *Kornform* soll blockig mit scharfen Kanten, nicht flach sein.

Folgende Schneidstoffe, die teilweise schon als Schleifmittel bekannt sind (vergl. Tabelle F-1), werden hauptsächlich als Läppkorn eingesetzt:

1.) *Siliziumkarbid* kann für fast alle Werkstoffe benutzt werden und wird auch am häufigsten eingesetzt. Selbst bei der Bearbeitung von Hartmetall zeigt es dadurch eine Wirkung, daß es in das weiche Trägermetall Kobalt eindringt und die eingebetteten härteren Metallkarbide herausbricht.
2.) *Elektrokorund* wird fast nur bei weicheren Werkstoffen angewendet oder wenn ein gewisser Poliereffekt gewünscht wird, der bei abgerundeten Schleifkornkanten unter starker Verringerung der Werkstoffabnahme einsetzt.
3.) *Borkarbid* ist härter und druckfester als Siliziumkarbid. Es eignet sich daher noch mehr für gehärtete Stähle und Hartmetalle. Für den Einsatz bei weicheren Werkstoffen ist es zu teuer.
4.) *Polierrot* und *Chromgrün* (Eisen- bzw. Chromoxid) sind Fertigpoliermittel, die in Pastenform verwendet werden. Sie verursachen eine Glättung und Politur ohne große Spanabnahme.

5.) *Diamant* wird besonders bei Hartmetall, gehärtetem Stahl, Glas und Keramik eingesetzt. Die besonders feine (unter D 30) und eng klassierte Körnung wird dabei in dünnflüssigen Medien als Suspension vorbereitet. Sie wird meistens mit besonderen Sprühgeräten sparsam und gleichmäßig verteilt. Das Diamantkorn ist aufgrund seiner Härte und Kantenschärfe wirksamer als die weicheren Läppmittel. Es trägt auch inhomogene Werkstoffe wie Hartmetall gleichmäßig ab. Dadurch bleibt die Oberfläche zusammenhängend eben. Sie wird weniger aufgelockert und an den Kanten nicht so stark abgerundet. Kürzere Bearbeitungszeiten gegenüber weicheren Läppmitteln machen Diamant in vielen Fällen trotz seines hohen Preises wirtschaftlich vertretbar.

Nur *sehr feine Körnungen* werden beim Läppen eingesetzt

Körnung F 220 bis F 400 für das grobe Läppen
F 400 bis F 600 für das mittlere und
F 800 bis F 1200 für das feine Läppen.

Bei Diamantkorn sind es die *Mikrokörnungen* unter D 30 (Tabelle F-3).

2.2 Läppflüssigkeit

Beim Läppen wird das Korn nicht trocken verwendet, sondern in einer Flüssigkeit aufgeschwemmt. Diese Flüssigkeit hat die Aufgabe, das Korn beweglich zu halten. Durch die Strömung im Spalt richtet sie auch flache, schuppenartige Läppkörner immer wieder auf, so daß sie wie kleine Räder abrollen (s. Bild H-3). Erst durch das *Abrollen* entstehen die dem Verfahren eigenen *Läppspuren*, die aus dicht beieinanderliegenden, sich überschneidenden Kornabdrücken bestehen und wie eine mikroskopische Kraterlandschaft aussehen. Trockenes Korn würde nicht gut abrollen. Besonders flache Körner würden dazu neigen, zwischen den Flächen von Werkstück und Werkzeugkörper zu gleiten und dabei Bearbeitungsriefen wie beim Schleifen und Honen bilden. Diese sind jedoch beim Läppen unerwünscht.

Die Läppflüssigkeit dient nicht als Kühlmittel, wie bei den bisher behandelten Bearbeitungsverfahren. Zum Kühlen ist der Durchfluß zu klein, und eine Schmierwirkung ist nicht erforderlich. Gewünschte Eigenschaften sind Tragfähigkeit für das Schleifkorn, Korrosionsschutz bei der Bearbeitung von Eisenwerkstoffen und chemische Beständigkeit (kein Faulprozeß). Die Zähigkeit sehr dünnflüssiger Stoffe wie Wasser, Petroleum oder sogar Benzin reicht bereits aus, um die gewünschte Förderwirkung zu erzielen. Je größer das Korn, desto zäher kann die Flüssigkeit sein.

Dünnflüssiges *Mineralöl* ist am häufigsten in Gebrauch. Größere *Zähigkeit* ergibt einen *weicheren* Schnitt. Das Eindringen des Kornes in den Werkstoff wird gedämpft. Die Oberfläche wird feiner. Aber das Zeitspanungsvolumen wird kleiner. Geringere Zähigkeit dagegen verbessert die Angriffsfreudigkeit des Kornes. Dabei entstehen tiefere Krater, also eine größere Rauheit. Früher regelte man die Zähigkeit der Läppflüssigkeit durch Zugabe von Petroleum. Das ist wegen der Geruchsbelästigung heute nicht mehr üblich. Das Läppmittel wird fertig aus Läppulver und Mineralöl gemischt, zur Vermeidung des Absetzens ständig gerührt und nur sparsam auf die

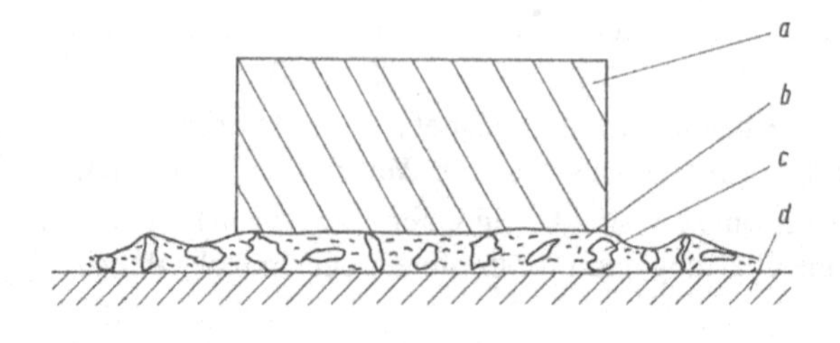

Bild H-3
Wirkung der Läppflüssigkeit
a) Werkstück
b) Läppflüssigkeit
c) Lappkorn
d) Werkzeugkörper

Läppwerkzeuge aufgetragen. Es reichert sich während der Bearbeitung mit abgetragenem Werkstoff an und ist deshalb nach einiger Zeit verbraucht. Beim Wälzläppen von Zahnrädern wird das Einmalgebrauchs-Prinzip jedoch verlassen. Eine größere Menge Flüssigkeit mit geringerer Kornkonzentration wird umlaufend immer wieder zugegeben.

2.3 Läppscheiben

Die Läppscheibe besteht meistens aus einem feinkörnigen *lunkerfreien Grauguß*, der nach einem besonderen Verfahren die gewünschte Härte erhält. Die *Härte* der Scheibe bestimmt, *wie* das Läppkorn sich bewegt. *Weiche* Scheiben (aus Kupfer, Zinn, Holz, Papier, Kunststoff, Filz oder Pech) halten das Korn in seiner Lage fest und lassen es auf dem Werkstück *gleiten*. Dabei entstehen glänzende Oberflächen geringster Rauhigkeit, deren Bearbeitungsspuren sich aus *feinen Riefen* wie beim Honen zusammensetzen. *Mittelharte* Scheiben (140–220 HB) aus Grauguß, weichem Stahl oder Weich-Keramik lassen das Läppkorn in idealer Weise auf den Werkstücken *abrollen*. Es entstehen matte Oberflächen, die sich aus Abdrücken des rollenden Korns zusammensetzen und keinerlei Richtungsstruktur zeigen. Diese Scheiben nutzen sich mit ab und können durch Abrichten immer in der gewünschten Ebenheit gehalten werden. *Harte* Läppscheiben (bis 500 HB) aus gehärtetem Grauguß, gehärtetem Stahl oder Hart-Keramik bieten dem Läppkorn am wenigsten Halt. Sie pressen das Korn *besonders tief* in den Werkstoff und erzielen damit die *größten Abtragsraten*. Auf der Läppscheibe entstehen Gleitspuren. Auf den Werkstücken dagegen bleibt es beim Abrollen des Kornes. Harte Scheiben nutzen sich weniger ab; aber sie lassen sich dafür auch um so schlechter abrichten.

Bei größeren Abtragsleistungen entsteht *Wärme*, die Werkstücke und Läppscheiben in unerwünschter Weise verformen könnte. Deshalb kann bei größeren Läppmaschinen die Wärme von einer *Wasserkühlung* in den Scheiben abgeführt werden (Bild H-4). Läppscheiben sind meistens mit Quernuten versehen, um den abgetragenen Werkstoff aufzunehmen. Für kleine oder stark profilierte Werkstücke sowie für keramische oder Hartmetallteile, bei denen eine stark konzentrierte Suspension auf Wasserbasis zum Einsatz kommt, verwendet man besser ungenutete Läppscheiben. Für das Läppen und Polieren mit Diamantkorn haben die Läppscheiben ein flaches spiralförmiges Gewindeprofil.

2.4 Andere Läppwerkzeuge

Ein sehr einfaches Handwerkzeug für das Außenrundläppen ist die *Läppkluppe* (Bild H-5). In einer verstellbaren Fassung *b* sitzt verdrehfest die geschlitzte *Läpphülse d*. Sie wird mit Spann-

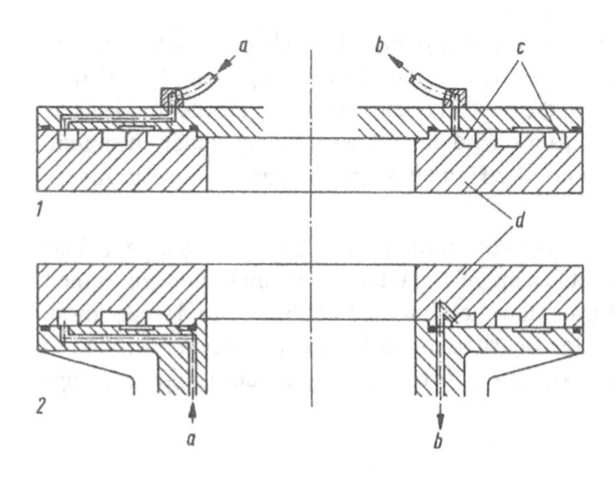

Bild H-4

Lappscheiben für planparallele Werkstücke
1 obere Scheibe, 2 untere Scheibe

a) Kühlwasserzulauf
b) Kühlwasserrücklauf
c) Kühlkanäle
d) Bearbeitungskörper

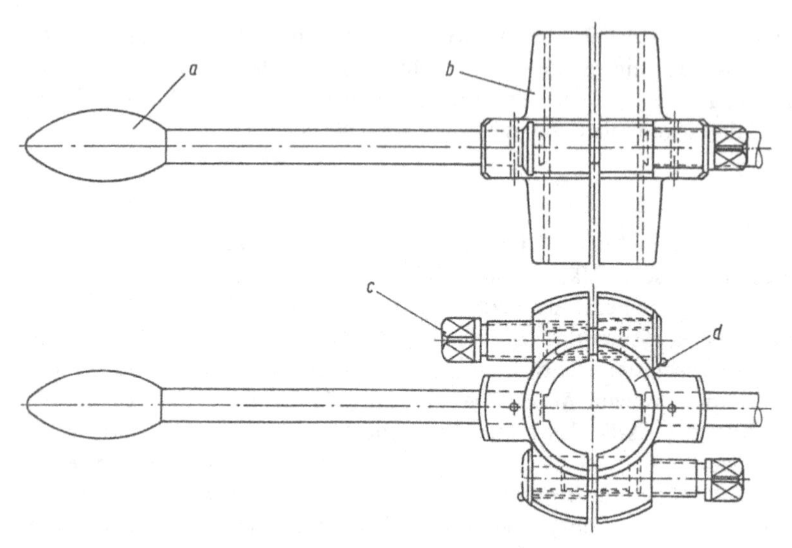

Bild H-5 Läppkluppe für die Außenrundbearbeitung mit der Hand

a) Handgriff c) Spannschraube
b) Fassung d) Läpphülse

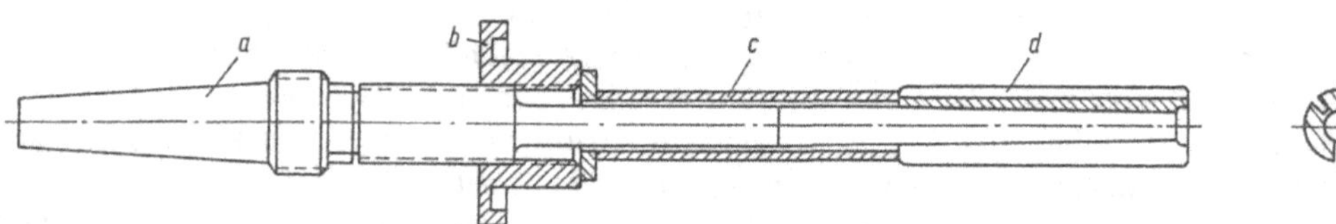

Bild H-6 Handläppdorn

a) Einspannteil; b) Abdruckmutter; c) Distanzhülse; d) Läpphulse; e) Querschnitt der Lapphulse

schrauben dem augenblicklichen Werkstückdurchmesser *angepaßt*. Zur Bearbeitung eines rotierenden Werkstücks wird die Läppkluppe auf diesem in Längsrichtung *hin-* und *herbewegt* und mit dem Handgriff *a* am Mitdrehen gehindert.

Ebenfalls als Handwerkzeug zu gebrauchen ist der *Handläppdorn* (Bild H-6). Er wird mit dem Einspannteil *a* in die meistens waagerechte Spindel der Läppmaschine eingespannt. Auf dem konischen Dorn sitzt die geschlitzte Läpphülse *d*, die durch Hineinstoßen des Dornes *aufgeweitet* wird. Mit der Distanzhülse *c* und der Abdrückmutter *b* wird das Läppwerkzeug wieder entspannt. Das Werkstück wird auf dem rotierenden Dorn mit der Hand *hin-* und *herbewegt*, bis sein Innendurchmesser fertig bearbeitet ist.

Für die *maschinelle Innenrundbearbeitung* ist eine Vorrichtung nach Bild H-7 geeignet. Das Werkstück *b* ist in einer Spannvorrichtung beweglich aufgehängt und wird vom Läppdorn *a* innen bearbeitet. Dabei schiebt sich der konische Dorn immer tiefer in die Läpphülse *c* und weitet diese auf. *Werkstück und Werkzeug passen sich* bei der Bearbeitung zwangfrei *aneinander an*. Durch Rotation und Hubbewegung *e*, die sich überlagern, ist die Arbeitsbewegung des Läppwerkzeugs gegeben.

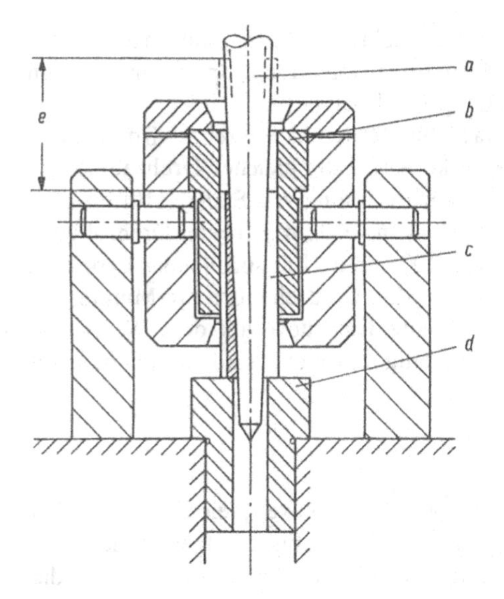

Bild H-7 Maschinelles Bohrungsläppen
a) Läppdorn
b) Werkstück
c) Lapphülse
d) Amboß
e) Bewegungsspanne der Lapphülse

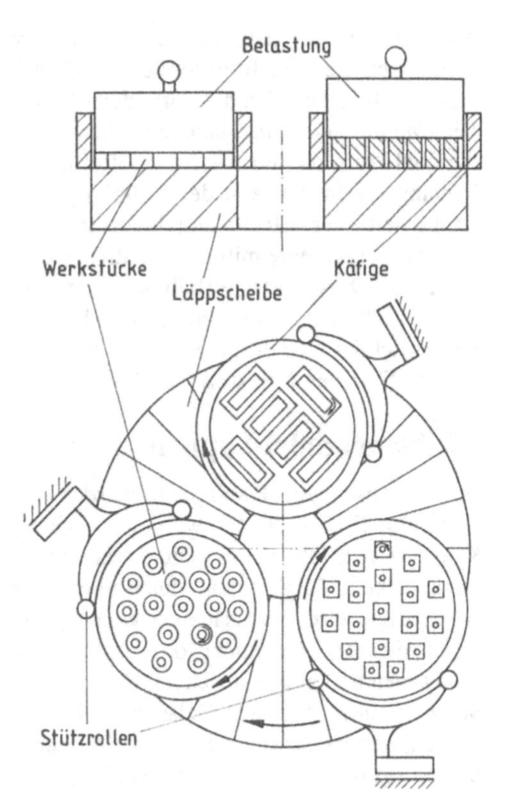

Bild H-8 Anordnung beim Planläppen mit Läppscheibe, Käfigen, Stützrollen, Werkstucken und Belastung.

3 Bewegungsablauf bei den Läppverfahren

3.1 Planläppen

Auf einer ebenen *Läppscheibe* liegen Werkstücke nebeneinander mit ihrer zu bearbeitenden Stelle nach unten in Käfigen. Sie werden durch *Gewichte* angedrückt. Dazwischen befindet sich das Läppmittel. Bei Drehung der Läppscheibe werden auch die *Käfige* und damit die Werkstücke in Drehung versetzt. Stützrollen verhindern, daß sie mit der Läppscheibe umlaufen (Bild H-8). So wandern die Werkstücke innerhalb ihrer Käfige auf unregelmäßigen Bahnen von innen nach außen und zurück und drehen sich um ihre eigene Achse. Die Bearbeitung ist total *unregelmäßig*, statistisch gesehen aber am Ende von großer Gleichmäßigkeit.

Die Käfige (Abrichtringe) arbeiten ebenfalls abtragend auf der Läppscheibe. Dadurch nutzt sich diese gleichmäßig ab. Die Drehung entsteht durch Reibung. Am Außendurchmesser sind Auflagefläche und Geschwindigkeit größer, die Käfige werden deshalb von der größeren Kraft mitgenommen. Am Innendurchmesser der Läppscheibe entsteht Gegenlauf. Die Drehzahl der Käfige ist in der Praxis nahezu gleich der Drehzahl der Läppscheibe.

Die Abtragswirkung hängt von der *Relativgeschwindigkeit* zwischen Werkstücken und Läppscheibe bzw. zwischen Käfig und Läppscheibe ab. Bei gleicher Drehzahl von Käfig und Scheibe ($\lambda = 1$) ist die Relativgeschwindigkeit und damit auch das flächenbezogene Zeitspanungsvolumen an allen Stellen gleich groß. Die Läppscheibe bleibt eben. Korrekturen der Ebenheit lassen sich

dadurch erzielen, daß die Käfige mit ihrem Überhang mehr zur Mitte oder nach außen verschoben werden. In besonderen Fällen können die Abrichtringe auch separat angetrieben werden. Dann läßt sich die Form der Abnutzung der Läppscheibe steuern.
Die *Umfangsgeschwindigkeit* der Scheiben beträgt etwa 50 bis 500 m/min. Begrenzt wird sie durch die Fliehkraft, die auf das Läppmittel und die Werkstücke wirkt. Bei gleicher Drehzahl ist die Umfangsgeschwindigkeit der Käfige $v_k \approx 0{,}6 \cdot v$. Eine Hochrechnung von Stähli [110] für eine Läppscheibe von 750 mm Durchmesser mit einer Läppfläche von 4000 cm^2 bei einer Drehzahl von 70 U/min ergibt eine mittlere Relativgeschwindigkeit von 100 m/min. Ein abrollendes Läppkorn von 15 µm Durchmesser erhält dabei eine Drehzahl von 2,1 Mio. Umdrehungen pro Minute. Bei jeder Umdrehung hinterläßt es durchschnittlich drei bis vier Eindrücke auf dem Werkstück. Berücksichtigt man die Anzahl der Läppkörner, die gleichzeitig im Eingriff sind, kommt man auf über 2 Milliarden Knetstöße pro Minute.

3.2 Planparallel-Läppen

Beim zweiseitigen Planläppen werden beide Seiten der Werkstücke gleichzeitig parallel bearbeitet (Bild H-9). Sie werden zwischen *zwei Läppscheiben* in Käfigen aufgenommen. Die Käfige werden über eine äußere Verzahnung in Drehung versetzt. Dadurch bewegen sich die Werkstücke auf Zykloidenbahnen über die ganze breite der Läppscheiben. Die Belastung der Werkstücke wird hauptsächlich vom Gewicht der oberen Läppscheibe aufgebracht. Anfangs tragen dickere Werkstücke oder hohe Kanten die ganze Last. Sie werden dadurch schneller abgetragen und gleichen sich an, bis alle Werkstücke gleich dick und parallel sind. Am Ende der Bearbeitung ist auch die Belastung aller Flächen gleich groß. Da beide Scheiben angetrieben werden, können sie sich gegenläufig drehen. Die Bewegung der Käfige kann über einen inneren Zahnkranz besonders gesteuert werden.

3.3 Außenrundläppen

Zylindrische Körper werden vielfach in herkömmlicher Weise mit *Handläppkluppen* bearbeitet (Bild H-5). Dabei wird das sich drehende Werkstück von einer Läpphülse umschlossen, die mittels Spannschrauben nachgestellt werden kann. Die Kluppe muß nun längs des Werkstücks hin und her bewegt werden, um eine gleichmäßige Bearbeitung des Werkstücks auf seiner ganzen Länge zu erzielen (Bild H-10). Diese Art der Außenrundbearbeitung erfordert viel Gefühl für gleichmäßige Bewegungen und ist zeitraubend wegen der erforderlichen Nachstellungen.

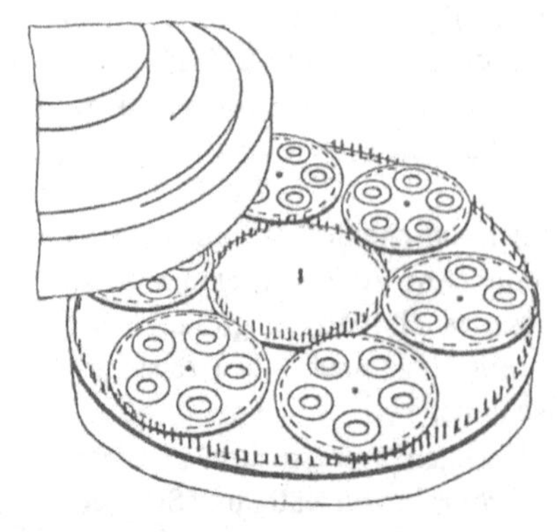

Bild H-9 Anordnung der Werkstücke in Käfigen beim Zweischeiben-Läppen [111]

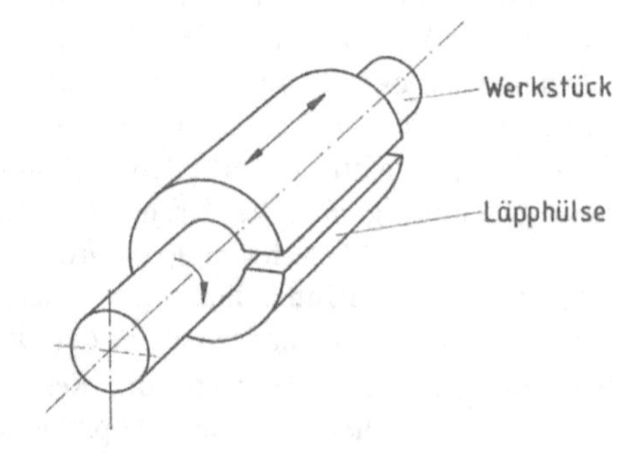

Bild H-10 Kinematik beim Umfangs-Außenrundläppen

Das *spitzenlose* Außenrundläppen ist einfacher durchzuführen und geht schneller. Zwischen zwei *Walzen*, von denen eine angetrieben ist, wird das Werkstück mit einem Andrücker von Hand über einen Hebel angepreßt (Bild H-11) und längs der Walzen hin- und hergeführt. Der Andrücker sollte dabei möglichst die Form des Werkstücks haben. Das verbessert das Arbeitsergebnis. Bei dieser Anordnung entfällt das Nachstellen des Werkzeugs. Durch Wechseln der Anpreßkraft kann die Oberflächengüte beeinflußt werden. Die Arbeitsdauer pro Werkstück beträgt 1 bis 5 Minuten.

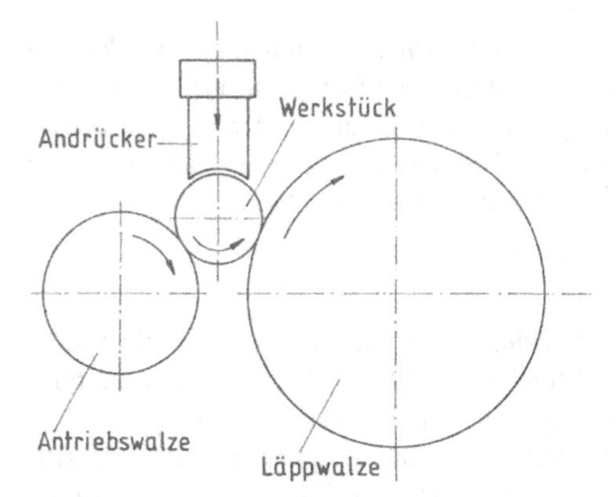

Bild H-11 Außenrundläppen auf Läppwalzen

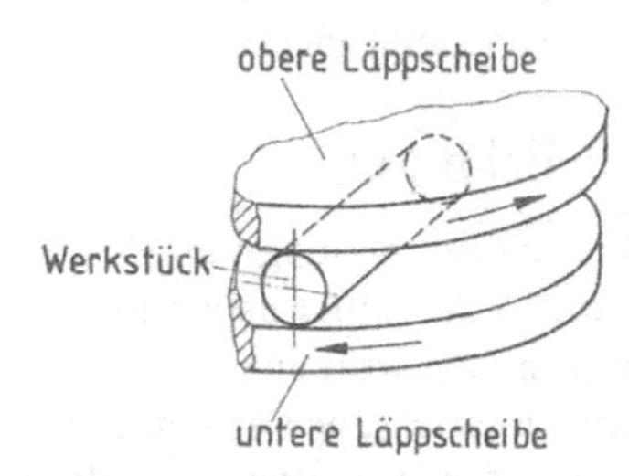

Bild H-12 Außenrundläppen zwischen zwei Scheiben

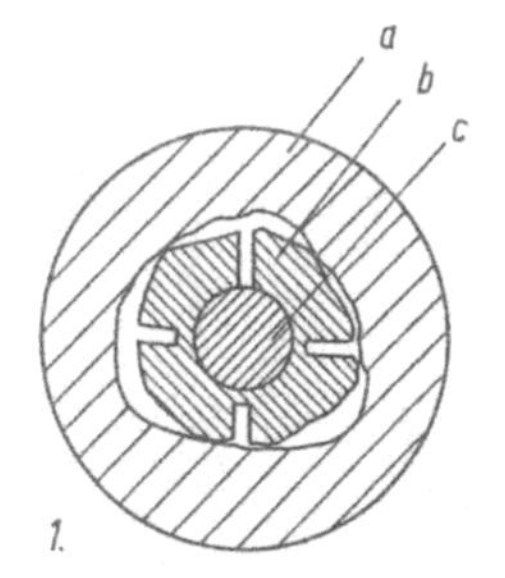

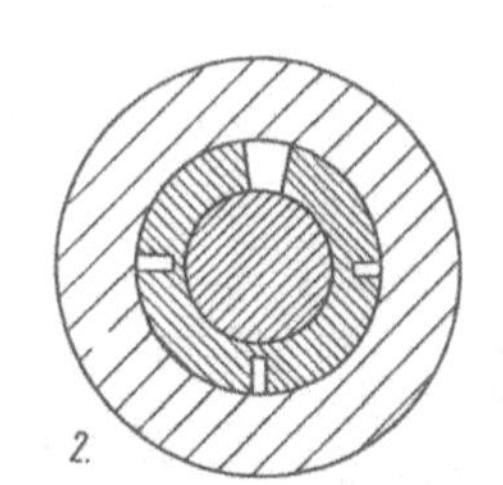

Bild H-13

Lapphülse im Werkstück

1) Lappbeginn
2) fertige Bearbeitung
a) Werkstück
b) Läpphülse
c) Dorn

In der mechanisierten *Massenproduktion* wird das Außenrundläppen zwischen zwei *parallelen Scheiben* durchgeführt (Bild H-12). Die Werkstücke liegen dabei schräg, von einem Käfig gehalten, zwischen den Scheiben. Sie drehen sich um sich selbst, von der Bewegung der Scheiben angetrieben. Wie beim spitzenlosen Läppen ist zwischen Werkstücken und Läppwerkzeug nur Linienberührung. Die *Schräglage* der Werkstücke ist erforderlich, um dem reinen Abrollen eine relative Längsbewegung zu überlagern. Erst dadurch kommt das Läppkorn in eine Wälzbewegung, die den Abtragsvorgang beschleunigt.

3.4 Innenrundläppen

Bohrungen werden mit *Läpphülsen* bearbeitet. Die Hülsen sind geschlitzt und durch Längsnuten elastisch aufweitbar. Während der Bearbeitung wird ein kegeliger Dorn (Konus 1 : 50) stufenweise tiefer hineingedrückt, um den Durchmesser zu vergrößern. Damit läßt sich der Stoffabtrag am Werkstück und die Durchmesserverringerung der Läpphülse ausgleichen (s. Bild H-13). Am Ende der Bearbeitung muß die Abdrückmutter oder beim maschinellen Läppen ein

Abdrückring die Hülse wieder vom Konus herunterstreifen. Dabei verkleinert diese sich wieder soweit, daß das nächste unbearbeitete Werkstück aufgenommen werden kann. die Berührung mit der Läpphülse erfolgt auf der ganzen Innenfläche des Werkstücks. Der Läppdorn dreht sich mit der Läpphülse und wird im Werkstück in Längsrichtung hin- und herbewegt. Das Innenläppen kann bei Einzelstücken mit der Hand (Bild H-6) oder bei Serien auf Maschinen mit besonderen Werkstückaufnahmen (Bild H-7) durchgeführt werden.

3.5 Schraubläppen

Das Schraubläppen dient zur Feinbearbeitung von *Innen-* und *Außengewinden.* Die Werkzeuge sind dafür als elastische Läpphülsen oder Läppdorne mit der Gegenform, also als Mutter oder Schraube ausgebildet (Bild H-14). Zur Bearbeitung rotiert das innere Teil mit wechselnder Richtung, während das äußere Teil formschlüssig nur der Längsbewegung folgt. Nach und nach muß das Werkzeug zugestellt werden, um Abtrag und Verschleiß auszugleichen.

3.6 Wälzläppen

Für die Feinbearbeitung von *Zahnrädern* wird das Wälzläppverfahren angewandt (Bild H-15). Dazu wird Läppmittelsuspension zwischen die Werkstücke gegeben, während sie miteinander laufen. Ein Rad wird angetrieben, das andere gebremst. Sollen beide Flanken geläppt werden, muß die Drehrichtung nach einer Weile umgekehrt werden. Bei Zahnradpaaren bearbeiten sich die Zahnräder gegenseitig (Einläppen). Bei Einzelrädern muß ein Zahnrad als Werkzeug ausgebildet sein. Da die Wälzbewegung nur kleine Relativgeschwindigkeiten zwischen den Zahnflanken erzeugt, und die Berührung nur linienförmig ist, muß ein *pendelförmiger Längshub* überlagert werden.

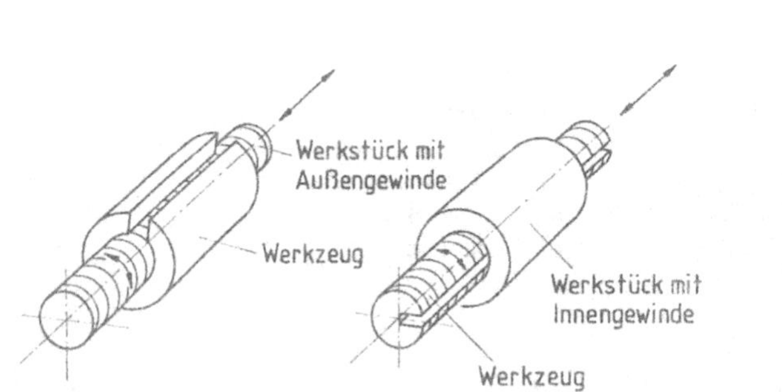

Bild H-14 Schraublappen von Gewinden

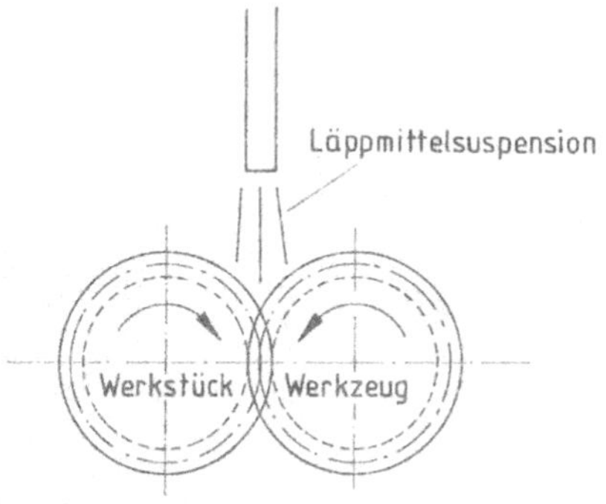

Bild H-15 Wälzläppen von Zahnrädern

3.7 Profilläppen

Rotationssymmetrische Werkstückformen können geläppt werden, wenn *profilierte Läppwerkzeuge* verwendet werden (Bild H-16). Zur Bearbeitung von Kugelformen wird der Rotation des Werkzeugs eine zweite Bewegung überlagert. Das ist entweder eine Schwenkbewegung wie im Bild oder eine Rotation des Werkstücks. Dabei erzeugt sich die Kugelform als Kombination beider Bewegungen. So wird nicht nur die Oberflächengüte, sondern auch die Formgenauigkeit verbessert. Bei kegeligen Werkstücken muß eine einzige Drehbewegung genügen. Das Werkzeug kann auch das Gegenstück sein, z.B. Ventilsitz und Ventil (Einläppen). Es wird angedrückt und in Drehung versetzt. Das Läppmittel dazwischen trägt den Werkstoff an beiden Teilen ab. Beim Profilläppen sorgt die Flächenberührung für einen schnellen Arbeitsfortschritt.

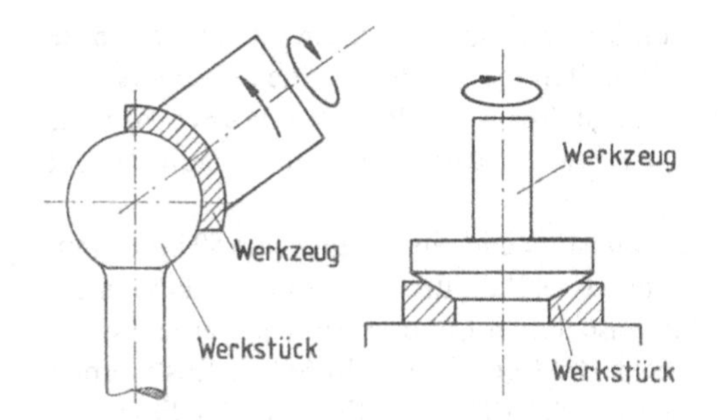

Bild H-16
Profilläppen von Kugel- und Kegelform

4 Werkstücke

Die *Vielfalt* der Werkstücke, die in der letzten Bearbeitungsstufe geläppt werden, ist so groß, daß eine Aufzählung nicht vollständig erfolgen kann. Im Gewicht reichen sie von wenigen Gramm bis zu 1000 kg. Werkstoffe sind Kohle, Kunststoff, Naturstoffe, Stein, Grauguß, Stahl, Nichteisenmetalle, Keramik, Diamant, Hartmetalle. Sowohl weiche als auch harte Stoffe können bearbeitet werden. Ausgenommen sind sehr elastische und plastische Stoffe. In der Menge sind es Einzelteile ebenso wie Kleinserien, Mittelserien und Massenprodukte, deren Läppbearbeitung in Transferstraßen eingebaut wird. Von der Anwendung her sind Maschinenbauteile, Motorenteile, Dichtelemente, Halbleiter, Quarze, Zünder, Schmuckstücke und Edelsteine dabei. Für bestimmte Werkstückgruppen wird oft das Läppverfahren verfeinert und weiterentwickelt, bis es das beste Ergebnis bringt.
Historisch gesehen ist die Herstellung der Kanten und Facetten an *Edelsteinen* und *Brillanten* durch Handarbeit eines der ältesten Anwendungsgebiete. Die Schmuckstücke werden in Halteklauen gespannt und mit der Hand gegen kleine sich drehende Graugußscheiben gedrückt, auf die eine diamantpulverhaltige Paste gegeben wurde. Der Arbeitsfortschritt wird unter der Lupe verfolgt. Geschicklichkeit und scharfes Auge sind ausschlaggebend für die Güte des Anschliffs. Durch Verbesserung der Werkzeuge und Hilfsmittel ist es gelungen, im Laufe der Zeit die Feinheit und Regelmäßigkeit der Edelsteinformen zu verbessern.
Die Feinbearbeitung von *Endmaßen* aus gehärtetem Stahl und Hartmetall für die Meßtechnik galt lange Zeit als Paradebeispiel für die Anwendung des maschinellen Läppens. Oberflächengüte und Genauigkeit werden in mehreren Arbeitsstufen mit feiner werdendem Korn gesteigert. Die zwischengeschalteten Reinigungsvorgänge sind sehr wichtig, da nicht ein grobes Körnchen in den nächst feineren Arbeitsgang geschleppt werden darf. Die fertigen Flächen sind so glatt und eben, daß sie trocken aneinander haften, wenn sie aufeinandergedrückt werden.
Metallisch *dichtende* Flächen an *Maschinenbauteilen* wie Gehäusen aus Gußeisen, Dichtringen, Gleitringdichtungen, Kolbenringen, die sehr eben und glatt sein müssen, werden auf Einscheibenläppmaschinen einseitig oder auf Zweischeibenläppmaschinen planparallel geläppt. Dabei wird die Körnung möglichst nicht gewechselt, um ein Verschleppen groben Korns in einen feineren Arbeitsgang zu vermeiden. Die Abstufung der Bearbeitungsfeinheit wird durch eine allmähliche Verringerung der Anpressung des Werkstücks gegen die Läppscheiben erreicht.

Für die *Elektronikindustrie* werden sehr dünne *Siliziumscheiben* beidseitig geläppt. Die Scheiben haben einen Durchmesser bis zu 200 mm. Sie werden von einem künstlich gezüchteten Einkristall etwa 0,5 mm dick mit Innenlochschleifscheiben abgetrennt und durch planparalleles Läppen auf besonders großen stabilen Zweischeiben-Läppmaschinen (Bild H-9) auf 0,2 bis 0,4 mm ± 0,009 mm Dicke mit einem Planparallelitätsfehler von maximal 2 µm und einer Rauhtiefe von $R_t = 3$ µm bearbeitet. Dabei müssen die Läppscheiben durch Kühlung temperiert werden (Bild H-4). Bei

der Bearbeitung wird die Anpressung langsam bis zur *Hauptlast* gesteigert und in der Endphase wieder auf eine niedrige *Nachlast* verkleinert. Damit erhalten die „Wafern" eine besonders gute Form und Oberfläche für die nachfolgenden Arbeitsgänge Ätzen und Polieren. Poliert wird nur die Vorderseite, auf der später die äußerst feingliedrige Leiterstruktur der Elektronik aufgebracht wird.
Kolben für *Einspritzpumpen* mit einem Durchmesser von 6 mm und einer Länge von 50 bis 60 mm sollen so genau hergestellt werden, daß ihre Formfehler (Rundheit und Zylindrizität) kleiner als 1 µm und ihre Rauhtiefe R_z ca. 0,2 µm sind. Auf Zweischeiben-Läppmaschinen werden sie in schräger Anordnung zwischen den Scheiben nach Bild H-12 bearbeitet. In jedem Los werden etwa 120 Werkstücke zugleich geläppt. Die Arbeitszeit beträgt 10 bis 12 Minuten. Um diese Zeit so kurz wie möglich zu halten, sollten die Werkstücke nach ihrer Vorbearbeitung durch Schleifen in Toleranzklassen sortiert zum Läppen kommen. In der gleichen Weise wie Einspritzpumpenkolben können auch *Düsennadeln* oder andere *zylindrische Teile* geläppt werden. Entsprechend den kleineren Abmessungen können dann Maschinen mit kleineren Läppscheiben verwendet werden. Die zugehörigen *Pumpenbuchsen* mit den gleichen Genauigkeitsforderungen wie die Kolben werden innen durch Bohrungsläppen fertiggestellt. Sie werden dabei beweglich in einer Spannvorrichtung nach Bild H-7 gehalten. Die Läppzeit dauert ungefähr 1 Minute. Beim Läppen bleiben Steuerkanten scharfkantig, und es entsteht kein Grat.

5 Abspanungsvorgang

Beim Läppen mit *rollendem Korn* ist der Abspanungsvorgang völlig anders als bei allen anderen spanabhebenden Bearbeitungsverfahren. Die Körner drücken bei der Abrollbewegung mit ihren Kanten und Spitzen kraterförmige *Vertiefungen* in den Werkstoff und natürlich auch in das Werkzeug (Bild H-17) [112]. Dabei entstehen *unregelmäßige* Spuren, keine in irgendeiner Richtung längs verlaufenden Riefen. Die *Tiefe* der Eindrücke ist von der Anpressung und der Korngröße abhängig. Die *Zahl* der Eindrücke wird von der Läppgeschwindigkeit und der Anzahl der Körner pro Flächenelement bestimmt. Der Werkstoff wird dabei immer wieder geknetet und

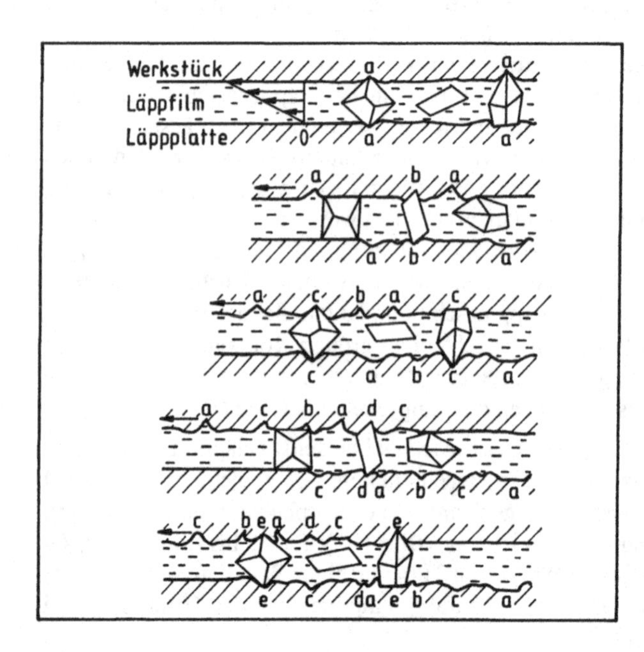

Bild H-17
Bei der Abrollbewegung erzeugen die Körner kraterförmige Vertiefungen im Werkstück und Werkzeug [112]

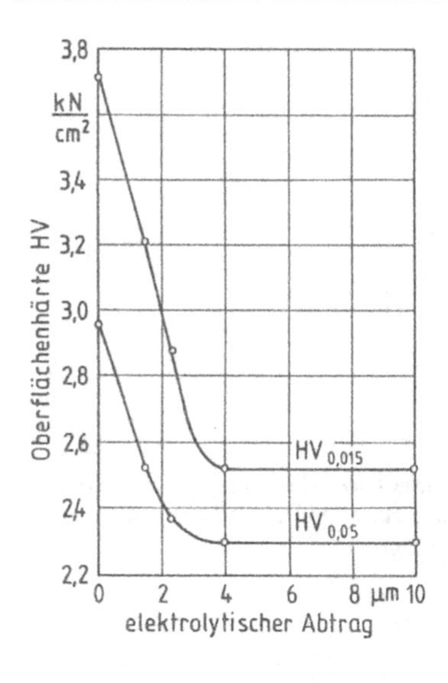

Bild H-18
Verfestigung der geläppten Werkstückoberfläche [112]

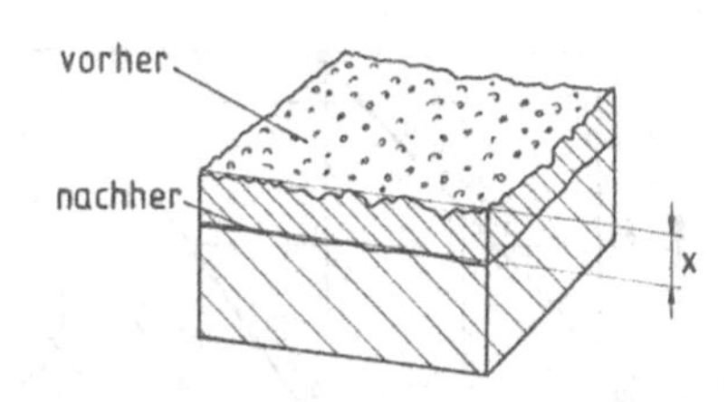

Bild H-19 Berechnung des Abtrags beim Läppen

verformt. Er *verfestigt* sich bis in eine Tiefe von etwa 4 bis 24 µm. Durch Mikrohärtemessungen läßt sich die Verfestigung nachweisen (Bild H-18). Mit der Verfestigung erfolgt eine Versprödung des Werkstoffs. Der Verformungswiderstand wächst. Schließlich erreicht dieser die Trennfestigkeit, und kleine Partikel brechen aus. Diese bilden den *Werkstoffabtrag.* Sie sehen nicht aus wie Späne vom Drehen oder Schleifen, sondern eher wie kleine Flöckchen mit zerklüfteter Oberfläche und rein zufälliger Form. Die so entstehende Werkstückoberfläche ist matt und strukturlos. Die *Rauhtiefe* beträgt je nach Belastung 5 bis 10 % der Läppkorngröße.

Nicht immer bleibt das Prinzip des rollenden Kornes erhalten. Bei weichen Läppscheiben und Poliervorgängen ist eher mit *festgehaltenem Korn* im Läppwerkzeug zu rechnen. Dann zieht es auf der Werkstückoberfläche Riefen wie beim Honen. Die Tiefe der Riefen ist gering, da Anpressung und Korngröße besonders klein gehalten werden. Das Ziel dieser Bearbeitung ist es nicht, Werkstoff abzutragen, sondern nur die Oberflächenstruktur zu glätten. So wird nur noch wenig Werkstoff abgenommen, der Rest aber *verformt* und *glattgedrückt.* Dabei entsteht eine *glänzende Oberfläche* mit feinen Riefen, deren Richtung von der Arbeitsbewegung bestimmt wird, unregelmäßig oder gleichlaufend. An Kanten und Ecken kann es zu Abrundungen kommen, wenn das weiche Werkzeug die Werkstückform umschließt.
Der Fortschritt einer Bearbeitung durch Läppen kann sowohl durch die Abspanungsgeschwindigkeit v_x in µm/min. als auch durch das Zeitspanungsvolumen Q in mm³/min. angegeben werden. Früher war es auch üblich, die abgetragene Menge M' in mg/cm² · min zu bestimmen. Folgende Umrechnungen sind gültig:
Bei einer Schicht x (Bild H-19), die in t-Minuten abgetragen wird, ist die *Abspanungsgeschwindigkeit*

$$v_x = x/t \qquad \text{(H 1)}$$

Zur Bestimmung des *Zeitspanungsvolumens* Q muß die Werkstückoberfläche A berücksichtigt werden:

$$Q = x \cdot A/t = v_x \cdot A \qquad \text{(H 2)}$$

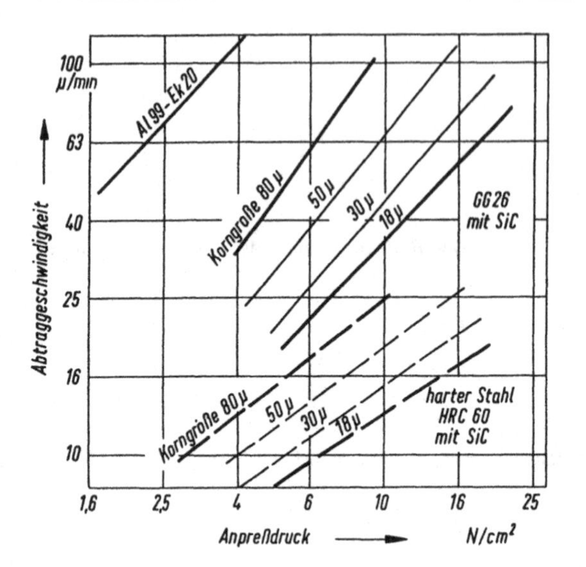

Bild H-20
Abtragsgeschwindigkeit beim Lappen in Abhangigkeit vom Anpreßdruck und von der Korngroße

Die abgetragene Werkstoffmenge M' errechnet sich daraus zu:

$$M' = \frac{Q \cdot \rho}{A} = v_x \cdot \rho = \frac{x \cdot \rho}{t} \tag{H 3}$$

Auch beim Läppen ist es aus wirtschaftlichen Gründen wichtig, den Werkstoffabtrag so groß wie möglich zu machen, also die Bearbeitungszeit kurz zu halten. Um die geforderte Oberflächengüte zu erzielen, wird die Bearbeitung dann in feiner werdende Stufen unterteilt.
Die in der Praxis erzielbare *Abspanungsgeschwindigkeit* ist klein, solange das Läppen als Feinbearbeitungsverfahren verstanden wird und zur Erzeugung feiner Oberflächen dient. Sie beträgt je nach Werkstoff und Arbeitsbedingungen 0,2 bis 100 µm/min, bei GG 26 ca. 15 bis 100 µm/min (Bild H-20). Durch Veränderung der Arbeitsbedingungen, grobes Korn, harte Läppscheibe kann die Abspanungsgeschwindigkeit bis auf 1 mm/min vergrößert werden. Dann muß man allerdings das Läppen als groberes Vorbearbeitungsverfahren verstehen, das mit dem Schleifen in Konkurrenz tritt. Das ist besonders dann anzuwenden, wenn ein Zwischenarbeitsgang Schleifen eingespart werden kann.
Die wesentlichen Einflußfaktoren für die Größe des Abtrags sind nach Martin [112]

1.) *Läppgeschwindigkeit*,
2.) *Anpressung*,
3.) *Korngröße*,
4.) *Korndichte*,
5.) *Kornform*,
6.) *Kornart* und
7.) die *Flüssigkeit*.

Die Steigerung der *Läppgeschwindigkeit* vergrößert proportional den Werkstoffabtrag, denn in der gleichen Zeit wird mehr Werkstoff verformt. Die Leistung wird entsprechend größer. Die Rauhtiefe am Werkstück ändert sich nicht. Grenzen nach oben sind durch die Fliehkraft gesetzt. Das Korn darf nicht abgeschleudert werden, und es soll sich noch gleichmäßig auf der ganzen Läppscheibe verteilen.

Durch Vergrößerung der *Anpressung* dringt jedes Korn tiefer in den Werkstoff ein. Das verformte Volumen wird überproportional größer und damit auch der Werkstoffabtrag. Rauhtiefe und Antriebsleistung nehmen natürlich zu. diese besonders günstige Art der Abtragsvergrößerung hat ihre Grenzen in der Belastbarkeit des verwendeten Läppkorns. Für die Werkstoffpaarung SiC/ Hartmetall wird 2 bis 5 N/cm^2, bei weicherem Werkstoff 15 bis 20 N/cm^2 und bei Verwendung von Diamantkorn 30 bis 40 N/cm^2 angegeben.
Ein größeres *Läppkorn* kann ebenfalls zu einer Verstärkung des Abtrags führen. Ein erheblicher Teil der Wirksamkeit dieser Maßnahme geht aber dadurch verloren, daß die Korndichte zwangsläufig kleiner wird. Die Erfahrung zeigt, daß zur Verdoppelung des Abtrags eine fünffache Korngröße notwendig ist.
Da *Kornform, Kornart* und *Flüssigkeit* auch nur wenig geeignet sind, den Läppvorgang gewollt zu variieren, bleibt die Anpressung als wichtigste Einflußgröße für die Abstufung der Bearbeitung beim Läppen.

6 Arbeitsergebnisse

6.1 Oberflächengüte

Es bedeutet keine Schwierigkeit, durch Läppen die *feinsten* technischen Oberflächen zu erzeugen. Grenzwerte der *Rauhtiefe* liegen unter R_z = 0.05 µm. Ähnlich wie beim Kurzhubhonen werden diese spiegelnd glatten Oberflächen jedoch nur selten verlangt. meistens genügen R_z-Werte über 0,1 µm bis 5 µm. Die wichtigsten Einflüsse auf die Rauhtiefe haben Anpressung und Korngröße. Mit kleiner Anpressung, feinem Korn, weicher Scheibe und relativ zäher Flüssigkeit kann die Oberflächengüte gesteigert werden. Die Abtragsgeschwindigkeit wird dabei jedoch klein. Mit der Oberflächengüte verbessern sich auch folgende Eigenschaften der Werkstücke:

1.) die *Tragfähigkeit* bei Gleitflächen,
2.) die *Lebensdauer* durch verringerten Verschleiß,
3.) die *Wechselfestigkeit* durch verringerte Kerbwirkung,
4.) die *Korrosionsbeständigkeit* und
5.) das *Aussehen.*

Diese Vorteile sind oft so bedeutend und ausschlaggebend, daß sich die zusätzlichen Kosten für die Feinbearbeitung lohnen.

6.2 Genauigkeit

Der *Genauigkeit* der Werkstücke ist eine größere Beachtung zu schenken als der erzielbaren Oberflächengüte, denn durch Läppen lassen sich noch bessere Ergebnisse erzielen als durch Honen. Wir müssen verschiedene Arten der Genauigkeit unterscheiden:

1.) Einhalten enger *Nennmaßtoleranzen,*
2.) *Ebenheit,*
3.) *Planparallelität,*
4.) *Rundheit,*
5.) *Zylindrizität.*

Wenn man allgemein sagen kann, daß sich beim produktionsmäßigen Läppen der *Gesamtformfehler* auf unter 0,5 µm bringen läßt, muß im einzelnen nach der Art des Formfehlers unterschieden werden. So können beispielsweise Abweichungen von der *Zylindrizität* auf weniger als 0,2 µm und der *Rundheit* in besonderen Fällen auf 0,2 µm eingeschränkt werden. Bei der Bearbeitung

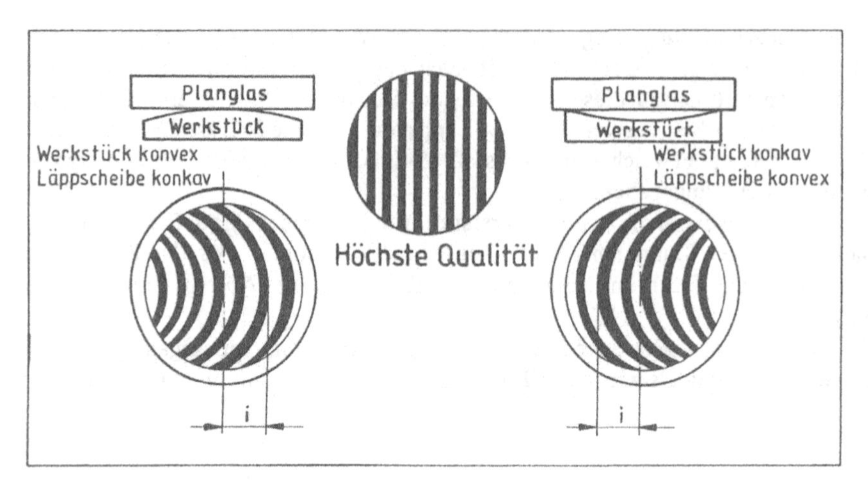

Bild H-21 Methode zur Bestimmung der Ebenheit mittels monochromatischen Lichts. 1 Lichtband entspricht der halben Wellenlänge: $\lambda \approx 0{,}6\ \mu m$

von ebenen Werkstücken ist *Ebenheit* von 0,1 µm und *Parallelität* von 0,5 µm erreichbar. Das *Sollmaß* kann bei kleinen Teilen auf ± 1 µm eingehalten werden.

Die *Ebenheit* geläppter Werkstücke läßt sich besonders einfach mit einem *Interferenzprüfverfahren* feststellen. Man benötigt dafür monochromatisches Licht und ein *Planglas*, dessen Ebenheit (ca. 0,03 µm) noch wesentlich besser ist als die des Prüflings. Das Werkstück sollte für die Prüfung möglichst eine polierte Oberfläche haben. Legt man das Planglas auf das Werkstück und drückt es einseitig mit dem Finger an, entsteht ein keilförmiger Luftspalt, in dem das Licht mit seiner Reflexion Interferenzstreifen bildet (Bild H-21). Bei parallelen Streifen ist das Werkstück eben. Abweichungen davon, konvex oder konkav, machen sich durch eine Krümmung der Linien bemerkbar. Zählt man nun die Streifen, die von einer geraden Linie geschnitten werden, erhält man unter Berücksichtigung der Lichtwellenlänge (ca. 0,6 µm bei gelbem Na-Licht) die Abweichung von der Ebenheit.

6.3 Randschicht

Die Randschicht zeigt infolge der Korneindrücke eine *Verfestigung*, die durch Mikrohärtemessungen nachgewiesen werden kann. Sie reicht in eine Tiefe von 6 bis 24 µm. Dabei spielt besonders die Korngröße, aber auch der Druck eine Rolle [113]. Da Korngröße und Rauheit ebenfalls zusammenhängen, läßt sich eine Faustformel als Beziehung zwischen verfestigter Schicht und mittlerer Rauhtiefe herleiten:

$$h_E \approx 6 \cdot Rz$$

oder mit dem arithmetischen Mittenrauhwert

$$h_E \approx 40 \cdot Ra$$

Die *Werkstoffzerrüttung* durch Scherspannungen unter den Korneindrücken ist durch Untersuchungen mit Röntgen-Refraktometern nachgewiesen worden. Dabei wurde die größte Versetzungsdichte in einer schmalen *Schicht* etwa 5 bis 6 µm *unter der Oberfläche* gefunden. Hier entstehen bevorzugt Mikro- und Makrorisse, die das Ablösen der Werkstoffpartikel vom Grundwerkstoff einleiten. Darüber können die Defekte größtenteils durch Einwirken von Verformung, Druckspannung und erhöhter Temperatur wieder ausheilen. Trotzdem sind ihre

Eigenschaften so verändert, daß sich Einschränkungen im Gebrauchsverhalten ergeben: Verschleißanfälligkeit, verringerte elektrische und thermische Leitfähigkeit, Verzug bei dünnen Bauteilen. Bei empfindlichen Teilen kann diese Schicht durch Ätzen entfernt werden.

Zugeigenspannungen infolge von Erwärmungsvorgängen in der Randschicht sind selten und von untergeordneter Größe.

7 Weitere Läppverfahren

7.1 Druckfließläppen

7.1.1 Verfahrensprinzip

Bild H-22 zeigt den Aufbau beim Druckfließläppen. Zwischen zwei Pastenzylindern wird das pastenförmige Läppmittel unter *Druck* durch die zu glättenden Bohrungen des Werkstücks *gepreßt.* Die Vorrichtung hat die Aufgabe, das Werkstück zu spannen und so zu halten, daß die zu bearbeitenden Stellen in den Fluß des Schleifmittels kommen und nicht zu bearbeitende Stellen abgedeckt werden. Die Arbeitsrichtung wechselt mehrmals hin und her. Der eingestellte Druck muß jeweils vom Gegenzylinder gehalten werden. Die durchflossenen Werkstückbohrungen werden von dem in der Paste enthaltenen Schleifkorn geglättet. Die Kanten werden abgerundet.

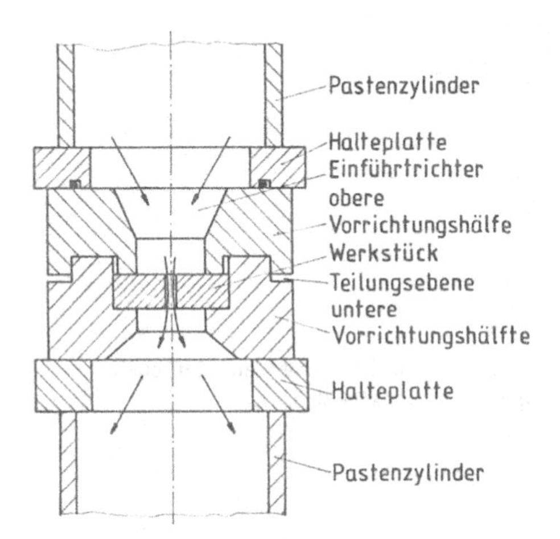

Bild H-22
Verfahrensprinzip des Druckfließläppens und die zugehorigen Teile

7.1.2 Pasten und Läppmittel

Die *Läppaste* ist eine Mischung aus einem silikonhaltigen organischen Polymer mit unterschiedlicher Viskosität zwischen 10^3 und 10^5 cP und dem arbeitenden Läppmittel der Körnung 16 bis 200 sowie einem feineren Läppmittel der Körnung 600 bis 800 zum Verdicken. Das Mischungsverhältnis wird auf die Menge der Grundpaste (100 %) bezogen. Es beträgt 30 bis 80 % Läppmittel und 10 bis 30 % Verdickungsmittel. Das Läppmittel wird werkstoffabhängig gewählt: Al_2O_3, SiC, BC oder Diamant. Seine Arbeitstemperatur und damit die Zähigkeit kann durch einen Wärmetauscher, der im Arbeitsfluß angeordnet sein muß, beeinflußt werden.

7.1.3 Kenngrößen

Die wichtigste Kenngröße ist das auf die Werkstückfläche *bezogene Zeitspanungsvolumen*

$$Q' = \frac{V_W}{A \cdot t} \quad \text{(H 4)}$$

Darin ist V_W das abgetragene Werkstoffvolumen, das man durch Wägung des Werkstücks bestimmen kann, $V_W = \Delta m/\sigma$. $A = \pi \cdot d \cdot l_W$ ist die Fläche der Bohrungswand und t die Arbeitszeit. Statt des Zeitspanungsvolumens wird auch der *spezifische Massenabtrag* ermittelt:

$$\Delta m_s = \frac{\Delta m}{A \cdot q \cdot n_z} \quad \text{(H 5)}$$

Darin ist Δm der Masseverlust, A die Bohrungsoberfläche, q der Volumenstrom der Schleifpaste und n_z die Anzahl der Arbeitshübe als Ersatz für die Zeit. Diese etwas unübersichtliche Kenngröße hat die Maßeinheit $g \cdot s/\text{mm}^5$ und liegt in der Größenordnung von 10^{-11} bis 10^{-8}. Sie ist abhängig von der Größe der benutzten Maschine, also nicht allgemein vergleichbar [114].
Die dritte Kenngröße ist die *Rauhtiefe* des bearbeiteten Werkstücks. Vielfach wird die Bearbeitung nur zum Glätten der Werkstücke angewandt.

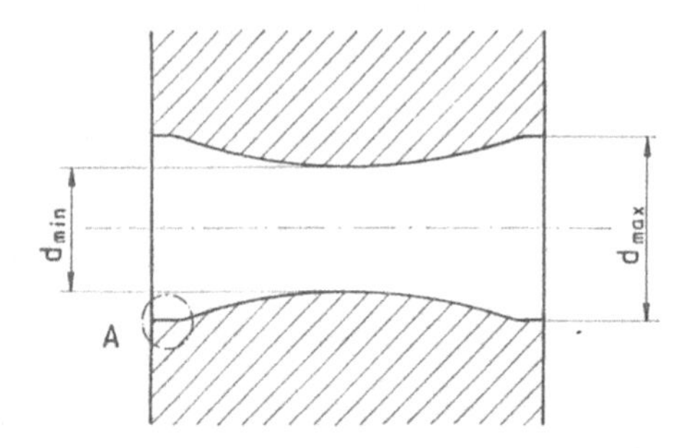

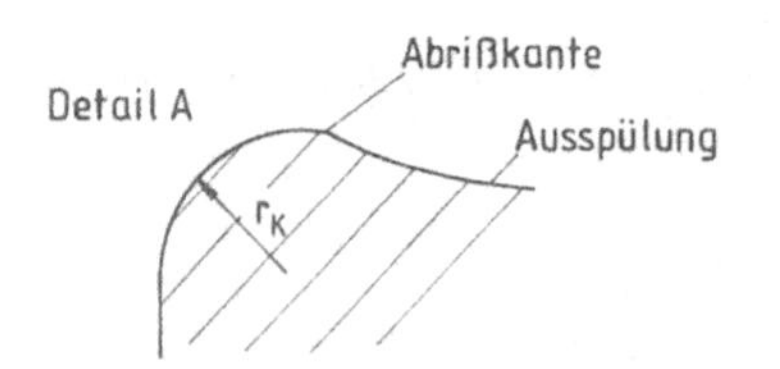

Bild H-23
Veranderung der Bohrungsform und Kantenabrundung durch Druckfließlappen

Ferner ist die *Kantenabrundung* durch die Druckfließläppbearbeitung auch als Kenngröße zu bezeichnen. Sie ist oft ein nicht unerwünschter Nebeneffekt. Die Abrundung ist abhängig von der Fließrichtung und der Strömungsgeschwindigkeit. Im Einlauf ist sie stärker als im Auslauf.
Schließlich muß die Veränderung der *Bohrungsform* beachtet werden (Bild H-23). Ausspülungen zu den Öffnungen hin vergrößern die Zylindrizitätsabweichung. Im mittleren Bohrungsbereich ist der Abtrag am geringsten. Dort hat die Bohrung ihren kleinsten Durchmesser.

7.1.4 Einflußgrößen und ihre Wirkung

Die *Konzentration* des Schleifmittels in der Paste beeinflußt die Zahl der arbeitenden Kanten. Mit zunehmender Konzentration im Bereich von 10 bis 100 % nimmt das bezogene Zeitspanungsvolumen Q' und die Kantenabrundung zu. Die Oberflächengüte wird nur von der *Korngröße* beeinflußt.

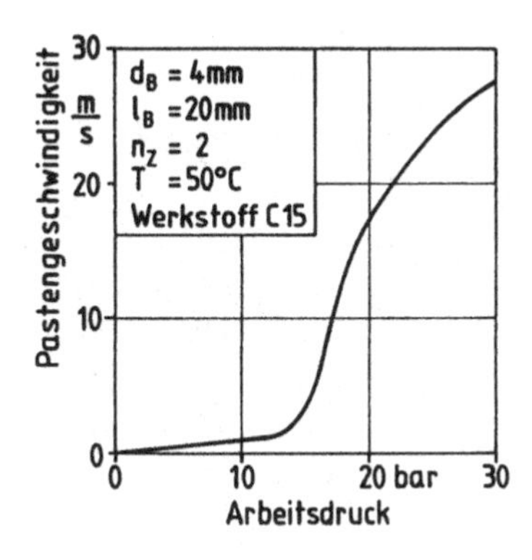

Bild H-24
Einfluß des Arbeitsdrucks auf die mittlere Pastengeschwindigkeit in einer vorgegebenen Bohrung beim Druckfließläppen

Die *Viskosität* hat einen großen Einfluß auf die Arbeitsgeschwindigkeit. Mit zunehmender Zähigkeit kann das Zeitspanungsvolumen sehr stark vergrößert werden, wobei die Kantenabrundung geringer wird. Natürlich nimmt der Leistungsbedarf ebenfalls stark zu.
Alle anderen Einflußgrößen haben geringeren Einfluß auf die Kenngrößen. Selbst der *Arbeitsdruck* vergrößert das Zeitspanungsvolumen nur begrenzt. Der Druck hat dagegen für den internen Ablauf, insbesondere für die Pastengeschwindigkeit, eine große Bedeutung (Bild H-24). Bis 15 bar ist der Einfluß gering. Darüber jedoch wird die Arbeitsgeschwindigkeit schnell größer. Offensichtlich wird der Widerstand, den die zähe Paste der Bewegung entgegensetzt, dann geringer.

7.1.5 Werkstücke

Das Druckfließläppen findet hauptsächlich in folgenden Fertigungsbereichen Anwendung:
1.) *Düsen* und Bauteile für *Kraftstofftransport* und *-verwirbelung*,
2.) *Turbinenschaufeln*,
3.) Polieren *dünner, langer Bohrungen*,
4.) *Textil*verarbeitungsmaschinen, *Fadenführungen*,
5.) Gleitflächen an *Umformwerkzeugen* und *Zahnflanken*,
6.) Beseitigung der unerwünschten *weißen Schicht* nach *funkenerosiver* Bearbeitung.

Es dient zum *Glätten, Polieren* und *Kantenverrunden*. Besonders an Bauteilen mit innenliegenden Bohrungen, die sich kreuzen, und versteckten Strömungskanten oder einfach zum Entgraten wird es eingesetzt. Die bisherige Anwendung beschränkt sich auf Einzelwerkstücke und kleine Serien. Dabei werden die Maschinen mit der Hand beschickt. Für die Massenfertigung ist die Entwicklung noch nicht reif. Hier fehlen vor allem Verfahren für die *automatische Säuberung* der Vorrichtung und der Werkstücke von anhaftender Schleifpaste.
Bearbeitbare Werkstoffe sind alle *Stahlsorten* und *Metalle*. Bei Kunststoffen ist die Wirkung unterschiedlich. Besonders Polyamid widersteht der abrasiven Wirkung. Inhomogene Werkstoffe werden ungleichmäßig abgetragen, so daß härtere Strukturen nach dem Druckfließläppen hervortreten.

7.2 Ultraschall-Schwingläppen

7.2.1 Verfahrensprinzip

Das *Ultraschall-Schwingläppen* ist ein abtragendes Bearbeitungsverfahren mit losem Korn. Es eignet sich zur Bearbeitung von *spröden* Werkstoffen wie *Glas, Gestein, Keramik* und *Hartmetall*.

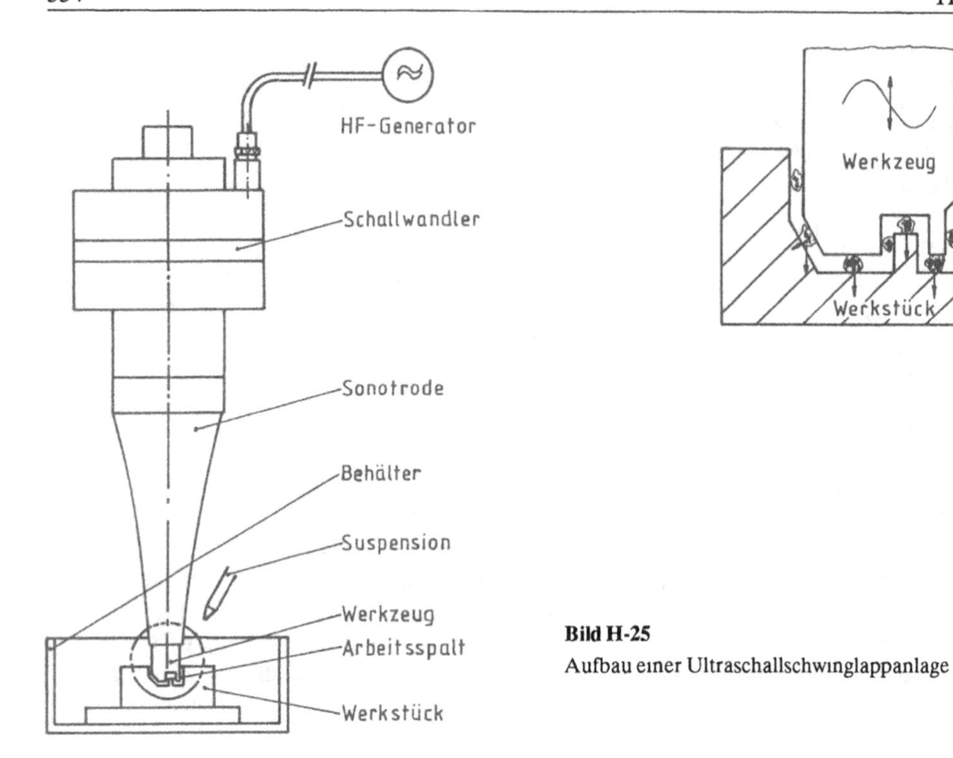

Bild H-25
Aufbau einer Ultraschallschwinglappanlage

Mit ihm lassen sich einfache Profile und dreidimensionale Formen herstellen. Die Bearbeitungsdauer ist lang. Oberflächengüte und Genauigkeit entsprechen einer Feinbearbeitung. Das Arbeitsprinzip ist aus Bild H-25 erkennbar. Eine von einem elektrischen Hochfrequenzgenerator erzeugte Wechselspannung von ca. 20 kHz wird in einem Schallwandler in mechanische Schwingungen mit kleiner Amplitude von 5 bis 7 µm verwandelt [115]. Dabei sollen möglichst nur Longitudinalschwingungen und keine Biege- oder Torsionsschwingungen, die Formfehler verursachen, entstehen. Ein nachgeschalteter sich verjüngender *Amplitudenverstärker* (Sonotrode) trägt das Arbeitswerkzeug, das die Negativform des Werkstücks besitzt. Die Läppmittelsuspension, bestehend aus Läppkorn und Wasser im Verhältnis 1 : 4 bis 1 : 1 wird zwischen Werkzeug und Werkstück gegeben. Das Läppkorn wird mit der Arbeitsfrequenz in das Werkstück *eingehämmert*. Das Läppkorn muß deshalb nicht nur hart, sondern auch *druckfest* sein. Man nimm dafür *Siliziumkarbid* oder das festere, aber auch teurere *Borkarbid*. Die Schwingungsamplitude muß größer sein als der Durchmesser des größten Läppkorns, damit es in den Arbeitsspalt gelangen und einen Abtrag bewirken kann. Der eigentliche Abtragsvorgang ist in Bild H-26 dargestellt. Im Werkstück werden vom Korn mikroskopisch kleine Risse erzeugt. Mit zunehmender Einwirkzeit führen diese Mikrorisse zum Ausbröckeln kleinster Werkstoffpartikel und zeitlich und räumlich aufsummiert zur Abbildung des Formwerkzeugs im Werkstoff [115].

7.2.2 Werkzeuge

Die Werkzeuge können aus *Metall*, z.B. aus *Kupfer*, hergestellt werden. Nicht die Härte des Werkzeugstoffs, sondern seine *Zähigkeit* verhindert größeren Verschleiß. Bei der Herstellung muß die Breite des seitlichen Spaltes berücksichtigt werden. Als *Untermaß* ist das Zweifache des größten in der Suspension enthaltenen Läppkorns anzunehmen. Die Werkzeugmasse ist bei der Berechnung der Form der Sonotrode mit zu berücksichtigen. Rechenprogramme für Computer ermöglichen die Bestimmung der Schwingungsform und der Amplitudenverstärkung des Schwingungssystems. Bei sehr feinen Konturen ist die Steifigkeit des auf Knickung beanspruchten Werkzeugs zu berücksichtigen. Diese begrenzt die maximale Bohrtiefe. Für Bohrungsdurchmesser kleiner als 1 mm ist ein Verhältnis von Durchmesser zu Tiefe von etwa 1 : 20 erreichbar.

7.2.3 Werkstücke

Das Ultraschallschwingläppen mit seinen sehr *kleinen Abtragsraten* wird dort angewandt, wo andere wirkungsvollere Arbeitsverfahren versagen, besonders bei den elektrisch nicht leitenden sprödharten Keramikwerkstoffen wie Silikatkeramiken, Oxidkeramiken und Nichtoxidkeramiken. Zur Beurteilung der Bearbeitbarkeit kann als Kenngröße die Bruchzähigkeit (KIc-Faktor) herangezogen werden. Bild H-27, das in vergleichenden Versuchen gefunden wurde [115], zeigt, daß mit zunehmender Bruchzähigkeit die Abtragsgeschwindigkeit (Zeitspanungsvolumen) abnimmt und der relative Werkzeugverschleiß größer wird. Bei folgenden Werkstückgruppen wird das Ultraschall-Schwingläppen erfolgreich angewendet:

- Motorenkeramik: *Ventilsitzringe, Keramikkolben, Laufbüchsen, Lagerteile, Einspritzdüse, Vorkammer*;
- Gasturbinentechnik: *keramische Turbinenräder, Brennkammerteile, Leitgitter, Dichtungen, Düsen* für Brennkammern;
- Glasbearbeitung: *Glaskeramik, Substratträger, Isolatoren, optische* Teile, *Laser*bauteile, *Quarzresonatoren, Sensoren*teile;
- keramische *Plasmaspritzschichten* an Kolben, Kipphebeln und *Verschleißschutzschichten*;
- Werkzeugbau: *Stanz-* und *Prägewerkzeuge, Ziehsteine, Extrusionsdüsen, Fließpreßmatrizen, Elektroden* für die Funkenerosion;
- Elektronik: *Halbleiter, Siliziumwafern, Ferrite, Quarzkristalle, Piezokeramik, Resonatoren, dielektrische* Komponenten;
- Verfahrenstechnik: *Schneidwerkzeuge, Verschlußteile* in Pumpen und Armaturen.

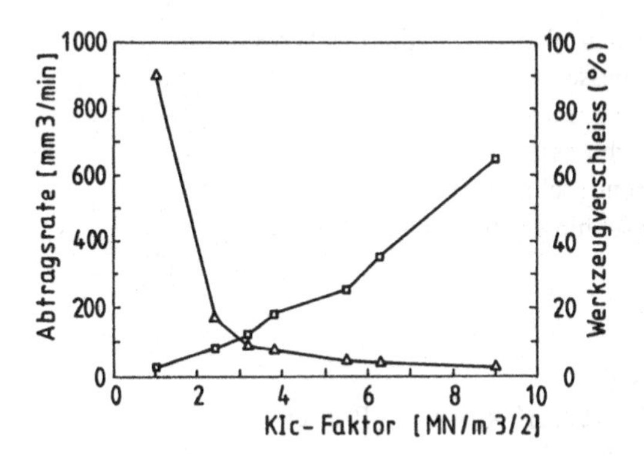

Bild H-27
Einfluß der Bruchzähigkeit des Werkstoffs auf die Abtragsrate Q und den relativen Verschleiß des Werkzeugs

Formelzeichen

a	mm	Stützwalzenabstand
a	mm	Auslenkung aus der Mittellage bei einer Schwingung
a_a	mm	Axialeingriff
a_d	µm	Abrichtzustellung
a_e	mm oder µm	Arbeitseingriff
a_{ex}	mm oder µm	x-Komponente des Arbeitseingriffs
a_{ez}	mm oder µm	z-Komponente des Arbeitseingriffs
a_f	mm	Vorschubeingriff
a_p	mm	Schnittiefe, Schnittbreite
a_r	mm	Radialeingriff
a_t	mm	Tangentialeingriff
A	mm^2	Spanungsquerschnitt
A_0	mm	Schwingamplitude
A_D	mm^2	Nenn-Spanungsquerschnitt
A_e	mm^2	Wirkspanungsquerschnitt
A_k	mm^2	Kolbenfläche
A_K	mm^2	Kontaktzone zwischen Schleifscheibe und Werkstück
A_S	mm^2	Kantenverschleißfläche an einer Schleifscheibe
b	mm	Spanungsbreite, Schleifscheibenbreite, Honsteinbreite
b_e	mm	Wirkspanungsbreite
b_k	µm	Eingriffsbreite eines Schleifkorns
B	mm	Werkstückbreite
c_g	N/mm	Gesamtfederzahl des mechanischen Aufbaus beim Schleifen
C_1	$1/mm^3$	Konstante im Schneidenverteilungsgesetz beim Schleifen
c_2, c_3	N/mm	Federzahlen von Bauteilen, die im Kraftfluß beim Schleifen liegen
d	mm	Durchmesser des Werkzeugs oder des Werkstücks
d_a	mm	Außendurchmesser
d_i	mm	Innendurchmesser
d_m	mm	mittlerer Durchmesser
d_s	mm	Schleifscheibendurchmesser
d_w	mm	Werkstückdurchmesser beim Schleifen
D	mm	Durchmesser
e	mm	Exzentrizität
e_d	µm	Abrichttiefe
f	mm/Umdr.	Vorschub
f_B	–	besonderer Korrekturfaktor beim Bohren
f_c	mm	Schnittvorschub
f_e	mm	Wirkvorschub
f_f	–	Korrekturfaktor
f_h	–	Korrekturfaktor
f_{st}	–	Stumpfungsfaktor
f_{SV}	–	Korrekturfaktor für Schneidstoff- und Schnittgeschwindigkeitseinfluß

f_v	–	Korrekturfaktor
f_z	mm/Schneide	Zahnvorschub
f_α	–	Korrekturfaktor
f_γ	–	Korrekturfaktor
f_λ	–	Korrekturfaktor
F	N	Zerspankraft
F_a	N	Aktivkraft, Axialkraft
F_c	N	Schnittkraft
F_{ca}	N	Schnittkraftanteil axial
F_{cg}	N	Gesamtschnittkraft für alle eingreifenden Schneiden
F_{cgm}	N	gemittelte Gesamtschnittkraft
F_{cm}	N	mittlere Schnittkraft an einer Schneide
F_{cN}	N	Schnitt-Normalkraft
F_{ct}	N	Schnittkraftanteil tangential
F_e	N	Wirkkraft
F_{eN}	N	Wirk-Normalkraft
F_f	N	Vorschubkraft
F_{fN}	N	Vorschub-Normalkraft
F_p	N	Passivkraft
F_r	N	Radialkraft
F_R	N	Reibungskraft
F_z	N	Kraft pro Schneide
g_h	–	Korrekturfaktor
g_s	–	Korrekturfaktor
g_{st}	–	Stumpfungsfaktor
g_v	–	Korrekturfaktor
g_α	–	Korrekturfaktor
g_γ	–	Korrekturfaktor
g_κ	–	Korrekturfaktor
g_λ	–	Korrekturfaktor
G	mm^3/mm^3	Volumenschleifverhältnis
h	mm	Spanungsdicke
Δh	µm	Grenztiefe für den Schneideneingriff beim Schleifen
h_e	mm	Wirkspanungsdicke
h_h	–	Korrekturfaktor
h_m	mm	mittlere Spanungsdicke
h_{st}	–	Stumpfungsfaktor
h_o	–	Bezugsgröße der Spanungsdicke (= 1 mm)
h_α	–	Korrekturfaktor
h_β	mm	Halbwinkelspanungsdicke
h_γ	–	Korrekturfaktor
h_κ	–	Korrekturfaktor
h_λ	–	Korrekturfaktor
H	mm	Abstand der Kraftvektoren
i	–	Anzahl der Schnitte
k_b	N/mm	auf die Spanungsbreite bezogene Schnittkraft
k_c	N/mm^2	spezifische Schnittkraft
k_{cm}	N/mm^2	mittlere spezifische Schnittkraft
$k_{c1 \cdot 1}$	N/mm^2	Grundwert der spezifischen Schnittkraft

k_f	N/mm^2	spezifische Vorschubkraft
$k_{f1 \cdot 1}$	N/mm^2	Grundwert der spezifischen Vorschubkraft
k_p	N/mm^2	spezifische Passivkraft
$k_{p1 \cdot 1}$	N/mm^2	Grundwert der spezifischen Passivkraft
k_{WW}	DM	Werkzeugwechselkosten
K	–	Kolkverhältnis
K'	N/mm^2	Konstante für die Berechnung des zeitlichen Ablaufs beim Querschleifen
K_L	DM/Einheit	lohngebundene Kosten
K_M	DM/Einheit	maschinengebundene Kosten
K_W	DM/Einheit	werkzeuggebundene Kosten
KB	mm	Kolkbreite
KM	mm	Kolkmittenabstand
KT	mm	Kolktiefe
l	mm oder m	Weg, Honsteinlänge
l_a	mm	Anstellweg
l_c	mm oder m	Schnittweg
l_e	mm oder m	Wirkweg
l_f	mm	Vorschubweg
Δl	mm	Teil des Vorschubwegs
l_H	mm	Hauptschneidenlänge bei einem Spiralbohrer
l_K	µm	Kontaktlänge eines Schleifkorns im Werkstück
l_n	mm	Nachstellweg
l_r	mm	Rückstellweg
l_{sp}	mm	Spitzenlänge bei einem Spiralbohrer
$l_ü$	mm	Überlauf
l_v	mm	Vorlauf
l_z	mm	Zustellweg
L	DM/h oder DM/min	Lohnsatz
L	mm	Werkstücklänge
L_f	mm	Standweg in Vorschubrichtung
L_s	mm	Länge des Schneidenteils bei Räumnadeln
m	g	Teilmasse, die eine Unwucht verursacht
m	mm	Prüfmaß an Wendeschneidplatten
m_γ	–	Einflußfaktor des Spanwinkels
m_λ	–	Einflußfaktor des Neigungswinkels
M	kg	Masse der Schleifscheibe
M_c	Nm	Schnittmoment
n	l/min	Drehzahl
n_s	l/min	Drehzahl der Schleifscheibe
n_w	l/min	Drehzahl des Werkstücks beim Schleifen
N	–	Standmenge
N_{kin}	l/min^2	kinematische Flächenverteilung der Schneiden in der Schleifscheibenoberfläche
N_{stat}	l/min^2	statische Flächenverteilung der Schneiden in der Schleifscheibenoberfläche
p	N/mm^2	Flächenpressung zwischen Honstein und Werkstück
p_{sp}	N/mm^2	Spanpressung
P	W	Leistung

P_c	W	Schnittleistung
P_{cm}	W	mittlere Schnittleistung
P_e	W	Wirkleistung
P_f	W	Vorschubleistung
q	–	Geschwindigkeitsverhältnis beim Schleifen
Q	cm^3/min oder mm^3/s	Zeitspanungsvolumen
Q'	$mm^3/mm \cdot s$	auf die Schleifbreite bezogenes Zeitspanungsvolumen
Q_a	cm^3/min	Zeitspanungsvolumen beim Außendrehen
Q_i	cm^3/min	Zeitspanungsvolumen beim Innendrehen
Q_p	$cm^3/min \cdot kW$	leistungsbezogenes Zeitspanungsvolumen
Q_s	mm^3/s	Zeitverschleißvolumen an Schleifscheiben und Honsteinen
Q'_s	$mm^3/mm \cdot s$	bezogenes Zeitverschleißvolumen an Schleifscheiben
r	–	Restgemeinkostensatz
r	mm	Radius der Schneidenecke
R	mm	Radius
R_m	N/mm^2	Zugfestigkeit
R_t	µm	Rauhtiefe
R_{th}	µm	theoretisch erzeugte Rauhtiefe
R_{tS}	µm	Wirkrauhtiefe der Schleifscheibe
R_{tW}	µm	Werkstückrauhtiefe
R_z, R_{z0}	µm	mittlere Rauhtiefe
s	mm	Hub des Schlittens oder Tisches einer Werkzeugmaschine
S	mm^3/mm^3	bezogener Schleifscheibenverschleiß
S	mm^2/s	Stoßfaktor beim Schneideneingriff (Stirnfräsen)
S_{stat}	l/mm	statische Schneidenzahl auf einer Schleifscheibenumfangslinie
SV	mm	Schneidkantenversatz
t	mm	Teilung
t	mm	Toleranz
t_{DH}	min	Zeit für einen Doppelhub
t_h	min	Hauptschnittzeit
t_k	µm	Eingriffstiefe eines Schleifkorns
t_m	mm	mittlere Teilung
t_M	mm	Tiefenmaß an einem Werkzeugprofil
t_n	min	Nebenzeit
t_u	min	Umsteuerzeit
t_w	min	Werkzeugwechselzeit
t_W	min	Tiefenmaß an einem Werkstückprofil
T	min	Zeitkonstante im zeitlichen Ablauf des Querschleifens
T	min	Standzeit
T_o	min	kostengünstigste (optimale) Standzeit
T_{to}	min	zeitgünstigste Standzeit
U	$g \cdot mm$	Unwucht
$Ü$	–	Überschliffzahl beim Längsschleifen
$Ü_d$	–	Überdeckungsgrad beim Abrichten von Schleifscheiben
v_a	mm/min	Anstellgeschwindigkeit
v_c	m/min oder m/s	Schnittgeschwindigkeit
v_{ca}	m/min	Axialkomponente der Schnittgeschwindigkeit
v_{cma}	m/min	mittlere Schnittgeschwindigkeit beim Außendrehen
v_{cmi}	m/min	mittlere Schnittgeschwindigkeit beim Innendrehen
v_{c0}	m/min	Schnittgeschwindigkeitsbezugswert (100 m/min)

υ_{ct}	m/min	Tangentialkomponente der Schnittgeschwindigkeit
υ_e	m/min	Wirkgeschwindigkeit
υ_f	mm/min	Vorschubgeschwindigkeit
υ_{fx}	mm/min	Vorschubgeschwindigkeitskomponente in x-Richtung
υ_{fz}	mm/min	Vorschubgeschwindigkeitskomponente in z-Richtung
υ_n	mm/min	Nachstellgeschwindigkeit
υ_o	mm/min	kostengünstigste Schnittgeschwindigkeit
υ_r	mm/min oder m/min	Rückstellgeschwindigkeit
υ_{to}	m/min	zeitgünstigste Schnittgeschwindigkeit
υ_x	mm/min	Abtragsgeschwindigkeit beim Honen
υ_z	mm/min	Zustellgeschwindigkeit
V	mm^3	Spanungsvolumen
V_o	mm/s	Geschwindigkeitsamplitude einer Schwingung
V_s	mm^3	Verschleißvolumen
V_{ST}	mm^3	Verschleißvolumen pro Standzeit an einer Schleifscheibe
V_{SW}	mm^3	Verschleißvolumen je Werkstück
V_T	mm^3	Standvolumen
V'_T	mm^3/mm	bezogenes Standvolumen
V_W	mm^3	Spanungsvolumen je Werkstück
VB	mm	Verschleißmarkenbreite
x	–	Exponent, Neigungswert einer Geraden
x	mm	Relativbewegung zwischen Schleifscheibe und Werkstück
x_e	µm	Ersatzschnittiefe für die Berechnung der Schneidenzahl beim Schleifen
X	mm	Höhe der Scherfläche
z	–	Anzahl der Schneiden
z	–	Neigungswert einer Geraden, Exponent
z_d	–	Zahl der Abrichthübe
z_e	–	Zahl der im Eingriff befindlichen Schneiden
z_{em}	–	Mittelwert der im Eingriff befindlichen Schneiden
α, α_0	°	Freiwinkel
α_n	°	Freiwinkel der Nebenschneide
α_x	°	Freiwinkel in der Arbeitsebene
β	°	Keilwinkel
β	rad oder °	halber Eingriffswinkel
β_1	l/mm^3	Konstante
β_x	°	Keilwinkel in der Arbeitsebene
γ, γ_0	°	Spanwinkel
γ_n	°	Spanwinkel der Nebenschneide
γ_x	°	Spanwinkel in der Arbeitsebene
δ	°	Winkel am Zustellkonus
ε	°	Eckenwinkel
η	° oder rad	Wirkrichtungswinkel
η_m	–	mechanischer Wirkungsgrad
ϑ	K oder °C	Temperatur
κ, κ_0	°	Einstellwinkel
λ, λ_0	°	Neigungswinkel
λ_b	–	Spanbreitenstauchung
λ_h	–	Spandickenstauchung
λ_1	–	Spanlängenstauchung
λ_n	°	Neigungswinkel der Nebenschneide

λ_A	–	Spanquerschnittsstauchung
μ_{sp}	–	Spanflächenreibwert
ρ	°	Reibungswinkel
σ	°	Spitzenwinkel am Spiralbohrer
φ	rad oder °	Vorschubrichtungswinkel
$\Delta\varphi$	rad oder °	Eingriffswinkel bei rotierenden Werkzeugen
φ_A	rad oder °	Winkel beim Schneidenaustritt aus dem Werkstück
φ_E	rad oder °	Winkel beim Schneideneintritt in das Werkstück
Θ	°	Scherwinkel
ω	l/min oder l/s	Winkelfrequenz

Verzeichnis der erwähnten DIN-Normen

DIN-Nr.	Datum	Bezeichnung
9	6.75	Hand-Kegelreibahlen für Kegelstiftbohrungen
204	5.75	Hand-Kegelreibahlen für Morsekegel
205	5.75	Hand-Kegelreibahlen für metrische Kegel
206	9.79	Hand-Reibahlen
208	10.81	Maschinen-Reibahlen mit Morsekegelschaft
209	8.79	Maschinen-Reibahlen mit aufgeschraubten Messern
212	9.79	Maschinen-Reibahlen mit Zylinderschaft
219	10.81	Aufsteck-Reibahlen
220	9.79	Aufsteck-Reibahlen mit aufgeschraubten Messern
222	10.81	Aufsteck-Aufbohrer
311	3.75	Nietlochreibahlen mit Morsekegelschaft
326	6.81	Langlochfräser mit Morsekegelschaft
327	4.89	Langlochfräser mit Zylinderschaft
332	11.73	Zentrierbohrungen 60°, Form R, A, B und C
333	4.86	Zentrierbohrer 60°, Form R, A und B
334	9.79	Kegelsenker 60°
335	9.79	Kegelsenker 90°
338	3.78	Kurze Spiralbohrer mit Zylinderschaft
339	3.78	Spiralbohrer mit Zylinderschaft, zum Bohren durch Bohrbuchsen
340	3.78	Lange Spiralbohrer mit Zylinderschaft
341	3.78	Lange Spiralbohrer mit Morsekegelschaft, zum Bohren durch Bohrbuchsen
343	10.81	Aufbohrer mit Morsekegelschaft
344	10.81	Aufbohrer mit Zylinderschaft
345	3.78	Spiralbohrer mit Morsekegelschaft
346	3.78	Spiralbohrer mit größerem Morsekegelschaft
347	3.62	Kegelsenker 120°
352	6.81	Satzgewindebohrer, Dreiteiliger Satz, für metrisches ISO-Regelgewinde M 1 bis M 68
357	6.81	Mutter-Gewindebohrer für metrisches ISO-Regelgewinde M 3 bis M 68
371	6.81	Maschinen-Gewindebohrer mit verstärktem Schaft für metrisches ISO-Regelgewinde M 1 bis M 10
373	8.75	Flachsenker mit Zylinderschaft und festem Führungszapfen
374	6.81	Maschinen-Gewindebohrer für metrisches ISO-Feingewinde M 1,6 bis M 52
375	8.75	Flachsenker mit Morsekegelschaft und auswechselbaren Führungszapfen
376	6.81	Maschinen-Gewindebohrer für metrisches ISO-Regelgewinde M 1,6 bis M 68
842	3.84	Aufsteck-Winkelstirnfräser
844	4.89	Schaftfräser mit Zylinderschaft
845	6.81	Schaftfräser mit Morsekegelschaft
847	9.78	Prismenfräser
848	3.88	Schleifmittelkörnungen aus Diamant und Bornitrid
850	4.89	Schlitzfräser

DIN-Nr.	Datum	Bezeichnung
851	4.89	T-Nutenfräser mit Zylinderschaft
852	9.78	Aufsteck-Gewindefräser für metrisches ISO-Gewinde
855	9.78	Halbrund-Profilfräser, konkav
856	9.78	Halbrund-Profilfräser, konvex
859	9.79	Hand-Reibahlen mit Zylinderschaft, nachstellbar, geschlitzt
884	6.81	Walzenfräser
885	6.81	Scheibenfräser
1304	3.89	Allgemeine Formelzeichen
1412	12.66	Spiralbohrer; Begriffe
1414	10.77	Spiralbohrer aus Schnellarbeitsstahl
1415	9.73	Räumwerkzeuge; Einteilung, Benennungen, Bauarten
1416	11.71	Räumwerkzeuge; Gestaltung von Schneidzahn und Spankammer
1417	8.70	Räumwerkzeuge; Schäfte und Endstücke
1419	8.70	Innen-Räumwerkzeuge mit auswechselbaren Rundräumbuchsen
1825	11.77	Schneidräder für Stirnräder; Geradverzahnte Scheibenschneidräder
1826	11.77	Schneidräder für Stirnräder; Geradverzahnte Glockenschneidräder
1828	11.77	Schneidräder für Stirnräder; Geradverzahnte Schaftschneidräder
1830	6.74	Fräsmesserköpfe mit eingesetzten Messern
1831	6.82	Scheibenfräser mit eingesetzten Messern
1833	4.89	Winkelfräser mit Zylinderschaft
1834	1.86	Schmale Scheibenfräser
1836	1.84	Werkzeug-Anwendungsgruppen zum Zerspanen
1861	1.62	Spiralbohrer für Waagerecht-Koordinaten-Bohrmaschinen
1862	1.62	Stirnsenker für Waagerecht-Koordinaten-Bohrmaschinen
1863	1.62	Senker für Senkniete
1864	10.81	Lange Aufbohrer mit Morsekegelschaft, zum Aufbohren durch Bohrbuchsen
1866	6.75	Kegelsenker 90°, mit Zylinderschaft und festem Führungszapfen
1867	6.75	Kegelsenker 90°, mit Morsekegel und auswechselbarem Führungszapfen
1869	3.78	Überlange Spiralbohrer mit Zylinderschaft
1870	3.78	Überlange Spiralbohrer mit Morsekegelschaft
1880	12.81	Walzenstirnfräser mit Quernut
1889	4.89	Gesenkfräser mit Schaft
1890	6.81	Nutenfräser, geradverzahnt, hinterdreht
1891	6.81	Nutenfräser, gekuppelt und verstellbar
1892	6.81	Walzenfräser, gekuppelt, zweiteilig
1893	9.78	Gewinde-Scheibenfräser für metrisches ISO-Trapezgewinde
1895	5.75	Maschinen-Kegelreibahlen für Morsekegel
1896	5.75	Maschinen-Kegelreibahlen für metrische Kegel
1897	10.84	Extra kurze Spiralbohrer mit Zylinderschaft
1898	2.90	Stiftlochbohrer für Kegelstiftbohrungen
1899	2.90	Kleinstbohrer
2155	4.83	Aufbohrer
2179	5.75	Maschinen-Kegelreibahlen für Kegelstiftbohrungen, mit Zylinderschaft
2180	5.75	Maschinen-Kegelreibahlen für Kegelstiftbohrungen, mit Morsekegelschaft
2181	8.81	Satzgewindebohrer, zweiteiliger Satz für metrisches ISO-Feingewinde M 1 bis M 52
2328	12.81	Schaftfräser mit Steilkegelschaft

DIN-Nr.	Datum	Bezeichnung
4760	6.82	Gestaltabweichungen; Begriffe, Ordnungssystem
4951	9.62	Gerade Drehmeißel mit Schneiden aus Schnellarbeitsstahl
4952	9.62	Gebogene Drehmeißel mit Schneiden aus Schnellarbeitsstahl
4953	9.62	Innen-Drehmeißel mit Schneiden aus Schnellarbeitsstahl
4954	9.62	Innen-Eckdrehmeißel mit Schneiden aus Schnellarbeitsstahl
4955	9.62	Spitze Drehmeißel mit Schneiden aus Schnellarbeitsstahl
4956	9.62	Breite Drehmeißel mit Schneiden aus Schnellarbeitsstahl
4960	9.62	Abgesetzte Seitendrehmeißel mit Schneiden aus Schnellarbeitsstahl
4961	9.62	Stechdrehmeißel mit Schneiden aus Schnellarbeitsstahl
4963	9.62	Innen-Stechdrehmeißel mit Schneiden aus Schnellarbeitsstahl
4965	9.62	Gebogene Eckdrehmeißel mit Schneiden aus Schnellarbeitsstahl
4967	4.87	Wendeschneidplatten aus Hartmetall mit Senkbohrung, mit Eckenrundungen
4968	3.87	Wendeschneidplatten aus Hartmetall mit Eckenrundungen, ohne Bohrung
4969	4.80	Wendeschneidplatten aus Schneidkeramik mit Eckenrundungen
4971	10.80	Gerade Drehmeißel mit Schneidplatte aus Hartmetall
4972	10.80	Gebogene Drehmeißel mit Schneidplatte aus Hartmetall
4973	10.80	Innen-Drehmeißel mit Schneidplatte aus Hartmetall
4974	10.80	Innen-Eckdrehmeißel mit Schneidplatte aus Hartmetall
4975	10.80	Spitze Drehmeißel mit Schneidplatte aus Hartmetall
4976	10.80	Breite Drehmeißel mit Schneidplatte aus Hartmetall
4977	10.80	Abgesetzte Stirndrehmeißel mit Schneidplatte aus Hartmetall
4978	10.80	Abgesetzte Eckdrehmeißel mit Schneidplatte aus Hartmetall
4980	10.80	Abgesetzte Seitendrehmeißel mit Schneidplatte aus Hartmetall
4981	10.80	Stechdrehmeißel mit Schneidplatte aus Hartmetall
4982	10.80	Drehmeißel mit Schneidplatte aus Hartmetall; Übersicht, Kennzeichnung
4983	6.87	Klemmhalter mit Vierkantschaft und Kurzklemmhalter für Wendeschneidplatten
4984	6.87	Klemmhalter mit Vierkantschaft für Wendeschneidplatten
4985	7.80	Kurzklemmhalter Typ A für Wendeschneidplatten
4987	3.87	Bezeichnung und Toleranzen der Wendeschneidplatten
4988	4.87	Wendeschneidplatten aus Hartmetall mit Eckenrundungen, mit zylindrischer Bohrung
4990	7.72	Zerspanungs-Anwendungsgruppen für Hartmetalle
6356	5.72	Zentrierdorne für Messerköpfe mit Innenzentrierung
6357	7.88	Aufnahmedorne mit Steilkegelschaft für Fräsmesserköpfe und Fräsköpfe mit Innenzentrierung
6358	12.86	Aufsteckfräserdorne mit Steilkegelschaft für Fräser mit Längs- und Quernut
6513	9.78	Viertelrund-Profilfräser
6580	10.85	Begriffe der Zerspantechnik; Bewegungen und Geometrie des Zerspanvorganges
6581	10.85	Begriffe der Zerspantechnik; Bezugssysteme und Winkel am Schneidteil des Werkzeuges
6582	2.88	Begriffe der Zerspantechnik; Ergänzende Begriffe am Werkzeug, am Schneidkeil und an der Schneide
6583	9.81	Begriffe der Zerspantechnik; Standbegriffe
6584	10.82	Begriffe der Zerspantechnik; Kräfte, Energie, Arbeit, Leistungen

DIN-Nr.	Datum	Bezeichnung
6590	2.86	Wendeschneidplatten aus Hartmetall mit Planschneiden, ohne Bohrung
8002	1.55	Maschinenwerkzeuge für Metall; Wälzfräser für Stirnräder mit Quer- oder Längsnut, Modul 1 bis 20
8022	10.81	Aufsteck-Aufbohrer mit Schneidplatten aus Hartmetall
8026	9.79	Langlochfräser mit Morsekegelschaft, mit Schneidplatten aus Hartmetall
8027	9.79	Langlochfräser mit Zylinderschaft, mit Schneidplatten aus Hartmetall
8029	11.86	Bezeichnung von Fräswerkzeugen mit Wendeschneidplatten
8030	1.84	Fräsköpfe für Wendeschneidplatten
8031	9.86	Scheibenfräser für Wendeschneidplatten
8032	11.83	Frässtifte aus Hartmetall
8037	8.71	Spiralbohrer mit Zylinderschaft, mit Schneidplatte aus Hartmetall, für Metall
8038	8.71	Spiralbohrer mit Zylinderschaft, mit Schneidplatte aus Hartmetall, für Kunststoff
8041	8.71	Spiralbohrer mit Morsekegel, mit Schneidplatte aus Hartmetall, für Metall
8043	9.79	Aufbohrer mit Schneidplatten aus Hartmetall
8044	11.82	Schaftfräser mit Zylinderschaft, mit Schneidplatten aus Hartmetall
8045	11.82	Schaftfräser mit Morsekegelschaft, mit Schneidplatten aus Hartmetall
8047	11.56	Scheibenfräser; Schneiden aus Hartmetall
8048	11.56	Scheibenfräser mit auswechselbaren Messern; Schneiden aus Hartmetall
8050	9.79	Maschinen-Reibahlen mit Zylinderschaft, mit Schneidplatten aus Hartmetall, mit kurzem Schneidteil
8051	9.79	Maschinen-Reibahlen mit Morsekegelschaft, mit Schneidplatten aus Hartmetall, mit kurzem Schneidteil
8054	9.79	Aufsteck-Reibahlen mit Schneidplatten aus Hartmetall
8056	2.80	Walzenstirnfräser mit Quernut, mit Schneidplatten aus Hartmetall
8089	9.79	Automaten-Reibahlen
8090	10.81	Automaten-Reibahlen mit Schneidplatten aus Hartmetall
8093	9.79	Maschinen-Reibahlen mit Zylinderschaft, mit Schneidplatten aus Hartmetall, mit langem Schneidteil
8094	9.79	Maschinen-Reibahlen mit Morsekegelschaft, mit Schneidplatten aus Hartmetall, mit langem Schneidteil
8096	6.86	Stirn-Schaftfräser Typ A für Wendeschneidplatten
8374	2.81	Mehrfasen-Stufenbohrer mit Zylinderschaft, für Durchgangslöcher und Senkungen für Senkschrauben
8375	2.81	Mehrfasen-Stufenbohrer mit Morsekegelschaft, für Durchgangslöcher und Senkungen für Senkschrauben
8376	2.81	Mehrfasen-Stufenbohrer mit Zylinderschaft, für Durchgangslöcher und Senkungen für Zylinderschrauben
8377	2.81	Mehrfasen-Stufenbohrer mit Morsekegelschaft, für Durchgangslöcher und Senkungen für Zylinderschrauben
8378	2.81	Mehrfasen-Stufenbohrer mit Zylinderschaft, für Kernlochbohrungen und Freisenkungen
8379	2.81	Mehrfasen-Stufenbohrer mit Morsekegelschaft, für Kernlochbohrungen und Freisenkungen
8580	6.74	Fertigungsverfahren, Einteilung

DIN-Nr.	Datum	Bezeichnung
8589	3.81	Teil 0: Fertigungsverfahren Spanen; Einordnung, Unterteilung, Begriffe
	8.82	Teil 1: Fertigungsverfahren Spanen; Drehen
	8.82	Teil 2: Bohren, Senken, Reiben
	8.82	Teil 3: Fräsen
	8.82	Teil 4: Hobeln, Stoßen
	8.82	Teil 5: Räumen
	8.82	Teil 6: Sägen
	8.82	Teil 7: Feilen, Raspeln
	8.82	Teil 8: Bürstspanen
	8.82	Teil 9: Schaben, Meißeln
	1.84	Teil 11: Schleifen mit rotierendem Werkzeug
	12.85	Teil 12: Bandschleifen
	12.85	Teil 13: Hubschleifen
	12.85	Teil 14: Honen
	12.85	Teil 15: Läppen
	12.85	Teil 17: Gleitspanen
69100	7.88	Schleifkörper aus gebundenem Schleifmittel
69101	12.85	Körnungen aus Elektrokorund und Siliziumkarbid für Schleifkörper aus gebundenem Schleifmittel und zum Spanen mit losem Korn
69104	2.81	Schleifscheiben; Außendurchmesser, Breiten, Bohrungsdurchmesser
69105	6.72	Randformen für Schleifscheiben
69111	6.72	Schleifkörper aus gebundenem Schleifmittel; Einteilung, Übersicht
69120	10.77	Gerade Schleifscheiben
69125	7.77	Gerade Schleifscheiben mit einer Aussparung
69126	7.77	Gerade Schleifscheiben mit zwei Aussparungen
69130	6.76	Schleifbänder
69138	6.75	Schleifzylinder für Flachschleifmaschinen
69139	8.75	Zylindrische Schleiftöpfe
69140	5.75	Schleifsegmente
69142	6.82	Gekröpfte Trennschleifscheiben für stationäre Trennschleifmaschinen und Pendeltrennschleifmaschinen
69146	8.75	Einseitig konische Schleifscheiben für Werkzeugschleifmaschinen
69147	8.75	Teil 4: Zweiseitig konische Schleifscheiben für Werkzeugschleifmaschinen
69148	8.75	Teil 1: Kegelige Schleiftöpfe für Werkzeugschleifmaschinen
69149	7.77	Teil 2: Schleifteller für Werkzeugschleifmaschinen
69159	4.81	Gerade Trennschleifscheiben für stationäre Trennschleifmaschinen
69170	11.88	Schleifstifte
69176	3.85	Körnungen aus Elektrokorund und Siliziumkarbid für Schleifmittel auf Unterlagen
69177	4.81	Rechteckige Schleifblätter
69178	8.81	Runde Schleifblätter
69179	12.79	Rollen von Schleifmitteln auf Unterlagen
69183	8.88	Lamellenschleifstifte
69184	10.82	Lamellenschleifscheiben
69186	5.83	Honsteine
69191	7.77	Aufschraubbare Schleifscheiben
69800	3.80	Schleifkörper mit Schleifbelag aus Diamant oder Bornitrid
69805	3.80	Gerade Schleifscheiben mit Schleifbelag aus Diamant oder Bornitrid, Form 1A1

DIN-Nr.	Datum	Bezeichnung
69806	3.80	Gerade Schleifscheiben mit Schleifbelag aus Diamant oder Bornitrid, Form 14A1
69808	3.80	Gerade Schleifscheiben mit Schleifbelag aus Diamant oder Bornitrid, Form 1FF1
69810	3.80	Gerade Schleifscheiben mit Schleifbelag aus Diamant oder Bornitrid, Form 1E6Q
69811	3.80	Gerade Schleifscheiben mit Schleifbelag aus Diamant oder Bornitrid, Form 14E6Q
69812	3.80	Gerade Schleifscheiben mit Schleifbelag aus Diamant oder Bornitrid, Form 14EE1
69816	3.80	Gerade Schleifscheiben mit Schleifbelag aus Diamant oder Bornitrid, Form 9A3
69819	3.80	Zylindrische Schleiftöpfe mit Schleifbelag aus Diamant oder Bornitrid, Form 6A2
69820	3.80	Zylindrische Schleiftöpfe mit Schleifbelag aus Diamant oder Bornitrid, Form 6A9
69823	3.80	Kegelige Schleiftöpfe mit Schleifbelag aus Diamant oder Bornitrid, Form 11A2
69824	3.80	Kegelige Schleiftöpfe mit Schleifbelag aus Diamant oder Bornitrid, Form 11V9
69826	3.80	Kegelige Schleiftöpfe mit Schleifbelag aus Diamant oder Bornitrid, Form 12V9
69829	3.80	Schleifteller 45°, mit Schleifbelag aus Diamant oder Bornitrid, Form 12A2
69830	3.80	Schleifteller 20°, mit Schleifbelag aus Diamant oder Bornitrid, Form 12A2
69871	3.90	Steilkegelschäfte für automatischen Werkzeugwechsel

Literaturverzeichnis

[1] *Töllner, K.:* Spanen und Spannen, nicht nur sprachliche Verwandte. wt Werkstattstechnik 77 (1987), Nr. 1, S. 25–29

[2] *Berkenkamp, E.:* Die neueren Schnellarbeitsstähle und ihre Anwendung. Trennkompendium, Jahrbuch der trennenden Bearbeitungsverfahren Bd. 1 (1978), Bergisch Gladbach, S. 80–94

[3] *Kiefer, R.* und *Benesovsky, F.:* Hartmetalle (1965). Springer Wien/New York

[4] *Horvath, E.* und *Rothe, S.:* Gasphasen-Abscheidung (CVD) auf Hartmetall-Wendeschneidplatten. dima 6 (1985), S. 30–32

[5] *Beuchler, R.:* Bearbeitungssicherheit beim Drehen mit beschichteten Hartmetall-Wendeschneidplatten. dima 6 (1985), S. 34–36

[6] *N. N.:* Die Geschichte der Cermets. dima 4/1988, S. 24–27

[7] *Johannsen, P.* und *Zimmermann, R.:* Drehen mit Cermets. VDI-Z 131 (1989), Nr. 3, S. 45–49

[8] *Kullik, M.* und *Schmidberger, R.:* Keramische Hochleistungswerkstoffe für zukünftige Entwicklungen. Dornier-Post 4/90, S. 35–38

[9] *Dreyer, K., Kolaska, J.* und *Grewe, H.:* Schneidkeramik, leistungsstärker durch Whisker. VDI-Z 129 (1987), Nr. 10, S. 101–105

[10] *Tikal, F., Schneider, J.* und *Wellein, G.:* Starker Schneidstoff. moderne fertigung, Oktober 1987

[11] *Lambrecht, J.:* Keramische Schneidwerkzeuge senken die Bearbeitungszeiten. dima 6 (1985), S. 17–27

[12] *Bex, P. A.* und *Wilson, W. J.:* Der neue isotrope Diamant. Diamant-Information M 31 (1977). De Beers Industrial Diamond Division

[13] *Meyer, H.-R.:* Das Schleifen von polykristallinen Diamantwerkzeugen mit geometrisch definierter Schneide. Trennkompendium, Jahrbuch der trennenden Bearbeitungsverfahren, Bd. 1 (1978), Bergisch-Gladbach, S. 161–166

[14] *Werner, G.* und *Keuter, M.:* Schleifbarkeit von polykristallinem Diamant. IDR 22 (1988), Heft 3, S. 162–168

[15] *Werner, G.:* Neuartige polykristalline Schneidwerkzeuge aus Diamant und kubischem Bornitrid. Trennkompendium. Jahrbuch der trennenden Bearbeitungsverfahren, Bd. 1 (1978), Bergisch Gladbach, S. 144–160

[16] *Pipkin, N. J., Robert, D. C.* und *Wilson, W. I.:* Amborite – ein außergewöhnlicher neuer Schneidstoff. Diamant-Information M 39 (1980). De Beers Industrial Diamond Division

[17] *Hoffmann, J.:* Polykristalline Schneidstoffe für die Zerspanung harter Eisenwerkstoffe. dima 6 (1985), S. 44–45

[18] *Altemeyer, M.:* Formrillen für den Spanablauf an Hartmetall-Wendeschneidplatten der Bearbeitungsaufgabe anpassen. Maschinenmarkt 94 (1988), H. 6, S. 31–34

[19] Einführung der Normen uber Form und Lagetoleranzen in die Praxis. Normenheft 7. Beuth Verlag GmbH, Berlin und Köln

[20] *Kronenberg, M.:* Über eine neue Beziehung in der theoretischen Zerspanungslehre. Werkstatt und Betrieb 90 (1957), S. 729–733

[21] *Altmeyer, G.* und *Krapf, H.:* Über Schnittkraftmessungen beim Drehen mit Aluminiumoxid-Schneidplatten. Werkstattstechnik 51 (1961), H. 9, S. 459–467

[22] *Kienzle, O.:* Bestimmung von Kräften an Werkzeugmaschinen. Z.-VDI 94 (1952), S. 299–305

[23] *König, W.* und *Essel, K.:* Spezifische Schnittkraftwerte fur die Zerspanung metallischer Werkstoffe. VDEh. Verlag Stahleisen mbG, Dusseldorf (1973)

[24] *Kienzle, O.* und *Victor, H.:* Spezifische Schnittkrafte bei der Metallbearbeitung. Werkstattstechnik und Maschinenbau 47 (1957), S. 224–225

[25] *Victor, H.:* Schnittkraftberechnungen für das Abspanen von Metallen. wt-Z. ind. Fertig. 59 (1969), Nr. 7, S. 317–327

[26] *Dawihl, W., Altmeyer, G.* und *Sutter, H.:* Uber Schnittemperatur und Schnittkraftmessungen beim Drehen mit Hartmetall und Aluminiumoxidwerkzeugen. W. u. B. 98 (1965), H. 9, S. 691–697

[27] *Spur, G.* und *Beyer, H.:* Erfassung der Temperaturverteilung am Drehmeißel mit Hilfe der Fernsehthermographie. CIRP-Annalen 1973, Heft 22/1

[28] *Lössl, G.:* Beurteilung der Zerspanung mit der Wärmeeindringfähigkeit. wt-Z. ind. Fertig. 69 (1979), S. 692–698

[29] *Friedrich, G.:* Verschleißursachen bei Spiralbohrern. Firmenschrift Titex Plus Nr. 41, 12 76 25

[30] *Armstroff, O.:* Kurzlochbohrer mit Wendeschneidplatten erzielen hohe Spanungsraten. Maschinenmarkt, Würzburg 96 (1990), H. 41, S. 40–42

[31] *Ebberink, J.:* Hochleistungswerkzeuge zum Bohren. Vortrag am 30.10.1990 im Rahmen der Seminarreihe „Wirtschaftliche Fertigung" an der Gesamthochschule Kassel

[32] *Münz, W. D.* und *Ertl, M.:* Neue Hartstoffschichten für Zerspanungswerkzeuge. Industrie-Anzeiger 13 (1987), S. 14–16

[33] *Kammermeier, D.:* Dünne Schichten – starke Leistungen. Industrie-Anzeiger 73 (1990), S. 76–78

[34] *N. N.:* Neu, S-Bohrer für Glanzleistungen. Bohrmeister, Gühring-Firmeninformation 13, Nr. 21 (1990)

[35] *Niemeier, J.* und *Suchfort, G.:* Untersuchung der Anwendbarkeit der Berechnungsformeln für Bohren und Drehen auf mit HM-WP bestückte Bohrwerkzeuge. Studienarbeit am Labor für Werkzeugmaschinen und spangebende Bearbeitungsbverfahren (Prof. Dr.-Ing. E. Paucksch) der Gesamthochschule Kassel (1990)

[36] *Kress, D.:* Feinbohren – Reiben. Vortrag am 13.11.90 im Rahmen der Seminarreihe „Wirtschatliche Fertigung" an der Gesamthochschule Kassel

[37] *Haidt, H.:* Das Reiben mit Hartmetallwerkzeugen. Das Industrieblatt 58 (1958), Nr. 12, S. 557–563

[38] *Hermann, J.:* Kreisformfehler geriebener Bohrungen. Zeitschrift für Wirtschaftliche Fertigung 65 (1970), Nr. 3, S. 110–112

[39] *Hefendehl, F.:* Titex Plus-Reibahlen. Firmenschrift Titex Plus-Mitteilungen Nr. 50

[40] *Kress, D.:* Reiben mit hohen Schnittgeschwindigkeiten. Diss. Stuttgart 1974

[41] *Sokolowski, A. P.:* Präzision in der Metallbearbeitung. VEB-Verlag Technik, Berlin (1955)

[42] *Paucksch, E.:* Oberflächenfeinbearbeitung mit geometrisch bestimmten Schneiden. Maschinenbau H 11 (1979), Zürich, S. 53–63

[43] *Hartkamp, H. G.:* Gewindebohren. Versuche und Messungen im Labor für Werkzeugmaschinen und Fertigungsverfahren der UNI-GH-Paderborn, Abt. Maschinentechnik Soest, 1980–1988

[44] *Gomoll, V.:* Fräsen statt Schleifen. Firmenschrift Feldmühlöe 9 (1978) und verschiedene Vorträge.

[45] *Schulz, H.:* Hochgeschwindigkeitsfräsen von metallischen und nichtmetallischen Werkstoffen. Hannover-Messe 4 (1987), Sonderdruck der Hessischen Hochschulen

[46] *Scherer, J.:* Hochgeschwindigkeitsfrasen von Aluminiumlegierungen. Darmstädter Forschungsberichte für Konstruktion und Fertigung. Hrsg. Prof. Dr.-Ing. H. Schulz, Carl Hanser Verlag, München, Wien 1984

[47] *Kanfeld, M.:* Hochgeschwindigkeitsfräsen und Fertigungsgenauigkeit dünnwandiger Werkstücke aus Leichtmetallguß. Darmstädter Forschungsberichte fur Konstruktion und Fertigung. Hrsg. Prof. Dr.-Ing. H. Schulz, Carl Hanser Verlag, München, Wien (1987)

[48] *Siebert, J. C.:* Werkzeugtemperatur beim Drehen von Aluminium mit polykristallinem Diamant (1988)

[49] *Druminski, R.:* Wirtschatlicher Einsatz von Bornitrid-Schleifscheiben, ZWF 73 (1978) 2, S. 64–71

[50] *Viernekes, N.:* CBN-Schleifkörper in keramischer Bindung fur den bedienungsarmen Schleifprozeß. Wälzlagertechnik, 1987-1

[51] *Weiland, W.:* Diamant- und CBN-Werkzeuge in der Bearbeitung metallischer Werkstoffe, wt-Z. ind. Fertigung 68 (1978), S. 61–65

[52] *Okada, S.:* Rectification par la meule borazon à liant céramique. Annals of the CIRP 25 (1976) 1, S. 219–224

[53] *Warnecke, G., Grun, F. J., Elbel, K.:* Richtig schmieren. Maschinenmarkt 93 (1987), Nr. 21, S. 26–32

[54] *Hoppe, H.-H.:* Sicherheit beim Schleifen. Deutscher Schleifscheibenausschuß, Hannover

[55] *Alt, R.:* Schwingungsbewältigung im Schleifprozeß durch Auswuchten. Vortrag auf dem Lehrgang Oberflächenfeinbearbeitung der Technischen Akademie Esslingen (14.9.1982)

[56] *Baur, Th.:* Hochgeschwindigkeitsschleifen: Voraussetzungen und Beispiele, Maschinenmarkt 83 (1977), S. 249–257

[57] *Klocke, F.:* CBN-Schleifscheiben zum Produktionsschleifen mit hohen Geschwindigkeiten. Lehrgangsvortrag an der Technischen Akademie Esslingen (Sept. 1987)

[58] *Fischer, C.:* Schleifen von Planflächen mit Umfangs- und Seitenschleifverfahren. dima 7/8 (1990), S. 27–33

[59] *Brüssow, H. W.:* Planseiten- und Doppelplanseitenschleifen. Lehrgangsvortrag an der Technischen Akademie Esslingen (Sept. 1987)

[60] *Steffens, K., Kleinevoß, R.* und *Koch, N.:* Schleifen polierfähiger Glaslinsen mit Diamant-Topfwerkzeugen. Vortrag auf dem 5. Internationalen Braunschweiger Feinbearbeitungskolloqium (4/1987)

[61] *N. N.:* Die kleine Vollschnittfibel, ABAWERK GmbH, Aschaffenburg

[62] *Martin, K.:* Der Abtragsvorgang beim Schleifen und Honen. Lehrgangsvortrag an der Technischen Akademie Esslingen (Sept. 1987)

[63] Firmeninformation, Gühring Automation, Stetten

[64] *Tönshoff, H. K., Brinksmeier, E., v. Schmnieden, W.:* Grundlagen und Technologie des Innenlochtrennens. Vortrag auf dem 5. Internationalen Braunschweiger Feinbearbeitungskolloqium (4/1987)

[65] *Yoschihiro, Kita* und *Mamoru, Ido:* The Mechanism of Metal Removal by an Abrasive Tool. Wear 47 (1978), S. 185–193

[66] *Martin, K.:* Der Abtragsvorgang beim Schleifen. Vortrag im Lehrgang „Oberflächenfeinbearbeitung" der TAE am 12.9.83 in Kassel

[67] *Kassen, G.:* Beschreibung der elementaren Kinematik des Schleifvorganges. Diss. RWTH Aachen (1969)

[68] *Brückner, K.:* Der Schleifvorgang und seine Bewertung durch die auftretenden Schnittkräfte. Diss. TH Aachen (1962)

[69] *Pahlitzsch, G.* und *Appun, J.:* Einfluß der Abrichtbedingungen auf Schleifvorgang und Schleifergebnis beim Rundschleifen. Werkstattstechnik und Maschinenbau 43 (1953), 9, S. 396–403

[70] *Frühling, R.:* Topographische Gestalt des Schleifscheiben-Schneidenraumes und Werkstückrauhtiefe beim Außenrund-Einstechschleifen. Diss. TU Braunschweig 1977

[71] *Opitz, H.* und *Frank, H.:* Richtwerte für das Außenrundschleifen. Forschungsbericht des Landes Nordrhein-Westfalen Nr. 965, Westdeutscher Verlag Köln 1961

[72] *Faninger, G., Hauk, V., Macherauch, R., Wolfstieg, U.:* Empfehlungen zur praktischen Anwendung der Methode der röntgenographischen Spannungsermittlung (bei Eisenwerkstoffen). HTM 31 (1976), S. 109–111

[73] *Syren, B.:* Der Einfluß spanender Bearbeitung auf das Biegewechselverformungsverhalten von Ck 45 in verschiedenen Wärmebehandlungszuständen. Diss. TH Karlsruhe (1975)

[74] *Schreiber, E.:* Härterisse und Schleifrisse-Ursachen und Auswirkungen von Eigenspannungen (2. Teil). ZWF 71 (1976) 12, S. 565–570

[75] *Grof, H. E.:* Theorie zur Spanbildung beim Schleifen von 100 Cr 6 mit 60 m/s Schnittgeschwindigkeit. ZWF 70 (1975), S. 423–425

[76] *Littmann, W. E.* und *Wulff, J.:* The influence of the Grinding Process on the Structure of Hardened Steel., Trans. Amer. Soc. Metals 47 (1955), S. 692–714

[77] *Kalinin, E. P.* et al.: Optimale Schleifbedingungen fur das Schleifen von Zahnradern nach der Reishauer-Methode. Masch.-Bau Fertig. Techn. UdSSR 8 (1967), Nr. 77, S. 73–74

[78] *Kammermeyer, S.:* Technologie des Außenrundschleifens wt-Z. ind. Fertig. 72 (1982), S. 65–70

[79] *Rička, J.:* Zerspanbarkeit von Werkstoffen durch Schleifen. Fertigung 4/78, S. 95–102

[80] *Norton:* Neues Verfahren zur Auswahl von Scheiben. Schliff und Scheibe, Heft 10/71, Norton GmbH, Wesseling

[81] *Selly, J. S.:* Diamant-Abrichtwerkzeuge fur Schleifscheiben. Diamant-Information M12, De Beers Industrial Diamond Division, Düsseldorf

[82] *Gauger, R.:* Das Abrichten von Schleifscheiben mit Diamant-Abrichtwerzeugen. TZ für praktische Metallbearbeitung 59 (1965), H. 5, S. 328–332

[83] *Spur, G., Dietrich, H.-J.* und *Klocke, F.:* Abrichtverfahren für Schleifscheiben mit hochharten Schleifmitteln. ZWF 75 (1980), H. 7, S. 307–312

[84] *Shafto, G. R.* und *Notter, A. T.:* Abrichten und Abziehen von kunstharzgebundenen Umfangsscheiben. IDR 13 (1979), Nr. 2, S. 126–137

[85] *Saljé, E.* und *Jacobs, U.:* Schärfen kunstharzgebundener Bornitridschleifscheiben mittels Korundblock. ZWF 73 (1978), H. 8, S. 395–399

[86] *Pahlitzsch, G.* und *Schmidt, R.:* Einfluß des Abrichtens mit diamantbestuckten Rollen auf die Feingestalt der Schleifscheiben-Schneidfläche. Werkstatsttechnik 58 (1968), 1, S. 1–8

[87] *Konig, W., Schleich, H.* und *Yegenoglu, K.:* Hohe Abrichtbeträge in kurzer Zeit. Abrichten von CBN-Profilschleifscheiben mit Diamantrollen. Industrieanzeiger 104 (1982), Nr. 18, S. 21–24

[88] *Sawluk, W.:* Dressing Peripheral High Efficiency Grinding Wheels using the Roll-2-Dress Device. Industrial Diamond Review (1978), No. 2, 48 ff.

[89] *Tonshoff, H. K.* und *Kaiser, M.:* Profilieren und Abrichten von Diamant- und Bornitrid-Schleifscheiben. wt-Z. ind. Fertig. 65 (1975) 4, S. 179–183

[90] *Spur, G.* und *Klocke, F.:* Abrichten von Schleifscheiben mit kubisch kristallinem Bornitrid durch SiC-Schleifscheiben. ZWF 76 (1981), H. 12, S. 556–563

[91] Elektrolytische Senkmaschine zum Abrichten metallgebundener Diamant-Schleifscheiben. Industr. Diamond Rev., deutsche Ausgabe 3 (1969), Nr. 1, S. 48

[92] *Reznikov, A. N.:* Diamong Grinding cemented-carbide Thread Gunges. Machines and Tooling (1971), Nr. 2, S. 31

[93] *König, W.* und *Follinger, H.:* Voraussetzungen für optimales Schleifen. Abrichtprozeß beeinflußt Scheibentopographie und -form. Industrie-Anzeiger 104 (1982), Nr. 18, S. 15–19

[94] *Weinert, K.:* Zusammenhänge beim Abrichten von Schleifscheiben mit Diamantwerkzeugen. ZWF 74 (1979), H. 5, S. 217–221

[95] *Pahlitzsch, G.* und *Scheidemann, H.:* Neue Erkenntnisse beim Abrichten von Schleifscheiben. Vergleich von Diamantabrichtrolle und Diamantabrichtfliese. wt-Z. ind. Fertig. 61 (1971), S. 622–628

[96] *Uhlig, U., Mushardt, H., Lütjens, P.:* Bahngesteuertes Abrichten und Schleifen. Industrie-Anzeiger 109, Nr. 61/62 (4.8.87), S. 30–33

[97] *Stuckenholz, B.:* Das Abrichten von CBN-Schleifscheiben mit kleinen Abrichtzustellungen. Diss. TH Aachen (1988)

[98] *Völler, R.:* Die Berechnung optimaler Schleifbedingungen und die Bestimmung von Schleifmaschinengrößen beim Längs- und Einstechschleifen. Jahrbuch der Schleif-, Hon-, Läpp- und Poliertechnik 47 (1975), S. 77–79

[99] *Inasaki, I.:* Ratterschwingungen beim Außenrund-Einstechschleifen. Werkstatt und Betrieb 108 (1975) 6, S. 341–346

[100] *Juchem, H. O.:* Entwicklungsstand beim Honen von Bohrungen in metallischen Werkstücken mit Diamant und CBN. IDR 18 (1984), Nr. 3, S. 173–185

[101] *Tönshoff, T.:* Formgenauigkeit, Oberflächenrauheit und Werkstoffabtrag beim Langhubhonen. Diss. TH Karlsruhe (1970)

[102] *Martin, K.:* Der Werkstoffabtragsvorgang beim Feinbearbeitungsverfahren Honen. Maschinenmarkt 82 (1976), S. 1074–1078

[103] *Martin, K.:* Der Abtragsvorgang beim Honen. Lehrgangsvortrag an der Techn. Akademie Esslingen (Sept. 1985)

[104] *Klink, U.:* Honen – Übersicht 1983. VDI-Z 125 (1983), Nr. 14, S. 595–603

[105] *Bornemann, G.:* Honen von gehärtetem Stahl und Kokillengrauguß mit Korund- und Diamanthonleisten. Diss. TU Braunschweig (1969)

[106] *Klink, U.* und *Flores, G.:* Honen – Fachgebiete in Jahresübersichten. VDI-Z. 121 (1979), Nr. 10, S. 543–554

[107] *Baur, E.:* Superfinishbearbeitung (Kurzhubhonen). Lehrgangsvortrag an der Techn. Akad. Esslingen (Sept. 1986)

[108] *Martin, K.:* Der Abtragsvorgang beim Honen. Lehrgangsvortrag an der Techn. Akademie Esslingen (Sept. 1985)

[109] *Martin, K.* und *Mertz, R.:* Beeinflussung der Werkstoffoberfläche durch Kurzhubhonen. Maschinenmarkt 81 (1975), Nr. 43, S. 762–764

[110] *Stahli, A. W.:* Die Läpp-Technik. A. W. Stähli AG, CH-2542 Pieterlen/Biel

[111] *Stähli, A. W.:* Praxis des Läppens. Lehrgangsvortrag an der Technischen Akademie Esslingen (Sept. 1986)

[112] *Martin, K.:* Läppen. VDI-Z. 117 (1975), Nr. 17

[113] *Enger, U.:* Tribologische Analyse des Läppens als Modellfall für Abrasivverschleiß. Dissertation TH Ilmenau (7.5.1986)

[114] *Przyklenk, K.:* Druckfließläppen-Feinbearbeitung mit Schleifpasten. Vortrag auf dem 5. Internationalen Brauschweiger Feinbearbeitungskolloquium (4/1987)

[115] *Haas, R.:* Ultraschallerosion – ein Verfahren zur dreidimensionalen Bearbeitung keramischer Werkstoffe. dima 10 (1990), S. 95–100

[116] *Bundy, F. P.* und *Wentorf, R. H.:* Direct Transformation of Hexagonal Boron Nitride to Denser Forms. The Journal of Chem. Phys. 38 (1963) 3, S. 1144–1149

Sachwortverzeichnis